RAOUL SCHROTT
ARTHUR JACOBS

GEHIRN UND GEDICHT

Wie wir unsere Wirklichkeiten
konstruieren

Carl Hanser Verlag

ISBN 978-3-446-25369-8
Alle Rechte vorbehalten
© Carl Hanser Verlag München 2011
Satz: Satz für Satz, Wangen im Allgäu
Grafiken und Tabellen: Peter Palm, Berlin
Lithos: Fotosatz Reinhard Amann, Aichstetten
Printed in Germany

INHALT

VORWORT   7

ÜBER DAS LESEN

    A – Relationen und Intuitionen   17

    B – Intelligenz und Erinnerung   42

    C – Identifikationen, Intentionen und Emotionen   55

DENKBEWEGUNGEN

    D – Sensomotorische Konzepte   73

    E – Kategorisierung und Wahrnehmung   99

    F – Verkörpertes Denken   114

    G – Gestalthaftes   130

    H – Denkfiguren und optische Täuschungen   145

METAPHORIK

    I – Wörtliche Bedeutungen – Homonymien und Tautologien   161

    J – Wie das Gehirn arbeitet – Permutation und Hyperbaton   176

    K – Metapher, Simile und Allegorie   191

    L – Metapher und Sprachökonomie   212

    M – Sprechen durch Masken – Prosopopoeie und Personifikation   221

LAUT UND MALEREI

    N – Onomatopoeie und Synästhesie   229

    O – Synästhesie und Sprachgenese   253

    P – Eine Funktion von Kunst   259

MUSIK

    Q – Poesie und Prosa   265

    R – Vom Ursprung der Musik   270

    S – Wie wir Musik verstehen   281

    T – Tonhöhen und Prosodie   287

    U – Rhythmik und Metrum   310

    V – Die Erfindung der Poesie   324

    W– Formeln und Phrasen   333

VERS UND REIM

    X – Reim   347

    Y – Stab- und Schüttelreim und Fehlleistungen   356

    Z – Verslänge und Strophenkombinatorik   369

SCHRIFT UND SPRACHE

    I – Das Denken der Sprache   377

    II – Schrift und Sprache   385

BILDRÄUME

    III – Ars Memoriae   401

    IV – Imago   410

DENKFIGUREN

    V – Geld und Schrift   423

    VI – Negation oder die Entstehung der Logik   428

    VII – Adynaton und Aposiopesis   442

    VIII – Metalepse   449

    IX – Synekdoche und Metonymie   456

    X – Ironie, Meiosis und Hyperbel   467

    XI – Bildlogik und Katachrese   482

    XII – Das Gedicht   489

Verzeichnis der Abbildungen, Tabellen und Farbtafeln   525

Inhalt der Boxen   528

VORWORT

Weshalb vermag uns das Lesen gedruckter Schriftzeichen so sehr zu vereinnahmen, dass wir alles um uns vergessen? Warum sind Verszeilen kurz? Aus welchem Grund wurde die Poesie erfunden? Dem Dichter unter den beiden Autoren dieses Buches lag immer schon an einer Standortbestimmung seines Tuns. War er wirklich nur ein Sprachorgan in der Dunkelkammer des Denkens? Ein Gedicht Ausdruck des Unsagbaren, jenseits der Schwelle unserer Erkenntnis? Und die Inspiration so unerklärlich wie das plötzliche Aufschrecken einer Taube vor seinem Fenster? Als Skeptiker sah er in solchen allzu üblichen Poetologien eher Obskurantismus; als Handwerker war ihm klar, dass jede gelungene Zeile ein hohes Maß an Sprachfertigkeit voraussetzt; und als Literaturwissenschaftler mühte er sich seinerseits ab, Strophe um Strophe ins Licht zu halten und das prismatische Spektrum unserer Wahrnehmung zu demonstrieren. Dabei war ihm durchaus bewusst, dass die jahrtausendealte Tradition der Poesie kaum noch einen Stellenwert in der Gesellschaft besitzt – obwohl sich ihre Techniken in allen Bereichen menschlicher Äußerung wiederfinden.

Das Bedürfnis nach einer Legitimation für diese Art der Tätigkeit drängte sich deshalb auf. Doch wie auf den Vorwurf reagieren, es handle sich bei der Poesie bloß um eine schöngeistige Marginalie? Indem man postuliert, dass in der Neurologie eine Poetik der Zukunft versteckt liege? Ein solches Programm scheint jedoch selbst dem Neuropsychologen unter den beiden Autoren dieses Buches eine allzu modische Form der Neuro-Romantik. Denn mit der Aussage, dass die Sehrinde das Lesezentrum berührt und das Höreal an die Leitstellen für Motorik und Rhythmik grenzt, weshalb sich die Dichtung hin und wieder mit großem Tierblick präsentiere, kommt man nicht weit. Im schlimmsten Fall spricht sich die Poesie selbst jede Aussagekraft ab, indem sie ihr Denken nunmehr als Folge physiologischer Kurzschlüsse darstellt.

Beide Autoren sind der Auffassung, dass es sich bei Dichtung weder um Fehlverbindungen zwischen Signalleitungen unserer Wahrnehmung noch um falsche Schlussfolgerungen oder anderweitige geistige Störungen handelt. Im Gegenteil – kaum eine Gattung ist besser in der Lage, derart verdichtet die Komplexitäten vorzuführen, mit denen das Gehirn die Welt um uns verarbeitet. Ob Denken oder Sprache, Melodiken oder Bilder: was sich sonst im Film und der Musik, in der Logik oder Mathematik akzentuiert findet, wird von einem Gedicht auf überschaubare Weise vereint. Dabei erschließen die Neurowissenschaften weniger der Literatur neue Möglichkeiten, als dass die Spielformen der Poesie die Erkenntnisse einzelner Experimente illustrieren.

Es gibt deshalb kaum einen lohnenderen Gegenstand als die Literatur, um Betrachtungen über die Möglichkeiten unserer Kognition anstellen und zugleich ihre Begrenzungen aufzeigen zu können. Das gilt selbst dann noch, wenn der Dichter als aussterbende Spezies angesehen wird, denn seine Art, mit Sprache umzugehen, wurde längst von anderen Berufsgruppen aufgegriffen: von Werbetextern, Journalisten oder Politikern. Den Kontext, in dem das Spezielle der Poesie dabei im Generellen unserer Wahrnehmung aufgeht, hat Günter Eich in seinem Text *Der Schriftsteller vor der Realität* umrissen:

Ich schreibe Gedichte, um mich in der Wirklichkeit zu orientieren. Ich betrachte sie als trigonometrische Punkte oder als Bojen, die in einer unbekannten Fläche den Kurs markieren. Erst durch das Schreiben erlangen für mich die Dinge Wirklichkeit. Sie ist nicht meine Voraussetzung, sondern mein Ziel. Ich muß sie erst herstellen.
Für diese trigonometrischen Zeichen sei das Wort ›Definition‹ gebraucht. Solche Definitionen sind nicht nur für den Schreibenden nutzbar. Daß sie aufgestellt werden, ist mir lebensnotwendig. In jeder gelungenen Zeile höre ich den Stock des Blinden klopfen, der anzeigt: Ich bin auf festem Boden.

Die folgenden Ausführungen wollen solche ›Definitionen‹ auf pragmatische Weise aufstellen. Auf den ersten Blick mag dies vielleicht als Kniefall vor einem positivistischen Zeitgeist erscheinen, der glaubt, mittels wissenschaftlicher Versuchsanordnungen noch die letzten Winkel unseres Geistes ausleuchten zu können, um sie in ein biologistisches und materialistisches Weltverständnis einzureihen. Dem sei entgegengehalten, dass es sich bei diesem Buch um einen Ausgriff handelt, einen Essay im wörtlichen Sinn. Es stellt den Versuch dar, mit dem für uns so selbstverständlichen – weil allzu gewohnten und dadurch letztlich unsichtbaren – Taststab der Sinne den Radius unserer Wahrnehmung zu sondieren. Dem Enigma der Poesie wird dadurch nichts genommen. Indem man jedoch vorführt, auf welchem festen Boden oder besser: welcher Bühne sich das Schattenspiel ihrer Zauberkunststücke darbietet, werden manch überraschende Silhouetten erhellt.

Bevor man sich auf das Unsagbare und Unerklärliche beruft, gilt es auszuloten, inwiefern es sich hinterfragen lässt und wohin man mit einem analytischen Rüstzeug gelangt. Das ist meist weiter, als man zunächst glauben möchte: Wer sich auf diese Weise mit den Trigonometrien der Wahrnehmung befasst, erhält zumindest einige euklidsche Lehrsätze unseres Denkens. Und selbst wenn man sich dazu mit dem Blindenstock auf das Neuland der Kognitionsforschung begeben muss, bewahrt einen dies doch vor den offensichtlichsten Blendungen.

Denn hinter aller dichterischen Suggestivität verbirgt sich etwas, das zwar schwer fassbar, aber umso bezeichnender ist. Unsere Wahrnehmung ist eben, evolutionär gesehen, das Produkt der Welt, die wir wahrnehmen – den dadurch angelegten Zirkelschlüssen kann man deshalb nur bedingt entgehen. Das gilt für die Poesie ebenso wie für die Wissenschaft. »Das menschliche Vorstellungsgebilde der Welt ist ein ungeheures Gewebe von Fiktionen voller logischer Widersprüche, das heißt von wissenschaftlichen Erdichtungen zu praktischen Zwecken« – dieser Satz Hans Vaihingers trifft auch auf unseren Ansatz zu. Seine Philosophie des *Als ob* erleichtert es jedoch, den Konstruktionen unseres Wissens auf die Spur zu kommen, gerade weil sie sich als solche entlarven lassen.

Es sind nützliche Fiktionen. Sie können zwar keinen Anspruch auf *die* Wahrheit erheben: auch Vaihinger schloss bereits aus, dass unsere bildlichen Vorstellungsweisen jemals mit der Wirklichkeit zusammentreffen und sich ein absolutes Kriterium für unser Wissen entdecken lässt. Dennoch erlauben sie zumindest die Verifikation menschlichen Verhaltens. Die Erkenntnis richtet sich somit nicht auf irgendein Ur-Prinzip, sondern auf die Art und Weise unserer Modellbildungen, mit denen wir – wie bei einem Simile – Unbekanntes stets nur durch den Vergleich mit Bekanntem erschließen. Ob die Idee der Unendlichkeit oder der irrationalen Zahlen, Marktwirtschaft oder eben Poesie – sie alle sind Produkte einer geistigen Bricolage, denen man am besten mit kritischem Pragmatismus begegnet. Ein letzter Grund ist dabei nicht zu erfassen; was sich jedoch herausarbeiten lässt, sind Bedingtheiten, die auf unserer Sensomotorik und den Parametern unserer Wahrnehmung beruhen. Vielleicht können sie wenigstens ein Stück weit transzendiert werden, indem man die evolutionäre Logik ihrer Biologie in den Vordergrund rückt.

Der Neuropsychologe von uns sieht sich in seinem Labor täglich mit einer solchen Art von kritischem Pragmatismus konfrontiert. Er will zwar die Formen des Denkens, Sprechens und Fühlens erkunden, kann aber nur den Fluss von Blut und Strom im Gehirn, Blickbewegungen und Reaktionszeiten messen. So lassen sich zwar mentalen Prozessen Hirnareale zuordnen, doch diese Kartographierung neuronaler Potentiale reicht nicht aus, um auch die Funktionsweise eines biologischen Systems zu bestimmen: ein Wo und Wann erläutert noch nicht das Wie. Dazu sind erneut Als-ob-Konstruktionen vonnöten, erstellte Hypothesen und Modelle, die sodann mittels Versuchsanordnungen zu überprüfen sind. Deren Befunde anhand von statistischen Auswertungen stellen jedoch keine endgültigen Konklusionen dar, sondern bestenfalls induktive Schlussfolgerungen. Womit der Neuropsychologe sich erneut Modellbildungen im Vaihingerschen Sinn gegenübersieht.

Eine besondere Schwierigkeit der Kognitionsforschung liegt etwa darin, dass sie versucht, soziale Konstrukte durch Vorgänge im Gehirn zu erklären. Ein Musterbeispiel hierfür ist die Erforschung der Empathie. Ihre Pioniere – Chris Frith und Tania Singer – definierten sie als »Fähigkeit, Emotionen und Empfindungen wie Schmerz mit anderen zu teilen«; sie wiesen jedoch zugleich darauf hin, dass es sich um ein mehrschichtiges Phänomen handelt, das einfache Formen emotioneller Ansteckung ebenso umfasst wie Perspektivübernahmen. Insgesamt gesehen, ist Empathie somit ein Produkt historisch-kultureller Prozesse: Popularisiert in den 1960er Jahren durch Psychologen, Psychotherapeuten, Soziologen, Ärzte, Linguisten und Seelsorger, geht sie auf den Freudschen Begriff des ›Einfühlungsvermögens‹ zurück.

Wie lässt sich ein solches soziales Konstrukt dann abgleichen mit dem, was wissenschaftliche Experimente allein in der Lage sind zu messen: nämlich hirnelektrische Potentiale, die Feuerrate von Neuronen oder die Zu- und Abfuhr von mit Sauerstoff angereichertem Blut? So mancher Artikel in den einschlägigen neurowissenschaftlichen Journalen erweckt den Eindruck, als gäbe es eine direkte Abbildung zwischen sozialen Konstrukten einerseits und spezifischen Hirnrealen andererseits. Die Rede von ›Sprachzentren‹ oder einem in jüngster Zeit identifizierten ›Glaubenszentrum‹ trägt zu dieser Illusion bei – und sie gilt auch für die mentalen Phänomene aus den Bereichen der Poesie, Ästhetik und Rhetorik.

All dies Netzwerken von Nervenzellen zuschreiben zu wollen, ist zumindest problematisch: komplexe Prozesse lassen sich eben nicht ohne weiteres auf einfache Reizsituationen reduzieren. Wer versucht, Empathie in einer kontrollierten Laborsituation an Probanden zu messen, die in einer geräuschvollen engen

Röhre liegen und mit Elektroden zur Messung der Herzrate, des Hautleitwiderstands oder der hirnelektrischen Aktivität beklebt sind, läuft Gefahr, dass kritische Geister sich nicht nur über die dadurch offenbar werdende Unterkomplexität solcher Versuchsanordnungen wundern, sondern auch Fragen nach deren Verallgemeinerbarkeit auf die Alltagswirklichkeit und nach dem allgemeinen Erkenntnisgewinn aufwerfen. Die bereits ein Jahrhundert alte Birkhoffsche Formel für das Maß des Wohlgefallens, das ein Objekt im Beobachter hervorruft – $M = f(O,C)$, wobei das Maß M ein Produkt der Ordnung O und der Komplexität C ist –, macht dies ebenfalls deutlich. Sie stellt zwar eine durchaus brauchbare Relation her, doch wie und wodurch wären Ordnung und Komplexität zu quantifizieren und dann zu qualifizieren?

Dennoch machen die Neurowissenschaften auf diesem Gebiet beharrlich Fortschritte. Neue Techniken erlauben es, Hirnaktivitäten in immer realistischeren Umweltsituationen aufzuzeichnen – sei es beim Musizieren am Instrument, bei echten sozialen Interaktionen wie Börsenspekulation in Realzeit am Computer, ja sogar bei der Rezeption von Gedichtzeilen in Echtzeit. Was sich hier auswerten lässt, sind weit direktere Reaktionen auf die Wirklichkeit, als sie von Literaturtheorien und Philosophien bislang berücksichtigt werden konnten. Dadurch erlauben die unterschiedlichsten Experimente eine Prüfung verschiedener Thesen und Theorien in aufeinander aufbauenden Schritten mit dem Ziel, objektive Befunde zu erhalten und auf dieser Basis logische Verzweigungen zu erstellen und sie wieder und wieder auf ihre empirischen Grundlagen zu überprüfen.

Die neurowissenschaftlichen Befunde, die in diesem Buch aufgearbeitet sind, wurden hochrangigen wissenschaftlichen Quellen entnommen und sind – abgesehen von interessanten historischen Fällen – so aktuell wie möglich. Dass der stetige Methodenfortschritt es nicht unwahrscheinlich macht, dass einiges davon bereits in ein oder zwei Jahren durch neue Studien relativiert wird, soll nicht abschrecken: solche Korrekturen gehören zum Prozess der Forschung. Unsere Darlegungen bieten jedoch ein Grundgerüst an, das so solide ist, wie es die Zeit erlaubt.

Wer trotzdem daran zweifelt, dass die schöngeistigen Suggestionen der Poesie mit den Mitteln der modernen Neurowissenschaft erforschbar sind, weil er die Reduktion von Mentalem auf Neurophysiologisches für einen unzulässigen Kategoriensprung oder -fehler hält und ein Gedicht nicht mit Hirnströmen und Blutdurchflussraten in Verbindung gebracht sehen möchte, dem sei Franz-Josef Czernins Aufsatz *Über die Übertragbarkeit der Welten* angetragen (Text und Kritik, 176). Er räumt ein, dass die Naturwissenschaften dazu neigen, ihr begriffliches Modell und damit das Metaphorische ihrer Wahrheiten aus dem Blick zu verlieren, während die Poesie ihre Gleichsetzungen umgekehrt allzu oft als unverbindliches Spiel begreift und ihre Erkenntnisse nicht ernst genug nimmt. Dennoch betont er die Fruchtbarkeit solcher Angleichungen und das gegenseitige korrektive Potential, bei der Naturwissenschaft wie Poesie – trotz der Verschiedenartigkeit ihrer jeweiligen Experimentbegriffe – im Sinne eines *Als ob* behaupten können, dass A in mancher Hinsicht B sein kann.

Es lassen sich aber auch drastischere Beispiele anführen. Wer bezweifelt, dass die Empfindungen und Gedanken, die man etwa bei der Lektüre von Hölderlins *Hälfte des Lebens* haben kann, mit den Nervenzellen zusammenhängen, die in bestimmten Bereichen des Gehirns zu bestimmten Zeiten Sauerstoff aufnehmen und feuern, wird mit Schrecken zur Kenntnis nehmen müssen, was die Zerstörung eines winzigen Hirnareals im linken Schläfenlappen auslösen kann. So zeigt der Fall einer Patientin, die als Literaturprofessorin alle Voraussetzungen besaß, um einem Gedicht sämtliche Nuancen poetischer Kunst zu entlocken, dass sie nach einer solchen Hirnläsion nicht einmal mehr in der Lage war, einzelne Buchstaben zu Wörtern zu gruppieren. Auch die Teilnahme an einem einfachen Experiment kann lehrreich sein. Sie mögen noch so gut rechnen können – manipuliert der Versuchsleiter bei Ihnen mit einem Magneten den Hirnstrom eines bestimmten Areals im Scheitellappen, werden Sie selbst bei einfacher Arithmetik Schwierigkeiten bekommen.

Der Dichter von uns zeigte sich erfreut über solche Befunde. Sie fügen seiner Profession ein weiteres Standbein hinzu und erlauben es, seine bisher gewissermaßen nur das Spielbein belastende Selbsteinschätzung ins Gleichgewicht zu bringen. War es bislang üblich – von Platon und Aristoteles bis zu den Semiotikern und Strukturalisten –, ästhetische Phänomene allein aufgrund mehr oder weniger intuitiver oder deskriptiver Kriterien zu erfassen, kann man hierfür nun erstmals auf eine experimentell gestützte Basis verweisen. Poetische Praxis und kognitive Erkenntnis einander gegenüberzustellen, befördert eine Dialektik, die der Literatur neue Spannung verleiht – indem sich darin Extreme berühren können. Und im selben Maß, wie damit Begrenzungen des Dichtens wie des Denkens demonstriert werden, ohne dass je ein linearer Fortschritt auszumachen ist, umkreisen sie einander nun, um an Drehimpuls zu gewinnen.

Solche Dialektik ist der Literatur durchaus eigen. Über die direkte Umsetzung von Lebenserfahrung hinaus beinhaltet sie stets auch die Reflexion über ihre Formen und Bedingtheiten. Viele theoretische Fragen – wie Reinhard Priessnitz es in *Literatur als Entfremdung* formulierte – finden so konkreten Ausdruck im Gedicht:

> Schreiben selbst wird zum Thema der Dichtung. Dichtung geschieht an dem Punkt, wo Sprache sich umdreht, um über sich selbst zu reflektieren. Zum reflektiven Moment von Sprache kommt dann noch der konstitutive Aspekt. ›Realität‹ ist selbst ein Konstrukt, zum Teil aus Sprache gebildet. Obwohl Sprache ein Teil von Realität ist, ist sie nicht zureichendes Mittel, diese Realität voll ausdrücken.

Die letzten beiden Einschränkungen sind es, die den Neurowissenschaften einen Ansatzpunkt bieten, um die Sprachkonstrukte der Poesie auszuhebeln, während die ersten beiden Maximen es erlauben, mittels Dichtung über unsere Wahrnehmung zu reflektieren. Gemeinsamer Angelpunkt ist, dass ein Gedicht wie kaum ein menschliches Zeugnis sonst Realität konstituieren kann. Oder wie Günter Kunert es in seinem *Bewusstsein des Gedichts* knapp definiert, um die Kernaussage jedweder Poetik zu formulieren:

> Mit dem Bewusstsein des Gedichts meine ich den relativ autonomen Prozess intuitiver Erkenntnis auf Grundlage subjektiver Empirie, der in einer bestimmten Form – eben dem Gedicht – reflektiert wird und so seine unverwechselbare Spezifik erhält.

Die einfachsten Fragen sind die am schwierigsten zu beantwortenden; je grundlegender sie sind, desto weiter muss man ausholen. Auf welche Weise hat die Schrift unser Denken verändert? Wie wirkt sich die Melodik eines Gedichts auf uns aus? Was sagen die Stilfiguren der Dichtung über die menschliche Wahrnehmung aus, und inwieweit entsprechen sie optischen Täuschungen? Um darauf – wie auf vieles andere – ansatzweise Erklärungen zu finden, haben beide Autoren auf ein breites Spektrum von Fachliteratur über Kognitions- und Kreativitätsforschung, Linguistik und Neurologie zugegriffen (auf sie wird jeweils am Ende eines Kapitels verwiesen). Obwohl Gedicht und Gehirn so naheliegen, tauchen in den Registern der betreffenden Werke jedoch nie Stichworte wie ›Reim‹ oder ›Metapher‹ auf – als klaffe zwischen beiden Bereichen wirklich ein kategorialer Abgrund, ja als schließe sich ihr vielfach erprobter Sprach- und Weltgebrauch gegenseitig aus.

Anliegen dieses Buches ist deshalb auch, zwischen den ›Zwei Kulturen‹, deren mangelnde Kommunikation bereits C. P. Snow problematisiert hat, wieder ein Gleichheitszeichen zu setzen. Als kleinstes gemeinsames Vielfaches steht dabei das Gedicht: es ermöglicht, neurologische Empirie einerseits und poetologische Phänomenologie andererseits mittels der Wahrnehmungspsychologie zu verbinden, um allgemeine Aussagen über unsere Kognition treffen zu können. Denn beide Kulturen finden einen gemeinsamen Nenner im Konsens, dass unser Hirn – ob in den Naturwissenschaften oder in der Poesie – auf analoge Art und Weise operiert. Um die Gedankenexperimente und Einsichten der einen wie der anderen Seite mitteilbar und gedanklich fassbar zu machen, bedürfen beide jedoch einer Sprache, die sich im mindesten Fall als Vaihingersches *Als ob* präsentiert. Das gilt auch für die Neurowissenschaft und ihre Begriffe. Die Oberfläche des Mittelhirns nennt sie etwa Tectum, ›Dach‹, und den Thalamus ›Schlafgemach‹; griechisch Amygdala steht für ›Mandelkern‹ und die Hypophyse bezeichnet ein ›unten anhängendes Gewächs‹; die Colliculi sind ›Hügelchen‹, und der Hippokampus ist eigentlich ein ›Ross-Monster‹, das einem Seepferdchen gleicht – welch seltsame Fiktionen, die sich da unter unserer Schädeldecke entfalten.

In dem hier verborgenen System von Nervenzellen finden Wissenschaft wie Poesie aber ihren Ursprung. Was beide antreibt, sind zunächst ihre Intuitionen der Welt, deren induktive Erkenntnisse oft genug aus der heuristischen Kraft einer bestimmten Metaphorik resultieren: ob aus der Vorstellung einer Wendeltreppe bei der molekularbiologischen Helix, beim quantenphysikalischen Vexierbild von Schrödingers Katze oder dem meteorologischen Modell des Flügelschlags eines Schmetterlings über Kalifornien, der das Wetter in China verändert. Beide etablieren damit ihre jeweils eigenen Ikonographien und entwerfen dadurch Weltsysteme, die sich letztlich – trotz aller empirischen Nachprüfbarkeit und Falsifizierungsmöglichkeiten – auch als Allegorien begreifen lassen. Was läge deshalb näher, als Neurowissenschaft und poetische Tradition einander gegenüberzustellen und abzugleichen?

Allegorik ist das eine, plausible Hypothesen und begründete Schlussfolgerungen sind das andere. Die jeweiligen Gebiete zu durchforsten und trotzdem vor lauter Bäumen noch den Wald zu erkennen war für den Dichter von uns ein schönes Stück Arbeit. Dabei ging es nicht nur darum – um weiterhin im Bild zu bleiben –, die Wurzelstöcke aus der Erde zu ziehen, sie von den Kronen und den Verzweigungen des Astwerks zu trennen, die gefällten Stämme zusammenzutragen und sie zu Festmetern aufzuschichten, sondern durchaus auch um flächige Rodungen. Oft mussten erst Schneisen in diese Buch(stab)enwälder geschlagen werden, um die alten Verbindungspfade zwischen dem Dichten und dem Denken wiederherzustellen: dadurch ergab sich viel Neues. Vor Holzwegen bewahrt wurde eine solche Forstarbeit durch den Neuropsychologen von uns, der das zusammengetragene Material begutachtete und mit seinem Gütesiegel versah. In den eingeschobenen ›Boxen‹ stellte er zudem Plattformen auf, um einen detaillierten Überblick auf sein sich in stetigem Umbruch befindliches Terrain zu bieten und Lichtungen dort aufzuzeigen, wo sich sonst alles im Dickicht zu verlieren droht. Beide hoffen, nachhaltig gewirtschaftet zu haben.

Sie danken dem Linguisten Philip Herdina (Universität Innsbruck), dem Neuropsychologen Manfred Herrmann, dem Rhetorikprofessor Oliver Lubrich und dem Musikpsychologen Stefan Koelsch (Exzellenzcluster ›Languages of Emotion‹, FU Berlin), den Neurowissenschaftlern Ernst Pöppel und Wolf Singer für die konstruktive Kritik am Manuskript sowie Martha Bunk für das Lektorat.

ÜBER DAS LESEN

MIT CANDIDE AUF EINEM KURZEN
OPTIMISTISCHEN RUNDGANG
DURCH DEN KOPF

A – RELATIONEN UND INTUITIONEN

1

*Es gab in Westfalen auf dem Schloß des Herrn Baron von Thunder-ten-tronckh
einen jungen Menschen, den die Natur mit dem sanftesten Gemüt versehen hatte.
Seine Züge offenbarten sein Wesen. Zu seinem recht geraden Verstand kam der
allerargloseste Sinn, und deswegen, glaube ich, wurde er Candide genannt. Das
ältere Hausgesinde mutmaßte, er sei der Sohn der Schwester des Herrn Baron mit
einem braven und ehrbaren Junker aus der Nachbarschaft, den jenes Fräulein nie
heiraten mochte, weil er nur einundsiebzig Ahnen hatte vorweisen können und der
Rest seines Stammbaums durch die Unbill der Zeitläufte verlorengegangen war.*

In den etwa fünfzehn Sekunden, die es braucht, um diesen Absatz zu überfliegen, wird eine Intelligenzleistung vollbracht, die herauszubilden Jahrmillionen
gedauert hat. Denn was sich hier allzu simpel unter dem Begriff ›Lesen‹ subsumieren lässt, ist an Komplexität kaum zu übertreffen. Damit ist nicht nur die
Tatsache gemeint, dass diese durchaus eigenartigen Zeichen auf einem Blatt Papier einen Sinn ergeben, sondern auch der Umstand, dass uns ein gewisser Voltaire – dessen Bekanntschaft zu machen, uns längst verwehrt ist – glauben machen kann, dass irgendeine Dienerschaft mutmaßt, ein junger Mann namens
Candide – der sich uns ebenso wenig persönlich vorgestellt hat – sei der Neffe

eines uns ebenfalls völlig unbekannten Barons, dessen genauso unbekannte Schwester anscheinend nur deshalb lieber einen Bankert als Sohn hätte, weil sie dem genealogischen Nachweis ihres Liebhabers kein Vertrauen schenkt.

Erstaunlich ist, wie mühelos wir imstande sind, solch hierarchische Verwandtschaftsverhältnisse nachzuvollziehen. Ebenso verblüffend ist, dass diese Beziehungskette von *A sagt, dass B denkt, dass C meint, dass D glaubt ...* genügt, damit uns ein Spiel namens Literatur vereinnahmt, bei dem wir offenbar völlig arglos vergessen, dass es ein solches ist. Ganz im Gegenteil – wir beginnen bereits beim Lesen, uns Voltaires fiktive Personen als real vorzustellen. Und besitzen dabei einen genügend langen Atem, um am Ende über den ihnen zugeschriebenen Dünkel zu lachen – ob der Ironie nämlich, ein zweitausend Jahre zurückreichender Stammbaum wäre kein ausreichender Adelsnachweis.

Um das Warum hierfür erklären zu können, müssen wir noch weiter in der Zeit zurückgehen. Die Paläoanthropologie zeigt, dass unsere Vorfahren, die Australopithecinen, vor mehr als 4 Millionen Jahren ein den heutigen Schimpansen vergleichbares Gehirnvolumen besaßen – 400 Kubikzentimeter. In den darauffolgenden 2 Millionen Jahren wuchs es kontinuierlich – und proportional zur Körpergröße – auf 750 Kubikzentimeter an (*Homo rudolfensis*) und erreichte mit dem *Homo ergaster* und den von ihm abstammenden *Homo erectus* und *Homo heidelbergensis* schließlich ein Plateau von 1000 Kubikzentimeter. (Siehe Tafel 1 zur phylogenetischen Entwicklung der Hirngröße im Farbteil zwischen S. 368 und 369.) Der aufrechte Gang ist dafür mitverantwortlich. Einerseits scheint er im wahrsten Sinn des Wortes aufgekommen zu sein, um sich einem Klimawechsel anzupassen, der in Afrika zur Ausbreitung von Savannen und zum Rückgang des ursprünglichen Waldhabitats führte. Der daraus resultierende Hitze-Stress wurde ein Problem – bei allen Tieren beeinträchtigt bereits ein Temperaturanstieg von 2 Grad Celsius im Gehirn die Funktionsfähigkeit dieses Organs. Aufrecht zu stehen reduzierte die Sonneneinstrahlung zumindest auf dem Rücken, zudem ist es höher über dem Boden kühler und der Wind spürbarer. Vor allem aber wurden wir dabei zu Aasfressern, denen die Geier über dem hüfthohen Gras ihre Beute anzeigten. Wer von den Kadavern profitieren wollte, benötigte einen scharfen Sehsinn und musste auf zwei Beinen laufen können, um schneller als die anderen Marodeure zu sein. Und er musste lernen, Steine zum Aufbrechen der toten Tiere zu benützen, denn nur so kam er an das Fleisch heran, das die nötige Energie lieferte. Dessen – zusätzlich noch durch Kochen – gewonnene Nährstoffe erlaubten dann jenen Zuwachs an Gehirnmasse, wie er sich beim *Homo erectus* zeigt.

Die Fortbewegung auf zwei Beinen stellte neue Anforderungen an unsere Sensomotorik (wie wichtig sie für unser Denken ist, werden wir bald sehen): der Schwerpunkt des Körpers muss permanent kontrolliert, seine Position korrigiert und die Bewegung der einzelnen Glieder integriert werden, um das Gleichgewicht halten zu können. Dazu kommt, dass Arme und Hände unabhängig von den Beinen bewegt werden können – um etwas zu tragen, zu werfen, zu gestikulieren oder Steinwerkzeuge zu machen. All das muss mit unseren Sinnen – vor allem den durch den Sehapparat eintreffenden Informationen – abgeglichen werden. Kurz: eine größere Gehirnmasse und ein komplexeres Nervensystem sind für diese anspruchsvolle Sensomotorik unabdingbar.

Einmal entwickelt, kann ein größeres Gehirn noch mehr leisten – etwa Nahrungssuche planen und soziale Interaktionen bewältigen – und sich dabei komplexer werdender Signale für die Kommunikation untereinander bedienen. So gesehen ist unsere Intelligenz bloß ein Nebenprodukt des aufrechten Gangs. Zumindest bewirkte diese neue Haltung ein gewisses Maß an kultureller Stabilität: das zeigt sich an den ältesten erhaltenen Artefakten, relativ einheitlich behauenen Faustkeilen, deren Herstellung hochentwickelte technische Fähigkeiten und ein räumlich-symmetrisches Vorstellungsvermögen voraussetzten.

2

Im Zeitraum von 600 000 bis 200 000 Jahre v. Chr. ist – wie am Aufkommen dreidimensionaler Symmetrien an den Steinwerkzeugen erkennbar wird – schließlich ein weiteres ungewöhnlich schnelles Anwachsen der Gehirnmasse von 1200 auf 1750 Kubikzentimeter feststellbar, das unser heutiges Volumen sogar noch übertrifft.

Diese im Vergleich zum Körperwachstum überproportionale Entwicklung ist größtenteils dem Neokortex zuzuschlagen. Die Sinnesorgane können dafür nicht verantwortlich sein; das für das Sehvermögen zuständige primäre Sehareal ist bei Affen wie bei Menschen proportional zur Körpergröße mitgewachsen. Weiter in den Ausbau des Wahrnehmungsapparates zu investieren, zahlte sich für die Evolution ab einer gewissen Leistungsstärke nicht mehr aus. Dies gilt umso mehr, als unser im Vergleich zu unseren Artgenossen unverhältnismäßig großes Hirn nicht nur unverhältnismäßig lange braucht, um zur vollen Funktionstüchtigkeit heranzureifen, sondern auch unverhältnismäßig mehr Energie verbraucht (8-mal mehr, als seine Masse vermuten ließe). Im Sinne einer evolutionären Kosten/Nutzen-Rechnung stellt sich die Frage, worin die unmittelbaren Vorteile eines derart großen Gehirns bestehen.

Eine Antwort ist, dass die erweiterten Kapazitäten der Bewältigung eines komplex gewordenen Sozialverhaltens dienten, wie es durch gemeinsame Lager und gemeinsame Nahrungsbeschaffung bedingt wird. Indizien dafür liefern Funde, die zeigen, dass Tiere aus unterschiedlichen Habitaten und Steine, um daraus Werkzeuge zu schlagen, über weite Strecken zu einem Ort transportiert wurden. Der Zuwachs an Gehirnmasse kann also darauf zurückgehen, dass höhere kognitive Fähigkeiten gefordert waren, um die Verhaltensmuster komplexer Gruppendynamiken zu bewältigen.

Der Neokortex besteht aus einer relativ dünnen, etwa 6 Millimeter tiefen Schicht, die sich um den inneren Kern jenes Reptiliengehirns wickelt, das alle Wirbeltiere besitzen. Bei Säugetieren macht er etwa 10 bis 40 Prozent der gesamten Hirnmasse aus; bei Primaten mehr als 50 Prozent und bei uns Menschen schließlich 80 Prozent. Die Größe dieser Gehirnrinde scheint mit der Gruppenstärke der Säugetiere zu korrelieren: Affen, Delphine oder Wale leben im sozialen Verband – und die Größe ihrer Gehirnmasse lässt sich jeweils auch auf die Gruppenstärke umrechnen. Die sich innerhalb der Gruppe herausbildenden Verhaltensformen mögen die Herausbildung besonders jenes frontalen Gehirnlappens befördert haben, der schon bei den Primaten im Vergleich zum restlichen Hirn übermäßig stark ausgebildet ist.

Auf dieser Rechnung aufbauend, kann man von der Größe unseres Gehirnlappens auf die Gruppengröße schließen. Unser Gehirn ist demnach für einen sozialen Verband von maximal 150 Individuen ausgelegt; Schimpansen mit ihrem entsprechend kleineren Neokortex leben in nur halb so großen Gemeinschaften. Bei einer Spezies, die ursprünglich aus dem Wald stammt, sich jedoch in der Savanne weiterentwickelt hat, mochte die Gruppengröße den Überlebensdruck kompensiert haben. Schutz vor Raubtieren und Nahrungsbeschaffung stellen bloß eine Seite dar – denn wenn die Existenzbedingungen härter sind, kommt es sowohl innerhalb einer Gruppe wie zwischen einzelnen Gruppen zum Konkurrenzkampf.

Von allen Intelligenzebenen ist deshalb beim *Homo sapiens* die soziale die am weitaus besten ausgebildete Ebene. Zu wissen, wie die Hierarchie innerhalb einer Gruppe aufgebaut ist, wer wen laust, welche Hand die andere wäscht, woran man das Alpha-Männchen erkennt und wie man sich trotzdem hinterrücks – mittels aller nur denkbaren Strategien und Taktiken – Zugang zu einem Weibchen verschafft, macht erst das menschliche Grundverhalten aus. Zeitweilige Allianzen zu bilden und kooperieren zu lernen gehört ebenso dazu, wie sich auf genetische Verwandtschaften, Stammbäume und Ahnenlinien berufen zu können: Allianzen also dadurch zu festigen, indem man Weibchen austauscht. Über die unmittelbare Gruppe hinaus bilden sich so Gemeinschaften in einer Größe von gut 100 Individuen: als Clan umfasst dies etwa die Anzahl von Menschen, die sich bei Sammlern und Jägern wie den !Kung San der Kalahari als zusammengehörig betrachten. Was auch heute noch zutrifft für die Zahl der Menschen, mit denen man verwandt oder verschwägert ist oder sonst – etwa über Facebook – in wechselseitiger Beziehung steht.

Als *A* zu wissen, wie *B* auf *C* reagiert, der mit *D* im Streit liegt, bietet erst die Basis für solche gruppendynamischen Verhaltensweisen. Sich mit den Augen eines anderen zu betrachten und intuitiv die Motive und Intentionen seines Verhaltens zu erfassen, um schon durch den bloßen Gesichtsausdruck – ›seine Züge offenbaren sein Wesen‹, schreibt Voltaire – auf die Stimmung eines Menschen zu schließen, hilft Rivalitäten innerhalb der Gruppe zu bewältigen. Es stellt einen entscheidenden Vorteil in jenem Gesellschaftsspiel dar, zu dem sich das Leben entwickelt hat. Die Fähigkeit, des eigenen Vorteils wegen zu lügen und zu täuschen, zählte ebenso dazu wie die Kunst der Vermeidung von Auseinandersetzungen: ein intuitives Verständnis dessen, was den anderen am eigenen Verhalten stört, baut Konflikten vor. Was uns zu einer zweiten möglichen Antwort auf die Frage bringt, weshalb sich unser Gehirn vergrößert hat: Mimik und Mimesis.

3

Ob ein Affe sich eine Erdnuss holt oder darauf schielt, wie ein anderer sie in die Hand kriegt, ob wir zugreifen oder ob uns jemand auf die Finger sieht: jedes Mal ist vermutlich dasselbe Neuronensystem aktiv, das man ›Spiegelzellensystem‹ nennt, weil es uns ermöglicht, uns in ein Gegenüber einzufühlen und seine Intentionen zu erkennen. Ein anderes Beispiel für eine solche Art von Mimesis besteht darin, dass wir dem Blick einer Person unwillkürlich folgen: blickt unser Sitznachbar plötzlich von seinem Buch auf, fällt es uns schwer, nicht in dieselbe Richtung zu schauen wie er. Dadurch nehmen wir intuitiv an der Wahrnehmung und Welterfahrung anderer teil.

Die Spiegelneuronen bilden die Grundlage dafür, dass wir das Gesicht verziehen, wenn wir sehen, wie sich jemand in den Finger schneidet – sie erlauben generell jene Empathie, mit der wir Handlungen und Gefühle von Artgenossen nachvollziehen. Es ist eine Art virtueller Realitätsschau im Gehirn, bei der wir das simulieren, was wir sehen: eine Form instinktiver Mimesis. Sie löst einen Prozess aus, bei dem wir Wahrgenommenes innerlich nachahmen und gewissermaßen imaginär schauspielern – meist, bevor uns noch bewusst wird, was sich da vor unseren Augen abspielt. Ist dieser erweiterte Reaktionsmechanismus gestört, kann es zur Apraxie kommen. Diese Unfähigkeit, *selber* komplexe motorische Bewegungen ausführen zu können (die aus einer Läsion des linken supramarginalen Gyrus resultiert), bewirkt auch große Schwierigkeiten beim Erkennen von komplexen motorischen Bewegungen *anderer*.

Wenn von den Kommando-Nervenzellen im Vorderhirn tatsächlich 30 Prozent Spiegelneuronen sind, wäre dies mit ein Grund für die überproportionale Größe dieser Gehirnregion. Wahrscheinlich haben sie sich ursprünglich entwickelt, um uns das Klettern auf Bäume zu ermöglichen: ein Affe muss dazu die Wahrnehmung seiner Finger und Gelenke in Übereinstimmung bringen mit dem Bild eines Astes, der einmal horizontal, einmal vertikal, einmal schräg vor ihm auftaucht; er muss sich selbst mit dem anderen mimetisch in Deckung bringen. Diese mentale Übersetzungsleistung befähigt uns zu unterschiedlichsten Nachahmungen. Ist ein solches Bezugssystem einmal etabliert, bildet es auch die Basis für jene Imitationsleistungen, die wir Kultur nennen.

Beobachtet ein Orang-Utan, wie jemand im Boot einen Fluss überquert, springt er selbst in einen Kahn und versucht zu rudern. Wir Menschen sind schon wenige Stunden nach unserer Geburt zu ersten Nachahmungen in der Lage: streckt die Mutter die Zunge heraus, macht ein Neugeborenes dasselbe. Um solches zu bewerkstelligen, muss das Baby die optische Gestalt der Mutter, ihr Gesicht, ihre Zunge im Gehirn richtig abbilden. Und es muss diese visuelle Kartierung mit der im Stammhirn vorgenommenen Steuerung seiner Lippen- und Zungenmuskeln in Deckung bringen – die eigene Zunge kann es ja nicht sehen. Mithilfe der Spiegelzellen abstrahiert das Kind also von dem, was es sieht.

So wird Visuelles in Motorisches übersetzt, in einem Akt aktiver Simulation, der es letztlich ermöglicht, uns mit derselben Intensität auch in Filme und Bücher einzuleben. Funktionieren diese Neuronen nicht, führt dies zur Symptomatik des Autismus und zu einem Mangel an Einfühlungsvermögen. Autistische Kinder sind in repetitiven Bewegungen befangen, sie können schlecht imitieren, ihre Sprache ist oft verarmt, und sie verstehen metaphorische Sprechweisen nur schwer.

Imitation von Mimik führt nicht nur zu einer Empathie, die die Barriere zwischen Ich und Du aufhebt; sie unterstellt auch jedwedem Gegenüber intuitiv eine Intentionalität. Das andere wird dadurch zu einem Agierenden, dem wir die unterschiedlichsten Vorsätze und Bestrebungen als zielgerichtetes Verhalten zuschreiben. Für ein Tier ist die *Annahme*, dass da draußen etwas ist, das *feindselig* ist, es auf es *abgesehen* hat und fressen *will*, überlebenswichtig. So erhält es eine *Ahnung*, wo sich der Feind verbirgt und wo es sich selbst verstecken soll: ahnt man den nächsten Schritt des Raubtiers, ist man ihm um genau diesen voraus.

In welchem Grad sich diese intentionale Haltung entwickelt, unterscheidet sich von Spezies zu Spezies. Versuche zeigen, dass Schimpansen – die mit uns 98 Prozent der Gene teilen – *glauben* können, dass ein anderer *weiß*, dass die Banane in der Box und nicht im Korb liegt. Damit sind sie zu einer Intentionalität zweiter Ordnung fähig. Sie sind genauso gewandt wie Kleinkinder – gut darin, bestimmte Verhaltensweisen an anderen zu identifizieren und dieses Wissen auch zu benützen, um andere zu täuschen. Bis zum dritten Lebensjahr können Kinder sich noch nicht in ein Gegenüber versetzen: sie sind zwar gerissen genug, um zu begreifen, dass sie jeden Erwachsenen anlügen können, wenn sie es nur überzeugend genug tun – realisieren aber noch nicht, dass sie sich durch die um den Mund verschmierte Schokolade verraten.

Mit sechs Jahren machen sie solche Fehler nicht mehr; ihre Fähigkeit zum Lesen von sich um mehrere Ecken spiegelnden Gedanken ist da schon ausgebildet. Sie sind dann zu einer Intentionalität dritter Ordnung in der Lage – etwa wenn ein Kind *denkt*, es könne uns *glauben* machen, dass es *denkt*, wir versteckten uns hinter dem linken und nicht dem rechten Baum. Und mehr: wenn es *will, dass* wir *so tun, als ob* wir nicht *wüssten*, was es *will*, dass wir *glauben* – ›Du bist der Polizist, und du fragst mich, wohin die Räuber sind‹. Das ist bereits Intentionalität der fünften Ordnung.

Darin zeigt sich nun eine relativ geradlinige Entwicklung, die sich generell auf die menschliche Evolution übertragen lässt. Die Gehirnmasse des *Homo erectus* lässt Rückschlüsse darauf zu, dass er vor 2 Millionen Jahren zu einem Intentionalitätsgrad dritter Ordnung fähig war, während wahrscheinlich erst mit dem *Homo sapiens* die Weiterentwicklung hin zu jenen höheren Intentionalitätsgraden einsetzte, mit denen unsere Kultur spielt.

Mit einer Intentionalität fünfter Ordnung ist beim Gedankenlesen schließlich ein Plateau erreicht. Das Interpretieren alltäglicher Gesprächssituationen mit ihren Auslassungen und Andeutungen – *Sie wissen, was ich meine?* – als Intentionalitätsgrad zweiter Ordnung bereitet uns kaum Mühe. Und psychologische

Tests zeigen, dass sich die Irrtumsrate beim Auflösen von Bezugsketten der vierten Ordnung nur um die 5 Prozent bewegt. Erhöht man jedoch den Schwierigkeitsgrad um eine weitere Stufe – *A schreibt, dass B sagt, dass C denkt, dass D meint, dass E glaubt* –, steigt die Fehlerquote bereits auf 60 Prozent.[1] Nicht zuletzt deshalb geht jedes Schreiben weit schwieriger und langsamer vor sich als das Lesen – mit ein Grund, weshalb es nur relativ wenige Schriftsteller gibt, denen wir das Kunststück von literarischen Fiktionen abnehmen. Sie müssen uns ja stets einen Schritt vorausbleiben bei diesem Spiel, in dem wir realisieren sollen, dass jemand intendiert, einen glauben zu machen, dass ein Dritter etwas will, was ein Vierter ... – was irgendwann dann definitiv nicht mehr nachvollziehbar wird.

Doch bevor wir darauf eingehen, was uns diese Art der Einfühlung sogar bei etwas so Artifiziellem wie dem Lesen ermöglicht, ist für die unverhältnismäßige Größe unserer Gehirnlappen noch ein dritter Grund anzuführen: die Herausbildung von Sprache.

Box 1. Geistes- und Naturwissenschaften im Spiegel der Spiegelzellen

Kaum eine Entdeckung der Neurowissenschaften hat die Geistes-, Sozial- und Kulturwissenschaften so beflügelt wie jene, die Giacomo Rizzolatti 1995 bei einem Tierversuch an Makaken machte. Er fand heraus, dass bestimmte Nervenzellen im prämotorischen Kortex der Affen, sogenannte Spiegelzellen, dieselben hirnelektrischen Potentiale bei der rein passiven Betrachtung einer zielgerichteten Handlung auslösen wie bei der aktiven Ausführung dieser Handlung.

Obwohl nach wie vor nicht hinreichend geklärt ist, ob solche Spiegelzellen auch in anderen, ähnlich vernetzten Hirnrealen des Menschen (etwa dem Broca-Areal in der linken hinteren unteren Frontalwindung/Gyrus frontalis inferior; Abb. 1) existieren und welche Rolle sie genau dabei spielen, werden sie von renommierten Wissenschaftlern als mögliches neuronales Korrelat zu unterschiedlichsten Phänomenen angeführt wie:

---

1 Es hindert uns nicht daran, in den Sequenzen von zielgerichteten Handlungen – Kausalitäten also – weit mehr Stufen zu erkennen: A führt zu B ... bis hin zu X, Y und Z. Dies hat mit der assoziativen Struktur unseres Gehirns zu tun.

Dass wir aber schon bei einer fünffachen Beziehungskette geistig ins Stolpern kommen, ist dadurch bedingt, dass dafür kein bloß assoziatives, sondern bereits ein analogisches Denken gefordert ist, bei dem die Strukturverhältnisse mehrerer Elemente gestalthaft auf eine andere Ebene übertragen werden müssen: A-B-C-D-E ist im richtigen Verhältnis auf V-W-X-Y-Z abzubilden – nicht linear, sondern ganzheitlich.

Was das Assoziative (das A und B etc. erst zu einer komplexen Gestalt verbindet) dabei in Analoges umwandelt, ist unsere Fähigkeit zur Mimesis, mit der wir alle einzeln wahrgenommenen Sinnverknüpfungen gestalthaft als Ganzes nachzuahmen vermögen.

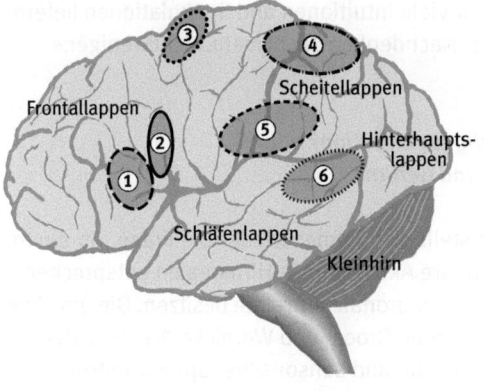

Abb. 1 Hirnareale, die sowohl während der Bewegungsbeobachtung als auch der Bewegungsimitation aktiviert werden (adaptiert nach Heyes & Brass, 2006). Diese schematische Seitenansicht der linken Hirnhälfte zeigt Areale, die bei Imitationsaufgaben und passiver Beobachtung biologischer Bewegung in funktionalen Magnetresonanztomographie (fMRT) -Studien aktiviert wurden: (1) Pars triangularis und Pars opercularis im Gyrus frontalis inferior (untere Frontalwindung), (2) ventrolateraler (unterer, seitlicher) prämotorischer Kortex, (3) dorsaler (oberer) prämotorischer Kortex, (4) oberer Lobulus parietalis, (5) unterer Scheitellappen (Parietalkortex), (6) hinterer oberer Sulcus temporalis (Schläfenfurche).

- dem Ideomotorischen Prinzip (der Idee, dass jede Vorstellung einer Bewegung mit entsprechender Aktivität in den betroffenen Muskelgruppen einhergeht)
- Mimesis und Imitationslernen
- menschlicher Sprachentwicklung und Kommunikation
- der Fähigkeit, sich mental in andere hineinzuversetzen (›Theory of Mind‹)
- und ästhetisches Empfinden.

Dies liegt sicher auch daran, dass es für eine solche Auffassung mehrere Vorläuferideen auf anderen Gebieten gibt: Herbarts und Lotzes ideomotorisches Prinzip; Freuds Begriff der Unbewussten Kommunikation, das Konzept der inneren Imitation von Lipps; die klassischen Wahrnehmungstheorien von Dilthey, Merleau-Ponty und der Gestaltpsychologie; sowie aktuelle psychologische Handlungstheorien wie die Theorie des gemeinsamen Kodes von Wahrnehmungs- und Handlungsvorgängen des Kognitionspsychologen Wolfgang Prinz.

Rizzolatti und seine Mitarbeiter vermuten aufgrund ihrer experimentellen Befunde, dass das Spiegelzellensystem zusammen mit anderen neuronalen Netzwerken *verkörperte Simulationen* bewirkt. Diese automatische, unbewusste Fähigkeit erlaubt, beobachtete Handlungen, Empfindungen oder Gefühle nachzuvollziehen. Laut Rizzolatti re-aktivieren so beobachtete Ereignisse im Gehirn interne Repräsentationen jener körperlichen Zustände, die mit diesen sozialen Reizen assoziiert sind. Das prärationale Verständnis der inneren Welt von anderen scheint daher ein phylogenetisch älteres Regelwerk zu sein als die explizite Evaluation sozialer Reize durch unseren Verstand. Als Beleg für diese Hypothese wird der Befund gewertet, dass es egal ist, ob wir Handlungen oder Emotionen aus der ersten oder der dritten Perspektive erleben, weil dabei stets dieselben Hirnareale involviert zu sein scheinen. Erst zukünftige Forschung wird zeigen, ob diese Hypothese auch den Status einer allgemein anerkannten Theorie erlangt. Bis dahin gilt das Bonmot eines Mitarbeiters Rizzolattis, Vittorio Gallese: »Anregend an der Entdeckung der Spiegelzellen ist, dass sie ein mögliches neuronales Substrat für viele Intuitionen und Spekulationen liefern. Sie bieten uns interessanten Stoff zum Nachdenken. Nicht mehr, nicht weniger.«

Exkurs: Sind Spiegelzellen notwendig für Imitation?
Über die Beziehung zwischen Geist und Gehirn.

Seit den Anfängen der Psychologie stellt sich immer wieder die Frage, ob einem mentalen Vorgang eindeutig zuordenbare Aktivitäten in Hirnarealen entsprechen – ob geistige Phänomene also bestimmte neuronale Korrelate besitzen. Die um 1870 gemachten Entdeckungen der sogenannten Broca- und Wernicke-Areale in der linken Hirnhälfte als vermeintliche motorische und sensorische ›Sprachzentren‹ stellen dafür klassische Beispiele dar. Prinzipiell gilt, dass ein und dasselbe Hirnareal (oder ein und derselbe Neuronenverbund) an mehreren psychischen Phänomenen beteiligt sein kann; und umgekehrt ein und derselbe mentale Vorgang auf einer synchronisierten Rekrutierung von mehreren neuronalen Netzwerken basieren kann. Die Vorstellung einer Deckungsgleichheit zwischen neuronaler und geistiger Aktivität, der zufolge eine bestimmte neuronale Aktivität notwendige und hinreichende Bedingung eines bestimmten geistigen Phänomens ist, besitzt jedoch eher heuristischen Wert. Die meisten nichtinvasiven Methoden – EEG (Elektroenzephalographie); fMRT (funktionelle Magnetresonanztomographie); fNIRS (funktionelle Nahinfrarotspektroskopie) – erlauben keine derartigen Kausalaussagen, sondern höchstens korrelative Rückschlüsse: Wenn ein Proband eine kognitive Aufgabe in einer ausgewählten Reizsituation löst, kann nur mit einer bestimmten Wahrscheinlichkeit ein spezielles Muster an Hirnaktivität(en) beobachtet werden. Denn eine neuronale Aktivität kann sowohl Ursache wie Folge eines mentalen Vorgangs sein. Außerdem ist es wegen des geringen Signal-Rausch-Abstands der fMRT-Methode beispielsweise immer möglich, dass einerseits neuronale Aktivitäten gar nicht erfasst werden (also in den Daten nicht sichtbar sind oder statistisch nicht signifikant werden), andererseits können zufällige Fehler in den Daten dazu führen, dass in einer Region auch fälschlich erhöhte Aktivität angezeigt wird.

Die Kombination verschiedener neurowissenschaftlicher Methoden kann zwar theoretisch den Weg zu einer ›Kausalnarration‹ ebnen, praktisch stößt sie jedoch auch an Grenzen. Ein Experiment vermag bloß aufzuzeigen, dass immer wenn Areal p aktiviert wird, Phänomen q auftritt. Damit ist p zwar als hinreichende, nicht aber auch als notwendige Bedingung für q ausgewiesen. Zu demonstrieren, dass einzig und allein, wenn p ›aufglüht‹, daraus q resultiert, würde den Einsatz anderer Methoden nötig machen: Läsionen bei Versuchstieren oder Menschen (z. B. Schlaganfallpatienten), neurochirurgische Eingriffe bei Patienten, EEG-Stimulation am offenen Hirn oder ›virtuelle Läsionen‹ mittels der Methode der Transkraniellen Magnetstimulation (TMS; eine nichtinvasive Technik, bei der bestimmte Hirnbereiche mithilfe starker Magnetfelder sowohl gehemmt als auch stimuliert werden können). So könnte im Idealfall gezeigt werden, dass beim Ausfall von Areal p Phänomen q nicht mehr auftritt und immer und ausschließlich, wenn Phänomen q auftritt, auch Areal p aktiv ist. Jedoch kann man fragen, inwiefern bestimmte Hirnareale wie das

Broca-Areal oder der Mandelkern (Amygdala) neuroanatomisch absolut abgrenzbare und homogene Strukturen darstellen. Können künftige Studien – mit räumlich wie zeitlich besser auflösenden Methoden als den aktuell verfügbaren – vielleicht zeigen, dass ein bestimmter Teil der Amygdala auf andere Stimulationen oder zu einem anderen Zeitpunkt reagiert als ein anderer ihrer Teile?

Das betrifft auch Experimente zu den Spiegelzellen. Weil mehrere fMRT-Studien Hinweise darauf ergaben, dass die Ausführung von Imitationsleistungen systematisch mit einer Aktivierung des hinteren unteren Frontalgyrus einhergeht, wollten Heiser und Kollegen prüfen, ob eine temporäre Störung dieses Areals mittels der TMS-Methode eine Beeinträchtigung dieser Imitationsleistung bewirkt. Die Befunde stützten zwar diese Vermutung. Doch da die Methode räumlich noch zu ungenau ist, um ausschließen zu können, dass auch benachbarte Hirnregionen – etwa der ventrolaterale prämotorische Kortex – mitgestört wurden, lässt dieses Experiment keine eindeutige Aussage zu. Überdies weiß man durch Einzelfallstudien an Patienten mit ideomotorischer Apraxie (Schwierigkeiten bei der Nachahmung komplexer Bewegungen), dass diese nicht immer auf Läsionen im Bereich des linken hinteren unteren Frontalgyrus zurückzuführen sind. Dessen ungeachtet halten einige Verhaltenswissenschaftler wie der Biopsychologe Norbert Bischof Spiegelneuronen für eine notwendige Voraussetzung unserer Imitationsfähigkeiten.

Bischof, N. (2008). *Psychologie: Ein Grundkurs für Anspruchsvolle.* Stuttgart: Kohlhammer
Eagle, M.E., Gallese V., & Migone, P. (2009). »Mirror neurons and mind; Commentary on Vivona«. *Journal of the American Psychoanalytical Association,* 57, 559–68
Heiser, M., et al. (2003). »The essential role of Broca's area in imitation«. *European Journal of Neuroscience,* 17, 1123–1128
Heyes, C., & Brass, M. (2006). »Grasping the difference: What apraxia can tell us about theories of imitation«. *Trends in Cognitive Sciences,* 10, 95–96
Jacobs, A.M. (2006). »Messung der Hirnaktivität«. In: J. Funke & P. Frensch (eds.), *Handbuch der Allgemeinen Psychologie, Kognition.* Göttingen: Hogrefe, 697–704
Schütz-Bosbach, S., & Prinz, W. (2007). »Perceptual resonance: Action-induced modulation of perception«. *Trends in Cognitive Sciences,* 11, 349–355

4

Die Fähigkeit zur Kommunikation scheint – parallel zur Fähigkeit der Einfühlung – ebenfalls das Produkt komplexer gewordener Verhaltensmuster zu sein. Wenn unser Gehirn den Anforderungen einer Gruppe von durchschnittlich 100 Individuen gewachsen ist, erfordert eine solche Gruppengröße entsprechend Zeit für die Pflege sozialer Kontakte. Bei den Schimpansen macht das sogenannte *grooming* – das Berühren untereinander, das gegenseitige Lausen und Betatschen, um den Gruppenzusammenhalt zu gewährleisten – etwa 20 Prozent der täglichen Aktivität aus. Mehr wäre nicht zu leisten: die restliche Zeit muss für die Befriedigung der notwendigsten Bedürfnisse aufgewandt werden. Auf die doppelte menschliche Gruppenstärke übertragen, hieße dies, wir müssten 40 Prozent unseres Alltags damit verbringen, die Nasen aneinanderzureiben, uns auf die Wangen zu küssen und an den Händen zu halten. De facto zeigt jedoch die Statistik, dass wir – gleich ob in unseren Konsumgesellschaften, bei den Jägern und Sammlern Neuguineas oder den Hirten Ostafrikas – 20 Prozent unserer Lebenszeit mit der direkten Pflege sozialer Beziehungen verbringen.

Wie aber bewältigen wir diese für das Gemeinschaftserlebnis nötigen 20 Prozent Pflegeaufwand? Indem wir unser Interesse und Engagement auf eine Weise ausdrücken, die sich simultan mehreren Individuen mitteilt: Wir betreiben eine Art von ›vokalem *grooming*‹, das das rein physische *grooming* ersetzt, und zwar durch jene rhythmischen und melodischen Vokalisierungen, die bereits bei den pavianartigen Geladas positive Gestimmtheit verraten. Daraus entsteht das Singen ebenso wie die ersten lautmalerischen Worte – bis sich schließlich Musik und Sprache voneinander lösen. Wir verbringen mehr Zeit mit Schwatz, Plausch und Konversation als mit dem Austausch relevanter Informationen: sie sind Bestandteil einer virtuellen Interaktion, mit der wir einander bestärken und ermutigen, Freundschaften und Beziehungen pflegen.

Vorbedingung für solche Interaktionsmuster war ebenfalls der aufrechte Gang. Er hat nicht nur die Schädelstruktur physiologisch so weit entlastet, dass sie den sich evolutionsgeschichtlich rasant entwickelnden Neokortex aufnehmen konnte, sondern mittelbar dazu beigetragen, dass der Kehlkopf weiter nach unten rutschte und artikulationsfähiger wurde. Zugleich hat er den Armen größere Aktionsfreiheit verliehen, sodass Gestikulieren möglich wurde.

Dass wir die Motorik von Hand und Mund parallel schalten können, liegt neurophysiologisch an der Nachbarschaft des für die Sprachartikulation zuständigen Broca-Zentrums zu jenen Arealen, welche die Handbewegungen koordinieren. Es hat sich wohl aus ihnen herausgebildet. Die ursprünglich darin angelegte Verbindung zwischen Hand und Mund zeigt sich schon bei Säuglingen: streichelt man über die Handfläche eines Babys, öffnet es seinen Mund – eine ›Babkins-Reflex‹ genannte Reaktion. Dieser motorische Reflex lässt sich auch in artikulatorische Reaktionen umwandeln: ›sau-gen‹, *suck* oder *sucer* geben lautmalerisch diese frühkindliche Saugbewegung wieder.

Was ursprünglich Bewegungen waren, die dem Sammeln von Nahrung, Essen und dem Füttern dienten, mag sich zu internalisierten Als-Ob-Routinen gewandelt haben, die – möglicherweise erneut über die Spiegelneuronen – zu einer Parallelschaltung von Gestik und Sprechapparat führten. Denn visuelle

Signale sind in der Lage, Bewegungsabfolgen im Raum auszulösen, die ihrerseits in eine Abfolge von Lauten umgewandelt werden können (mehr dazu wird beim Thema Onomatopoeie und Synästhesie zu sagen sein). Der Aufbau des Broca-Areals scheint diese gegenseitige Abhängigkeit auch neuroanatomisch zu bedingen: dem Sprachartikulationszentrum vorgeschaltet ist ein Areal, das motorische Sequenzen kontrolliert; dahinter sitzt ein zweites, das vermutlich über ›Wenn-dann-Routinen‹ am generellen Einsatz von Sprache beteiligt ist; und daneben befindet sich ein drittes, das für Wort-Assoziationen zuständig ist.

Offensichtlich bildet also die Verknüpfung von Gestik und Artikulation einen Automatismus, der alles Reden begleitet, indem einzelne Worte durch spezifische Hand- und Fingerbewegungen unterstrichen werden. Gestikulieren heißt – solange es nicht um Abstrakta geht –, sich körperlich in Bezug auf ein Objekt zu verhalten und mit ihm assoziierbare Handgriffe vorzuführen. So entwickelt sich nicht nur eine Art mimetischer Kommunikation, sondern über Lautmalereien wie im obigen Beispiel ›sau-gen‹ auch eine Proto-Sprache und schließlich eine Proto-Syntax: deren artikulatorische Sequenzialität ist mit der motorischen Sequenzialität vergleichbar. Das verrät sich auch daran, dass die Gebärdensprache der Gehörlosen eine ebenso komplexe Syntax wie jede gesprochene Sprache aufweist.

5

Zu entscheiden, ab wann Sprache im heutigen Sinn präsent war, ist schwierig.[2] Ein Broca-Areal lässt sich schon beim *Homo habilis* vor 1,6 Millionen Jahren nachweisen; und ein Zungenbein samt artikulationsfähigem Kehlkopf besaßen auch die Neandertaler. Bezieht man sich allein auf die Größe des Neokortex, muss sich mit der Entstehung des *Homo sapiens* vor 200 000 Jahren eine moderne Kognition entwickelt haben. Spätestens dann bildeten sich in Afrika größere soziale Gruppen, die vor 100 000 Jahren langsam nach Europa und Asien migrierten – eine Aktivität, die Gruppendynamik, Interaktion und einiges an Sprache voraussetzt. Wie aber entstanden aus ersten primitiven Ausdrucksformen Sprachen mit Substantiven, Verben und schließlich einer Syntax? Als Modell dafür können Pidgin-Sprachen dienen, die sich in allen Regionen mit unter-

---

2 Man hat beim *Homo sapiens* ein Gen namens FOXP2 entdeckt, dessen Defekt nicht nur Schwierigkeiten beim Artikulieren verursacht, sondern auch beim Erkennen von grammatikalischen Strukturen wie etwa den Flexionen, die Zeitformen markieren. Wann sich dieses Gen herausgebildet hat, ist nicht zu sagen – ein hohes Alter ist jedoch vorauszusetzen: der Neandertaler besaß es jedenfalls schon.

schiedlichen Sprachgruppen herausbilden. In Malaysia etwa kamen die unterschiedlichsten Stämme auf dem Markt zusammen: Sie alle hatten eigene Worte für das, was sie sahen und handelten. Eine Übereinkunft für den Ausdruck für ›kaufen‹ bildete sich dort jedoch ebenso schnell heraus wie Begriffe für gestern, heute und morgen. Auf dieser Basis konnte sich eine erste elementare Syntax entwickeln – das, was Linguisten eine Kreolsprache nennen. Auch das Haitische ist ein Beispiel dafür: Es stellt eine voll ausgeformte Sprache aus französischen und westafrikanischen Elementen dar.

Damit sind die Grundbedingungen gelegt für Kultur als Symbolsystem, wie wir es heute definieren. Die ältesten bislang entdeckten, systematischen Zeichen – Ritzungen auf Ocker in der Höhle von Blombos und Besitzmarkierungen auf Straußeneierschalen in Diepkloof – fand man in Südafrika; sie sind 75 000 beziehungsweise 60 000 Jahre alt. Sie stellen erste rudimentäre Formen einer Zeichensprache dar, die dann bald in der kulturellen Explosion des Paläolithikums mit seinen bis zu 40 000 Jahre alten Höhlenmalereien aufgeht.

Die intentionelle Haltung, die wir vermutlich über das Spiegelzellensystem allem und jedem zuschreiben, kann zumindest teilweise erklären, wie es zu diesem Kultursprung kam. Es scheint uns angeboren, die Welt grundsätzlich als Agens aufzufassen, dem wir eine Intentionalität voller ziel- und zweckgerichteter Handlungen zuweisen. Ob das Wetter, ein Baum oder der Tod – wir figurieren es in Mythologien, Religionen und Bauernweisheiten, ordnen ihm menschliche Verhaltensweisen zu und versuchen, es durch unser eigenes Verhalten wieder zu beeinflussen, als wären diese Bezugsketten nicht nur innerhalb unserer Spezies relevant, sondern auch für unsere Begegnungen mit der Welt. Wir projizieren unsere Humanität in die Welt und begreifen die Welt ebenso unwillkürlich als etwas, das humane Züge zeigt – kurz: wir personifizieren (woher nicht zuletzt die Eindrücklichkeit der Poesie rührt).

In diesem Sinn sind auch die altsteinzeitlichen Höhlenmalereien als Ausdruck einer intentionalen Empathie aufzufassen. Sie stellen eine Art von in Fels geritzten oder gemalten Katalog zoologischer Merkmale und Verhaltensweisen dar, der so umfassend wie präzise ist: bis zu den Posen der Brunft und den Drohgebärden genau dargestellt. Was wenig verwundert, bedenkt man, dass Jagd die Lebensgrundlage darstellte – und dass das, was jeden erfolgreichen Jäger kennzeichnet, nicht nur die scharfe Beobachtungsgabe beim stundenlangen Lauern ist, sondern auch das Vermögen, sich in die Beute hineinzuversetzen, um deren nächste Bewegungen vorhersagen zu können und dabei gleichsam selbst zum Tier zu werden (zu den Techniken der Jagd gehört ja die Mimesis der Beute).

Das Vokabular ausnahmslos aller Sprachen ist deshalb voll von Worten, die den Dingen unsere Intentionen zuschreiben. Allein im vorletzten Absatz zählen dazu ›Kultur-*sprung*‹, ›auf-*fassen*‹, ›be-*greifen*‹ – Körperbewegungen also, die wir modellhaft einsetzen, um Abstraktes auszu-*drücken* und ihm damit gewissermaßen als Nebenprodukt auch Intentionalität zuzuweisen. Waren solche Assoziationsketten ein Prärequisit für Sprache? Oder hat erst unser Sprachgebrauch diese Art von Personifizierung befördert? Die Wahrheit findet sich wahrscheinlich in einem sich gegenseitig aufschaukelnden Prozess von Ko-Evolution. Klar aber ist, dass jede Kommunikation zumindest eine Fähigkeit zu einer Intentionsordnung dritten Grades voraussetzt: Ich muss *wollen, dass* Sie *erkennen, dass* ich Sie zu *informieren* versuche – um Sie dazu zu *bringen, dass* Sie mir *glauben,* was ich *sage.*

All das lässt sich auch ohne Sprache bewerkstelligen, pantomimisch, mimisch oder gestisch. Worte jedoch machen es möglich, über Dinge zu reden und nachzudenken, ohne sie deshalb auch vor Augen haben zu müssen. Sie fixieren, was unsere Sinne immer nur flüchtig wahrnehmen; sie verleihen den Dingen über das Präsentische hinaus Präsenz; sie akzentuieren und fokussieren; sie lassen sie Teil jener virtuellen Welt der Imagination werden, die wir Bewusstsein nennen.

Etwas zu *sehen* heißt, zu intuitiver Einfühlung fähig zu sein und es instinktiv motorisch wie emotionell zu imitieren. Es in Worte gefasst zu *hören,* löst die damit verbundenen empathischen Prozesse über unser Erinnerungsvermögen wieder aus; dank dieses Speichers werden die mit den ersten Impressionen verbundenen Assoziationen dann auf einer zweiten, virtuellen Ebene aktualisiert. Diese Worte schließlich zu *lesen,* lässt noch eine dritte Ebene hinzukommen. Umso erstaunlicher ist deshalb, dass wir uns trotz all dieser Abstraktionsschritte beim Lesen von Voltaires Zeilen sofort in eine Welt versetzt fühlen, die fast ebenso real scheint wie die Welt rings um uns – und dass wir dabei sogar vergessen, es nur mit Schriftzeichen zu tun haben.

Warum dies so ist, lässt sich letztlich mit der Dominanz unserer visuellen Wahrnehmung erklären. Was unseren Vorfahren ermöglichte, auf einen Blick ein Raub- oder ein Beutetier zu erkennen, erlaubt uns heute, einzelne Worte zu unterscheiden. So wie die Identifikation einer Spur zur Einschätzung eines Gefahrenpotentials geführt haben mag, verbinden sich visuelle Signale beim Lesen mit konzeptionell abgespeicherten Informationen. Dahinter steckt ein Assoziationsmechanismus, der auf drei verschiedenen Fertigkeiten beruht: der Fähigkeit, neue Verbindungen zwischen alten Strukturen herzustellen – als Plastizität des Gehirns, die mentales Analogiedenken ermöglicht; der Fähigkeit zur präzisen Spezialisierung einzelner Areale, um Strukturen innerhalb von Signalen zu identifizieren – und das herauszubilden, was wir Informationen nennen; sowie der Fähigkeit, unterschiedlichste Einzelinformationen durch ein entsprechendes Maß an Einübung automatisch zu einer einheitlichen Gestalt zu verbinden. Auf diesen Assoziationsprinzipien beruht nicht nur das Lesen, sondern unsere gesamte Kognition.

Weshalb das Leseerlebnis derart intensiv gerät, lässt sich mittlerweile noch spezifischer beantworten. Zuständig für die Verarbeitung von Schriftzeichen ist das sogenannte ›visuelle Wortformareal‹. Es hat sich im Laufe der letzten 10 Millionen Jahre zur visuellen Identifikation von Objekten herausgebildet, und zwar unabhängig davon, unter welchem Blickwinkel man sie betrachtet: ob sie sich bewegen, zurückziehen, umdrehen oder neue Schatten werfen. Indem es das Erkennen von Raub- und Beutetieren erleichterte und damit den nötigen Vorsprung in der Reaktion ermöglichte, bot es einen entscheidenden Vorteil in der Überlebensstrategie. Dieses Areal ist ungewöhnlich breit vernetzt mit anderen Regionen des Gehirns, die Informationen zu den einlangenden visuellen Daten liefern; die sie verbindenden Nervenstränge sind zudem mit einem Isolator umgeben, der eine schnelle Transmission erlaubt. Die so ausgelösten Kettenreaktionen stellen eine auf allen Ebenen intensive Fokussierung auf ein Objekt her. Was ursprünglich jedoch der visuellen Identifikation von Objekten diente, hat nun die Aufgabe übernommen, Worte zu identifizieren – und bewirkt mithin jene tiefe Immersion, die wir beim Lesen erfahren.

Dieser Adaption ist auch die Erfindung der Schrift zu verdanken. Sie verrät sich dadurch, dass eine Eigenschaft dieses Identifikationsareals – nämlich Objekte ungeachtet jeder Symmetrie wahrzunehmen (ob ein Tiger von rechts, links oder als Spiegelbild) – bei Kindern bewirkt, dass sie anfangs nicht zwischen ›p‹ und ›q‹ oder ›b‹ und ›d‹ unterscheiden können: sie müssen sich dies im Laufe eines langwierigen Lernprozesses erst antrainieren. Andererseits führt die Datenverarbeitung des visuellen Identifikationsareals dazu, dass alle Schriftsysteme Formen wie Y, L und T in ihr Repertoire übernommen haben. In der Natur liefern solche Konfigurationen wertvolle räumliche Informationen, ob sich ein Objekt vor oder hinter einem anderen befindet; das Alphabet übernimmt diese Konfigurationen, weil es damit auf eine bereits ausgebildete Sensibilität des Gehirns für solche Formen zurückgreifen kann.

Die Gegenprobe zur Dominanz des visuellen Wortformareals beim Lesen bieten Läsionen dieser Gehirnstruktur. Sie bewirken eine Reihe von Symptomen, die unter den Begriffen Seelenblindheit, visuelle Agnosie und Klüver-

Bucy-Syndrom zusammengefasst werden. Dabei ist keine wirkliche Blindheit gegeben; der Patient reagiert noch auf visuelle Reize, kann die Dinge jedoch nicht mehr erkennen. In der schlimmsten Form führt dies zu einem übersteigerten Sexualtrieb, fehlender emotionaler Empathie und der Tendenz, Objekte wahllos oral zu erkunden. Es ließe sich nun spekulieren, dass die Vertiefung in ein Buch als extreme Belastung des zuständigen Areals zu einem ähnlichen Krankheitsbild führt: Lesen ist oft auch ein ungehemmt erotisches Erlebnis, bei dem man sich seiner Umgebung gegenüber als beinahe solipsistisch zeigt, während man gleichzeitig wahllos alles, von Schokolade bis Popcorn, dem Mund zuführt ...

6

Diese spezielle Bedingtheit unserer Wahrnehmung wird durch die uns eigene empathische Mimesis und die Fokussierung durch das visuelle Wortformareal mit einem breiten Kontext versehen, der jene Eindrücklichkeit bewirkt, die wir beim Lesen erfahren. Die Anpassungsfähigkeit dieser Empathie wird dabei kaum beeinflusst vom Grad, mit dem wir sie willentlich betreiben; durch die lange Konditionierungszeit, die wir ›Schule‹ nennen, haben wir sie längst so automatisiert, dass sie unsere rationalen Mechanismen weitgehend unterläuft.

Sieht man jemanden ein Gesicht ziehen, ahmt man es unwillkürlich nach. Läge Ihnen anstelle eines Stahlstichs des Herrn Voltaire das Foto eines breit grinsenden Adolf Hitler vor, Sie würden trotz aller moralischen Abneigung unwillkürlich zu grinsen beginnen. Denn wen ein Bild darstellt, wird uns erst nach etwa 2-300 Millisekunden bewusst: und genauso schnell sehen wir nicht nur, sondern lesen auch. Erst die Identifikation über die Ratio unterbindet unsere instinktiven, empathischen Reaktionen. Deshalb braucht es zu jeder Interpretation von Texten auch einen Willensakt der Distanzierung, den man meist ebenfalls in jener langen Konditionierungszeit erlernt, die sich ›Universität‹ nennt.

Mimik ist nicht nur ein äußerliches Anzeichen dessen, was eine Person fühlt – sie kann Gefühle auch erzeugen oder verstärken. Jene Muskelpartien zu stimulieren, die für das Lachen zuständig sind, heißt auch, Signale an jene Gehirnregionen zu schicken, die einem die damit assoziierten angenehmen Lustgefühle bereiten (und umgekehrt: bereits so zu tun, als weine man, verschlechtert die Stimmung). Dass man beim Lesen in lautes Lachen ausbrechen kann, rührt daher, dass es genügt, sich etwas vorzustellen – die Neuronen, die aktiviert werden, wenn wir selbst lachen oder jemanden lachen sehen, bleiben dieselben. Anders würde auch Schauspielerei nicht funktionieren. In diesem Sinne heißt Lesen nichts anderes, als in die Wort-Maske zu schlüpfen, die ein Autor beim Schreiben herstellt, indem er sich wiederum vorstellt, wie jemand anderer – und so weiter und so fort. Anschaulich beschrieben hat dies Arno Schmidt in seinem Text *Was soll ich tun?*:

> Wenn ich vom Helden höre, daß er sich zum Denken anschickt: »… er runzelte die Stirn und preßte streng die Lippen aufeinander …« – schon fühle ich, wie sich mein Gesicht, vorn, zu der gleichen pensiven Grimasse verformt! Das muß Vielen so gehen! Morgens, in der Straßenbahn, sieht man deutlich die Verheerungen, die die Schriftsteller unter uns anrichten; wie sie uns ihre Gedankengänge, die verruchtesten Gebärden, aufzwingen. Oh, der Zeitungsroman, der Zeitungsroman! Neulich stand mitten im Text die nichtswürdige Wendung: »… er wandte den Kopf, langsam, wie Löwen pflegen …« – am nächsten Morgen machte die Hälfte der Mitfahrer den Eindruck, als hätte sie Genickstarre; sie blinzelten und schnarchten verächtlich verzögert. Auch mit den jungen Mädchen war an dem Tage nicht auszukommen; sie schienen alle die Taschentücher vergessen zu haben, und bestarrten uns Männer aufs unverschämteste. Erst später erfuhr ich, daß es im Konkurrenzblatt geheißen hatte: »… sie rotzte frech …«.

7

Das Prinzip der Mimesis, worin nach Aristoteles alle Kunst wurzelt, ist so gesehen nichts anderes als ein evolutionsbiologisches Nachäffen auf höherer Ebene. Erst dadurch wird eine Kommunikation möglich, die sowohl den anderen zu manipulieren als auch in ihm das Eigene zu erkennen versucht – und das um fünf Ecken. Wir sprechen im Grund immer durch und mit Masken. Voltaire führt uns dies treffend vor, wenn er einen venezianischen Edelmann in Antwort auf Candide über Cicero urteilen lässt, um dadurch seiner eigenen Meinung Ausdruck zu verleihen:

> *»Ich lese ihn nie«, antwortete der Venezianer, »was schert es mich, ob er Rabirius oder Cluentius verteidigt hat? Ich habe selbst genug Prozesse, in denen ich richte; mit seinen philosophischen Werken hätte ich noch übereinstimmen können, aber da ich sah, daß er über alles im Zweifel stand, kam ich zum Schlusse, daß ich darüber genausoviel wisse wie er, daß ich niemanden brauche, um unwissend zu sein.«*

Bickerton, Derek (2009), *Adam's Tongue – How Humans Made Languages, How Language Made Humans*, London

Carter, Rita (2002), *Exploring Consciousness*, Berkeley

Dehaene, Stanislas (2009), *Reading in the Brain*, London

Dennett, Daniel C. (2006), *Breaking the Spell: Religion as Natural Phenomenon*, New York

Dunbar, Robin (2004), *The Human Story – A New History of Mankind's Evolution*, London

Edelman, Gerald M., & Giulio Tononi (2000), *A Universe of Consciousness – How Matter Becomes Imagination*, New York

Reichholf, Josef H. (2008), *Das Rätsel der Menschwerdung – Die Entstehung des Menschen im Wechselspiel der Natur*, München

Ramachandran, Vilayanur (2006), »Zellen zum Gedankenlesen«. *Der Spiegel* 10

Wolf, Maryanne (2007), *Proust and the Squid – The Story and Science of the Reading Brain*, New York

Wrangham, Richard (2009), *Catching Fire – How Cooking Made Us Human*, London

Box 2. Immersion beim Lesen:
Versenkung in eine künstliche Welt

Eine Welt von Bildern und Gefühlen, von Figuren, die so wirklich erscheinen wie die Umwelt; der Zauber einer Geschichte, die derart mitreißt, dass man alles um sich herum vergisst; die Kraft einer Idee, die ganze Biographien verändern kann. Solche Erlebnisse berichten Personen, werden sie gefragt, was literarisches Lesen bei ihnen auslöst. Die bewusst mitteilbaren Vorgänge des Lesens bilden jedoch bloß die Spitze eines Eisbergs, der aus vielen unbewussten kognitiven und affektiven Prozessen besteht, welche die Leseforschung mit Methoden der Blickbewegungs- und Hirnaktivitätsmessung auszuleuchten versucht.

Diese Eindrücklichkeit des Lesens einer bestimmten Art von Literatur wird in Anlehnung an Bela Balazs' Filmtheorie *Immersion* genannt (der Leseforscher Richard Gerrig spricht von »Transportierung«, welche durch eine exklusive Übernahme der Erzählperspektive des Protagonisten erleichtert werden soll). Ein solches »Sichversenken« in eine künstliche Welt ist wissenschaftlich noch kaum erschlossen. Der niederländische Leseforscher Rolf Zwaan beschreibt es so:

Wenn Leser Geschichten lesen, konstruieren sie eine reiche mentale Vorstellung der Geschichten-Welt. Sie haben eine Idee davon, wie die des Protagonisten aussieht, und können sich – falls ihnen diese Umwelt vertraut ist – zusammen mit ihm durch diese ›Welt‹ bewegen. Der Leser stellt sich weiterhin die Ziele des Protagonisten vor und führt mental Buch über die erfolglosen und erfolgreichen Versuche, diese zu erreichen. Oft inferiert der Leser auch physische Ursachen, beispielsweise wenn er sein Wissen über Feuer und Wasser mobilisiert, um zu schließen, dass das Feuer ausging, weil jemand Wasser darüber schüttete. Zudem rekrutiert der Leser sein reiches emotionales Wissen, um zu inferieren, dass der Protagonist frustriert ist, wenn er sein Ziel nicht erreicht. Der Leser ist in einer zeitlichen Abfolge von Ereignissen so gefangen, dass diejenigen Ereignisse, welche in der ›Geschichten-Welt‹ nahe bei uns sind, auch zugänglicher in unserem Gedächtnis sind als solche, die weiter zurückliegen. Jedoch geht die phänomenologische Erfahrung der Immersion in eine Geschichten-Welt weit über dies hinaus. Beim Lesen einer Geschichte können wir kalten Wind ›erleben‹, der in unser Gesicht bläst, den Geruch von schalem Bier, einen Kuss auf unsere Lippen oder ein heißes Stück Pizza in unserem Mund.

Dieses Immersionsphänomen lässt sich durch zwei Hypothesen erläutern: *Symbolverankerung (Symbol Grounding)* und *Neuronale Neuprägung (Neuronal Recycling)*.

Symbolverankerung

Diese Hypothese postuliert, dass beim Lesen wie beim Sprachverstehen Prozesse im Spiel sind, die auf denselben oder ähnlichen neuronalen Mechanismen beruhen wie beim direkten Erleben. Diese mentale Simulation verbal oder schriftlich beschriebener Situationen bewirkt demnach – unter bestimmten Randbedingungen – eine mit der realen Wahrnehmung vergleichbare, bisweilen sogar stärkere Eindrücklichkeit. Damit steht diese Hypothese im Gegensatz zu traditionellen Auffassungen der kognitiven Psychologie, die von einer strikten Trennung zwischen Sprache und Wahrnehmung oder Handlung ausgehen, weil ihrer Auffassung nach Sprache sich – im Gegensatz zu Letzteren – auf die Manipulation abstrakter Symbole stützt.

Dabei wird jedoch übersehen, dass das Schriftbild von Worten und Sätzen dieselbe Art von sensorischen Reizen darstellt wie Objekte oder Gesichter. Zugleich werden sie auch automatisch mit ihrer Klanggestalt assoziiert. Licht- und Schallwellen wirken so – transformiert in neurochemische Signale – auf unser Gehirn, dass diese Wellen dann in komplexen Zwischenschritten zu (multimodalen) ›Symbolen‹ umgewandelt werden: in Buchstaben/Grapheme und die ihnen entsprechenden Laute/Phoneme. Ein Wort wird demnach symbolisch verankert (›symbol grounded‹) durch jene sensomotorischen Aktivitäten, mit denen im Verlauf der individuellen Lerngeschichte seine Rezeption (Sehen, Hören) und Produktion (Sprechen, Schreiben) miteinander verbunden wurde. Was auf den ersten Blick als abstraktes, amodales Objekt von Schriftzeichen erscheint, erhält erst über viele mühsame Jahre des Lernens hinweg seine gewohnte, beinahe selbstverständliche Bedeutung – die Schwierigkeiten dabei kann jeder feststellen, der Kinder oder erwachsene Patienten mit Hirnläsionen beim Lesen- und Schreibenlernen beobachtet.

Der Psychologe Lawrence Barsalou spricht in diesem Zusammenhang von ›perzeptuellen Symbolen‹ im Gegensatz zu der von ihm bestrittenen Existenz ›abstrakter Symbole‹ im Gehirn. Diese perzeptuellen Symbole basieren auf dynamischen, über viele neuronale Netzwerke verteilten assoziativen Aktivierungsmustern. In einer Situation A erfassen und speichern diese Assoziationsareale Aktivierungsmuster aus den unterschiedlichsten sensomotorischen Arealen. Wird Situation A oder eine hinreichend ähnliche später wiederholt – ob in Wirklichkeit oder virtuell wie beim Lesen –, reaktivieren diese Assoziationsareale die ursprünglichen sensomotorischen Reizungen und implementieren damit laut Barsalou perzeptuelle Symbole.

Der klassischen Vorstellung der Psycholinguistik, der zufolge Wörter beim Lesen aus einem abstrakten mentalen Lexikon abgerufen werden, hält diese Hypothese entgegen, dass ein Wort beim Lesen jedes Mal wieder in einem neuen Kontext reproduziert bzw. re-konstruiert werden muss. In der Tradition von Helmholtz und Bayes lässt sich ein solches Wortformgedächtnis mit einer statistischen Inferenz-

Über das Lesen

maschine vergleichen, die schnelle Rückschlüsse auf die wahrscheinlichsten Ursachen sensorischer Reize ermöglicht. Der Lernvorgang beruht unter diesem Gesichtspunkt auf einer Art Statistik, die auf der Entdeckung und Wiedererkennung von Strukturen aufbaut. Dadurch entsteht ein selbstorganisierendes System, dessen Erinnerungsdynamik die Wahrnehmung beeinflusst – und umgekehrt. Kohärentes Erkennen ist, so gesehen, das Ergebnis eines Ausgleichs zwischen den dynamischen Strukturen der Umwelt und jenen des Gehirns, die wiederum ›top-down‹ Kontextinformationen liefern. Jeder Reiz spezifiziert so stets ein Ausgangsmuster, das mit der Dynamik dieses selbstorgansierenden Systems nie ganz übereinstimmt, somit multiple Attraktoren (bestimmte Endzustände eines dynamischen Systems, wie etwa der Ruhepunkt eines Pendels) besitzt und dadurch prinzipiell mehrdeutig ist.

Der Lernpsychologe Jeff Elman betrachtet Wörter nicht als ›Operanden‹, die etwa von einem Syntaxprozessor aus dem passiven Speicher eines mentalen Lexikons abgerufen werden, um Phrasen und Sätze zu konstruieren, sondern als ›Operatoren‹: sensorische Reize, die wie alle anderen auch bestimmte neuronale Zustände bewirken. Die orthographischen, phonologischen oder semantischen ›Worteigenschaften‹ entstehen so jedes Mal kontextabhängig und dynamisch. Wörter haben also keine feste Bedeutung: diese wird erst durch die Hinweisreize, die Schrift- und Lautbild bieten, für den jeweiligen Kontext konstruiert. Die Wortbedeutung ergibt sich bei jedem Lesevorgang neu auf der Basis einer dynamischen Koppelung von schriftlichen und lautlichen Assoziationsvorgängen, wobei die Re-konstruktion der lautlichen Aspekte eines Wortes entscheidend für die Konstruktion seiner Bedeutung ist (Box 17).

Dieser bei jedem Leseakt einsetzende Vorgang verknüpft unterschiedliche neuronale Schaltkreise in den unterschiedlichsten Gehirnarealen, die wahrscheinlich zusammen in bestimmten Frequenzbändern schwingen (z.B. im Gammaband > 30 Hz); der Sprachpsychologe Friedemann Pulvermüller nennt diese in Anlehnung an den Pionier der Neuropsychologie, Donald Hebb, ›funktionale Netze‹. Die Bedeutung von Aktionswörtern (›laufen‹, ›werfen‹, ›springen‹) entsteht demnach aus der synchronen Aktivierung von funktionalen Netzen, welche im vorderen Teil des Gehirns ihren Schwerpunkt haben (nahe am Motorkortex; Abb. 2). Über das Spiegelzellensystem könnten solche Wörter die gleichen (oder überlappende) Schaltkreise

Handlungsbezogenes Wort   auf Visuelles bezogenes Wort

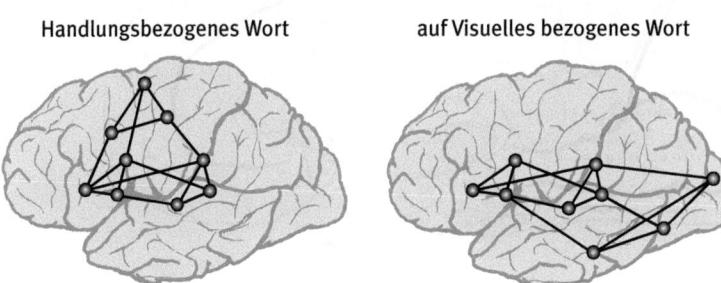

Abb. 2   Funktionale Netze bei der Worterkennung (nach Pulvermüller, 1999).

aktivieren wie bei der Ausführung der beschriebenen motorischen Handlungen selbst. Perzeptuelle – das heißt visuelle, auditive oder olfaktorische – Wörter wie ›Blumenbeet‹, ›Regenprasseln‹ oder ›Speckpfanne‹ würden hingegen zumindest partiell Schaltkreise aktivieren, die ihren Schwerpunkt in den entsprechenden sensorischen Arealen haben (etwa im visuellen Kortex). All dies geschieht gewöhnlich unbewusst. Evidenz für diese Theorie liefern unter anderem Experimente, bei denen den Probanden nur beschriebene Szenarien eines ›Nach dem Essen eine Zigarette rauchen‹ physiologische und kognitive Prozesse auslösten, die denjenigen ähneln, die beim erlebten Drang nach einer Zigarette auftreten.

Neuronale Neuprägung

Die zweite Hypothese besagt, dass kulturelle Erfindungen wie die Schrift evolutionär ältere Netzwerke im Gehirn okkupiert haben, indem sie deren strukturelle Rahmenbedingungen zumindest teilweise übernommen haben und eine Art ›neuronaler Nische‹ bilden. Die Evolution hatte in den etwa 6000 Jahren seit der Entwicklung der Schrift wohl kaum Zeit, vollkommen neue, lesespezifische Strukturen zu entwickeln, die sich auf die Konstruktion solcher amodaler Symbole spezialisieren konnten. Da schon allein beim Erkennen eines einzelnen Wortes neuronale Netzwerke in allen vier Hirnlappen und im Kleinhirn sowie in weiteren subkortikalen Strukturen aktiv sind, ist davon auszugehen, dass hier Strukturen genutzt werden, die bei unseren Vorfahren vergleichbare Funktionen erfüllten (z. B. Muster-, Objekt- und Gesichtserkennung).

Stephen Jay Gould, Harvard Professor für Paläontologie, schlug für solche Prozesse den Begriff *Exaptation* vor. Gemeint ist damit eine Art kreativer Zweckentfremdung der Evolution: die Nutzbarmachung einer Eigenschaft für eine Funktion, für die sie ursprünglich nicht vorgesehen war. Auf eine der größten Leistungen der menschlichen Zivilisation und eine der komplexesten Funktionen des menschlichen Gehirns bezogen – das Lesen –, geht der Neuropsychologe Stanislaw Dehaene in seiner Hypothese der *Neuronalen Neuprägung* davon aus, dass ein bestimmter Teil

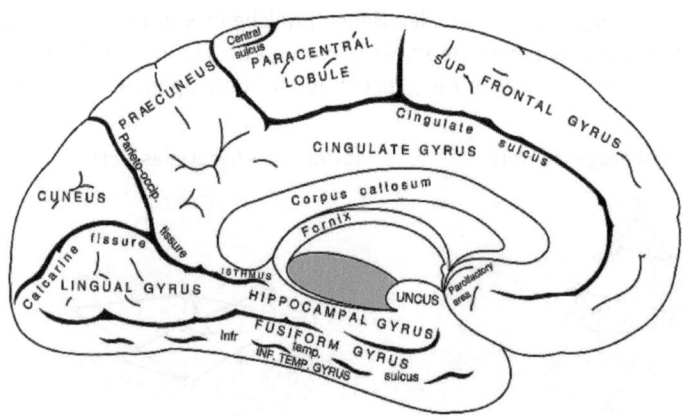

Abb. 3   Mediale Oberfläche der linken Hemisphäre mit dem Gyrus fusiformis am unteren Rand. Quelle: http://en.wikipedia.org/wiki/Fusiform_gyrus

Über das Lesen

des Gyrus fusiformis der linken Hirnhälfte – einer Struktur im unteren Schläfenlappen (Abb. 3 und Box 29, Abb. 65) – ein solches exaptiertes Gehirnareal darstellt. Das oft Jahre dauernde Lesenlernen prägt dessen neuronale Schaltkreise neu und überformt damit in dieser Region das, was evolutionär zunächst ausschließlich der Objekt- und Gesichtserkennung diente: ein Musterbeispiel dafür, wie das Gehirn plastisch auf neue kulturelle Erfindungen reagieren kann.

Dieses sogenannte ›Visuelle Wortform-Areal‹ besitzt eine Reihe von neuronalen Schaltkreisen, die einerseits hinreichend nahe an den ursprünglichen Funktionen der Muster-, Objekt- und Gesichtserkennung liegen, auf die andere Teile des Gyrus fusiformis spezialisiert sind, die andererseits aber auch hinreichend plastisch sind, um signifikante Ressourcen für neue kulturabhängige Aufgaben wie die Buchstaben- und Worterkennung rekrutieren zu können. Man kann also mit der Sprach- und Leseforscherin Maryanne Wolf davon ausgehen, dass »die Struktur des Gehirns das Lesen möglich machte und die Struktur des Lesens das Gehirn auf vielfache, entscheidende und noch immer sich entwickelnde Weise veränderte«.

Obwohl wissenschaftlich nicht unumstritten, machen beide Hypothesen – Symbolverankerung und neuronale Neuprägung – zusammen plausibel, weshalb literarisches Lesen auch eine sinnliche Erfahrung ist und zu einer Art von siebtem Sinn werden kann, der sich aus den sensorischen Erfahrungen des Seh- und Hörsinns sowie unzähliger Erinnerungsbilder speist. Natürlich spielen auch Interesse, Spannung, Überraschung und die unterschiedlichsten Aufmerksamkeitsprozesse beim Immersionsphänomen eine Rolle (Box 37).

1990 veröffentlichte der Psychologieprofessor Mihaly Csikszentmihalyi von der Universität Chicago sein einflussreiches Buch *Flow: The Psychology of Optimal Experience*. Er untersuchte intensives Engagement und völliges Aufgehen in einer Aufgabe bei den unterschiedlichsten Aktivitäten – Felsklettern, Motorradfahren oder Fließbandarbeit –, wobei die ›gewöhnlichste‹ Tätigkeit, die systematisch solche *Flow*- oder Immersionserlebnisse produziert, das Lesen ist. Der Autor unterscheidet dabei sechs Charakteristika von *flow*:

- die Person muss der Aktivität gewachsen sein, d. h., ihre Fertigkeiten müssen zur Aufgabe passen;
- die Tätigkeit muss relativ klare Ziele haben und der Person Rückmeldung über ihre Leistung bieten;
- die Aufmerksamkeit der Person muss völlig auf die Tätigkeit gerichtet sein, sodass diese Mischung aus Aktivität und Bewusstsein die Sorgen des Alltags vergessen lässt;
- die Person muss den Eindruck haben, dass die Ergebnisse der Aktivität unter ihrer Kontrolle stehen;
- die Person verliert den Zeitsinn;
- sie verliert zeitweise sogar das Bewusstsein ihrer selbst (wie der Sozialpsychologe und Identitätsforscher George Mead bereits 1930 beschrieben hatte).

Ein Felskletterer, ein Komponist, ein Tänzer und ein Leser beschreiben ihre Erfahrungen jeweils so:

Felskletterer
Ich war durch nichts abgelenkt. Ich dachte an nichts anderes. Ich war völlig invol-
viert in das, was ich tat. Mein Körper fühlte sich gut an. Ich schien nichts mehr zu
hören. Die Welt war wie abgeschnitten von mir. Ich war mir meiner Probleme we-
niger bewusst.

Komponist
Meine Konzentration war wie Atmen. Ich brauchte nicht darüber nachzudenken.
Nachdem ich einmal drinnen war, vergaß ich völlig meine Umwelt. Ich dachte,
das Telefon könnte läuten, die Türglocke klingeln, das Haus niederbrennen oder
so etwas. Sobald ich anfing, schloss ich die ganze Welt aus. Hörte ich dann auf,
konnte ich sie wieder hereinlassen.

Tänzer
Ich war so in das, was ich tat, involviert. Ich sah mich nicht davon getrennt.

Leser
Es beginnt ganz spontan, und es hält an, solange ich lese … Ich muss mich kon-
zentrieren und mich involvieren … Ich gehe sofort im Lesen auf, und all die Pro-
bleme, die mich sonst bedrängen, verschwinden … Es beginnt, sobald etwas Be-
sonderes meine Aufmerksamkeit auf sich zieht, etwas, das mich interessiert …
Das entsteht, sobald ich Gelegenheit habe, ungestört zu lesen … Man fühlt sich
gut, ruhig, friedlich … Ich fühle mich, als würde ich ganz in die Situation gehören,
die im Buch beschrieben wird … Ich identifiziere mich mit den Charakteren und
nehme Anteil an dem, was ich lese … Ich fühle mich, als hätte ich das Buch in mei-
nem Kopf gespeichert.

Csikszentmihalyis Modell bildet diese Prozesse in einem zweidimensionalen Koordinatensystem mit den Achsen ›Herausforderungen‹ und ›Fertigkeiten‹ ab. Sind
beide Werte ausgeglichen – und treffen zudem alle anderen oben aufgelisteten Bedingungen zu –, befindet man sich in diesem Zustand des ›Flusses‹ (Punkt A$_1$ in Abb.
4). Fährt man mit der Aktivität fort, erhöht sich in der Regel durch Übung das Fertig-

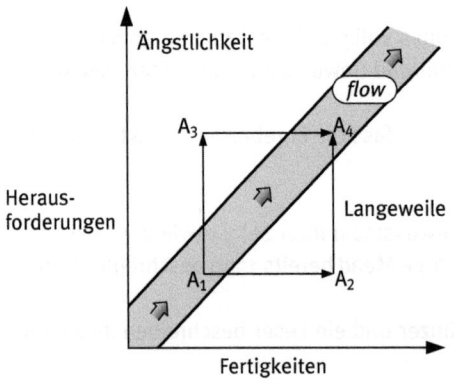

Abb. 4 Die Bedingungen für Flowerleben
(Erläuterungen im Text; nach Csikszentmihalyi & Csikszentmihalyi (1988).

Über das Lesen

keitsniveau: das kann Zustand A_2 – Langeweile – bewirken, bei der die Fertigkeit die Herausforderung überragt. Umgekehrt kann ein Ungleichgewicht aus Überforderung oder Mangel an Fertigkeit zu Ängstlichkeit (A_3) führen. Da weder Langeweile noch Ängstlichkeit erwünscht ist, ist man motiviert, entweder das Anforderungsniveau zu erhöhen, um die Langeweile loszuwerden, oder aber seine Fertigkeiten zu verbessern, um die Ängstlichkeit zu verlieren. Theoretisch kann man zwar auch das Anforderungsniveau senken, um die Ängstlichkeit zu besiegen; in der Praxis jedoch fällt es schwer, einmal angenommene Herausforderungen zu ignorieren. Ergebnis dieser Anpassungsprozesse ist laut Csikszentmihalyi das Bemühen, auf Niveau A_4 zu gelangen: zu einer komplexeren Aktivität samt dem damit verbundenen komplexeren Bewusstsein.

In einer unabhängigen empirischen Studie, die Csikszentmihalyis Modell durch Befragungen prüfte, ergaben sich folgende, nicht ganz überraschende Befunde:

- die Mehrheit der zu Flowerlebnissen führenden Texte waren solche, die zum Vergnügen gelesen wurden;
- wurden die Texte etwa in der Schule vorgegeben, traten Flowerlebnisse erst dann auf, wenn Interesse für den Text bestand;
- Flow tritt umso wahrscheinlicher auf, wenn der Leser glaubt, der Text verschaffe ihm persönliche oder intellektuelle Vorteile;
- Fiktion produziert deutlich mehr Flowerlebnisse als Sachbücher.

Eine erste psychophysiologische Untersuchung zum *flow* an klassischen Profipianisten ergab systematische Zusammenhänge zwischen dem subjektiven Flowerlebnis und peripher-physiologischen Indikatoren wie der Herzrate, dem Blutdruck oder der Aktivität des Lachmuskels (Box 8, Abb. 19). Aufgrund methodischer Einschränkungen müssen diese Befunde jedoch erst repliziert werden, bevor sie als theoriebestätigend gewertet werden können.

Barsalou, L. W. (1999). »Perceptual symbol systems«. *Behavioral and Brain Sciences*, 22, 577–660

Csikszentmihalyi, M., & Csikszentmihalyi, I. (1988) (eds.). *Optimal Experience: Psychological Studies of Flow in Consciousness*. New York: Cambridge University Press

de Manzano, Ö., Theorell, T., Harmat, L., & Ullén, F. (2010). »The Psychophysiology of Flow During Piano Playing«. *Emotion*, 10, 301–311

Elman, J. L. (2004). »An alternative view of the mental lexicon«. *Trends in Cognitive Sciences*, 8, 301–306

Gerrig, R. (1998). *Experiencing Narrative Worlds: On the Psychological Activities of Reading*. New Haven, CT: Yale University Press, 1993; Boulder, CO: Westview Press

Jacobs, A. M. (2006). »Was passiert beim Lesen im Gehirn«. *Süddeutsche Zeitung*, Feuilleton, 18. August

Jacobs, A. M., & Graf, R. (2005). »Wortformgedächtnis als intuitive Statistik in Sprachen mit unterschiedlicher Konsistenz«. *Zeitschrift für Psychologie*, 213, 133–141

Pulvermüller, F. (1999). »Words in the brain's language«. *Behavioral and Brain Sciences* 22, 253–279

Wolf, M. (2009). *Das lesende Gehirn – Wie der Mensch zum Lesen kam und was es in unseren Köpfen bewirkt*. Heidelberg: Spektrum Akademischer Verlag

Zwaan, R. A. (1999). »Embodied cognition, perceptual symbols, and situation models«. *Discourse Processes, 28*, 81–88

B – INTELLIGENZ UND ERINNERUNG

1

»Erwiesen ist«, sagte Pangloß, »daß die Dinge gar nicht anders sein können; indem nämlich alles zu einem Ende gemacht ist, so ist alles notwendig zum besten Ende gemacht. Merkt wohl auf, die Nasen sind gemacht, Brillen zu tragen, so tragen wir denn Brillen. Die Beine sind augenscheinlich dazu eingerichtet, bekleidet zu werden, folglich tragen wir Beinkleider.«

Und weil Sprache gemacht scheint, um Bücher zu schreiben, halten wir uns diese vor die Nase – hätte Pangloß im *Candide* noch anfügen können. Doch nicht nur Voltaires Beweisführung, auch alles Raisonieren im Nachhinein unterliegt stets der Gefahr, Entwicklungsschritten eine zielgerichtete Zwangsläufigkeit zuzuschreiben. Wenn wir in diesem Buch bestrebt sind, in den Stilmitteln der literarischen Sprache Denkfiguren zu erkennen, deren Funktion verallgemeinerbar sind, um sie sodann auf eine evolutionäre Pragmatik zurückzuführen, können wir letztlich doch bloß Hypothesen bieten, die das Risiko Pangloßscher Trugschlüsse in sich tragen.

Dagegen lässt sich einwenden, dass selbst dies noch ursächlich mit der Psychologie spezifischer menschlicher Erkenntnis zusammenhängt – denn einer Sequenz von Abläufen Ursache und Wirkung zuzuschreiben, das muss wohl die erste große Erfindung der Menschheit gewesen sein. Weil A geschieht und B geschieht – und dies genügend oft –, glauben wir, dass B durch A bedingt wird. Alles Raisonieren gründet zunächst auf dem Assoziieren von zwei Sachverhalten miteinander. So konzeptualisieren wir die Welt und sind recht erfolgreich damit – obwohl sich nach Jahrtausenden herausstellen kann, dass wir oft völlig falschgelegen haben, weil die Sonne doch nicht über der Erde aufgeht, sondern Letztere sich immer schon von ihr im Abend weggedreht hat. Die eigentliche Frage aber ist, woher die Fähigkeit zur Assoziation stammt – und damit unsere spezifische Form von Intelligenz.

2

Anatomisch unterscheiden wir uns nur unwesentlich von unseren afrikanischen Ahnen vor 200 000 Jahren. Und doch zeigt sich erst mit den vor 75 000 Jahren in Ockerstäbe eingeritzten Symbolen, Muschelperlen und Knochenwerkzeugen der Blombos-Höhle in Südafrika oder den vor 40 000 Jahren überall in Europa auftauchenden Höhlenmalereien und geschnitzten Figuren eine kulturelle Explosion, die die erhaltenen Funde nur schattenhaft nachzuzeichnen vermögen.

Blickt man auf unsere Evolutionsgeschichte zurück, auf jene mausgroßen Säugetiere, die das Aussterben der Saurier überlebten, hat sich eine erste Art der Intelligenz erst bei den Primaten herausgebildet: gemeint ist jene soziale Intelligenz, die Kooperation und Koordination innerhalb einer Gruppe ermöglichte. Ohne ihre manipulativen Züge sind Gemeinschaftsaktivitäten wie Jagd, das Verteilen von Beute, aber auch das Aufziehen von Säuglingen kaum denkbar – und sie implizieren auch schon jene rituellen und damit symbolischen Handlungen, wie sie etwa beim Paarungsverhalten sichtbar werden.

Eine zweite Art intelligenten Verhaltens lässt sich an der Herstellung von Artefakten erkennen. Selbst um etwas scheinbar so Primitives wie einen Schaber herzustellen, bedarf es zunächst weniger der Körperkraft, denn der Präzision beim Abschlagen der Splitter von einem Steinkern. Ermöglicht hat uns dies der lange Daumen, die breiten Fingerkuppen und die Handfläche, die nur noch in eingeschränktem Maß zum Festhalten beim Klettern tauglich sind und bereits eine evolutionäre Adaptation für das Hantieren und pinzettenartige Greifen darstellen. Der *Australopithecus afarensis* benützte bereits vor dreieinhalb Millionen Jahre scharfkantige Steine, um Fleisch vom Knochen zu schaben, und die ältesten gefundenen Steinwerkzeuge sind rund zweieinhalb Millionen Jahre alt. Eine Vorstellung von Symmetrie (die Affen nicht besitzen) wird aber erst vor einer Million Jahren bei den Hominiden erkennbar – an bilateralen Faustkeilen, die länger als breit sind, wobei die eine Seite so abgeschlagen wurde, dass sie die andere widerspiegelt.

500 000 Jahre später weisen die Artefakte bereits eine dreidimensionale Symmetrie mit deckungsgleichen Kanten auf. Die dazu benötigte Fingerfertigkeit ist enorm – heute bräuchten wir Jahre, um sie zu erwerben und Schlagkraft und -richtung gezielt einzusetzen. Darüber hinaus bedarf es jedoch eines Abstraktionsvermögens, um eine spezifische Form unabhängig von der Gestalt des Steinkerns herausarbeiten zu können, eines Planens also von virtuellen Abläu-

fen. Zudem ist ein räumliches Vorstellungsvermögen nötig, um die erwünschte Form im Kopf rotieren zu lassen – eine Fähigkeit, die Kinder erst im Alter von acht bis neun Jahren erwerben.

Das benötigte kognitive Vermögen entsprach also bereits vor hunderttausenden Jahren dem unseren – ohne dass es noch kulturell breit zu tragen gekommen wäre. Diese Art des Intelligenzgewinns basierte somit nicht unbedingt auf der Sprache: Beobachtung, Wiederholung und Imitation genügten. Dennoch weisen auch Werkzeuge etwas Symbolisches auf. Sie unterscheiden sich von unseren intern abgespeicherten Worten nur darin, dass jedes Artefakt ein mentales Konzept darstellt, das gewissermaßen extern abgespeichert und formatiert wurde.

Eine dritte Art der Kognition zeigt die naturbezogene Intelligenz, die sich herausgebildet hat – nicht nur im Wissen um Rohmaterialien und deren Bearbeitbarkeit, sondern auch in unserem Orientierungsvermögen. Sie setzt eine Form von mentaler Kartierung voraus. Schon das Fährtenlesen bedarf eines hohen Maßes an Abstraktion: eine Spur ist ebenso symbolisch wie die Figur einer Felsmalerei. Beide sind sie referentiell – das heißt sowohl räumlich wie zeitlich von dem abgehoben, was sie bedeuten, und von wem oder was sie geschaffen wurden. Hufabdrücke im Schnee, Schlamm oder Gras unterscheiden sich voneinander genauso wie einzelne Felszeichnungen. Und so wie einzelne Personen Spuren unterschiedlich lesen, kann auch die Bedeutung von Symbolen je nach Individuum variieren.

Es bedarf also sowohl bei der Felskunst wie beim Spurenlesen dreier unterschiedlicher Prozesse: der geistigen Konzeption in Form eines Bildes; der intentionalen Kommunikation innerhalb einer Gruppe; und der Zuschreibung einer Bedeutung. Alle drei miteinander assoziiert und zur Deckung gebracht, führen dann zur Beute; aber auch das, was wir Kultur nennen, beruht auf einer Synchronisation dieser drei Arten von Intelligenz. Die Frage ist nur, weshalb sie entwicklungsgeschichtlich erst so spät gemeinsam auftreten.

Während der Frühmensch über einzelne Fähigkeiten verfügt zu haben schien, die nur unabhängig voneinander Eingriffe in die Welt möglich machten, lässt sich dann vor 70 000 Jahren dokumentieren, dass sie miteinander in Deckung gebracht wurden. Soziale Intelligenz (als jedwede Art von intentionaler Kommunikation), technische Intelligenz (die auf mentalen Konzepten basierende Artefakte produziert) und naturbezogene Intelligenz (die ›natürliche‹ Symbole zu interpretieren versteht) werden erst in der Kunst des modernen Menschen vereint, die symbolische Bedeutungen als Mittel der Kommunikation einsetzt. Aber auch jedes Artefakt ist in diesem Sinne ein metaphorisches *tertium comparationis*, das sich greifen und handhaben lässt.

Dabei fällt eine kognitive Flexibilität auf, die beispielsweise das soziale Denken über Menschen mit dem naturbezogenen Wissen um Tiere verknüpft, um über Menschen als Tiere und über Tiere als Menschen nachzudenken. Mit solchen Anthropomorphismen und Totemismen beginnen so metaphysische Systeme wie die Religion: ›Gott‹ ist letztlich nur eine Projektion sozialer und humaner Verhaltensweisen auf die Natur. Als Überblendungen nehmen damit erstmals in der Geschichte auch Dinge, die es nicht gibt – Chimären also –, reale Gestalt an. Die 30 000 Jahre alte elfenbeinerne Statuette des Löwenmenschen von Hohlenstein-Stadel ist dafür ein ebenso verblüffender Beleg wie der ›Zauberer‹ aus der Höhle Trois-Frères, dieses Mischwesen aus Mensch und verschiedensten Tieren.

3

Was in unserem Hirn hat solche imaginative Transfers ermöglicht? Sie setzen dasselbe analogische Denken voraus, das wir von Metaphern und Similes kennen: auch sie lösen Strukturen von ihrem ursprünglichen Kontext ab, um sie in einen anderen zu übertragen. Alles Wissen wird damit ›re-präsentiert‹, seiner ursprünglichen Funktionalität entfremdet und auf einen anderen Bereich projiziert.

Diese Schemata basieren letztlich auf Assoziationen, die Wahrnehmungen von Ähnlichkeiten, Kausalitäten, Parallelitäten und so weiter verknüpfen. Damit diese Verknüpfungen sich etablieren können und in einer Struktur fixieren lassen, ist etwas nötig, das ihnen Permanenz verleiht: ein Trägermedium wie das Wort – dessen Klangfigur all diese Assoziationen auf den Punkt bringt, indem sie diese aus dem Gedächtnis abruft.

Eine Möglichkeit, kognitive Flexibilität samt ihren kreativen Transfers zu erklären, ist Sprache – genauer gesagt, ihre Erinnerungsdimension. Sie bedingt die Referentialität von Worten, durch die abgespeicherte und strukturierte Konzepte immer wieder aktualisiert werden. Zuständig dafür ist der Hippokampus, ein seepferdchenartiges Areal hinter dem Schläfenlappen, das unsere Langzeiterinnerung gewährleistet – jenes episodische Gedächtnis, das Ereignisse sequenzhaft als ›Erzählungen des Gehirns‹ festhält. Fällt er aus, wird der Zugriff auf unser mentales Lexikon wesentlich erschwert. Worte sind also nichts als Etiketten für die vom Hippokampus, dem limbischen System und den Assoziationsarealen verarbeiteten Inhalte. Einmal abgerufen, gelangen sie ins Kurzzeitgedächtnis – es re-produziert diese Konzepte, macht sie verschiebbar und ermöglicht dadurch ein analogiebildendes Denken.

Letzteres spielt sich vor allem im dorsolateralen präfrontalen Kortex ab. Als evolutionsgeschichtlich jüngster Teil des Gehirns ist er der letzte, der bei der Entwicklung eines Individuums funktionsfähig wird. Die Nervenbahnen zwischen ihm und den Zentren, die unsere motorischen Bewegungen kontrollieren, haben sich aber schon bei den ersten Säugetieren herausgebildet: sein ursprünglicher Zweck war es, die Konsequenzen einer Bewegung vorherzusehen und geplante Bewegungsabläufe durch aktuellste Sinnesdaten gewissermaßen in letzter Sekunde noch zu beeinflussen. Ihm verdanken wir die rudimentäre Form eines Ichs: die Projizierung eines beabsichtigten Handlungsschemas auf bereits in Gang gesetzte Muskelkontraktionen muss das Bewusstsein eigenen Tuns mit sich gebracht haben.

Die Funktion des dorsolateralen präfrontalen Kortex kommt dem eines Arbeitsspeichers gleich; in ihm werden die von unterschiedlichen Gehirnregionen gelieferten Informationen über Objekt, Farbe, Form und Lage zu einem einheitlichen Ganzen zusammengesetzt. Einmal zu einer Gestalt verbunden, kann der Arbeitsspeicher dann mit diesen Daten spielen. Die zu ihm führenden Nervenbahnen bleiben ja aktiv, um sie mit weiteren Eindrücken unseres Sensoriums verknüpfen zu können; zugleich werden aus dem Langzeitgedächtnis Erinnerungen wachgerufen, die für die jeweilige Situation relevant sind. So können vier bis fünf aufeinander bezogene Konzepte gleichzeitig im Kopf präsent gehalten werden und sich kaleidoskopartig immer wieder neu arrangieren, um zu einem adäquaten Reaktionsmuster zu finden.

4

Den Chimären der Kunst – die nichts anderes sind als zu einer Gestalt überblendete, assoziative Verknüpfungen, Produkte unseres beständig imaginierenden Bewusstseins – bietet der dorsolaterale präfrontale Kortex eine biologische Basis. Damit ist allerdings noch nicht erklärt, wie es zu jenen Assoziationsketten kommt, die wir Erfahrung, Erinnerung oder Gefühl nennen.

Bei Neugeborenen ist dieser Kortex noch nicht voll aktiv; ihre Welterfahrung muss deshalb wohl die eines zeitlosen, alles umfassenden Universums von Sinneseindrücken sein. Funktionstüchtig ist bei ihnen bloß der Verknüpfungsmechanismus zwischen einzelnen Neuronen. Die roten Wangen einer ihrem Kind vorsingenden Mutter mögen beispielsweise Neuronen anregen, die genetisch auf die Farbe Rot vorprogrammiert sind, und zugleich damit aber auch andere Neuronen, die auf bestimmte Tonhöhen reagieren. Wird dieses Rot bei anderer Gelegenheit durch die Farbe des Schnullers aktiviert, werden dann auch die bereits etablierten Verbindungen mit den Tonhöhen rezipierenden Neuronen eingebunden. Ergebnis ist eine Assoziation von Farbe und Klang, eine Form der Synästhesie: das Wort – oft genug aber auch eine Art Kakophonie, in der sich Farbe, Klang, Geschmack, Geruch und Tastempfinden wirr vermengen.

Strukturiert wird dieses Empfinden erst allmählich durch Konditionierung: die vielfach wiederholte, gleichzeitige Anregung mehrerer Neuronen miteinander, dem also, was man ›Lernen‹ nennt. Unprofitable Verknüpfungen, die nicht weiter verstärkt werden (wie jene zwischen Farbe und Klang vielleicht), werden abgebaut, während jene, die permanent gereizt werden, ausgebaut werden: ihre Dendriten und Synapsen wachsen in Reaktion auf wiederholte Stimuli. Erst durch diese Art der Vernetzung kommt es zu einer quasi ›realistischen‹ Repräsentierung der Umwelt durch Schemata, die man Konzepte und Modelle nennen kann.

Einzelne Sinneserfahrungen eines Säuglings werden so zu Kristallisationspunkten, um die sich mit zunehmender Komplexität weitere Erfahrungen anlagern. Augen, Mund und Nase erhalten dadurch die Form eines Gesichts, der Klang der elterlichen Stimmen verbindet sich mit positivem oder negativem Verhalten, die Mutter beginnt sich vom Vater erst im Rollenverhalten, später im Körperbau zu unterscheiden, Ideen von Mann und Frau bilden sich heraus, all jene konditionierten Verhaltensweisen, mit denen die Welt für uns ›Sinn‹ ergibt.

Um Kategorisierungen herauszubilden, bedarf es demnach der dauernden Reaktivierung neuronaler Verknüpfungen. Wir vergessen ja, was geschieht, beinahe wieder im gleichen Moment, so fragil sind diese Verbindungen untereinander; wäre es anders, würden uns all die ›nutzlosen‹ Informationen, die uns die Sinnesorgane liefern, handlungsunfähig machen. Bis eine Erfahrung sich zur Erinnerung konsolidiert, dauert es bis zu zwei Jahren, in denen neuronale Verknüpfungen durch stete Wiederholung fixiert und Sinneseindrücke konzeptuell integriert werden.

Erfahrungen werden also durch spezifische Muster feuernder Neuronen geschaffen; als Erinnerung präsent werden sie, wenn diese Muster re-aktiviert werden. Dies geschieht nur, wenn das ursprüngliche Feuern der Neuronen stark genug war, um Verbindungen zwischen jenen Neuronen herzustellen, die solche Erinnerungsmuster konstituieren. Eine entscheidende Rolle dabei spielt der Neurotransmitter Acetylcholin, gemeinhin ›Stresshormon‹ genannt.

Die Eindrücklichkeit eines Erlebnisses wird durch unseren körperlichen Erregungszustand bestimmt – der das Hirn mit Acetylcholin überschwemmt. Dieser Transmitter bewirkt, dass neuronale Verknüpfungen, die sich durch das ›Hier und Jetzt‹ eintreffender Sinnesdaten bilden, intensiviert werden. Zugleich mit dem Reizmuster werden auch Nervenbahnen zu weiter entfernten Arealen aktiviert, insbesondere zu den für Assoziationen zuständigen Regionen in den Schläfenlappen, die Informationen aus den einzelnen Seh- und Hörmodulen verarbeiten. Gleichzeitig wird eine Verbindung zum Hippokampus hergestellt, der dieses Reizmuster im Index unserer Erfahrungen abspeichert, es somit zum Teil unserer privaten Geschichte werden lässt – und diese Erfahrung als Erinnerung fast beliebig oft simulierbar macht.

Während der Neurotransmitter Acetylcholin seine Informationen zum Hippokampus und den Assoziationsregionen des sensorischen Kortex schickt, verhindert er, dass sie wieder in den Arbeitsspeicher zurückgelangen – sonst würde dieser durch die bereits existierenden ›Erfahrungswerte‹ mit *deren* Informationen überflutet. Gänzlich verhindern kann er dieses Feedback jedoch nicht – weshalb vorhandene Konzepte immer eine Rolle bei unserer Wahrnehmung von Wirklichkeit spielen, wir nie vollkommen unbelastet und offen auf Neues reagieren.

Zunächst aber hat das Acetylcholin nur eine erste Erinnerungsspur abgelagert und die aktivierten Nervenbahnen so angeregt, dass sie noch eine Zeitlang feuerbereit bleiben. Der wesentliche Schritt zur Herausbildung von Erinnerungen geschieht dann im Schlaf. Da fällt nämlich das Niveau an Acetylcholin ab, und die Bahnen vom Hippokampus hinauf zum Kortex werden wieder frei. Weil jetzt weniger an Gegenwart verarbeitet werden muss, steigen vom Hippokampus die Konturen alter Erinnerungen auf und versuchen sich mit den neugewonnenen Eindrücken abzugleichen. Beim Abgleiten in den Halbschlaf taucht so ein Strom vager Gedanken, Ideen, Empfindungen und Gefühle schattenhaft im Bewusstsein auf.

Wird der Schlaf tiefer – und der Kortex somit ganz davon entbunden, Gegenwart zu verarbeiten –, kommt es erneut zum umgekehrten Transfer: die Neuronen im Kortex sind noch ›warm‹, können daher ihr Reizmuster leichter reaktivieren und hinab zum Hippokampus senden, wo dieser nun seinerseits die neuen Informationen als Erinnerungen aufzubauen beginnt.

In den Traumphasen des Schlafs steigt dann das Acetylcholin-Niveau wieder an und simuliert eine Art Wachheit. Die neuen absteigenden Erinnerungsspuren wechseln sich kaleidoskopartig mit den alten aufsteigenden ab und vermischen sich zu jenen bizarren Sequenzen, die wir Träume nennen; wo sie sich überblenden, formieren sie sich zu neuen Konzepten. Der Kreativität von Träumen ist es deshalb oft genug zu verdanken, dass wir Einsicht in Probleme erhalten, die tagsüber unlösbar schienen, weil ein Puzzlestück fehlte, das die einzelnen Mosaiksteine zu einem Bild hätte auslegen können. Als Schreibtechnik haben die Surrealisten den Halbschlaf zur Ausgangsebene ihrer *écriture automatique* gemacht. Und auch das Lesen versetzt uns teilweise in einen solchen fluiden Zustand.

5

Was wir ›Imagination‹ nennen, beruht demnach auf der Kombinierbarkeit von Erinnerungen. ›Wissen‹ hingegen stellt eine Datenbank von Konzepten dar, die sich durch die Überblendung alter Erfahrungswerte mit neuen Informationen ergeben. Um diese willkürlich abrufbar zu machen und im Arbeitsspeicher verfügbar zu halten, müssen sie etikettiert werden. Und das ist es, was Worte tun: ihre Klang- und Schriftgestalt kodiert diese Inhalte.

Sie ähneln mit Ocker markierten prähistorischen Kieselsteinen, die man mancherorts ausgegraben hat: mnemotechnische Symbole; Erinnerungshilfen, die zunächst so privat wie ein Knoten im Taschentuch waren, bis sie schließlich zu Tokens eines universellen Kommunikationssystems wurden. Sie erlauben es, Gedanken, die sonst flüchtig blieben, Dauer zu verleihen und sie zu Ideen kombinierbar zu machen. Und doch stellen sie – im selben Maß, wie jede Erfahrung und Erinnerung nur ein schematisches und schemenhaftes Abbild der Wirklichkeit bietet – ein Artifizium dar: die Struktur der Sprache spiegelt die Struktur unserer Welterfahrung nur unvollständig wider.

Offenkundig wird dies im Vergleich von einer Sprache mit einer anderen: unser ›Wald‹ ist den Franzosen ›Holz‹. Und was für Candide im Lande Eldorado Smaragd und Rubin zu sein scheinen, sind den Kindern dort Kiesel, mit denen sie ›Schusser‹ spielen. Was nicht heißt, dass mit den Eingeborenen keine Verständigung möglich wäre. Denn wo Sprachen in ihrem Weltbild und Symbolgehalt differieren, bietet ihnen unsere Körperlichkeit einen gemeinsamen Nenner: sei es durch Gesten, sei es durch die Mimik von Augen und Mund.

Gleich gingen die zerlumpten Kinder vom Spiel und ließen dabei ihre Schusser und alles, womit sie gespielt hatten, auf der Erde liegen. Candide hebt sie auf, läuft zum Hofmeister und reicht sie ihm demütig dar, mit Gesten zu verstehen gebend, Ihro Königliche Hoheiten hätten dero Gold und Edelsteine vergessen. Der Dorfschullehrer warf sie mit einem Lächeln zu Boden, schaute Candide einen Augenblick voller Verwunderung an und ging seines Weges.

Blackmore, Susan (2003), *Consciousness – An Introduction,* London

Carter, Rita (2002), *Exploring Consciousness,* Berkeley, CA

Mithen, Steve (1996), *The Prehistory of the Mind – A Search for the Origins of Art, Religion and Science,* London

Wynn, Thomas (2000), »Symmetry and the Evolution of the Modular Linguistic Mind«. In: *Evolution and the Human Mind –Modularity, Language and Meta-Cognition,* Peter Carruthers & Andrew Chamberlain (eds.), Cambridge

Box 3. Henry Molaison und Phineas Gage oder was Hirnläsionen uns über Körper und Geist verraten

H. M. und der Hippokampus

Henry Gustav Molaison war sieben Jahre alt, als er 1933 zum meist untersuchten Einzelfall der Geschichte der klinischen Neuropsychologie wurde: Patient H. M. Angefahren von einem Fahrradfahrer, schlug er mit dem Kopf auf den Boden und erlitt bereits ein Jahr später einen ersten schwachen epileptischen Anfall. Mit 16 wurde er von schweren epileptischen Anfällen geplagt, die mit jedem Jahr schlimmer wurden.

Der Chirurg William Scoville entfernte ihm schließlich im Alter von 27 Jahren an beiden Großhirnhälften zwei fingergroße Areale, die mittleren Schläfenlappen – und damit etwa zwei Drittel des Hippokampus sowie große Teile der Mandelkerne. Die Operation war ein erster Test, von dem niemand wusste, ob und wie Molaison ihn überleben würde. Eine Doktorandin aus dem Labor des Neuropsychologie-Pioniers Donald Hebb, Brenda Milner, wurde auf H. M. aufmerksam, untersuchte seine Gedächtnisfunktionen und stellte fest, dass er unter einem vorwärtsgerichteten Gedächtnisverlust – anterograder Amnesie – litt: seine Merkfähigkeit für neue Bewusstseinsinhalte war massiv eingeschränkt.

Neues konnte er sich nur für ein bis zwei Minuten merken, ehe es wieder vergessen war. Seine Intelligenz, Wahrnehmungs- und Sprachfunktionen, sein Wissen über Ereignisse vor der Operation und psychomotorische Fertigkeiten (Fahrradfahren, Schwimmen) waren erhalten, aber er unterschätzte sein eigenes Alter, entschuldigte sich für das Vergessen von Namen von Personen, denen er eben erst vorgestellt worden war, und antwortete einmal auf die Frage, wie man sich als H. M. fühlte: »Es ist immer so, als sei ich eben erst aus einem Traum erwacht ... Jeder Tag ist allein mit sich selbst.« Er war sich weder sicher, wo er gerade war und was er dort sollte, noch wie er dorthin gelangt war: Minuten, Stunden und Jahre verschwanden

Über das Lesen

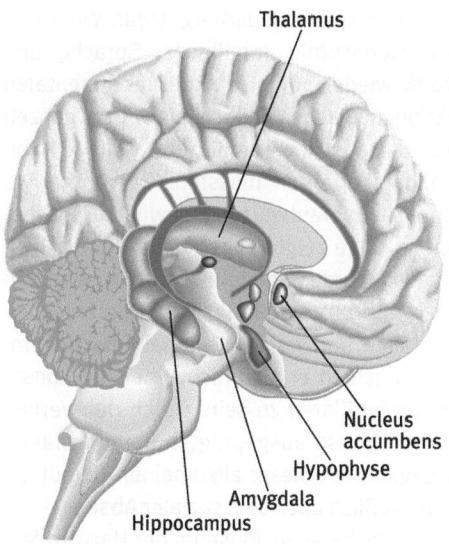

Thalamus

Nucleus
accumbens
Hypophyse
Amygdala
Hippocampus

Abb. 5 Seitenansicht der rechten
Hirnhälfte mit der Hippokampus-Formation
im Schläfenlappen

einfach, die Zeit blieb für ihn stehen. Wenn man ihn nach seinem Aussehen fragte, beschrieb er sich stets mit schwarzen Locken – obwohl er längst grau geworden war und daher jedes Mal über sein Spiegelbild erschrak. Er besaß nur noch eine Art von ›Moment-für-Moment-Gedächtnis‹: »Jeder Moment erscheint mir klar; doch was war gerade zuvor?«

Zu der anterograden Amnesie kam eine eingeschränkte retrograde Amnesie hinzu, die sich auf zwei bis zehn Jahre vor der Operation erstreckte. Er erinnerte keine spezifischen Episoden nach dem 16. Lebensjahr, konnte aber mühelos Kindheitseindrücke wachrufen. Seine Persönlichkeit wurde – typisch für eine Läsion der Amygdala – als emotional flach beschrieben. Milners Studien und die zahlreicher anderer Forscher, die über H. M. publiziert haben, gelten als Beweis für die These, dass der Hippokampus im mittleren Schläfenlappen (Abb. 5) grundlegend für das explizite episodische Gedächtnis ist; er bestimmt während eines begrenzten Zeitraums die Konsolidierung neuer Gedächtnisinhalte. In modernen Computersimulationsmodellen des menschlichen Gedächtnisses kommt dem Hippokampus meist die Funktion eines Wandlers zu, der Inhalte vom Arbeits- in das Langzeitgedächtnis verschiebt.

Phineas Gage und der dorsolaterale präfrontale Kortex
Im Jahre 1848 erlitt Phineas Gage (Abb. 6), Vorarbeiter einer amerikanischen Eisenbahngesellschaft, einen folgenschweren Unfall, der ihn leicht das Leben hätte kosten können. Eine meterlange und drei Zentimeter dicke Eisenstange fuhr ihm bei einer Explosion von unten nach oben durch den Vorderschädel und lädierte dabei große Teile des Stirnhirns. Wie durch ein Wunder überlebte Gage und verlor während des Unfalls nicht einmal sein Bewusstsein. Zunächst sah es so aus, als würde er außer der Erblindung seines linken, zerstörten Auges wieder vollkommen gesunden. Nach wenigen Wochen erklärte sein Arzt, seine körperlichen und geistigen

Abb. 6 Portrait von Phineas Gage (Quelle: http://www.people.lu.unisi.ch/casagrar/Phineas_Gage_unreversed_ext.JPG)

Fähigkeiten seien wiederhergestellt, Wahrnehmung, Gedächtnis, Intelligenz, Sprache und Motorik wieder völlig intakt. Diese mentalen Funktionen machen jedoch nicht den ganzen Menschen aus, wie Familie und Kollegen von Gage bald erfahren mussten. Der vorher so freundliche, verantwortungsbewusste und besonnene Gage zeigte zunehmend ›kindisches‹ Verhalten, wurde ungeduldig, aufbrausend, anzüglich und unzuverlässig. Er wurde entscheidungsfaul – und wenn er einmal Entscheidungen traf, schien er sich nicht über die Konsequenzen im Klaren zu sein. Durch den Verlust seiner vorher so ausgeprägten Planungsfähigkeit begann mit dieser allgemeinen Gemütsarmut schließlich auch sein sozialer Abstieg.

1867 wurde Gages Körper exhumiert, sein Schädel im Museum der Harvard Medical School ausgestellt. 1994 scannte die Neurologin Hanna Damasio von der Universität Iowa den Schädel, simulierte am Computer ein Gehirn, das dazu passte (s. Abb. 7), und stellte anhand der Löcher im Schädel fest, welche Hirnareale wahrscheinlich durch die Stange lädiert worden waren: primär Teile des präfrontalen Kortex (insbesondere die vordere Hälfte des linken orbitofrontalen und dorsolateralen präfrontalen Kortex: BA 10, 11 und 47 bzw. 9 und 46 in Abb. 8) und des vordersten Teils des linken cingulären Kortex (Box 2, Abb. 3). Das für die Sprachproduktion wichtige Broca-Areal (BA 44 in Abb. 8) blieb gemäß den Simulationen von Hanna Damasio und Kollegen allerdings verschont.

Im gleichen Jahr beschrieb ihr Ehemann, Antonio Damasio, den Fall Gage in seinem die ›emotionale Wende‹ der kognitiven Neurowissenschaften einleitenden Buch *Descartes' Irrtum*. Er wertete ihn als Widerlegung der seit Descartes postulierten These einer Trennung zwischen Körper und Geist, um an ihrer Stelle von einem ständigen Wechselspiel zu sprechen. Dem dorsolateralen präfrontalen Kortex misst Damasio eine zentrale Rolle beim Erwerb ›somatischer Marker‹ zu: als eine Art emotionales Warnsystem, das dem Menschen bei der Entscheidungsfindung hilft, indem es schon bei der Vorstellung verschiedener Handlungsalternativen eine durch

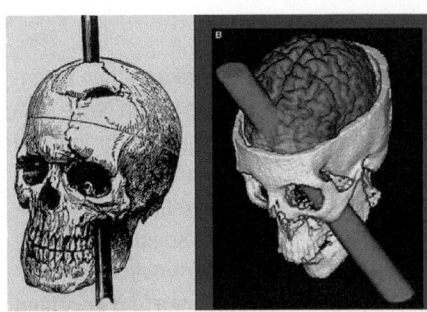

Abb. 7 Computersimulation des Gehirns von Phineas Gage mit Eisenstange (Quellen: http://www.brown.edu/Research/Memlab/py47/diagrams/phineas.jpg; nach Damasio et al., 1994).

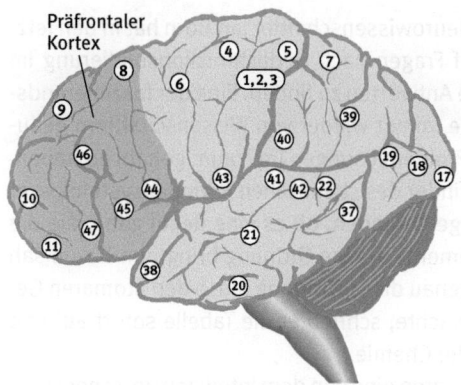

Präfrontaler
Kortex

Abb. 8 Seitenansicht der linken Hemisphäre mit präfrontalem Kortex (in dunklem Grau). Die Zahlen indizieren näherungsweise die Brodmann-Areale (BA): dorsolateraler präfrontaler Kortex = Brodmann-Areale/BA 9, 46, orbitofrontaler Kortex = BA 10, 11, 47.

die bisherigen Lebenserfahrungen geprägte Rückmeldung über die emotional am wenigsten empfehlenswerte Option liefert.

Corkin, S. (2002). »What's new with the amnesic patient H. M.?«. *Nature Reviews Neuroscience*, 3, 153–160
Damasio, H., Grabowski, T., Frank, R., Galaburda, A. M., & Damasio, A. R. (1994). »The return of Phineas Gage: clues about the brain from the skull of a famous patient«. *Science*, 264, 1102–1105
Scoville, W. B. & Milner, B. (1957). »Loss of recent memory after bilateral hippocampal lesions«. *J. Neurol. Neurosurg. Psychiatry*, 20, 11–21

Box 4. Gedächtniskonsolidierung im Schlaf

Schlafend lernen, das möchte jeder nur allzu gern. Im Jahr 1900 publizierten die Psychologen Georg Elias Müller und Alfons Pilzecker ihre These von der Gedächtniskonsolidierung, die Idee, dass frische Erinnerungen Zeit brauchen, um sich zu verfestigen und gegen Störungen durch neue Gedächtnisinhalte und Zerfallsprozesse zu wappnen. Lernen bedeutet ja nicht nur das Einspeichern neuer Inhalte oder Prozeduren, sondern auch deren Verankerung im Gedächtnis sowie ihre Verknüpfung mit bereits Gelerntem. Und wie könnte man diese Konsolidierung eleganter und ökonomischer erreichen als im Schlaf? Seitdem suchen Forscher aus unterschiedlichsten Disziplinen nach empirischen Belegen für diese These. Allerdings musste die Wissenschaft rund hundert Jahre warten, bis erste überzeugende Befunde erschienen, die Müllers und Pilzeckers These, auf den Schlaf angewandt, erhärteten. Dies lag auch daran, dass man den Blick nun eher auf prozedurale Gedächtnisleistungen (ohne notwendige Beteiligung bewusster Vorgänge) richtete statt ausschließlich auf deklarative (bewusste, aufmerksamkeitsgesteuerte Vorgänge, welche Erinnerungen an Fakten und Ereignisse betreffen, für die der Hippokampus eine entscheidende Rolle spielt). Prozedurale Gedächtnisleistungen sind insbesondere beim perzeptiven und motorischen Lernen involviert (z. B. Diskriminations- und Bewegungsleistungen, für die striatal-kortikale Netzwerke eine entscheidende Rolle spielen).

Insbesondere die Gruppe um den Neurowissenschaftler Jan Born hat in den letzten fünf Jahren dazu beigetragen, auf Fragen nach Gedächtniskonsolidierung im Schlaf nun experimentell abgesicherte Antworten zu finden. Eine der faszinierendsten Arbeiten dieser Gruppe betrifft die immer wieder von Wissenschaftlern geäußerte Behauptung, geniale Ideen für Problemlösungen im Traum gehabt zu haben. So berichtete Dimitri Mendelejev – Erfinder des chemischen Periodensystems –, er habe im Traum die Lösung für die Frage gefunden, ob es eine Regel gäbe, die die damals bekannten 63 chemischen Elemente in eine Ordnung bringt. Im Traum sah er dann eines Nachts die Tabelle, die genau diese Ordnung (nach den atomaren Gewichten) lieferte. Als er morgens aufwachte, schrieb er die Tabelle sofort auf und lieferte damit die konzeptuelle Basis der Chemie.

Jan Born und seine Mitarbeiter benutzten eine von dem Intelligenzforscher Louis Thurstone erfundene komplexe Problemlösungsaufgabe, bei der eine versteckte Regel für die Konstruktion von Zahlenreihen zu finden war; damit sollte die These des Einsichtslernens (s. Box 13) im Traum überprüft werden. Diese Aufgabe erlaubt es, den Zeitpunkt der Einsicht zu bestimmen, an dem die versteckte Regel erkannt wurde; sie zeigte sich in der abrupten Verhaltensänderung der Probanden, mit der diese auf die plötzliche Erkenntnis einer abstrakten Regel reagierten. Nach einer Trainingsphase, in der die Probanden mit der Aufgabe vertraut gemacht wurden, durfte eine Gruppe von Probanden acht Stunden schlafen; eine zweite wurde die Nacht über wach gehalten; und eine dritte Kontrollgruppe, die die Aufgabe frühmorgens lernte, blieb danach (tagsüber) acht Stunden wach (um eventuelle Nebeneffekte von Schlafentzug in Gruppe 2 zu überprüfen). In der darauffolgenden Testphase zeigten 13 von 22 Probanden der ›Schlafgruppe‹ Einsicht in die versteckte Regel (59.1 Prozent), aber nur jeweils fünf in den beiden Kontrollgruppen (22.7 Prozent). Born und Mitarbeiter ziehen daraus den Schluss, dass Schlaf die Gewinnung expliziten Wissens und einsichtsvollen Verhaltens durch Restrukturierung von Gedächtnisinhalten fördert.

C – IDENTIFIKATIONEN, INTENTIONEN UND EMOTIONEN

1

»Wer all diese Regeln nicht beherzigt«, fügte er hinzu, »mag ein oder zwei im Theater beklatschte Trauerspiele verfassen, wird aber nie zu den Schriftstellern von Rang gezählt werden; gute Tragödien sind rar; die einen sind Idyllen in Dialogform, gut geschrieben und gut gereimt; die anderen politische Vernünfteleien zum Einschlafen, oder abschreckende Weitschweifigkeiten; wieder andere Träume eines Besessenen in barbarischer Schreibart, unzusammenhängende Gespräche, lange Anrufungen der Götter, weil man zu Menschen nicht zu sprechen weiß, falsche Grundsätze, hochtrabende Gemeinplätze.«

Wie kommt es, dass wir uns nicht nur auf die unterschiedlichen *Schreibarten, Vernünfteleien* und anderen *Weitschweifigkeiten,* aus denen die Literatur besteht, einen Reim zu machen verstehen – sondern auch die Wertungen und Abwertungen des Voltaireschen Erzählers nachvollziehen können? Und all das bei jenem Überfliegen von Zeilen, das wir ›Lesen‹ nennen? Sogar glauben, der meisten Worte auf dieser Seite gewahr zu sein, obwohl wir *doch jetzt in diesem Moment nur diese eine Druckzeile hier lesen?*

Nicht einmal dies entspricht den Tatsachen. Das Bewusstsein scheint dies alles zwar nahtlos aufnehmen zu können, ohne dabei zu flackern – solange Sie den Blick auf diese Seite richten, haben Sie die Buchstaben scheinbar unverrückbar vor Augen. Doch das ist bloße Illusion: die Wahrnehmung der einzelnen Worte ist von Leerstellen durchbrochen, die unser Gehirn erst im Nachhinein ergänzt, denn --- das Auge --- wandert auch --- über diese --- Zeile --- in ruckartigen Sprüngen, die man ›Sakkaden‹ nennt.

Wie groß diese Sprünge sind, hängt unter anderem vom Informationsgehalt eines Zeichens ab: im Chinesischen hüpft das Auge in der Regel 2 Logogramme weiter, im Japanischen (das Logogramme und Silbensymbole miteinander kombiniert) nimmt man auf einen Blick etwa 3.5 Einheiten wahr, im Hebräischen (das keine Vokale notiert) 5.5 Lettern und in einer Alphabetschrift wie der unseren durchschnittlich 8 Buchstaben. Und man landet dabei meist etwas links der Wortmitte.

Generell führt unser Auge während eines Tages an die 100 000 solcher sakkadischen Bewegungen durch, die jeweils 25 bis 30 Millisekunden dauern; die eigentliche Wahrnehmung geschieht in den 200 bis 250 Millisekunden, in denen unser Blick bewusst etwas fixiert (was umgekehrt bedeutet, dass wir hochgerechnet innerhalb eines Tages an die 50 Minuten ›nichts‹ sehen).

Mühelos verarbeiten kann unser Arbeitsspeicher höchstens 4 bis 5 Informationseinheiten gleichzeitig. Das zeigt sich beim Zählen, wo wir intuitiv 4 Einheiten erfassen können, bei der 5. Einheit jedoch bereits abstrakt zu addieren beginnen.[3] Auch die Konstruktion von Lettern nimmt in allen Schriftsystemen der Welt auf diese Begrenzung Rücksicht: unsere Buchstaben weisen von dem einen Strich des I über zwei beim T, drei beim K mit dem E höchstens vier Striche auf. Dementsprechend nehmen wir beim Lesen nur einige wenige Buchstaben um den Fixationspunkt und an den Wortenden klar wahr. Diese Beschränkung ist aber relativ unwesentlich: ebenso wenig wie wir eine Druckseite von Moment zu Moment wieder vollständig von vorn konstruieren müssen, ändern sich auch in unserem Gesichtsfeld die Dinge von Augenblick zu Augenblick kaum. Unser ökonomisch arbeitendes Gehirn konzentriert sich deshalb lieber auf die Veränderungen, die darin auftreten.

Diesem unbemerkt Lückenhaften (das einfallsreiche Experimente offenzulegen vermögen) unterliegt unsere gesamte Wahrnehmung. Es gibt nur eine kleine Stelle – die Sehgrube inmitten des gelben Flecks –, mit der das Auge wirklich scharf sieht. Die Flächen ringsum konstruiert das Gehirn mittels Daten seines Arbeitsspeichers (sprich: des Kurzzeitgedächtnisses) und verleiht unserem unsteten, hin und her springenden Schauen dadurch die Kontinuität eines gleitenden Blicks, vergleichbar mit einer das Wackeln der Hand automatisch kompensierenden Videokamera. Einzelne Dinge werden dabei ausgeblendet (so nehmen wir beim Lesen kaum je den eigenen Augenrand und die Nasenspitze wahr), Leerstellen wiederum ausgefüllt (wie die des blinden Flecks im Auge, wo der Sehnerv austritt), in einem ständigen Wechselspiel von punktueller Präzision und flächenhafter Vollständigkeit. Jede neue Fokussierung macht uns effektiv für 30 Millisekunden blind, ohne dass es uns bewusst würde – blicken Sie jetzt vom Lesen auf, um sich auf eine vor Ihnen stehende Person zu konzentrieren, merkt diese es an Ihrem leeren Blick.

Der Eindruck zeitlicher Kontinuität ist, wie gesagt, illusorisch: es dauert durchschnittlich eine Fünftel- bis Viertelsekunde, bis ein Stimulus im Gehirn

3 Die Sprache der Sumerer – die sich als Erste mit komplexen Rechenoperationen befassten – hat nur Grundworte für 1, 2 und 3 (4 ist ›drei-eins‹; 7 ›drei-drei-eins‹); auch einige indoeuropäische Sprachen zeigen noch flektierte Reste eines alten Systems, in dem man 1, 2, 3, 4 und ›viel, alles‹ zählte.

so weiterverarbeitet ist, dass er einem bewusst wird. Bei komplexen Signalen kann es fast doppelt so lange dauern, bis wir einer einheitlichen Gestalt gewahr werden. In diesem Zeitraum bewältigt das Gehirn eine phänomenale Menge an vorbewusster Arbeit, um den Strom neuronaler Impulse zu synchronisieren und daraus all das entstehen zu lassen, was wir Sehen, Hören, Fühlen und Denken nennen. Die Sehzentren unterscheiden zwischen Farbe, Entfernung, Größe und Bewegung; das limbische System steuert seine emotiven Stimmungen bei; und die Erinnerung wiederum bringt ihre assoziativen Gehalte mit ein.

Box 5. Augenblicke und -sprünge: Wie das Gehirn beim Lesen arbeitet

Bereits im 11. Jahrhundert beobachtete der ägyptische Arzt Ibn Al Haytham, dass sich die Augen beim Lesen schnell bewegen. In der Neuzeit gilt der Augenarzt Emile Javal, der 1899 auch ein graphologisches Gutachten für den zweiten Prozess gegen Alfred Dreyfus verfasste, als Pionier der Blickbewegungsforschung. Er fand um 1879 heraus, dass der subjektive Eindruck fließenden Lesens eine Illusion ist und der Blick keinesfalls kontinuierlich, sondern in ruckartigen Sakkaden ca. dreimal pro Sekunde über die Zeile springt. Zwischen diesen Sakkaden liegen kurze Ruhepausen – Fixationen; siehe die Kreise in Abbildung 9 –, in denen das Gehirn die Informationen aufnimmt, die es zum Lesen braucht. Während dieser Fixationen verarbeitet es parallel Informationen aus einem Fenster – Lesespanne genannt – von bis zu 15 Buchstaben rechts und vier links vom Blickpunkt (in Orthographien,

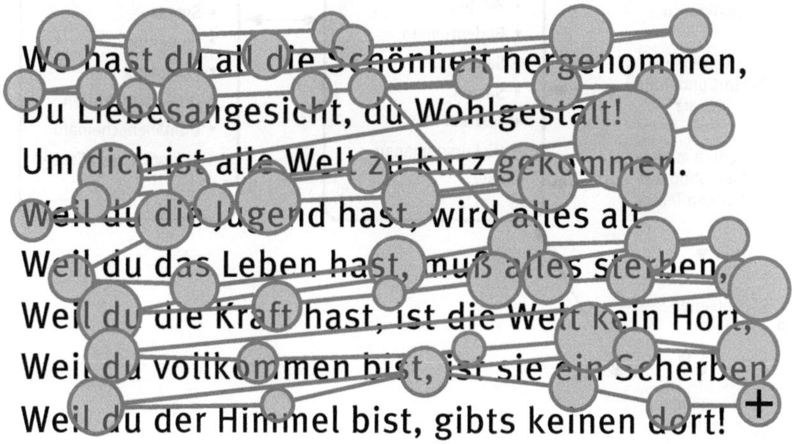

Abb. 9 Blickbewegungen (des Zweitautors) beim Lesen eines Textes. Die Größe der Kreise indiziert die Länge der Blickfixationen.

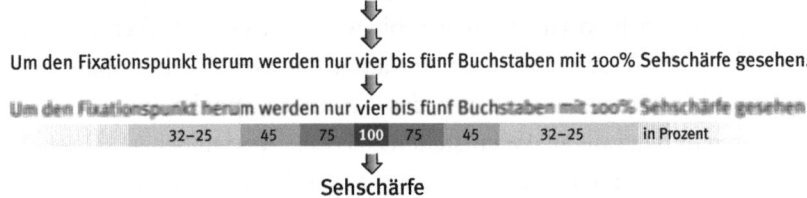

Fixationspunkt

Um den Fixationspunkt herum werden nur vier bis fünf Buchstaben mit 100% Sehschärfe gesehen.

Um den Fixationspunkt herum werden nur vier bis fünf Buchstaben mit 100% Sehschärfe gesehen.

| 32–25 | 45 | 75 | 100 | 75 | 45 | 32–25 | in Prozent |

Sehschärfe

Abb. 10 Begrenzung der Sehschärfe und ihre Auswirkungen auf das Lesen

die von links nach rechts gelesen werden). Das reicht jedoch meist nicht aus, um die Bedeutung eines ganzen Satzes zu erfassen. Um an neue Informationen zu kommen, springt der Blick weiter im Text, wobei das Gehirn versucht, ihn ungefähr in die Mitte von Inhaltswörtern zu steuern, manchmal aber auch ganze Wörter auslässt, deren Sinn aus dem Kontext erschlossen werden kann. Größe und Richtungswechsel der Blickbewegungen sowie Anzahl und Dauer der Fixationen sind für die Leseforschung Indizien für Textschwierigkeit oder -attraktivität und Lesekompetenz oder -störungen.

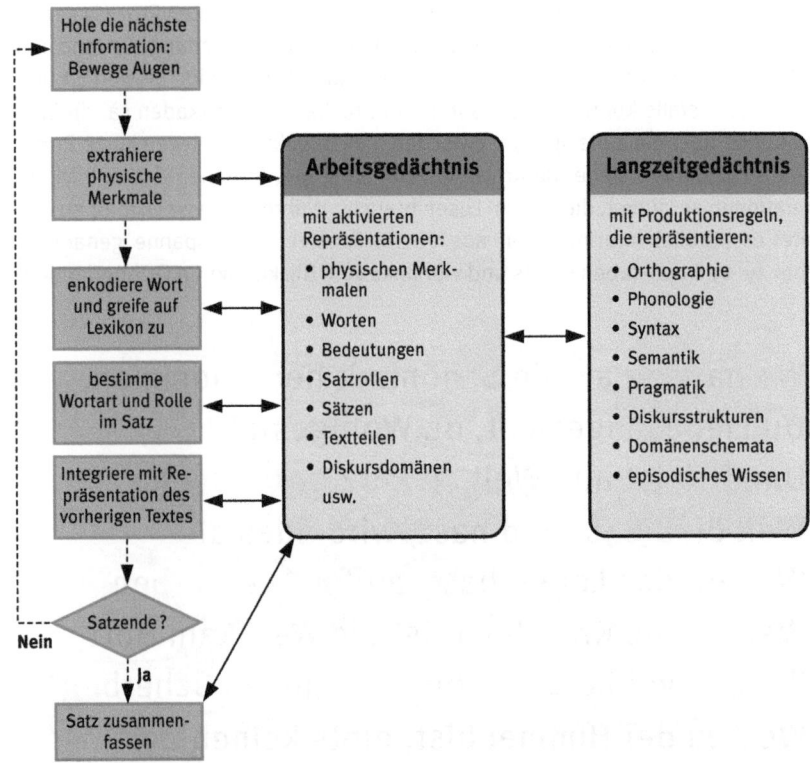

Abb. 11 Schematisches Ablaufdiagramm der wesentlichen Vorgänge beim Lesen (nach Just & Carpenter, 1980).

Über das Lesen

Warum muss der Blick beim Lesen springen, und was steuert ihn dabei? Die menschliche Netzhaut verfügt nur in ihrem Zentrum über genügend Sehschärfe, um die visuellen Details von Buchstaben oder Zahlen aufzulösen (Abb. 10). Diese Begrenzung der Wahrnehmungsspanne ist ein Grund für unsere stetigen, sich auch beim normalen Sehen einstellenden Blicksprünge. Hinzu kommt, dass das Auge, wenn es künstlich auf einen Punkt fixiert wird, mit der Zeit ermüdet: die physiologischen Prozesse auf der Netzhaut und anschließend in den Sehstrukturen des Gehirns erfahren eine Sättigung, die einen temporären Sehausfall bewirkt. Der Blick muss also wandern. Doch wie stellt das Gehirn es an, etwa dreimal pro Sekunde an die richtige, das heißt für die jeweilige Sehaufgabe optimale Stelle im Raum oder Text zu gelangen?

Diese Frage kann die Leseforschung bisher nur unvollständig beantworten. Dennoch bieten verschiedene kognitive Prozessmodelle der Blicksteuerung beim Lesen einen heuristischen Einblick in diese komplexen Abläufe. Abbildung 11 zeigt ein schematisches Diagramm der kognitiven Vorgänge, die bei der Blicksteuerung beim Lesen eine Rolle spielen. Gleich das erste Kästchen oben links (›Bewege die Augen‹) wirft eine kritische Frage auf: wann bestimmt das Gehirn den nächsten Fixationsort sowie Zeitpunkt, Richtung und Amplitude der Bewegung? Koordinierte Messungen von hirnelektrischen Potentialen durch EEG und Blickbewegungen deuten darauf hin (Abb. 12), dass während einer Fixation bereits nach etwa 150 Millisekunden ein

Hirnelektrische Wellen während einer Fixation bem Lesen

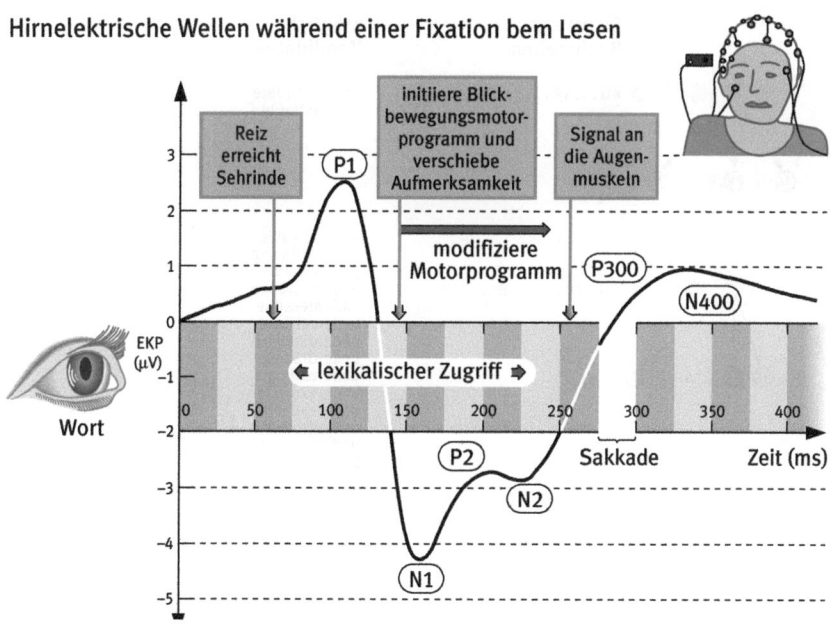

Abb. 12 Skizze des Zeitverlaufs bestimmter kognitiver Vorgänge während einer einzelnen Fixation beim Lesen mit typischen hirnelektrischen Wellen. P1, N1, P2, N2, P300, N400 sind Komponenten des ereigniskorrelierten Potentials (EKP), die sich nach dem zeitlichen Auftreten und der hirnelektrischen Richtung unterscheiden. So bedeutet P1 etwa eine positive Ablenkung der hirnelektrischen Welle ca. 100 ms nach einer visuellen Reizdarbietung (adaptiert nach Sereno & Rayner, 2003).

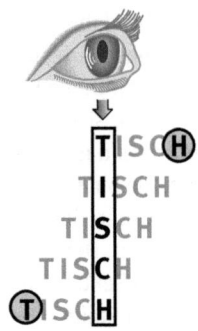

Motorprogramm initiiert wird – das möglicherweise mit einem Wechsel der Aufmerksamkeit korreliert – und nach etwa 250 Millisekunden in einem Signal zur neuerlichen Blickbewegung resultiert. Für beide Vorgänge typische hirnelektrische Potentiale weisen darauf hin, dass diese Blickbewegungsänderungen parallel zum lexikalischen Zugriff ablaufen (Box 29).

Weil im peripheren Sehen zumindest die Lücke zwischen dem fixierten und den Anfangsbuchstaben des nächsten Wortes erkannt wird, weiß das Gehirn in etwa, wohin der Blick geschickt werden soll: ungefähr zur Mitte des nächsten Wortes als der *optimalen Blickposition*. Die Gruppe um die Leseforscher Ariane Lévy-Schoen und Kevin O'Regan, in der der Zweitautor dieses Buches sein Handwerk lernen durfte, entdeckte in den 8oer Jahren im traditionsreichen Pariser Labor für Experimentelle Psychologie, dass der Blick beim Lesen nicht zufällig irgendwo in Wörtern landet, sondern durchschnittlich leicht links von der Wortmitte. Dass diese Blickposition optimal für effiziente Worterkennung und flüssiges Lesen ist, beweisen statistische Berechnungen von Wortambiguitäten, die aus der unvollständigen Buchstabenerkennung im peripheren Sehen resultieren,

Sichtbare Buchstaben	Mögliche Kandidaten

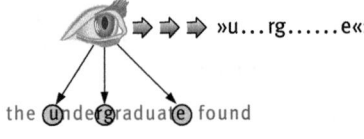

»u...rg......e«: undergraduate
unforgettable

the undergraduate found

»u.de......e«: undefatigable
undelightsome
undeliverable
undemocratize
undepressible
undercarriage
underdialogue
underdrainage
underestimate
underexercise
underexposure
undergraduate
underpopulate
underprentice
underpresence
underpressure
undersaturate
undersequence
undescendable
undescendible
undescribable
undescriptive
undestroyable
undestructive
undeterminate
undethronable
undevelopable

the undergraduate found

Abb. 14 Illustration einer einfachen Approximation dessen, was der Blick während einer Fixation im Wort »undergraduate« erfassen kann (adaptiert nach Clark & O'Regan, 1999).

Über das Lesen

sowie psychophysische Experimente, die mit der *Technik der variablen Blickposition* (Abb. 13) gewonnen wurden. Die Abbildung skizziert die Technik der variablen Blickposition zum Nachweis des Effekts der optimalen Blickposition im Wort. Das Auge fixiert dabei jeden Buchstaben im Wort (in unterschiedlichen Durchgängen), wodurch der fixierte und die äußeren Buchstaben eine erhöhte Lesbarkeit erhalten. Die optimale Blickposition befindet sich jedoch leicht links von der Mitte eines Wortes.

Fixiert der Blick ein 13-buchstabiges Wort wie *undergraduate* ungefähr in der Mitte (*-rg-* in Abb. 14) – was bereits bedeutet, dass die beiden fixierten Buchstaben sowie die Anfangs- und Endbuchstaben korrekt erkannt werden –, reduziert sich die Anzahl der möglicherweise mit einem ›u-‹ beginnenden, einem ›-e‹ aufhörenden und an fünfter und sechster Position ein ›-rg-‹ aufweisenden Wörter auf nur mehr zwei Kandidaten: *undergraduate* und *unforgettable*. Landet der Blick stattdessen am Anfang des Wortes (Buchstaben 3 und 4), so erhöht sich die Unsicherheit über die Wortidentität auf 27 Kandidaten!

Kinder lernen beim Leseerwerb unbewusst, ihren Blick auf diese optimalen Positionen in Wörtern zu steuern. Gelingt dies nicht oder nur schlecht, wird der Lesefluss gehemmt, ähnlich wie bei der Dyslexie (Boxen 26 und 29). Nicht nur die Blickmotorik ermüdet dann – das Auge wird ja über ein komplexes System aus 12 Muskeln, zahlreichen Nervenbahnen und Hirnregionen gesteuert –, sondern auch der Geist. Man verliert die Lust am Lesen und gerät in einen Teufelskreis: Weniger Lesen bedeutet geringere Leseflüssigkeit und im Zweifelsfalle noch weniger Lust am Lesen.

Clark, J. J., & O'Regan, J. K. (1999). »Word ambiguity and the optimal viewing position in reading«. *Vision Research*, 39, 4, 843–857

Jacobs, A. M. (2002). »The cognitive psychology of literacy«. In: N. J. Smelser & Baltes, P. B. (eds.), *International Encyclopedia of the Social and Behavioral Sciences*, Amsterdam: Elsevier, 8971– 8975

Jacobs, A. M., & Lévy-Schoen, A. (1987). »Les problèmes actuels de la théorie sur le contrôle oculomoteur dans la lecture«. *Année Psychologique*, 87, 55–72

Just, M. A., & Carpenter, P. A. (1980). »A theory of reading: From eye fixation to comprehension«. *Psychological Review*, 87, 329–354

Montant, M., Nazir, T., & Poncet, M. (1998). »Pure alexia and the viewing position effect in printed words«. *Cognitive Neuropsychology*, 15, 93–140

Nazir, T. A., Jacobs, A. M., & O'Regan, J. K. (1998). »Letter legibility and visual word recognition«. *Memory and Cognition*, 26, 810–821

O'Regan, J. K., & Jacobs, A. M. (1992). »The optimal viewing position effect in word recognition: a challenge to current theory«. *Journal of Experimental Psychology: Human Perception and Performance*, 18, 185–197

Sereno S. C., & Rayner K. (2003). »Measuring word recognition in reading: Eye movements and event-related potentials«. *Trends in Cognitive Sciences*, 7, 489–493

2

Würde man die Hirnrinde mit ihren Windungen, Gräben und Fortsätzen entfalten, sie wäre weder größer noch dicker als ein Tischtuch – dabei enthält sie 100 Milliarden Neurone samt 60 Billionen Synapsen. In ihren sechs unterschiedlich verschalteten Schichten sitzen jene Regionen, die für die Kategorisierung unserer Wahrnehmungen ebenso zuständig sind wie das Gedächtnis, das sie dann mit unseren subjektiven Gehalten verknüpft. Der Thalamus ist dagegen kaum so groß wie ein Daumenknöchel – er wirkt als Relaisstation zwischen dem Kortex und dem limbischen System. Bei ihm laufen die Signale der einzelnen Sinnesorgane (Augen, Ohren, Haut) ein, um an die Hirnrinde weitergegeben zu werden.

Im Laufe der Evolution – ungefähr zu jener Zeit, als sich aus den Reptilien die Vögel und dann auch die Säugetiere entwickelten – entstanden die dichten Querverbindungen zwischen den einzelnen Arealen der Hirnrinde sowie zwischen diesen und dem Thalamus. Es entstand ein dynamisches System, in dem Erinnerungsvermögen und Wahrnehmungsapparat gleichermaßen eng rückgekoppelt werden, sodass kein Neuron vom anderen mehr als ein paar Schaltstellen entfernt ist.

Unter Wahrnehmung sind jene perzeptuellen Kategorisierungsvorgänge zu verstehen, die für uns aus der Welt ›Sinn machen‹, das heißt: ihren Signalreichtum strukturieren, indem sie die Signale zunächst in verarbeitbare Segmente und Sequenzen aufteilen, um sie dann zu einem Ganzen zusammenzusetzen. Dabei steht unser Sensorium permanent mit unserer Motorik in Verbindung, um Wahrnehmung und Bewegung zu koordinieren (inwieweit diese Sensomotorik unsere Sprache prägt, werden wir noch sehen).

Mit Erinnerung wiederum ist jene Fähigkeit gemeint, die spezifische sensomotorische Abläufe beliebig unterbinden oder wiederholen kann. Dies gilt für kurzzeitige Handlungen von einer Drittelsekunde, die der Arbeitsspeicher bewältigt, wie für langsamere Handlungen, für die der Hippokampus mit seinem Speicher für Handlungssequenzen und -segmente zuständig ist.

Beide zusammen arbeiten situativ im Takt – um in Hundertsteln von Sekunden Bewusstsein als ›erinnerte Gegenwart‹ zu erzeugen. Allein dieses Zusammenwirken versetzt uns in die Lage, komplexe Szenerien im Kopf zu konstruieren und einzelne Komponenten darin unterscheiden zu können. Was unsere fünf Sinne dabei an Information liefern, wird in einzelnen ›Modulen‹ oder

Netzwerken kategorisiert – und darauf miteinander zur Deckung gebracht, um ein Modell der Welt zu entwerfen, in der wir uns bewegen.

Gleichzeitig wird dieses Modell mit all den zuvor vorgenommenen Kategorisierungen unserer Erinnerung abgeglichen. Diese Kategorisierungen basieren auf Inputs des Gehirns wie des Körpers. Dazu gehören Signale der Organfunktionen, jener autonomen und homöostatischen Systeme, welche die Physiologie von Atmen und Essen oder Hormonausschüttungen kontrollieren: autonom, weil sie unbewusst ablaufen; homöostatisch, weil sie dabei auftretende Schwankungen selbstregelnd kompensieren. Andere Signale wiederum kommen von den Muskeln, den Gelenken und dem Gleichgewichtssinn. Alles zusammen gewährleistet das, was wir Leben nennen – es liefert uns den Referenzrahmen für ein Ich, in dem es sich seiner selbst bewusst wird.

3

Sensomotorische Signale speichern wir bereits als Fötus ab. Dabei sind wir einer beständigen Konditionierung unterworfen – denn jede Erinnerung erhält so ihre spezifische emotionale Qualität. Sie bestimmt, wie wir intuitiv auf etwas reagieren und welche Gefühle wir mit etwas assoziieren: Lust ist mit dem verbunden, was dem Ich Vorteile bringt, Angst und Schmerz mit dem, was ihm abträglich scheint.

Emotionen bestimmen unser Verhalten vor allem dann, wenn wir eine Situation nur ungenau einschätzen können und sie uns mit mehreren, miteinander in Konflikt stehenden Alternativen konfrontiert. In diesem Zustand ›begrenzter Rationalität‹ greifen die Emotionen auf ein Repertoire von Aktionen zurück, die sich für uns zuvor als nützlich erwiesen haben. Bei jeder Bewegung, die wir vornehmen, setzen wir ja – bewusst oder unbewusst – ein Ziel und einen Zweck voraus. Ein Gefühl der Zufriedenheit stellt sich ein, wenn sie erreicht werden – was wiederum ein emotionales Signal ist, damit fortzufahren. Ein Gefühl von Traurigkeit oder Unzufriedenheit signalisiert hingegen, damit aufzuhören, eine neue Vorgehensweise in Erwägung zu ziehen oder Hilfe zu suchen. Ärger und Zorn zeigen uns, dass man sich noch mehr anstrengen muss, um ein Ziel zu erreichen, Furcht dagegen, dass man mit dem, womit man augenblicklich beschäftigt ist, besser innehält, seine Umwelt beobachtet und sich gegebenenfalls zur Flucht bereitmacht.

Auf solche Lernprozesse (mit ihrer jeweiligen Konditionierung von ›Belohnung‹ oder ›Bestrafung‹) der Vergangenheit zurückgreifen zu können, bedeutet, auch Zukünftiges einschätzen zu können. Ein Tier im Wald, dem eine Änderung der Geräuschkulisse bewusst wird, während sich ringsum etwas an den Lichtverhältnissen ändert, setzt zur Flucht an, selbst wenn zwischen beidem keine kausale Verbindung existiert. Sein Gehirn jedoch stellt eine solche her – in Erinnerung daran, dass solche Veränderungen in der Vergangenheit einmal den Angriff eines Raubtiers begleiteten. Die Fähigkeit zur Assoziation fördert so evolutionsbiologisch das Überleben.

Unter diesem Gesichtspunkt sind Gefühle nichts anderes als in der Erinnerung gespeicherte körperliche Verhaltenswerte und Erfahrungszustände. Unser Gehirn verbindet hierbei erinnerte Emotionen und präsentische Gefühle (die gleichfalls letztlich homöostatischen Ursprungs sind) mit einem konzeptuellen Modell der Welt – zugleich aber auch mit fokussierten Sinneseindrücken sowie diffusen Wahrnehmungen am Rand. Es überblendet all dies simultan zum Eindruck eines geschlossenen, in sich einheitlichen Moments.

Was einmal ein Reaktionsschema instinktiver Fluchtbereitschaft bildete, erweiterte sich so zu jenem permanent vorhandenen unterschwelligen Erregungszustand, den wir ›Bewusstsein‹ nennen. Es ist ein kontinuierlicher Kreislauf, in dem sich Sensation mit Perzeption vermengt, um Aktion zu werden – und so Interaktion mit der Welt ermöglicht: die ihrerseits erneut Sensation hervorruft. Das Gefühl, dass ›etwas Sinn macht‹, hat mit dieser dauernden Rückkopplung zu tun: wenn alles rund läuft (motorische Bereitschaft, emotionelle Stimmung und Konzeptionalität unseres Denkens übereinstimmen), entspannt sich auch der Erregungszustand, den wir als Bewusstsein erleben.

4

Was aus bloßer Wahrnehmung ein ›Begreifen‹ werden lässt, ist das Körperliche – erst dadurch erhält das, was wir denken, sagen oder lesen, seine erlebte ›Tiefe‹. Denn jedes Perzept reaktiviert im Hintergrund wieder den Konnex zu den ursprünglich damit verbundenen Bewegungsabläufen. Ein Wort im Kopf zu haben, heißt nicht nur, es in seinem syntaktischen und grammatikalischen Kontext zu sehen: für das Gehirn ist es vielmehr ein Stichwort für alle damit verbundenen Assoziationen. Es stellt ein Reizmuster für unsere Sensomotorik von Emotionen und Handlungsabläufen her, ausgelöst durch die Buchstaben, die ein Objekt symbolisch re-präsentieren.

Was uns zunächst an einem realen Objekt bewusst wird, ist eigentlich aus separat verarbeiteten Komponenten (vom *Wie* zum *Was*) zusammengesetzt. Einen

Löwen von einem Lamm unterschieden zu haben, heißt, dass jene Regionen im primären visuellen Kortex aktiv geworden sind, die spezifische Farben, Formen, Dimensionen und Bewegungen wahrgenommen haben. Gleichzeitig wurden damit jedoch schon einzelne Handlungsroutinen initialisiert – der erste Schritt dazu vorbereitet, ein Lamm zu streicheln oder vor einem Löwen zu flüchten, je nachdem, wie wir konditioniert wurden.

Für ein Wort gilt Ähnliches: seine Klangfigur ruft zunächst jene neuronalen Strukturen wieder wach, die an der Herausbildung des mit ihm verbundenen Konzepts beteiligt waren – all die semantischen Informationen, die seinen Bedeutungshof ausmachen. Da diese Konzepte letztlich auf einem Wissen über die ›reale Welt‹ basieren, wird auch jene Sensomotorik aktiviert, mit der wir auf sie reagieren können. Den Namen eines Werkzeuges nur zu hören – Experimente zeigen dies –, genügt, um bereits den primären motorischen Kortex zu aktivieren, der die damit verbundenen Handgriffe steuert. Allein an einen Kiesel zu denken bereitet uns schon darauf vor, die Hand auszustrecken, die Finger zu schließen und mit dem Arm auszuholen. Ob wir es dann auch tun, hängt vom präfrontalen Kortex ab, der ›größere‹ Handlungsschemata kontrolliert und koordiniert.

Es ist noch aus einem anderen Grund unmöglich, an ein Wort zu denken, ohne dass dies von physischen Aktivitäten begleitet wäre. Unsere auf Worten basierenden Gedanken (die aber nur *einen* Teil unseres Denkens darstellen) sind automatisch mit den motorischen Abläufen für ihre Artikulation verbunden. Das für die Sprachproduktion hauptsächlich verantwortliche Zentrum – das Broca-Areal – löst Muskelaktivitäten aus, die es den Lippen, der Zunge und dem Kehlkopf erlauben, Laute zu produzieren. Über sie haben wir auch Lesen gelernt: indem wir Vokale und Konsonanten nachgesprochen haben, um sie danach mit den abstrakten Symbolen der Buchstaben in Beziehung zu setzen. Erst nach und nach haben wir uns angewöhnt, diese Motorik zu unterdrücken und beim Lesen nicht mehr die Lippen zu bewegen und die Zeilen mit dem Finger nachzufahren.

Wie viel an Aktivität dabei durch einzelne Worte wachgerufen wird, hängt weniger von deren Komplexität ab, sondern davon, wie viel Bewegung ihre Bedeutung impliziert: eine Liste von aktiven Verben zu hören und zu lesen, produziert mehr potentielle Motorik als eine Liste von passiven Verben. Umgekehrt gilt: auch wenn man nicht davon spricht, was man tut, sondern es einfach tut, wird das Sprachzentrum des Broca-Areals aktiviert – selbst dann, wenn man nur daran denkt, eine Bewegung auszuführen.

Dieses Potential an physischer Aktion genügt, um einen intentionellen Bezug zum Objekt herzustellen. Es erweitert unsere grundsätzliche Fähigkeit zur Empathie um ein zielgerichtetes Verhalten – in einem Maße, dass selbst noch Lesen bedeutet, visuelle oder auditive Stimuli zu verarbeiten, die uns in einen einsatzbereiten Zustand der Welt gegenüber versetzen.

5

Was das Lesen trotz seiner Schnelligkeit zu solch einer vereinnahmenden Erfahrung macht, beruht also auch darauf, dass semantische Konzepte aktiviert werden, die Gefühle und unbewusste Bewegungsabläufe in Gang setzen (um sie zu analysieren und zu interpretieren, bedarf es allerdings kognitiver Meta-Ebenen und somit größerer geistiger Anstrengung). Etymologisch leitet sich Emotion von *movere* ab. Denn was uns beim Lesen primär ›bewegt‹, sind eben jene körperlichen Erfahrungswerte, die wir mit Worten verbinden – jene konditionierten Assoziationen, die unsere Lebenserfahrung thematisch als Erinnerung abgespeichert hat. Wie tief das ›Psychische‹ dabei ins ›Soma‹ des Körpers geht, zeigt sich daran, dass das periphere Nervensystem bis in die Milz, die Lymphknoten und ins Knochenmark reicht, in die für das Immunsystem wichtigen Organe. Unter diesem Gesichtspunkt ist das Lesen – je nach Autor – eine milde Form von psycho-somatischer Erkrankung.

Dass das Lesen eines Textes zu einer dermaßen emotionalen Angelegenheit werden kann – im Gegensatz zur Analyse und Interpretation, die größerer geistiger Anstrengung und eines Abstands bedürfen –, hat mit dieser Art Psycho-Somatik zu tun. Es gelangen nämlich weit mehr Inputs vom limbischen System (wo Emotionen archiviert werden) hinauf in die Hirnrinde (wo sie evaluiert werden) als wieder herab. Selbst wenn wir also bestimmte Dinge rational durchdenken und die damit verbundenen Assoziationsketten durchgehen, hat dies selten unmittelbare Auswirkungen auf unsere ›Grundstimmung‹ bezüglich eines bestimmten Sachverhalts. Wir mögen etwas noch so sehr für ›gut‹ halten – ein ›schlechtes Gefühl‹ dabei werden wir oft nicht los.

Erst wiederholtes Raisonieren über längere Zeiträume hinweg (dessen Angemessenheit wir jedes Mal anhand einer Sachlage evaluieren) vermag unsere emotionelle Grundeinstellung zu ändern. Die Worte beim Lesen zu ›erfassen‹ heißt deshalb, vor allem diese prä-existierenden Konzepte zu aktivieren, in denen sich unsere ureigensten Erfahrungswerte widerspiegeln: wir lesen uns also selbst. Wäre es anders – hätten wir keinen Zugriff auf unsere Erfahrung und müssten uns den Sinn der Worte erst über ein rationales Analysieren konstruieren –, bräuchten wir schon für eine einzige Zeile Minuten.

Weil wir Begriffe wie ›Welt‹, ›Schloss‹, ›Fußtritt‹ oder ›Liebe‹ nicht nur mit unserer Idee davon, sondern auch mit körperlicher Intentionalität und emotionalen Stimmungen verbinden, werden jene virtuellen Szenarien möglich, die wir beim Lesen scheinbar mühelos aufbauen; dadurch erhalten sie erst ihre Lebendigkeit. All die Wenn-Dann-Szenarien – mittels derer unsere Emotionen, unsere Verhaltensweisen, ja unser ganzes Ich konditioniert wurden – werden beim Lesen in immer neuen Konstellationen aktualisiert.

So wird uns dieses Vergangene erneut präsent, während wir gleichzeitig auf virtuelle Weise neue Erfahrungen machen. Dem entspricht auch Voltaires Resümee, der am Ende seines Romans Candides Abenteuer noch einmal Revue passieren lässt – um zu guter Letzt als das wesentlichste aller Erlebnisse die Erfahrung unmittelbarer Gegenwart zu postulieren:

Und Pangloß sagte manches Mal zu Candide: »Alle Ereignisse sind miteinander verknüpft in der besten aller möglichen Welten; denn wärt Ihr schließlich nicht aus einem schönen Schloß mit derben Fußtritten in den Hintern davongejagt worden, der Liebe zu Fräulein Kunigunde wegen, wärt Ihr nicht der Inquisition in die Hände gefallen, hättet Ihr nicht Amerika zu Fuß durchquert und nicht dem Baron einen Degenstoß versetzt, hättet Ihr nicht alle Eure Hammel aus dem guten Land Eldorado verloren, dann würdet Ihr hier keine eingemachten Cedern und Pistazien essen.« – »Das ist wohl gesprochen«, antwortete Candide, »aber wir müssen unseren Garten bestellen.«

Carter, Rita (2002), *Exploring Consciousness*, Berkeley, CA
Dehaene, Stanislas (2009), *Reading in the Brain*, London
Edelman, Gerald M. (2004), *Wider than the Sky – The Phenomenal Gift of Consciousness*, New Haven, London

Box 6. Können Wörter Gefühle auslösen?

Dank des Einsatzes der fMRT und ihrer Kombination mit anderen neurokognitiven Verfahren wie EEG lässt sich nun mehr über die emotionalen Vorgänge beim Lesen sagen. Tafel 2 (s. Farbteil S. 368) zeigt einige Hirnareale, die generell an emotionalen Erfahrungen beteiligt sind: den Orbitofrontalkortex, die Insulae, den vorderen und hinteren cingulären Kortex sowie die Amygdala. Eine Forschergruppe unter meiner Leitung verfolgt seit einigen Jahren an der FU Berlin die Frage, in welchem

Umfang diese emotionalen Netzwerke auch bei der Worterkennung und beim Lesen eine Rolle spielen. Dazu wurde mithilfe der Skalierungsmethode – wobei Probanden verschiedene Reizdimensionen einschätzen müssen – eine Wortliste erstellt, die *Berlin Affective Word List*. Sie umfasst etwa 2100 Nomina, 500 Verben und 300 Adjektive, die quantitativ verschiedenen Dimensionen zugeordnet werden können: affektive Wertigkeit (positive, neutrale oder negative Valenz); Erregungspotential; Vorstellbarkeit oder Länge und Silbenzahl. Die Nomina, die in dieser Liste den negativsten Gefühlswert aufweisen, sind ›Giftgas‹, ›Krieg‹ und ›Nazi‹, die negativsten Verben ›foltern‹, ›lynchen‹ und ›zerstören‹, die negativsten Adjektive ›herzlos‹, ›tot‹ und ›asozial‹. Zu den positivsten Wörtern zählen ›Liebe‹, ›Freiheit‹ und ›Paradies‹, ›lachen‹, ›küssen‹ und ›freuen‹ sowie ›topfit‹, ›brillant‹ und ›grandios‹.

Anhand der Messung von peripher-physiologischen Indikatoren wie Pupillengröße, Herzrate oder Hautleitwiderstand kann man zudem auf kontrollierte Weise untersuchen, inwieweit einzelne Wörter emotionale Reaktionen in Körper und Gehirn auslösen. Eine pupillometrische Untersuchung brachte die Erkenntnis, dass negative Wörter die Pupille verengen, während positive sie eher erweitern. Der Befund, dass die Pupillengröße ein nicht willkürlich zu beeinflussender Indikator für affektive, aber auch kognitive Vorgänge ist, war seit längerem bekannt. Auf den Lesevorgang angewandt, zeigt sich, dass die affektive Färbung in der Regel die Worterkennung erleichtert. Elegante, von dem amerikanischen Psychologen J. R. Stroop entwickelte Tests (http://psynet.ruhr-uni-bochum.de/cognition/stroop/) demonstrieren jedoch, dass affektiv geladene Wörter flüssiges Lesen auch behindern können. Dies ist bei Tabuwörtern der Fall. Fordert man die Probanden auf, die Druckfarbe einer Reihe von Wörtern zu benennen, und misst man die dafür benötigte Zeit, ergeben sich deutlich langsamere Reaktionszeiten für Tabu- und Schimpfwörter als für die neutralen Kontrollwörter. Offenbar aktivieren solche Wörter automatisch mit negativen Emotionen assoziierte Areale wie die Amygdala. Sie können Ihre Reaktionszeiten leicht im Selbstversuch anhand der Liste in Tafel 3 im Farbbildteil (S. 368) überprüfen.

Der Stroop-Test demonstriert eindrücklich, dass man nicht NICHT lesen kann – es sei denn, man schließt die Augen. Wer einmal lesen gelernt hat, wird unfähig dazu, willentlich bekannte Buchstabenfolgen sinnentleert zu verarbeiten: dies schließt affektive Assoziationen mit ein. Dieser Test eignet sich auch zur Diagnostik bestimmter klinischer Störungen wie Phobien. Menschen mit Spinnenangst brauchen länger, die Druckfarbe von SPINNE (rot) zu benennen, als die eines Kontrollwortes wie SPANNE. Menschen mit einer Ängstlichkeitsstörung prozessieren generell negativ getönte Wörter wie KRIEG oder TOD langsamer als neutrale Wörter wie KRUG oder TAT.

Einzelne Wörter können nicht nur negative oder positive Gefühle wecken, sondern auch ästhetische Reaktionen erzeugen – zumindest, wenn man den Veranstaltern von Wettbewerben um das schönste deutsche Wort oder das Unwort des Jahres Glauben schenkt. Die Autorin des Buches *Das schönste deutsche Wort*, Jutta Limbach, führt überzeugende Beispiele für positive ästhetische Wirkungen von Einzelwörtern an.

So gewann 2004 das Wort ›Habseligkeiten‹ diesen Schönheitswettbewerb: Nach Meinung der Jury bezeichnet es mit einem ›freundlich-mitleidigen Unterton‹ die Besitztümer von Kindern oder Obdachlosen. Dabei lasse es den Eigentümer der Dinge »sympathisch und liebenswert« erscheinen:

> »Lexikalisch gesehen verbindet das Wort zwei Bereiche unseres Lebens, die entgegengesetzter nicht sein könnten: das höchst weltliche Haben, d. h. den irdischen Besitz, und das höchste und im irdischen Leben unerreichbare Ziel des menschlichen Glücksstrebens: die Seligkeit.«

Auch Kinder haben offenbar schon ein Gefühl für die Schönheit von Wörtern, die der Seele guttun können. Sylwan Wiese, 9 Jahre, wird in jenem Buch mit folgenden Sätzen zitiert:

> »Mein schönstes deutsches Wort ist ›Libelle‹, weil ich Wörter mit dem Buchstaben ›l‹ liebe und dieses Wort sogar drei davon hat. Das Wort lässt sich irgendwie so leicht sprechen. Das flutscht so auf der Zunge. Aber ich finde auch, dass Libellen so schön flattern, und genau das erkennt man auch in dem Wort. Das Wort macht, dass man diese Tiere von Anfang an mag und keine Angst vor ihnen hat. Würde das Tier ›Wutzelkrump‹ oder so heißen, dann wäre das nicht so. Ich wüsste gerne, wer sich dieses Wort ausgedacht hat. Der Mensch war bestimmt sehr freundlich. Weil das Wort das freundlichste ist, das ich kenne.«

Umgekehrt können Wörter auch hässlich und verletzend sein. Das Unwort des Jahres 2007 beispielsweise diffamiert Frauen, die ihre Kinder zu Hause erziehen, statt einen Krippenplatz in Anspruch zu nehmen. Können Sie es erraten? HERDPRÄMIE! In einer empirischen Studie aus meinem Labor über die Schönheit und Hässlichkeit von Wörtern beurteilten die Probanden 450 Wörter bezüglich einer Reihe von Dimensionen (Valenz, Vertrautheit, Vorstellbarkeit, Schönheit). Unter den schönsten Wörtern waren: ›Zweisamkeit‹, ›Zutraulichkeit‹ und ›Zusammenbleiben‹, unter den hässlichsten ›Fotze‹, ›Afterlecker‹ und ›Pickel‹.

Einen Erklärungsansatz für das Phänomen, warum alltägliche Wörter – die a priori keine Kunstobjekte sind – dennoch ästhetische Erlebnisse bewirken, bietet die Theorie der ästhetischen Erfahrung des Neuropsychologen Russell Epstein. Er postuliert, dass ästhetische Reaktionen über Bedeutungsfelder ausgelöst werden. Sich auf die Werke von Marcel Proust und William James beziehend, argumentiert Epstein, dass die Funktion von Kunst darin bestehe, jene unbewussten assoziativen Netzwerke zu aktivieren, die mit einem Objekt verbunden werden, das gerade als visuelles oder verbales Vorstellungsbild im Arbeitsgedächtnis präsent ist. Ästhetische Erfahrung im Sinne von Schönheit ist laut Epstein ein Gefühl, das Information mittels eines Netzwerks von Assoziationen aktiviert, die den Begriff umranden, seinen Nukleus jedoch nicht vollständig elaborieren. Wie am Schluss dieses Buches (Box 37) geschildert, spielen bei der Aktivierung dieses erweiterten Assoziationsnetzwerks Nervenbahnen der rechten Hirnhälfte eine Schlüsselrolle.

Grundsätzlich suggerieren Modelle der visuellen Wortverarbeitung zwei einfache Bedingungen, mit denen Wörter ästhetische Reaktionen auszulösen vermögen: über Formaspekte, die aus der Koppelung orthographischer und phonologischer Merkmale (Schrift- und Lautbild, Wortklang) resultieren, und über Bedeutungsaspekte, die aus der vielfältigen assoziativen Verknüpfung eines Wortes mit anderen Wörtern, Bildern oder allgemeinen Kontexten resultieren (wie etwa in der oben zitierten Begründung für ›Habseligkeiten‹). Diese Kriterien gebraucht auch der Deutsche Sprachrat, um jährlich zwischen dem am schönsten aussehenden (›Nu‹) und dem am schönsten klingenden Wort (›Libelle‹) zu unterscheiden – und dann das generell schönste deutsche Wort in seiner Bedeutung für Deutschland, die deutsche Lebensart oder gängige Werte auszuwählen.

Können bereits einzelne Wörter affektive Reaktionen und ästhetische Prozesse auslösen, so sollte dies auf Phrasen, Sprichwörter, Sentenzen, Aphorismen, Gedichte oder Geschichten umso mehr zutreffen. Diese Thematik ist Gegenstand aktueller Forschungsprojekte im Exzellenzcluster der FU Berlin, ›Languages of Emotion‹. Dort werden unter Leitung der Psychiaterin Isabella Heuser auch Menschen untersucht, die Schwierigkeiten bei der Wahrnehmung und Verbalisierung von Emotionen haben. Bis heute streiten sich die Wissenschaftler, ob diese sogenannten Gefühlsblinden – die etwa 10 Prozent der Bevölkerung ausmachen – rein emotionelle Störungen haben oder ob sie sich nur schwer ihrer Emotionen bewusst werden und darüber sprechen können: ob dahinter also ein eher sprachliches Defizit zu vermuten ist.

Dabei zeigt sich, dass neben sozio-kulturellen Faktoren – Arbeitslosigkeit, gescheiterter Lebensgemeinschaft oder niedrigem sozioökonomischen Status – auch hirnorganische Prozesse an diesem Erscheinungsbild beteiligt sind, für das meist Mr. Spock (aus der Serie »Enterprise«) als Metapher herhalten muss, da Gefühlsblindheit weit häufiger bei Männern vorkommt. Hirnareale, die systematisch mit dieser Alexithymie in Verbindung gebracht werden, sind in Tafel 2 (s. Farbbildteil S. 368) skizziert. Die Insulae sind u. a. an der Repräsentation interner körperlicher Reaktionen beteiligt, die dem Bewusstsein zugänglich sind und so eine mögliche neuronale Grundlage für subjektive Gefühle liefern; die cingulären kortikalen Areale werden mit Affektwahrnehmung und Emotionsregulation in Verbindung gebracht. Der Orbitofrontalkortex spielt ebenfalls bei Affekten eine Rolle und scheint zusammen mit der Amygdala jeder Situation ein affektives Vorzeichen zuzuordnen.

Vermutlich hilft uns das limbische System insgesamt, welches unter anderem die Amygdala und den cingulären Kortex umfasst, Wörter, Sätze und Texte affektiv zu bewerten, beim Lesen Prioritäten zu setzen und die Gefühle von Protagonisten und Nebenfiguren nachzuvollziehen (Box 37). Die Tatsache, dass Lesen und Lesenlernen nicht nur für die kognitive Entwicklung, sondern auch für die Ausbildung emotionalsozialer Kompetenzen eine entscheidende Rolle spielt, wurde in der klassischen psychologischen und pädagogischen Leseforschung lange Zeit vernachlässigt. Neuere Arbeiten unter Einsatz von neurowissenschaftlichen Methoden haben jedoch diesen Mangel erkannt und versuchen die durch das Lesen geförderte Wechselwirkung zwischen kognitiver und emotionaler Entwicklung genauer zu beleuchten (so etwa die Leseforscherin Maryanne Wolf in ihrem aufschlussreichen Buch *Das lesende Gehirn*).

Dolan, R. J. (2002). »Emotion, cognition, and behavior«. *Science,* 298, 1191–1194

Epstein, R. (2004). »Consciousness, art, and the brain: Lessons from Marcel Proust«. *Consciousness and Cognition* 13, 213–240

Limbach, J. (2004). *Das schönste deutsche Wort*. Freiburg: Verlag Herder

Vo, M.-L., Jacobs, A. M., & Conrad, M. (2006). »Crossvalidating the Berlin Affective Word List (BAWL)«. *Behavior Research Methods,* 38, 606–609

Wolf, M. (2009). *Das lesende Gehirn – Wie der Mensch zum Lesen kam und was es in unseren Köpfen bewirkt*. Heidelberg: Spektrum Akademischer Verlag

DENKBEWEGUNGEN

MIT CANDIDE AUF EINEM KURZEN OPTIMISTISCHEN RUNDGANG DURCH DEN RAUM

D – SENSOMOTORISCHE KONZEPTE

1

»Was also ist zu tun?« fragte Pangloß. »Schweigen«, sagte der Derwisch.

Dass sich die Frage nach einer Handlung mit einem Wort beantworten lässt, das noch dazu Stille ausdrücken soll – dieses zweifache Paradox führt vor, in welchem Ausmaß Bewegung, Sprache, aber auch Schweigen miteinander verbunden sind. Wir denken nicht nur in Worten, nein: unser Bewusstsein resultiert zu etwa gleichen Teilen auch aus instinktiven Empfindungen wie Schmerz, Emotionen, unsymbolisierten Gedanken und mentalen Bildern.

Dass sprachloses Denken möglich ist, ohne dass die Gedanken dabei zum Schweigen kommen, belegen pathologische Studien. Sie berichten etwa vom Fall eines französischen Mönchs, dessen epileptische Anfälle – die oft stundenlang dauern konnten, und dies bei vollem Bewusstsein – ihn der Fähigkeiten des Schreibens, Sprechens und Sprache-Verstehens beraubten. Trotzdem vermochte er weiterhin normal zu denken und zu handeln – aus einem Zug auszusteigen, stumm in ein Hotel einzuchecken und sich mittels Gesten im Restaurant verständlich zu machen. Spiegelbildlich dazu zeigt das Williams-Syndrom, dass es möglich ist, eloquent Worte aneinanderzureihen und flüssig zu erzählen – ohne Sinnvolles von sich zu geben. Zu den in diesem Fall gestörten kognitiven Fähigkeiten zählen auch jene, die die Orientierung im Raum betreffen, das Vermögen, einzelne Segmente zu einem kohärenten Ganzen zu vereinen – womit wir, von der Stille ausgehend, wieder beim Tun angelangt wären.

Die Abbildbarkeit von Wirklichkeit durch Sprache kann gar nicht anders als minimal sein: verglichen damit, was uns in jedem beliebigen Moment an Sinneseindrücken durch den Kopf geht, ist Sprache geradezu erschreckend primitiv. Will sie nur den geringsten Teil davon wiedergeben, muss sie mit einem hohen Aufwand an Umschreibungen arbeiten – schon um die Prozesse beim Verzehren eines weichen Eis beim Frühstück zu beschreiben, bräuchte es ganze Buchkapitel (die der *nouveau roman* versuchsweise abgeliefert hat).

Wir kennen zwar Tausende von Gefühlsnuancen, unser Vokabular dafür ist aber auf ein paar Dutzend Bezeichnungen beschränkt. Wir vermögen an den Dingen die differenziertesten Facetten zu unterscheiden, verfügen aber nur über Substantive, die sie sehr grob in ihre Kategorien einteilen. Und obwohl unser räumliches Erfassungsvermögen bestens ausgebildet ist, besitzen wir nur wenige Präpositionen, um die Dinge untereinander sprachlich lokalisieren zu können. Die Probe aufs Exempel stellt die Mühe dar, anhand einer Montageanweisung ein Regal zusammenzubauen – macht es uns jemand vor, sind wir ungleich schneller. Selbst um etwas so Einfaches wie das Knüpfen eines Knotens auf nachvollziehbare Art und Weise zu beschreiben, reicht sprachliche Virtuosität selten aus – versuchen Sie es doch einmal mit der Anleitung für einen Palstek.

Die geistigen Anforderungen, die Poesie an einen Leser stellt, sind im Vergleich dazu lächerlich. Sie ergeben sich letztlich aus dem Bestreben, durch sprachlich inszenierte Mehrdeutigkeiten und Vielschichtigkeiten die Komplexität unserer außersprachlichen Welterfahrung wenigstens anzudeuten.

Die Beschränkungen sprachlicher Abbildungsfähigkeit stellen offensichtlich – wie bei unserer Wahrnehmung auch – die Kehrseite jener ökonomischen Prinzipien dar, mittels derer wir Wirklichkeit strukturieren und konstruieren. Semantisch gesehen resultieren sie aus dem Einsatz universeller Konzepte, jener mentalen Schemata, durch die das Assoziative unserer Erfahrung Gestalt erhält. Auf sie gehen wir ausführlich ein, weil sie das Königsthema der Metapher – die ewige Diskussion um wörtliche und übertragene Bedeutung – auf eine andere Basis heben. Denn hat man das Gehirn erst einmal als Assoziationsmaschine begriffen, die permanent Konnotationen und analogische Strukturen auf andere Ebenen projiziert, klärt sich vieles an der Problematik des Figurativen.

Einige wenige Beispiele für sensomotorische Konzepte mögen zunächst genügen. ›Körperliche Wärme‹ verwenden wir auch, um Zuneigung auszudrücken (mit jemandem warm werden; jemandem die kalte Schulter zeigen; das Eis brechen). ›Physische Größe‹ wird figurativ für Wichtigkeit gebraucht (große Gedanken, Ereignisse und Themen, die hochinteressant sind, während große Wirkungen oft nur kleine Ursachen haben, anderes bloß von geringem Interesse ist oder man überhaupt von jemandem klein denkt). Mit ›physische Nähe‹ wiederum verbinden wir etwa Ähnlichkeit (diese Farben sind einander sehr nahe, unsere Meinungen dagegen Lichtjahre voneinander entfernt, während unsere Geschmäcker weit auseinanderliegen). ›Bürde und Last‹ verstehen wir im übertragenen Sinn als Schwierigkeit (deren Probleme einen erdrücken, weil man das ganze Gewicht einer Sache spürt). Selbst die abstraktesten Strukturen konzipieren wir als konkret greifbar (und sehen in einer Theorie Löcher, während sonst alles gut zusammenpasst, obwohl die Gesellschaft aus den Fugen ist).

Wir gebrauchen Hunderte und Tausende solcher konzeptuellen Modelle – sprich: Grundmetaphern – in unserer täglichen Kommunikation, und dies fast gedankenlos, weil sie längst Teil unseres kognitiven Unbewussten geworden sind. Viele davon gehen auf eine Korrelation mit Alltagserfahrungen und prägenden Kindheitseindrücken zurück – so auch die oben angeführten Beispiele. In unserem ersten, infantilen Lebenskontext haben wir gelernt, Zuneigung zuallererst mit körperlicher Wärme der Eltern zu verbinden oder Wichtigkeit mit Größe, weil für den Blick eines Kindes Eltern wie Elternhaus einmal groß wirkten. Wir sehen Ähnliches unter dem Aspekt der Nähe, weil ähnliche Dinge meist in Gruppen vorkommen – ob Bäume, Blumen, Teller oder Legosteine. Haben wir etwas Schweres zu tragen, macht dies das Gehen schwierig und mühsam. Und wenn wir uns komplexen konkreten Objekten gegenübersehen, analysieren wir sie auf ihre innere, meist abstraktere Struktur hin, um sie zu begreifen – und umgekehrt.

Dabei zeigt sich eine Kategorienbildung, die nicht nach rationalen Kriterien sortiert. Sie klassifiziert die Dinge weder unter taxonomischen Gesichtspunkten, noch differenziert sie – wie in einem Linnéschen System – hierarchisch zwischen Über- und Untergeordnetem. Die Vorgehensweise ist weit ökonomischer: Sie bezieht sich auf das, was am einfachsten zu lernen, zu erinnern und zu gebrauchen ist – ungeachtet dessen, ob es auch der Realität entspricht. Dabei kommen vor allem vier Prinzipien zur Geltung: a) was wir psychologisch als Gestalt wahrnehmen (ohne dass diese Kategorisierung der Wirklichkeit entsprechen muss); b) in welchen mentalen Bildern wir unsere Umwelt begreifen;

c) wie unser Körper und ein Objekt sich zueinander verhalten; und d) wie allgemein unsere subjektive Erfahrung Welt zu strukturieren imstande ist.

Dadurch bilden sich mentale Konzepte, die insofern prototypisch sind, als bestimmte Eigenschaften zu einer Art idealisiertem Modell verallgemeinert werden: zu einem Klischee im neutralen Sinn, einem Schema (unser Konzept eines Baums beispielsweise ist in beinahe karikierendem Ausmaß schematisch). Spezielle Eigenschaften können deshalb ein schwieriger zu definierendes Ganzes ersetzen (weshalb die Farbe Rot als *pars pro toto* für alles stehen kann, was lebendig ist, gesund, reif oder in Blüte). Ausgehend davon entwerfen wir unsere Welt nicht in rationalen Hierarchien und Listen, sondern in radial von einer Bedeutungsmitte ausgehenden Kreisen, die sich mit anderen wiederum überschneiden. Dies bedingt all jene Unschärfen, welche die Semantik in logischen und philosophischen Systemen auszumerzen bemüht ist, die von der Poesie jedoch bewusst eingesetzt werden, um uns die mit einer einzigen Perspektive nie vollständig erfassbare Vielgestaltigkeit der Welt wieder vor Augen zu führen.

Box 7. Denken, Sprache und Gefühle oder was Menschen einzigartig macht

1975 fand die vielleicht berühmteste Debatte in der bisherigen Geschichte der Kognitionswissenschaften in der Abtei Royaumont nördlich von Paris statt. Kontrahenten waren der Erfinder der evolutionären Erkenntnistheorie und Wegbereiter der modernen Entwicklungspsychologie, Jean Piaget, und Noam Chomsky, der Vater der modernen Linguistik und Wegbereiter der kognitiven Wende in der Psychologie. Es ging um nichts Geringeres als um die Frage, wie Denken und Sprache zusammenhängen: ob das eine ohne das andere funktionieren könne, was zuerst existiere und wie beides erlernt werde.

Grosso modo vertrat Piaget die Position, dass Sprache im Wesentlichen erlernt wird und sich anhand von Generalisierungen und Abstraktionen sensomotorischer Schemata entwickelt. Mit dem Begriff ›Schema‹ werden bei Piaget die Strukturen erfasst, die den effektiven Handlungen eines Kindes zugrunde liegen. Er gebraucht diesen Begriff, um den Kern kindlichen Verhaltens zu beschreiben: eine Abstraktion von Merkmalen, die einer Vielzahl von im Detail unterschiedlichen Aktionen gemeinsam sind (Box 24). In diesen Schemata sah Piaget auch die entwicklungspsychologische Voraussetzung für die Emergenz linguistischer Strukturen wie Wortanordnungen, Subjekt-Verb-Objekt-Konstruktionen oder Agens-Patiens-Instrument-Beziehungen. Konzeptuelle Verbindungen und semantische Relationen waren für Piaget die Hauptpfeiler der Sprachentwicklung, Grammatik spielte hingegen als Derivat dieser Entwicklung bloß eine Nebenrolle. Er griff damit modernen linguistischen Theorien wie der ›Kognitiven Grammatik‹ von Langacker oder der Konstruktionsgrammatik von Goldberg vor.

Chomsky hingegen nahm – wie schon in seiner berüchtigten Polemik gegen die Sprachlerntheorie des Behavioristen B. F. Skinner – den Standpunkt ein, dass Sprache hauptsächlich auf angeborenen, universellen Mechanismen beruhe. Den Kern der Sprachentwicklung bildete für ihn grammatikalisches Wissen: es sei autonom, unabhängig von konzeptuellem oder semantischem Wissen, universell allen bekannten Sprachen gemeinsam und – da ausschließlich beim Menschen auftretend – genetisch vorprogrammiert. Piaget war also der Auffassung, dass Denken der Sprache vorausgehe, Chomsky trat eher für die umgekehrte These ein.

Im selben Jahr erschien auch das einflussreiche Buch *The Language of Thought* des Philosophen Jerry Fodor, der ebenfalls bei der Debatte zugegen war und in seinem Werk die Ansicht vertrat, Denken funktioniere in einer Sprache des Geistes, *Mentalesisch* genannt. Diese besäße eine eigene Struktur, die sich aus einzelnen bedeutungtragenden Elementen zusammensetze, die zwar in manchen Aspekten Wörtern vergleichbar seien, jedoch weder akustisch noch optisch realisiert, sondern allein durch amodale neuronale Aktivierungsmuster bewirkt würden. Diese Bedeutungsträger könnten in verschiedenen Repräsentationen vorkommen – analog zu Wörtern und Phrasen, die in verschiedenen Sätzen verwendet werden. Und so wie in jeder Sprache auch ließe sich – gemäß dem Kompositionalitätsprinzip – eine allgemeine Bedeutung aus derjenigen von einzelnen Elementen zusammensetzen. Das Denken ginge demnach in einer eigenen, propositionalen und abstrakten ›Sprache‹ vonstatten, die von der realen unabhängig sei.

Als Evidenz für Fodors *Mentalesisch* wurde oft das Argument vorgebracht, dass sich kognitive und sprachliche Fähigkeiten in klinischen Einzelfallstudien empirisch voneinander abspalten lassen: dass es also Menschen gibt, bei denen die eine Fähigkeit massiv beeinträchtigt, die andere hingegen intakt sein kann – und umgekehrt. Kinder mit Williams-Syndrom und mit einem ›Spezifischen Sprachentwicklungsdefizit‹ wurden dafür als Standardbeispiele genannt. Erstere gelten aufgrund eines genetischen Defektes mit einem durchschnittlichen Intelligenzquotienten von 50 als mental retardiert, sprachlich jedoch syntaktisch-kompetent; Letztere gelten als sprachlich beeinträchtigt, aber normal intelligent.

Während Philosophen und Sprachwissenschaftler wie Jerry Fodor und Steven Pinker weiterhin der These anhängen, dass unser Gehirn ›mentalesisch‹ spricht, zählen viele Neurowissenschaftler, allen voran der Nobelpreisträger Gerald Edelman, die Idee eines Mentalesisch zu *den bemerkenswertesten Missverständnissen in der Geschichte der Naturwissenschaft*. Edelman lehnt wie viele andere Linguisten, Naturwissenschaftler und Philosophen – Lakoff, Maturana, Millikan, Noe, O'Regan, Searle, Putnam oder Varela – die Vorstellung ›mentaler Repräsentationen‹ als *lingua mentis* ab, weil Denken nicht transzendent sei und in abstrakten Propositionen erfolge, sondern aufgrund von vorsprachlichen körperlichen Aktivitäten entstehe, die ›verkörperte Schemata‹ herausbilden: Innen – Außen/Teil – Ganzes/Quelle-Weg-Ziel. Sinn ergebe sich demnach erst aus ihren Beziehungen zu körperlichen Bedürfnissen und Funktionen (Box 2). Der Spracherwerb setzt dabei für Edelman wie schon für Piaget ein ausgebildetes Begriffs- und Wertesystem voraus.

Längst sind nicht alle in der Debatte von 1975 verhandelten Fragen durch die Fortschritte der kognitiven Neurowissenschaften oder anderer Disziplinen entschieden. Dennoch scheint sich die Waage der empirischen Evidenz augenblicklich deutlich auf Piagets Seite zu neigen. So vertritt Chomsky mittlerweile selbst nicht mehr die These, Sprache sei angeboren, sondern lediglich eine typisch menschliche Fähigkeit zur Rekursion (Einbettung). Darunter versteht man in der Linguistik eine hierarchische Strukturierung komplexer sprachlicher Ausdrücke mit der Möglichkeit wiederkehrender Muster innerhalb der Struktur:

a. Ich glaube, dass sie mich liebt.
b. Du denkst, dass ich glaube, dass sie mich liebt.
c. Lena weiß nicht, dass du denkst, dass ich glaube, dass sie mich liebt.
d. Thea überlegt, ob Lena nicht weiß, dass du denkst, dass ich glaube, dass sie mich liebt.

Der Primatenforscher, Entwicklungs- und Kulturpsychologe Michael Tomasello geht sogar noch weiter in seiner Ablehnung der »Sprache ist angeboren«-These: für ihn ist menschliche Kommunikation eine biologische Adaptation, die Kooperation und soziale Interaktion ermöglicht, wohingegen die rein linguistischen Sprachdimensionen kulturell konstruiert sind und von individuellen linguistischen Gemeinschaften weitergegeben werden. Die Ursprünge der menschlichen Sprache liegen nach Tomasello in natürlichen, spontanen Gesten (Box 8), insbesondere Zeigen und Pantomime, und in einer einzigartigen Fähigkeit zur geteilten Intentionalität (*shared intentionality;* gemeinsame Ziele, Absichten und Überzeugungen), die durch drei Motive gesteuert wird: *Einfordern* – von Hilfe oder Information – (»Ich möchte, dass DU etwas für MICH tust, mir hilfst«), *Informieren* (»Ich möchte, dass DU etwas weißt, weil ich denke, dass es DIR hilft oder DICH interessiert«) und *Teilen* – von Emotionen oder Haltungen – (»Ich möchte, dass DU etwas fühlst, damit WIR Einstellungen oder Gefühle teilen können«). Auch Schimpansen nutzen die Zeigefunktion erstaunlich flexibel, um etwa die bevorzugte Nahrung aus einer Angebotsmenge anzuzeigen, aber sie zeigen nie auf Artgenossen. Sie können einfordern, aber weder informieren noch teilen, sie kommunizieren, aber nicht *kooperativ.* Ihre kommunikativen Gesten verfehlen das Ziel gemeinsamer Intentionalität: die Empfänger einer Botschaft versuchen in einem sozialen Kontext nicht, eine Geste mit der erschlossenen Absicht des anderen in Verbindung zu bringen.

Kleinkinder hingegen zeigen, und zwar bevor sie sprechen können, auf alle möglichen Dinge und Personen. Doch wenn ein Kleinkind auf etwas zeigt, das gerade seine Aufmerksamkeit erregt hat, ist dies nicht unbedingt eine Aufforderung, ihm dieses Objekt auch zu bringen: es kann auch der Information oder dem Teilen eines Gefühls (»Ist das schön!«) dienen. Reagiert sein erwachsenes Gegenüber positiv auf seine Zeigegeste – etwa durch abwechselndes Blicken auf das Kind und das Objekt –, entsteht ein gemeinsamer Aufmerksamkeitsrahmen, eine geteilte Welt, in der nicht nur beide, Kind und Erwachsener, das Objekt sehen, sondern in der auch beide wissen, dass der andere es sieht und weiß, dass sie selbst es sehen. Dieser gemeinsame Hintergrund liefert den gemeinsamen Sinnhorizont, die Grundlage, auf der sprachliche Kommunikation entstehen kann. Genau das fehlt unseren »affigen Vettern«, wie Tomasello mit einer ethnologisch-entwicklungspsychologischen Kombination aus einfallsreichen Verhaltensbeobachtungen und -experimenten an Primaten und Kindern belegt.

Wir Menschen sind also Tomasello zufolge nicht deswegen einzigartig, weil uns Sprache angeboren ist, sondern weil wir uns für die Ziele und Absichten, Gefühle, Wünsche und Gedanken unserer Artgenossen interessieren und diese »lesen« können, weil wir nicht nur Hilfe von ihnen erwarten, sondern ihnen auch selbst Hilfe anbieten. Dies erlaubt uns – im Gegensatz zu anderen Primaten – unsere Artgenossen zu imitieren und so alles, was die Menschheitsgeschichte an Kulturgut zustande gebracht hat, zu lernen und zu lehren, allem voran aber zu sprechen!

Neben der Angeborenheitsthese des menschlichen Spracherwerbs wackeln aber auch noch andere Grundpfeiler des Chomskyschen Theoriegebäudes, etwa die These der Unabhängigkeit von Syntax und Semantik. Viele neuere Studien – wie die der Gruppe um die Entwicklungs- und Sprachpsychologin Elisabeth Bates – weisen darauf hin, dass sich grammatikalisches Wissen parallel zum Aufbau des Wortschatzes entwickelt, was gegen die Unabhängigkeitsthese spricht. Jüngere Studien aus der klinischen Neuropsychologie werfen außerdem ein anderes Licht auf die oben erwähnte vermeintlich doppelte Dissoziation zwischen sprachlichen und intellektuellen Fähigkeiten: so verfügen viele Williams-Syndrom-Kinder zwar über einen erstaunlichen Wortschatz, insgesamt liegen ihre sprachlichen Kompetenzen aber kaum jemals auf dem Niveau von gleichaltrigen Kindern ohne dieses Syndrom. Außerdem fand man heraus, dass der IQ von Williams-Syndrom-Kindern keineswegs immer bei etwa 50 Punkten liegt, sondern auch Werte über 80 einnehmen kann. Die Expertin Annette Karmiloff-Smith sieht ganz im Sinne Piagets im Williams-Syndrom wie in weiteren entwicklungsbedingten Störungen – dem erwähnten Spezifischen Sprachentwicklungsdefizit oder dem Down-Syndrom – einen Beleg für das enge Wechselspiel zwischen Denk- und Sprachentwicklung. Schließlich ergeben neuere Untersuchungen zur vermeintlichen Universalität von grammatischen Strukturen ein völlig anderes als das von Chomsky gezeichnete Bild. Die 4000 bis 8000 lebenden Sprachen der Welt unterscheiden sich nach dem Max-Planck-Direktor für Psycholinguistik, Stephen Levinson, teilweise so radikal auf allen Ebenen – Phonologie, Syntax und Semantik –, dass die Universalitätsthese als falsifiziert angesehen werden kann.

Solange man Grobkategorien wie ›Denken‹ und ›Sprache‹ verwendet, werden die in der Abtei Royaumont aufgeworfenen Fragen kaum befriedigende Antworten finden. Eine produktivere Perspektive liegt darin zu untersuchen, wie einzelne Denk- und Sprachprozesse funktionieren und welche neuronalen Netzwerke sie gemeinsam oder getrennt rekrutieren. Dazu muss man wie der Pionier der Sprachpsychologie, Karl Bühler, in seinem Organonmodell und darauf aufbauend der Wegbereiter der modernen Linguistik, Roman Jakobson, etwas feiner differenzieren. Bühlers Modell der Sprachtheorie von 1934 schlüsselt einzelne Funktionen auf (Abb. 15), die man jeweils der Prüfung unterziehen kann, inwiefern sie auch bei Primaten oder anderen Tieren feststellbar sind und inwieweit sie vorsprachliche Pro-

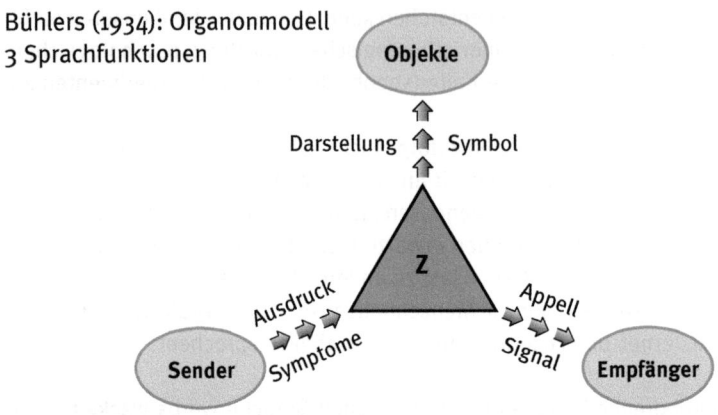

Bühlers (1934): Organonmodell
3 Sprachfunktionen

Objekte

Darstellung ⇧ Symbol

Z

Ausdruck
Symptome

Appell
Signal

Sender

Empfänger

Abb. 15 Organonmodell der Sprache nach Karl Bühler (1934). Sprache ist Werkzeug (organon); die Sprechhandlung besteht aus drei Komponenten: der subjektiven (Sender), der intersubjektiven (Empfänger) und der
objektiven (Objekte). Die Pfeile symbolisieren die Bedeutungsfunktion des Sprachzeichens (Z). Das Zeichen
ist Symbol kraft seiner Zuordnung zu Gegenständen und Sachverhalten (objektiver Aspekt/Darstellung),
es ist Symptom kraft seiner Abhängigkeit von der Intention des Sprechers (subjektiver Aspekt/Ausdruck),
und es ist Signal kraft seines Appells an den Empfänger, dessen Verhalten es steuert (intersubjektiver Aspekt).
Eine Sprechhandlung dient also immer zugleich der Darstellung, dem Ausdruck und dem Appell, auch wenn
eine bestimmte Funktion im Vordergrund stehen kann.

zesse involvieren. Jakobsons ›neues Organon‹ enthält sechs Faktoren (Sender,
Empfänger, Kanal, Botschaft, Kontext und Kode) und ordnet diesen sechs Funktionen zu: die *emotive* (expressive) Funktion drückt die Haltung des Sprechers zum
Gesagten sowie seine Befindlichkeit aus; die *konative* Funktion vermittelt durch
die Botschaft eine Aufforderung an den Empfänger; die *phatische* Funktion des Ka-
nals dient Herstellung und Aufrechterhaltung der Sprachverbindung zwischen Ge-
sprächsteilnehmern; die *poetische* Funktion macht die Botschaft selbst zum Thema
(Box 37); der Kontext erfüllt die *referentielle* Funktion des Bezugs auf das sprachlich
vermittelte Dritte, und die *metalinguale* Funktion schließlich umfasst die Themati-
sierung des Kodes, d. h. der Zuordnung von Bedeutung.

Viele aktuelle Modelle der Sprachrezeption und -produktion gehen einen ähnlichen Weg. Das Sprachbenutzermodell von Dijkstra und Kempen (1993; Abb. 16)
etwa umfasst 11 Komponenten, betrachtet ein ›Konzeptuelles System‹ als integra-
len Bestandteil des Sprachsystems und erlaubt so die Frage, wie Begriffe – Kon-
zepte/Schemata – und die ihnen entsprechenden Wörter im Gehirn entstehen und
miteinander in Wechselwirkung treten. Denn warum sollten Begriffe statisch unver-
änderbare Kategorien sein, die, einmal erlernt, von jeglicher Interaktion und Modifikation durch sprachliche Prozesse ausgeschlossen sind?

Zugleich ist zu fragen, aus welchen Einzelfunktionen sich Denkvorgänge zusammensetzen. Fasst man – wie der Biopsychologe Rainer Bösel – Denkprozesse als
›rekonstruierte Steuerungsmechanismen‹ für unser Erleben und Verhalten auf –
alle informationsverarbeitenden Prozesse, die Erleben begleiten, vorbereiten und
Erwerb wie Nutzung von Wissen betreffen: was Erkennen, Entscheiden, Planen, Ur-

Denkbewegungen

Das Sprachbenutzermodell nach Dijkstra/Kempen, 1993

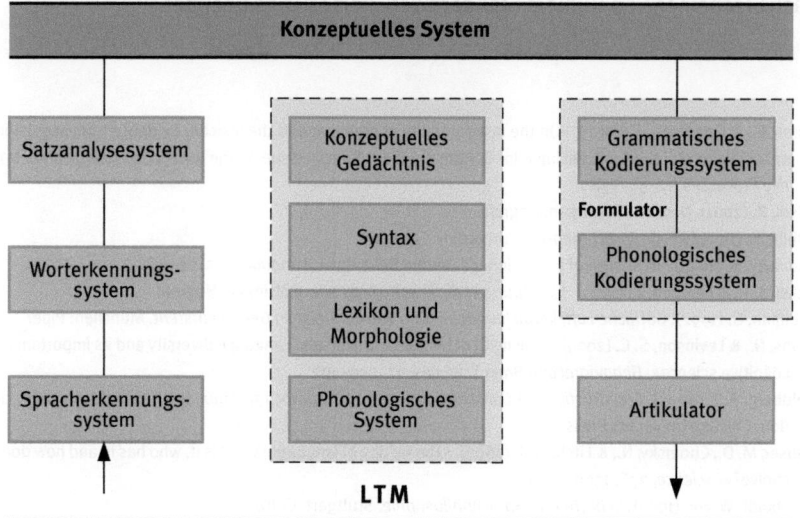

Abb. 16 Sprachbenutzermodell nach Dijkstra & Kempen (1993). Das Modell besteht aus 11 Komponenten oder Subsystemen. Auf der Rezeptionsseite (links) setzt es sich aus dem Spracherkennungssystem, dem Worterkennungssystem und dem Satzanalysesystem zusammen. Die Produktionsseite (rechts) enthält das grammatische und phonologische Enkodierungssystem (Formulator) sowie den Artikulator. Das Langzeitgedächtnis (Long Term Memory/LTM) enthält das konzeptuelle Gedächtnis, das Syntaxgedächtnis, das mentale Lexikon mitsamt dem Wortformgedächtnis (Morphologie) sowie das phonologische System. Über allem thront das konzeptuelle System.

teilen, Verstehen und Problemlösen ebenso einschließt wie Fühlen und Wollen –, ergeben sich zahlreiche Fragestellungen. Zu ihnen zählt etwa, ob sprachliche oder ob emotionale Vorgänge für problemlösendes Denken wichtiger sind. Dies wird bislang von keinem sprachpsychologischen Modell thematisiert: sogar in der modernen Psycholinguistik bleiben emotionale Prozesse ausgeklammert. Umgekehrt sagen praktisch alle psychologischen Emotionstheorien nichts über verbale Prozesse aus. Doch wer könnte ernsthaft behaupten, dass Gefühle stets sprachfrei sind und Sprache – oder Lesen – keine Emotionen bedingt? Um diesem Manko abzuhelfen, wurde 2007 der Forschungsverbund ›Languages of Emotion‹ an der FU Berlin geschaffen, an dem zwanzig verschiedene Disziplinen aus den Geistes- und Naturwissenschaften beteiligt sind (www.languages-of-emotion.de).

Bestimmt die »Wortung der Welt« – wie Wilhelm von Humboldt es formulierte – unsere Denkkategorien, oder gehen diese unserer sprachlichen Konstruktion von Welt voraus? Eine dritte Möglichkeit entwirft die aktuelle Forschung, indem sie die vielseitigen Wechselwirkungen zwischen begrifflichen und sprachlichen Vorgängen aufdeckt. Andererseits gehen die renommierten Neurobiologen und radikalen Konstruktivisten Humberto Maturana und Francisco Varela sogar so weit, Sprache als *sine qua non* für die Erfahrung dessen, was wir ›Geist‹ nennen, zu bezeichnen: ohne Sprache gäbe es kein Selbstbewusstsein. Die Kontroverse um die Erforschung der

Zusammenhänge zwischen Denken, Sprache und Gefühl ist jedenfalls rund 75 Jahre nach Erscheinen von Bühlers Standardwerk keineswegs beendet.

Bates, E., & Goodman, J. (1997). »On the inseparability of grammar and the lexicon: Evidence from acquisition, aphasia and real-time processing«. In: G. Altmann (Ed.), Special issue on the lexicon, *Language and Cognitive Processes, 12,* 507–586

Bösel, R. (2001). *Denken.* Göttingen: Hogrefe

Bühler, K. (1934/1965). *Sprachtheorie.* Stuttgart: G. Fischer

Chomsky, N. (1959). »A Review of B. F. Skinner's ›*Verbal Behavior*‹«. *Language,* 35, 26–58

Dijkstra, T., & Kempen, G. (1993). *Einführung in die Psycholinguistik.* Göttingen: Hogrefe

Edelman, G. (1992). *Göttliche Luft, Vernichtendes Feuer: Wie der Geist im Gehirn entsteht.* München: Piper

Evans, N., & Levinson, S. C. (2009). »The myth of language universals: Language diversity and its importance for cognitive science«. *Behavioral and Brain Sciences,* 32, 429–492

Goldberg, A. E. (1995). *Constructions: A Construction Grammar Approach to Argument Structure,* Chicago, London: Chicago University Press

Hauser, M. D., Chomsky, N., & Fitch, W. T. (2002). »The faculty of language: What is it, who has it, and how does it evolve?«. *Science,* 298, 1569–1579

Humboldt, W. von (1963). *Schriften zur Sprachphilosophie.* Stuttgart: Cotta

Jacobs, A. M. (2010). »Zeigen und Gedankenlesen: Über ›Die Ursprünge der menschlichen Kommunikation‹ von Michael Tomasello«. *Journal of Linguistic Theory,* in press

Jakobson, R. (1960). »Closing statement: Linguistics and poetics«. In: T. A. Sebeok (Ed.), *Style in Language,* Cambridge, MA: MIT Press, 350–377

Jakobson, R. (1971). Linguistik und Poetik. In: J. Ihwe (Hg.): *Literaturwissenschaft und Linguistik. Ergebnisse und Perspektiven,* Frankfurt/M.: Athenäum, 142–178

Karmiloff-Smith, A. (2007). »A typical Epigenesis«. *Developmental Science,* 10, 84–88

Langacker, R. W. (1987/1991). *Foundations of Cognitive Grammar* (Vols I & II). Stanford, Stanf. University Press

Maturana, H., & Varela, F. (1987). *Der Baum der Erkenntnis: Die biologischen Wurzeln des menschlichen Erkennens.* Bern und München: Scherz Verlag

Pinker, S. (1996). *Der Sprachinstinkt: Wie der Geist die Sprache bildet.* München: Kindler

Salewski, S. (2010). *Am Anfang war die Geste.* http://www.dradio.de/dkultur/sendungen/kritik/1044842/

Tomasello, M. (2009). *Die Ursprünge der menschlichen Kommunikation.* Frankfurt/M.: Suhrkamp

2

Kommunikation besteht zur einen Hälfte aus sprachlicher Verständigung; die andere Hälfte umfasst unsere Bewegung im Raum: Gestikulation, Mimik und Posen – Körpersprache also. Sie komplementieren und komplettieren unsere Aussagen durch ihre Pantomimik und liefern vieles an nichtsprachlicher Information – insbesondere, was Richtung und Geschwindigkeit einer Bewegung, die relative Lage von Objekten und Personen sowie deren relative Größe betrifft.

Wie wir Raum erfahren und uns in ihm bewegen, determiniert auf grundlegende Weise die Bildung unserer kognitiven Modelle. Das beginnt damit, dass Sprache das Agieren in den Vordergrund rückt und nur sehr grob zwischen aktiven und passiven Handlungen unterscheidet: Man ›steigt‹ jemandem auf die

Zehen, selbst wenn man es nicht absichtlich getan hat, weil man etwa gestoßen wurde; man ›zieht‹ die Hand vor der Flamme zurück, obwohl sie eigentlich unwillkürlich vor der Flamme zurückzuckt.

Passives Rezipieren wird meist mit aktivem Analysieren gleichgesetzt: zwischen Hören und Horchen, Sehen und Schauen wird gemeinhin ebenso wenig unterschieden, wie in den meisten Sprachen ›sehen‹ bereits als Verstehen und Denken gilt. Dabei reduzieren wir Abstraktes wieder auf konkret Räumliches: wir ›sehen‹ den einen oder den anderen Aspekt eines Arguments, ›begreifen‹ und ›fassen‹ ihn und müssen ihn dann unter einem bestimmten ›Gesichtspunkt betrachten‹.

Auf dieser Meta-Ebene entwirft Sprache auch für die Zeit ein räumliches Koordinatensystem. Wir reden über sie, als ›vergehe‹, ›krieche‹, ›eile‹ und ›dränge‹ sie – sie ist ja nicht anders wahrzunehmen als durch die Zeitspanne, in der wir eine Strecke zurücklegen. Deshalb beziehen wir sie auf unseren Körper: lassen Zeit ›vorübergehen‹ oder ›nahen‹, die Zukunft ›vor uns liegen‹ oder die Vergangenheit ›hinter uns‹ – als müsste man nur den Arm ausstrecken, um sie zu fassen. Selbst wenn wir glauben, wir könnten sie ›besitzen‹, ›haben‹ oder ›verlieren‹, schreiben wir ihr objekthaft Materielles zu, dem gegenüber wir ein physisches Verhalten postulieren.

Von räumlicher Erfahrung ausgehend, entwerfen wir auch Konzepte für subjektivste Einschätzungen von Moral (indem wir von ›aufrechten Menschen‹ sprechen, die sich ›geradeheraus‹ verhalten) und Problemen (in die wir uns ›verrennen‹, obwohl wir schließlich doch bei einem ›Ziel ankommen‹, nachdem wir ›Hindernisse überwunden‹ haben). Sogar unsere Vorstellung von Idee leitet sich von räumlicher Erfahrung ab, wenn wir sie als ›fortschrittlich und progressiv‹ im Unterschied zu ›rückwärtsgewandt‹ charakterisieren.

Bereits das reine statische Sein im Raum – ›stehen‹ – genügt, um ein und dasselbe Wort in seiner Polysemie mit unterschiedlichsten Bedeutungen zu versehen: ob ›ein Haus in einem Feld steht‹; ›etwas einem Druck nicht standhält‹; ›das Barometer auf Sturm steht‹; ›jemand gegen seine Gegner aufsteht‹; ›ein Betrieb mit ihm steht oder fällt‹ und ›keinem solche Aussagen zustehen‹. Ihr gemeinsamer Nenner ist ein Konzept, das über ein unbewegliches ›Im Raum Stehen‹ so unterschiedliche Assoziationen mit ins Spiel bringt wie Widerstand, Ausdauer oder Inanspruchnahme, in jeweils unterschiedlichen sozialen oder mentalen Kontexten – als wäre der für uns prototypische Begriff des ›Stehens‹ mit einem physischen Auflehnen gegen die Elemente verbunden.

3

Raumerfahrung und Sprache stehen neuropsychologisch in Verbindung. Wie bei den Reptilien und Amphibien sorgen auch bei uns die basalen Ganglien und das Cerebellum dafür, dass Bewegungsabfolgen bei Bedarf unterdrückt, unterbrochen oder im Ablauf noch verändert werden können. Wird deren Funktion beeinträchtigt, sind Defizite beim Sprechen, Verstehen und dem Zugriff auf unser mentales Lexikon die Folge.

Ob bei der Höhenkrankheit, der Parkinsonschen und der Huntingtonschen Krankheit oder den klassischen Sprachstörungen im Broca- und Wernicke-Areal:[4] jedes Mal führt eine Beeinträchtigung der basalen Ganglien zu gestörten Sequenzierungen. Körperliche Bewegungen können dann nicht mehr koordiniert werden, der Sprechapparat hat Schwierigkeiten beim Artikulieren, und das kognitive Verständnis von sequenzhaft strukturierten Sätzen fällt schwer. Die Fähigkeit zum Abstrahieren nimmt ab – was Auswirkungen auf die grammatikalische Kategorie des Aspekts hat, mit dem man aus eigener Sicht die Vollendung oder Nichtvollendung eines Geschehens ausdrückt. Denn bei dieser Symptomatik geht die Fähigkeit verloren, von einem Aspekt einer Situation zum anderen zu wechseln, verschiedene Aspekte gleichzeitig im Kopf zu behalten, zwischen wesentlichen und unwesentlichen Aspekten zu differenzieren und gemeinsame Eigenschaften daraus zu abstrahieren.

Die Liste dieser Symptome ist deshalb interessant, weil sie demonstriert, dass unser Umgang mit abstrakten Kategorien letztlich auf einer intakten Wahrnehmung beruht, die sowohl temporale Sequenzen wie spatiale Koordinaten zu verarbeiten in der Lage sein muss. Diese Abhängigkeit scheint evolutionsbiologisch bedingt zu sein – jene neuralen Mechanismen, die sich vor Millionen Jahren für den aufrechten Gang und für die zum Gestikulieren frei gewordenen Hände herausbildeten, übernahmen auch die Kontrolle der Sprechmuskulatur und bildeten eine komplex sequenzierte Syntax heraus.

Ob Syntax oder die koordinierten Beinbewegungen eines Insekts, ob Vogelgezwitscher, der Lauf einer Ratte durchs Labyrinth, ein Architekt, der ein Haus entwirft, ein Tischler, der ein Brett abschneidet: sie alle bauen auf Handlungssequenzen auf, die von den basalen Ganglien kontrolliert werden und dabei auch Bewegungen mit Worten synchronisieren. Diese Handlungs- und Gedankenroutinen ermöglichen es uns, auf Veränderungen in der Umwelt zu reagieren: man

---

4 Die *Broca-Aphasie* kennzeichnet der ›Telegrammstil‹, bei dem Bildung und Verständnis von Syntax beeinträchtigt sind; komplementär dazu steht die *Wernicke-Aphasie*, bei der man zwar flüssig, aber sinnleer formuliert; und bei einer *Anomie* kann man Dinge nicht mehr beim Namen nennen, obwohl man sich ihrer Bedeutung bewusst ist.

könnte noch einen Schritt weitergehen und behaupten, dass Kognition letztlich nur internalisierte, mit motorischer Aktivität verbundene Perzeption ist.

Das Prozesshafte einer motorischen Bewegungssequenz lässt sich schematisch folgendermaßen gliedern:

1. *Bereitschaft:* Bevor eine Bewegung ausgeführt wird, müssen bestimmte Bedingungen erfüllt sein.
2. *Einleitungsphase:* Alles, was nötig ist, um die Bewegung einzuleiten (um einen Stein zu werfen, muss man ihn erst aufheben).
3. *Hauptprozess:* Der Steinwurf selbst.
4. *Unterbrechung:* Die Möglichkeit, mitten in der Bewegung innezuhalten.
5. *Iteration* oder *Kontinuation:* Der Bewegungsablauf wird wiederholt oder fortgesetzt.
6. *Zweck:* Es wird überprüft, ob das Ziel der Handlung erreicht wurde oder nicht.
7. *Abschluss:* Der Bewegungsablauf wird abgeschlossen.
8. *Endzustand:* Resultate und Konsequenzen werden erkennbar.

So, wie wir einen Bewegungsablauf erfahren, konzeptionalisieren wir jede ›Handlung‹ im weiteren Sinne: sei es als episodische Erinnerung, die unser Langzeitgedächtnis verwaltet, oder als literarische Erzählung. Denn deren Narratologie lässt sich ausnahmslos auf die Handlungsmuster dieses 8-Punkte-Programms reduzieren – wobei *narrare* sich von *gnarus* ableitet (›etwas auf eine bestimmte Art wissen‹). Wir begreifen letztlich also nur, was sich auch auf sensomotorische Weise wissen lässt – und wissen nur, was sich auch ›greifen‹ und ›fassen‹ lässt.

Als Prinzip ist dies unserer Sprache inhärent: sie greift dieses Programm auf und nennt es ›Aspekt‹. Grundlage für eine solche Übertragung von Motorischem zu Kognitivem ist jene Art von Intentionalität, auf die wir bereits zu sprechen kamen. Unser neuronales System kann entweder eine komplexe Körperbewegung ausführen, indem es Signale an die Muskeln weiterleitet. Oder es kann – wenn der Input zu den Muskeln unterbunden wird – diese sensomotorisch simulieren und damit die Basis für unsere rationalen Schlussfolgerungen legen. Wir konzipieren die Welt demnach so, wie wir uns in ihr bewegen.

Das lässt sich auch grammatikalisch vor Augen führen. In der Linguistik ist ein ›imperfekter Aspekt‹ auf einen Blickwinkel innerhalb eines Handlungsablaufs bezogen (das Partizip Präsens drückt die Punkte 1 bis 6 aus: ›tuend‹); der ›perfekte Aspekt‹ hingegen konzipiert den Handlungsablauf als abgeschlossenes Ganzes (Punkte 7 und 8, mit dem Partizip Perfekt: ›getan zu haben‹). Unser sensomotorisches Verhalten zur Welt spiegelt sich in diesem Modus des Aspekts wider: das Partizip Präsens hilft zu unterscheiden, was gerade vor sich geht (›hustend‹), das Imperfekt, was ein Einzelfall ist (›er hustete‹), das Perfekt, was an der Vergangenheit noch für die Gegenwart relevant ist (›er hat gehustet‹). Prozessdauer, Wiederholbarkeit und Unterbrechbarkeit lassen sich dabei durch Beifügungen spezifizieren (›er hustete lange‹; ›er hustete wiederholt‹; ›er hat zu husten aufgehört‹).

Diese vom Körper diktierte *consecutio temporum* drückt sich in einer Vielzahl von Verben aus: ›atmen‹ oder ›leben‹ beispielsweise bleiben in ihrem imperfekten Aspekt befangen. Das Iterierende des Atmens kennt die Idee eines Abschlusses ebenso wenig wie das Kontinuierliche des Lebens; selbst noch der Tod vollendet es nicht in einem perfektischen Sinn, sondern bricht es einfach ab. ›Geatmet‹ oder ›gelebt zu haben‹ ist also nichts, was der realen Wirklichkeit entsprechen würde – es lässt sich nur sagen, weil wir diese motorische Programmsequenz so weit abstrahieren, um auch Unwirkliches zu imaginieren. Es eröffnet uns dadurch Spielräume des Denkens und lässt uns Sachverhalte im Kopf simulieren: in jenem virtuellen Modus, bei dem wir zwischen Realem, Konjunktivischem und Irrealem zu unterscheiden gelernt haben.

Auf ungleich detailliertere Weise zeichnen Präpositionen und Suffixe dieses Sequenzschema nach, wenn sie uns von einem Ausgangspunkt (›von‹, ›aus‹) über einen Weg (›durch‹, ›entlang‹, ›über‹) zu einem bestimmten Ziel (›zu‹, ›hin‹, ›nach‹) führen.

Exerzieren wir dies anhand der Präposition und des Suffixes ›über‹ – für die es an die hundert Verwendungsarten gibt – einmal exemplarisch durch:

1. Für die Ausgangsbedingungen eines Handlungsablaufes (oder seinem Fehlen) steht die Bedeutung von ›über-sehen‹; es zeigt den Mangel an notwendiger Intention, während ›sich über etwas ärgern‹ eine für die Sequenz grundlegende Kausalität beschreibt.
2. ›Über eine Mauer steigen wollen‹ kennzeichnet die Einleitungsphase der Handlung.
3. ›Hin-über‹ drückt Trajektorie aus, wobei sich diese Bewegung ebenso gut auf eine Fläche (ein Feld) wie auf eine Linie (eine Grenze) beziehen kann.
4. Das Statische eines unterbrochenen Bewegungsablaufs im Sinne eines

Verharrens im Raum zeigt sich an der Verwendung von ›über‹ im Satz: ›das Bild hängt über dem Kamin‹.

5. Die Wiederholbarkeit einer Handlung zeigt sich an Redewendungen wie ›es geschehen Wunder über Wunder‹; ›er beteuert ein ums andere Mal‹ dagegen zeigt ihre Kontinuierlichkeit auf.

6. Ob der Zweck einer Handlung erreicht wurde oder nicht, sieht man daran, ob er sich auch ›über-prüfen‹ lässt.

7. Einen abgeschlossenen Bewegungsablauf verrät das perfektische ›ich bin über die Mauer gestiegen‹ ebenso wie die Ortsangabe ›das Haus liegt über dem Fluss‹ (im Sinne von ›jenseits des Flusses‹); ›fließt ein Strom über‹, unterstreicht dies sowohl das projektierte Ende einer Handlung wie die daraus folgenden Konsequenzen.

8. Das Resultat einer Handlung wird erkennbar, wenn bei ›der Stein liegt über dem Loch‹ das Ende einer Bewegung (und nicht mangelnder Bodenkontakt) gemeint ist und sich das ›über‹ durch ›auf‹ ersetzen lässt; ist etwas ›vor-über‹, wird damit ebenso ein Resultat impliziert, wie ein ›überall‹ die Konsequenzen einer Handlungen beschreibt: ›überall auf dem Feld liegen nun Steine‹.

Eine grundlegende motorische Sequenz wird so zu einem kognitiven Konzept – das sich radial erweitern lässt (zu jenen Metonymien, über die noch zu sprechen sein wird). Bedingung dafür ist die Konditionierung, die wir von Kindheit an erfahren. Über unser Verhältnis zum Raum erwerben wir ein erstes Repertoire von sensomotorischen Schemata, die wir – zugleich mit unserem größer werdenden Vokabular – auf mentale Konzepte übertragen. Dabei erweitern wir diese auf Bereiche, die nur mehr mittelbar damit zusammenhängen – indem wir ›Bewegung im Raum‹ etwa mit ›Besitz‹ in Verbindung bringen. Das folgende Beispiel zeigt diesen kognitiven Parallelismus auf (auf Englisch diesmal, weil er da klarer wird):

Harry came *from* the store – Harry got a book *from* Bill
Bill went *to* the store – Bill gave the book *to* Harry
They went *from* Boston *to* Philadelphia – The book was a gift *from* Bill *to* Harry
Then they went *back* to Boston – Harry gave the book *back* to Bill
Bill went *away* – Bill gave the book *away*[5]

---

5 Im Englischen wie im Deutschen lässt sich überdies ein lokalisierendes ›ist‹ für die Idee von Eigentum einsetzen (›Ich bin in Boston‹ – ›Das Buch ist Harrys‹); für das Verb ›gehen‹ gilt dasselbe (›Das Buch ging an Harry‹).

Das ›from‹ bezieht sich auf die Einleitungsphase (Punkt 2) unseres sensomotorischen Schemas; ›from-to‹ auf den Hauptprozess (Punkt 3); ›back‹ auf die Möglichkeit, ihn zu unterbrechen (Punkt 4); ›to‹ auf den Abschluss der Handlung (Punkt 7); ›away‹ auf den Endzustand und die daraus folgenden Konsequenzen (Punkt 8).

Dass sich für die Punkte 1, 2 und 6 unseres Schemas hier keine Entsprechungen finden, spricht nicht gegen den behaupteten Parallelismus der Konzepte. Gerade der Umstand, dass sie sich nicht starr und linear von A auf B übertragen lassen, beweist den utilitaristischen Charakter unserer Konzeptbildung – sie sind Gebrauchsmodi, über deren Einsatz reine Pragmatik entscheidet. Ihre ökonomische Flexibilität zeigt auch der Sprachvergleich: Die englischen Beispiele lassen sich mühelos ins Deutsche übertragen. Dort jedoch, wo das Englische bei b) das ›to‹ im Sinne eines räumlichen ›nach‹ einsetzt, um Besitz zu markieren, ignoriert dies das Deutsche oder spezifiziert es mit einem eigenen Possessivpronomen (›Bill gab Harry das Buch / Bill gab das Buch *an* Harry‹).

Woher rührt dieser konzeptuelle Parallelismus zwischen Besitz und Raum? Dass Lokalisierungen und Bewegungen auf sensomotorischen Schemata beruhen, scheint selbstverständlich; dass sie zur Idee von Besitz führen, weit weniger. Es ist erst ihre im Alltag häufig zusammen auftretende Assoziation, die sie miteinander konzeptuell in Verbindung bringt: was sich räumlich nahe ist, muss auch zueinandergehören – so wie ich *meine* Kleider *am* Leib trage, kann man über das, was man besitzt, in der Regel auch unmittelbar verfügen.

Um die Idee des Besitzes von der Idee räumlicher Nähe trennen zu können, muss ein Kind erst Besitzwechsel (›Gib mir die Puppe zurück, sie ist meine!‹) anhand eines Ortswechsels erfahren. Ist eines zum anderen gewandert und in andere Hände übergegangen (›from-to‹), können Ursprung und Ziel einer Bewegung auch zu Indikatoren von Eigentum werden.

4

Noch deutlicher lässt sich der Einfluss von solch prototypischen Konzepten anhand der abstraktesten symbolischen Fähigkeit zeigen, über die wir verfügen: der Mathematik. Dabei kommen drei grundlegende Schemata zum Vorschein – als sensomotorische Behelfskonstruktionen, mit denen wir über das Faktum hinwegtäuschen, dass wir intuitiv bloß bis vier zählen können.

So stellen wir uns die Arithmetik letztlich als eine Ansammlung von Objekten vor. Das Addieren und Subtrahieren kommt einem Hinzufügen und Wegnehmen von Dingen gleich, als wären Zahlen Bauklötzchen, die man in eine Schachtel gibt. Wir nennen sie ›groß‹ und ›klein‹ (›was ist größer, 5 oder 7?‹; ›2 ist kleiner als 4‹), meinen jedoch ›mehr‹ oder ›weniger‹. Wir verleihen damit abstrakten Zahlen die Eigenschaft eines physischen Objekts, obwohl sie ›Größe‹ in einem wörtlichen Sinn nicht besitzen. Dies kommt uns nur deshalb normal vor, weil wir an kleinen Mengen von Objekten gelernt haben, Ansammlungen zu manipulieren. Zu sagen, dass ›5 aus 2 plus 3‹ besteht, heißt, Zahlen so zu konzeptualisieren, als wären sie greifbare und real vorhandene Dinge.

Eine zweite Hilfskonstruktion besteht in der Vorstellung von Zahlen als Maßeinheiten – als würden sie sich durch die Spannweite unserer Arme oder durch das Auslegen eines Maßbandes ausmessen lassen: im einfachsten Fall sind das noch Handbreiten, Ellen oder Fuß. ›Mehr‹ oder ›weniger‹ benützen wir im Sinne von ›länger‹ oder ›kürzer‹, als wären Zahlen wirklich an räumliche Längen gebunden – was schon deshalb völlig willkürlich ist, weil jede Zahl unabhängig von Maßeinheiten wie Zoll oder Zentimeter existiert.

Ein drittes Konstrukt wiederum sieht die Zahlen entlang einer Strecke aufgereiht. ›Mehr‹ oder ›weniger‹ bedeutet hier ›weiter vom Ausgangspunkt entfernt‹ bzw. ›näher an ihm‹ (›37 ist von 189 sehr weit entfernt‹; ›das eigentliche Ergebnis liegt aber ungefähr bei 78‹; ›zähl von 20 aus rückwärts‹; ›zähle alle Zahlen von 2 bis 10 auf‹). Dahinter verbirgt sich die Vorstellung einer zielgerichteten Bewegung entlang einer Linie: sie veranschaulicht uns eine Zahl, indem sie diese zwischen zwei andere stellt (so kommt die 0 zwischen 1 und -1 zu liegen). Was uns dabei selbstverständlich scheint, geht jedoch erst auf die Idee der negativen Zahlen zurück, die Rafael Bombelli in der zweite Hälfte des 16. Jahrhunderts einführte.

Noch deutlicher zeigt sich die unterschiedliche, auf unserer Sensomotorik beruhende Anschaulichkeit von Zahlen bei Null und Eins. Fasst man Zahlen als ›groß‹ oder ›klein‹ auf, steht 0 für Leere – das Fehlen eines Objekts; als Maß jedoch gesehen, bildet die 0 die kleinste Einheit; und bei Zahlen, die man sich an einer Linie entlang aufgereiht vorstellt, bezeichnet 0 deren Ursprung. Was die 1 betrifft, so symbolisiert sie im ersten Fall das Vereinzelte innerhalb einer Menge und damit die Vollständigkeit einer ganzen Zahl; im zweiten Fall bezeichnet die 1 die Einheit eines Maßes und damit seinen Standard; und im dritten Fall bestimmt sie den ersten Schritt eines linearen Trajektoriums und damit so etwas wie einen Ursprung – und das, ohne *per definitionem* in dieser Form der Mathematik einen eigenen Wert zu besitzen.

Körperliche Länge schon für Größe zu halten ist eine Verwechslung, die in der Alltagssprache ständig vorkommt. Vertauscht man beide – ›Napoleon war ein großer Mann‹ –, bleibt dies in der Regel folgenlos, weil die beiden Konzepte sich in unserer Anschauung fast decken. Anders ergeht es jedoch Candide vor dem Wirtshaus, wenn er kein Geld hat, um seine Zeche zu bezahlen:

»Aber, aber, werter Herr«, sagte einer der Blauröcke zu ihm. »Leute Eures Aussehens und Verdienstes haben nie nötig zu zahlen: meßt Ihr nicht fünf Fuß und sechs Zoll?«

Worauf man Candide Fesseln anlegte und zum bulgarischen Regiment einzog.

Fauconnier, Gilles, & Mark Turner (2002), *The Way We Think – Conceptual Blending and the Mind's Hidden Complexity*, New York

Hurlburt, Russell, & Christopher L. Heavey (2001), »Telling what we know: Describing inner experience«. *Trends in Cognitive Sciences* 5, 9, 400–403

Lakoff, George (1987), *Women, Fire, and Dangerous Things – What Categories Reveal about the Mind*, Chicago

Lakoff, George, & Mark Johnson (1999), *Philosophy in the Flesh – The Embodied Mind and Its Challenge to Western Thought*, New York

Lakoff, George, & Rafael E. Núñez (2000), *Where Mathematics Comes From – How the Embodied Mind Brings Mathematics into Being*, New York

Lecours, André R., & Yves Joanette (1980), »Linguistic and other aspects of paroxymal aphasia«. *Brain and Language* 10, 1–23

Lieberman, Philip (2002), *Human Language and Our Reptilian Brain – The Subcortical Basis of Speech, Syntax, and Thought*, Harvard

Narayanan, Srini (1997), *Embodiment in Language Understanding: Sensory-Motor Representations for Metaphoric Reasoning about Event Description*, Ph.D. Dissertation, Department of Computer Science, Berkeley

Box 8. Nonverbale Kommunikation:
Sprechende Hände, Gesichter und Körper

Hände
Abb. 17 (a–e) zeigt verschiedene Formen von Körpersprache (ohne Mimik) aus einer Publikation des Neurowissenschaftlers Johannes Zanker. In a) signalisiert die Winkerkrabbe durch ihre imposanten Zangen Stärke und Größe, um ihr Revier zu markieren. Die graziösen Bewegungen der Tänzerinnen von Degas in b) sollen das Publikum begrüßen. Die Mimik und Gestik in c) und d) schließlich drücken unterschiedliche Emotionen aus.

Die Bewegung der Krabbenzangen weist Ähnlichkeiten mit unseren Handbewegungen beim Grüßen, Tanzen oder Drohen auf. Manche Ethnologen vermuten hier einen universellen, evolutionsbiologisch determinierten Kommunikationskode. Dafür sprechen nach Ansicht der Gestenforscherin Susan Goldin-Meadow auch sogenannte *Gestensätze*. Sie werden beispielsweise von in den USA und China taub ge-

Denkbewegungen

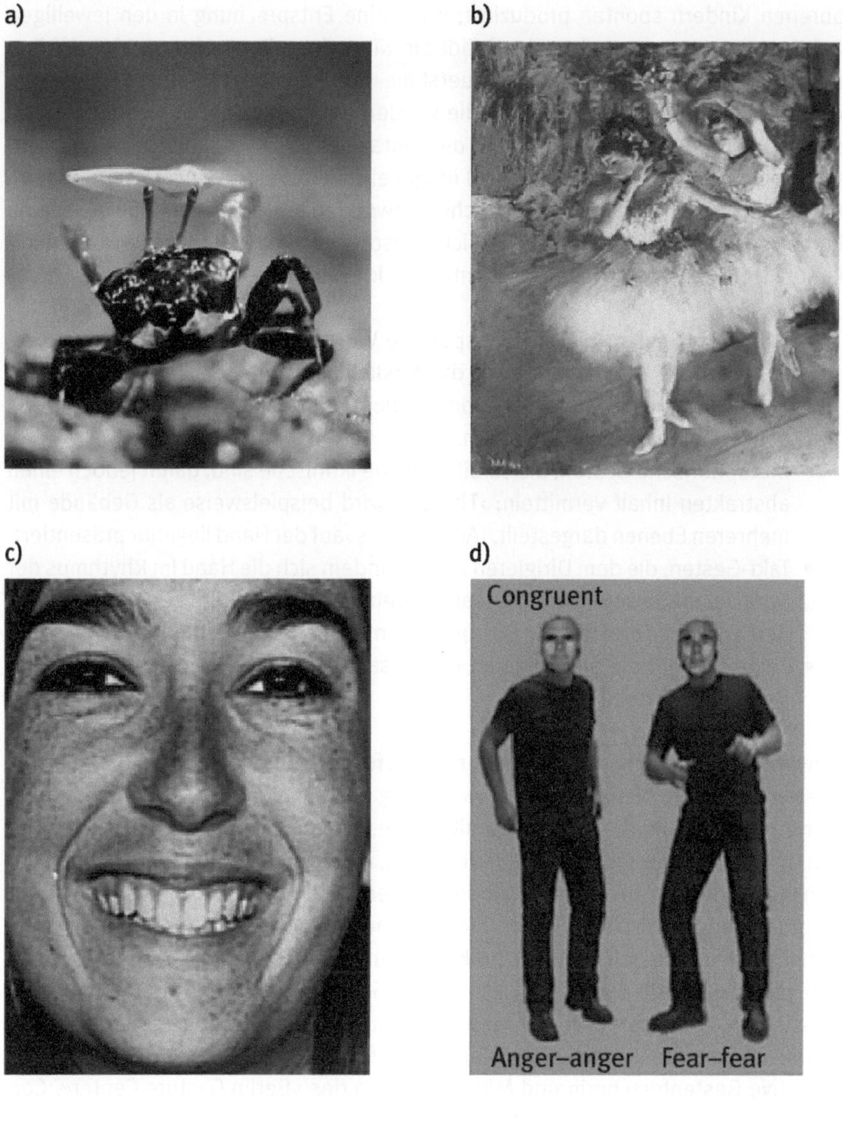

a)

b)

c)

d)

Congruent

Anger–anger   Fear–fear

e)

Abb. 17 a–e Verschiedene Formen von Körpersprache

borenen Kindern spontan produziert, ohne eine Entsprechung in den jeweiligen Gebärdensprachen zu haben. In e) lädt ein Kind einen Zuhörer dazu ein, mit ihm eine Brezel zu essen. Es signalisiert zuerst die Handlung ›essen‹, dann den Agenten ›Du‹, um diese Aufforderung durch die Wiederholung der zweiten Geste zu unterstreichen. Interessant ist, dass damit die Syntax der US-amerikanischen Gebärdensprache (wie auch der gesprochenen) umgekehrt wird: ›essen Du‹ statt ›Du essen‹. Aber auch erwachsene hörende Sprecher verwenden bewusst oder unbewusst eine Reihe von spontanen Gesten und Gesichtsausdrücken in der alltäglichen Kommunikation. Der Gestenforscher McNeill unterscheidet vier Typen:

- Ikonische Gesten, die auf transparente Weise semantische Aspekte der gesprochenen Rede begleiten und die Wirklichkeit in irgendeiner Form abbilden, indem sie eine Handlung nachahmen, die Umrisse eines Objektes konturieren oder Objekte im Raum anordnen.
- Metaphorische Gesten, die so bildhaft wie ikonische sind, damit jedoch einen abstrakten Inhalt vermitteln; ›Theorie‹ wird beispielsweise als Gebäude mit mehreren Ebenen dargestellt, ›Antwort‹ als ›auf der Hand liegend‹ präsentiert.
- Takt-Gesten, die dem Dirigieren ähneln, indem sich die Hand im Rhythmus der Sprache mitbewegt. Im Gegensatz zu den beiden vorherigen Gestentypen ändert sich ihre Form nicht in Bezug auf den damit gemeinten Inhalt.
- Zeige-Gesten, die auf Dinge im Konversationsraum verweisen, wobei dieser Raum auch virtuell sein kann.

Obwohl die Forschung viel darüber herausgefunden hat, wann und wie Menschen Gesten einsetzen, bleibt die Frage, warum sie dies tun. Eine sich aufdrängende Erklärung dafür wäre, dass Kinder damit die Gesten von Erwachsenen imitieren. Susan Goldin-Meadow stellte dies auf die Probe, indem sie die spontane Kommunikation blinder Kinder mit anderen blinden Kindern analysierte, um sie darauf mit der Kommunikation zwischen blinden Kindern und sehenden Kindern zu vergleichen. Dabei stellte sich heraus, dass es praktisch keine Unterschiede zwischen den Gruppen gab. Das würde darauf hinweisen, dass Gesten – ganz ohne vorheriges Imitationslernen – zu unserem angeborenen Kommunikationsrepertoire gehören.

Die auch am Exzellenzcluster »Languages of Emotion« der Freien Universität Berlin aktive Gestenforscherin und Mitbegründerin des »Berlin Gesture Center«, Cornelia Müller, geht davon aus, dass Gesten eine eigene Grammatik besitzen; sie erforscht zusammen mit der Professorin für Evolutionäre Psychologie, Katja Liebal, deren evolutionäre und neurokognitive Grundlagen. Ebenso wie der bereits erwähnte Experimentalpsychologe und Direktor am Max-Planck-Institut für Evolutionäre Anthropologie, Michael Tomasello, vertreten sie aufgrund von Beobachtungen und Experimenten an jungen Schimpansen und Kleinkindern die These, dass Gesten zwar auch durch Beobachtung des Verhaltens der Eltern und anderer erlernt werden, ein Großteil jedoch auf Konventionen beruht, die durch soziale Interaktionen zustande kommen. Eine Reihe von Wissenschaftlern (Arbib, Condillac, Corballis, Rizzolatti, Tomasello, Wundt) verfolgten die Idee, dass die menschliche Sprache sich nicht aus Vokalproduktionen wie Rufen und (Warn-)Schreien, sondern aus Gesten entwickelt hat. Arbib und Corballis berufen sich dabei explizit auf die Rolle des Spiegelzellensystems (Box 1). Tatsächlich verfügen nur wenige Tierarten wie Elefanten, Killerwale und einige Vogelarten über ausgeprägtes vokales Lernen; unter den Primaten zählt nach Tomasello nur der Mensch dazu. Ob kommunikative Gesten von Gorillas, Schimpansen und Bonobos analog zu denen von Kleinkindern auch dem sozialen Lernen unterliegen und in dessen Verlauf – um schneller und effizienter werden zu können – von anfänglich eher ikonischen zu zunehmend konventionalisierten, abstrakten Gesten werden, ist eine umstrittene Frage. Unsere Vorfahren waren laut dieser in Box 7 skizzierten Theorie evolutionär jedenfalls besser für eine Kommunikation durch Gesten als durch Laute ausgestattet. Dies änderte sich erst durch die Kehlkopfabsenkung, wobei noch unklar ist, wann genau und warum sich diese bei der Spezies Mensch vollzog.

Gesichter

Glaubt man dem Volksmund, sagt ein Blick mehr als tausend Worte. Die psychologische Forschung bestätigt dies: allerdings setzen wir für die nonverbale Kommunikation eher die gesamte Gesichtsmimik ein. Ihr kommt eine besondere Rolle bei der Einschätzung und Äußerung von Emotionen zu – und damit auch bei unserer Beurteilung und Kontrolle von sozialen Situationen. Darwins Theorie der Primäremotionen – Angst, Ekel, Wut, Überraschung, Freude und Trauer –, die sich mittels universeller Gesichtsausdrücke erkennen lassen, ist ein vielzitiertes Beispiel dafür. Ein weiteres Indiz für universelle Mimik lieferte der Ethnologe Irenäus Eibl-Eibesfeldt mit seiner Entdeckung des sogenannten Augengrußes (Abb. 18), der eine der wichtigsten Gesten von positiver Zuwendung darstellt und sich weltweit in ganz unterschiedlichen Kulturen beobachten lässt. Er tritt selbst in Kulturen auf, die sonst mit Körpersprache eher sparsam umgehen (wie etwa in Japan), und scheint uns so angeboren zu sein wie das Lachen. Die Augenbrauen werden dabei nur für eine Sechzehntelsekunde symmetrisch angehoben, oft begleitet von einem Lächeln. Als Gruß spielt er besonders in der Interaktion mit Kleinkindern eine Rolle.

Der Psychologe Ulf Dimberg beschäftigte sich mit unserer Prädisposition für emotionale Reaktionen auf Gesichtsausdrücke. So aktiviert das Betrachten von Fotos freudiger Gesichter reflexartig nach etwa einer halben Sekunde beim Beobachter den Jochbeinmuskel (Zygomaticus), im Volksmund auch Lachmuskel genannt

Abb. 18 Augengruß nach Eibl-Eibesfeldt (1989)

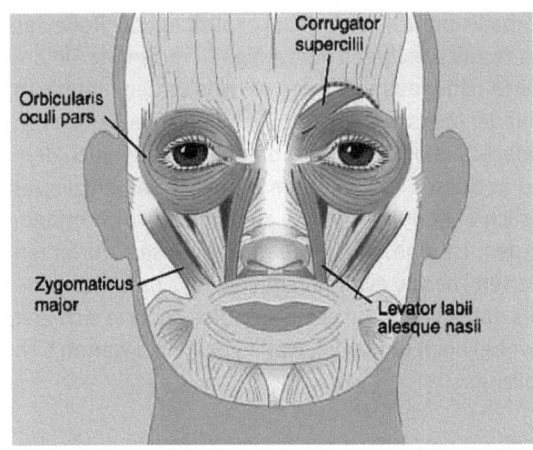

Abb. 19 Lach- und Sorgenmuskel

(Abb. 19), während Fotos wütender Gesichter den Korrugator-Muskel aktivieren, im Volksmund Sorgenmuskel oder Stirnrunzler genannt (Abb. 19). Diese Form von emotionaler Ansteckung wird natürlich nicht nur durch Fotos, sondern ganz allgemein durch positive oder negative emotionale Situationen ausgelöst. Mandelkernläsionen beeinträchtigen jedoch die Einschätzung von emotionalen Gesichtsausdrücken, wie der Psychologe Ralph Adolphs herausfand – was dafür spricht, dass die Amygdala unbewusst jede soziale Situation mit einer Art affektivem Vorzeichen unterlegt.

Körper
Können Sie am Gang eines Menschen erkennen, ob es sich um eine Frau oder einen Mann handelt? Ob diese Person leicht oder schwer, nervös oder entspannt, fröhlich oder traurig ist? Sehen Sie sich dafür die Internetseite des Biologen Nikolaus Troje an, und überzeugen Sie sich selbst (www.biomotionlab.ca/Demos/BMLwalker.html). Wenn die darin aufgelisteten 15 Punkte bereits genügen, um im Beobachter den Eindruck von Gefühlen zu erwecken, wie wirkt sich dann eine deutlich ärgerlich-feindliche oder ängstlich-erschreckte Körpersprache auf einen Beobachter aus?

Die Experimentalpsychologin Beatrice de Gelder untersucht die neuronalen Grundlagen der emotionalen Körpersprache (Emotional Body Language, EBL). Sie fand heraus, dass die Konfrontation mit körperhaften Ausdrücken von Angst oder Ärger unterschiedliche Schaltkreise im Gehirn aktiviert, die für diese – über bloße Mimik hinausgehende – emotionale Ansteckung verantwortlich sind. Dabei spielt der Mandelkern (Amygdala) eine Schlüsselrolle. Er orchestriert zwei getrennte Schaltkreise: einen reflexartigen, primär subkortikalen Schaltkreis (siehe in Abb. 20 oben: der Colliculus superior, Pulvinarkomplex, das Striatum, die Amygdala) und einen kortikalen Schaltkreis, der Wiedererkennung und Überlegung steuert (Mitte Abb. 20: der laterale Okzipitalkortex, der obere temporale Sulcus, der intraparietale Lobulus, der Gyrus fusiformis, die Amygdala und der prämotorische Kortex). De Gelder zufolge aktiviert die Sicht einer Körpergeste gleichzeitig den subkortikalen

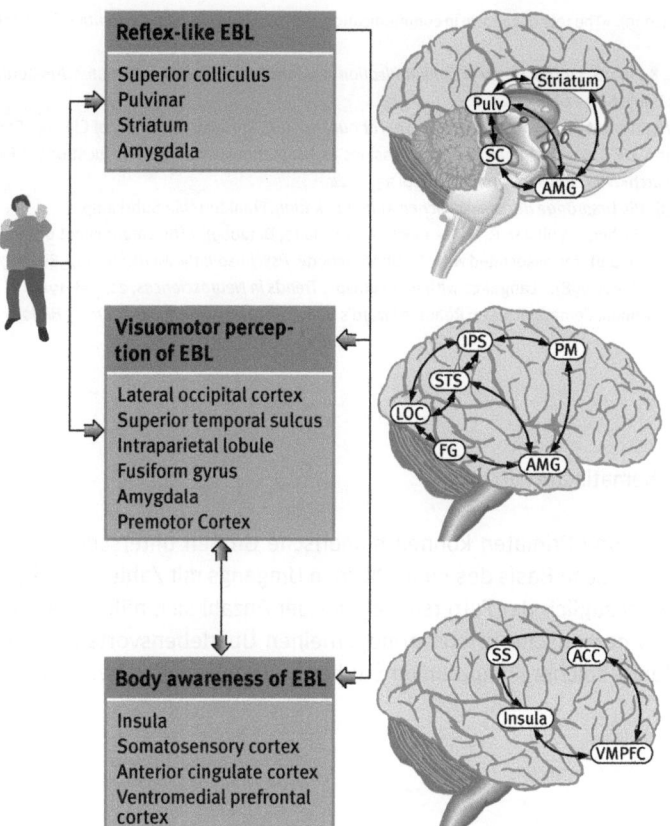

Reflex-like EBL

Superior colliculus
Pulvinar
Striatum
Amygdala

Visuomotor perception of EBL

Lateral occipital cortex
Superior temporal sulcus
Intraparietal lobule
Fusiform gyrus
Amygdala
Premotor Cortex

Body awareness of EBL

Insula
Somatosensory cortex
Anterior cingulate cortex
Ventromedial prefrontal cortex

Abb. 20 Die drei Schaltkreise im Gehirn des Menschen, die mit emotionaler Körpersprache assoziiert werden (Erläuterungen im Text; nach de Gelder, 2006).

und kortikalen Schaltkreis, die kooperieren, um emotionale Körpersprachsignale zu erkennen und unser Verhalten auf diese Signale hin zu steuern. Verbunden sind sie mit einem dritten Schaltkreis, der die Körperempfindung unterstützt (unten in Abb. 20: die Insulae, der somatosensorische Kortex, der vordere cinguläre Kortex und der ventromediale präfrontale Kortex).

Adolphs, R. (2003). »Cognitive neuroscience of human social behavior«. *Nature Reviews Neuroscience*, 4, 165–178

Arbib, M., Liebal, K., & Pika, S. (2008). »Primate vocalization, gesture, and the evolution of human language«. *Current Anthropology*, 49, 1064–1065

Corballis, M.C. (2002). *From Hand to Mouth: The Origins of Language*. Princeton, NJ: Princeton University Press

de Gelder, B. (2006). »Towards the neurobiology of emotional body language«. *Nature Reviews Neuroscience*, 7, 242–249

Dimberg, U., Thunberg, M., & Elmehed, K. (2000). »Unconscious facial reactions to emotional facial expressions«. *Psychological Science*, 11, 86–95

Eibl-Eibesfeldt, I. (1989). *Human Ethology*. New York: Aldine de Gruyter

Goldin-Meadow, S. (1999). »The role of gesture in communication and thinking«. *Trends in Cognitive Sciences*, 3, 419–429

Liebal, K., Müller, C., & Pika, S. (2007). *Gestural Communication in Nonhuman and Human Primates.* Amsterdam: John Benjamins Publishing Company

McNeill, D. (1992). *Hand and Mind: What Gestures Reveal about Thought.* Chicago: University of Chicago Press

Schmidt, K. L., & Cohn, J. F. (2001). »Human Facial Expressions as Adaptations: Evolutionary Questions in Facial Expression Research«. *Am J Phys Anthropol.*; Suppl 33, 3–24

Tomasello, M. (2009). *Die Ursprünge der menschlichen Kommunikation.* Frankfurt/M.: Suhrkamp

Michalak, J., Troje, N., Fischer, J., Vollmar, P., Heidenreich, T., & Schulte, D. (2009). »The embodiment of sadness and depression – gait patterns associated with dysphoric mood«. *Psychosomatic Medicine*, 71, 580–587

Rizzolatti, G., & Arbib, M. A. (1998). »Language within our grasp«. *Trends in Neurosciences*, 21, 188–194

Zanker, J. M. (2007). »Animal Communication: Reading Lizard's Body Language in Context«. *Current Biology*, 17, R806–R808

Box 9. Die mathematische Furche

Amphibien, Vögel und Primaten können numerische Größen unterscheiden, was für eine phylogenetische Basis des menschlichen Umgangs mit Zahlen spricht. Bei Entscheidungen bezüglich der Futtersuche oder der Anzahl sich nähernder Raubtiere mag dieses numerische Urteilsvermögen einen Überlebensvorteil bedeutet haben. Die Befunde solcher komparativer Studien an Tieren werden heute von eini-

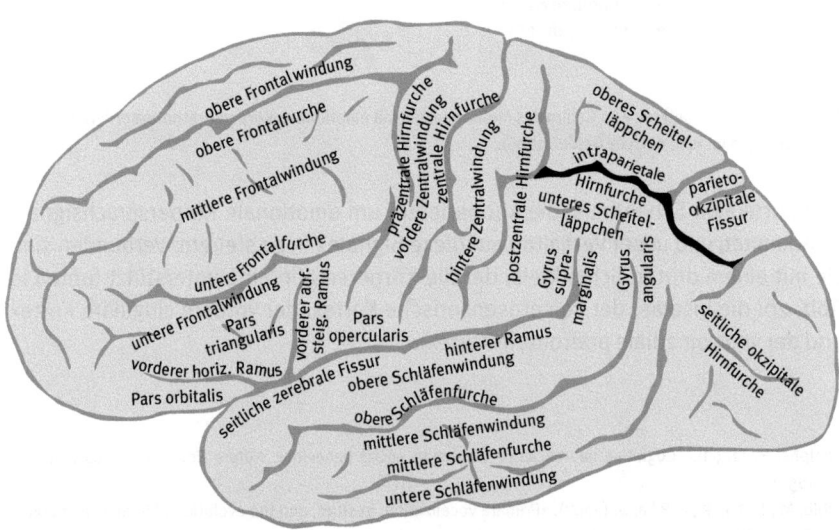

Abb. 21 Die intraparietale Hirnfurche bzw. *intraparietaler Sulcus* (schwarz hervorgehoben).
Weitere lateinische Bezeichnungen: Obere Frontalwindung (*Gyrus frontalis superior*), obere Frontalfurche (*Sulcus frontalis superior*), obere Schläfenwindung (*Gyrus temporalis superior*), obere Schläfenfurche (*Sulcus temporalis superior*), vordere Zentralwindung (*Gyrus centralis anterior*), postzentrale Hirnfurche (*Sulcus postcentralis*), oberes Scheitelläppchen (*Lobulus parietalis superior*)

Denkbewegungen

gen Experten als Evidenz für die Auffassung gedeutet, dass es ein angeborenes System für arithmetisches Denken gibt, das vorsprachliche Symbole sowohl für diskrete als auch für kontinuierliche Quantitäten benützt. Was aber hat die menschliche Spezies darüber hinaus befähigt, mit so abstrakten Symbolen wie Zahlwörtern oder arabischen Ziffern umzugehen und auch große Quantitäten präzise zu schätzen?

Wissenschaftler wie der Psycholinguist Paul Bloom oder der Neurowissenschaftler Stanislas Dehaene gehen davon aus, dass sich diese Fertigkeit herausbildet, wenn Kinder das Zählsystem der natürlichen Sprache erlernen: Spracherwerb und das Erlernen mathematischer Fertigkeiten sind für sie aneinandergekoppelt. Tatsächlich lässt sich beim Menschen auch eine bestimmte Hirnregion im Scheitellappen nachweisen, die auf die Verarbeitung numerischer Größen spezialisiert zu sein scheint: der beidseitige intraparietale Sulcus (Abb. 21). In einer Studie beeinflusste die Forschergruppe des Neurowissenschaftlers Alvaro Pascual-Leone an der Harvard Medical School bei Probanden diese Region mittels eines Magnetpulses. Dadurch verringerte sich die kortikale Erregbarkeit für einige Minuten, was die von den Probanden erbrachten Testleistungen bei Zahlen- und Mengenvergleichen deutlich verschlechterte.

Dies – zusammen mit einer Reihe anderer Experimente – stützt die These, dass der intraparietale Sulcus eine entscheidende Rolle bei der Verarbeitung von Numerosität spielt. Eine Fehlfunktion dieses Areals scheint, dem Neurowissenschaftler Daniel Ansari zufolge, für entwicklungsbedingte Rechenstörungen verantwortlich zu sein. Ungefähr 6 Prozent der deutschen Kinder haben Probleme im Umgang mit Zahlen und Mengen. Zu den am frühesten feststellbaren Auffälligkeiten rechengestörter Kinder gehören dabei auch konzeptuelle Defizite beim Anwenden bestimmter, dem Zählen zugrunde liegender Regeln. Entwicklungspsychologen haben fünf elementare Prinzipien identifiziert, die Abbildung 22 veranschaulicht:

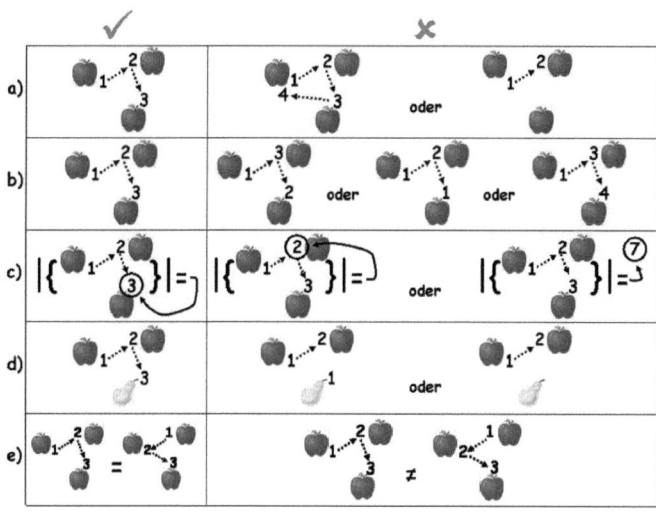

Abb. 22 a–e Skizze der fünf Zählprinzipien von Gelman & Gallistel, 1978 (Erläuterungen im Text).

- die *Eins-zu-Eins-Zuordnung* von Zahlwörtern zu Objekten (Abb. 22a): ein Kind bezeichnet die drei Äpfel korrekt mit 1, 2 und 3, statt etwa beim ersten wieder mit 4 zu beginnen.
- eine *stabile Abfolge der Zahlwörter* beim Zählen (Abb. 22b): ein Kind zählt die drei Äpfel immer in der gleichen Reihenfolge ab, statt zu wechseln.
- das *Kardinalitätsprinzip* (Abb. 22c), wonach das letzte beim Zählen genannte Zahlwort die Mächtigkeit der Menge wiedergibt: ein Kind weiß, dass es drei Äpfel sind und nicht zwei oder sieben.
- das *Abstraktionsprinzip,* wonach Zählprozesse unabhängig davon sind, welche Mengen von spezifischen Objekten zu zählen sind (Abb. 22d): ein Kind zählt richtig drei Objekte, obwohl eines davon eine Birne ist.
- die *Abzählreihenfolge,* die irrelevant für das Ergebnis des Zählprozesses ist (Abb. 22e): ein Kind zählt drei Objekte, egal mit welchem es anfängt.

Erstklässler mit Defiziten im Bereich numerischer Verarbeitung machen systematische Fehler vor allem in Bezug auf das erste und das letzte der genannten Zählprinzipien.

Ansari, D. (2008). »Effects of development and enculturation on number representation in the brain«. *Nature Reviews Neuroscience, 9,* 278–291

Dehaene, S., Spelke, E., Pinel, P., Stanescu, R., & Tsivkin, S. (1999). »Sources of mathematical thinking: Behavioral and brain-imaging evidence«. *Science, 284,* 970–974

Heine, A., Engl, V., Thaler, V., Fussenegger, B., & Jacobs, A. M. (im Druck). *Fortschritte der Neuropsychologie: Teilleistungsstörungen.* Göttingen: Hogrefe

Gelman, R., & Gallistel, C. R. (1978). *The Child's Understanding of Number.* Cambridge, MA: Harvard University Press

E – KATEGORISIERUNG UND WAHRNEHMUNG

»Schweigen«, sagte der Derwisch. »Ich hatte mir geschmeichelt«, sagte Pangloß, »mich mit Euch ein wenig unterreden zu können über Wirkungen und Ursachen, die beste aller möglichen Welten, die Natur der Seele, den Ursprung des Übels und die prästabilierte Harmonie.«

Im Grunde beruht all unser Wissen um die Welt auf Assoziationen, denen wir in einem Konzept einheitliche Gestalt verleihen. Unsere Erkenntnismechanismen gehen von Einzelfällen aus, über die wir verallgemeinernde Rückschlüsse gewinnen. Sie werden so lange an der Wirklichkeit überprüft, bis sie sich zu (für uns) gültigen Schlussfolgerungen auswachsen: im besten Fall handelt es sich um Induktionen, im schlimmsten Fall um vermutende Konjekturen. Dass wir uns trotzdem wie Pangloß *über Wirkungen und Ursachen unterreden können*, liegt allein an der *prästabilierten Harmonie* unserer neuronalen Netzwerke, die uns die *Welt* zu kategorisieren hilft – auf für uns *bestmögliche* Art und Weise.

Wir sind es, die die Welt mit Kategorien versehen, nicht umgekehrt. Als Prämisse dabei gilt, dass wir nur ausdrücken können, was uns durch unsere Erkenntnismechanismen bewusst wird: ihre Syntax ist die Basis unserer Sprache. Wie wir uns zu Dingen verhalten, bestimmt unsere ureigenste Grundgrammatik: alles Denken beginnt damit, dass es Dinge miteinander koppelt – und auf das mit ihnen verbundene Tun Bezug nimmt. Die Kriterien, mit denen wir über den Sachverhalt der Welt Klarheit zu erhalten hoffen, sind rein subjektive – mit ein Grund, weshalb sich die Philosophie so schwertut, eine Systematik zu entwerfen, die auf objektiv gültigen und überzeitlichen Wahrheiten basiert. Denn die Taxonomie der Welt deckt sich bloß teilweise mit unserer humanen, sich vom altgriechischen ›Sein‹ ableitenden Ontologie.

Das heißt nicht, dass es in der Grammatik unseres Denkens keine Universalien gäbe. Dazu zählt etwa, dass Kleines stets in Bezug auf Großes lokalisiert wird (wir sprechen von einer Katze auf der Matte, nicht umgekehrt – außer wir wollen etwas Ungewöhnliches betonen). Oder dass wir Belebtes vor Unbelebtem nennen und diese Ausdrucksstellung selbst bei Passivkonstruktionen – wo Unbelebtes auf Belebtes einwirkt – bewahren (›Mir ist ein Ziegel auf den Kopf gefallen‹ klingt natürlicher als ›Ein Ziegel fiel mir auf den Kopf‹). Und von den sechs möglichen Kombinationen, die es gibt, um Subjekt, Prädikat und Objekt anzuordnen, bevorzugen 85 Prozent aller Sprachen eine Fokussierung auf das Sub-jekt, um darauf Objekt und Prädikat oder umgekehrt folgen zu lassen. Dass ein Objekt eine Handlung auslöst oder eine Handlung ein Objekt manipuliert, ist so alltagspragmatisch, dass sich dies auch auf unser abstraktes Denken auswirkt.

Auch die Wortgattungen verraten, wie wir die Welt wahrnehmen: wir sortie-ren die Dinge nach dem Kriterium, ob etwas für uns zeitlich konstant bleibt oder nicht. Die Idee des Substantivs an einem Ende des Spektrums ergibt sich daraus, dass es seine Identität in der Zeit zu bewahren scheint – die des Verbs am anderen Ende dadurch, dass es schnelle Veränderungen ausdrückt. Adjektive hingegen stehen eher in der Mitte und beschreiben zeitlich flexiblere Eigen-schaften, während Präpositionen räumliche Beziehungen ausdrücken.

Diese Kategorisierungen beruhen im Grunde auf konzeptuellen Erkenntnis-hypothesen, die nach Bedarf variierbar sind, um dem Kontinuum von Erschei-nungen vor unseren Augen gerecht zu werden. Verben können sich in Substan-tive verwandeln (das ›Gehen‹). Und Adjektive können ebenso die Idee von Dauer annehmen (›der runde Teich‹, der ›grüne Frosch‹) wie nur vorüberge-hende Zustände andeuten (›ein heißer Tag‹, ein ›glücklicher Mensch‹), substan-tivische Eigenschaften ausdrücken (›eine goldene Uhr‹) oder verbale Aspekte in den Vordergrund rücken (›ein pfeifender Teekessel‹).

Bleibt die Frage, ob sich für die ungleich elementarere Unterscheidung zwi-schen Substantiven und Präpositionen eine bio-logische Basis nachweisen lässt. Bereits der jeweilige Wortumfang dieser zwei Klassen zeigt, dass zwei verschie-dene Strukturprinzipien zum Tragen kommen. In unserem Alltagsvokabular gebrauchen wir an die 10 000 verschiedene Namen für Dinge; um jedoch ihre Lage im Raum anzugeben, genügen etwa zwei Dutzend Präpositionen. Beide Male ist unser Wahrnehmungsvermögen unserer Ausdrucksfähigkeit weit über-legen – ein Beleg dafür, dass unsere sprachlichen Schemata die Wirklichkeit weitaus gröber rastern als die Sinnesorgane. Das beweist erneut die Ökonomie unserer mentalen Konzepte. Wären wir nicht imstande, die eingehenden Da-tenmengen zu reduzieren, zu schematisieren und zu generalisieren, dann wäre nicht nur unser Arbeitsspeicher heillos überlastet, es käme auch keine Kommu-nikation zustande.

Wir erkennen an den Dingen noch komplexeste Konturen und Oberflächen-muster – sie dagegen sprachlich in all ihren Differenzierungen zu erfassen, ist unmöglich (wie etwa ließe sich die Silhouette eines Baumes samt all ihren Ver-ästelungen und Verzweigungen halbwegs ökonomisch beschreiben?). Beim Far-bensehen unterscheiden wir noch die größten Feinheiten von Farbton, Sättigung und Helligkeit – doch selbst Grimms Wörterbuch, das von Apfel- bis Zeisiggrün knapp hundert Abstufungen anbieten kann, bleibt da vergleichsweise dürftig.

Ähnliches gilt für unser Agieren im Raum. Obwohl wir schon mit zwei Jahren über eine erstaunlich exakte Orientierung verfügen, die visuelle und haptisch-kinetische Perzeption koordiniert und Entfernungen und Winkel so genau abschätzen kann, dass wir sogar dann, wenn man uns das Licht abdreht, erfolgreich nach dem Glas auf dem Tisch fassen, kann Sprache dieses Navigationsvermögen nicht annähernd wiedergeben. Um präzise Distanzen und Orientierungen zu beschreiben, müssen wir uns eines kulturell kodierten Systems bedienen und auf symbolische Einheiten wie Meter und Winkelgrad zurückgreifen.

Trotz der grundsätzlichen Beschränktheit von Sprache ist unser linguistisches Differenzierungsvermögen, was Dinge betrifft, verhältnismäßig gut ausgebildet. Für ›Behältnis‹ etwa gibt es eine ganze Reihe von Ausdrücken wie ›Becher‹, ›Becken‹, ›Schale‹, ›Napf‹, ›Schüssel‹, ›Tasse‹, ›Glas‹, ›Krug‹, ›Vase‹ und so fort – die sich alle durch Adjektive zusätzlich bestimmen lassen. Was sie optisch voneinander unterscheidbar macht, ist eine Wahrnehmung, die Schemata von beinahe räumlicher Tiefe erstellt. Sie reduziert Objekte auf 2½ Dimensionen und zerlegt sie – über Querschnitte und Achsen – in etwa 36 verschiedene ›Geone‹. Damit sind geometrische Grundeinheiten wie Zylinder, Würfel, Kegel, Ringe und dergleichen gemeint, die wir in der Anschauung unseres Arbeitsspeichers mit den von anderen Modulen gelieferten Farbdaten wieder zu einem Ganzen zusammensetzen und dabei auch vor unserem geistigen Auge rotieren lassen können (Abb. 23).

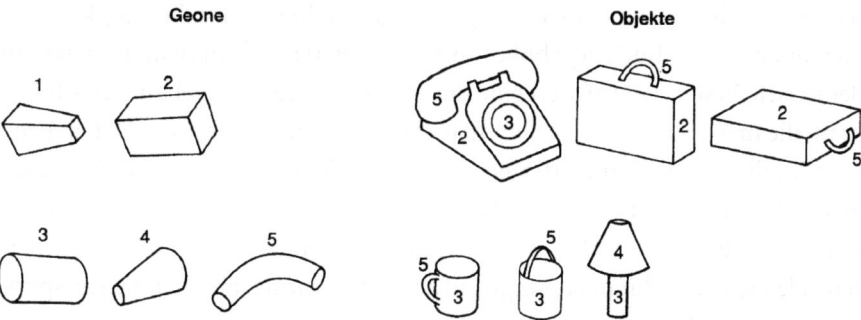

Abb. 23 Links: Einige Geone. Rechts: Einige Gegenstände, die aus den Geonen links zusammengesetzt sind. Die Zahlen auf den Gegenständen geben an, um welche Geone es sich handelt. Schon mit zwei oder drei Geonen lassen sich erkennbare Objekte bilden. Dabei kommt es insbesondere auf die Relationen zwischen den Geonen an, wie die Beispiele der Tasse und des Eimers verdeutlichen (Biederman 1987).

Im Vergleich zu diesem bebilderten Namenslexikon stehen uns für die Lokalisierung von Dingen nur sehr wenige Präpositionen zur Verfügung. Diese verraten indes, nach welchen Kriterien unsere Wahrnehmung vorgeht:

1. Sie unterscheidet nach Volumen, Oberflächen und Linien (in, innen; neben, bei, nahe, an, auf);
2. nach vertikalen Achsen (über, oberhalb) und horizontalen Achsen (vor, hinter, neben, entlang, über);
3. nach Quantitäten (unter, zwischen, mitten in);
4. nach relativer Entfernung in Bezug auf ein Volumen (in, innen, durch), nach Kontaktflächen (an, auf, überall) und physischer Nähe (nahe, ringsum, rundherum) beziehungsweise ihrem Gegenteil (aus; außerhalb; fern);
5. nach Vertikalen (über, hoch, hinauf, herab, unterhalb, dazwischen) oder Horizontalen (vor, hinter, hin, her, neben, jenseits, diesseits);
6. nach Sichtbarkeit (auf, unter);
7. nach allgemeiner Orientierung (östlich, westlich, südlich, nördlich, vorwärts, rückwärts, seitwärts, links, rechts);
8. und allgemeiner Bewegung (durch, entlang, hin, zu, hinein, hinaus, nach, von, aus, weg, fern von).

Bei dieser Kombinatorik einiger weniger Koordinaten hat ein und dieselbe Positionsangabe oft mehrere Funktionen – ökonomische Reduktion gilt auch hier als Grundprinzip kognitiver Modellbildung.

Die oben aufgelisteten Prinzipien lassen sich weiter reduzieren. Bei einem Satz wie ›das Buch liegt auf dem Tisch‹ greifen gleich drei Wahrnehmungskriterien ineinander: a) das Buch liegt höher als der Tisch; b) das Buch ist im Kontakt mit dem Tisch. Ersteres spezifiziert eine räumliche Orientierung relativ zur Schwerkraft, die man spürt – und bezieht sich damit auf sensomotorische Daten. Letzteres impliziert eine Kontaktfläche. Die Ausdrucksstellung dabei (weshalb man nicht ›der Tisch befindet sich unter dem Buch‹ sagt) markiert einen weiteren Punkt: sie rührt daher, dass unsere Wahrnehmung grundsätzlich zuerst eine zentrale Figur von ihrem Hintergrund abhebt, bevor sie ihre räumlichen Spezifika unterscheidet.

Unser Hirn löst also Dinge in ihre einzelnen Komponenten – Geone – auf und setzt sie mittels relativer räumlicher Verhältnisangaben (über Bewegungsrichtungen, Achsen und Kontaktflächen) wieder zusammen. Dass wir dabei beim Analysieren über relativ große Ausdrucksmöglichkeiten verfügen, während das Orientieren sprachlich mit minimalem Aufwand auskommen muss, lässt darauf schließen, dass unser Gehirn Formerkennung (›was‹) von Raumlage (›wo‹) getrennt verarbeitet. Die Neuropsychologie bestätigt dies. Ist der inferiore temporale Kortex lädiert, wird die Wiedererkennung von Formen beeinträchtigt; ist dagegen der posteriore parietale Kortex lädiert, wird die Fähigkeit zur Orientierung und zum Ergreifen von Objekten beeinträchtigt. Die Arbeitsaufteilung des Gehirns spiegelt sich also auch in der Sprache wider.

Die von Pangloß angesprochene *prästabilierte Harmonie* ist demnach allein Produkt unseres Hirns, das bildhafte Schemata konstruiert. Von Naturimmanenz kann jedoch keine Rede sein. Sie kommt eher jener Kompositionstechnik gleich, die uns Voltaire als Gleichnis formuliert:

Candide machte nach dem Frühstück einen Rundgang in einer langen Galerie und war erstaunt über die Schönheit der Gemälde. Er fragte, von welchem Meister die beiden ersten seien. »Sie sind von Raffael«, sagte der Senator, »ich kaufte sie vor Jahren sehr teuer aus Eitelkeit, man sagt, es sei das Schönste, was es in Italien gibt, mir aber gefallen sie gar nicht: ihre Farbe ist sehr gedunkelt, die Figuren sind nicht ausreichend schattiert und treten nicht genügend hervor; die Gewänder ähneln in nichts einem Stoff; mit einem Wort, was immer man auch sagen mag, ich finde darin keine rechte Nachahmung der Natur.«

Aitchison, Jean (1996), *The Seeds of Speech – Language Origin and Evolution*, Cambridge
Biederman, Irving (1987), »Matching Image Edges to Object Memory«. *Proceedings of the IEEE First International Conference on Computer Vision*, London, England, June 8-11, 383–392
Jackendoff, Ray (1992), *Languages of the Mind – Essays on Mental Representation*, London
Jackendoff, Ray (1993), *Patterns in the Mind – Language and Human Nature*, New York
Levine, David N., Joshua Warach & Martha Farah (1985), »Two visual systems in mental imagery: Dissociation of ›what‹ and ›where‹ in imagery disorders due to bilateral posterior cerebral lesions«. *Neurology* 35, 1010–1018

Box 10. Prototypen und Gefühlswörter: Wie kategorisiert das Gehirn?

Versucht man auf rationalem Weg Erfahrungen zu analysieren, stellt sich zwangsläufig die Frage nach der Zuverlässigkeit der Sinne und der Grundlage unseres Wissens. Die daraus folgenden Problematiken richten sich darauf, ob Kategorien allgemein gültig sind, wie Worte ihre Bedeutung erwerben und geistige Konzepte – Begriffe, Schemata – sich zu den vermeintlich objektiven Kategorien der Außenwelt verhalten. Ausgehend von antiken Philosophen wie Aristoteles, waren sich auch die meisten Psychologen bis in die 70er Jahre des vergangenen Jahrhunderts einig, dass einzelne momentane Sinneserfahrungen unzuverlässig sind und deshalb nur stabile, abstrakte, logische und universale Kategorien die Basis für unser Wissen und die Referenz für unsere Worte sein können. Diese Standardmeinung ging in Einklang mit der aristotelischen Logik von den scharfen Kategorien eines ›tertium non datur‹ aus: ein Objekt kann nur einer Kategorie angehören; zwei Kategorien – Oberbegriffe – schließen sich gegenseitig aus. Analog dazu konnte eine Aussage nur wahr oder falsch sein – ohne etwas dazwischen zuzulassen.

Diese wohlgeordnete Welt wurde Mitte der 1960er Jahre mehrfach erschüttert. Nachdem bis dahin die zweiwertige Boolesche Logik tonangebend war (trotz der bereits existenten dreiwertigen Lukasiewicz-Logik), erfand Lofti Zadeh 1965 die ›Unscharfe Logik‹ (fuzzy logic). Mittels sogenannter Zugehörigkeitsfunktionen erlaubt diese Logik, sprachlichen Ausdrücken wie ›jung‹ oder ›sehr alt‹ relative Wahrheitswerte zwischen 0 und 1 zuzuordnen (Abb. 24).

In der Psychologie war nach einer Serie von Artikeln, die die Harvard-Doktorandin Eleanor Rosch in der Zeitschrift *Cognitive Psychology* in den Jahren 1972 bis 1976

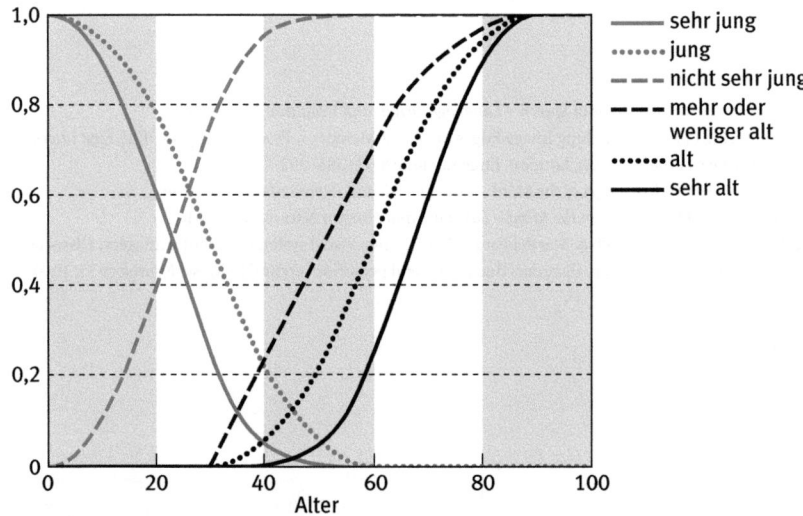

Abb. 24 Fuzzyfunktion für das Alter eines Menschen. Kurven geben die Wahrscheinlichkeit wieder, mit der ein Mensch eines bestimmten Alters in die Kategorien ›sehr jung‹, ›jung‹, oder ›alt‹ eingeordnet wird. Diese Kategorien sind ›unscharf‹, weil sie überlappen – die Kurven kreuzen sich.

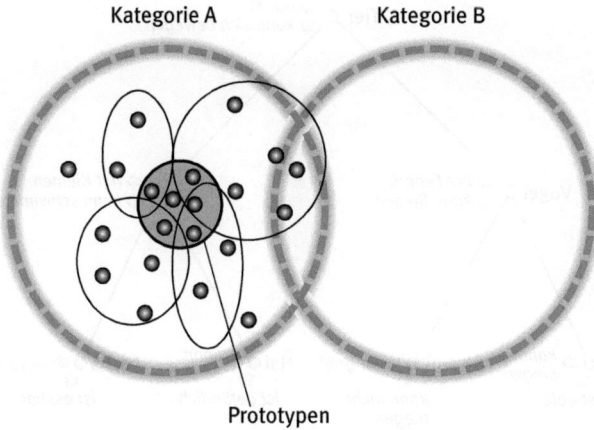

Kategorie A   Kategorie B

Prototypen

Abb. 25 Prototypen laut der Theorie von Rosch. Die Kategoriengrenzen sind unscharf, d. h., bestimmte Elemente können zwei oder mehr Kategorien angehören. Die Elemente im Zentrum der Kategorie sind Prototypen.

veröffentlichte, nichts mehr so wie davor. Während eines einjährigen Feldversuchs beim Stamme der Dani in Neuguinea fand Rosch heraus, dass die Dani nur Worte für die Kategorien ›schwarz‹ und ›weiß‹ hatten, Farben aber trotzdem genauso gut wie wir unterscheiden konnten. Sie wertete dies als Widerlegung der Sapir-Whorf-Hypothese, der zufolge die Sprache Wahrnehmung und Denken determiniert. In weiteren Experimenten fand sie Evidenz für ihre Theorie von ›natürlichen Kategorien‹: demnach richtet sich Konzeptlernen an Prototypen, repräsentativen Vertretern einer Kategorie – und nicht an scharfen, abstrakten Kriterien (Abb. 25).

Damit brachte sie die bis dato in der Psychologie allgemein anerkannte Theorie des semantischen Gedächtnisses von Collins und Quillian in arge Bedrängnis. Denn laut dieser Theorie sind die Begriffe in unserem semantischen Gedächtnis hierarchisch nach Attributen (›ist klein‹), Teilen (›hat Federn‹) und Funktionen (›kann fliegen‹) geordnet (Abb. 26). Rosch konnte jedoch mithilfe eines einfachen experimentellen Verfahrens das Gegenteil demonstrieren: in diesem ›Satzverifikationstest‹ sollen Probanden per Knopfdruck so schnell wie möglich entscheiden, ob Beispielsätze wie ›Ein Huhn ist ein Vogel‹ oder ›Ein Pinguin kann fliegen‹ richtig oder falsch sind. Die dabei gemessene Reaktionszeit gilt als Maß der Zugriffszeit auf das semantische Langzeitgedächtnis. Obwohl Pinguine oder Kolibris das Kriterium ›hat Federn‹ erfüllen und demnach automatisch als Vögel kategorisiert werden müssten, brauchten ihre Probanden länger dazu, diese als ›Vögel‹ zu akzeptieren als Amseln oder Tauben, den prototypischen Vertretern der Vogelkategorie. Ähnlich wie die Zugehörigkeitsfunktionen der unscharfen Logik postulierte Rosch, dass einzelne Mitglieder dem Prototyp einer Kategorie unterschiedlich nahe sein können. Diese radiale Distanz definiert eine graduelle Zugehörigkeit anstelle einer rein binären: Forelle ist ein gutes Beispiel für die Kategorie ›Fisch‹, ›Aal‹ ein weniger gutes.

Rosch bewies, dass diese graduelle Zugehörigkeit für alle denkbaren Kategorien gilt: perzeptive Kategorien wie ›rot‹, semantische wie ›Möbel‹, biologische wie

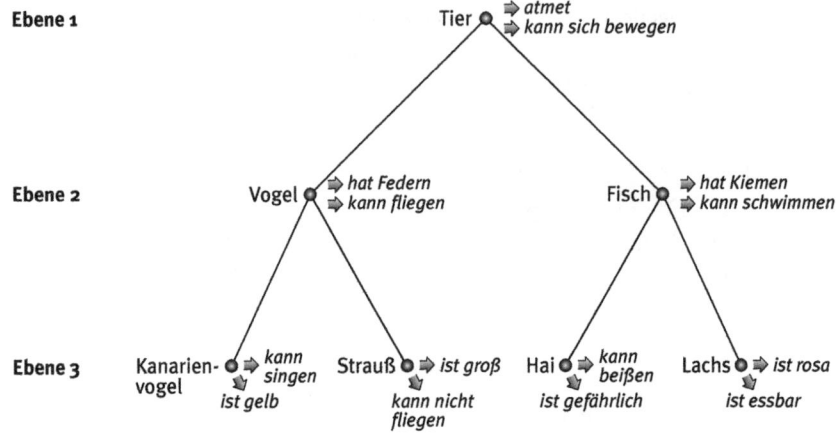

Abb. 26 Hierarchische Organisation des semantischen Gedächtnisses laut der Theorie von Collins & Quillian, 1969. Die Merkmale der Kategorien auf der höchsten Ebene (1) werden automatisch an die Kategorienmitglieder auf den unteren Ebenen (2, 3 ...) ›vererbt‹. Eine Entscheidung, ob ein bestimmtes Element Mitglied einer Kategorie ist, fällt umso leichter, je höher die Ebene ist. ›Ein Huhn ist ein Tier‹ wäre demnach leichter zu entscheiden als ›Ein Huhn ist ein Vogel‹.

›Frau‹, soziale wie ›Beruf‹, politische wie ›Demokratie‹ und so fort. Ähnlich wie Wittgenstein postulierte sie deshalb, dass Attribute sich auf keine platonisch ideale Struktur beziehen, sondern durch Familienähnlichkeiten definiert werden: Prototypen entstehen, wenn Elemente die meisten Attribute mit anderen Kategorienmitgliedern teilen und die wenigsten mit Mitgliedern anderer Kategorien (Abb. 25). Auf dieser Grundlage entstand die Theorie verkörperter Konzepte, die von Rosch zusammen mit Lakoff, Barsalou oder Varela vertreten wird (Boxen 2 und 12).

Affekte, Emotionen, Gefühle und Wörter: Wie passen sie zusammen?
Menschen, deren Vokabular für Gefühle sehr beschränkt scheint, werden Alexithymiker genannt (Box 6). Doch sind wir angesichts des Ungleichgewichts zwischen subjektiv empfundenen Gefühlsnuancen und unseren sprachlichen Möglichkeiten, diese adäquat auszudrücken, nicht alle ein wenig ›gefühlsblind‹? Die Beziehung zwischen Emotionen und unserem Vokabular kann man laut dem Begründer der modernen phänomenologischen Emotionspsychologie und Erfinder von 12 ›Emotionsgesetzen‹, Nico Frijda, auf zwei verschiedene Weisen sehen: »Entweder man nimmt an, dass existierende Wörter (›Emotionswörter‹) diktieren, wie die Dinge zu sehen sind; oder man nimmt an, dass es existierende Dinge gibt (›Emotionen‹), die benannt werden und so Wörter zugeordnet bekommen.«

Obwohl die Beziehungen zwischen Emotionen und den sie beschreibenden Worten problematisch sind, gehen die meisten Emotionspsychologen wie Frijda davon aus, dass Emotionswörter letztlich doch nur Etiketten für tatsächlich empfundene Dinge sind. Dies wird häufig durch Barsalous Theorie der perzeptuellen Symbole (Box 2) legitimiert, der zufolge ein Emotionswort ein (partielles) Wieder-Empfinden des dadurch beschriebenen emotionalen Zustands auslöst: »Sobald es ein Wort erkennt, aktiviert das kognitive System den Simulator für das damit assoziierte Konzept, um einen möglichen Referenten zu simulieren.«

Mit diesem Referenten ist der Zustand gemeint, der durch das Emotionswort benannt wird – etwa eine mit Ärger assoziierte autonome oder muskuläre Reaktion: Dies bedeutet nicht, dass man jedes Mal wenn man das Wort ›Ärger‹ liest, auch gleich Ärger empfindet, aber dass dabei unbewusste Vorgänge ablaufen, die etwa mit durch soziale Situationen ausgelöstem Ärger assoziiert sind. Allerdings wirft diese Auffassung ein Problem auf. Nicht alle Sprachen verfügen über die gleichen Emotionswörter. Selbst die Begriffe für ›Emotion‹ decken sich nicht mit einem universellen Prototyp. Die emotionspsychologische Forschung versucht deshalb, dieses Problem anhand der Erstellung sprachvergleichender Emotionslexika zu klären. Dazu werden in einem ersten Schritt Listen mit Wörtern erstellt, welche die Forschung als emotional beurteilt. Diese werden in einem zweiten Schritt von Laien – meist Studenten – nach Kategorien wie emotionale Wertigkeit, Vertrautheit und Intensität beurteilt. In einem dritten Schritt werden dann diejenigen Wörter, die Experten wie Laien klar als emotional eingestuft haben, in weiteren Experimenten eingesetzt.

Eine bewährte Methode, um festzustellen, ob ein bestimmtes Wort, ohne zu überlegen, für emotional gehalten wird, ist die Reaktionszeitmessung. Die Emotionspsychologin Paula Niedenthal setzte diese Methode ein, um die Prototypikalität des französischen Begriffs ›emotion‹ im Unterschied zu ›sentiment‹ zu bestimmen. ›Emotions‹ – fand sie heraus – bezeichnen eher starke, primitive, unaufgeforderte Reaktionen auf meist direkt beobachtbare Reize. ›Sentiments‹ hingegen bezeichnen komplexere, kognitiv vermittelte Reaktionen, die oft auf selbstreflektorischen und moralischen Urteilsprozessen beruhen. Entscheidend für eine Emotion ist dabei die Intensität, weniger ihre hedonische Qualität oder die durch sie erzielte Sättigung – gleich ob positiver oder negativer Natur.

Dies wirft die uralte Frage auf, was denn nun Emotionen in Abgrenzung zu Affekten, Stimmungen oder Gefühlen sind. Wenn nicht einmal diese Grundbegriffe klar bestimmbar sind, wie können wir dann hoffen, die Nuancen zwischen solchen Worten wie ›Sehnsucht‹ , ›Verlangen‹, ›Begierde‹ und ›Gier‹ zu verstehen? 1981 zählte das Forscherehepaar Kleinginna bereits mehr als hundert verschiedene wissenschaftliche Definitionen von ›Emotion‹ auf. Eine heute weithin akzeptierte Arbeitsdefinition des Emotionsforschers Klaus Scherer lautet: »Emotion lässt sich definieren als Episode miteinander verbundener, synchronisierter Veränderungen im Status aller oder der meisten fünf organismischen Subsysteme in Reaktion auf einen externen oder internen Stimulus, den der Organismus als relevant für seine Absichten und Befindlichkeiten evaluiert hat.«

Tabelle 1 bezeichnet die fünf Subsysteme von Emotionen samt den entsprechenden Funktionen und Komponenten genauer. Um Emotionen von Affekten, Gefühlen oder Stimmungen abgrenzen zu können, führt Scherer eine Vielzahl von Merkmalen wie Intensität, Dauer oder Bewertungsbasis ein. Nico Frijda grenzt *Stimmungen* von Emotionen durch ihre größere Dauer und das Fehlen eines klar bestimmbaren Objekts ab. Wie Scherer und der Vater der experimentellen Psychologie, Wilhelm

Emotionsfunktionen	Organismische Subsysteme und Hauptsubstrate	Emotionskomponente
Evaluation von Objekten und Ereignissen	Informationsverarbeitung *(ZNS)*	Kognitive Komponente (Einschätzung)
Systemregulation	Unterstützung *(ZNS, NES, ANS)*	Neurophysiologische Komponente (Körpersymptome)
Handlungsvorbereitung und -ausrichtung	Exekutive *(ZNS)*	Motivationale Komponente (Handlungstendenzen)
Kommunikation der Reaktion und Verhaltensabsicht	Handlung *(SNS)*	Motorische Ausdruckskomponente (Gesichts- und Vokalausdruck)
Monitoring des internen Zustands und der Organismus-Umwelt-Interaktion	Monitor *(ZNS)*	Subjektive Gefühlskomponente (emotionale Erfahrung)

[N.B.: ZNS = Zentrales Nervensystem; NES = Neuroendokrinerges System; ANS = Autonomes Nervensystem; SNS = Somatisches Nervensystem]

Tabelle 1 Beziehung zwischen Subsystemen des Organismus und Funktionen sowie Komponenten von Emotionen (nach Scherer, 1987).

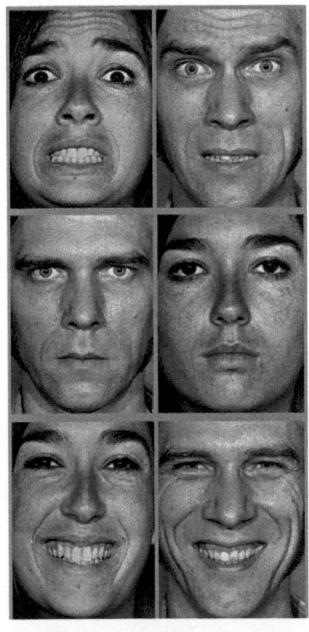

Abb. 27 Basisemotionen repräsentierende Gesichtsausdrücke, laut der Theorie von Ekman, 1992

Wundt, hält Frijda *Gefühle* für die subjektive, bewusste Komponente von Emotionen – welche wiederum auf den Grundaffekten Lust/Unlust und Erregung/Ruhe beruhen. Von Darwin ausgehend, der sechs genetisch determinierte, universelle Basisemotionen vorschlug – Angst, Wut, Trauer, Überraschung, Freude und Ekel – vertreten Psychologen wie Ekman oder Plutchik die Auffassung, es gebe einige wenige Basisemotionen, aus denen durch bestimmte Mischungsverhältnisse komplexere entstehen (Abb. 27 und 28).

Die auf Wundt zurückgehenden alternativen Dimensionstheorien der Emotion behaupten, dass alle Emotionen sich als lineare Kombinationen aus zwei unabhängigen bipolaren neurophysiologischen Dimensionen beschreiben lassen: Valenz (positiv/negativ) und Erregung (aktiviert/deaktiviert). Laut dem aus dieser Theorie abgeleiteten, in Abbildung 29 skizzierten ›Circumplex-Modell‹ der Emotionen von Russell ergäbe sich die Emotion Trauer aus der Kombination: unangenehme Valenz + geringer Erregungsgrad. Eine kürzlich er-

Gemischte Gefühle, Plutchik's Emotionskreis

Primäre Dyaden
Mischungen ohne Zwischenglied
• *Freude + Billigung = Freundlichkeit*

Sekundäre Dyaden
mit einem Zwischenglied
• *Freude + Furcht = Schuldgefühl*

Tertiäre Dyaden
mit zwei Zwischengliedern
• *Freude + Überraschung = Entzücken*

Abb. 28 Mischgefühle nach der Theorie von Plutchik, 1980

schienene fMRT-Studie von Colibazzi und Kollegen stützt die Grundannahmen dieses Modells durch erste Evidenz für unterschiedliche neuronale Netzwerke, die den beiden Dimensionen Valenz und Erregung zugrunde liegen könnten. Angenehme emotionale Erfahrungen – im Versuch durch Sätze wie ›Stellen Sie sich vor, Sie hätten gerade im Lotto gewonnen und wären jetzt so reich, wie Sie immer sein wollten‹ induziert – waren demnach mit einem Netzwerk assoziiert, das zum Belohnungssystem des Gehirns gehört: es umfasst das Mittelhirn, das untere Striatum und den Nukleus caudate. Unangenehme Emotionen engagierten den vorderen cingulären Kortex, den rechten dorsolateralen präfrontalen Kortex, den okzipito-temporalen und unte-

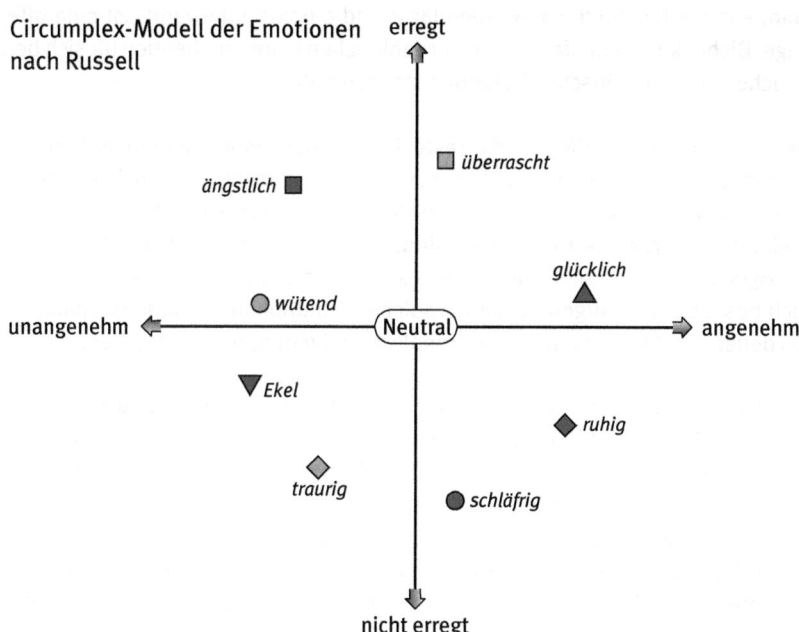

Abb. 29 Circumplex-Modell der Emotionen nach Russell, 2003. Die x-Achse gibt die Valenz-Dimension wieder (angenehm – unangenehm), die y-Achse die Erregungsdimension (erregt – nicht erregt/ruhig).

ren parietalen Kortex sowie Teile des Kleinhirns. Hoch erregende Emotionen waren dagegen mit dem linken Thalamus, dem Globus Pallidus, dem Caudate, dem parahippokampalen Gyrus, der Amygdala und dem prämotorischen Kortex assoziiert. Offen muss jedoch vorerst noch bleiben, inwiefern sich diese Befunde auf andere Reizsituationen – Bilder oder Filmclips etwa – oder auf Emotionen übertragen lassen, die durch faktische Ereignisse und nicht über Vorstellungsbilder erzeugt werden.

In der Tradition von Franz Brentano, Alexius Meinong, Carl Stumpf und Magda Arnold hat der Emotionsforscher Rainer Reisenzein kürzlich eine Zwei-Faktorentheorie der Emotionen vorgestellt, die Emotionen als nichtkonzeptuelle Metarepräsentationen definiert und jede Emotion als Kombination aus einer Überzeugung (›belief‹) und einem Wunsch (›desire‹) darstellt. So definiert er beispielsweise die Emotion Angst folgendermaßen: jemand empfindet Angst, wenn er zum Zeitpunkt t unsicher ist (Überzeugungskomponente), ob eine Proposition p zutrifft (z. B. p = ›Ich falle durch die Prüfung‹), und gleichzeitig den Wunsch hegt (Wunschkomponente), dass p zum Zeitpunkt t nicht eintrifft. Schematisch vereinfacht ergibt dies: Angst = $u(p,t) + w(-p,t)$, wobei u für ›unsicher‹, w für ›wünscht‹ und ›-‹ für die Negation steht. Formal kann Reisenzein so zeigen, dass das psychologische Gegenstück zur Emotion Angst die Emotion Hoffnung ist, weil die logische Struktur von Hoffnung sich wie folgt definiert: Hoffnung = $u(p,t) + w(p,t)$. Freude oder Glück dagegen haben folgende Struktur: $s(p,t) + w(p,t)$, wobei s für ›sicher‹ steht – also etwa für die sichere Überzeugung, dass die Prüfung bestanden wird.

Inwieweit sich diese qualitative Theorie, die auch quantitativ formuliert werden kann, auf alle Emotionen anwenden lässt und empirisch bewährt, ist eine offene Frage. Bisher kann jedenfalls keine der zahlreichen Emotionstheorien für sich beanspruchen, allen empirischen Befunden standzuhalten.

Die neurowissenschaftlich fundierteste Theorie der Emotionen stammt von dem Neuropsychoanalytiker Jaak Panksepp, der davon ausgeht, dass auch andere Säugetiere Emotionen haben, die mit menschlichen vergleichbar und auf gemeinsame affektive Kernprozesse rückführbar sind. Diese ›Kernaffektsysteme‹ beruhen auf phylogenetisch archaischen neurochemischen und -anatomischen Systemen. Demnach besitzen alle Säugetiere sieben solcher evolutionären Emotionsschaltkreise, aus denen, Panksepp zufolge, alle komplexeren Emotionen hervorgehen:

- LUST: Dieses erste affektive System dient der Fortpflanzung, bewirkt erotische Gefühle, Sexualität und Eifersucht und wird besonders mit der Amygdala und dem Hypothalamus sowie Neuromodulatoren – Steroiden, Vasopressin und Oxytocin – in Verbindung gebracht.
- SORGE: Dieses System löst den Mutterinstinkt aus, dient der Pflege und Verpflegung des Nachwuchses und ist bei weiblichen Säugetieren stärker ausgeprägt als bei männlichen. Anziehung, Liebe und Schutzbedürfnis werden von diesem System mitgesteuert, das mit dem vorderen cingulären Kortex, dem sogenannten Bettkern der Stria terminalis sowie den Hormonen Oxytocin und Prolactin in Verbindung gebracht wird.

- PANIK: Gehen kleine Kinder verloren, empfinden sie intensiven Trennungsstress und schreien, damit sich jemand um sie kümmert. Ihr Gefühl plötzlicher Einsamkeit, das Panik nahekommt, basiert nach Panksepp auf genetisch evolvierten Schmerzkodes, auf denen auch die Traurigkeit und der Kummer von Erwachsenen beruhen. Die neuronalen Systeme, die diesen Trennungsstress auslösen, sind bei Vögeln und verschiedenen Säugetieren gut untersucht und ähneln einander so sehr, dass die Hypothese einer gemeinsamen Vererbung plausibel scheint. Das Hormon Corticotropin-Releasing-Factor (CRF) verstärkt den Trennungsstress, während hirneigene Opioide, Oxytocin und Prolactin ihn mildern. Neben dem vorderen cingulären Kortex und dem sogenannten periaquäduktalen Grau im Mittelhirn spielen hierbei noch der Bettkern, der dorsomediale Thalamus und das präoptische Areal im Hypothalamus eine Rolle.
- SPIEL: Jungtiere und kleine Kinder tollen häufig herum, um soziale Möglichkeiten auszuloten. Dieser Spieltrieb ermöglicht Säugetieren zu lernen, was man (mit anderen) tun kann und was nicht. Er dient der Entwicklung sensomotorischer Schemata, erweitert Erfahrungshorizonte und festigt kognitive und affektive Erwartungshaltungen. Panksepp vermutet, dass diese soziale Aktivität Hirnschaltkreise prägt, die dann ein neuronales Wachstum und ein fließendes emotionales Gleichgewicht (Homöostase) fördern. Bei Kindern, denen zu wenig Spiel- und Probiermöglichkeiten geboten werden, sieht Panksepp das Risiko für eine ›Aufmerksamkeitsdefizit- und Hyperaktivitäts-Störung‹ als gesteigert an. Das dorso-mediale Zwischenhirn und das periaquäduktale Grau im Mittelhirn sind Schlüsselareale; die Neuromodulatoren Opioid, Glutamat und Acetylcholin sind von Bedeutung.
- ANGST: Bei niedriger Erregung bewirkt Angst ein Erstarren, bei hoher Erregung eine Fluchtreaktion. Obwohl angsterregende Reize über die verschiedenen Spezies hinweg variieren, sind die zugrunde liegenden evolutionär bedingten Schaltkreise dennoch dieselben. Allerdings konnte der Angstforscher Joseph

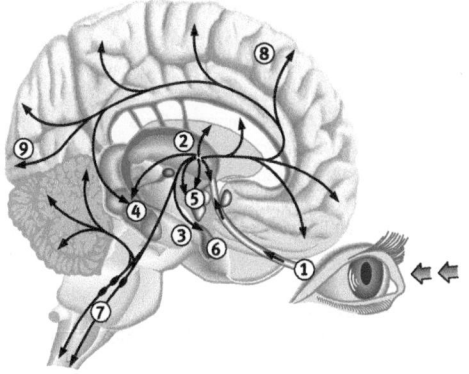

Abb. 30 Angstreaktion nach LeDoux, 1996. Sieht das Auge einen Schatten, löst dies im Hirn eine Kaskade von Reaktionen aus bis hin zu Angst. Über den Sehnerv (1) gelangt das Schattenbild in den Thalamus (2), die wichtigste Umschaltstation im Hirn. Danach kommt das Signal in der Amygdala an (3), wo es emotional bewertet wird. Für diese Einschätzung holt der Hippokampus (4) Erinnerungen aus der Hirnrinde. Resultat: Der Schatten könnte von einer Schlange sein. Also wird der Hypothalamus (5) alarmiert, der mit der Hypophyse (6) Stressreaktionen in Gang setzt (7); z. B. werden Herzschlag und Atmung beschleunigt und Schweiß produziert. Die Hirnrinde (8) brütet derweil Fluchtmöglichkeiten aus. Erst dann gelangt das Bild in die Sehrinde (9) und wird bewusst wahrgenommen: Es war eine Schnur – keine Schlange. Die Angst kam schneller als die Erkenntnis.

LeDoux zeigen, dass viele andere Reize über Konditionierungen Zugriff zu diesem angestammten Angstschaltkreis bekommen. Er schlug dafür ein Zwei-Wege-Modell vor, dem zufolge ein ›hoher‹ kortikaler Weg auf perzeptiv-kognitive Weise und ein ›niederer‹ thalamischer Weg auf instinktive Weise an Angstreaktionen beteiligt sind. Abbildung 30 veranschaulicht die unterschiedlichen Phasen einer Angstreaktion in Bezug auf einen Schatten. Der niedere Weg schätzt unbewusst jede Situation auf ihr Gefahrenpotential ein und verleiht somit jedem Reiz – jedoch bevor er bewusst erkannt werden kann – ein affektives Vorzeichen. Glutamat, Diazepam-Inhibitoren und CRF modulieren die Angstreaktion.

- WUT: Bekommt ein Organismus nicht das, was er will, wird das Wutsystem aktiviert, um tatsächliche oder eingebildete Hindernisse aus dem Weg zu räumen. Erwachsene können in der Regel ihre Wut samt anderen Emotionen besser regulieren als kleine Kinder oder Tiere. Wie dies neurobiologisch funktioniert, ist allerdings weitgehend unerforscht. In Box 3 sahen wir, dass Läsionen des Frontallappens diese Regulationsfähigkeit mindern oder zunichtemachen können. Neben der medialen Amygdala, dem Bettkern und dem periaquäduktalen Grau spielen auch Acetylcholin und Opioide bei dieser Emotion eine Rolle.

- SUCHEN: Damit werden alle appetitiven Aktivitäten geregelt. Das auf der Ausschüttung von Dopamin beruhende Suchsystem energetisiert jedweden zielgerichteten Drang und steigert positive Erwartungen. Tiere stimulieren dieses System selbst auf gleichsam süchtige Weise – dieselben neuronalen Substrate spielen aber auch bei menschlichem Suchtverhalten eine kritische Rolle. Das elementare affektive Suchsystem ist über Verbindungen mit kognitiven Schaltkreisen in der Lage, nicht nur einfache appetitive Handlungen zu motivieren, sondern auch Prozesse des Bewusstwerdens und Bewertens von attraktiven Reizen und Situationen. Schlüsselstrukturen sind hier der Nucleus accumbens, das ventral tegmentale Areal sowie mesolimbische und mesokortikale Bahnen. Dopamin, Glutamat, Opioide, Neurotensin und viele andere Neuropeptide spielen beim Suchsystem entscheidende Rollen.

Arnold, M. B. (1960). *Emotion and personality* (Vol. 1 & 2). New York: Columbia University Press

Barsalou L. W. (1999). »Perceptual symbol systems«. *Behavioral and Brain Sciences*, 22, 577–660

Colibazzi, T., Posner, J., Wang, Z., Gorman, D., Gerber, A., Yu, S., & et al. (2010). »Neural systems subserving valence and arousal during the experience of induced emotions«. *Emotion*, 10, 377–389

Collins, A. M., & Quillian, M. R. (1969). »Retrieval time from semantic memory«. *Journal of Verbal Learning and Verbal Behavior, 8,* 240–247

Ekman, P. (1992). »An Argument for Basic Emotions«. *Cognition and Emotion*, 6, 169–200

Frijda, N. H. (1986). *The Emotions*. Cambridge, England: Cambridge University Press

Kleinginna, P. R. and Kleinginna, A.M. (1981). »A Categorized List of Emotion Definitions with Suggestions for a Consensual Definition«. *Motivation and Emotion*, 5, 345–379

LeDoux, J. E. (1996). *The Emotional Brain*. New York: Simon & Schuster

Meinong, A. (1894). *Psychologisch-ethische Untersuchungen zur Werttheorie*. Graz: Leuschner & Lubensky

Niedenthal, P., Auxiette, C., Nugier, A., Dalle, N., Bonin, P., & Fayol, M. (2004). »A prototype analysis of the French category ›emotion‹«. *Cognition and Emotion*, 18, 289–312

Panksepp, J. (1998). *Affective Neuroscience: the Foundations of Human and Animal Emotions.* New York: Oxford University Press

Plutchik, R. (1980). *Emotion: A Psychoevolutionary Synthesis*, New York: Harper and Row

Reisenzein, R. (2009). »Emotions as metarepresentational states of mind: Naturalizing the belief–desire theory of emotion«. *Cognitive Systems Research*, 10, 6–20

Rosch, E. (1973). »Natural categories«. *Cognitive Psychology*, 4, 328–350

Rosch, E. (1975) »Cognitive reference points«. *Cognitive Psychology*, 7, 532–547

Russell, J. A. (2003). »Core Affect and the Psychological Construction of Emotion«. *Psychological Review,* 110, 145–172

Scherer, K. R. (1987). *Toward a Dynamic Theory of Emotion: The Component Process Model of Affective States.* Geneva Studies in Emotion and Communication 1, 1–98. available at: www.unige.ch/fapse/emotion/gen-studies/genstudies.html

Zadeh, L. (1965). »Fuzzy sets«. *Information Control*, 8, 338–353

F – VERKÖRPERTES DENKEN

1

Ich mag ein Bild nur dann, wenn ich glaube, die Natur selbst zu sehen; doch Bilder von dieser Art gibt es nicht. Ich habe viele Bilder, aber ich betrachte sie mir nicht mehr.

Die Natur selbst zu sehen … Alle unsere Begriffe für Kognition basieren auf sich wechselseitig vervollständigenden Begriffen der Vision und der Manipulation: Ich *sehe*, was du meinst, so *betrachtet*, unter diesem *Gesichtspunkt*, werden die Fakten aber *zeigen*, sobald die Daten *überprüft* und *untersucht* wurden, dass man erst danach alles wird *begreifen* und richtig *erfassen* können …

Dass Sehen und Greifen synonym sind, dafür lassen sich mehrere Gründe aufzählen. Zum einen spielen sie beim ›Erlangen‹ von Wissen die dominantesten Rollen. Zum anderen können wir uns bei ihnen – wie beim Denken auch – willentlich auf Einzelnes konzentrieren. Was sie überdies miteinander verbindet, ist ihre Komplementarität in unserem Wahrnehmungskreislauf. Dieser besteht aus Sehen und Greifen, nimmt sensorische Informationen auf und setzt sie um in Motorik, um Suchbewegungen nach weiteren Sinnesdaten einzuleiten.

Neuroanatomisch gesehen sind ›Sehen‹ und ›Greifen‹ durch Netzwerke mit ihren Rezeptoren, Afferenten und Efferenten bedingt. Kognitiv betrachtet bilden sich dadurch jene quasi skelettierten Schemata heraus, mit denen wir den Wahrnehmungsinhalt mental repräsentieren – um sie danach mit spezifischen Details auszufüllen und sie über emotionelle Gehalte wieder lebendig werden zu lassen. So werden aus Perzepten schließlich Konzepte.

Voltaire hat recht, wenn er seinen blasierten venezianischen Edelmann behaupten lässt, dass es keine Bilder gibt, die die Natur wirklich darstellen. Denn was wir über die von den Sinnesorganen eingehenden Daten entwerfen, sind zunächst nur Schemata des ›Sehens‹ und ›Greifens‹, die wir auf unseren geistigen Bildschirm holen. Dass sie auch dort komplementär sind, zeigen Blinde, die die Daten ihres Tastsinns auf dieselbe Weise mental integrieren wie Sehende. Ob haptisch oder visuell gewonnene Geone – beide Male lassen sich ihre Strukturen zu Bildern zusammensetzen, die in unserer Vorstellung auch räumlich manipulierbar sind.

Wir können diese Schemata sogar auf dieser mentalen Bildfläche rotieren lassen – mit einer konstanten Winkelgeschwindigkeit von 60° pro Sekunde. So wie wir beim Sehen unseren Blick beliebig auf die Bahn, den Anfangs- oder den Endpunkt eines sich bewegenden Objekts fokussieren können, ist unser geistiges Auge auch in der Lage, sich mehrere Objekte wahlweise in der Nähe, Ferne oder einander verdeckend vorzustellen.

Das betrifft nicht nur Schemata, die wir aufgrund von Realem erstellen. Denn auf dieselbe Weise, mit der wir Konkretes visuell scannen, schematisieren wir auch Abstraktes. Stellen Sie sich bei geschlossenen Augen bestimmte Gewichtsgrößen (1 kg, 10 kg oder 50 kg) als Längen vor; Sie werden merken, dass Sie – obwohl es keine reale Korrelation gibt – sofort Längeneinheiten im Kopf haben werden: wobei die 50-kg-Linie[6] keinen Platz mehr in Ihrem Bildraum haben wird.

Mit ähnlichen Analogien erstellen wir wohl auch Schemata für abstrakte Relationen. Sie umfassen als eine Art ›vektorielles Set‹ einzelne Punkte, die auf einfache Weise Entitäten symbolisieren (Personen, Zustände, Ziele etc.). Die Relationen zwischen ihnen können kausaler, zeitlicher, instrumentaler oder räumlicher Natur sein, aus einer metonymischen Beziehung bestehen oder einfach nur eine Menge aktiver oder passiver Einzelteile wiedergeben.

Ein Schema für WEG etwa lässt sich als Relation VON A ZU B auffassen und entsprechend darstellen (A → B); vor unserem geistigen Auge sehen wir es wohl auch nicht viel anders. Anwendbar ist dieses Relationsschema nicht nur auf das Gehen oder auf das Werfen eines Balles. Mit ihm ist auch die Aggression einer Person gegenüber einer anderen darstellbar; die Überreichung eines Geschenks; oder das Schmelzen von Eis zu Wasser (wobei A und B für verschiedene Aggregatzustände stehen). Solche noch präkonzeptuellen Schemata, wie sie unsere Wahrnehmung als Relationsstrukturen erstellt, sind nicht nur einfach – sondern gerade ihrer Einfachheit wegen auf vieles übertragbar: sie stellen *das* Vehikel für die assoziativen Analogiebildungen unseres Gehirns dar. Ergänzt und erweitert werden aus ihnen dann jene Konzepte, mit denen wir uns die Welt im Großen und Ganzen fassbar machen.

---

6 Obwohl diese Linie vor Ihrem geistigen Auge horizontal sein könnte, um die Auflagefläche des Gewichts wiederzugeben, ist sie doch vertikal – weil wir Gewicht eben vorrangig mit Schwerkraft assoziieren.

2

Die elementare Kategorienbildung durch solche schematischen Perzepte ist eine Sache. Was wir jedoch unter Sinn verstehen, beginnt erst mit der figurativen Vieldeutigkeit von Konzepten ins Spiel zu kommen. Und diese lassen sich nicht auf *einen* ›wörtlichen‹ Begriffsinhalt reduzieren. Die Konzepte, mit denen wir der Welt und unserem Agieren darin Ausdruck verleihen, sind zunächst *keine* Propositionen im Sinne logisch auf ihren Wahrnehmungsgehalt überprüfbarer Statements. Sie sind weder symbolische Repräsentationen natürlicher Relationen, noch beruhen sie auf Dingen an sich und deren möglichen Prädikatierungen. Obwohl all diese Abstraktionen in unserem Denken eine Rolle spielen, stehen sie nicht am Anfang unserer Konzeptbildung, sondern stellen vielmehr deren Endpunkt dar. Denn alles Denken stützt sich zunächst auf das Repertoire jener Strukturschemata, die wir anhand unserer körperlichen Erfahrung gewinnen: sie bilden sich auf einer vorsprachlichen Ebene und sind durch unser Verhalten bestimmt – auf die Art und Weise, wie wir den uns umgebenden Raum erleben und uns in ihm bewegen.

Ein erstes, ausführliches Beispiel dazu: Der Luftdruck eines landenden Flugzeugs, der kolossale Druck von Gebirgsketten aufwerfenden Kontinentalplatten sowie der gesellschaftlich verspürte Druck, der Blasmusikkapelle im Dorf beitreten zu müssen – was sie gemeinsam haben, ist kein lexikalischer Eintrag, der für diese drei Beispiele jedes Mal dieselbe wörtliche Bedeutung ausweist. Was sie miteinander verbindet, ist vielmehr eine sensomotorische Struktur, die sich visuell als grobes Diagramm wiedergeben und mit dem Begriff KRAFT überschreiben lässt. Dieses Schema stellt wiederum eine Variation des WEG-Schemas $(A \rightarrow B)$ dar:

KRAFT $\rightarrow \square \rightarrow$.

Es ist dies nicht mehr als eine abstrakte Struktur: ein Vektorendiagramm von auf ein Objekt einwirkenden Kräften samt den damit implizierten Resultaten. Solche Schemata werden zur Grundlage einer Vielzahl von mentalen Bildern. So werden Perzepte durch eine Vielzahl von mit ihnen verbundenen Erfahrungen zu Konzepten erweitert – um am Ende die Basis unseres mentalen Lexikons zu bilden.

Weil unser Verhalten in der Umwelt sowohl Kräften ausgesetzt ist, diese aber auch selbst ausübt, lässt sich dieses KRAFT-Schema zu einem kognitiven Modell ausbauen, das Vorstellungen von Interaktion, vektorieller Zielgerichtetheit (samt Pfad und Ausgangspunkt) sowie von Intensität und Kausalität umfasst. Je nach Situation ergeben sich dabei unterschiedliche Konstellationen, zu denen vor allem folgende zählen:

1. Druck
2. Behinderung
3. Gegenkraft
4. Ablenkung und Umgehung – den Regeln eines quasi imaginären Billardspiels gemäß
5. Das Ausräumen eines Hindernisses
6. Die daraus folgende Ermöglichung freier Kraftausübung
7. Das Spüren einer Anziehungskraft

So allgemein dies klingt, so spezifisch lässt sich dies auf die Modalverben unserer Sprache übertragen – und diese wiederum auf allen möglichen Kontexte. In ihrer zentralen Bedeutung steht ›müssen‹, ›können‹ oder ›dürfen‹ für die physischen Vorgänge von Punkt 1 (*du musst deinen Fuß wegbewegen, sonst fährt dir das Auto drüber*); das Fehlen irgendeines Hindernisses bei Punkt 5 (*du darfst jetzt ruhig die Hand auf den Ofen legen*); oder die Idee der Fähigkeit in Punkt 6 (*ich kann auch ohne Streichhölzer ein Feuer machen*).

In einem erweiterten Bedeutungsrahmen – figurativ also auf einen anderen Kontext übertragen – bleiben diese schematischen Strukturen weiter bestehen. Auf die Ebene der ›Erkenntnis‹ angewandt, illustriert das *dürfte wahr sein* Punkt 5 – im Sinne von ›aufgrund der gegebenen Prämissen hindert mich keine Evidenz, zu diesem Schluss zu gelangen‹. *Das kann wahr sein* illustriert Punkt 6 – wobei der Akzent nun darauf liegt, dass die Richtigkeit eines Sachverhalts bereits in ihm angelegt ist. Und das *muss wahr sein* illustriert Punkt 7 – insofern damit ausgedrückt wird, dass alle Umstände zwangsläufig zu diesem Schluss führen.

Solcherart wird eine abstrakte Struktur zu einem generativen Prinzip, das je nach Kontext immer wieder neue Konzeptualisierungen herausarbeitet und dadurch die Begrifflichkeit unserer Sprache erstellt. Wird beispielsweise das KRAFT-Schema auf einen anderen thematischen Bereich übertragen, ergibt sich ein Wortfeld von Idiomen wie: ›sie *strahlt* etwas aus‹; ›ich finde sie *attraktiv*‹; ›sie *haut* mich *um*‹; ›sie ist eine Sex-*Bombe*‹ etc. Was darin zum Ausdruck kommt, ist eine konzeptuelle Figurierung, die man mit PHYSISCHE ERSCHEI-

NUNG IST GLEICHBEDEUTEND MIT PHYSISCHER KRAFT etikettieren könnte.

Als Illustration zum Punkt 7 unseres Schemas aufgefasst – der Idee von Anziehungskraft und Zwang –, lässt sich daraus eine Apologetik der Vergewaltigung konstruieren nach dem Muster:

Eine Frau ist für ihre physische Erscheinung verantwortlich.
Physische Erscheinung ist gleichbedeutend mit physischer Kraft.
Eine Frau ist für die Kraft, die sie auf Männer ausübt, verantwortlich.

Das derart aufgeschlüsselte Beispiel taucht oft genug in Stammtischargumentationen auf. Es unterscheidet sich von Dantes Darstellung der Beatrice, Petrarcas Laura oder den Gebeten des Marienkults nur insofern, als deren Erscheinung von den Dichtern mit Göttlichem in Verbindung gebracht wird. Das Verführerische daran, gleich ob im Wirtshaus oder in der Poesie, ist, dass diese Denkweise logisch formuliert zu sein scheint – als induktiver Syllogismus der Form:

F(A)
A=B
daraus folgt F(B)

Wir bedienen uns solcher Schemata, obwohl sie keine Propositionen im Sinne von logisch nachprüfbaren Statements sind. Denn der Mittelbegriff dieses Syllogismus wird hier durch eine Metapher (Erscheinung = Kraft) gebildet. In der klassischen Logik sind solche Mittelbegriffe in Schlussfolgerungen nicht erlaubt: die Metapher als eigene Kategorie kennt sie gar nicht. Sie wird dort bestenfalls als Satz der Ähnlichkeit nach dem Muster *A IST WIE B bezüglich der Eigenschaften Z, Y, X ...* begriffen – nicht aber als Ausdruck jener konzeptuellen Modellbildung, die unser ganzes Denken prägt.

Wie aber kommt es zur Gleichsetzung von physischer Erscheinung mit physischer Kraft? Damit ist erstmals die Frage gestellt, wie wir Metaphern verstehen. Exemplarisch auf das Beispiel der ›Kraft‹ bezogen, ließe sich antworten, dass wir uns ihrer einzelnen Wirkungsformen von Geburt an körperlich bewusst werden – doch dies wäre insofern falsch, als wir sie noch nicht bewusst als ›Kraft‹ erleben. Was wir erfahren, sind Ein- und Auswirkungen diverser ›Etwas‹, die wir miteinander assoziieren, um sie schließlich unter dem Begriff ›Kraft‹ zu subsumieren. Das *tertium comparationis* ist unser Bewusstsein, das bei all den sensomotorischen Konzepten, die wir mit diversen Formen von ›Kraft‹ verbinden, Ähnlichkeiten in unserem Reaktionsmuster darauf konstatiert.

Es agieren ja beständig ›Kräfte‹ auf unseren Körper‹: von ›außen‹ (wie Schwerkraft, atmosphärischer Druck, Körper- und Dingkontakte oder Aggressionen) wie von ›innen‹ (Blutdruck, Atemnot, Stress und andere ›druckvolle‹ Erregungszustände). Die ersten Interaktionen mit solchen Kräften prägen unser Bewusstsein, das – auf Vorhersehbarkeit bedacht, um präventiv darauf reagieren zu können – rekurrierende Reizmuster in ihnen entdeckt. Aus diesen Reizmustern werden dann Verhaltensmuster, mit deren Hilfe die Welt für uns erst Kohärenz erhält, berechenbar und verständlich wird.

Wir realisieren, dass wir im selben Maß, wie Kräfte auf uns einwirken, solche auch selbst ausüben können. Wir beginnen uns zu bewegen und Dinge zu manipulieren: wir greifen nach Spielzeug oder zerbrechen es; wir stoßen bei unseren ersten Gehversuchen auf Hindernisse, die wir zu umgehen oder zu überwinden lernen. Die dazu nötigen motorischen Sequenzen, unsere sich wiederholenden Reaktionen, die dabei gemachten physischen Erfahrungen etablieren dann eine erste Idee von Kraft auf einer noch präkonzeptuellen Ebene.

Erst später lernen wir diese Verhaltensmuster auch zu benennen (›raufen, schlagen, streicheln‹ etc.). Gefühle von Frustration, Impotenz oder Macht, Zufriedenheit und Schadenfreude ergänzen dabei unsere Konzeption von ›Kraft‹ auch emotional. So erweitern und modifizieren wir mit jeder Interaktion unsere Vorstellungen davon: wir begreifen sie über die Reaktionen anderer Personen und Dinge; werden uns ihrer unmittelbaren Grenzen bewusst; merken, dass wir andere zu etwas ›bewegen‹ können und auch Worte ›Druck auszuüben‹ vermögen; und wir entdecken darüber hinaus andere Erscheinungsformen von Kraft (von Kraftausdrücken bis vielleicht einmal zur ›geisterhaften Fernwirkung‹ quantenphysikalischer Kräfte). Damit wird ein Konzept von Kraft etabliert, das sich in Sprache fassen und abstrakt diskutieren lässt:[7] von ihm ausgehend, versuchen wir unsere Propositionen abzuleiten.

Was sich dabei jedoch ergibt, ist kein Konzept, das auf streng kategorisch-logisch auflistbaren Eigenschaften basieren würde – es ist eher ein Bedeutungsfeld, das sich radial vom Konkreten ins zunehmend Figurative erstreckt: von Kraft zu ›Kraft‹. Das Zentrum dieses letztlich nie präzise definierbaren Kreises (der an der Grauzone seines äußersten Randes in andere Bedeutungsfelder übergeht) bildet einzig unsere Wahrnehmung, die bestimmt, wie wir uns orien-

---

7 Natürlich erstellen wir so keine privaten Begrifflichkeiten, sondern lernen vielmehr zum Großteil das idiomatische Wortfeld von ›Kraft‹ mit für uns relevanten Bedeutungen zu versehen. Die Frage ist, woher all diese Begrifflichkeiten stammen: dies soll der generative Lernprozess hier skizzieren.

tieren und auf Dinge, Personen und Ereignisse reagieren. Alle Kategorien basieren letztlich also auf verkörperten Erfahrungen.

Gerade weil unser Konzept von ›Kraft‹ so elementar ist, lässt es sich auch auf andere Bereiche projizieren: eine strukturierte Ähnlichkeit ist grundsätzlich leichter übertragbar als ein unzusammenhängendes Set spezifischer Eigenschaften. Deswegen kann ›Kraft‹ auch in die Idee von ›Macht‹ übergehen – wie es sich im Bereich der Sexualität häufig manifestiert: ›ich hab sie flachgelegt‹; ›sie ist mir sexuell hörig‹; ›ich steh in ihrem Bann‹; ›ich komm nicht von ihr los‹; ›ich bin ihr ergeben‹; ›bis dass der Tod uns scheidet‹. Kraft in einem sexuellen Sinn aufzufassen, ist keine bloße Redewendung: die Prägnanz auch dieses Konzepts beruht darauf, dass wir sie körperlich so erfahren.

Erneut weitet sich dabei ein Konzept vom rein Subjektiven über kulturelle Topoi bis zum Archetypischen aus. Vom Bewusstsein eigener körperlicher Rhythmen, Triebe, Neigungen, Gefühle, Wünsche, Vorlieben, Sehnsüchte, Attraktionen über frustrierte Impulse bis hin zu ethischen oder religiösen Verhaltensweisen; von der privaten Historie zur Sprachgeschichte; von der Sublimation zum Mythos – all dies verleiht dem Konzept ›sexueller Kraft‹ seine Realität und elementar emotive Bedeutung.

Box 11. Denken in Metaphern oder ›von unverschämten Goldminen‹

Wie verarbeiten, verstehen wir Metaphern? Lange von der Psychologie vernachlässigt, hat sich diese Frage dank des Computertomographen und seiner Hirnbilder inzwischen als Goldmine erwiesen. Überlegen Sie, wie Sie den letzten Satz verstanden haben: ist der Tomograph wirklich eine ›Mine‹ und ein Hirnbild das ›Gold‹ darin? Setzt das Verständnis dieser Metapher voraus, dass Ihr Gehirn zunächst die wörtliche Bedeutung des Begriffs Goldmine eruiert, um diese darauf dem Satzkontext entsprechend in die figurative umzuinterpretieren? Nimmt Ihr Gehirn also zuerst den ganzen Satz wörtlich, um zu erkennen, dass er keinen Sinn macht, und generiert dann eine neue, übertragene Bedeutung?

So erklärte es jedenfalls das pragmatische Standardmodell des Metaphernverständnisses in der Psychologie bis dato. Auf Aristoteles' Metapherntheorie aufbauend, ging es von einem dreistufigen Vorgang aus. Beim ersten Schritt analysiert unsere Ratio demnach immer erst die wörtliche Bedeutung eines – auch metaphorischen – Ausdrucks. Diese führt in unserem Fall zur Interpretation, dass ein Tomograph ein Loch im Berg ist. Beim zweiten Schritt wird diese Interpretation sodann im Kontext der Äußerung evaluiert. Da dies keinen Sinn ergibt, sucht der Verstand laut

Theoretikern wie Searle dann im letzten Schritt nach einer anderen, sinnvolle(re)n Interpretation. Die klassische Sichtweise der Philosophie (Aristoteles, Searle), Rhetorik und Linguistik (Black, Davidson) und der Psychologie (Clark) geht also davon aus, dass Metaphern zunächst wörtlich aufgefasst werden. Die logisch falsche Aussage wird verworfen und in ein Simile transformiert (›Tomograph und Bild sind WIE Mine und Gold‹), das erst darauf dank einer wie auch immer gearteten Ähnlichkeitsberechnung zwischen den beiden Vergleichsbegriffen verstanden werden kann. Das Erklärungsproblem verschiebt sich damit auf den Vorgang der Ähnlichkeitsberechnung, was in der Psychologie zu jahrzehntelangen Debatten geführt hat (Box 19).

Wie adäquat ist jedoch diese uralte These vom Primat der wörtlichen Bedeutungsberechnung und ihrer anschließenden Umformung? Widerspricht sie nicht unserer Intuition, die darauf beruht, dass wir Metaphern und andere figurative Ausdrücke wie Sprichwörter, Bauernregeln, Redensarten oder Aphorismen fast immer so schnell und einfach verstehen wie gewöhnliche Ausdrücke? Neurokognitive Studien mit EEG, bildgebenden Verfahren und an Patienten mit Hirnläsionen oder Schizophrenen lassen denn auch Zweifel an der klassischen Auffassung aufkommen: sie stützen das Modell einer direkten Interpretation von Metaphernforschern wie Ray Gibbs, die nicht notwendigerweise den Umweg über die wörtliche nehmen muss. In solchen Studien zeigt sich beispielsweise, dass die Amplitude der N400-Komponente (einer hirnelektrischen Welle, die zuverlässig stets dann erscheint, wenn ein Wort eine vom semantischen Kontext her unerwartete Bedeutung aufweist) in kontextadäquaten metaphorischen Äußerungen reduziert ist (Box 37).

Das direkte Erfassen von Metaphern und figurativer Sprache, bei der die linke und rechte Hirnhälfte zusammenarbeiten, gelingt jedoch nicht allen und nicht immer. Kinder beginnen, der Entwicklungspsychologin Ellen Winner zufolge, vermutlich erst ab einem Alter von 3–4 Jahren Metaphern zu verstehen – immerhin 2–3 Jahre früher als ironische Äußerungen (Box 36). Auch Patienten mit Läsionen der *rechten* Hirnhälfte haben mehr Schwierigkeiten mit der Metaphernprozessierung als Kontrollprobanden (*linkshemisphärisch* lädierte oder gesunde), zumindest beim ›Wort-Triaden-Relationstest‹. In einem Versuch der Psychologin Nira Mashal sollten die Probanden jene beiden Wörter eines Triplets gruppieren, welche die ähnlichste Bedeutung haben. Sie bekamen zunächst ein mehrdeutiges Wort wie ›kalt‹ und dann zwei weitere: ›unfreundlich‹ (figurative Entsprechung) und ›eisig‹ (wörtliche Entsprechung). Rechtshemisphärisch lädierte Probanden wählten vor allem die wörtliche Entsprechung.

Solche und andere Studien führten zur Hypothese, dass die eigentlich eher ›stumme‹ rechte Hirnhälfte – die normalerweise auf räumlich-bildhaftes Denken und weniger auf Sprache spezialisiert ist – wesentlich am Verständnis figurativer Sprache beteiligt sein muss. Obwohl bislang die empirische Evidenz diese These keinesfalls eindeutig stützt, scheint die rechte Hirnhälfte doch für die Aktivierung einer breiten, wenig ausdifferenzierten Menge von Wortbedeutungen mitverantwortlich zu sein. Sie scheint gerade bei der Interpretation von ungewöhnlichen, nicht naheliegenden, figurativen oder untergeordneten Begriffen eine Rolle zu spielen und besonders die Überblendung und Integration der Bedeutungsfelder zweier in einer Metapher gekoppelter Begriffe zu befördern. Entferntere semantische Assoziationen wären damit eine Leistung, die die rechte Hirnhälfte zum Metaphernverständnis beiträgt.

Bei diesen Studien spielt natürlich die jeweilige Definition des Begriffs ›Metapher‹ eine entscheidende Rolle, und hier scheiden sich auch heute noch die Geister, weil es so etwas wie eine allgemein akzeptierte Metapherntheorie nicht gibt. Hätte Nietzsche mit seinem Radikal-Theorem recht, die gesamte Sprache sei ein Heer abgenutzter (d. h. unbewusst verarbeiteter) Metaphern, so gäbe es kein Sprechen ohne Metaphern, also auch nicht bei Kleinkindern und Patienten mit Hirnläsionen. Ob ein Ausdruck ein ›tote‹, eine ›lebendige‹ oder eine ›halbtote‹ Metapher ist (›tot‹ bedeutet, dass der metaphorische Charakter nicht mehr bewusst ist, wie etwa in ›Handschuh‹), auch darüber sind sich die Experten oft nicht einig (Box 37). Strittig ist weiterhin, ob Metaphern grundsätzlich konzeptuell oder weitgehend nichtkonzeptueller, sensomotorischer Natur sind, wie etwa der Psychologe Jay Seitz meint. Schließlich gelingt es bis heute keinem Computeralgorithmus, aus Texten treffsicher ›metaphorische‹ Ausdrücke zu selektieren, obwohl dies seit den 1980er Jahren von Computerexperten (z. B. Weiner, Koch) versucht wird.

Jede Metapher, die lebendig ist und also ›unverschämt‹, meinte jedenfalls der Philosoph Paul Ricoeur, »setze eine neue Deutung der Welt frei«. Ob damit auch eine Art ›Aha-Erlebnis‹ (Box 13) verbunden ist und eine Prozessierungs- und Erkenntnislust, wie es bereits die klassische Rhetorik (Aristoteles, Cicero, Quintilian) postulierte? Die empirische Literaturforscherin Chanita Goodblatt geht davon aus, dass sprachliche Metaphern ähnlich wie Wahrnehmungs-Gestalten prozessiert werden und damit ähnlichen Gestaltgesetzen unterliegen. Laut ihrer Interaktionstheorie der Metaphernprozessierung zeichnen sich zumindest gute literarische Metaphern durch ein spezielles ›Aha-Erlebnis‹ aus, wenn die Elemente der beiden Terme einer Metapher (A = B) sich vermischen und die neue Bedeutungsgestalt erkannt wird.

Goodblatts These ist bisher nur aufgrund subjektiver Berichte bestätigt worden, sie könnte aber mittels der in Box 15 geschilderten EEG-Technik auf objektive Weise geprüft werden. Zeigen Probanden beim Lesen von Metaphern, bei denen sie subjektiv ein Aha-Erlebnis verspüren, auch die vermutlich für Gestaltwahrnehmung charakteristische Gamma-Band-Aktivierung, wäre dies ein starkes Indiz für Goodblatts Theorie. Im Dahlem Institute for Neuroimaging of Emotion (D.I.N.E.), das durch den bereits erwähnten Exzellenzcluster ›Languages of Emotion‹ der FU Berlin gefördert wird, macht sich Frau Goodblatt nun zusammen mit den Autoren dieses Buches und dem Rhetorikprofessor Oliver Lubrich an die interdisziplinäre empirische Arbeit, um dies näher zu erforschen.

Aristoteles (1982), *Poetik*, griech.-dt. Hg. und übers. von Manfred Fuhrmann. Stuttgart: Reclam

Aristoteles (1958), *The Art of Rhetoric*, griech.-engl. Übers. von John Henry Freese, London: William Heinemann / Cambridge (USA): Harvard University Press

Cicero (1978), *De oratore – Über den Redner*, lat.-dt. Hg. und übers. von H. Merklin. Stuttgart: Reclam

Gibbs, R. W. (1994). *The Poetics of Mind: Figurative Thought, Language, and Understanding*. New York: Cambridge University Press

Glicksohn, J., & Goodblatt, C. (1993). »Metaphor and Gestalt: Interaction Theory Revisited«. *Poetics Today*, 14, 83–97

Glucksberg, S. (2003). »The Psycholinguistics of Metaphor«. *Trends in Cognitive Sciences*, 7, 92–96

Koch, C. (1991). »On the benefits of interrelating computer science and the humanities: the case of metaphor«. *Computers and the Humanities*, 25, 289–295

Mashal, N., Faust, M., & Hendler T. (2005). »The role of the right hemisphere in processing nonsalient metaphorical meanings: application of principal components analysis to fMRI data«. *Neuropsychologia*, 43, 2084–2100

Nietzsche, F. (1973), »Über Wahrheit und Lüge im außermoralischen Sinne«. In: Nietzsche, F., *Werke. Kritische Gesamtausgabe*, Bd. III.2: *Nachgelassene Schriften 1870–1873*, Berlin, New York: de Gruyter

Quintilianus, Marcus Fabius (2006), *Ausbildung des Redners*, lat.-dt., 2 Bände. Hg. und übers. von Helmut Rahn, Darmstadt: Wissenschaftliche Buchgesellschaft

Ricœur, P. (1991). *Die lebendige Metapher*. 2. Aufl. München: Fink (Originalausg.: *La métaphore vive*, Paris 1975)

Seitz, J. A. (2005). »The neural, evolutionary, developmental, and bodily basis of metaphor«. *New Ideas in Psychology*, 23, 74–95

Weiner, J. (1984). »A knowledge representation approach to understanding metaphors«. *Computational Linguistics*, 10, 1–14

Winner, E., McCarthy, M., Kleinman, S., & Gardner, H. (1979). »First metaphors«. *New Directions for Child Development*, 3, 29–41

3

Spielen wir ein zweites Beispiel durch, um zu sehen, wie Schemata sich gegenseitig überblenden und auf andere Bereiche projizieren lassen. Schwierigkeiten macht uns ein solcher Transfer erst bei der ›poetischen Metapher‹ – sonst geht er wie selbstverständlich vor sich.[8]

So erfahren wir unseren Körper stets als etwas Begrenztes: als ›Behältnis‹, in das etwas gefüllt wird (Nahrung, Wasser, Luft) und das sich wieder entleert (Exkremente, Gase, Blut). Wir sind dauernd mit Dingen konfrontiert, die uns begrenzen: Kleider, Zimmer, Autos, öffentliche Räume. Und wir manipulieren Objekte, indem wir sie in die verschiedensten Behälter geben (Tassen, Schachteln, Taschen). Bei jedem dieser Fälle handelt es sich um diverse Schemata für BEHÄLTNIS. Was sie gemeinsam haben, ist die Differenzierung zwischen Innen und Außen – und damit die Erfahrung von Separation, Differentiation und Begrenzung unter dem Aspekt von Limitation und Restriktion.

Vom begrenzenden Innen/Außen-Schema des Konzepts BEHÄLTNIS lassen sich verschiedene Eigenschaften ableiten:

---

8 Hier stellt sich die Frage nach der Historizität unserer kognitiven Modelle. Wenn unser Repertoire an idiomatischen Ausdrücken für ›aggressive Emotion‹ etwa – ›vor Wut kochen‹, ›Schaum vor dem Mund haben‹, ›Zornesröte im Gesicht‹ samt einem weiteren Dutzend verwandter Idiome – auf das Modell eines Behältnisses über einer Hitzequelle zurückgeht: wie hat man dann Zorn und Wut ausgedrückt, als es noch keinen Deckel auf einem Topf gab? Keine feuerfeste Keramik? Und noch kein Feuer? Mit der Evolution solcher Konzeptionalisierungen beschäftigt sich inzwischen die Memetik.

1. Schutz vor äußeren ›Kräften‹ (Augengläser in einem Etui).
2. Begrenzung von inneren ›Kräften‹ (ein Raum wie ein Sakko schränken freie Kraftausübung ein).
3. Begrenzung als Lokalisation eines Objekts (die Tasse in der Hand oder den Goldfisch im Glas).
4. Diese Begrenzung kann überdies bewirken, dass ein Objekt als verdeckt und unzugänglich erscheint oder nicht.
5. Dies wiederum zeigt uns eine Staffelung von Grenzen auf: wenn B in A ist, ist all das, was in B ist, ebenfalls in A (bin ich im Bett, bin ich auch im Zimmer, im Haus, im Stadtviertel etc. – als wäre die ganze Welt eine chinesische Schachtel).

Dieses Innen/Außen-Schema wenden wir im Sekundentakt an, von dem Moment an, wo wir *aus* dem Schlaf erwachen, *aus* der Decke *hervor*-blinzeln und *aus* dem Fenster schauen, *im* Halbschlaf *aus* dem Bett steigen und *aus* dem Schlafzimmer *ins* Bad gehen, *in* den Spiegel sehen, uns aber noch nicht auf ein Gespräch *ein*-lassen, sondern lieber *in* die Zeitung schauen. Die Bedeutungen von Innen und Außen umfassen dabei einesteils konkret räumliche Orientierungen, andernteils aber auch abstrakte Relationen. Wir wenden sie – zusammen mit ebenso elementaren Oben/Unten-, Nah/Weit-, Links/Rechts- und Hinten/Vorne-Schemata – so selbstverständlich an, dass wir uns kaum je ihrer Bedeutungen für das Denken und Verstehen bewusst werden.

Fern davon, ein von der Kognition unabhängiger Mechanismus zu sein, ist Sprache von solchen Schematisierungen und deren vielwertigen Anwendungen abhängig. Die Hunderte von Bedeutungen der Struktur ›Verb + Präposition *aus*‹ stellen keine semantischen Monaden dar, die unabhängig voneinander funktionieren – sie gründen vielmehr auf dem sensomotorischen Schema von BEHÄLTNIS A/B.

Ausbauen lässt sich dieses Schema, indem man es mit dem Schema für WEG (A → B) überblendet: *aus dem Zimmer gehen; Luft raus-lassen; Truppen aus-schicken; sich die beste Theorie aus-suchen, sich aus einem Vertrag stehlen, Informationen aus-händigen.* Dabei wird dem BEHÄLTNIS-Schema ein Vektor hinzugefügt: etwas aus Begrenzungen trajektorisch Hinausführendes.

Typisch für unsere kognitive Grammatik ist, dass sich bei solchen Schemata ihr ursprünglicher Bezug auf Konkretes sich durch Abstraktes ersetzen, also figurativ erweitern lässt. Auf dieser Art von Ersetzung basieren letztlich alle Analogiebildungen: sie erkennen ähnliche schematische Relationen zwischen unterschiedlichen As und Bs. Davon ist nicht nur die Poesie, sondern auch unser alltäglicher Sprachgebrauch geprägt:

> *Erzähl mir die Geschichte noch einmal, aber lass die unwichtigen Details aus* (GESCHICHTE = BEHÄLTNIS).
> *Ich gebe auf, ich ziehe mich aus dem Rennen zurück* (RENNEN = BEHÄLTNIS).
> *Wenn ich in Schwierigkeiten bin, holt sie mich heraus* (ZUSTAND = BEHÄLTNIS).
> *Ich will folgende Daten nicht aus meinem Vortrag auslassen* (ARGUMENT = BEHÄLTNIS).

Derselbe analoge Transfer von schematischen Relationen ermöglicht es zudem, für A und B Zwischenmenschliches einzusetzen: *Wag es nicht, dich aus unsrer Vereinbarung zu stehlen,* heißt, an ein Subjekt zu appellieren, den durch eine moralische oder legale Grenze definierten Raum (sprich: BEHÄLTNIS) nicht zu verlassen.

Dieselbe Überblendung der Schemata von WEG und BEHÄLTNIS liegt aber auch spezifisch logischen Denkfolgen zugrunde:

> *Beginnen wir mit der Aus-Legung eines Textes.*
> *Du kannst von diesem Punkt aus nicht zu diesem Schluss kommen.*
> *Ich gehe davon aus, dass … und führe das Argument weiter, um überzuleiten auf …*
> *Der nächste Schritt meiner Dar-Legung ist …*
> *Das ist irreführend; damit bist du auf dem Holzweg.*

Was bei diesen Beispielen – in der Kombinatorik, die einfache Schemata ermöglichen – ausgetauscht wurde, ist der *Vektor* des WEG-Schemas. Aus GEHEN wird so DENKEN – als eine der elementarsten, aber gerade deshalb als ›tot‹ empfundenen Metaphern. Dies wiederum verrät viel darüber, wie unsere Logik funktioniert.

4

Der logische Denkprozess lässt sich ebenfalls als Bewegung entlang eines Weges konzipieren: gemäß unserem Schema A → B. Die Prämissen und Propositionen stellen dabei Lokalisationen dar – ideell begrenzte Räume, abstrakte ›Behältnisse‹, von denen wir ausgehen, um zu einem Ziel zu gelangen. Was ein Syllogismus dabei mit Nicht-A negiert, bleibt ebenfalls dieser Grundmetapher verhaftet: ausgeschlossen wird alles außerhalb dieses WEG-Schemas. Über die Analogie KATEGORIE = BEHÄLTNIS ergibt sich so erst jene Klassifizierung von Dingen, die die Logik als Propositionen auffasst, um daraus ihr Set von P's und Nicht-P's abzuleiten. Eine dritte Möglichkeit lässt sie nicht zu – ihre Stringenz liegt gerade in der klaren Unterscheidung zwischen dem ›Innen‹ und ›Außen‹ ihrer Kategorien. Dass etwas zugleich P und Nicht-P sein kann, ist für sie nicht zulässig: die klassische Logik nennt dies das ›Gesetz der ausgeschlossenen Mitte‹.

Das Rationale der Logik stellt somit nur einen Versuch dar, *a posteriori* Eindeutigkeiten zu schaffen und ein statisches Bild der Welt zu erzeugen, das wir so *a priori* nicht kennen. Die *ratio* der Poesie hingegen besteht darin, dieses *a priori* wieder in unser Denken einzubringen und das dynamisch Mehrdeutige dessen zurückzugewinnen, mit dem die Welt uns begegnet und mit dem wir uns zu ihr verhalten. Der Mittelbegriff der Poesie ist das *tertium comparationis* der Metaphorik, jener Perzeptionsprozess, in dem uns die Dinge in der Grauzone aller Begrifflichkeiten gewahr werden, bevor wir sie kategorial begrenzen.

Das Bildschöpferische der Poesie erstellt so den Text der Welt im weitesten Sinne – aus dem die Logik dann eine Grammatik herauszulesen versucht. Ohne solche Schemata wie DENKEN = GEHEN und KATEGORIE = BEHÄLTNIS wäre dies unmöglich: das sensomotorisch Prozesshafte bleibt dabei das eigentlich Fundamentale. Es ist auf dieser elementaren Ebene auch nicht verhandelbar – weil wir so denken, wie wir gehen, und so gehen, wie wir denken.

Unter diesem Gesichtspunkt wird selbst noch die Logik letztlich von poetischen Schemata bedingt, die aus dem Diffusen der uns umgebenden Welt erst Dinge ›machen‹ (*poiein*). Und umgekehrt kann die Poesie dadurch wieder die statischen Syllogismen der Logik untergraben:

Gras stirbt;
Menschen sterben;
also sind Menschen Gras.

So syllogistisch dies formuliert scheint – die gezogene Schlussfolgerung ist falsch, weil in der Logik kein Verb als Mittelbegriff zulässig ist (und dieses Verb noch dazu beim zweiten Mal wörtlich, beim ersten Mal jedoch figurativ gesetzt wird: Gras kann nicht ›sterben‹). Trotzdem ist der Satz schlüssig und richtig. Denn ohne die darin formulierte Einsicht in die elementare Analogie von Sterben und Verwelken, die Erkenntnis des Vegetativen, das allem Menschlichen und jedem Grashalm anhaftet, blieben wir gleichsam autistisch im Fremden und Uneigentlichen befangen – dem nicht einmal die Vivisektionen der Logik abzuhelfen vermögen. Zumindest bauen auf solchen Schlüssen ganze Religionen auf. Oder wie es im *Psalm 103* der Bibel heißt:

Des Menschen Tage sind wie Gras,
er blüht wie die Blume des Feldes.
Fährt der Wind darüber, ist sie dahin;
der Ort, wo sie stand, weiß nichts mehr von ihr.

5

Von MENSCH = MASCHINE bis LIEBE = KRIEG verfügen wir über ein tendenziell universales Repertoire von überblickbaren Schemata, die unser Denken prägen. Dass diese Grundkonzepte zahlenmäßig beschränkt sind, wird zur *raison d'être* der Poesie. Zum einen bereichert sie die Anwendungsmöglichkeiten dieser Schemata, erweitert und elaboriert sie; zum anderen ist sie stets auf der Suche nach neuen Analogien, mit denen sich unser Denkradius ausweiten lässt. Das Neue, das sie aufspürt, wird – wenn es einsichtig ist – zum selbstverständlichen Bestandteil unserer Sprache und unseres Denkens.

Dadurch jedoch verliert es bald wieder an Eindrücklichkeit. Was nichts anders heißt, als dass der Erfolg der Poesie sie letztlich dazu zwingt, das Alte immer wieder neu beleben zu müssen – und uns das ungewohnt Neue, das sie zur Sprache bringt, als kognitives Rätsel zu stellen: darin besteht die sattsam bekannte Schwierigkeit der Poesie. Oder wie es Voltaire seinen venezianischen Edelmann formulieren lässt:

Dieses Geräusch vermag einen wohl eine halbe Stunde zu unterhalten, dauert es aber länger, dann ermüdet es alle Leute, obgleich sich niemand traut, das einzugestehen … Die Dummköpfe bewundern bei einem geschätzten Autor alles; ich aber lese nur für mich selbst, ich liebe nur, was mir dienlich ist.

Johnson, Mark (1987), *The Body in the Mind – The Bodily Basis of Meaning, Imagination, and Reason,* Chicago
Lakoff, George, & Mark Johnson (1980), *Metaphors We Live By,* Chicago

Box 12. Verkörperte Konzepte und Gefühle:
Eine Lektion in angewandter Psychologie

Stellen Sie sich vor, ein Kind hört den Satz: ›Hans griff die Tasse.‹ Könnte es diesen Satz verstehen, wenn es sich nicht vorstellen kann, wie es selbst danach greift oder jemanden dabei beobachtet? Der Kognitionspsychologe Arthur Glenberg meint sogar – auf Piaget und Wittgenstein aufbauend –, dass die Bedeutung des Wortes ›Tasse‹ aus nichts anderem besteht als dem (neuronalen) Muster von mit diesem Objekt verbundenen Handlungen. Die verkörperte Bedeutung – das sensomotorische Konzept ›Tasse‹ – setzt sich aus früher damit gemachten Erfahrungen und daraus resultierenden Einschätzungen zusammen. Dazu zählen etwa folgende Bestimmungen: wie weit ist sie von mir weg; was muss ich tun, um sie zu greifen; wo liegt ihr Griff; was muss ich tun, um die Finger in diesen Griff zu stecken; wie ist ihre Form; wie groß, schwer und aus welchem Material ist sie; wie viel Kraft brauche ich, um sie zu heben; wie fühlt sie sich an?

Die neuronalen Schaltkreise für all diese Handlungen überlappen sich vermutlich (Boxen 1 und 24) – allesamt aktiviert durch das Wort ›Tasse‹. Schon die bloße Vorstellung, nach ihr zu greifen, rekrutiert möglicherweise partiell jene neuronalen Netzwerke, die die tatsächliche Bewegung vorbereiten und ausführen helfen. Vorstellungen sind demnach mentale Simulationen von Handlungen, die auf elementaren sensomotorischen Schemata beruhen – mithin verkörperte Simulationen.

Die Theorie verkörperter Konzepte – die Idee, dass die Bedeutung der Dinge darauf beruht, was man mit ihnen tun kann – überzeugt schnell, wenn es um Konkretes geht. Wie verhält es sich jedoch mit vermeintlich abstrakten Begriffen wie ›Kraft‹ oder ›Frieden‹? Glenbergs Antwort darauf ist dieselbe wie die des Linguisten George Lakoff: Wir verstehen abstrakte Situationen und Begriffe, indem wir sie auf konkrete Art und Weise konzeptualisieren – wir bilden Analogien zwischen Abstraktem und Konkretem. Das Konzept ›Kraft‹ stützt sich demnach auf früheste körperliche Erfahrungen mit der Schwerkraft und mechanischen Effekten auf Körperteile, ›Frieden‹ verbinden wir mit Stille, körperlicher Inaktivität und Zufriedenheit aufgrund von Sättigung oder sozialer Zuwendung. Dabei darf allerdings nicht übersehen werden, dass wir die Bedeutung von Dingen oder Situationen auch indirekt – durch Erzählungen etwa – erlernen können, bevor wir direkt mit ihnen konfrontiert werden (Box 17).

Die Idee, dass nicht nur Kognitionen, sondern auch Emotionen verkörpert sind, hatten wir bereits in Box 10 diskutiert. Die Forschergruppe um Arthur Glenberg hat diese in Abbildung 31 skizzierte These kürzlich experimentell geprüft, und die Befunde in Form eines Emotions-Satz-Kongruenz-Effektes sprechen zumindest indirekt dafür. Probanden, die in einer Satzleseaufgabe einen Bleistift horizontal zwischen den Zähnen hielten (›Lächelgruppe‹) waren schneller in der Beurteilung der Sätze, wenn diese eine positive Valenz hatten (›Du und dein Liebhaber umarmen sich nach langer Trennung‹). Probanden einer Vergleichsgruppe hingegen (›Finstere-Miene-Gruppe‹ mit Bleistift horizontal zwischen den Lippen) waren schneller, wenn die Sätze eine negative Valenz aufwiesen (›Dein Vorgesetzter macht eine finstere Miene, während er Dir den verschlossenen Umschlag überreicht‹). Die Autoren

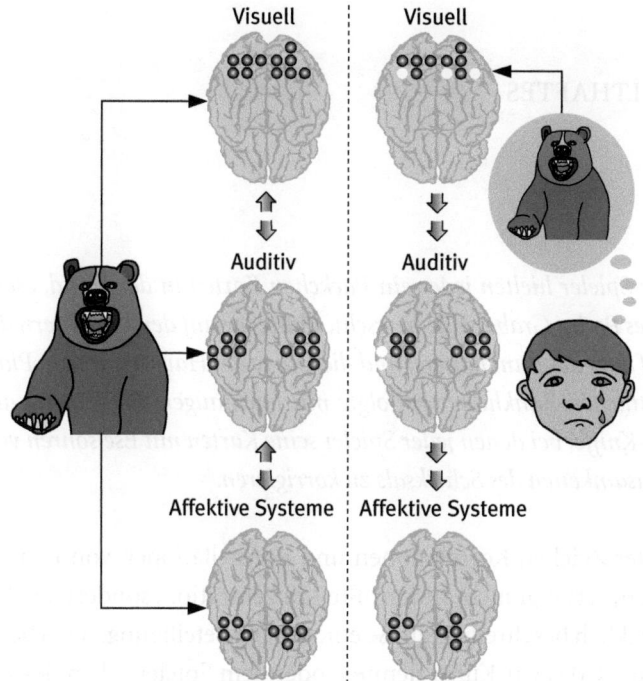

Abb. 31 Hypothetische Aktivierung von Neuronenpopulationen bei visueller, auditiver und affektiver Stimulierung (links; nach Niedenthal, 2007). Rechts: Wenn später die Bär-Episode erinnert wird, werden Teile des ursprünglichen Zustands des visuellen Systems (re-)aktiviert. Diese können dann partiell die ursprünglichen Zustände der anderen Systeme aktivieren.

interpretieren ihre Daten vor dem Hintergrund früherer Befunde, die nahelegen, dass künstlich erzeugtes Lächeln nicht nur subjektiv eine positivere Stimmung, sondern auch klare Effekte auf das autonome Nervensystem erzeugt, als Beleg für die Theorie verkörperter Emotionen. Vielleicht sollten wir alle bei der Lektüre von Romanen immer einen Bleistift zur Seite haben, den wir dann – je nach Kontext – zur Verstärkung der Lesegefühle zwischen die Zähne oder die Lippen nehmen können. Angewandte Psychologie kann so einfach sein!

Glenberg, A. M. (1997). »What memory is for«. *Behavioral & Brain Sciences*, 20, 1–55

Havas, D. A., Glenberg, A. M., & Rinck, M. (2007). »Emotion simulation during language comprehension«. *Psychonomic Bulletin & Review*, 14, 436–441

Jacobs, A. M., & Ziegler, J. C. (1997). »Has Glenberg forgotten his nurse?«. *Behavioral and Brain Sciences*, 20, 26–27

Lakoff, G. (1987). *Women, Fire, and Dangerous Things: What Categories Reveal About The Mind*. Chicago: University of Chicago Press

Niedenthal, P. M. (2007). »Embodying emotion«. *Science*, 316, 1002–1005

G – GESTALTHAFTES

1

*Zwölf verdrießliche Spieler hielten jeder ein Päckchen Karten in der Hand, esels-
ohriges Register ihres Pechs. Grabesstille herrscht, Blässe lag auf den Gesichtern der
Spieler, Unruhe auf dem des Bankhalters, und die Dame des Hauses auf dem Platz
neben dem unerbittlichen Bankhalter verfolgte mit Luchsaugen alle Parolis, alle
Sieben-und-es-gilt-Kniffe, bei denen jeder Spieler seine Karten mit Eselsohren versah … um die Grausamkeiten des Schicksals zu korrigieren.*

Anhand minimalster Zeichen Korrelationen und Konstellationen von Dingen
erkennen zu können, verlangt nicht nur größte Konzentration, sondern auch –
wie Voltaire eindrücklich beschreibt – große emotionale Beteiligung: sei es beim
Kartenspiel, dem Spiel, das wir Kunst nennen, oder dem Spielerischen des Lebens, das wir mit den *Grausamkeiten des Schicksals* bezahlen. Die Evolution hat
uns dafür jedoch gezinkte Karten in die Hand gegeben.

Im einförmigen Muster eines Kartendeckels eine mit dem Fingernagel ein-
geritzte Kerbe zu identifizieren oder die Umrisse eines Löwen im Gebüsch zu
sehen – unsere visuelle Wahrnehmung dient primär dazu, Zusammenhängendes in der Camouflage der Umwelt zu entdecken und Tarnungen zu überlisten:
Figuren also aus ihrem Hintergrund herauszuholen. Das Auge selbst nimmt auf
seiner Retina nur vereinzelte gelbe Flecken wahr, die sich vom Blattgrün abheben; das Gehirn aber reagiert darauf mit der Frage: Was ist die Wahrscheinlichkeit, dass all diese gelben Flecken zufällig alle dasselbe Gelb haben? Null. Sie
müssen also alle zu einem Objekt gehören. Das Gehirn gruppiert sie, indem es
aufgrund seiner Erfahrungen eine bestimmte Gestalt antizipiert. Bereits beim
ersten Anzeichen, dass da etwas Löwenähnliches im Dickicht stecken könnte,
wird ein Signal ins limbische System gesandt, das ein emotionales Aha! aktiviert, einen bestimmten Erregungszustand auslöst und unsere Aufmerksamkeit
fokussiert, um nach weiteren Hinweisen auf den Löwen zu suchen – oder die
Beine in die Hand zu nehmen.

Die Hauptaufgabe unserer an die dreißig verschiedenen visuellen Areale ist
es, Objekte im Gesichtsfeld zu umreißen. Sie identifizieren Kanten, Ecken,
Konturen, Farben, Lokalisationen und Bewegungen, um dadurch Korrelatio-

Abb. 32 Schwarze und weiße Flecken, die die Wahrnehmung zu einem Dalmatiner organisiert (Photo: R. C. James).

nen herzustellen. Überblendet man ein zufälliges Punktemuster A mit einem ebenso zufälligen Punktemuster B, erhält man bloß einen unübersichtlichen Cluster von Punkten. Bewegt man dagegen A über B hinweg, beginnt man A und B bereits als getrennte Einheiten wahrzunehmen. Und besteht A aus roten, B aus grünen Punkten, separieren wir sie ebenfalls automatisch voneinander. Beide Male hebt sich Gestalthaftes aus einem Cluster ab, indem wir Merkmale wie Bewegung oder Farbe miteinander korrelieren, um eine Figur von ihrem Grund zu trennen: so binden und gruppieren wir Punkte zu einem gestalthaften Ganzen.

Bei Richard Gregory's Bild eines Dalmatiners (Abb. 32) brauchen wir ein paar Sekunden, um in den willkürlichen schwarzen Flecken und ihrem weißen Untergrund einen Hund zu erkennen. Bemerkenswert ist, dass wir dann jedoch kaum mehr in der Lage sind, das Figurhafte zu ignorieren und wieder das ursprüngliche Fleckenmuster wahrzunehmen – wir halten daran fest, obwohl wir erst eine von vielen möglichen Korrelationen erstellt haben. Eine Teillösung in dem hierarchischen Prozess der Vision genügt also bereits, um ein Aha-Erlebnis zu bewirken. Erst das hält uns beim Puzzeln am Tisch: sonst würden wir ja aufgeben, bevor das ganze Bild zusammengesteckt ist. Die Hinweise darauf, dass sich etwas Objektartiges abzeichnet, sind körperlich so befriedigend, dass sie uns motivieren, nach weiteren signifikanten Merkmalen zu suchen. Wir warten gar nicht ab, bis eine gesamte Szene segmentiert, eine Figur deliniert und ein Objekt vollständig identifiziert ist – eine auf einer einzigen Verarbeitungsstufe erzielte Kohärenz genügt, um dieses vom limbischen System ausgelöste Gefühl zu erzeugen.

Das betrifft nicht nur topographische Ähnlichkeiten, wie sie die Wahrnehmungspsychologie in den Gesetzen der ›Guten Gestalt‹ formuliert – wonach wir dazu tendieren, benachbarte Punkte durch Linien mental zu verbinden. Wir erstellen auf diese Weise auch nicht-topographische Karten: physisch nicht nebeneinanderliegende Punkte werden in den Farbarealen des Gehirns unter dem Aspekt benachbarter Wellenlängen gruppiert. So entstehen abstrahierte Figurationen in einem Farb-Raum oder abstrahierte Figurationen von Bewegungen in einem Bewegungs-Raum. Ähnliches gilt für die Musik: auch dort werden Klänge unter dem Aspekt benachbarter Frequenzen in einem Klang-Raum gebunden. Wahrscheinlich empfinden wir Harmonien zusätzlich noch als befriedigend, weil ein Zusammenklang von Obertönen in unserer Umwelt signalisiert, dass wir es mit einem einzigen Objekt zu tun haben, das diese Frequenzen auslöst; mehrere unterschiedliche Objekte hingegen lösen jeweils andere Frequenzen aus, die wir als Dissonanz wahrnehmen.

Diese Fokussierung auf Partielles erklärt auch das Vergnügen, das Kunst auslösen kann – sie konfrontiert uns ja nur selten mit vollständig ausgeführtem Gesthaftem. Ein Abbild der Natur – gleichsam eins zu eins, wie es jeder Schnappschuss präsentiert – ist deshalb weit weniger stimulierend als eine Strichzeichnung oder die Farben eines Aquarells. Ein *pars pro toto* – eine Synekdoche oder eine Metonymie – interessiert auch in einem Gedicht mehr als eine erschöpfend ausgeführte Beschreibung. Jedes Mal stimulieren potentielle Signifikationen unsere Wahrnehmung, fordern das Prädiktive unseres Gehirns heraus und befördern Problemlösungsstrategien, die uns intellektuell anregen.

Solche Figurationen stellen jedoch nur ein Gestaltprinzip dar. Das andere beruht auf der Isolation: weniger ist mehr. Eine Vielzahl von Experimenten zeigt, dass Kanten und Ecken unsere Sehzellen intensiver aktivieren als homogene Flächen: wir reagieren auf Konturen, weil sie uns Strukturen schneller verdeutlichen als monochrome Bildebenen. Dass Umrisshaftes – von steinzeitlichen Felszeichnungen über Gravuren bis zu Karikaturen – weit eindrücklicher sein kann als ein Bild, das eine ganze Palette an Informationen vor Augen führt, erklärt sich durch die Isolation und den Kontrast einzelner Merkmale: sie verstärken den Signalreiz, den wir zu verarbeiten haben.

Unser Gehirn mag zwar über Milliarden von Nervenzellen verfügen; trotzdem kann es nicht zwei überlappende neuronale Reizmuster gleichzeitig produzieren. Wir können unsere volle Aufmerksamkeit in einem bestimmten Augenblick nur auf eine Sache richten. Je weniger irrelevante Information dabei von vornherein eliminiert wird, desto mehr vermögen wir uns auf ein Detail – Linie, Form, Tiefe, Farbe oder Bewegung – zu konzentrieren, um uns mit seinen Signifikationen zu beschäftigen. Die Karikatur einer Person zeigt uns ihre wesentlichen Gesichtszüge; sie führt uns das Auffällige detailliert vor und begnügt sich bei allen anderen Merkmalen mit generischen Verweisen. Ob Höhlenmalereien eines Bisons, die Venus von Willendorf oder Picasso – jedes Mal wird das Allgemeine in den Hintergrund gedrängt zugunsten des dadurch akzentuierten Spezifischen: der Reizstimulus wird durch solche visuellen Verzerrungen unterstrichen.

Je größer der Kontrast, desto mehr wird dieser Stimulus verstärkt: ein homogener Hintergrund stellt die Figur umso deutlicher heraus. Je weniger er unsere Kognitionsprozesse beansprucht, desto mehr kann sich die Aufmerksamkeit auf das eigentlich Dargestellte richten.

Diese beiden Prinzipien scheinen einander auf den ersten Blick zu widersprechen. Wie kann das Gruppieren von Punkten aufgrund ihrer Ähnlichkeiten genauso stimulierend und belohnend sein wie ihre Isolation aufgrund ihrer Kontraste (als Gegenteil des Gruppierens)? Indem sich beide komplettieren. Wir gruppieren einerseits ähnliche Merkmale wie Linien, Farben und Bewegungen, selbst wenn sie räumlich weit auseinanderliegen. Kontrastreichtum dagegen entsteht zwischen unähnlichen Merkmalen, die räumlich nahe beieinanderliegen. Beides vervollständigt sich dadurch, indem es sich auf die Identifikation eines Objekts richtet – als Hauptaufgabe unserer Vision.

Dies erklärt einen wesentlichen Aspekt unseres ästhetischen Vergnügens: ein Objekt, das erst durch die verschiedensten Hinweise und Signifikationen entdeckt werden muss, ist interessanter als eines, das in aller Offensichtlichkeit und voller Redundanzen vor uns liegt. Der Wahrnehmungsprozess an sich hat etwas Stimulierendes – insofern als er sich auf Erwartungshaltungen bezieht. Werden diese auf vorhersehbare Weise eingelöst, langweilen wir uns schnell; werden sie jedoch auf bewältigbare Weise korrigiert, überrascht uns das angenehm.

Mit diesen Vorgaben können wir uns auch der Metapher nähern. Sie stellt uns vor das Problem, wie zwei Konzepte, die, oberflächlich betrachtet, keine Ähnlichkeiten miteinander aufweisen, dennoch als gestalthaft konfiguriert werden können. Nehmen wir Shakespeares Metapher *Julia ist die Sonne*. Beides bloß zu überblenden, hilft nicht – es böte uns nur einen Cluster von Bedeutungen rund um ein gleißend rundes Gesicht in elisabethanischem Kostüm. Lösten wir die beiden Nomina dazu nicht von ihrem Hintergrund ab, erhielten wir ebenfalls nur unpassende Informationen wie etwa, dass Julia einem Planetensystem angehört. Erst wenn wir die Nomen gewissermaßen übereinander wegbewegen, um durch ihre Gegensätzlichkeit die Figurationen deutlich zu konturieren, scheiden wir irrelevante Aspekte aus (dass Julia etwa Fingernägel und Zähne hat oder launisch und vertrauensvoll wie ein Kind sein kann). Indem wir einzelne, gemeinsam auftretende Punkte unterstreichen – die Julia mit der Sonne, nicht aber mit anderen Frauen teilt –, erhalten wir eine befriedigende Auflösung dieses Rebus. Zudem beziehen wir uns auf kategoriale Grundkonzepte: Julia als Geliebte per se und ein Bild der Sonne, wie sie mittags am Himmel steht (nicht aber untergeht oder durch den Mond verfinstert wird). Erst durch all diese Prozesse wird Julia strahlend, warm, lebenspendend und zentral.

Wir lösen somit die Konzepte der beiden Nomina zunächst in konkrete Perzepte auf, um aufgrund ihrer dann ein modifiziertes, drittes Konzept zu erstellen. Unser Vergnügen ergibt sich einerseits im stimulierenden Ausarbeiten von Signifikationen; die Ausdeutung der Metapher verschafft uns eine körperlich spürbare Befriedigung (während Bretons *Meine Frau mit Füßen trinkender Kalfaterer* – falls sich die gestalthafte Auflösung dafür anbieten sollte – einen eher unangenehmen Beigeschmack zurücklässt). Eine Paraphrase, die *Julia ist die Sonne* auf ›strahlend, warm, lebenspendend und zentral‹ reduziert, bleibt andererseits aber zu platt, um weiterzuwirken. Der ästhetische Reiz liegt demnach im Mittelschritt zwischen den beiden Ausgangskonzepten und dem Endkonzept: in den assoziativ wachgerufenen Bildern, mit denen uns das Perzept versorgt.

Damit offenbart sich ein rhetorischer Trick, der uns, auf den Alltag bezogen, eine effektive Kommunikation erlaubt (dazu später mehr). Generell betrachtet, ist darin ein kognitiver Mechanismus zu sehen, mit dem wir die Welt auf ökonomische Art kodieren. Denn mit dem minimalen Sprachaufwand von drei Worten lässt sich ein Modell erstellen, das uns Julia und die Sonne in neuem Licht zeigt – und uns dazu in eine ganze Welt einbindet.

Wie grundlegend dieser Mechanismus für unser Denken ist, merken wir auch daran, dass eine Metapher reflexartig emotionale Reaktionen auslöst, noch bevor sie sich rational paraphrasieren lässt. Sagt Shakespeare etwa: *Tod, du hast den Honig aus ihrem Atem gesogen*, haben wir diese Aussage in all ihrer Eindrücklichkeit schon verstanden, bevor wir uns noch klar geworden sind,

dass darin eine Analogie zwischen dem ›Stachel des Todes‹ und einem ›Bienen-
stachel‹ versteckt ist und ›saugen‹ wie ›Atem‹ auch sexuelle Konnotationen aufweisen.

2

Evolutionsbiologisch gesehen, ist die Klassifizierung von Objekten in Kategorien grundlegend für unser Überleben: sicher fühlen wir uns erst in einer Welt,
in der wir zwischen Beute und Raubtier, essbar und ungenießbar, männlich
und weiblich, Tag und Nacht unterscheiden können. Tiefer liegende Ähnlichkeiten – einen gemeinsamen Nenner also – zwischen disparaten Entitäten zu
erkennen, bildet den notwendigen Anlass jeder Kategorienbildung: gleich ob
die Konzepte eher perzeptueller (›Sonne‹) oder abstrakter Natur (›Liebe‹) sind.
Zu kategorisieren bedeutet dabei, in spezifischen Dingen (›Julia‹) Exemplarisches (›Frau‹) zu erkennen – und in exemplarischen Dingen das Spezifische.

Mit jeder Differenzierung zwischen Einzelnem und Prototypischem erstellen
wir neue perzeptuelle Kategorien. Je flexibler wir dabei werden, desto größer ist
nicht nur unsere Intelligenz, sondern auch unsere Überlebensfähigkeit. Verborgene Ähnlichkeiten in sukzessiven unterschiedlichen Episoden zu entdecken,
erlaubt uns, Kausalitätsketten zu erkennen und unser Verhalten sodann prädiktiv an veränderte Umstände anzupassen. Scheinbar Unabhängiges miteinander
in Abhängigkeit zu bringen, in Unterschiedlichem etwas Gemeinsames zu sehen, dieses auch vom limbischen System ausgelöste Aha-Erlebnis ist also nicht
nur selbstbelohnend, sondern befördert ganz allgemein ein adaptives Verhalten
zur Umwelt.

Das sogenannte Capgras-Syndrom weist darauf hin, wie essentiell dieser kognitive Mechanismus ist. Bei ihm sind vermutlich die Nervenbahnen beschädigt, die
von einem Areal im inferotemporalen Kortex (das für die visuelle Identifizierung
von Gesichtern zuständig ist) zur Amygdala führen (jenem Teil des limbischen
Systems, dessen Aktivierung Emotionen auslöst). Patienten, die unter diesem
Syndrom leiden, ordnen verschiedene Ansichten ein und desselben Gesichts
nicht mehr einer Person zu – sie sind nicht mehr in der Lage, eine kategorielle
Zugehörigkeit zu erkennen. In Abwesenheit einer limbischer Aktivierung – dem
Aha-Erlebnis des Wiedererkennens – wird das Gehirn nicht mehr motiviert, ver-
schiedene Aufnahmen eines Gesichts miteinander in Verbindung zu bringen.
Die Patienten sehen diese in Mimik und Profil sich unterscheidenden Aufnah-

men nur mehr als Fotos von verschiedenen Menschen, die einander bestenfalls ähnlich sehen – ohne zu merken, dass es sich um dieselbe Person handelt.

Auf die Metapher übertragen, bedeutet dies einerseits, dass sie auf einem gewissen Maß an erkennbarer Ähnlichkeit aufbauen muss, soll sie uns nicht ›kalt‹ lassen. Zum anderen aber ist eine Metapher umso reizvoller, wenn sich ihre Struktur nicht vollständig auflösen lässt und sie ein gewisses Maß an Mehrdeutigkeit behält. Solche Strukturen stimulieren unsere Lust am Problemlösen; chaotische Strukturen unterbinden sie ebenso wie simplifizierte, die uns ›abgestanden‹ und ›sauer‹ vorkommen: das Ambige muss eine gewisse Einprägsamkeit besitzen und einen kognitiven Gewinn versprechen. Ein Test für diese Maxime besteht darin, die folgende Stelle aus Voltaires *Candide* zu lesen – ihre Aussage haben wir gerade paraphrasiert. Dass sie jedoch eindrücklicher wirkt als die obigen Zeilen, liegt einerseits an den Bildern (›voller Eiter‹, ›Essig‹) und am Wachrufen von sensomotorischen Konzepten (›kraftvoll‹, ›gießen‹, ›scheren‹), andererseits an den Ambiguitäten (›Streit von Lastträgern‹, ›Pupilus‹), die unsere Rätsellösungslust wecken:

»Es finden sich da Maximen, die einem Mann von Lebensart nützen können«, meinte Pococurante, »und in kraftvolle Verse gegossen sich dem Gedächtnis bequem einprägen. Aber ich schere mich herzlich wenig um den Streit von Lastträgern zwischen einem, ich weiß nicht, Pupilus, dessen Reden, wie Horaz sagt, voller Eiter seien, *und einem anderen, dessen Worte* von Essig seien. *Ich habe nur mit äußerstem Widerwillen seine plumpen Verse gelesen«.*

Ramachandran, V. S., & William Hirstein (1999), »The Science of Art – A Neurological Theory of Aesthetic Experience«. *The Journal of Consciousness Studies* 6, 15-41

Box 13. Aha-Erlebnis & Capgras-Syndrom – von Sultan und Madame D.

Aha-Erlebnis
Als Archimedes eines Tages in sein Badefass stieg und merkte, wie sich der Wasserspiegel hob, soll er urplötzlich das Wasserverdrängungsprinzip verstanden und ›Heureka‹ geschrien haben. Eine solche Einsicht in die Lösung eines Problems über das schlagartige Erkennen von Gestalten und Zusammenhängen nennt die Psychologie ›Aha-Erlebnis‹. Karl Bühler, der diesen Begriff prägte, definiert es als »eigenartiges im Denkverlauf auftretendes, lustbetontes Erlebnis, das sich bei plötzlicher Einsicht in einen Zusammenhang einstellt«. Die Gestaltpsychologen Max Werthei-

mer, Wolfgang Köhler und Karl Duncker untersuchten solche Aha-Erlebnisse unter der Rubrik ›Einsichtslernen‹ und ›Problemlösendes Denken‹. Wolfgang Köhlers Affenversuche auf Teneriffa lieferten den Beleg dafür, dass auch Primaten davon profitieren. Im Jahr 1917 beobachtete er, wie der Schimpanse Sultan zunächst vergeblich versuchte, nach einer von der Decke hängenden Banane zu greifen und sie mit einem (zu kurzen) Stock zu angeln. Dies dauerte über eine Stunde. Sultan entdeckte im Verlauf dieses Einsichtslernens jedoch, dass mehrere herumliegende Stöcke ineinandergeschoben werden konnten, um an das Objekt seiner Begierde zu gelangen.

Warum sich Sultan in seinem Käfig überhaupt ›verhält‹ – statt nur tatenlos dazusitzen –, lässt sich durch die berühmte Hull-Spencesche Verhaltensgleichung erklären. Sie besagt, dass sich alles Verhalten (V) aus einer Kombination von drei Faktoren ergibt: $V = H x (T + A)$. H steht für Habitus (die Gewohnheit als erlernte Reaktion auf Umweltreize), T für Trieb (in diesem Fall das Bedürfnis nach Nahrung) und A für Anreiz (die Banane).

Nach Köhler und Wertheimer gelten als typische, beobachtbare Eigenschaften einsichtigen Verhaltens:

- das plötzliche Auftreten der Lösung;
- die Geschlossenheit der Handlungssequenz während des Lösungsvollzugs;
- die Substituierbarkeit der Mittel in strukturell analogen Situationen;
- die Originalität der Lösung und
- die unverzügliche Wiederholbarkeit der Lösung auch bei zeitlicher Distanz.

Die Prozessdynamik erstreckt sich typischerweise auf sechs an Probanden beobachtbare Phasen.

a) Auftauchen des Problems – die Diskrepanz zwischen Ist und Soll erzeugt Spannung, Motivation und somit das Suchen nach einer zielgerichteten Lösung.

b) Probierverhalten – zunächst werden bekannte und bewährte Strategien eingesetzt, bis Misserfolge eine Handlungspause bewirken.

c) Umstrukturierung – die Situation wird neu erfasst und organisiert; Versuch und Irrtum werden dabei nicht realiter erfahren, sondern virtuell vollzogen (Probehandeln). Der Vorteil dabei ist – im Gegensatz zur Pawlowschen Konditionierung –, dass die Risiken eines Irrtums vermieden werden.

d) Einsicht und Lösung – die Elemente fügen sich plötzlich zu einem sinnvollen Ganzen (›Aha-Erlebnis‹).

e) Anwendung – der Handlungsprozess setzt umgehend ein und wird bei Erfolg beibehalten.

f) Übertragung – die gefundene Lösung wird eingeübt und kann per Lerntransfer auf Ähnliches übertragen werden.

Der Biopsychologe Norbert Bischof erklärt Einsichtslernen evolutionsbiologisch dadurch, dass »die Natur wenigstens ihre kognitiven Spitzenprodukte mit einem hinreichend leistungsfähigen Wirklichkeitssimulator ausgestattet habe: der Vorstellungsphantasie«. Wir wissen heute, dass verschiedene Tiere wie Elefanten und Krähen anscheinend intelligent Werkzeuge zur Zielerreichung benutzen können. Inwieweit andere Tierarten als die Primaten zu menschenähnlichem mentalen Probehandeln fähig sind – also Handlungen mental imaginieren und deren Folgen abschätzen können –, ist eine offene Frage.

Beim ›Aha-Erlebnis‹ spielen neben dem dorsolateralen präfrontalen Kortex (Box 3; Abb. 8) noch andere neuronale Netzwerke eine Rolle. Die Schwierigkeit bei der experimentellen Untersuchung von Aha-Erlebnissen besteht darin, dass sich diese unter Laborbedingungen kaum systematisch herbeiführen lassen. Deshalb wird häufig der sogenannte Test ›Gemischt-entfernter Assoziationen‹ eingesetzt, bei dem das Aha-Erlebnis eine Variante des lexikalischen Zugriffs darstellt (Box 29): er ähnelt dem plötzlichen Finden eines Wortes bei Kreuzworträtseln oder Anagrammen.

Die Probanden bekommen Worttriplets – ›crab‹, ›pine‹, ›sauce‹ – und sollen daraus zusammen mit einem vierten Begriff (›apple‹) bekannte oder akzeptable Komposita bilden: ›pineapple‹, ›applesauce‹, ›crabapple‹. Fällt ihnen ein solches Kompositum ein, sollen sie zwecks Reaktionszeitmessung auf eine Taste drücken. Danach werden sie befragt, ob der jeweilige Einfall auf einer plötzlichen Einsicht beruhte oder auf methodisches Vorgehen zurückging (etwa das systematische Durchspielen aller Kombinationen von ›crab‹ mit ›apple‹: ›crabapple‹, ›applecrab‹).

Wie beim vermutlich neuronalen Korrelat der plötzlichen Gestaltwahrnehmung (Box 15) geht mit dem Aha-Erlebnis eine hochfrequente Aktivität im Gammaband einher (Tafel 4a im Farbteil S. 368), deren wahrscheinlich neuronale Quelle im rechten vorderen Schläfenlappen zu verorten ist (Tafel 4b, ebd.). Tafel 4c wiederum zeigt die Befunde eines Experiments der Psychologen John Kounios und Mark Beeman, das diese Ergebnisse bestätigt. Beim Aha-Erlebnis wird offenbar systematisch der rechte vordere obere Temporalgyrus rekrutiert, der auch bei vielen lexikosemantischen Vorgängen aktiviert ist; dazu kommt der vordere cinguläre Kortex (in Tafel 4 c, ebd., nicht angezeigt; Abb. 15), der mit der Steuerung attentiver und kognitiver Vorgänge in Verbindung gebracht wird. Weitere Studien mit chinesischen Worträtseln weisen allerdings darauf hin, dass noch ganz andere Netzwerke am Aha-Erlebnis beteiligt sein könnten (Tafel 4d, Farbteil). Dazu zählen der sogenannte Precuneus im Scheitellappen, der bei erfolgreicher Begriffsfindung aktiviert wird, das linke untere Stirnhirn, das für die Bildung neuer Assoziationen zuständig ist, sowie die untere Sehrinde samt dem Kleinhirn, in denen die Umstrukturierung visueller Reize und die Aufmerksamkeitsaktivierung erfolgt.

Die Doppelgänger-Illusion oder das Capgras-Syndrom
1919 wurde Madame D. in die große Pariser Psychiatrie ›Maison-Blanche‹ eingeliefert, weil sie behauptete, ihr Mann und ihre Tochter seien durch Doppelgänger ersetzt worden. Vier Jahre später beschrieb der französische Psychiater Jean-Marie Capgras erstmals diese Krankheit als *illusion des sosies* (Doppelgänger-Illusion). In Freudscher Tradition vermutete er einen Abwehrmechanismus als Ursache: seine Patientin würde auf diese Weise inzestuöse Gefühle für ihren Vater verbergen. In den 1980er Jahren wiesen verschiedene ›Capgras-Syndrome‹, die nach Hirnverlet-

zungen beobachtet wurden, darauf hin, dass dafür hauptsächlich Störungen des Gehirns als Ursache in Betracht kommen.

Der Neuropsychologe Vilayanur Ramachandran bietet in seinem Buch *Phantoms in the Brain* eine neurologische Erklärung für den aufschlussreichen Fall eines speziellen Capgras-Patienten an, der zwar Emotionen fühlen und Gesichter erkennen, jedoch keine Emotionen mit Gesichtern verbinden konnte. Seine Hypothese postuliert eine Diskonnektion zwischen einem Teil des Gyrus fusiformis (Box 2; Abb. 3), der auf die Gesichtserkennung spezialisiert ist, und dem limbischen System, das an vielen emotionalen Prozessen beteiligt ist.

Bühler, K. (1907). »Tatsachen und Probleme zu einer Psychologie der Denkvorgänge« (Habilitationsschrift). I. über Gedanken. In: *Archiv für die gesamte Psychologie*, 9, 297–365, II. Über Gedankenzusammenhänge. a.a.O. (1908), 1–23, III. Über Gedankenerinnerungen. a.a.O. (1908), 24–92

Duncker, K. (1935*). Zur Psychologie des produktiven Denkens*. Berlin, Springer

Köhler, W. (1921). *Intelligenzprüfungen an Menschenaffen*. Berlin, Springer

Kounios, J., & Beeman, M. (2009). »The Aha! Moment: The cognitive neuroscience of insight«. *Current Directions in Psychological Science*, 18, 210–216

Ramachandran, V. S., & Blakeslee, S. (1998). *Phantoms in the Brain*. New York: William Morrow

Wertheimer, M. (1920). *Über Schlussprozesse im produktiven Denken*. Berlin: Weltkreisverlag

Box 14. Seelenblindheit oder wie das Gehirn Objekte und Gesichter verarbeitet

1890 erschien ein Aufsatz des Psychiaters Heinrich Lissauer mit dem Titel »Ein Fall von Seelenblindheit nebst einem Beitrag zur Theorie derselben«. Darin beschrieben findet sich der Fall des 80-jährigen Patienten Gottlieb L., der nach einem Unfall ›seelenblind‹ wurde:

> »In der That ergab sich sofort, dass der sonst über Alles verständig Auskunft gebende Mann ausser Stande war, einen grossen Theil der gewöhnlichsten sinnlichen Objecte mittels des Gesichtssinnes wiederzuerkennen. Wohl aber erkannte und beschrieb er Alles Richtig, was er mit den Händen betasten oder mittels des Gehörs wahrnehmen konnte. Dabei kann der Kranke sehen ...«

Lissauer hatte den Begriff Seelenblindheit (heute nach Sigmund Freud ›visuelle Agnosie‹ genannt) von dem Veterinärmediziner und Neurophysiologen Herrmann Munk übernommen, der den visuellen Kortex bei Hunden operativ entfernt und festgestellt hatte, dass die Hunde zwar noch auf visuelle Reize reagierten, Dinge aber nicht mehr identifizierten. Gottlieb L. erging es ähnlich. Seine Netzhäute waren intakt, er besaß normale Sehschärfe, konnte nicht erkannte Objekte nachzeichnen und im Gespräch auch benennen, verwechselte jedoch beispielsweise seine Jacke mit seiner Hose. Lissauer schlug zwei Erklärungshypothesen der Seelenblindheit vor.

- Apperzeptive Agnosie: Hierbei sind die visuellen Areale des perzeptiven Moduls defekt; der Patient kann die verschiedenen Elemente visueller Wahrnehmung nicht mehr zu einem kohärenten Ganzen zusammenfügen. Vermag der Patient jedoch noch Objekte nachzuzeichnen, ohne sie benennen zu können, liegt die zweite Art von Agnosie vor.
- Assoziative Agnosie: Diese erklärte Lissauer durch eine defekte Verbindung – Diskonnektion – zwischen einem intakten perzeptiven und einem intakten semantischen Modul. Der Patient kann die ›Vorstellung‹ nicht mehr mit den Wahrnehmungen anderer Modalitäten zusammenbringen, um eine präverbale Repräsentation des Objektes zu konstruieren.

Einer der Pioniere der modernen klinischen Neuropsychologie, Norman Geschwind, griff in den 1960er Jahren Lissauers Diskonnektionshypothese wieder auf und erklärte die visuelle Agnosie mit einer gestörten Verbindung zwischen jenen Hirnarealen, die Sehen und Sprache verarbeiten: Der rechte visuelle Kortex und das Corpus Callosum – das beide Hirnhälften miteinander kommunizieren lässt – wären demnach beschädigt, sodass die Sprachzentren der linken Hemisphäre keinen visuellen Input mehr erhalten.

Eine Sonderform der visuellen Agnosie ist die mangelnde (Wieder-)Erkennung von Gesichtern, die sogenannte Prosopagnosie. Sie kann auch unabhängig von einer visuellen Agnosie auftreten. Abbildung 33 zeigt ein Gemälde von Arcimboldo, das klinische Neuropsychologen gerne zur Untersuchung von Agnosien verwenden. Ein Patient konnte nach einem Hirnschlag zwar noch das Gesicht erkennen, nicht aber die Blumen und Früchte. Bei anderen Patienten verhält es sich umgekehrt. Diese doppelte Dissoziation wird von vielen Neuropsychologen als Hinweis darauf gewertet, dass Objekte und Gesichter von getrennten, spezialisierten Modulen im Gehirn verarbeitet werden. Ein solches selektiv auf Gesichter reagierendes Modul glaubt die Neuropsychologin Nancy Kanwisher 1997 im rechten Gyrus fusiformis entdeckt zu haben. Sie nennt es das ›Fusiforme Gesichtsareal‹ (fusiform face area, FFA). Wie die Abbildungen 34a und 34b zeigen, reagiert dieses Areal deutlich stärker auf Gesichter (egal ob Mensch oder Katze) als auf Objekte. Die neuronale Reaktion fällt bei schematisierten oder umgedrehten Gesichtern deutlich schwächer aus.

Abb. 33 »Vertumnus«, Gemälde von Giuseppe Arcimboldo, das bei der Untersuchung von Patienten mit Agnosien eingesetzt wird.

Dieses Areal scheint für die Gesichtserkennung notwendig – doch spielen auch andere Schaltkreise dabei eine Rolle. Ab-

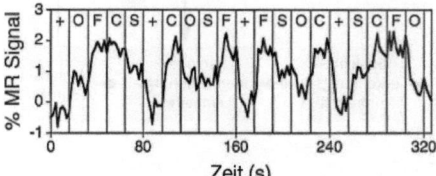

Abb. 34 Befunde eines Versuchs zur Sensibilität des Fusiformen Gesichtsareals (FFA; nach Tong et al., 2000). a) Neuronale Reaktionsstärke (% MR-Signal) für vier Reize: menschliches Gesicht (F), Katzengesicht (C), schematisches Gesicht (S), Kamera (O). b) Zeitverlauf der neuronalen Reaktionsstärke (% MR-Signal) für vier Reize: menschliches Gesicht (F), Katzengesicht (C), schematisches Gesicht (S), Kamera (O).

bildung 35 zeigt ein kognitives Modell der Gesichtserkennung (Abb. 35a) zusammen mit einem neuronalen Modell (Abb. 35b). Daraus ist zu ersehen, dass ein ganzer Komplex von kognitiv-affektiven und neuronalen Strukturen aktiv werden muss, um diese evolutionsbiologisch wichtige Fähigkeit zu gewährleisten. Werden ein oder mehrere dieser Teile oder ihre Verbindungen defekt, kommt es gleichfalls zu Störungen bei der Gesichts- und Personenerkennung. Sind so etwa die für die Analyse von Gesichtsausdrücken verantwortlichen neuronalen Strukturen gestört, erkennt die betroffene Person zwar noch Gesichter oder Personen, kann aber deren Gefühle nicht mehr ablesen, was häufiger von Patienten aus dem autistischen Spektrum berichtet wird.

Der Evolutionsbiologe Adam Wilkins, der das Entstehen des menschlichen Gesichts erforscht, hält das Gesicht in zweierlei Hinsicht für bemerkenswert. Erstens, weil es für unsere Artgenossen als effektive und schnelle Erkennungsmarke der persönlichen Identität dient, und zweitens, weil es ein sehr ausdrucksvolles Kommunikationsmittel ist und als entscheidender Sicherungsmechanismus für Sprache dient – zur Bestätigung oder Erweiterung dessen, was wir sagen, oder auch, um das Gesagte in manchen Fällen Lügen zu strafen. Weil nur die Menschenaffen – wenn auch begrenzt – unseren Ausdrucksfähigkeiten in Bezug auf das Gesicht nahekommen, geht Wilkins davon aus, dass die Verwendung des Gesichts Gefühle vermittelt, die wahrscheinlich sehr viel älter sind als die menschliche Sprache (Box 10).

Der Experimentalpsychologe und Ästhetikforscher Helmut Leder beschäftigt sich mit der Frage, was Gesichter attraktiv macht. Bei der Partnerwahl scheint das Durchschnittsgesicht, insbesondere dessen durch aus den Mittelungsprozessen resultierende Symmetrieeigenschaften, eine besondere Rolle zu spielen, wie der Evolutionsbiologe Karl Grammer bereits in den 1990er Jahren zeigen konnte. Nach Meinung Leders wird Attraktivität stets auf den ersten Blick erkannt, genau wie Symmetrie: die Gesichtserkennung ist eben ein hochspezialisierter, durch tägliche

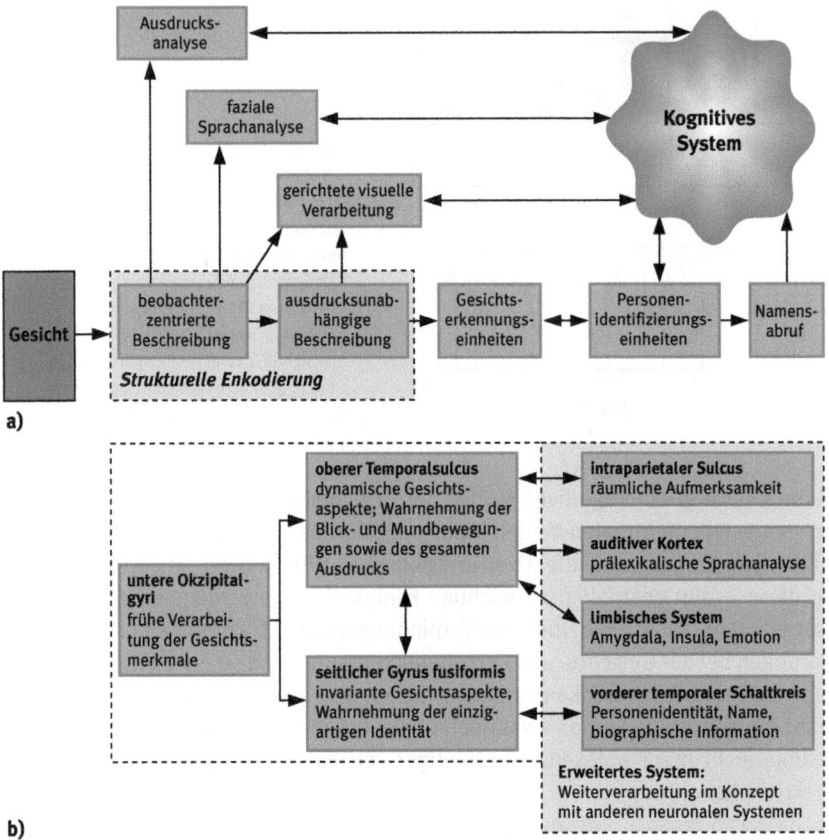

Kognitives Modell der Gesichtserkennung

Abb. 35 Kognitives (a) und neurokognitives Modell (b) der Gesichtswahrnehmung (nach Calder & Young, 2005).

a) Die verschiedenen Ansichten eines Gesichts aktivieren unterschiedliche Subsysteme eines Gesichtserkennungsnetzwerks. Zunächst wird eine beobachterzentrierte Beschreibung berechnet, die die Ausdrucksanalyse, die faziale Sprachanalyse, die gerichtete visuelle Verarbeitung und die ausdrucksunabhängige Beschreibung aktiviert. Gesichtserkennungs- und Personenidentifizierungseinheiten aktivieren daraufhin den Namensabruf im Langzeitgedächtnis. Das kognitive System interagiert mit all diesen Prozessen.

b) Der untere Okzipitallappen prozessiert zunächst die distinktiven Merkmale eines Gesichts. Der obere Temporalsulcus verarbeitet die dynamischen Gesichtsaspekte: Blick- und Mundbewegungen sowie den gesamten Ausdruck. Der seitliche Gyrus fusiformis prozessiert die invarianten Aspekte, die für die Identitätserkennung wichtig sind. Beide Schaltkreise interagieren miteinander und mit vier weiteren: dem intraparietalen Sulcus (Box 14; Abb. 31), der mit der räumlichen Aufmerksamkeit in Verbindung gebracht wird, dem auditiven Kortex, der die prälexikalische Sprachanalyse (z.B. Stimmerkennung) betreibt, dem limbischen System (Amygdala, Insula), das die emotionalen Gesichtsmerkmale erfasst, und einem vorderen temporalen Schaltkreis, der aus dem Langzeitgedächtnis biographische Informationen über die Personenidentität sowie den Namen abruft.

Wiederholung seit der frühen Kindheit automatisierter und teilweise angeborener Vorgang. Dabei werden für die Attraktivitätsbewertung blitzschnell und meist unbewusst eine Reihe von Merkmalen wie Augenhöhe und -symmetrie, Nasenbreite oder

Denkbewegungen

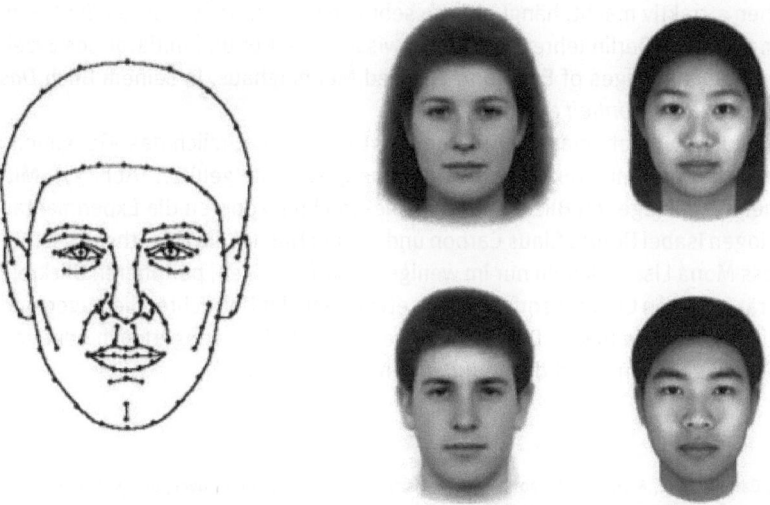

Abb. 36 Kaukasische und asiatische Durchschnittsgesichter (berechnet auf der Grundlage von 24 echten Gesichtern; nach Rhodes, 2006).

Kinnlänge analysiert; parallel dazu werden Urteile über Geschlecht, Alter, Ethnizität oder die Gestimmtheit des Gegenübers gefällt. Symmetrie steht dabei für ›gute Gene‹ und ›Parasitenresistenz‹.

Die Experimentalpsychologin und Gesichterforscherin Gillian Rhodes hat solche attraktiven ›Durchschnittsgesichter‹ am Computer geschaffen (Abb. 36). Sollten Sie, werte Leserin, beim Betrachten von Abbildung 36 ein angenehmes Gefühl verspüren, könnte dies damit zusammenhängen, dass beim Betrachten attraktiver Gesichter offenbar das Belohnungssystem des Gehirns, insbesondere der Nucleus Accumbens im unteren Vorderhirn (im ventralen/unteren Teil der Basalganglien), aktiviert wird. Ein solches Gefühl muss aber nicht gleich in Partnerwunschvorstellungen ausarten: wie man weiß, finden ja auch Menschen mit unter- und überdurchschnittlichen Gesichtern zueinander. Dies liegt nach Leder daran, dass beim Menschen neben dem Gesicht auch noch andere Merkmale wie Status und Charakter bei der Partnersuche eine Rolle spielen. Das Gesicht ist eben nicht alles, und was einen

Abb. 37 Mona Lisa

Menschen attraktiv macht, hängt ebenso sehr von der Kultur ab wie von der Natur, wie der an der FU Berlin lehrende Literaturwissenschaftler und Initiator des Exzellenzclusters ›Languages of Emotion‹, Winfried Menninghaus, in seinem Buch *Das Versprechen der Schönheit* ausführt.

Eine Gruppe von ehemaligen Mitarbeitern Leders hat kürzlich das ›Geheimnis‹ des vielleicht berühmtesten Gesichts der Kunstgeschichte gelüftet (Abb. 37). Mittels einer ausgeklügelten Blickbewegungsmesstechnik konnten die Experimentalpsychologen Isabel Bohrn, Claus Carbon und Florian Hutzler die Hypothese bestätigen, dass Mona Lisas Lächeln nur im weniger scharfsichtigen, peripheren Blickfeld seinen rätselhaften Charme entfaltet, also etwa wenn der Betrachter die Augen und nicht die Mundpartie fixiert. Dieser flüchtige Lächeleffekt verringert sich oder verschwindet, wenn man direkt den Mund in den Blick nimmt.

Bohrn, I., Carbon, C. C., & Hutzler, F. (2010). »Mona Lisa's smile – Perception or deception?«. *Psychological Science*, 21, 378–380

Calder, A. J., & Young, A.W. (2005), »Understanding facial identity and facial expression recognition«. *Nature Reviews Neuroscience*, 6, 641–651

Freud, S. (1891). *Zur Auffassung der Aphasien – Eine kritische Studie*. Wien, Leipzig: Deuticke

Grammer, K., & Thornhill, R. (1994). »Human (Homo sapiens) facial attractiveness and sexual selection: The role of symmetry and averageness«. *Journal of Comparative Psychology*, 108, 233–242

Kanwisher, N., McDermott, J., & Chun, M. M. (1997). »The fusiform face area: A module in human extrastriate cortex specialized for face perception«. *Journal of Neuroscience*, 17, 4302–4311

Leder, H. (2001). »Wenn Gesichter Kopf stehen. Was der Inversions-Effekt für die Gesichtserkennung bedeutet«. *Psychologische Rundschau*, 52 (2), 75–84

Lissauer, H. (1890). »Ein Fall von Seelenblindheit nebst einem Beitrag zur Theorie derselben«. *Arch. Psychiatr. Nervenkr.*, 21, 222–270

Menninghaus, W. (2003). *Das Versprechen der Schönheit*. Frankfurt/M.: Suhrkamp Verlag

Munk, H. (1909). *Über die Funktionen von Hirn und Rückenmark. Gesammelte Mitteilungen*. Neue Folge: Berlin: August Hirschwald

Rhodes, G. (2006). »The evolution of facial attractiveness«. *Annual Review of Psychology*, 57, 199–226

Tong, F., Nakayama, K., Moscovitch, M., Weinrib, O., & Kanwisher, N. (2000). »Response properties of the human fusiform face area«. *Cognitive Neuropsychology*, 17 (1), 257–279

H – DENKFIGUREN UND OPTISCHE TÄUSCHUNGEN

1

»Aber«, sagte Candide, »liegt denn kein Vergnügen darin, wenn man alles kritisiert, wenn man dort Fehler wahrnimmt, wo andere Leute etwas Schönes zu sehen glauben?«

Nicht nur das *trompe l'œil* der Schönheit, auch die Wahrnehmung selbst ist ein kunstvolles Artifizium – in das sich *Fehler* einschleichen können. Wie sehr alles Konstrukt ist, was wir *zu sehen glauben*, zeigt sich daran, dass wir auf vier verschiedene Weisen von Perzepten zu sensomotorischen Konzepten gelangen: sowohl *bottom-up* (physisch durch die Dinge und physiologisch durch unsere Sinnesorgane) wie *top-down* (kognitiv vorstrukturiert, aber auch horizontal parallele Informationen integrierend).

Wie sehr dies alles ineinandergreift, zeigt der Fall eines Mannes, der – bedingt durch eine Infektion in der frühen Kindheit – fünfzig Jahre seines Lebens blind verbracht hatte, bis die Medizin 1959 so weit war, ihm Netzhäute transplantieren zu können. Zunächst waren die klinischen Beobachter ob der Tatsache überrascht, dass er sofort nach Erlangen des Sehvermögens die Zeit korrekt von der Uhr ablas. Das bedeutete, dass er rein taktile Informationen (das Abtasten der Uhrzeiger) durch jahrelang eingeübte Konzeptionalisierung problemlos auf die Verarbeitung von Visuellem übertragen konnte. Ebenso mühelos identifizierte er optisch die Buchstaben, die er zuvor nur als Braille-Schrift gekannt hatte.

Die zweite Überraschung war, dass er auf optische Täuschungsfiguren abnormal reagierte: Verzerrungen nahm er kaum, die Kippfigur eines Neckerwürfels gar nicht wahr. Ebenso wenig konnte er mit perspektivischen Abbildungen viel anfangen; Bilder sahen für ihn überwiegend flach und sinnlos aus, obwohl er sonst durchaus in der Lage war, visuelle Entfernungen und Größen richtig abzuschätzen. Das legt den Schluss nahe, dass optische Täuschungen nicht nur physisch oder physiologisch bedingt sind, sondern ihre Ursache auch in kognitiven Prozessen haben – und als konzeptuelle Schemata durchaus mit jenen figurativen ›Täuschungen‹ vergleichbar sind, derer sich nicht nur die Poesie, sondern Sprache überhaupt gern bedient.

2

POLYSEMIEN wie ›Bank‹ oder die Frage: ›Wie haben Sie Berlin gefunden?‹ (›mit der Landkarte‹ oder ›es gefiel mir‹) entsprechen den Doppeldeutigkeiten visueller AMBIGUITÄTEN. So nennt man Umkehrbilder wie den Rubin-Kelch (in dem man entweder eine Vase oder zwei Gesichter im Profil erkennt, Abb. 38).

Das Oszillieren zwischen den beiden unterschiedlich wahrnehmbaren Figuren beruht auf der Ambivalenz ihrer visuellen Struktur; semantische Zweideutigkeiten ergeben sich auf vergleichbare Weise, indem ein und dasselbe Perzeptionsschema je nach Kontext anders konzeptionalisiert wird.

Die Polysemie von ›Bank‹ geht sprachgeschichtlich auf die Holzbank mittelalterlicher Geldwechsler zurück, die später in einem erweiterten Kontext eine andere Figuration erfuhr. Die Mehrdeutigkeit von ›Finden‹ entsteht hingegen dadurch, dass das sensomotorische Konzept von ›unerwartet auf etwas stoßen‹ kognitiv auch als ›entdeckendes Erlebnis‹ interpretiert werden kann. Ob bei den Polysemien von ›Bank‹ und ›Finden‹ oder der visuellen Ambiguität von Kelch/Gesichter – jedes Mal handelt es sich um ein und dasselbe Schema, das zu einem anderen Konzept ausgebaut wird.

Abb. 38 Rubins Kippbild, das man entweder als Vase oder als zwei Gesichter sehen kann.

In der Müller-Lyer-Figur nehmen wir die Länge ein und derselben Linie unterschiedlich wahr, je nachdem, ob sich an ihren Enden nach außen oder nach innen weisende Pfeile befinden; sie ist ein Beispiel für VERZERRUNG (Abb. 39). Bei diesem spezifischen Beispiel von Zerrbildern unserer Wahrnehmung kommt dazu ein kultureller Reflex zum Tragen.[9] Wir sind durch unsere Alltagserfahrung gewöhnt, die Kanten einer mit dem Weitwinkelobjektiv aufgenommenen Hausecke perspektivisch nach innen verzerrt zu sehen – während sie sich bei einer Aufnahme mit dem Teleobjektiv nach außen kehren. Zulus hingegen, die diese Art von Konditionierung nicht kennen, weil sie keine rechteckigen, son-

9 Es lässt sich zwar nachweisen, dass wir in unserer Anschauung – selbst noch über blindes Ertasten – die Dinge perspektivisch abbilden –, doch hier geht es zunächst nur um das Argument, inwieweit Kognitives, Physisches und Psychologisches ineinandergreifen.

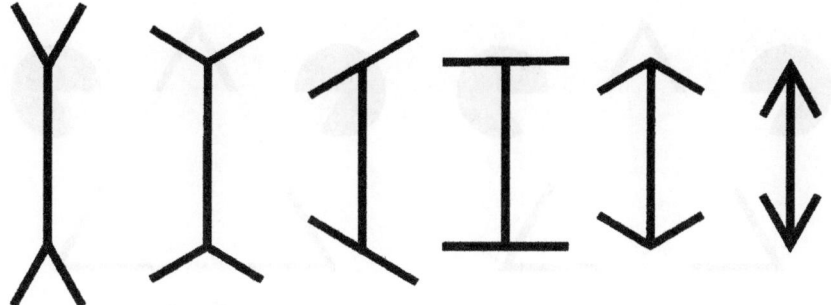

Abb. 39 Die Müller-Lyersche Täuschung. Von links nach rechts werden die Täuschungselemente gezielt verändert, sodass die Länge des senkrechten Strichs nach und nach kleiner erscheint.

dern runde Hütten bauen und auch ihre Felder spiralförmig beackern, nehmen diese Art der Verzerrung nicht wahr.

Semantische Verzerrungen werden ebenfalls durch den Kontext unserer Vorstellung erzeugt. Die Thema-Rhema-Stellung des Satzbaus (die das HYPERBATON durcheinanderbringt) wäre ein solches Beispiel. Was am Satzanfang steht, ist für uns in der Regel wichtiger als das, was dann folgt – so etabliert sich eine semantische Perspektive. Die neurophysiologische Basis dafür stellt unser Kurzzeitgedächtnis dar: was zuerst in unseren begrenzten Arbeitsspeicher gelangt, wird bevorzugt behandelt. Das wiederum findet im Visuellen eine Entsprechung: in unserem ebenso beschränkten Blickkegel wirkt in der Mitte alles etwas größer als am Rand. Schon die griechischen Tempelbauer kannten den perspektivischen Trick, außen liegende Säulen größer zu machen, um sie auf unserer Bildfläche ebenso groß wie die in der Mitte erscheinen zu lassen.

FIKTIONEN dagegen – wie das Kanizsa-Dreieck, bei dem wir aufgrund unseres gestalthaften Sehens einzelne Punkte zu Linien verbinden (Abb. 40) – sind vergleichbar mit der METONYMIE. Sie vervollständigt ebenfalls nur angedeutete Verbindungen, dem Gesetz der kognitiven Ökonomie gemäß. ›Goethe zu lesen‹ hieße so realiter vielleicht am ehesten, den Ausdruck seiner Mimik zu interpretieren; gemeint ist mit dieser Metonymie jedoch, dass von seinem Namen aus eine reell nicht gegebene Verbindung zu ›seinen Büchern‹ hergestellt wird. Auch die Figur der NEGATION stellt eine semantische Analogie zum Kanizsa-Dreieck dar: beide deuten durch das, was fehlt, das an, was da ist – und umgekehrt.[10]

10 ›Kein Rauch stieg auf von Tegea‹ heißt, Tegea vor dem geistigen Auge brennen zu sehen, obwohl uns, streng betrachtet, nichts zur Konstruktion eines Negativ-Szenarios zwingt; mehr dazu im Kapitel über die Negation.

Abb. 40 Das Kanizsa-Dreieck: Ein weißes Dreieck scheint im Vordergrund zu schweben und erscheint dabei sogar noch ein wenig weißer als der ebenso weiße Hintergrund.

Die letzte Klasse von optischen Täuschungen bilden PARADOXA – bei denen wir unter einem bestimmten Blickwinkel eine einheitliche Gestalt wahrnehmen, die unter einem anderen Gesichtspunkt wieder verschwindet: wie beim ›Unmöglichen Dreieck‹ (Abb. 41) oder den Figuren Eschers. Semantische Entsprechungen dazu stellen die Stilfigur des PARADOXONS (›ein Kreter sagt, dass alle Kreter lügen‹), die METALEPSE (die zwischen einzelnen Kontexten, Ebenen und Folgen springt), aber auch das SIMILE dar, insofern es durch seinen Projektionsmechanismus fiktive Ähnlichkeiten kreiert, die sich uns nur bei einem spezifischen Blickwinkel zeigen.

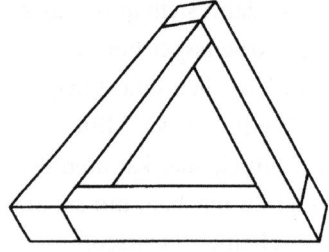

Abb. 41 Das unmögliche Dreieck

3

Alle diese Arten der optischen Täuschung können auf unterschiedlichsten Ebenen entstehen. Bedingt werden sie *bottom-up* – das heißt sowohl physisch wie physiologisch – wie *top-down* durch unser Wissen und seine Verknüpfungsregeln.

PHYSISCH
Ambiguitäten: alle zweidimensionalen Abbilder von Dreidimensionalem, Schatten, Fotos, Nebel;

Verzerrungen: die Brechung eines Stocks im Wasser als Raumverzerrung, stroboskopische Effekte als Geschwindigkeitsverzerrung;
Fiktionen: Regenbogen, Moiré-Muster, Machsche Bänder;
Paradoxa: Spiegel, in denen man sich doppelt oder vor einem anderen Hintergrund sieht.

PHYSIOLOGISCH

Ambiguitäten: wenn man Größen/Entfernungs-Schätzungen nur mit einem Auge vornimmt;
Verzerrungen: wenn drei gleich lange Balken auf einem perspektivisch skalierten Hintergrund nach ›hinten‹ immer größer wirken;
Fiktionen: Nachbilder, Augenflirren bei Migräne;
Paradoxa: wenn der Gleichgewichtssinn gestört ist – wie nach schnellen Drehungen, wenn man den Eindruck hat, sich noch zu bewegen, obwohl man sich nicht mehr bewegt;

KONZEPTUELL

Ambiguitäten: Necker-Würfel, Hase/Ente, Kelch/Gesichter;
Verzerrungen: dass uns zwei gleich schwere Objekte (eine große und eine kleine Dose mit jeweils gleich viel Zucker etwa) je nach Größe allein auf Grund unserer Erwartungshaltung unterschiedlich schwer vorkommen;
Fiktionen: wenn wir Gesichter im Feuer, im Mond oder den Wolken sehen; Rorschach-Figuren;
Paradoxa: 3-D-Bilder.

REGELBEDINGT

Ambiguitäten: Figur-Grund (Objekte oder Raum zwischen Objekten zu sehen);
Verzerrungen: Müller-Lyer, die Mond-Illusion;
Fiktionen: Kanizsa-Dreieck oder das Auffüllen des blinden Flecks im Auge;
Paradoxa: das ›Unmögliche Dreieck‹, Eschers Bilder.

Dass sich diese optischen Täuschungen mit diversen rhetorischen Figuren abgleichen lassen, mag evolutionsbiologisch daher rühren, dass Sprache nicht nur von den neuroanatomischen Regionen gesteuert wird, die ursprünglich die Motorik von Arm- und Handbewegungen kontrollierten, um auf dieser Grundlage später Syntax herauszubilden. Auch die Gehirnmodule, die einmal nur für die perzeptionelle Klassifizierung von Objekten zuständig waren, um sie in kombinierbare Geone umzuwandeln, könnten für unsere Semantik rekrutiert worden sein. Das ist Spekulation – unbestreitbar jedoch ist das neuronale Zusammenwirken visueller, sensomotorischer und linguistischer Areale.

4

Was die Metapher betrifft, zeigt sie in ihrer extremen Form ebenfalls ein ›unmögliches Objekt‹: sie lässt sich weder malen noch fotografieren, ja nicht einmal mit einer einzigen Kontur umreißen. Überraschend dabei ist, dass in ihr als Denkfigur alle vier Arten der optischen Täuschung zum Vorschein kommen können. Das liegt einerseits daran, dass sie auf Schemata von A und B aufbaut, die jeweils vieldeutig sind. Andererseits wird dies durch ihre Art der semantischen Projektion und Überblendung bedingt, die unsere gewohnten Perspektiven und Koordinatensysteme auflösen:

- *Ambiguität:* Wie beim Necker-Würfel (Abb. 42), bei dem man sich bald auf die eine Fläche, bald auf die andere konzentriert, stehen bei ihr einmal semantische Aspekte des Begriffs A, dann wieder semantische Aspekte von B im Vordergrund. »Richard ist ein Löwe« zeigt einmal das Gesicht eines Königs, ein andermal wieder das eines Löwen. Und beim wiederholten Lesen von Éluards »die Erde ist blau wie eine Orange« schrumpft die Erde einmal auf Orangengröße, als sähe man sie gleichsam vom Mond aus fotografiert, dann wieder bläht sich die Orange zur Erde auf; einmal erscheint sie blauer, ein andermal orangefarbener – ohne je eindeutig fixierbar zu werden.
- *Verzerrung:* Sie drückt sich semantisch bei der Hyperbel und der Meiosis aus. Die Hyperbel vergrößert und übertreibt: der biblische »Balken im Auge«, Schillers »Tränen vergießende Steine« oder Bechers »Der Dichter

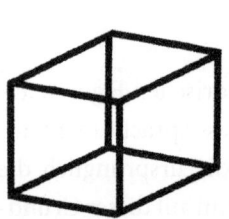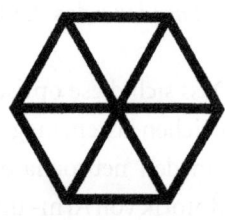

Abb. 42 Räumlich gedrehte Necker-Würfel. Von links nach rechts wird zunehmend eine flächige Wahrnehmung möglich.

meidet strahlend Akkorde. / Er stößt durch Tuben, peitscht die Trommel schrill. / Er reißt das Volk auf mit gehackten Sätzen«. Die Meiosis hingegen verkleinert und untertreibt – wie bei Wildes Beschreibung eines Landedelmanns bei der Fuchsjagd als »Unsäglicher in voller Verfolgung des Ungenießbaren« oder Enzensbergers »stolzen Besitzerin von zwei rosigen Zitzen, zwei wohlgestalteten Beinchen und der gern besuchten Vertiefung dazwischen«.

- *Fiktion:* Bei der optischen Täuschung reicht das Spektrum von kognitiven Illusionen wie dem Gesicht im Mond bis zum real nicht vorhandenen Regenbogen. Die poetische Täuschung umfasst eine ähnliche Bandbreite: von dem in einer Metapher impliziten Simile, das – wie beim Gesicht im Mond – auf konkreten Ähnlichkeiten beruht (Bretons »Meine Frau mit der Sanduhrtaille«), bis zu völlig von jedem nachvollziehbaren Hintergrund abgehobenen Metaphern wie Lautréamonts Beschreibung der Schönheit eines jungen Mannes als »zufällige Begegnung zwischen einem Regenschirm und einer Nähmaschine auf einem Seziertisch«. Programmatisch steht diese metaphorische Ebene für die Poetik von Dada und Surrealismus.

- *Paradoxon:* Vergleichbar mit einem ›Unmöglichen Objekt‹ (Abb. 43), oszilliert auch jedes Oxymoron zwischen zwei miteinander unvereinbaren, da von vornherein gegensätzlichen Wahrnehmungen: »schwarze Sonne« oder Celans »Schwarze Milch der Frühe«. Mehr dazu in den Kapiteln über Ironie und Katachrese.

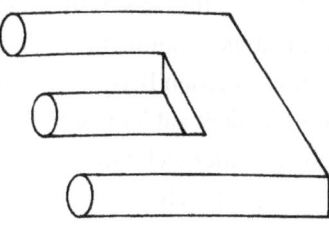

Abb. 43 Ein unmögliches Objekt

5

Bei optischen Täuschungen wechselt unsere Wahrnehmung zwischen zwei Ansichten hin und her. Grund dafür ist eine Art von Realitätstest, den unser Gehirn offenbar permanent betreibt; es erstellt damit unterschiedliche Interpretationen dessen, was unsere Augen sehen, um nicht in einer möglicherweise falschen Interpretation der Welt stecken zu bleiben. Ausgelöst wird dieses Oszillieren von Arealen der superioren Schläfenlappen, welche die Aufmerksamkeit kontrollieren und die Verarbeitung von dreidimensionalen Bildern prozessieren. Da die optischen Täuschungen in klarem Widerspruch zu den Figurationen stehen, die wir normalerweise wahrnehmen, wird unsere Wahrnehmung umso mehr angeregt, das Objekt mit unserem Wissen um die Welt abzugleichen. Weil sie dabei letztlich scheitert, bleibt sie in diesem Oszillieren befangen.

Bei den oben aufgezählten Denkfiguren verhält es sich ähnlich. Ihre mit unserem herkömmlichen Realitätssinn nicht vereinbaren Figurationen ziehen unsere Aufmerksamkeit an, ohne dass sie sich mit unseren Weltbildern zur Deckung bringen ließen. Wir versuchen zwar, sie unseren Erfahrungswerten und Erinnerungsbildern möglichst anzunähern, ohne dass uns dies jedoch vollständig gelingt. Gerade darin liegt nun der kognitive Nutzen der Poesie. Ihre Verschiebungen eröffnen uns einen Denkraum, in dem wir verschiedenste mögliche Interpretationen der Welt durchspielen und unseren Realitätssinn modifizieren können.

Durch ihre ungewöhnlichen bis unmöglichen Figurationen entwirft die Poesie eine Parallelwelt oder besser: einen Raum, der in der Mitte zwischen unseren ganz privaten Vorstellungen, Auffassungen, Wunschträumen und der eigentlichen Wirklichkeit liegt. Ihre Sätze präsentieren sich damit als changierende Bilder, die einmal ins Subjektive, ein andermal ins Objektive kippen. Das gelingt der Poesie, indem sie eine Besonderheit der Sprache in den Vordergrund rückt: die Fähigkeit nämlich, Realität mittels bloßer Aussagen kreieren zu können. Zu den klassischen Beispielen einer solcherart durch Sprache ins Leben gerufenen Wirklichkeit zählen: »Ich nehme diese Frau zu meiner gesetzlich angetrauten Gattin« oder »ich taufe dieses Schiff auf den Namen *Kreuz des Südens*«. Solche Aussagen beschreiben nicht, sondern erschaffen institutionelle Realitäten, die für uns Gültigkeit haben.

Die Poesie nützt diese Verfügungsgewalt von Sprache zu ihren Gunsten. Ihr Sprachgestus ist zumeist der einer Deklaration – wie die oben angeführten Beispiele von »Richard ist eine Löwe« bis »Schwarze Milch der Frühe« zeigen. Dass in der Poesie bei diesem konventionellen und dennoch magischen Akt der Benennung auch gleichsam ›magische Dinge‹ einen Status von Wirklichkeit erhalten, macht eine Hälfte ihres Paradoxons aus. Die andere Hälfte besteht darin, dass sie dabei Realität ins Bild bringt. Inwieweit ihr das gelingt, soll dieses Buch zeigen.

Vorerst halten wir uns aber noch an die Skepsis von Voltaires venezianischem Edelmann, der in einem ähnlichen Zusammenhang bemerkte: »*Ich kenne nichts Geschmackloseres …, lediglich Spielereien haben wir hier; aber gleich morgen will ich einen Garten nach edlerem Entwurf anlegen lassen.*«

Gregory, Richard (2004), »The Blind Leading the Sighted«. *Nature,* Vol. 430, August 20, 1
Gregory, Richard (1998), *Eye and Brain – The Psychology of Seeing,* Oxford
Gregory, Richard (1997), *Mirrors in Mind,* Oxford
Searle, John R. (2010), *Making the Social World,* Oxford

Box 15. Die Suche nach den Hirngestalten

Wie konstruieren wir aus der Überfülle von Sinnesdaten, die jede Millisekunde in unser Hirn einlaufen, kohärente Ereignisse und Dinge? Wie entstehen bewusste Perzepte als ganzheitliche Wahrnehmungserlebnisse, Bewusstseinseinheiten und Kategorien in den Milliarden von Nervenzellen unseres Gehirns? Auf der Suche nach Antworten stießen die Gestaltpsychologen um Max Wertheimer in den 20er und 30er Jahren des letzten Jahrhunderts auf anschauliche Gesetze des Sehens. Ihr Leitmotiv – Das Ganze ist mehr (oder anders) als die Summe seiner Teile – lässt sich an Beispielen veranschaulichen (http://www.e-teaching.org/didaktik/gestaltung/visualisierung/gestaltgesetze/).

Der Biologe, Philosoph und Wegbereiter der Ökologie, Jakob von Uexküll, hatte bereits 1921 eine griffige Antwort auf die Frage nach dem Entstehen von Wahrnehmungskategorien formuliert: »Ein Ding ist, was sich miteinander bewegt« – was mit Wertheimers ›Gesetz des gemeinsamen Schicksals‹ vergleichbar ist. Der Biopsychologe Norbert Bischof hält diese Gestaltgesetze für das Resultat von Wahrnehmungsmodulen, die auf artspezifischen genetischen Programmen basieren (Box 16). Trotzdem ist die Frage, wie unser Gehirn Kategorien und Gestalthaftes produziert, bis heute nicht beantwortet.

Ein heute wieder aktueller Vorschlag des Gestaltpsychologen Wolfgang Köhler ist die Idee des ›Psychophysischen Isomorphismus‹ – die Hypothese, der zufolge strukturelle Eigenschaften zentralnervöser Prozesse identisch sind mit den strukturellen Eigenschaften der ihnen entsprechenden psychologischen Tatsachen. Diese zu allgemeine Formulierung bot in der Vergangenheit Anlass zu zahlreichen Missdeutungen, von denen die bekannteste wohl diejenige von ›Bildern im Kopf‹ ist, mit denen so namhafte Psychologen wie Skinner, Gregory oder Shepard die Gestaltpsychologie kritisierten. Köhler vertrat jedoch keineswegs die Auffassung, dass ein Teil des Gehirns ›grün‹ wird, wenn wir die Farbe Grün erleben:

> Wenn von gewissen Prozessen im menschlichen Gehirn behauptet wird, dass sie kortikale Korrelate zu Farbphänomenen darstellen, ist damit nicht gemeint, dass es in diesen Prozessen selbst so etwas wie diese Farben gibt. Sie alle weisen nur kortikale Korrelate auf; ihre eigene Existenz ist jedoch auf die Welt der Phänomene beschränkt. (Köhler, 1938, S. 194)

In seinem luziden Buch aus dem Jahr 1938 *The Place of Value in a World of Facts* beschreibt Köhler konkreter, was er unter diesem Prinzip versteht:

Ein Elefant ... ist ein makroskopisches Objekt, ein eigenes Wesen im physischen Raum. Wenn das Bild dieses Tieres auf meine Retina projiziert wird, werden kortikale Prozesse in einer umgrenzten Region meines Gehirns sofort zu jener spezifischen makroskopischen Einheit abgetrennt, die mein ›psychophysischer Elefant‹ ist; und ein Gestaltphänomen – das Perzept des Elefanten – erscheint in meinem Gesichtsfeld. Drei Menschen gehen vor mir auf einer physischen Straße als eigenständige physische Wesen; entsprechend damit gibt es drei psychophysische Einheiten in meinem Kortex und drei Mensch-Perzepte in meinem Gesichtsfeld. (Köhler, 1938, S. 218)

Köhler antizipierte damit modernste Wahrnehmungsmodelle der kognitiven Neurowissenschaften, ohne bereits über die Methoden zu verfügen, seine Hypothese zu überprüfen. Er vermutete, dass ›kortikale Ströme‹ und ›elektrische Felder‹ für Gestaltphänomene verantwortlich sind, und stieß damit noch in den 1950er Jahren auf erheblichen Widerstand seitens Fachkollegen wie des späteren Nobelpreisträgers und Entdeckers des ›gespaltenen Gehirns‹, Roger Sperry, oder des Erfinders der ›Engrammtheorie‹ des Gedächtnisses, Karl Lashley. Heute geht man ganz selbstverständlich davon aus, dass hirnelektrische Ströme neuronale Korrelate mentaler Prozesse sind; die Frage nach eindeutigen elektrophysiologischen Markern von Gestaltphänomenen harrt jedoch weiterhin der endgültigen Klärung.

Einen Durchbruch in dieser Frage versprechen die Studien der Neurobiologin Catherine Tallon-Baudry. Sie analysierte die hirnelektrische Aktivität bei der Wahrnehmung von Gestaltphänomenen wie dem in Tafel 5 (Farbteil S. 368) gezeigten Kanizsa-Dreieck und fand heraus, dass sich immer etwa 300 Millisekunden nach Darbietung dieser optischen Täuschung gleich wie nach Darbietung eines echten Dreiecks Aktivierungsmaxima im Gamma-Frequenzspektrum ergaben, die bei inkohärenten Reizen wie dem ›No Triangle Stimulus‹ nicht auftraten (Tafel 5). Diese Aktivationsmaxima reflektieren vermutlich die synchronisierte oszillatorische Aktivität großer Neuronenverbünde, die auf verschiedene Areale verteilt sind.

Hirnforscher sehen darin ein neuronales Korrelat von Gestaltphänomenen. So meint der Max-Planck-Direktor für Hirnforschung, Wolf Singer, mit dieser synchronisierten Oszillation eine plausible Erklärung für das Rätsel anzubieten, das die neuroanatomische Trennung spezialisierter Verarbeitungsareale im Hinblick auf die Gestaltwahrnehmung aufwirft. Wenn beispielsweise die ›Sehzentren‹ einen visuellen Reiz in einzelne Komponenten zerlegen – Farbe, Entfernung, Größe und Bewegung – und verteilt verarbeiten, wie bringt das Gehirn diese dann wieder zu einem einheitlichen Perzept, einer bewussten Objektidentifikation zusammen? Die Lösung dieses ›Bindungsproblems‹ könnte in der Analyse zeitlicher Korrelationen zwischen elektrophysiologischen Aktivitäten der einzelnen Hirnareale liegen.

Singer besaß in seinem Frankfurter Labor als einer der Ersten eine Apparatur, welche die gleichzeitige Messung der Neuronenaktivität aus mehreren Hirnregionen erlaubte. Eines Tages hörte er ein ungewöhnliches Knattern – Nervenentladungen können über Lautsprecher direkt hörbar gemacht werden –, das durch die synchrone Entladung vieler Neuronen an verschiedenen Hirnorten zustande kam. War dieses Knattern die Antwort auf die Frage nach den Bewusstseinseinheiten? Was diese vermeintliche Lösung noch unbefriedigend erscheinen lässt, ist unter anderem die Frage, wie das Gehirn die Zusammengehörigkeit derjenigen Nervenzellen, die im gleichen Rhythmus feuern, eigentlich interpretieren soll. Noch sind keine Gehirnpartien oder Netzwerke identifiziert, welche auf die anderswo synchron feuernden Neuronen selektiv reagieren. Aber vielleicht reicht bereits die bloße physikalische Gleichzeitigkeit zweier (oder mehrerer) ›Neuronenfeuer‹, um Gestalteindrücke zu erzeugen, ohne dass das Gehirn eine weitere Instanz dafür benötigte. Bischof jedenfalls hält diese Möglichkeit für eine anregende Variante des Leibnizschen Parallelismus, dem zufolge Leib und Seele, Körper und Geist je eigenen Gesetzmäßigkeiten folgen und nicht aufeinander einwirken, sich aber gleichwohl entsprechen.

Gestaltphänomene sind allerdings nicht auf einfache, möglicherweise genetisch vorverdrahtete Wahrnehmungsprozesse beschränkt, sondern treten auch bei erlernten komplexen kognitiven Fertigkeiten auf. Bereits 1886 entdeckte James McKeen Cattell in Wilhelm Wundts weltweit erstem Labor für Experimentelle Psychologie in Leipzig ein Gestaltphänomen im Bereich des Lesens. Es ging unter dem Namen *Wortüberlegenheitseffekt* in die Literatur ein und hat seitdem nicht nur die theoretische Modellbildung in der Psychologie nachhaltig beeinflusst (Grainger & Jacobs), sondern auch immer wieder erhebliche Auswirkungen auf die pädagogische Praxis gehabt (›Welche Leselernmethode – analytisch oder ganzheitlich – ist die richtige?‹).

Allgemein besagt der *Wortüberlegenheitseffekt*, dass ein Leser Buchstaben, die ihm in Wörtern dargeboten werden, schneller und besser erkennt als einzeln oder in zufälligen Kombinationen derselben in *Nichtwörtern*. Die Tatsache, dass Buchstaben im Kontext eines Wortes leichter zu identifizieren sind, gilt als Beleg dafür, dass Wörter als Ganzes aufgefasst werden und ihre Wahrnehmung durch die Interaktion von Gedächtnisprozessen (›top-down‹) und sensorischen Vorgängen (›bottom-up‹) zustande kommt.

Cattell, J. M. (1886). »The time it takes to see and name objects«. *Mind*, 11, 63–65

Grainger, J., & Jacobs, A. M. (1994). »A dual-read out model of word context effects in letter perception: Further investigations of the word superiority effect.« *Journal of Experimental Psychology: Human Perception and Performance*, 20, 1158–1176

Henle, M. (1984). »Isomorphism: Setting the record straight«. *Psychological Research*, 46, 317–327

Köhler, W. (1938). *The Place of Value in a World of Facts*, New York: Liveright

Lashley, K. S., Chow, K. L., & Semmes, J. (1951). »An examination of the electrical field theory of cerebral integration«. *Psychological Review*, 40, 175–188

Sperry, R. W., & Miner, N. (1955). »Pattern perception following insertion of mica plates into visual cortex«. *Journal of Comparative and Physiological Psychology*, 48, 463–469

Tallon-Baudry, C., & Bertrand, O. (1999). »Oscillatory gamma activity in humans and its role in object representation«. *Trends in Cognitive Sciences*, 3, 151–162

Box 16. Koffkas Frage und die Verarbeitung rätselhafter Reize

Die Kernfrage der Wahrnehmungspsychologie wurde 1935 im Buch *Principles of Gestalt Psychology* von dem Gestaltpsychologen Kurt Koffka so formuliert: »Warum sehen die Dinge so aus, wie sie aussehen?« Koffka erkannte, dass man diese Frage auf zwei Arten stellen kann. Erstens phänomenologisch: warum besitzt Erfahrung bestimmte Qualitäten in unserem Bewusstsein? Zweitens funktionell und adaptiv: wie kommt es, dass Perzepte tatsächlich Objekten der Außenwelt entsprechen?

Für Koffka und viele andere Wahrnehmungstheoretiker hatte die phänomenologische Fragestellung Priorität. Beantwortet wurde sie von ihnen mit der Theorie des ›perzeptiven Konstruktivismus‹ – der Vorstellung, dass unsere bewusste Wahrnehmung durch interne Repräsentationsvorgänge konstruiert wird. Diese Position wurde jedoch durch den Wahrnehmungspsychologen James Gibson herausgefordert, der mit seinem funktionellen Ansatz der ›direkten Wahrnehmung‹ behauptete, diese diene der Handlung dadurch, dass sie einfach nur sensorische Informationen aufnehme und dabei auf interne Repräsentationen verzichte. Optische Täuschungen und Kippfiguren wie die Müller-Lyer-Täuschung oder die Kippfigur ›alte Frau/ junge Frau‹ (Abb. 44) wurden lange als Beleg für Koffkas Konstruktivismus aufgefasst. Dass wir beispielsweise beim Necker-Würfel etwas wahrnehmen, was uns eigentlich gar nicht vor Augen steht – objektiv befindet sich dort eine zweidimensionale Zeichnung von 12 Strichen –, widerspricht zumindest auf den ersten Blick jedwedem naiven Realismus, dem zufolge wir direkt das sehen, was da ist (Abb. 45). Experimente aus dem Labor der Psychologin Canan Basar-Eroglu demonstrieren, dass wir die beiden möglichen Perzepte des Necker-Würfels offenbar willkürlich herstellen können.

Eine aktuelle Wahrnehmungstheorie des italienischen Psychologen Nicola Bruno versucht diese beiden kontroversen Positionen zu integrieren, indem sie zwei Subsysteme postuliert. Das eine generiert bewusste phänomenologische Erfahrungen, während das andere – zumindest partiell davon unabhängig – Handlungen steuert. Bruno stützt seine Theorie auf diejenige der Neurowissenschaftler David Milner und Melvyn Goodale. Sie kamen aufgrund von Studien an Affen und Menschen zur Erkenntnis, dass deren visuelles System neuroanatomisch zweigeteilt ist: ein ventraler Schaltkreis vom (hinteren) visuellen Kortex zum unteren Schläfenlappen aktiviere demnach visuelle Bewusstheit, ein dorsaler Schaltkreis im hinteren Scheitellappen die unbewusste Handlungssteuerung. Diese Zweiteilungstheorie baut die ältere Theorie von Ungerleider und Mishkin aus, die den ventralen Schaltkreis als Objekterkennungssystem (›Was‹) und den dorsalen Schaltkreis als Ortungssystem (›Wo‹) beschrieben hatte.

Abb. 44 Kippfigur alte Frau/junge Frau

Denkbewegungen

	Sprachphänomene	Optische Täuschungen	
Ambiguitäten	*Jeder Mann liebt eine Frau*	Necker-Würfel	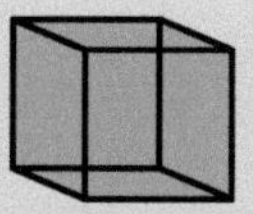
Verzerrungen	*Er ist Kilometer größer*	Ponzo-Illusion	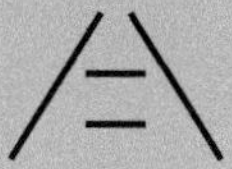
Paradoxa	*Im Rückschritt liegt der Fortschritt*	Unmöglicher Dreizack	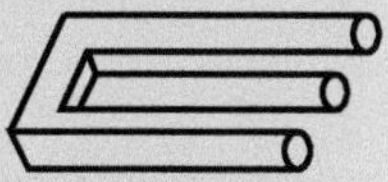
Fiktionen	*Sie leben in einem Spiegel*	Kanizsa-Viereck	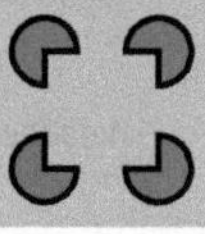

Abb. 45 Optische Täuschungen und entsprechende Sprachphänomene (nach Gregory, 1997)

Für diese Zweiteilung in ein ›Was‹ und ›Wo‹ sprechen Experimente mit an ›Blindsicht‹ leidenden Patienten: sie haben aufgrund von Läsionen des visuellen Kortex keine visuelle Bewusstheit, können jedoch unbewusst visuelle Reize, die in die lädierten Areale projiziert werden, verarbeiten und motorisch auf sie reagieren, indem sie darauf zeigen. Der intensiv untersuchte Patient D. F. beispielsweise konnte deshalb keine Objekte erkennen, sie aber fast ebenso gut greifen wie gesunde Kontrollprobanden. Bedeutet dies nun, dass unser Gehirn das Sehen-zum-Wahrnehmen und Sehen-zum-Handeln aufgrund streng getrennter, jeweils eigenständige Repräsentationen benutzender Systeme steuert?

Doch gleich, ob optische Täuschungen nun für oder gegen eine bestimmte Wahrnehmungstheorie sprechen – sie bedürfen selbst einer theoretischen Erklärung. Der Wahrnehmungspsychologe Richard Gregory versucht dies anhand eines Schaubildes (Abb. 46) zu zeigen: den Ein- und Ausgängen des Sehens. Der ›Hypothesengenerator‹ (Würfel) wird ›bottom-up‹ durch Sinnesdaten und ›top-down‹ durch gespeichertes Wissen gespeist (hier durch zwei getrennte Kästchen illustriert). Konzeptwissen ist primär abstrakt und allgemein; Wahrnehmungswissen über Objekte ist spezifisch und wird beim ›Lesen‹ und Interpretieren von sensorischen Signalen eingesetzt, was diese erst zu nützlichen ›Realzeitdaten‹ der Objekterkennung macht. Allgemeine Regeln (wie die Gestaltgesetze der Wahrnehmungsorganisation) werden ›seitwärts‹ eingespeist. Lernen durch Feedback über Handlungsfolgen ist wichtig, obwohl einige Regeln und Wissen über Objekte angeboren sind, vererbt über angestammte Desaster. Der jeweilige Aufgabenkontext führt zur Selektion bestimmter Regeln und Gedächtnisinhalte. Die vorherrschende perzeptive Hypothese (Wahrnehmung) kann die anfängliche Signalverarbeitung ›top-down‹ beeinflussen. Es wird spekuliert, dass Bewusstseins-Qualia das Gegenwärtige markieren, um eine Verwechslung mit Erinnerungen und Vorgestelltem zu verhindern.

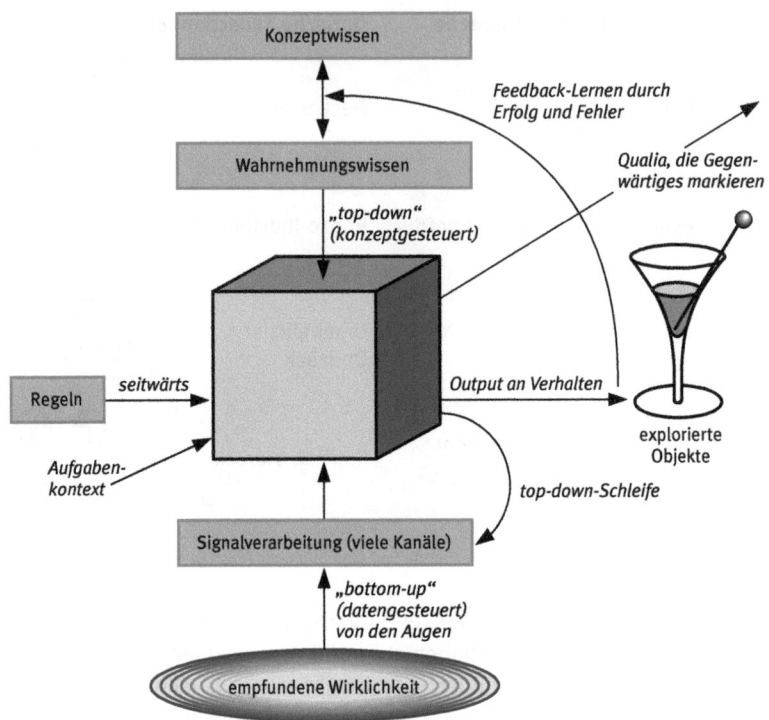

Abb. 46 Erklärungsmodell der optischen Täuschungen (nach Gregory, 1997)

Gregory teilt optische Täuschungen in vier Klassen ein, die er mit vier möglichen Ursachen – physisch, physiologisch, konzeptuell und regelbedingt – verknüpft. Die ersten beiden sind biologisch, die letzten beiden kognitiv bedingt. Von physischen Ursachen spricht er, wenn eine optische Störung zwischen dem Sehobjekt und der Netzhaut vorliegt, wie bei Nebel oder einem Katarakt, oder die neurophysiologischen Signale in Auge oder Hirn gestört sind. Als kognitiv bezeichnet er Ursachen, die die Missdeutung einer Situation entweder aufgrund von fehlerhaftem Wissen über Wahrnehmungsobjekte oder aufgrund fehlerhafter Anwendung allgemeiner Regeln bewirken. So ergeben sich die vier Klassen: Ambiguitäten, Verzerrungen, Paradoxa und Fiktionen (Abb. 45).

Gregorys Modell steht in der Tradition von Herrmann von Helmholtz, der bereits 1866 postulierte, dass unser bewusstes Sehen durch Folgerungen aufgrund limitierter sensorischer Daten, fehlerhaften Wissens über Objekte und einiger allgemeiner Organisationsprinzipien zustande kommt – primär also ein hypothesengetriebener Vorgang ist. Wie der Wahrnehmungstheoretiker David Marr gut ein Jahrhundert nach Helmholtz bemerkte, erhalten die Augen nur eine beobachterzentrierte Ansicht der Welt, die für ein situationsadäquates Wahrnehmen und Handeln nicht ausreicht. Dazu bedarf es der Berücksichtigung zeitweise unsichtbarer

Aspekte und nicht wahrgenommener Eigenschaften von Objekten wie Härte und Gewicht. Diese Berücksichtigung stützt sich unzweifelhaft auf inferentielle, zum Großteil unbewusste Vorgänge, die wir heute dank der neurokognitiven Methoden besser untersuchen können als zu Helmholtz' oder Marrs Zeiten.

Einen Sonderfall solch rätselhafter, polyvalenter Reize bilden mehrdeutige Wörter, auf die wir in Box 17 näher eingehen.

Bruno, N. (2001). »When does action resist visual illusions?«. *Trends in Cognitive Sciences*, 5, 379–382

Gregory, R. L. (1997). »Visual Illusions Classified«. *Trends in Cognitive Sciences*, 1, 5, 190–194

Helmholtz, H. (1866). *Handbuch der physiologischen Optik*, Leipzig: Voss

Koffka, K. (1935). *Principles of Gestalt Psychology*. London: Lund Humphries

Mathes, B., Strüber, D., Stadler, M., & Basar-Eroglu, C. (2006). »Voluntary control of Necker cube reversals modulates the EEG delta- and gamma-band response«, *Neuroscience Letters*, 402, 145–9

Marr, D. (1982). *Vision*, New York: W. H. Freeman

Milner, A. D., & Goodale, M. A. (1995). *The Visual Brain in Action*. Oxford: Oxford University Press

METAPHORIK

I – WÖRTLICHE BEDEUTUNGEN – HOMONYMIEN UND TAUTOLOGIEN

1

Die klassische objektive Theorie der Bedeutung von Kant bis Frege geht davon aus, dass ›Bedeutung‹ aus dem abstrakten Bezug zwischen einer symbolischen Repräsentation (einem Wort, einem Konzept) und der objektiven (von unserem Gehirn unabhängigen) Realität besteht; ›Sinn‹ ergibt sich durch den Verweis auf Dinge, Eigenschaften und real existierende Relationen ›in der Welt‹. Ob Kants mentale Konzepte oder Freges logische Entitäten: beide werden als abstrakt, klar definierbar und generalisierend aufgefasst – wir bedienen uns ihrer, um die Objekte vor unseren Augen samt ihren Eigenschaften zu identifizieren.

Das Konzept eines ›Stuhls‹ etwa muss auf alle möglichen Sitzgelegenheiten anwendbar sein. Es muss definieren, was sie alle gemeinsam haben – und kann dabei nicht das spezifische Bild dieses oder jenes Sitzmöbels sein. Darin drückt sich die gleichsam platonische Idee des Objektiven als von uns unabhängig, überindividuell und geistig existierend aus – als würden uns erst durch eine transzendente Instanz die Dinge definierbar und kommunizierbar. Diese ›objektive Bedeutung‹ impliziert universell Gültiges samt einer Perspektive, in der sich Symbol-Ding-Beziehungen sozusagen von außen bewerten lassen. Ob Symbole dabei ›Sinn‹ machen oder nicht, entscheiden die Bedingungen, unter denen sie prinzipiell ›wahr‹ oder ›falsch‹ sind: als Stuhl gilt das, worauf es sich sitzen lässt.

Die Bedeutungsanalyse ist auf wörtlich zu verstehende Konzepte angewiesen: ihre Grundkomponenten müssen sich auf klar umrissene und fixierte Objekte beziehen. Sie sind sozusagen idealtypische Blaupausen, statisch und unveränderlich, mit denen sich Dinge samt ihren Eigenschaften und Relationen erfassen und kartieren lassen.

Metaphorische Projektionen hingegen sind keine Schemata, die sich auf diese Weise auf die Welt übertragen ließen – sie überschreiten kategoriale Grundlinien auf eine in der Realität nicht existierende Weise. Als Aussage versteht man sie bestenfalls figurativ, das heißt verweisartig. Ein Sinn lässt sich ihnen, so besehen, erst abringen, wenn man sie wieder auf ihre ursprünglich wörtliche Bedeutung reduziert. Ob ›figurativ‹, ›emotiv‹ oder ›poetisch‹ aufgefasst – philosophisch und logisch betrachtet, lässt sich über den Wahrheitsgehalt einer Metapher kaum verhandeln.

Doch diese Auffassung von Sprache und Denken ist insofern falsch, als es eine solche objektive Wörtlichkeit ebenso wenig gibt wie vergeistigte, vom Körperlichen völlig abgelöste Konzepte. Wir konzeptualisieren unsere Erfahrungen gerade über die Figurationen, die uns Metonymien, Metaphern, Personifikationen und so weiter anbieten. Diese Denkfiguren stellen die eigentliche Basis für unser Raisonieren dar.

Im strengen Sinn impliziert die Idee einer ›wörtlichen Bedeutung‹, dass es eine eindeutige Beziehung zwischen Wort und Ding gibt. Genauso wie sich ein Eigenname nur auf eine Person bezieht, müsste sich auch ein Substantiv idealtypisch auf eine bestimmte Klasse von Objekten beziehen und ein Verb auf eine Klasse von Aktionen. Doch wie verhält es sich bei *Abendstern* und *Morgenstern,* die beide den Planet Venus *benennen,* ohne dasselbe zu *meinen*? Die Identität der Referenzialität genügt also nicht für die Identität einer wörtlichen Bedeutung. Um die Vorstellung konzeptueller Eindeutigkeit beizubehalten, ist man gezwungen, zwischen *De*-Notation und *Kon*-Notationen eines Wortes zu unterscheiden. Damit weicht man jedoch bereits eine idealtypische Definition auf und lässt die ersten Grauzonen sichtbar werden.

Umgekehrt gibt es eine Vielzahl von Wörtern – *rund, tun, haben, hallo, sehr* oder *in* –, für die es keine Eins-zu-Eins-Relation zu den Dingen gibt. Andere wiederum lassen sich nur sinnvoll gebrauchen, wenn man einen Bezug zu einem Sprecher, einem Adressaten oder einem Kontext herstellt: dazu zählen verweisende Begriffe wie *hier, heute, jetzt* und alle Personalpronomen.

Das legt die Idee nahe, dass sich Wortbedeutungen – den Dingen vergleichbar, die wir zunächst ebenfalls als auf Geonen aufgebaut wahrnehmen – aus einzelnen Komponenten zusammensetzen, die quasi idealtypischen Mini-Konzepten entsprechen. Der Begriff ›Junggeselle‹ ergibt sich demnach aus der Koppelung von ›menschlich‹, ›männlich‹ und ›unverheiratet‹. Ähnlich wie ein Lexikon seine Schlagworte mittels eines etwa 30-mal kleineren Vokabulars von wenigen tausend Worten definiert, bestünde unsere mentale Enzyklopädie folglich aus der Kombination solcher Universalien. Die Praxis von Experimenten zeigt jedoch, dass wir komplexe Worte nicht verstehen, indem wir sie automatisch in ihre semantischen Komponenten zerlegen – genauso wenig wie wir eine Metapher bloß als linguistischen Fehler begreifen, der erst berichtigt werden muss.

Denn wir besitzen kein Repertoire an solchen ›wörtlichen Bedeutungen‹, die sich dann aktivieren ließen. Einige Aspekte von Wortbedeutungen können sogar unabhängig von anderen prozessiert werden. Überlegen Sie sich beispielsweise, welche Konnotationen Ihnen spontan zum Konzept ›Zeitung‹ einfallen. Ein Element ist höchstwahrscheinlich nicht dabei – jenes, das Ihnen beim Konzept ›Feuer entzünden‹ zuerst in den Kopf schießt: ›brennbar‹. Ähnliches passiert, wenn man den Satz liest: ›Ein Juwelier schneidet Glas mit Diamanten‹. Folgt darauf die Frage nach dem Wert und der Härte eines Diamanten, ist letztere weit schneller zu beantworten.

Ein Wort zu verstehen heißt also nicht, dass es jedes Mal dieselbe semantische Information wachruft – was geschehen müsste, wenn es so etwas wie eine idealtypisch abgespeicherte wörtliche Bedeutung gäbe. Vielmehr assoziieren wir kontextbedingt bestimmte Gedächtnisinhalte mit einem jeweils gerade aktuellen Wortgebrauch: wobei die linguistische Ebene nicht die einzige oder gar dominante Ebene darstellt.

Dazu kommt, dass einzelne Begriffe von vornherein vage sind. Was genau unterscheidet Tasse, Becher, Schale, Schüssel, Bowle, Vase voneinander – wenn es schon genügt, Kaffee in eine Tasse zu gießen, um auch von einer Schale sprechen zu können? Wie definiert man ›Liebe‹ oder ›gut‹ objektiv? Wäre dies anhand einer wörtlichen Bedeutung zu leisten, ganze Erwerbszweige würden mit einem Schlag arbeitslos.

Das Gleiche gilt für unbestimmte Quantifizierungen wie *wenige, einige, ein paar, mehrere.* Je nach Situation zählen wir jedes Mal anders. Experimente zeigten, dass wir uns unter ›wenigen Leuten‹ vor einer Hütte 4 bis 5 Menschen vorstellen; imaginieren wir sie jedoch vor einem Wolkenkratzer, sind es 7 und mehr. Einer objektivistischen Sprachtheorie widerspricht auch der Gebrauch einer der wenigen Universalien, die es in wirklich allen Kulturen und Sprachen gibt: der Farbe Rot. Bezieht sie sich auf die Hautfarbe, ist der Farbton eher rosig; bei einer Kartoffel gelb-braun; bei der Haarfarbe fuchs- oder karottenrot; beim Wein dunkel bis purpurn und so fort.

Was die Theorie einer möglichen ›wörtlichen Bedeutung‹ ferner kaum haltbar erscheinen lässt, sind Homonymie und Polysemie. Bei der Homonymie hat ein und derselbe Wortkörper vollkommen verschiedene Bedeutungen, die keine gemeinsame Wurzel aufweisen (*kosten* – ›schmecken‹ vom althochdeutschen *koston*; und *kosten* – ›wert sein‹ vom französischen *coster*). Bei der Polysemie hat ein Wort unterschiedliche Bedeutungen, die jedoch miteinander verwandt sind (*Pferd* als Tier, Sportgerät und Schachfigur; *Wanze* als Insekt und als Abhörvorrichtung; *Flügel* als Körperteil eines Tiers und als Klavier). Diese Ambiguitäten sind keine Sonderfälle: von unseren hundert meistgebrauchten Wörtern ist der überwiegende Teil mehrdeutig.

Bei Polysemien wie *Virus* liegt es nahe, von einer primären Bedeutung (Krankheitserreger) und einer sekundär davon abgeleiteten (Computerprogramm) zu sprechen – was bereits auf jenen metaphorischen Transfer hinweist, der das Figurative kennzeichnet. Oft genug ist linguistisch jedoch kaum mehr rekonstruierbar, was nun die Bedeutungsmitte und was die Ableitung ist. Was etwa wäre bei *Sie lässt ein Buch / eine Masche / einen Freund / ihr Kleid fallen* die primäre und was die sekundäre Verwendung? Offensichtlich verbirgt sich dahinter erneut ein Schema, ein mentales Modell, von dem sich diese Variationen ableiten lassen. Abstrahierbar ist dies jedoch nicht in einem objektivistischen Sinn (als in unserem mentalen Lexikon eingetragene wörtliche Bedeutung), sondern als Konzept, das in seinem Wesen grundlegend schematischer ist als jede Idee reiner Wörtlichkeit.

Das heißt nicht, dass es überhaupt keine Wörtlichkeit gäbe. Sie ergibt sich jedoch erst im Bemühen, konzeptuelle Transfers im Nachhinein rational zu verorten – als Versuch, Aussagen auf ihre Eindeutigkeit hin abzuklären. Vor allem eines ist die ›wörtliche Bedeutung‹ nicht: die Spitze einer Sinn-Pyramide, von der hierarchisch auf immer tiefere Stufen hinab differenziert wird, um schließlich die Formulierung eines Satzes zu erlauben. Denn das Gehirn funktioniert anders – es gleicht einem parallel arbeitenden Prozessor, der das eine mit dem anderen, mit Vorigem und Nächstem, diesem und jenem assoziiert.

Petrarca entfaltet in seinen Liebessonetten die Homonymien und Polysemien des Namens *Laura* als Lufthauch, Aura, Gold oder Lorbeer. Hafiz setzt in seinen Ghaselen wiederholt im Persischen sich anbietende Homonymien ein, die erst durch eine Übersetzung ihre Divergenzen zeigen: »Wenn mein *Mutiger/Geliebter* das *Heer/Herz besiegt/bricht*, wird der König ihn bald zu seinem *Henker/ Liebling* ernennen.« Holt Rückert dagegen die Homonymien von Hariris Makamen ins Deutsche, werden die semantischen Unterschiede hinter ihrem identischen Klangbild wieder deutlich: »Die Ernt' ist wie die Saat, drum, was ihr *sä't, seht*! Ein Tor, wer früh versäumt hat, und zu *spät späht*.« Und Schlegel greift in seinem *Waldgespräch* die Widerhallslieder der barocken Schäferlyrik auf, um das täuschende Echo von Homonymien sichtbar zu machen:

Glaubst du dein Spiel könn' irgendwem gefallen? Allen.
Wem wird es denn zu lieb mit uns getrieben? Trieben.
Wer sehnt sich leeren Widerhall zu herzen? Herzen.

James Joyce hat die Ambiguitäten von Homonymien in *Finegans Wake* ebenso zu einer eigenen Poetik ausgebaut wie Arno Schmidt oder die konkrete Dichtung. So präsentiert uns Ian Hamilton Finlays ein *au pair girl* aufgrund der Homophonie zum englischen *pear* typographisch in Birnenform, um damit die fruchtige Süße ihres zum Hineinbeißen verlockenden Rückens wiederzugeben. Und Achleitner konjugiert eine Landschaft frühmorgendlicher, durch ein Gurren aufgerissener Stille ebenso homophon durch:

tau
taub
taube
taub
tau.

Die inhaltliche Mehrdeutigkeit ähnlicher Klang- und Schriftbilder muss nicht in den Vordergrund gestellt werden; schon in diskreter Form stellt sie eines der konstitutiven Merkmale von Poesie dar. So spielt Rilke in seiner *Gazelle* mit dem Titel als »Zeichen«, das erst ein »Vergleich durch Liebeslieder« erhellt:

Die Gazelle

Gazella Dorcas

Verzauberte: wie kann der Einklang zweier
erwählter Worte je den Reim erreichen,
der in dir kommt und geht, wie auf ein Zeichen.
Aus deiner Stirne steige Laub und Leier,

und alles Denken geht schon im Vergleich
durch Liebeslieder, deren Worte, weich
wie Rosenblätter, dem, der nichts mehr liest,
sich auf die Augen legen, die er schließt:

um dich zu sehen: hingetragen, als
wäre mit Sprüngen jeder Lauf geladen
und schösse nur nicht ab, solang der Hals

das Haupt ins Horchen hält: wie wenn beim Baden
im Wald die Badende sich unterbricht:
den Waldsee im gewendeten Gesicht.

Neurolinguistisch betrachtet, aktiviert der für Rilke offensichtlich exotische Begriff ›Gazelle‹ die Assoziation mit der homophonen ›Ghasele‹ – jener auch von Hafiz gebrauchten Gedichtform. Darüber hinaus wird das Bild einer Dorkas-Antilope ebenso homonym mittels des Bedeutungsfelds ›Jagd‹ (›Fluchtlauf/Gewehrlauf‹) konzeptualisiert. Alle vier unterschiedlichen Assoziationen ergeben sich allein über das »Lesen« von »Worten«: das lyrische Ich »sieht« sie dann bei »geschlossenen Augen«, um ihnen weiter nachzuhorchen.

Somit findet sich hier genau das beschrieben, was die psychologische Sprachforschung betreibt: nämlich die Frage, wie das kontextbedingte simultane Abrufen verschiedenster Wortbedeutungen in unserem Gehirn vor sich geht. Dies wird bereits in den ersten Versen dieses Gedichts formuliert:

Verzauberte: wie kann der Einklang zweier
erwählter Worte je den Reim erreichen,
der in dir kommt und geht, wie auf ein Zeichen.

Wo durch den Gleichklang von ›Gazelle/Ghasele‹ ausgelöste Assoziationen allein auf unterschiedlichen kulturellen Wahrnehmungsweisen beruhen – die Nomaden der Sahelzone nehmen dieses sandfarbene schlanke Tier mit völlig anderen Augen wahr –, bringt erst das Gedicht sie wieder in einen Sinnzusammenhang, in dem diese lexikalischen Einträge aufeinander bezogen einen »Reim erreichen«. Gerade weil Rilke seine Antilope darauf in die inkongruente Idylle eines Waldsees versetzt, wird das Bemühen der Poesie deutlich, der relativen Chaotik unserer parallel arbeitenden Sprachprozessoren Einheitlichkeit zu verleihen und sie dadurch im Umfeld unserer ›unverworteten‹ Welt zu verorten.

Was unser Gehirn beim Anrufen jedes einzelnes Wortes an Nebenbedeutungen wieder eliminiert, um Kommunikation zu ermöglichen, wird durch solche Verse aufgegriffen: Sie erlauben uns jene Weltsicht, wie sie sich vor ihrer Kategorisierung und Klassifizierung darbietet. Dabei beutet die Poesie die Möglichkeiten der Polysemie und Homonymie nicht nur für Wortspiele aus, die uns das vielgestaltig Inkongruente von ›Welt‹ auf denkbar kürzeste Weise vor Augen führen. Kai Selbars *Verwandlung von Wiederholung*: **modERn – mOdern** etwa zeigt aufgrund einer Homonymie die Diskrepanz zwischen dem auf, was zwar identisch geschrieben wird, aber völlig Unterschiedliches bedeutet. Zueinander in Bezug gesetzt – Mode als Abwehrgestus des Todes; Vitalitätsverlust durch zu viel Anhänglichkeit an den Zeitgeist – wird es erst durch den Kontext ›Literatur‹, in dem wir inzwischen reflexartig nach solchen Interpretationen suchen.

Wie die zitierten Beispiele zeigen, geht es der Poesie nicht nur darum, mit minimalstem Aufwand eine maximale Ausdrucksbreite zu erzielen. Sie versucht zudem die sprachlichen Ambiguitäten der Polysemie explizit miteinander in Deckung zu bringen. Dabei glaubt sie oft eine Art poetischer Ursprache herauszubilden: Pound unterlag so dem Irrtum, dass die Ideogramme chinesischer Schriftzeichen auf einer bildhaften Urgrammatik beruhen, während die Dadaisten meinten, mit der Lautmalerei eine Art expressiven Grundwortschatz gefunden zu haben. Trotzdem arbeitet die Dichtung so Universalien heraus. Diese liegen jedoch weniger auf der semantischen Ebene als in den Gesetzen unserer Kognition und der Art und Weise, wie sie den Erscheinungsformen von Welt sprachlich Herr zu werden versucht. Um letztlich trotz aller klärenden Anstrengungen im Mehrdeutigen gefangen zu bleiben.

2

Streng genommen haben wörtliche Bedeutungen nur bei Tautologien Geltung. Das trifft auf jedes Lexikon zu, in dem ein Schlagwort nur mittels anderer, ebenfalls wieder nachzuschlagender Begriffe definiert wird. Damit wären wir quasi in einem semantischen Spiegelkabinett gefangen. Aus diesem in sich geschlossenen Raum holt uns erst das heraus, was wir an Erfahrungswerten – also sensomotorischen und emotionellen Konzepten – mit den Worten verbinden. Die radialen Erweiterungen, die diese Konzepte erlauben, bewirken nun, dass eine ›wörtliche‹ Bedeutung langsam in viele figurative abgleitet.

Exerzieren wir dies an einem Beispiel durch, um zu sehen, welche Bedeutungsräume sich damit öffnen. Rückt man zwei philosophischen Stehsätzen –

Die Grenze meiner Sprache ist die Grenze meiner Welt; die Welt ist alles, was der Fall ist – mittels Duden zu Leibe, zeigt sich schnell, dass für die Begriffe darin keine wörtlichen Bedeutungen einsetzbar sind:

1. Ersetzt man die Nomina beider Sätze durch ihre Etymologien, erhält man Folgendes:

Das aus dem Westslawischen kommende Grenize *meiner althochdeutschen* Spraha *ist das polnische* Graniza *meines aus gotisch* wer *und* alds *zusammengesetzten Menschenalters; das Menschenalter ist alles, was von der lateinischen Vorstellung* casus = *Würfelfall beeinflusst ist.*

2. Erweitert man diese Sprachgrenzen, indem man die Nomina beider Sätze durch die ihnen im Duden nachgereihten Schlagworte ersetzt – ein einfaches poetisches Rezept, das die französischen ›Arbeiter an potentieller Literatur‹ (OULIPO) gerne benützten –, dann nehmen Wittgensteins Prämissen folgenden Wortlaut an:

Die Gretchenfrage meines Sprechakts ist die Gretchenfrage meiner Wenigkeit; meine Wenigkeit ist die Allgegenwart, die ein Fallbeil ist.

3. Substituiert man die Nomina unserer Maximen nun durch ihre Definition im Duden (unter Berücksichtigung der Homonymie ›*der* Fall‹ und ›*das* Fall‹), erklärt sich uns die Welt ein wenig anders:

Der durch entsprechende Markierungen gekennzeichnete Geländestreifen meines Sprechens als Anlage und Möglichkeit ist die Trennungslinie meines Lebensraumes; die Gesamtheit der Menschen ist alles, was ein Tau zum Aufziehen und Herablassen eines Segels auch sein kann.

4. Ersetzt man die Nomina dieser philosophischen Paraphrasen erneut durch ihre Dudensche Definition, beweist der Text schließlich das Gegenteil von Wittgensteins Aussagen, um sich gleichsam von selbst weiterzusprechen, aller Tiefengrammatik zum Trotz, in eine vollkommen andere Richtung:

Der durch übereinstimmende Kennzeichnungen von seiner Umgebung farblich abgehobene Abschnitt der Landschaft meiner bewusst hervorgebrachten Geräu-

sche von kurzer Dauer als Beilage zu einem Schreiben und einer etwas eröffnen-
den Gelegenheit ist das eindimensionale Gebilde ohne Querausdehnung, der
Äquator, in dem man sich frei bewegen kann;

das alle Bestandteile logisch sowie sittlich zusammenfassende höchstent-
wickelte Lebewesen ist im Ganzen besehen die Feuchtigkeit der Luft, die sich in
den frühen Morgenstunden als Tröpfchen an Pflanzen niederlässt und sich
schließlich unter seiner Würde bereitfindet, eine Spritze durch Einsaugen einer
Flüssigkeit vorzubereiten, um ein großflächiges Stück Leinen an einem Schiff
aufzuspannen, damit der Wind es vorantreibt.

3

Was aber ist dann ein Wort? Eine Lautfigur, die unterschiedlichste Assoziationen zu aktivieren imstande ist. Dabei ist ein Wort so abstrakt und konkret
zugleich wie jene mit Kreuzen, Strichen, Punkten oder Kreisen bemalten
Kiesel aus der Späteiszeit, die man im Schweizerischen Birseck oder im pyre-
näischen Mas d'Azil fand und deren Bedeutung sich heute nicht mehr eruie-
ren lässt. Sie stehen nur ›für etwas‹; sie sind Tokens, über die sich bloß sagen
lässt, dass sie einmal etwas symbolisiert haben: konkrete Objekte, die mnemotechnische Funktion hatten; eine Art steingewordener ›Knoten im Taschentuch‹; Schlüssel, die im Gedächtnis bewahrte Erinnerungen öffneten – Platons
anamnesis.

Gibbs, Raymond W. (1994), *The Poetics of Mind – Figurative Thought, Language, and Understanding*, Cambridge
Johnson, Mark (1987), *The Body in the Mind – The Bodily Basis of Meaning, Imagination, and Reason*, Chicago

Box 17. Was bedeuten Wortbedeutungen –
oder der ›Sphärengeruch‹ von ›Hartzen‹

Kennen Sie das Wort ›hartzen‹? Nun – es wurde 2009 zum Jugendwort des Jahres
ernannt. ›Hartzen‹ – das sich in der Ursprungsform ›Hartz IV‹ im allgemeinen
Sprachgebrauch festsetzte, um in abgewandelter Form und mit zusätzlicher Bedeutung in die Jugendsprache übernommen zu werden – verrät der Auswahljury zufolge
»die ständige Kreativität der Jugend, die aktuelle Geschehnisse und Problematiken
beobachtet, einordnet und dann in ihre Sprache übersetzt«. Der Begriff ›hartzen‹
setze sich mit einem politischen und gesellschaftlichen Sachverhalt auseinander,
zeige, wie sehr Jugendliche mit Arbeitslosigkeit konfrontiert werden und impliziere

durch die negative Besetzung des Grundworts ›Hartz IV‹ Kritik. Spannend sei der Begriff auch hinsichtlich seiner kreativen Wandlungsmöglichkeiten, da er zu vielen Neubildungen führe: ›rum-‹, ›mit-‹ oder ›abhartzen‹ und ›Hartzer‹. Neben ›hartzen‹ schafften es auch ›Bankster‹ und ›Pisaopfer‹ unter die jugendlichen Top 5 des Jahres 2009.

Der typische US-amerikanische Schüler einer 7. Klasse lernt pro Tag etwa 10 bis 15 neue Wörter dazu, deren Bedeutung er bis dahin noch nicht kannte. Wie ist dies möglich – angesichts der Tatsache, dass er dieses Wissen nach Einschätzung des Kognitionspsychologen Tom Landauer weder durch sprachliche Kommunikation noch durch Lektüre oder gar durch direkte Instruktion erworben haben kann? Anscheinend kennt er die Bedeutung von Wörtern, denen er gar nicht direkt begegnet ist und die er somit auch nicht über den Verkörperungsweg lernen konnte, wie in Box 12 geschildert.

Wie Platon und Agatha Christie, die dieses Problem auf den Punkt bringt – »Wie viel wissen wir zu einer bestimmten Zeit? Viel mehr, so glaube ich zumindest, als wir zu wissen wissen!« –, steht auch die Psychologie vor dem Rätsel, weshalb wir offenbar über sehr viel mehr Wissen verfügen, als die Informationen enthalten, mit denen wir bisher direkt in Berührung kamen. Dies wird beim Wortlernen besonders deutlich. Platons Lösung – die in unterschiedlichen Varianten von vielen modernen Theoretikern aus Philosophie, Linguistik, Biologie oder Psychologie übernommen wurde – bestand in der idealistischen Spekulation, dass das meiste Wissen angeboren sei und Menschen lediglich Hinweise und Kontemplation benötigten, um es zu vervollständigen.

Tom Landauers Modell der ›Latenten Semantischen Analyse‹ gibt eine andere Antwort darauf. Landauer ist der Auffassung, dass zumindest im Bereich des Wort-

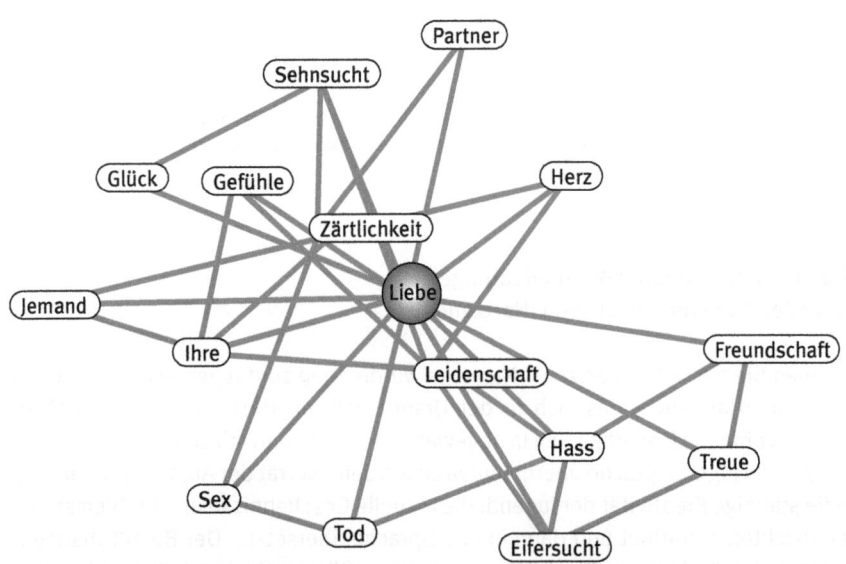

Abb. 47 Veranschaulichung der häufigsten Nachbarn des Wortes *Liebe* (nach www.wortschatz.de)

Metaphorik

wissens viele Bedeutungen nicht direkt, sondern indirekt über das Auftreten anderer Wörter in bestimmten Kontexten erworben werden – über die Ähnlichkeit von Wörtern in Textpassagen etwa. Schätzen lassen sich diese gemeinsamen Auftrittshäufigkeiten durch sogenannte Kollokationsfrequenzen (http://lsa.colorado.edu/). Abb. 47 veranschaulicht in einer Kollokationsfrequenzgrafik die häufigsten Nachbarn für das Wort *Liebe*. Demnach tauchte Liebe zumindest in der zugrunde liegenden Textdatenbank öfter direkt neben *Zärtlichkeit* auf als neben *Sex*. Dies sollte Landauer zufolge zum (assoziativen) Lernen der Bedeutung von Liebe beitragen.

Dennoch gibt Landauer zu, dass assoziative Prozesse, die sich durch das kontextuelle Erraten oder Erahnen von unbekannten Wörtern ergeben, nicht das gesamte Spektrum des Wortbedeutungserwerbs erklären können. Zumindest ein Teil der Wortbedeutungen wird auch durch direkte Begegnung – Beobachtung, Instruktion, Imitation, Handlung oder Verkörperung – erworben.

Doch wie geschieht dies? Verbindet eine assoziative Prozedur im Gehirn perzeptive Erfahrungen mit einem linguistischen Etikett auf der Basis von angeborenen Sprachlernmechanismen – wie die Psycholinguisten Bloom und Pinker meinen? Oder spielen soziopragmatische Prozesse der gemeinsamen Aufmerksamkeitsfokussierung und des ›Gedankenlesens‹ von Intentionen und Handlungsabsichten die Hauptrolle, indem sie dem Kind ermöglichen, Wortbedeutungen durch ihren Gebrauch zu erschließen – wie die Entwicklungspsychologen Bruner oder Tomasello im Anschluss an Piaget und Wittgenstein glauben (Box 12)? Darüber streiten sich die Experten seit langem, ohne dass ein Ende der Debatte in Sicht wäre. Vermutlich liegt die Wahrheit irgendwo in der Mitte.

In seinem einflussreichen Buch *Word and Object* machte der US-amerikanische Philosoph Willard Quine 1960 an einem Beispiel deutlich, wie unterdeterminiert die Zuordnung einfacher Namen zu Objekten ist. Nehmen wir an, ein Fremder sagt zu Ihnen ›gavagai‹, während er auf ein vorbeihoppelndes Kaninchen zeigt. Wie können Sie sich des damit intendierten Referenten sicher sein? Ist das Karnickel als Ganzes gemeint, seine Farbe, sein Fell, andere Teile, seine Aktivität oder vielleicht der Oberbegriff ›Tier‹? Das Problem, das sprachlernende Kleinkinder im Alltag haben, ist noch viel komplexer (Box 26). Sie hören ja eine kontinuierlich gesprochene Sprache, die – anders als die geschriebene Sprache – keine Wortgrenzen markiert. Sie haben es also weder mit isolierten Wörtern zu tun, noch zeigen ihre Bezugspersonen dabei immer auf etwas, um die relevante Information und damit die intendierten Bedeutungsmöglichkeiten einzugrenzen.

Die folgenden fünf empirischen Kernphänomene stellen jedenfalls Tomasello zufolge eine Herausforderung an jede Theorie dar – ob assoziativ oder soziopragmatisch –, die kindliches Wortlernen erklären will:

- Die Bedeutung eines Wortes kann oft aufgrund eines einzigen Beispiels erraten werden; zwei bis drei weitere Beispiele genügen, um die Bedeutung genau zu erfassen.
- Wortbedeutungen können von rein positiven Beispielen inferiert werden, die anzeigen, wofür ein Wort steht. Negativbeispiele, die angeben, wofür es nicht steht, können hilfreich sein, sind aber meist unnötig.

- Wortbedeutungen zerstückeln die Welt auf komplizierte Weise, sodass mehrere Wörter für ein Ganzes, eine Aktion, eine Eigenschaft oder Relation stehen können. Ziel einer ›Wortung der Welt‹ – wie Humboldt es nannte – ist jedoch nicht ihre Zerlegung in sich gegenseitig ausschließende Kategorien (ein Wort pro Kategorie), sondern ein System überlappender Konzepte mit je einem eigenen linguistischen Etikett (Box 10).
- Von Einzelbeispielen abgeleitetes Erschließen von Wortbedeutungen ist oft graduell. Je nach dem Wissen und den Erfahrungen eines einzelnen Lernenden besitzt es unterschiedliche Vertrauenswürdigkeit.
- Das Erschließen von Wortbedeutungen kann durch intentionale und pragmatische Überlegungen darüber, wie die beobachteten Beispiele im jeweiligen Kommunikationskontext zustande kamen, stark beeinflusst werden.

Letztere Einsicht hatte bereits Karl Bühler in seiner Sprachtheorie auf den Punkt gebracht, mit der er einen wesentlichen Aspekt der Austinschen und Griceschen Sprechakttheorien vorwegnimmt:

»Aber auch wenn man Dinge (usw.) benennt, ist es mit einer festen Zuordnung von Wort-Zeichen und bezeichnetem kognitiven Inhalt nicht weit her. Sprachpsychologische Experimente haben ergeben, dass man ein Ding nicht nur höchst verschieden benennt, sondern dass diese Unterschiedlichkeit auch festen Regeln folgt: Man benennt Dinge so, dass sie vom Kommunikationspartner möglichst nicht mit anderen Dingen (Kontextobjekten) verwechselt werden können. Dasselbe Ding, das Inhalt unseres Bewusstseins ist, wird also sehr verschieden benannt, wenn seine ebenfalls in unserem Bewusstsein repräsentierten Kontextobjekte entsprechend verschieden sind.«

Bühler erkannte aufgrund von denkpsychologischen Experimenten seiner Frau Charlotte auch, dass Wörter einen ›Sphärengeruch‹ haben: Kommt in einem Text beispielsweise das Wort ›Radieschen‹ vor, dann ist der Leser sofort an den Esstisch oder in den Garten versetzt, eine ganz andere ›Sphäre‹ also, als wenn etwa das Wort ›Ozean‹ vorkommt. Wörter haben Bühler zufolge einen ›Stoff‹ – sie sind verkörperte Kognitionen (Box 12) –, und die Tätigkeiten, denen sie dienen – Sprechen und Lesen, Denken und Fühlen –, sind ›stoffgesteuert‹. Ein Leser ist, um Bühlers auf Sprechen bezogenen Ausdruck zu verallgemeinern, »bei den Dingen, von denen gesprochen wird, und lässt die konstruktive oder rekonstruierende innere Tätigkeit zum guten Teil vom Gegenstand selbst, den man schon kennt oder soweit er durch den Text bereits angelegt und aufgebaut ist, gesteuert werden«. Welchen ›Sphärengeruch‹ bedingt bei Ihnen, verehrter Leser, denn das Jugendwort des Jahres 2009?

Warum können auch Erwachsene Probleme mit den Wortbedeutungen ihrer Muttersprache haben? Ein Grund dafür liegt in der Äquivokation (Mehrdeutigkeit). Es gibt Wörter mit gleicher Lesart, aber verschiedenen ähnlichen Bedeutungen (*Polyseme* wie ›Schule‹ als Unterricht, Gebäude, Körperschaft oder künstlerisch-wissenschaftliche Richtung) oder mit verschiedenen unähnlichen Bedeutungen (*Homonyme* wie ›Ball‹, ›Ton‹). Diese Homonyme wiederum können *Homographen* (oder *Hetero-*

phone) sein, bei denen dieselbe Schreibweise einen unterschiedlichen Klang verbirgt (›modern‹ wie in fortschrittlich versus ›modern‹ wie in verwesen, ›Versendung‹ wie in Vers-endung versus Ver-sendung) oder *Homophone*, die den gleichen Klang bei unterschiedlicher Schreibweise aufweisen (›Lehre/Leere‹, ›Meer/mehr‹, ›Wände/Wende‹). Meist hilft der Kontext, die jeweils korrekte Bedeutung zu erfassen. Aber auch Kontexte können ambig sein, sowohl syntaktisch (›Die Diebe konnten die Fahnder nicht fassen‹) wie semantisch (›Jeder Mann tanzte mit einer Frau‹).

Wie geht unser Gehirn mit solchen Mehrdeutigkeiten auf Wort- oder Satzebene um? Aktiviert es immer *alle* möglichen Bedeutungen eines Wortes, um dann mit zunehmender Kontextinformation die richtige zu selektieren? Oder wird immer zuerst die dominante, *geläufigste* Bedeutung selektiert, um alle anderen zu ignorieren? Zunächst ist hier der experimentelle Befund zu erwähnen, dass mehrdeutige Wörter im Vergleich zu eindeutigen in verschiedenen Aufgaben leichter verarbeitet werden. Sollen Probanden beispielsweise durch Tastendruck so schnell wie möglich – ohne nachzudenken, aber möglichst fehlerfrei – angeben, ob eine Buchstabenfolge ein Wort ihrer Muttersprache wiedergibt oder nicht, sind sie bei Wörtern mit mehreren Bedeutungen schneller. Das Gleiche gilt, wenn sie Wörter so schnell wie möglich korrekt aussprechen sollen. Viele solche Befunde sprechen für die erste der beiden Möglichkeiten: das Gehirn aktiviert simultan und kontextunabhängig vielleicht nicht alle, aber gewiss mehrere Bedeutungen eines Wortes. Eine Studie der Psycholinguistin Kara Federmeier verglich etwa die Verarbeitung von drei verschiedenen Wortarten: solche, die semantisch wie syntaktisch ambig sind, indem sie als Verb und Substantiv auftreten (›duck‹ – ›Ente/ducken‹); solche, die nur syntaktisch ambig sind (›vote‹ – ›Wahl/wählen‹), und Kontrollwörter (›sofa‹, ›eat‹). Abbildung 48 zeigt die hirnelektrischen Ausschläge (in Mikrovolt; oben = negativ, unten = positiv) für die drei Bedingungen. Die ›Hirnwellen‹ weisen zwar überall in etwa die gleiche Verlaufsform auf, der steile Ausschlag nach oben rund 400 Millisekunden nach Darbietung des Wortes ist jedoch bei doppelt ambigen Wörtern wie ›duck‹ am größten.

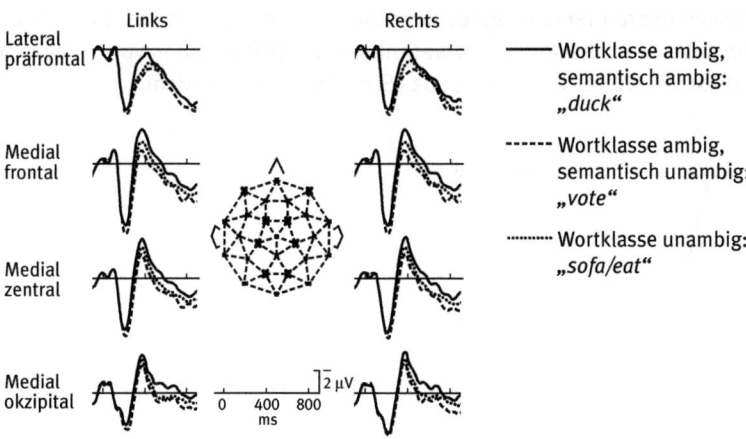

Abb. 48 Hirnelektrische Potentiale für ambige Wörter (nach Lee & Federmeier, 2006). Negativierung der hirnelektrischen Aktivität ca. 400 Millisekunden nach Reizdarbietung (N400) an vier Elektrodenorten.

Dies wird als neuronales Korrelat für den kognitiven Mehraufwand bei der Desambiguierung eines mehrdeutigen Wortes gewertet.

Welche neuronalen Netzwerke sind nun bei der semantischen Prozessierung und Desambiguierung aktiv? Dieser Frage gingen Forscher des University College London um Ingrid Johnsrude nach. Darin hörten Probanden einerseits Sätze mit mehreren ambigen Wörtern (›There were *dates* and *pears* in the fruitbowl‹), andererseits Sätze, die vergleichbare akustische, phonologische, syntaktische und prosodische Merkmale aufwiesen, ohne ambig zu sein (›There was beer and cider on the kitchen shelf‹); im Anschluss mussten sie Verständnisfragen beantworten. Tafel 6 (s. Farbteil S. 368) zeigt die maximal aktivierten Hirnregionen, zu denen besonders der linke hintere untere Schläfenlappen und die beidseitigen unteren Frontalgyri gehören. Manchmal müssen Leser die zunächst aktivierte Interpretation eines ambigen Wortes als Funktion neuer kontextueller Informationen korrigieren. Der obere Frontalkortex spielt vermutlich bei der Entdeckung der ›Kohärenzverletzung‹ eine Rolle, der rechte untere Frontalgyrus sowie die Insulae bei der Unterdrückung der inkorrekten Bedeutung, wie der Leseforscher Marcel Just herausfand (Box 37).

Trotz aller potentiellen Mehrdeutigkeiten erleichtern Wörter unser Leben. Nach innen dienen sie der (Ver-)Bindung, besseren Erinnerung, effizienteren Einordnung und Interpretation von Sinneseindrücken und ermöglichen all die Vorteile des inneren Sprechens, die in Box 26 geschildert werden. Nach außen dienen sie neben der Beschreibung der Welt der Koordination sozialer Handlungen und Steuerung anderer sowie der Vermittlung von eigenen Gefühlen und Gedanken. All das macht sie unersetlich, nicht zuletzt auch, weil sie uns den Zauber der Poesie ermöglichen.

Solche Befunde der Hirnbildgebung ergänzen aktuelle Einzelfallstudien von hirnlädierten Patienten und klassische neuroanatomische ›Post-mortem-Studien‹ wie die Pionierarbeit des Neurologen Carl Wernicke, der 1874 das ›sensorische Sprachzentrum‹ entdeckte: das sogenannte ›Wernicke-Areal‹, das in etwa im hinteren Bereich des linken oberen Temporalgyrus liegt (Abb. 49). Anders als das ›Broca-Areal‹ im linken unteren Frontalgyrus, das wesentlich an der Produktion von Sprache beteiligt ist, ist das ›Wernicke-Areal‹ für das Sprachverständnis wichtig.

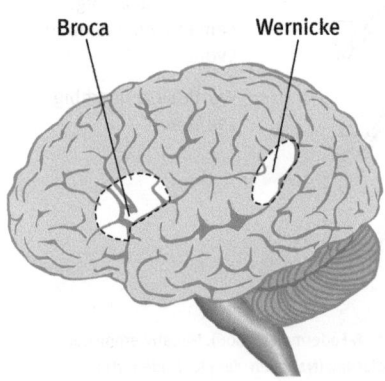

Abb. 49 Wernicke- und Broca-Areale

Metaphorik

Typ	Spontan-sprache	Nach-sprechen	Sprach-verständnis	Wort-findung
Broca-Aphasie	gestört	gestört	eingeschränkt für syntaktisch komplexes Material	eingeschränkt
Wernicke-Aphasie	flüssig (z. T. Logorrhoe, Neologismen)	gestört	eingeschränkt	eingeschränkt
amnestische bzw. anomische Aphasie	flüssig, aber Paraphasie	leicht beeinträchtigt	leicht beeinträchtigt	gestört, paraphasisch
globale Aphasie	gestört	gestört	gestört	gestört

Tabelle 2 Aphasietypen

Tabelle 2 listet die bekanntesten Typen von Sprachstörungen (Aphasien) auf, die nach neurologischen Erkrankungen wie Schlaganfall, Schädelhirntrauma, Gehirnblutung nach Venenthrombose, Tumoren, entzündlichen Erkrankungen oder Intoxikation auftreten können. Auf der Grundlage seiner neuroanatomischen und -psychologischen Studien entwarf Carl Wernicke eine der ersten Theorien des semantischen Gedächtnisses, die spätere Auffassungen vorwegnimmt, wie sie in Box 12 geschildert sind. Wortbedeutungen resultieren seiner Ansicht nach aus der Kombination eines Klangs mit einer modalitätsspezifischen perzeptiven Repräsentation – einem Bild etwa. Der Begriff ›Rose‹ setzt sich demnach zusammen aus einem taktilen Gedächtnisbild – *einem Bild des Berührens* – im zentralen Projektionsfeld des somatosensorischen Kortex, einem visuellen Gedächtnisbild, das im visuellen Kortex generiert wird, und dem Klang, der im auditiven Kortex re-produziert wird: gemeinsam erstellen sie die Bedeutung von ›Rose‹. Ist eine dieser Komponenten oder die Verbindungsbahn zwischen ihnen gestört, führt dies zu Aphasien.

Austin, J. L. (1962). *How To Do Things With Words*. New York: Oxford University Press. CA: Stanford University Press

Bloom, P. (2000). *How Children Learn the Meanings of Words*. Cambridge, MA: MIT Press

Bühler, K. (1934/1965). *Sprachtheorie*. Stuttgart: G. Fischer

Grice, H. P. (1975). »Logic and conversation«. In: P. Cole & J. L. Morgan (eds.), *Syntax and Semantics: Speech Acts*, vol. 3, New York: Academic Press

Landauer, T. K., & Dumais, S. T. (1997). »A solution to Plato's problem: The Latent Semantic Analysis theory of the acquisition, induction, and representation of knowledge«. *Psychological Review*, 104, 211–240

Lee, C., & Federmeier, K. D. (2006). »To mind the mind: An event-related potential study of word class and word class ambiguity«. *Brain Research*, 1081, 191–202

Mason, R., & Just, M. A. (2007). »Lexical ambiguity in sentence comprehension«. *Brain Research*, 1146, 115–127

Rodd, J. M., Davis, M. H., & Johnsrude, I. S. (2005). »The neural mechanisms of speech comprehension: fMRI studies of semantic ambiguity«. *Cerebral Cortex* 15, 1261–1269

Tomasello, M. (2003). *Constructing a Language: A Usage-based Theory of Language Acquisition*. Cambridge, MA.: Harvard University Press

J – WIE DAS GEHIRN ARBEITET – PERMUTATION UND HYPERBATON

1

Schon die Vorstellung, es gäbe im Gehirn ›Schaltkreise‹ und für Sprache zuständige ›Module‹ – im Sinne Chomskys, der von quasi genetisch verdrahteten *hardwired circuits* spricht, die für die Syntax oder ein Lexikon wörtlicher Bedeutungen zuständig wären –, basiert auf einer Metapher. Sie entstammt der militärischen Elektrotechnik des Zweiten Weltkriegs: Frühe Radaranlagen mit ihren ineinander übergehenden Schaltkreisen waren schwer instand zu halten, weil die Röhren oft durchbrannten. Der leichteren Reparatur wegen trennte man diese Schaltkreise auf und baute die Anlagen auf Modulen auf, die zum Schutz gegen tropische Feuchtigkeit verkapselt waren – so konnten sie im Störfall schnell ausgetauscht werden. Wie all unsere Begriffe, mit denen wir über unser Gehirn zu reden versuchen, basiert also auch ›Modul‹ auf einer Analogiebildung.

Da es in unserem Hirn jedoch keine klar identifizierbaren Schaltkreise gibt, die Sprache derart lokal aktivieren würden wie auf einem Schaltbrett, scheint der Vergleich mit einem Netzwerk passender. Unser Gehirn enthält etwa 100 Milliarden Nervenzellen. Jedes Neuron kann zwischen ein paar Hundert und Hunderttausend weitere Neuronen aktivieren, und für jedes der anderen 99 999 999 999 Neuronen gilt dasselbe. Es scheint geradezu ein Wunder, dass etwas so unheimlich Komplexes überhaupt funktioniert.

Da unser Gehirn nun einmal hauptsächlich aus Nervenzellen besteht, müssen die geistigen Leistungen, zu denen wir fähig sind, auf deren Verbindungen untereinander beruhen. Bei den chemischen Prozessen, die eine neurale Transmission gewährleisten, sind dabei drei Funktionsprinzipien am Werk. 1. Ein Neuron sendet einen Impuls an die anderen Neuronen, mit denen es verknüpft ist – die Impulsrate entspricht dabei der ›Stärke‹ des Signals. 2. Diese Impulsstärke macht es entweder wahrscheinlicher oder nicht, dass das zweite Neuron einen eigenen Impuls weitergibt – je nach Verbindungstyp. Und 3. können sich die Verbindungen in Reaktion auf das neurale Umfeld ändern – neue können wachsen (besonders in den ersten Lebensjahren); alte, nicht mehr stimulierte, sterben ab; auch die Empfindlichkeit der Verbindung kann sich ändern. Es ist also ein biologischer Konditionierungsmechanismus, der auf Repetition reagiert – je öfter bestimmte Verbindungen aktiviert werden (sprich: Sinnes-reize wahrgenommen und verarbeitet werden), desto stärker etablieren sie sich.

Ein sehr vereinfachtes Beispiel. Nehmen wir an, eine Neuronenreihe reagiert auf Reize des Auges beim Lesen; eine zweite auf jene des Ohrs beim Hören; eine dritte Reihe dahinter verbindet sowohl die betreffenden Buchstaben- wie die Phonem-Neuronen (Abb. 50).

Die Pixel eines gedruckten ›L‹ beispielsweise aktivieren ein bestimmtes Reiz-muster von Neuronen. Dann wird dieses Signal quantifiziert (und damit selek-tiert), indem es an die jeweils damit verbundenen Neuronen in der dritten Reihe weitergeleitet wird – abhängig davon, wie stark der Input ist, den jedes einzelne davon erhält.

Gleichzeitig wird auch das Reizmuster der ›Phonem-Neuronen‹, die auf die Lautfrequenzen eines gesprochenen ›EL‹ reagiert haben, an die Verbindungs-neuronen der dritten Reihe weitergeleitet. Und diese reagieren auf die Signale, indem sie beide Patterns addieren und so ein Reizmuster erzeugen, das sich von den ursprünglichen unterscheidet. Wie dieses Reizmuster aussieht, ist da-bei egal – Hauptsache, es unterscheidet sich von jenem eines ›K‹ oder eines ›M‹.

Durch diese dritte Neuronenreihe wird die Assoziation der ersten beiden sensorischen Inputs zu etwas eigenständigem Dritten umgewandelt – denn da-durch lernen wir, die Pixel des ›L‹ als ›EL‹ auszusprechen und diesen Laut als Buchstaben zu identifizieren. Es ist ein assoziativer Mechanismus, mit dessen Hilfe wir unterschiedlichste Dinge – Sinneseindrücke, motorische Bewegungen oder emotionale Reaktionen – miteinander verknüpfen. Konditioniert wird

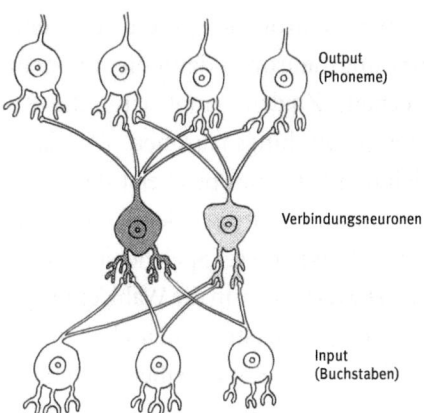

Output
(Phoneme)

Verbindungsneuronen

Input
(Buchstaben)

Abb. 50 Drei schematische Neuronenreihen: eine für den akustischen Output von Phonemen, eine für den visuellen Input von Buchstaben – die durch die mittlere Reihe miteinander verknüpft werden (Altmann, 1997).

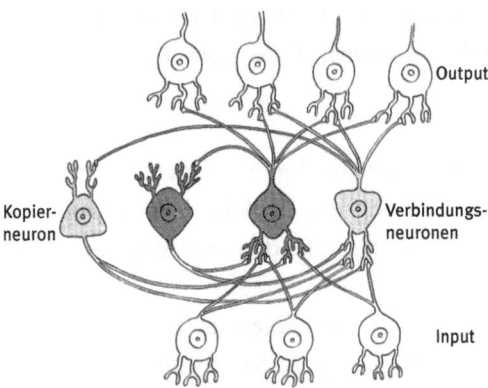

Abb. 51 Drei Neuronenreihen, nunmehr
durch ein speicherndes Kopierneuron
verbunden (Altmann, 1997).

dies durch unsere Umwelt – den Lehrer in der Schule beispielsweise, der bestimmt, ob diese einzelnen Assoziationsvorgänge relevant sind oder nicht –,
wobei vor allem das Element der Wiederholung zählt. Das gilt für alle denkbaren Bereiche unserer Erfahrung: Hat man einmal eine verdorbene Weißwurst
gegessen, graust man sich davor, selbst wenn sie das nächste Mal frisch vom
Metzger ist.

Ein solches imaginiertes Netzwerk bildet jedoch bloß statische Muster heraus.
Sprache hingegen – wie auch jede Bewegung – ist durch Sequenzen bestimmt.
Um sie zu erlernen, muss man bis zu einem gewissen Grad vorhersagen können,
was als nächstes Reizmuster folgt.

Die Rolle des virtuellen Lehrers in diesem – nach seinem Erfinder benann-
ten – ›Elman-Netzwerk‹ übernimmt eine vierte Reihe aus ›Kopier-Neuronen‹
(Abb. 51). Sie sind mit den Verbindungsneuronen der dritten Reihe – sowohl
was deren Input wie deren Output betrifft – verdrahtet. Das heißt, beim ersten
Arbeitstakt gelangt der Reiz der ›Buchstaben-Neuronen‹ in die dritte Reihe.
Beim zweiten Takt aktivieren diese Verbindungsneuronen dann die ›Phonem-
Neuronen‹ (um das ›L‹ als ›EL‹ auszusprechen). Zugleich duplizieren die ›Kopier-Neuronen‹ jedoch das Reizmuster der Verbindungsneuronen. Was damit
erreicht wurde, ist wesentlich: so ergibt sich nämlich eine Speicherstufe.

Beim dritten Takt erhalten dann die Verbindungsneuronen der dritten Reihe
einerseits einen neuen Input, andererseits wird das in dieser Speicherstufe abgespeicherte Muster auf sie übertragen. Das Netzwerk hat nun die Wahl, entweder
auf das neue Muster zu reagieren – oder die Speicherstufe zuzuschalten, um
durch sie den Output zu verändern. Je mehr solcher Kopierreihen vorhanden
sind, desto längere Sequenzen lassen sich speichern.

Wo dieses prinzipiell mit dem Gehirn vergleichbare Netzwerk zuerst nur zwei unterschiedliche Reizmuster miteinander zu assoziieren gelernt hat, kann es jetzt an den sich verändernden Reizmustern sequenzielle Muster erkennen. Es stellt eine Art von Gedächtnis dar – aufgrund dessen sich Vorhersagen treffen lassen.

Entsprechend unserer Fähigkeit, bis zu einem gewissen Grad vorherzusagen, was auf ein bestimmtes Wort alles folgen kann, lassen sich auch mit diesem Netzwerk – von einem beschränkten Vokabular ausgehend – Tausende von Sätzen bilden. Jeder Vokabel wird dabei ein spezifisches Reizmuster zugewiesen – und dem Netzwerk die Aufgabe gestellt, das jeweils nächste Wort der Satzfolge vorherzusagen. Anschließend wird jedes Reizmuster mit allen vorhergehenden verglichen; im Durchlauf von 10 000 Beispielsätzen verändern sich so die Verbindungen in winzigen Schritten, werden stärker oder schwächer, je nachdem, wie sehr sie sich voneinander unterscheiden.

Es überrascht wenig, dass dieses Netzwerk anfangs kaum vorherzusagen vermag, was das nächste Wort im Satz sein wird: auf ›Der Junge‹ könnte ja eine ganze Menge an Verben folgen. Nach wiederholten Durchgängen jedoch lernte es, Meta-Muster zu bilden, die eine Vielzahl von kombinierbaren Worten repräsentieren. Hat der Junge in einem Beispiel Sandwiches, in einem anderen Kuchen gegessen, sagt das Netzwerk schließlich voraus, dass auf ›Der Junge aß‹ entweder ›ein Sandwich‹ oder ›einen Kuchen‹ folgen kann. Es erzeugt simultan das neuronale Reizmuster beider Wörter, eins vom anderen überlagert, als Komposit.

Obwohl die ursprünglichen Reizmuster vollkommen willkürlich waren, erhalten nach einer Weile alle Substantive einander ähnliche Aktivationsmuster, die Verben ebenfalls – wobei sich beide Typen deutlich unterscheiden. Das Netzwerk lernte auch zwischen transitiven und intransitiven Verben zu differenzieren, ebenso wie zwischen belebten und unbelebten Substantiven: ›Kuchen‹ kommt nur nach ›essen‹, nie nach ›jagen‹ vor – wie umgekehrt nach ›jagen‹ eher ›Hund‹ folgt, nie aber ›Kuchen‹.

Für diese Leistung genügt es zu wissen, welches Muster einem Wort voranging und welches darauf folgte. Genau das ist die Information, die auch Substantive von Verben unterscheidbar macht: sie werden in zwei verschiedenen Kontexten eingesetzt. In den Beispielsätzen dieses Netzwerks ging ein Verb ebenfalls einem Substantiv voraus oder umgekehrt – nie aber folgten zwei Substantive aufeinander. Es lernte also nichts anderes, als statistische Wahrscheinlichkeiten zu identifizieren – ob beispielsweise auf einen bestimmten Artikel ein Substantiv folgte oder eher ein Adjektiv dazwischengeschoben wurde.

Auf einfachste Art und Weise kann somit Syntax entstehen, ohne dass wir auf die Genetik von Chomskys Sprachmodulen zurückgreifen müssen; die neurologische Basis für Syntax – unsere Kopier-Neuronen – wäre der dorsolaterale präfrontale Kortex, der dem Netzwerk als Arbeitsspeicher dient.

2

Derselbe assoziative und durch eine Speicherebene gepufferte Mechanismus ermöglicht es auch, über die Kombinatorik einer einfachen Wort-Objekt-Matrix eine erste elementare Art von Syntax herauszubilden.

Denken wir uns links eine Spalte von Worten (wie wir zu den Worten selbst kommen, dazu mehr im Kapitel über die Onomatopoeia); rechts eine Spalte von Bedeutungen. Die Worte weisen dabei entweder einen direkten referentiellen Bezug auf (sie sind also mit einem Objekt verknüpft: *Fleisch* bezieht sich rechts etwa auf den Eintrag ›essbare organische Materie‹) oder nicht (*essen* bezieht sich auf kein Objekt, sondern steht für ›Nahrungsaufnahme‹). Manche der Einträge rechts lassen sich links dann mit mehreren Worten verbinden: ›essbare organische Materie‹ beispielsweise lässt sich sowohl mit *Fleisch* als auch mit *essen* assoziieren.

Die Matrix dieses Netzwerks demonstriert eine Eigenschaft, die universell allen Sprachen eigen ist: das Zipfsche Gesetz. Es konstatiert, dass bei der Auflistung aller Worte eines Textes die Häufigkeit ihres Vorkommens umgekehrt zu ihrer Reihung abnimmt. Viele Worte kommen selten, wenige dagegen häufig vor (wie *der, die, das; von; und; ich*). Je stärker verbreitet Worte sind, desto weniger spezifisch ist ihre Bedeutung. Häufig vorkommende Worte lassen sich deshalb mit einer Vielzahl von Einträgen verknüpfen; seltene Worte dagegen sind weit spezifischer und besitzen deshalb oft nur einen einzigen Link.

Die Proto-Sprache dieser Matrix bildet die Ausgangsebene für ein zweites Netzwerk, das eine primitive Form von Wort-zu-Wort-Assoziation abzubilden vermag. Es verbindet systematisch Einträge der linken Liste untereinander. Das Prinzip ist einfach: zwei Worte lassen sich verknüpfen, wenn sie einen gemeinsamen Eintrag in der rechten Liste aufweisen: beispielsweise *Fleisch* mit *essen*. Womit wir über eine simple Form von Syntax verfügen: *Fleisch-essen*. Über eine dritte, überlappende Assoziation kommt dann *Ich-Fleisch-essen* hinzu.

So einfach diese Matrix erscheinen mag, so ist sie doch den Eigenschaften linguistischer Systeme überraschend nahe. Detaillierte Studien belegen, dass unsere Syntax einem solchen Organisationsmuster sehr ähnlich ist; diese Art

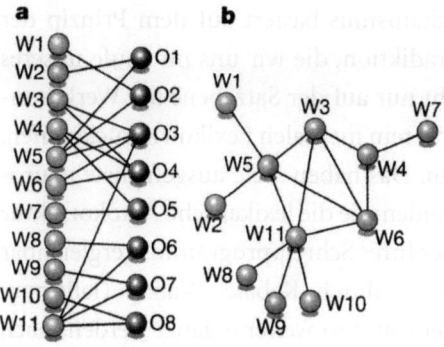

Abb. 52 Netzwerk für eine Protosprache.
a) Ein zweiteiliges Set von Links verbindet Worte
(W1, W2, ...) mit Objekten (O1, O2, ...). Die
meisten Worte sind spezifisch und beziehen sich
nur auf ein oder zwei Objekte, während sich einige
wenige auf mehrere Objekte beziehen.
b) Ein neues Netzwerk ergibt sich durch die
Verbindung von Worten, die zumindest ein
Objekt gemeinsam haben. Das daraus resultierende Netzwerk weist viele Worte mit wenigen
Links auf, manche jedoch fungieren als
Knotenpunkte (Ricard Solé, 2005).

der Kombinatorik würde dabei zusätzlich auch die oft unlogischen und schrul-
ligen Regeln des Satzbaus erklären – sie wären nur das Nebenprodukt von un-
skalierten Netzwerkarchitekturen (Abb. 52).

3

Solche Netzwerke demonstrieren, dass kein Rückgriff auf vorgegebene Regeln notwendig ist, sondern Strukturen von selbst aus dem Sprachgebrauch
entstehen: Syntax ist nichts anderes als eine derartige Struktur. Erst ihre Kombinatorik bildet zusammen mit der auf unserer Erinnerungsleistung beruhenden
Prädiktion auch Grammatik heraus. Wir lernen Sprache nur, indem wir gewissermaßen statistische Voraussagen über die Wahrscheinlichkeit treffen, mit der
ein Wort auf ein anderes folgt – nur eben mit einem exponentiell weit komplexeren Netzwerk von Neuronen. Grammatik ist letztlich nichts anderes als eine
kodierte Wortfolge, die alle Vorhersagen erfüllt.

Ist ein zusätzliches Netzwerk von Neuronen für die Kodierung von Kontexten zuständig, lässt sich auch die Mehrdeutigkeit von Worten auflösen. Darüber, in welchem Sinn ›Bank‹ zu verstehen ist, entscheidet die jeweilige Situation. Um einen Satz zu bilden, reihen wir so unterschiedliche Voraussagen,
einzelne Wortfolgen betreffend, aneinander. Je nach Kontext wird dabei ein
Faktor prädiktiver als ein anderer. Ist im Rahmen einer Küche von einem
Stuhl die Rede, halten wir es für wahrscheinlicher, dass er ›zurückgescho-
ben‹ oder zu einem Tisch ›gestellt‹ wird, als dass er ›geworfen‹ wird. Alle möglichen Szenarien, die wir vom Beginn eines Satzes an entwerfen (bei der Produktion wie der Rezeption), reduzieren sich mit jedem weiteren Wort – bis
man den Satz beim Zuhören schon vor seinem Ende meist selbst vervollständigen kann.

Dieser Selbstvervollständigungsmechanismus basiert auf dem Prinzip der auf Wahrscheinlichkeit basierenden Prädiktion, die wir uns im Laufe unseres Spracherwerbs antrainieren. Er ist nicht nur auf der Satzebene am Werk, sondern auch wenn wir auf die Worte in unserem mentalen Lexikon zurückgreifen. Selbst dort noch greift diese Prädiktion. Das haben viele ausgefuchste neurolinguistische Experimente vorgeführt, indem sie die lexikalische Autokorrektur des Gehirns demonstrieren, die mit jener Ihres Schreibprogramms vergleichbar ist. Hören wir etwa die Silbe ›Ka-‹, kann sie durch ›Kabale‹, ›Kaban‹ (falls man weiß, was das ist), ›Kabanossi‹, ›Kabarett‹ und so weiter ergänzt werden; nach ›Kap-‹ folgt entweder nichts mehr oder ›kapabel‹, ›Kap Arkona‹, ›Kapaun‹ oder Ähnliches; nach ›Kapitula-‹ kann jedoch nur noch ein ›-tion‹ folgen.

Wie das folgende Beispiel zeigen wird, arbeitet die Poesie jedoch grundsätzlich gegen die Laufrichtung dieses neurologischen Worterfassungsprogramms; sie versucht mit ihren kodierten Wortfolgen diese Art von Vorhersagbarkeit zu unterlaufen. Warum? Offenbar um uns dadurch an jener Fülle von Sinneseindrücken teilhaben zu lassen, die nur kurz in unserem Kopf bestand, bevor sie zwangsstrukturiert und auf rein pragmatische Zwecke orientiert wird.

4

Die Poesie ist bestrebt, alles Prädiktive möglichst lange in der Schwebe zu halten: sowohl kontextuell wie syntaktisch und semantisch. Wenn semantisch beim Zugriff auf das Wort ›Kapitän‹ auch ›Kap‹ oder ›Kapital‹ als Bedeutung aufgerufen werden und mitschwingen, bis sie wieder eliminiert werden, versucht die Dichtung diese Überlagerungen so lange wie möglich präsent zu halten. Dasselbe gilt für die Ambiguitäten des Syntaktischen und Kontextuellen: auch sie sollen möglichst lange im Raum stehenbleiben. Dies gelingt der Poesie mittels einer Diktion, die sich grundsätzlich gegen unsere Erwartungshaltungen stellt: sich nicht nur dagegen sperrt, sondern auch (durch das Reflexive ihrer Formen – Metrum, Strophe, Refrain) permanent rückbezüglich arbeitet.

Das folgende Sonett von Franz Josef Czernin ist ein Beispiel, wie sich die poetische Diktion auf mehreren Ebenen gegen jede Voraussagbarkeit wehrt:

wasser, sonett

das meer, es wird durchkreuzt im eignen namen laut,
da im glas wasser stürmt, als öffnung vor zu schweben,
wie all die schäume sich mit lippen selbst beleben,
dass wasser unsre farben spielt, zusammenbraut

sein bild als aug: aus blauem sich das durch uns staut,
blick bis zum rand zu füllen, da auf die see wir heben,
von grund auf schwall ausschöpfend, wir auch fließend geben
dem meer, den wellen wort, das unsern lauf rein schaut:

gestrichen wird, auch an- wie aus-, das ganze segel
an jedem punkt, dass tränen, tropfen sich durchdringen,
aus einem guss, in einem boot auf uns zu bringen,

ja, lösend ruder, blatt mit dieser zunge: pegel
auf- es und angibt mit der quelle, die in dingen
und zwischen zügen, zeilen fasst: stillt dies die regel?

Was das Gedicht zunächst ins Werk setzt, ist das Stilprinzip syntaktischer wie semantischer Inversionen. Es arbeitet mit Nachsetzungen, um unseren Selbstvervollständigungsmechanismus zunächst auf der idiomatischen Ebene zu hintergehen. So wird aus einem ›Sturm im Wasserglas‹ *im glas wasser stürmt* oder aus dem ›Farbenspiel des Wassers‹ *wasser unsere farben spielt*. Es bricht dazu Komposita wieder in ihre Einzelteile auf (*vor zu schweben* statt ›vorzuschweben‹ oder *ruder, blatt*) und ersetzt Worte durch eng assoziierte Begriffe (›Wortlaut‹ durch *namen laut*). Zudem entfaltet es die Homophonien (etwa um über den Verweis von *all die schäume* beim *meer* rückbezüglich auf ›mehr‹ anzuspielen) und Polysemien (*angibt* als Angabe und Angeberei) von Worten wie von Redensarten (*aus einem guss* lässt auch die Bedeutung ›Regenguss‹ mitschwingen).

Die letzten Zeilen lassen sich somit umformulieren zu: ›der Satzpunkt wird gestrichen, damit die Zunge sich vom Blatt lösen kann, um dadurch den Wasserpegel [dieses als Meer verstandenen Papiers] anzugeben und ihn [gleichzeitig] aufzugeben, um die Quelle anzugeben, die zwischen den Zeilen und Dingen [wie ein Brunnen] gefasst ist‹.

Ob in einzelnen Silben oder der gesamten Syntax: das Gedicht legt die normierten Regeln des Satzbaus und der Wortbezüglichkeiten erst lahm und *stillt die regeln*. Es lockert sie und löst sie schließlich auf, um damit ›Mehreres‹ zugleich zu sagen, grammatikalisch korrekt und doch vieldeutig (wobei unsere Paraphrasen nur *eine* mögliche Lesart skizzieren). Und damit sind wir noch nicht auf all die Verknüpfungen eingegangen, die die Sonettform oder die Reimfolgen aufbauen …

Wozu das alles? Um die Offenheit einer Welt zu suggerieren, wie sie sich unseren Sinnen darbietet, bevor wir sie in unserer Wahrnehmung zu Bildern kodiert haben? Oder sie in Sprache zu fassen, um aus dem stillen Brunnen unseres unbewussten Sprachvermögens zu schöpfen und dadurch ein Meer an Bedeutungen wiedererstehen zu lassen? Je mehr ein Gedicht das Vorhersagbare und -sehbare umgeht, desto mehr an Fülle rückt es uns jedenfalls vor Augen.

Und doch ist beide Male die Idee von ›Bedeutung‹ illusorisch. Wörtlich fixiert wirken Bedeutungen nur, weil wir ihre Assoziationen gewohnt sind – während das Unfixierte von poetischen Bedeutungen uns nur offen erscheint, weil es noch ungewohnt ist. Die kognitiven Prozesse bleiben jedoch dieselben. Sie lassen sich letztlich nur auf unsere Körperlichkeit zurückführen: auf Zunge und Auge; wobei jedes Wort – um es mit dem Gedicht zu sagen – bloß *unseren lauf rein schaut.*

5

Als Stilfigur werden diese von Czernin auf mehreren Ebenen angewandten Inversionen HYPERBATON (›Umgestelltes‹) genannt. Eine der ältesten, zu Unrecht in Vergessenheit geratenen Poetiken – die Schrift *Über das Hohe* des Pseudo-Longinus – sieht in dieser Denkfigur primär Emotionelles ausgedrückt:

Das Hyperbaton besteht in einer von der normalen Reihenfolge abweichenden Anordnung der Ausdrücke und Gedanken; in ihm prägt sich gleichsam die heftige Leidenschaft am besten aus. Denn so wie auch in der Wirklichkeit Menschen, die zornig, verängstigt, empört oder von Eifersucht oder anderem erregt sind (es gibt unendlich viele Affekte, und niemand könnte ihre Zahl nennen), immer wieder vom Weg abirren, sich das eine vornehmen und dann häufig zum anderen überspringen, sinnlos mittendrin etwas einschieben, dann im Kreis zum Ausgangspunkt zurückkehren und ganz besessen von ihrer Heftigkeit wie von einem Wirbelsturm jetzt hier- und gleich wieder dorthin gerissen werden, um in dauerndem Wechsel tausendfach die Ausdrücke und Gedanken in ihrer natürlichen Ordnung und Verbindung zu ändern – so ahmen die besten Schriftsteller durch das Hyperbaton die Natur nach und erreichen damit die gleichen Wirkungen.

Auf diese Definition lässt der antike Kritiker dann ein Beispiel folgen, das die emotionale Mimesis dieser rhetorischen Figur deutlich macht. So wird der Phokaier Dionysios von Herodot mit folgenden Worten zitiert:

»Unser Schicksal steht auf des Messers Schneide, Ionier! Es geht um Freiheit oder Knechtschaft – Knechtschaft, wie sie flüchtigen Sklaven droht. Jetzt bricht für euch, wenn ihr die Mühsal auf euch nehmen wollt, zwar eine harte Zeit an, dafür aber werdet ihr eure Feinde besiegen können.« In der normalen Reihenfolge müßte es so lauten: »Ionier, jetzt ist für euch die Stunde gekommen, da ihr Mühsal auf euch nehmen müßt. Denn unser Schicksal steht auf des Messers Schneide.« Dionysios stellt jedoch die Anrede ›Ionier‹ um und beginnt sogleich mit der beängstigenden Lage, so daß er angesichts der drohenden Gefahr gar nicht erst dazu kommt, die Hörer anzureden. Und dann verdreht er auch die Reihenfolge der Gedanken – denn bevor er sagt, daß sie die Mühen auf sich nehmen müssen (dazu ermahnt er sie ja), gibt er vorher den Grund an, warum sie es tun sollen: »Unser Schicksal«, sagt er, »steht auf des Messers Schneide«, so daß man den Eindruck erhält, die Worte seien nicht seiner Überlegung, sondern der Notlage entsprungen.

Statt einer prämeditierten Aussage gibt diese Rede also eine affektgeladene, spontan aus der Situation gewonnene Satzfolge wieder. Neurolinguistisch betrachtet zeigt sich darin, dass es keine notwendige Regelhaftigkeit in unserer Sprachproduktion gibt, sondern bloß eine Norm, die auf einer statischen Dominanz beruht. Wie jedes Transkript von hitzigen Debatten oder emotionellen Ausdrucksweisen demonstriert, brechen wir diese ›normale Reihenfolge‹ nach Bedarf und Belieben, ohne dass die wachsende Zusammenhanglosigkeit unser Verständnis notwendig behindern würde. Statt HYPERBATON bietet sich dafür das mit einem sprechenden Namen versehene KAKOSYNTHETON an, zu dem etwa Churchills berühmtes Diktum gehört: »This is the kind of nonsense up with which I shall not put«.

6

Die Vorstellung von ›normal‹ ist stets kontextgebunden. In der Poesie können uns die seltsamsten Inversionen sogar als selbstverständlich erscheinen, wenn wir sie durch den Reimzwang bedingt sehen: das beweist beinahe jedes klassische Gedicht im deutschen Literaturkanon. Auch im englischen Kanon weicht die übliche Subjekt-Prädikat-Objekt-Folge zugunsten einer Subjekt-Objekt-Prädikat-Folge ab: bei Shakespeare etwa zu 86 Prozent. Inspiriert von der freien Syntax des altgriechischen Dichters Pindar, baut etwa Hölderlins Poetik selbst noch in ungebundener Form auf solchen syntaktischen Dislokationen auf, wie sein *Tod des Empedokles* zeigt:

> Bereite ein Mahl, daß ich des Halmes Frucht
> Noch einmal koste, und der Rebe Kraft,
> Und dankesfroh mein Abschied sei.

Erhebt man solche syntaktischen Transpositionen systematisch zum Stilprinzip, ist es nicht mehr weit zu dem, was man PERMUTATION nennt. Ein Beispiel hierfür ist Chamissos *Kanon:*

> Das ist die Not der schweren Zeit!
> Das ist die schwere Zeit der Not!
> Das ist die schwere Not der Zeit!
> Das ist die Zeit der schweren Not!

Von diesen Permutationen ist es wiederum nur ein Schritt zu ANAGRAMMEN. Sie stellen Umstellungen auf Buchstabenniveau dar, um damit jene Fehlleistungen bei der Sprachproduktion kreativ zu nutzen, die man Freudsche Versprecher nennt (dazu später mehr). Eines der bekanntesten Beispiele hat der Stirnerianer und Adornoschüler Kurt Mautz verfasst, bezogen auf seinen alten Germanistenfreund Wilhelm Emrich, der sich den Nazis angebiedert und ihm während seines Kriegsdienstes die Hörner aufgesetzt hatte (worauf sich die zweite Gedichthälfte bezieht):

> germanisten
> nisten mager
> man ist gerne
> nistgermane

sagt er minne
meint er sang
sternmagien
stangenreim
rast im engen
armin segnet
amen singt er
geistermann
same gerinnt
im argen nest
nager misten
greinen mast
grast meinen
magern stein

Eine solche poetische Technik ist uralt. Die ältesten Anagramme sollen auf Aristandros, den Wahrsager Alexanders des Großen, zurückgehen. Praktiziert wurde diese Technik vor allem in der Kabbala in Form der Temurah – wo die Umstellung der Buchstaben bedeutsamer oder erklärungsbedürftiger Begriffe neue, den jeweiligen Begriff erklärende Worte hervorbringt. Übernommen wurde diese Technik auch von der christlichen Literatur. Sie gewann etwa aus der Buchstabenkonfiguration

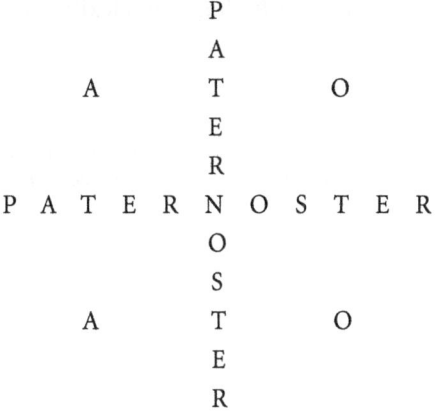

durch eine Lesung im Rösselsprung den Satz: ›Oro te pater, sanas‹. Aus denselben Lettern entstand um die Mitte des ersten christlichen Jahrhunderts auch jenes magische Quadrat, das man in Pompeij als Graffito entdeckte:

```
S   A   T   O   R
A   R   E   P   O
T   E   N   E   T
O   P   E   R   A
R   O   T   A   S
```

Diese Buchstabenfolge kann man zunächst mit »Der Sämann Arepo hält als Werke (Pflug-)Räder« übersetzen. Bezeichnend ist jedoch, dass hier unser gewohnter Selbstvervollständigungsmechanismus nur bedingt greift. Denn je nach kulturellem Kontext lassen sich diesem Reizmuster von Lettern völlig unterschiedliche Bedeutungskonstellationen abgewinnen. Hebräisch *Arepo* könnte so für das ›Alpha‹ und ›Omega‹ der *Offenbarung* stehen, im Kontext der gräko-ägyptischen Götterverehrung das ägyptische Hr-Hp – ›Antlitz des Apis‹ – wiedergeben oder mit dem Mithraskult verbunden sein. Der Spruch könnte aber auch eine Umstellung von PETRO ET REO PATET ROSA SARONA darstellen: ›dem Petrus, obwohl er der Schuldige ist, steht die saronische Rose offen‹ – wobei die saronische Rose im biblischen *Hohelied* als Allegorie für ›Braut‹ zu lesen wäre.

Welche Interpretation man auch bevorzugt – als Raster stellt dieses Quadrat eine dem Gehirn vergleichbare Matrix dar, deren interne Verknüpfungen das kognitive Generieren von Strukturen ebenso deutlich machen wie unsere Fokussierung darauf, ihnen wieder einen kohärenten Sinn abzugewinnen. Auf eindeutig Wörtliches lässt es sich dennoch nur selten fixieren: das Mehrdeutige ist es, wodurch unser Denken sich seine evolutionsbiologische Flexibilität erwarb.

Altmann, Gerry T.M. (1997), *The Ascent of Babel – An Exploration of Language, Mind, and Understanding,* Oxford
Lieberman, Philip (2002), *Human Language and Our Reptilian Brain – The Subcortical Basis of Speech, Syntax, and Thought,* Harvard
Solé, Ricard (2005), »Syntax for free?«. *Nature,* Vol. 434, 289

Box 18. Gebärdensprachen:
Natur oder Kultur?

Glaubt man Herodot, wollte der ägyptische König Psammetichos herausfinden, wer die ersten Menschen auf der Welt waren. Dazu gab er zwei neugeborene Zwillinge in die Obhut eines Schäfers auf einer unbewohnten Insel und befahl ihm, niemals mit ihnen zu sprechen. Nach zwei Jahren bekam er, was er für des Rätsels Lösung hielt: die Kinder sprachen als Erstes das Wort ›Bekos‹, phrygisch für ›Brot‹ – was Psammetichos als Beweis wertete, dass die Phryger die ersten Menschen waren. Sprachwissenschaftler mögen diese Geschichte, weil sie gerne herausfänden, wie die erste Sprache der Welt beschaffen war. Leider gibt es kaum harte Evidenzen zur Beantwortung dieser Frage.

Deshalb gehen einige Linguisten in der Tradition des Anthropologen Franz Boas auch heute noch in Feldversuchen der Frage nach, wie neue Sprachen – Pidgin-Dialekte und Kreolsprachen – entstehen. Einem solchen Projekt unter Leitung von Wendy Sandler gelang es vor einigen Jahren, eine erst vor etwa 75 Jahren entstandene Gebärdensprache – die Al-Sayyid Bedouin Sign Language (ABSL; Abb. 53) – zu analysieren. Diese Zeichensprache entstand spontan im Süden Israels in einer endogamen, insularen Gemeinschaft von Beduinen, die eine hohe Zahl von genetisch bedingten Gehörlosen aufweist (100 von 3500 Dorfbewohnern). Solche Gebärdensprachen eröffnen Forschern die Möglichkeit, die Genese von neuen Sprachen zu untersuchen, weil diese sich stets dann ausbilden, wenn taube Menschen regelmäßig interagieren. Wegen des fehlenden auditiven Signals entwickeln sie sich unabhängig von den sie umgebenden gesprochenen Sprachen; ihre eigenständigen grammatischen Strukturen stellen eine wunderbare Fundgrube für Psycholinguisten dar. Diese interessiert insbesondere die uralte Streitfrage, ob Sprache erlernt oder angeboren ist. Zwei Merkmale von ABSL – die in der dritten Generation noch immer keine Morphologie (Flexion/Beugung; Derivation/Wortableitung; Komposition/Wortzusammensetzung) herausgearbeitet hat – verweisen auf eine solche angeborene Sprachdisposition. Sie unterscheidet offenbar von selbst zwischen Subjekt und Objekt und präferiert eine bestimmte Wortordnung (Subjekt-Objekt-Verb). Wie wir in Box 7 gesehen haben, gibt es allerdings auch eine alternative entwicklungspsychologische Erklärung für diese beiden Merkmale von ABSL.

Gebärdensprachen eignen sich auch zur Beantwortung anderer Fragen. Was ist die Basis für die neuronale Organisation des menschlichen Sprachsystems? Liegen aus phylo- und ontogenetischen Gründen die hinteren Sprachsysteme wie das Wernicke-Areal deswegen innerhalb des auditorischen Assoziationskortex, weil linguistische Information zuerst durch das Ohr ins Gehirn gelangt? Und liegen die vorderen Systeme wie das Broca-Areal im unteren prämotorischen Kortex, weil der Motorkortex die Sprachartikulation steuert? Ist die linke Hirnhälfte sprachdominant, weil sie schnell wechselnde und sequenziell organisierte Informationen prozessieren kann – oder weil sie besser zielgerichtete Handlungen steuert?

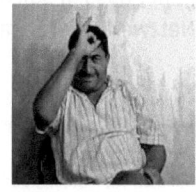

Abb. 53 Beispiel einer Al-Sayyid Bedouin Sign Language (ABSL)-Gebärde. Quelle: http://sandlersignlab.haifa.ac.il/html/html_eng/al_sayyid.html.

Die Gebärdensprache eröffnet spannende Perspektiven auf die Beantwortung solcher Fragen, weil sie mentale linguistische Strukturen mit den gesprochenen Sprachen teilt – sich gleichzeitig jedoch radikal von diesen im Hinblick auf Input und Output unterscheidet. Durch den Vergleich lassen sich einerseits modalitätsspezifische Faktoren ausklammern, andererseits gemeinsame Grundstrukturen analysieren. Alle diesbezüglichen Studien demonstrieren, dass bei Gebärdensprechern die linke Hirnhälfte sprachdominant ist. Die an der Gebärdensprachrezeption und -produktion beteiligten neuronalen Strukturen ähneln offenbar denjenigen von gut hörenden Sprechern. Bei beiden ist bei der Produktion ein linkslateralisiertes perisylvisches Netzwerk (um die seitliche große Hirnfurche herum; Tafel 7 im Farbteil S. 368) involviert. Bei beiden aktiviert die Sprachrezeption zusätzlich Areale im oberen Schläfenlappen (Gyrus temporalis superior und Sulcus temporalis superior). Bei beiden führen Läsionen in der linken Hirnhälfte zu Aphasien (Box 17, Tabelle 2), während solche der rechten Hirnhälfte die Sprachfähigkeit intakt lassen. All dies spricht dafür, dass Gebärden als linguistische und nicht als bloß räumliche und visuelle Information verarbeitet werden.

Selbst die phonologische Verarbeitung zeigt überraschende Ähnlichkeiten, wie Tafel 7 (Farbteil S. 368) verdeutlicht. Gebärdensprachen bauen für gewöhnlich auf drei Parametern auf: Handform, Gebärdenort und -bewegung. Die Gebärden der Britischen Zeichensprache für ›Name‹ und ›Nachmittag‹ unterscheiden sich nur bezüglich ihres Ortes; dies ist analog zu einem sogenannten Minimalpaar in der gesprochenen Sprache (zwei Wörter, die die gleiche Anzahl an Lauten aufweisen, unterschiedliche Bedeutung haben und sich dabei nur in einem Laut oder in einem Phonem unterscheiden, wie ›Bass‹ – ›Pass‹). In der in Tafel 7b skizzierten Aufgabe sahen die Probanden jeweils zwei Bilder und sollten beurteilen, ob 1) die den gezeigten Objekten (z. B. Stuhl und Bär) entsprechenden englischen Wörter sich reimen; und ob 2) die Gebärden für zwei Objekte den gleichen Ort haben (›Schwein‹ und ›Hexe‹ beispielsweise werden beide an der Nase verortet). Kontrollbedingung des Experiments war 3), ob die beiden Objekte identisch sind. Tafel 7c zeigt die relativen Aktivationsmaxima des Gehirns bei Gehörlosen für die Ortsbeurteilungs- und die Reimaufgabe im Gegensatz zur Reimaufgabe bei Hörenden. Die Befunde legen nahe, dass in solchen basalen Aufgaben in beiden Fällen sehr ähnliche neuronale Netzwerke der Sprachverarbeitung dienen.

MacSweeney et al. (2008). »The signing brain: the neurobiology of sign language«. *Trends in Cognitive Sciences* 12, 232–240
Sandler, W., Meir, I., Padden, C., & Aronoff, M. (2005). »The Emergence of Grammar in a New Sign Language«. *Proceedings of the National Academy of Sciences*, 102, 2662–2665

K – METAPHER, SIMILE UND ALLEGORIE

1

Wozu verwenden wir Metaphern? Zunächst, um schwer formulierbare Ideen und Vorstellungen überhaupt ausdrücken zu können. Was mit *der Gedanke war ein Eichhörnchen am Baum* zunächst angedeutet wird, ist ›Flinkheit‹. Damit ist jedoch erst ein Bruchteil dessen gesagt, was die Metapher umreißt. Um ihren Bildraum in Worten auszumalen, müssten wir weit ausholen und uns dabei weiterer Umschreibungen bedienen. Denn auch Phrasen wie ein ›unvorhersehbar plötzliches Auftauchen‹, das ›sich Entziehende eines Gedankens‹ oder ›es lag mir auf der Zunge‹ stellen letztlich wieder figurative Ausdrucksweisen dar. Um der gesamten Assoziationsbreite unseres Beispiels gerecht zu werden, müssten wir dazu eine lange Reihe von Konnotationen auflisten: vom Animalischen zum Pittoresken; von der implizierten ›Nuss‹ des Gedankens bis zur Frage, wofür der Baum steht… Es kommt eben nicht von ungefähr, dass wir metaphorisches Sprechen vor allem dort verwenden, wo uns die an Konkretem gewonnenen Konzepte im Stich lassen – zum Beispiel bei emotionalen Sachverhalten, in der Kosmologie und Quantenphysik oder dem Finanzwesen.

Eine Metapher stellt also ein kompaktes Kommunikationsmittel dar. So wie unsere sensomotorischen Konzepte über aufgesplittete Perzepte zustande kommen, vermag auch Sprache die Kontinuität und Vielschichtigkeit unserer mentalen Prozesse bloß in Worte aufzuteilen. Da deren Referenzbreite im Vergleich dazu jedoch lächerlich gering ist, versucht die Metapher diese Komplexität wenigstens andeutungsweise wiederherzustellen. *Der Apfel ist rot* transportiert nur eine einzige Information über einen spezifischen Apfel; *die Liebe ist ein Apfel* konfiguriert mit demselben geringen Sprachaufwand ein ganzes Set konnotativer Informationen (von der Süße über den sinnlichen Genuss beim Hineinbeißen bis zum Umstand, dass er auch schnell faulig wird).

Das führt uns zum nächsten Vorzug der Metapher. Sie gibt unserer Wahrnehmung das unmittelbar Eindrückliche zurück und entwirft eine Phänomenologie des Sinnlichen und Emotionellen – gerade weil sie uns dazu zwingt, subjektive Assoziationen zu A und B wachzurufen. Und da sie zudem für A und B meist konkrete Details setzt (über die wir dann induktiv das Bild von etwas Ganzem skizzieren), ist sie auch leicht zu behalten: die Imago eines Bildes eignet sich ja besonders für einen direkt abzuspeichernden Gedächtnisinhalt.

2

Auf der Basis der im vorigen Teil durchgearbeiteten Prinzipien, mittels derer wir Welt konzipieren, erscheint die Metaphorik eher als Grundform denn als Sonderfall jenes Assoziationsnetzwerks namens Gehirn. Wo jedes Wort nur eine Lautkontur ist, die unterschiedlichste damit verbundene Bedeutungen wachzurufen imstande ist, und jede Bedeutung sich aus der Verknüpfung diverser Gedächtnisinhalte ergibt, stellt nicht der metaphorische Transfer, sondern vielmehr die Eindeutigkeit einer ›wörtlichen Bedeutung‹ die Ausnahme dar: sie ist ein hypothetisches Konstrukt, eine Idealtypisierung zum Zweck epistemischer Analysen.

Die eigentliche Erkenntnisarbeit wird von der Metapher geliefert, die das genaue Gegenteil eines ›bloß rhetorisch interessanten‹ Ausdrucksmittels ohne jeden kognitiven Gehalt ist. Sie kann zwar, wie Coleridge gemeint hat, zum Ausdruck reiner *fancy* werden – zum Selbstläufer eines assoziativen Prozesses, in dem das Gehirn willkürlich alles mit allem verknüpft. Sie bietet dann jenes sich freispielende, anarchische *brainstorming* an, wie es einst die Surrealisten, Erfinder seit jeher und Werbetexter immer wieder von neuem betreiben.

Als *imagination* jedoch wird das Metaphorische zum Träger einer Vorstellungskraft, die die Dinge und ihre etablierten Verhältnisse zueinander auflöst. In Coleridges Worten »zersetzt sie diese und treibt sie auseinander, um sie zu re-kreieren … im Bemühen darum, etwas zu idealisieren und wieder zu vereinen. Sie ist grundsätzlich *vital* – ungeachtet dessen, dass ihre Objekte (als Objekte) im Wesentlichen fixiert sind und tot.«

Eine Metapher jedoch nur als verkürztes Gleichnis aufzufassen – indem sie durch ihr *Wie* auf bereits identifizierte Ähnlichkeiten verweist –, wird ihr nicht gerecht. Sie lässt weit eher im Sinne von Coleridges Imagination zuvor nicht erkannte Ähnlichkeiten offenbar werden. Dadurch stellt sie einen kreativen kognitiven Akt dar, der etwas unter dem Blickwinkel von etwas anderem sieht und begreift: eine *Als-ob*-Konstruktion. Durch ihre Art der Projektion von B auf A lassen sich neue Perspektiven etablieren und Analogien zwischen zwei verschiedenen Objekten erkennen.

3

Um die Interpretation der Metapher herrscht ein ewiger Streit. Er spiegelte sich zuletzt in den gegensätzlichen Positionen der Psycholinguisten Gibbs und Glucksberg oder der Philosophen und Literaturwissenschaftler Black und Davidson wider. Davidson etwa fasst sie als rein wörtliche Aussage auf, die nichts ›meint‹, sondern bloß auf etwas ›deutet‹, was dann sprachpragmatisch, nicht jedoch auch semantisch ›verstanden‹ wird – während Black gegensätzlich argumentiert. Die Debatte um Wörtlichkeit und Figuration scheint auch davon abzuhängen, auf welcher Ebene man zwischen Metonymie, Analogie und Metapher zu unterscheiden gewillt ist. Zumindest für unser Anliegen lässt sie sich klären, indem man eine Skalierung vornimmt, die vom empirisch Überprüfbaren zum nur subjektiv Nachvollziehbaren führt:

1. *Eigenschaften von A gehören auch B an.*
2. *Eigenschaften von A hängen von B ab.*
3. *Eigenschaften von A verhalten sich zueinander wie Eigenschaften von B zueinander.*
4. *Einzelne Eigenschaften von A sehen aus wie B.*
5. *A ist nicht B; aber da ist etwas an A, das an B erinnert (ohne dass es sich anders sagen lässt.)*

Der erste Punkt definiert die SYNEKDOCHE, bei der ein *pars pro toto* konkreter und realer Bestandteil von etwas Ganzem ist. Der zweite Punkt definiert die METONYMIE, bei der sich die Verbindung vom Teil zum Ganzen etwas loser, abstrakter, vermittelter darstellt (dazu mehr in einem eigenen Kapitel). Der dritte Punkt umfasst die ANALOGIE: sie projiziert strukturelle Relationen und ganze Konzepte von A nach B. Über das Konzept ›Wasser‹ machen wir uns so auch vorstellbar, wie elektrische Energie transportiert wird: nämlich als ›Strom‹, der ›fließt‹ – wobei wir dann auch von ›Leitungen‹, ›Kreisläufen‹ und ›Quellen‹ reden.

Der vierte Punkt hingegen umreißt das SIMILE. Bei ihm werden vergleichsweise weniger offensichtliche, weiter entfernte und singuläre Eigenschaften miteinander verglichen: A und B teilen weniger konzeptuelle Strukturen denn vereinzelt Adjektivisches und Attributives. *Der Abend liegt ausgebreitet am Himmel wie ein ätherisierter Patient auf einem Tisch* – was hier bei Eliots Simile den Vergleich produziert, sind die Polysemie von Äther (als ›Himmelsluft‹ und Chloroform), visuelle Ähnlichkeiten (das Abendlicht, das auf dem Himmel so flach zu liegen kommt wie ein auf dem Operationstisch liegender Patient) sowie eine gemeinsame Symbolik (eines Scheintods mit implizierter Wiederbelebung).

Bemerkenswert ist einerseits, dass – obwohl A und B hier grundsätzlich nichts gemein haben – dieses Bild sofort einprägsam ist, ohne als verzerrter Bildsprung wahrgenommen zu werden. Andererseits aber sind wir beim kognitiven Durchleuchten dieses Bildes dann ebenso überraschend bestrebt, A und B möglichst umfassend in Deckung zu bringen. Dadurch rücken wir auch explizit nicht Genanntes – wie ›Licht‹ – in den Vordergrund. Wir detaillieren so zuerst das Bild des ›Abends vor dem Himmel‹; das implizierte Abendlicht führt dann zur Vorstellung eines nackten, weil notwendig weißhäutigen Patienten, der noch dazu männlich ist (Brüste würden die bildhafte Gleichung stören); und der ›Tisch‹ wiederum zeigt uns dieses Abendlicht als hellen geraden Streifen vor dem dunklen Untergrund der fallenden Nacht. Dabei entsteht gewissermaßen ein stereoskopisches Schauen, bei dem zwei unterschiedliche Bilder rechts und links zu einem Ganzen komplettiert werden. Im Unterschied zur Analogie werden hier primär nicht nur Ähnlichkeiten konstatiert, sondern sekundär auch kreiert.

Die Übergänge vom Simile zur Metapher sind fließend – es gibt eine Grauzone, in der die kognitive Distanz zwischen A und B so groß wird, dass der Vergleich ins Metaphorische kippt. Bretons *Ma femme aux épaules de fontaine à têtes de dauphins sous la glace* ist deshalb schwer zu übersetzen, weil die von den Nomina aufgebauten Bilder erst nach und nach miteinander überblendet werden müssen. ›Meine Frau mit Schultern einer Fontaine mit Schnäbeln von Delphinen unter dem Eis‹ ergibt erst nach einiger visueller Nachjustierung das Bild eines Brunnens, dessen zwei waagrechte Wasserspünde in Form eines Delphins vereist sind, um dann durch den Bezug ›Frau‹ auf deren Schultern fokussiert zu werden. Ist dieses Bild nun eher ein Simile oder eine Metapher? Der Übersetzer Wolfgang Schmidt entscheidet sich für Ersteres: *Meine Frau mit Schultern wie eisbedeckte Brunnen mit Delphinköpfen;* ebenso ließe es sich aber auch als Genitivmetapher formulieren: *Meine Frau mit den Schultern delphinköpfiger Brunnen unter Eis.* Das französische *à* und *aux* stellt eben ein Mittelding zwischen dem ›wie‹ eines Similes und dem ›ist‹ einer Metapher dar.

Der fünfte Punkt unserer Liste definiert jedenfalls die METAPHER, bei der A auf den ersten Blick keine Ähnlichkeiten mit B aufweist, es aber dennoch intuitiv erfasste Verbindungen zwischen beiden gibt. Weit mehr als das Simile zwingt sie uns damit, mittels sekundärer Merkmale von A und B kognitiv ein eigenes Konzept zu kreieren. Bretons *Ma femme à la chevelure de feu de bois* lässt sich erneut in ein Simile oder eine Metapher übertragen. Sage ich ›die Haare meiner Frau *gleichen* einem Holzfeuer‹, beschreibe ich eine brandrote Lockenpracht, die vielleicht schon von ersten grauen Haaren durchzogen ist. Schreibe ich ›die Haare meiner Frau *sind* Holzfeuer‹, beginnen sie zu brennen, wird ihre Stirn zur Birkenrinde, tritt das Materielle dieses Bildes zusammen mit aller sich daraus ergebenden sinnlichen Eindrücklichkeit in den Vordergrund: ich kann sie brennen sehen, hören, riechen. Wobei Breton durch seine Genitivmetaphern noch einen Schritt weiter geht: *Meine Frau mit dem Haar des Holzfeuers* sieht sie nur noch als Haar, um sie durch dieses bloß sekundäre Merkmal konstitutiv neu zu bestimmen: das rote prasselnde Züngeln des Feuers, das blaue Flammen darin, die grauen Rauchkringel, die Glut, das helle und das verkohlende Holz, die blättrige Asche – all das verkörpert sie dann, allumfassend, in einer mythischen Erscheinungsform, als wäre sie der brennende Dornbusch. Während man bei einem rein wörtlichen Verständnis dieser Metapher sofort den Feuerlöscher holen und Alarm schlagen müsste.

Die Dissonanz zwischen A und B schafft so eine größere sinnliche Resonanz. Die Fokussierung auf Randdetails – die durch die Spannung zwischen Wörtlichem und Figurativem bedingt wird – erstellt ein breites, lebendig sich veränderndes Bild, das plötzlich eine ganze Welt ausmacht, in der alles andere ausgeblendet wird, um für unsere Augen nur mehr sie und dieses Feuer existent werden zu lassen.

Bewirkt wird dies durch den kognitiven Blickwinkel, der nach innen verlegt ist. Bei einem Simile werden wir zum Beobachter, der von außen Ähnlichkeiten innerhalb eines einheitlichen und objektivierbaren Bereichs feststellt. Die Referenzpunkte einer Metapher sind hingegen subjektive; der Fluchtpunkt ihrer perspektivischen Parallelen schneidet sich in uns selbst, indem ihr Projektionsprinzip all unsere verfügbaren sensomotorischen Konzepte aufruft. Denn was wir für ihr Verständnis einbringen müssen – einzig einbringen können –, sind jene ureigensten Erfahrungen, auf denen unsere Konzepte von ›Frau‹, ›Haar‹, ›Holz‹ und ›Feuer‹ beruhen.

Das gilt für Metaphern, die so selbstverständlich scheinen, dass wir sie gar nicht mehr als solche wahrnehmen (wenn wir vom ›Salatkopf, dem ›Tischbein‹ oder auch synästhetisch vom ›scharfen‹ Geschmack reden), ebenso wie für poetische. Der Unterschied zwischen der dichterischen und der Umgangssprache besteht allein darin, dass bei Letzterer die Metaphorik für unser Denken bereits konstitutiv geworden ist. Sie ist uns zum gewohnten Modell geworden, mit dem wir Welt erfassen. Eine Metapher wie *der Weg ist das Ziel* ist nur deshalb so selbstverständlich, weil wir die beiden damit verknüpften sensomotorischen Schemata längst miteinander in Deckung gebracht haben – durch unseren Sprachlernprozess und unsere kulturelle Konditionierung. Bei einem imaginären Stamm von Buschmännern in der Kalahari könnte ›Haare sind Holzfeuer‹ durchaus zum Grundvokabular gehören – es wäre dann bloß für unsere Sichtweise ein Mythem.

Wörtlich verstanden – als *Aussage* – ist eine Metapher falsch. Sagt Shakespeare von Julia, *das Licht, das scheint, kommt von ihren Augen*, meint er damit nicht, dass ihre Augäpfel das Zimmer ausleuchten wie Romeos Nachttischlampe. Um diesen figurativen Ausdruck in ein Konzept zu verwandeln, fixieren wir zuerst die ›Augen‹, um sie im vorgegebenen Bildraum zu kontextualisieren: über ›Licht‹ schreiben wir ihnen implizit einen ›leuchtenden Glanz‹ zu. Danach konzentrieren wir uns auf ›Licht‹, um es über ›Auge‹ implizit zu ›ihr‹ werden zu lassen. Der Schnittpunkt beider Parallelen wird uns durch die Verben ›scheinen‹ und ›kommen von‹ erleichtert – sie lenken unseren Blick jedes Mal zurück auf einen impliziten Ursprung: auf ›Julia‹ und ›Sonne‹. Dadurch erhalten wir das Bild von etwas Drittem: *Julia ist die Sonne.*

Anders als beim Simile geht diese interaktive Semantisierung nicht in *einem* gleichsam fotografischen Ganzen auf – die Metapher bleibt ein Vexierbild, in dem Julias Augen ebenso sehr die Sonne sind, wie die Sonne zugleich für Julias Augen steht. Strikter formuliert: Ein Simile vergleicht zwei Dinge direkt miteinander, eine Metapher hingegen korreliert sie indirekt über ein *tertium comparationis*. Dieses Dritte bringt nun einen Vektor ein, der der Metapher – im Unterschied zum eher zweidimensionalen Vergleich – Tiefe verleiht.

›Julia ist *wie* die Sonne‹ heißt, eine eher abstrakte Liste ihrer Eigenschaften zu erstellen, eine Art Erscheinungsprofil auf einer Bildfläche. ›Julia *ist* die Sonne‹ hingegen macht A und B zu Polen, zwischen denen sich ein dreidimensionaler Denkraum aufspannt. Indem ›Augen‹ zur ›Sonne‹ und ›Sonne‹ zu ›Augen‹ werden, konkretisieren sie sich wechselseitig – der metaphorische Transfer verwandelt A wie B zu etwas Verkörpertem, Verdinglichtem. Da wir nun für alles Körperhafte und Dingliche ein Repertoire unterschiedlichster Konzepte besitzen, beginnen wir mit ihnen den durch die beiden Begriffspole eröffneten Raum auszustatten.[11] Erst dadurch können Metaphern zum Ausgangspunkt ganzer

---

11 Dabei beginnt das Gesetz der ökonomischen Strukturierung, das unser gesamtes Denken und Kommunizieren bestimmt, ebenso zu greifen, wie Grice' Implikationsgesetz und das Gesetz der guten Gestalt. Wir können gar nicht anders, als aus den vorgegebenen Informationen – wie unvollständig und inkongruent sie auch sein mögen – ein kohärentes, gestalthaftes Ganzes zu konfigurieren: vorher geben wir nicht auf.

Mythen werden, die diese imaginäre Welt mittels eines solchen Bildkerns entwerfen.

Weil die Metapher uns dank ihrer Rätselhaftigkeit zwingt, die ihr zugrunde liegenden visuellen Perzepte neu zu betrachten, wird mit unserem ›Was-System‹ zugleich das ›Wo-System‹ aktiviert. So konstruieren wir quasi zwischen A und B einen psychisch fühlbaren, dreidimensionalen Raum; wir entwerfen von den beiden Begriffspolen aus – über die Längen- und Breitenkreise der mit ihnen assoziierten Konzepte – ein in sich geschlossenes Universum, in dessen Mitte wir uns selbst sehen. Vergleichbar zu unserer Reaktion auf optische Täuschungen beginnt so eine Art semantischer ›Blindsicht‹ – wobei natürlich auch emotionelle Gehalte einfließen, die der Metapher erst die Eindrücklichkeit eines *je ne sais pas quoi* verleihen. (Siehe Tafeln 8 und 9 im Farbteil S. 368.)

Je weiter A und B auseinanderliegen, desto mehr Raum bietet sich dafür an. Beliebig ausdehnbar ist dieser Weltinnenraum jedoch nicht. Sind die beiden Pole einander zu nahe – wie etwa bei ›der Weg ist das Ziel‹, wo sich die zugrunde liegenden Schemata beinahe decken –, fällt er in sich zusammen. Ist der Abstand zwischen ihnen zu groß, lässt er sich kaum noch herstellen. *Der Stuhl ist ein Syllogismus* erweckt nur noch auf einer abstrakten Ebene Interesse, weil wir mit ›Syllogismus‹ kaum mehr Emotionelles assoziieren – eindrücklich ist solch eine Metapher höchstens für einen Logiker.

Dabei kommt es schnell zum Bildsprung der KATACHRESE, bei der von vornherein eine Inkongruenz zwischen A und B besteht. Hamlets ›die Waffen erheben gegen ein Meer von Plagen‹ funktioniert nur deshalb, weil diese Inkongruenz die Vergeblichkeit aller menschlichen Auflehnung unterstreicht. Bathos und Pathos liegen dann nah beieinander, wie Pope in seinem *Peri Bathous* – ›den Bart mähen, das Gras rasieren‹ – demonstriert. Die semantische Unvereinbarkeit zwischen A und B bewirkt dann den Effekt des Lächerlichen: ›wenn alle Stricke reißen, hänge ich mich auf‹; ›über jeden Dorn im Fleisch breitet sich einmal der Schleier des Vergessens‹. Doch selbst solche Katachresen sind Teil unseres Alltagsvokabulars wie der (bloß etymologisch gesalzene) ›Fruchtsalat‹ zeigt.

4

Ein Simile hält durch sein ›Wie‹ A und B als eigene Entitäten auseinander; es belässt ihnen ihre phänomenologische Autonomie und objektiviert dadurch die Relation zwischen ihnen: es analysiert sie von einem eher rationalen Blickwinkel aus. Das ›Ist‹ der Metapher hingegen hebt diese Trennung auf; es über-blendet sie in einer Art Doppelbelichtung, die aus lexikalisch noch definierba-ren Schlagworten die imaginären Figurationen A' und B' entstehen lässt: es syn-thetisiert sie gleichsam von innen heraus, mittels der in ihnen verborgenen vorsprachlichen, bildlichen und emotiven Aspekte.

Der Raum, der sich zwischen A' und B' auftut, ist für die kontrastierenden Theorien zur Metapher mitverantwortlich. Denn um sie mit Bedeutungen zu versehen, kann man entweder einen fiktiven Kontext erstellen, in dem diese Figurationen Gültigkeit erhalten –, oder aber man de-fiktionalisiert das Figura-tive, um ihre faktischen Konturen wiederherzustellen. Entweder begreift man also die Metapher als phänomenologische oder als linguistische Konstruktion; für die eine muss man eine eigene Realität imaginieren, für die andere das (letzt-lich ebenso ir-reale) Fundament einer konkreten Bedeutung rekonstruieren.

Beide Auffassungen sind komplementär: die Metapher kreiert die Koordina-ten eines eigenen Universums und verschafft uns damit Zugang zu neuen virtu-ellen Räumen; als Erfahrung begreifen können wir sie jedoch nur im Rückgriff auf unsere gewohnten und erlernten Begriffskonzepte (Abb. 54).

Dieser Tropismus als Pendelbewegung zwischen zwei semantischen Breiten-kreisen zeigt sich im Projektionsmechanismus der Metapher: bei ihr projizieren wir A auf B und B auf A, um dadurch ihren Bedeutungsraum zu erstellen. Ein Simile hingegen ist weit weniger reversibel (eine Ellipse ist wie ein Kreis – ein Kreis jedoch entspricht nur noch in wenigem einer Ellipse; und Holzfeuer ist kaum wie Haar). Nur Pleonasmen wie der ›weiße Schimmel‹ sind (fast) voll-kommen symmetrisch und tautologisch.

Die Projektionsrichtung eines Vergleichs bewirkt, dass Teile von A in B sub-sumiert werden. Um A dadurch definieren zu können, muss B jedoch stabil bleiben: nur so kann es als stereotyp Bekanntes über das phänotypisch Unbe-kannte von A etwas aussagen. Das Simile betritt mit A gewissermaßen kogniti-

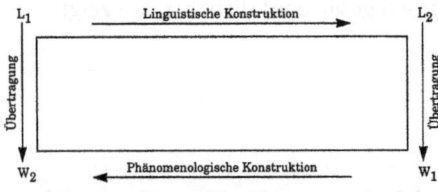

Abb. 54 Die Metapher L1 wird, wörtlich verstanden, auf eine mögliche Welt W2 übertragen, die eine Adaptation der ›realen‹ Welt W1 darstellt; oder die Metapher L1 wird linguistisch aufgrund ihrer Konnotationen in die logisch korrektere Form L2 überführt, um dann etwas über die ›reale‹ Welt W1 aussagen zu können. Resultat dieses Konstruktionsprozesses ist in beiden Fällen eine Interpretation – im ersten Fall von Sprache, im zweiten Fall von Welt. Da unsere Wahrnehmung zwischen beiden Projektionsrichtungen oszilliert, ist eine Metapher auch mit Formen optischer Täuschungen vergleichbar.

ves Neuland, das durch B dann kartiert wird. So kolonialisiert Sprache Welt und gewinnt ihren alten Topoi neue Aspekte ab – in eben jenen *Als-ob*-Konstruktionen, auf denen Vaihinger seine kritische Pragmatik aufbaute.

Dies gilt für alle möglichen Bereiche, bei denen wir Neues durch einen Vergleich mit Altem greifbar machen. Verkoster drücken die jeweils eigene Nuance eines Weins durch Vergleiche mit bekannten Geschmacks- und Geruchsstoffen wie Holunder, Schokolade, Leder, Heu aus, um dann weit ins Figurative auszuholen: ›Junge Weine sind wie junge Unternehmen: lebendig und von großer Zukunft – eine spritzige Karriere mit Bauchgefühl!‹. Bei jeder Reise in ein uns fremdes Land verarbeiten wir unsere Eindrücke durch Vergleiche mit Vertrautem (›es sieht doch hier aus wie in X.‹; ›erinnert dich das nicht auch an Y.‹). Selbst in Sciencefiction-Filmen, in denen man per se außerirdischen, noch nie gesehenen Wesen begegnen müsste, sind die Monster jedes Mal bloß aus verschiedensten Reptilien und Insekten zusammengeklittert.

Darin offenbart sich letztlich unsere kognitive Begrenzung. Wir sind gar nicht in der Lage, uns etwas vorzustellen, für das wir kein Konzept besitzen – alles Neue erschließen wir erst durch die Kombination von bereits abgespeicherten Erfahrungsmustern.

Dadurch, dass bei einer Metapher A und B überblendet werden, ist der semantische Tropismus – obwohl weit stärker konstitutiv – weniger auffällig als bei einem Simile. In ihren häufigsten Formen verleiht die Metapher zudem nur selten der Gleichung A = B Ausdruck, sondern wird als Genitivmetapher (B von A – *Schiff des Staates*), adjektivierte Metapher (Ab – *der schwimmende Staat*) oder als Kompositum (AB – *das Staatsschiff*) formuliert.

Die analytische Dialektik des Similes findet sich in der Metapher also bereits einer Synthese zugeführt: So wird nicht nur B, sondern auch A zu einem Subset von assoziierten Eigenschaften aufgelöst. Jene Konnotationen, die miteinander kompatibel sind, verstärken sich durch ihre Überblendung, um die metaphorische Figur aufzubauen. Jene, die nicht dazupassen, werden verdrängt – bleiben aber als Hintergrund der Figur präsent: sie skizzieren damit die Weite des möglichen Kontextes. Details, die nicht unmittelbar zum Komposithaften der Figur beitragen, umreißen den Bedeutungsraum, in den die Figur gestellt wird – durch sie wird Weite und Tiefe der Metapher ebenso sichtbar wie ihre Begrenzung. Das *Staatsschiff* drückt die Vorstellung aus, dass wir alle in einem Boot sitzen, einer der Kapitän sein muss, die anderen die Mannschaft bilden; doch erst das bloß implizite ›Meer‹ (das wiederum beim Staat die Bedeutungen ›Zeit‹ und ›Territorium‹ wachruft) zusammen mit ›Sturm‹, ›Hafen‹, ›Kurs‹, ›Fracht‹

und so fort verleihen der Metapher Raum. Dadurch, dass nicht alles überblendbar ist – was etwa wären Analogien zu Bullauge, Belegspiere, Ankerwinde? –, wird die Metapher zwar begrenzt, liefert in der weiteren Reflexion aber zusätzliche Details.

Das Simile erweitert durch seinen Ausgriff unseren kognitiven Radius. Die Metapher hingegen generiert ein eigenes Universum, in dem kategoriale Schwerkraft und semantische Anziehungskraft andere Größen und Ausrichtungen annehmen. Sie stellt eine Art optischer Täuschung dar – durch die wir paradoxerweise die reale Welt besser erkennen.

5

Die hier beschriebene Dialektik erscheint etwas zu komplex, um sich nur durch unsere Wahrnehmungsstrukturen erklären zu lassen – denn sie beinhaltet auch rationale Suchbewegungen, die einer metaphorischen Struktur im Nachhinein Sinn abgewinnen. Damit stellt sich die Frage nach der konzeptuellen Ebene unserer Wahrnehmungsstrukturen: woher rührt das Schema A IST B?

Drei Antworten lassen sich darauf formulieren. Zum Ersten strukturieren wir unsere Wahrnehmung über eine solche Formel nur, wenn es um Tautologien geht: Ein Zweig ist Teil eines Astes; oder: Weiß ist die Farbe des Schimmels. Kognitiver Sinn und Zweck solcher Formulierungen liegt dann im Bemühen um Kategorienbildung – eine konzeptuelle Ökonomie jener Ordnungssysteme, mit denen wir die Welt erfassen. Für eine solche pedantische Logik scheint die Metapher jedoch kaum prädestiniert; andererseits berücksichtigt dies nicht den kreativen Akt, den sie darstellt, die intuitive Einsicht, die in ihr zum Ausdruck kommt.

Zum Zweiten lässt sich das auf quasi natürlichen Gegebenheiten unserer Wahrnehmung beruhende Schema A IST B sonst bloß bei Synästhesie und Onomatopoeie feststellen. Unsere Gehirnstruktur vermag ansatzweise zu erklären, weshalb wir bei der Lautmalerei spezifische Phoneme mit einzelnen Dingen oder emotionellen Gehalten verknüpfen und bei Synästhesien Sinneswahrnehmungen aus unterschiedlichen Bereichen (Farbe mit Klängen etwa) verbinden. Wo das Prinzip der Tautologie für die Metapher zu ›nahe‹ wirkt, scheinen diese sprachgenerierenden Prinzipien jedoch etwas zu ›weit‹ weg zu liegen; und in Bezug auf die Synästhesie scheinen sie auch zu speziell, um sich generalisieren zu lassen.

Angemessener ist wahrscheinlich ein dritter, psychologischer Erklärungsver-

such. Er fasst die Gleichung A IST B als Verallgemeinerung von ICH = X auf –
und bindet dabei auch die ersten beiden Ansätze ein. Das Schema ICH = X besitzt dieselbe kognitive Spannung wie jede gelungene poetische Metapher, es
öffnet einen ähnlich tiefen Raum wie zwischen A und B. Im Gegensatz dazu
überbrückt ICH = X die Kluft dazwischen jedoch mit jenem empathischen Gestus, der die Grundlage all unserer Sprach-, Lern- und Entwicklungsprozesse bildet. Sie alle gehen letztlich auf die prototypische Eltern-Kind-Bindung zurück.
Erst beim Loslösungsprozess merkt das Kind, dass die Eltern unabhängig von
ihm als eigene Wesen existieren – um sie und sich selbst dennoch als untrenn-
bare Einheit zu begreifen. So entwickeln wir die ersten Erfahrungen von Ferne
ebenso wie das Verlangen nach Nähe (und brauchen oft genug ein ganzes Leben
dafür, um uns dazwischen zu situieren).

Dieses Schema prägt unsere gesamte Persönlichkeitsentwicklung. ICH = X
heißt einerseits zu realisieren, dass ICH eine geschlechtsspezifische Rolle, ein
Beruf, eine Nationalität ist. Andererseits bedeutet es, sich das Fremde an diesem
X durch alle möglichen Formen von Projektion und Empathie anzueignen. Das
beginnt schon mit unserem Namen: er stellt die erste Metapher dar, mit der wir
konfrontiert werden. Da jeder Name etwas bedeutet – ob etymologisch, lautmalerisch oder indem er durch den Anklang an andere Wörter deren Bedeutungen wachruft –, bestimmt er als Königssignifikant unsere Identität.

Das Fluide und Fluktuierende eines Ichs erhält durch den Namen seine erste
Form; auf seinen Klang und seine Bedeutung kann es wieder und wieder zur
Selbstbestätigung zurückfallen – oder sich dabei als Fremdes erfahren. Denn ist,
was mein Bewusstsein, meinen Körper, meine Persönlichkeit, mein jeweiliges
Ich ausmacht, wirklich ›Helena‹? Die ›Fackeltragende‹, die ›Sonnengöttin‹ oder
einer anderen antiken Etymologie zufolge die ›Schiffe Zerstörende‹? Homers
Helena? Eine Tochter des Zeus? Die römische Kaiserin und Heilige? Diese Lautfolge von Ls und Es, die auch vom Gellen, Grellen, Hellen, von Quellen, Schnellen, Schwellen und Wellen aufgegriffen wird? Durch all dies – und weit mehr –
sieht sich unser Ich gleichsam einer verkörperten Metapher gegenüber. In dem
Maß, wie jeder Vorname etwas bedeutet, wird er seinem Träger als Metapher
verliehen – genauso wie Nachnamen ursprünglich Ortsbezug, Abstammung
oder Beruf ausdrückten. Namen sind das Erste, was uns definiert und (mit-)
prägt. *Nomen est omen* – das trifft zumindest zu für den Erfinder des Lust-
prinzips, Freud, den Erfinder des Machtprinzips, Adler, einen spielverliebten
Dichter wie Artmann oder auf Pound und seine Obsession für Geld. Doch
gleichgültig, wie wir unsere eigene Namensgleichung konstruieren: sie stellt
jene Metapher dar, deren Bedeutungsmöglichkeiten wir irgendwann einmal si-

cherlich versucht haben auf den Punkt zu bringen. Um sie – im selben Maß, wie wir uns als Mitte unserer Welt erfahren – mit allem emotionellen Nachdruck tautologisch auf unsere Existenz zu beziehen.

Das über jedes X rückbezüglich definierte ICH bestimmt unsere ganze Subjektivität. Sie stellt die Fähigkeit eines Sprechers dar, sich selbst als ›Subjekt‹ zu setzen – um dann ›Objekte‹ ›prädikatieren‹ zu können. Erst diese Form von Subjektivität geht über die Gefühlsfluktuationen hinaus, die durch unsere sensomotorischen Erfahrungen generiert werden. Sie bewirkt eine psychische Einheit, die die Totalität unserer gesammelten Erfahrungen transzendiert und so die Permanenz eines Bewusstseins erlangt.

Über ICH = X definieren wir uns; die subjektive Empathie dieser Gleichheit macht uns zum Teil eines Kollektivs. Das Maß an Rückbezüglichkeit dabei ist jedoch typisch westlich. Eine Person als begrenzt und einzigartig aufzufassen, als Mittelpunkt eines gleichsam solipsistischen Kosmos und als Zentrum von Wahrnehmung, Emotion, Werten, das sich als ›Ich‹ von anderen Ichs unterscheidet und vor einer sozialen Kulisse agiert, mit ihr sogar meist kontrastiert – das ist eine in der Menschheitsgeschichte relativ eigenwillige Vorstellung.

›Ich‹ sagt die griechische Literatur nur ausnahmsweise: bei den altägyptischen Liebesliedern, bei Archilochos und Sappho; bei den Römern zur Zeit des Augustus; in der Spätphase des Mittelalters und dann erst wieder bei Shakespeare und Villon. Bemerkenswert daran ist, dass dieser individualistische Ich-Begriff auch mit dem Aufkommen von Metaphern korreliert: Bei Homer und Walther von der Vogelweide – die in Gesellschaften stehen, die von kollektiver Identität geprägt werden – gibt es vergleichsweise wenig Metaphern; umso mehr bietet dann Shakespeare.

Abhängig scheint der Begriff eines autonomen Ich (wie wir ihn heute gewohnt sind) zumeist von einer in Umwälzung begriffenen Gesellschaft, in der sich das Ich isoliert findet, dabei aber doch so prosperieren kann, dass es diesen Sprachausgriff in die Welt bewältigt. Es ist eine große Individuationsleistung, die ihm dabei abverlangt wird – und die meist mit dem Aufkommen einer Art von ›Bürgerlichkeit‹ einhergeht. Das zeigt sich in der gesamten Kulturgeschichte: nehmen wir nur Shakespeares Zeitalter. Das turbulente 17. Jahrhundert, das Hobbes und Locke hervorbrachte, erlebte auch die puritanische Revolte unter Cromwell, zwei Stuarts vom Thron gestürzt, die ›Glorreiche Revolution‹ – und brachte dabei erstmals Begriffe wie *self-conscious*, *self-reliant* und *self-possessed* ins Lexikon. Zerbricht ein Kollektiv, wird der Ausdruck des Ichs so notwendig wie diffizil – und scheint mit einem individuell metaphorischen Sprechen zu korrelieren.

6

Der literarische Gebrauch von Similes und Metaphern lässt sich folgendermaßen zusammenfassen: Während das Simile stärker der Kommunikation verhaftet bleibt (*it's like* … wie die Amerikaner sagen), um konzise möglichst redun-
danzlose Informationen zu vermitteln, werden solche durch die Metapher nur
indirekt evoziert. Die bei der Metapher weitaus größere Spannung zwischen A
und B zwingt den Interpreten zu komplexeren Figurationen, indem er – gerade
wegen der Inkongruitäten – subjektiv nach Similaritäten sucht. Um ein scharfes
Bild zu erhalten, müssen A und B re-fokussiert und re-strukturiert werden.
Statt A und B perspektivische Linien zu verleihen, an denen gemeinsame Ähnlichkeiten augenfällig werden, vereinnahmt das absolut gesetzte Ist-Gleich der
Metapher den Betrachter: statt von außen, besieht er sie gleichsam von innen;
und um ihren Sinn zu erkennen, muss er sich in die durch sie geschaffene Welt
stellen.

Je subjektiver der Blick, desto größer der affektive Gehalt. Dazu trägt wesentlich auch der Rätselcharakter der Metapher bei, der uns zu kognitiven Leistungen anstachelt und den Eindruck unmittelbarer Präsenz noch steigert: durch
die aktive Beteiligung des Lesers beim Begreifen ihrer Konstruktion.

Die durch eine Metapher implizierten Konnotationen werden oft selbst wieder
zum Ausgangspunkt poetischer Diskursivität: mit ihnen elaboriert das Gedicht
das in der Metapher Komprimierte und qualifiziert es. Ted Hughes *Wodwo* etwa
differenziert eine solche Metaphorik aus, ohne sich auf irgendwelche eindeutigen Notierungen festzulegen. Gestaltpsychologisch gesprochen erhalten Figur
und Grund – ein unbestimmtes Ich und Waldland – somit erst in der Gegenüberstellung ihre Konturen:

Wodwo

Was bin ich? Hier schnüffelnd, blätter umdrehend
einer blassen beize auf der luft zum flußufer folgend
bin ich in wasser. Was bin ich daß ich die glasige maserung
von wasser spalte hochschauend sehe ich das bett
des flusses über mir auf den kopf gestellt sehr klar
was mache ich hier mitten in der luft? Warum finde ich
diesen frosch so interessant wenn ich sein geheimstes
inneres inspiziere und es zu meinem mache? Kennen mich

diese sträucher und nennen sie untereinander meinen namen haben sie
mich schon einmal gesehen, passe ich in ihre welt? Ich scheine
abgehoben vom untergrund und nicht verwurzelt sondern gefallen
aus dem nichts beiläufig ich habe keine fäden
die mich an irgendetwas binden kann überallhin gehen
man scheint mir diesen ort frei überlassen
zu haben was bin ich dann? Und borkenstücke
von diesem verrotteten stumpf zu brechen macht mir
keinen spaß und bringt nichts warum tu ich es dann
ich und das zu tun haben sich gerade sehr seltsam gedeckt
aber wie werde ich genannt werden bin ich der erste
gehöre ich jemandem welche form habe ich welche
form habe ich bin ich riesig wenn ich bis zum ende
gehe auf diesem weg durch die bäume an diesen bäumen vorbei
bis ich müde werde das heißt eine mauer von mir zu berühren
für einen moment wenn ich still sitze wie alles
aufhört mich zu beobachten ich nehme an ich bin die genaue mitte
aber da ist all das hier was ist es wurzeln
wurzeln wurzeln wurzeln und hier das wasser
wieder sehr seltsam aber ich werde noch weiter schauen

Zunächst stellen die sechs Sätze des Gedichts eine figurative Ausbreitung von
Fragen dar, die erst durch den Titel einen Fokus erhalten. Die Perzepte eines
inneren Monologs wollen dabei Schritt für Schritt syntaktisch interpunktiert,
hierarchisiert und sodann interpretiert und konzeptualisiert werden. Die Fiktion fast eines jeden Gedichts besteht darin, mittels Sprache vorsprachliche Prozesse zu suggerieren; hier sind es eine ganze Reihe von sensomotorischen Erfahrungen – von ›schnüffeln‹ über ›brechen‹ und ›gehen‹ bis ›schauen‹ –, die ein
solches Sein präsentieren. Dieser mitnotierte Wahrnehmungs- und Erkenntnis-
vorgang macht den enigmatischen Charakter der Zeilen aus. Ihr Unverortetes
und Unbestimmtes muss zuerst nachvollzogen werden, um in eine einheitliche
kognitive Perspektive gebracht werden zu können.

Die höchste Ebene, auf der sich das figurative Rätsel des Gedichts auflösen
lässt, ist dann eine kulturelle: Wodwo ist ein mittelenglisches Wort, das ›Wald-
wesen‹ bedeutet. Die beiden Begriffe dieses metaphorischen Kompositums
werden durch unterschiedlichste De- und Konnotationen ausgestellt, um immer wieder die Frage nach der Relation zwischen ›Wald‹ und ›Wesen‹ zu stellen.
Ihre ›genaue Mitte‹ bildet das staunend tuende, fragend sehende Ich. Kann es

Figur und ›Untergrund‹ miteinander ›decken‹, ergibt sich ein ›seltsames‹ Bewusstsein – das immer ›weiter schauen‹ will.

Was dieses Bewusstsein als spezifisch menschlich ausweist, sind seine beiden Metaphern, die ›blasse beize auf der luft‹ und die ›glasige maserung von wasser‹: einem Tier würden wir solche Konstruktionen nicht zuschreiben. Als Ausdrucksform – das Begriffsfeld ›Holz‹ auf die Umwelt übertragen – geben sie jenen Projektionsmechanismus wieder, durch den wir uns einen gedanklichen Aktionsradius erwerben. Dass Similes hier fehlen, ist ebenso bezeichnend. Ihre extrinsische Perspektive, die eine sichere Begrifflichkeit voraussetzt, würde die Fiktion eines sich erst verorten müssenden inneren Ichs stören.

7

Reiht das Gedicht hingegen Similes und Metaphern aneinander, die durchgängig einem Bildbereich entnommen werden, entsteht eine ALLEGORIE. Als Komposit-Text figurativer Relationen lässt sie sich dann zur Parabel und weiter zum Mythos ausbauen. Pseudo-Longinus gibt uns für diese Stilfigur ein Beispiel Platons:

So beschreibt er die Anatomie der sterblichen Hülle des Menschen: Den Kopf nennt er die Burg des Körpers, den Hals einen Isthmus. Das Herz bildet gleichsam den Knoten der Adern und den Quell des ungestüm zirkulierenden Blutes; es hat seinen Platz im Wächterhaus erhalten. Die Kanäle und Bahnen des Blutes nennt er Gassen, den Sitz der Begierde das Frauenhaus, jenen des Mutes das Männergemach. Und wenn das Ende naht, lösen sich die Taue der Seele wie bei einem Schiff, und sie wird freigelassen.

Das figurative Schema der Allegorie (hier: *Der menschliche Körper gleicht Troia*) ergibt sich, indem es Metaphern und Similes eines einzigen Bedeutungsraums durchdekliniert. Die Flächigkeit von Similes wird dadurch aufgehoben: was sie zu mehr macht als nur zu Legenden auf einer Schautafel menschlicher Anatomie, ist der Raum, den sie gemeinsam aufbauen. Dieses Analogiedenken demonstrieren auch folgende Zeilen aus Walcotts *Mittsommer*:

Ich halte inne um dem lärmenden triumph der zikaden zuzuhören
wie sie die stimmgabel des lebens anschlagen; doch mit diesem
kammerton des jubels zu leben ist unerträglich. Stell

diese musik ab. Nach dem sturz der stille
gewöhnt sich das auge an die umrisse der möbel und das denken
an die dunkelheit.

Als stringenteste Form von Metaphorik führt die Allegorie jene Konzeptbildung anhand von Sinneswahrnehmungen vor Augen, welche die Basis für unsere Überlegungen bildete. Ohne geschlossene Metaphoriken sind wir blind; mit ihnen erhalten wir ein hörbares Welt-Bild.

Gibbs, Raymond W. (1994), *The Poetics of Mind – Figurative Thought, Language and Understanding*, Cambridge
Haverkamp, Anselm (Hg.) (1998), *Die paradoxe Metapher*, Frankfurt/M.
Jackendoff, Ray, & David Aaron (1991), Review Article on G. Lakoff & M. Turner, *More Than Cool Reason*: A Field
  Guide to Poetic. Metaphor (with David Aaron). *Language*, Vol. 67.2, 320–338
Lakoff, George, & Mark Turner (1989), *More Than Cool Reason – A Field Guide to Poetic Metaphor*, Chicago
Ortony, Andrew (ed.) (1979), *Metaphor and Thought*, Cambridge

Box 19. Simile oder die Kunst des Vergleichs: Psychologische Modelle der Ähnlichkeit

›Nicht alles, was hinkt, ist auch ein Vergleich‹, meinte einmal Bundeskanzlerin Angela Merkel anlässlich einer im Parlament geäußerten Stilblüte. Worin besteht jedoch die Kunst eines Vergleichs? Er soll eingängig präsentieren, was zwei Dinge oder Personen entweder gemeinsam haben oder was sie trennt. In der Philosophie versteht man deshalb darunter von jeher eine Methode, die Gleichheiten wie Ungleichheiten erkennen lässt. Die Psychologie wiederum entwickelte eine Theorie der Ähnlichkeit, die zu erklären versucht, welche mentalen Prozesse der Ähnlichkeitswahrnehmung und -beurteilung zugrunde liegen. Dass die Ähnlichkeitswahrnehmung für viele psychologische Vorgänge elementar ist, wusste anscheinend bereits Aristoteles; er nannte sie das Prinzip der ›Assoziation durch Ähnlichkeit‹. Ohne Ähnlichkeitswahrnehmung und -beurteilung gäbe es keine Verallgemeinerung, keine Kategorienbildung und kein konzeptuelles Lernen. Die Grundfrage lautet also: Was bestimmt die Ähnlichkeit zwischen Objekten oder Personen und deren Beurteilung?

Die Psychologie bietet mindestens zwei interessante theoretische Ansätze zur Beantwortung dieser Frage an: einen quantitativen und einen qualitativen. Ersterer bezieht sich auf den Vergleich von Objekten, die sich am besten anhand von dimensionalen Merkmalen beschreiben lassen, etwa Farben und Töne. Letzterer lässt sich auf Dinge anwenden, deren distinktive Merkmale eher diskret sind, also etwa auf Persönlichkeiten oder Gesichter. Die Sache wird jedoch komplex, weil die Unterscheidung vage ist und prinzipiell beide Ansätze für eine Vielzahl von Umweltreizen gelten können.

Quantitative Ähnlichkeitsmodelle: Distanz, Dichte und die Vorhersage
von Verwechslungswahrscheinlichkeiten

Verfügen Objekte über dimensionale Eigenschaften wie Größe, Tonhöhe und so weiter, lässt sich ihre Ähnlichkeit gut mit einem geometrischen Modell berechnen. Es fußt auf jenen drei Axiomen, auf denen auch die klassische Geometrie Euklids beruht:

- Minimalität, d. h., dass der Abstand d zwischen zwei Punkten a und b nicht kleiner sein kann als derjenige zwischen einem Punkt und sich selbst: $d(a,b) \geq d(a,a) = 0$.
- Symmetrie, d. h., dass der Abstand zwischen zwei Punkten a und b identisch mit dem Abstand zwischen b und a ist: $d(a,b) = d(b,a)$.
- Dreiecksungleichung, d. h., dass die Summe der Abstände zwischen zwei Punkten a, b und b, c nicht kleiner sein kann als der Abstand zwischen a und c: $d(a,b) + d(b,c) \geq d(a,c)$.

Psychologische Unähnlichkeit zwischen zwei Objekten wird dabei mit Distanz zwischen Punkten in einem Raum gleichgesetzt, der in diesem Fall kein dreidimensional geometrischer, sondern ein n-dimensionaler mentaler Raum ist. Die psychologische Distanz – d – zwischen zwei Objekten – a und b – berechnet sich laut dem sogenannten *Distanz-Dichte-Modell* der Psychologin Carol Krumhansl nach der einfachen Formel: $d(a,b) = d(a,b) + xd'(a) + yd'(b)$. $d(a,b)$ stellt eine metrisch messbare Distanz zwischen den Objekten a und b dar (beispielsweise die Euklidsche Distanz als Wurzel aus der Summe der quadrierten Merkmalsdifferenzen); d' bezeichnet die Dichte der Objekte im n-dimensionalen Raum und x und y das spezifische Gewicht, das ihrer Dichte mehr oder weniger Bedeutung beimisst.

Abbildung 55a und 55b veranschaulichen diese Formel mittels zweier Buchstabenpaare: O und C beziehungsweise O und X. Das Alphabet lässt sich durch eine 7x5-Punkte-Matrix darstellen, wodurch jeder Buchstabe in einem 35-dimensionalen Raum beschrieben wird. Jede Dimension kann im einfachsten Fall nur zwei Werte annehmen: 0 für weiss und 1 für schwarz. Wendet man die Formel auf beide Buchstabenpaare an, ergibt sich eine deutlich kleinere Euklidsche Distanz zwischen O und C (1.73) als zwischen O und X (5.19).

Jetzt bedarf es noch eines weiteren Schrittes, um von der psychologischen Distanz zur psychologischen Ähnlichkeit zu gelangen. Dabei wird ein allgemeines psychologisches Gesetz angewendet, das der mathematische Psychologe Roger Shepard entdeckt hat. Es besagt, dass die psychologische Ähnlichkeit s zwischen zwei Objekten a und b eine exponentielle Funktion ihrer Distanz ist: $s(a,b) = e^{-d(a,b)}$. Diese nichtlineare Beziehung bedeutet, dass kleine Distanzen als sehr ähnlich und große als sehr unähnlich empfunden werden. Die Funktion fällt also sehr schnell ab und nähert sich dann exponentiell dem Nullpunkt der Ähnlichkeit, wobei gilt, dass eine Distanz $d(a,b) = 0$ der Identität entspricht: $s(a,b) = 1$.

Was bedeutet nun aber die *psychologische Dichte* eines Objekts in einem n-dimensionalen Raum? Nun, ein Objekt a hat dann eine größere Dichte als ein Objekt b,

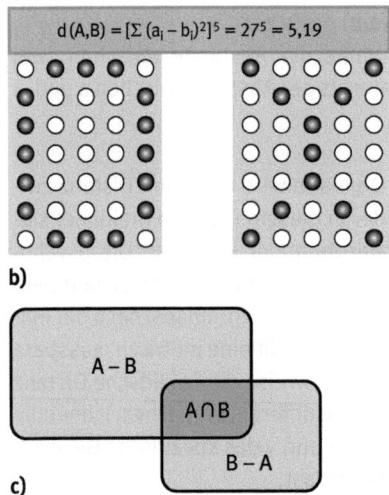

$$d\,(A,B) = [\Sigma\,(a_i - b_i)^2]^5 = 3^5 = 1{,}73$$

a)

Euklidsche Distanz d zwischen 2 Objekten A und B
kann einfach berechnet werden aus:

$$d\,(A,B) = [\Sigma\,(a_i - b_i)^2]^5 = 27^5 = 5{,}19$$

b)

c)

Abb. 55 a) und b) Ähnlichkeitsberechnung zwischen
Buchstabenpaaren. Jedes der 5x7 Pixel stellt eine
Dimension im 35-dimensionalen Raum dar.
Die psychologische Distanz oder Unähnlichkeit
zwischen den beiden Objekten O und C bzw. O und X
wird wie folgt berechnet: zunächst wird der Wert jedes
Pixels von O von demjenigen von C bzw. X subtrahiert.
Im einfachen binären Fall ergibt sich entweder
eine 1 oder eine 0 (1 = schwarz/an, 0 = weiß/aus).
Die Summe dieser Werte über alle 35 Pixel wird
quadriert und sodann daraus die Wurzel gezogen.
Der resultierende Wert entspricht der psychologischen
Unähnlichkeit beider Objekte.
c) Mengentheoretische Beziehung zwischen zwei
Vergleichsobjekten mit den Merkmalsmengen
A und B.

wenn es mehr ›Nachbarn‹ in diesem Raum besitzt – also eine höhere Ähnlichkeit mit
anderen Objekten aufweist. Auch dafür gibt es eine Formel, mit der wir uns aber hier
nicht aufhalten müssen. Denn die Frage ist, was solche quantitativen Ähnlichkeitsmodelle leisten. Sie erklären beispielsweise, warum bestimmte Objekte besser erkannt werden als andere oder warum sie seltener mit anderen verwechselt
werden. Dies spielt etwa in der Werbepsychologie eine Rolle, wenn der Wiedererkennungswert eines Produkts maximiert und seine Verwechslungswahrscheinlich-
keit minimiert werden soll.

Präsentiert man beispielsweise Kaufprodukte einer ähnlichen Kategorie sehr
kurzzeitig oder unscharf auf einem Bildschirm und fragt dann den Probanden, um
welches Produkt es sich handelt, treten systematisch Verwechslungen auf, die sich
generell drei Phänomenen zuordnen lassen. Erstens haben unterschiedliche Produkte verschiedene Identifikationswahrscheinlichkeiten, da nicht jedes Produkt
gleich gut wiedererkannt wird; somit gilt: die Identifikationswahrscheinlichkeit von
Produkt a ist nicht gleich derjenigen von Produkt b: $p(a) \neq p(b)$. Das Modell erklärt
dies über die unterschiedlichen quantitativen Dichten: $d'(a) \neq d'(b)$ – das heißt,
dass Produkte mit höherer Dichte – solche, die vielen anderen ähneln – theoretisch
und praktisch einen geringeren Wiedererkennungswert besitzen. Zweitens werden

nicht alle Produktpaare gleich oft verwechselt, was das Modell durch die unterschiedlichen psychologischen Distanzen und Ähnlichkeitswerte zwischen den Produktpaaren erklärt: ebenso wie die psychologische Ähnlichkeit zwischen O und C größer ist als diejenige zwischen O und X, kann sie für ein bestimmtes Autopaar größer sein als für ein anderes (z. B. ›VW Käfer‹ und ›new beetle‹ versus ›Käfer‹ und ›Smart‹): $p(a,b) \neq p(a,c) \leftarrow d(a,b) \neq d(a,c)$. Und drittens lässt sich das hochinteressante Phänomen der Asymmetrie von Verwechslungen beobachten, d. h., dass Produkt a öfter mit b verwechselt werden kann als umgekehrt, wenn z. B. ein kurzfristig dargebotenes Foto von einem ›beetle‹ öfter für einen ›Käfer‹ gehalten wird als umgekehrt. Das Modell erklärt diese Verletzung des oben angeführten Symmetrie-Axioms wiederum über die unterschiedlichen Dichten von Objekten im Langzeitgedächtnis: für erinnerte Vorstellungsbilder von Produkten gelten eben doch andere Bedingungen als für Punkte im Euklidschen Raum.

Produktdesigner sind dabei für gewöhnlich große Kenner von psychologischen Ähnlichkeitstheorien. Sie müssen eine feine Balance zwischen Ähnlichkeit und Unähnlichkeit finden, wenn es etwa darum geht, den ›Beetle‹ ähnlich genug zum alten VW-Käfer zu gestalten, damit er auch als ›neuer Käfer‹ erkannt werden kann, ihn andererseits jedoch nicht zu ähnlich zum alten oder zu anderen Konkurrenzprodukten geraten zu lassen, weil er ja neu und eigenständig wirken soll.

Qualitative Ähnlichkeitsmodelle oder Wer ähnelt Goethe mehr?
Schiller oder Hölderlin?
Nicht alle Vergleichsobjekte sind allerdings gleich gut durch Ähnlichkeitsdimensionen quantifizierbar wie das Buchstabenraster oben. Abbildung 56 zeigt ein piktorielles Simile aus einer chinesischen Werbung für die Zeitschrift *Business Weekly*, in dem das Portrait eines Politikers oder Geschäftsmanns und ein Haifisch zueinander in Bezug gesetzt werden. Doch sind nun Politiker wie Haifische – oder Haifische wie Politiker? Welches der beiden Objekte in diesem piktoriellen Simile ist Quelle und welches Ziel des Vergleichs – oder ist dies völlig egal?

Der Psychologe Amos Tversky hat 1977 eine Theorie der Ähnlichkeit entwickelt, die sich auch auf den Vergleich zwischen nicht (oder nicht eindeutig) quantifizierbaren Objekten anwenden lässt. Auf Cantors Mengenlehre aufbauend, geht Tversky davon aus, dass aus jedem Vergleich drei Mengen resultieren (Abb. 55c): die Schnittmenge der beiden gemeinsamen Elemente sowie zwei Differenzmengen. Tversky begründet die Notwendigkeit seiner Theorie mit einigen überraschenden,

Abb. 56 Piktorielles Simile.

in psychologischen Experimenten nachgewiesenen Verletzungen der drei Euklidschen Axiome, die zwar für quantitative Ähnlichkeitsmodelle, nicht aber auch für sein mengentheoretisches Modell konstitutiv sind.

Das oben erwähnte Minimalitätsaxiom fordert, dass die Ähnlichkeit zwischen einem Objekt und sich selbst für alle Objekte dieselbe ist. Tatsächlich zeigen zahlreiche Experimente jedoch, dass die Wahrscheinlichkeit, zwei identische Reize als gleich beziehungsweise ungleich zu beurteilen, nicht konstant ist. Dies hängt unter anderem von der Komplexität der Objekte ab. Zudem wird häufig auch das Symmetrie-Axiom verletzt. Experimentelle Befunde zeigen, dass bei einer Vergleichsaufgabe vom Typ ›A ist wie B‹ (›Nord-Korea ist wie China‹) Referent (die Quelle China) und Subjekt (das Ziel Nord-Korea) nicht unbedingt gleich behandelt werden. Dies hängt mit dem Maß an qualitativer Charakteristik der Objekte zusammen, der ›Salienz‹ ihrer Merkmale. Tverskys Forschungen zeigen, dass gewöhnlich das salientere Objekt – der Prototyp – als Quelle und das Subjekt als Ziel gedeutet wird. Für uns ähnelt ein Portrait der Person, nicht die Person dem Portrait und der Sohn dem Vater, nicht umgekehrt. Was würden Sie eher sagen: ›Nord-Korea ist wie China‹ oder ›China ist wie Nord-Korea‹? Diese Asymmetrie gilt auch für literarische Similes. ›Türken kämpfen wie Tiger‹ lässt sich genauso wenig umdrehen (zu ›Tiger kämpfen wie Türken‹) wie ›Meine Liebe ist so tief wie der Ozean‹ (was im Umkehrfall eine baldige Verlandung ankündigen könnte).

Schließlich wird auch das dritte Axiom durch psychologische Experimente in Frage gestellt. Die oben angeführte Dreiecksungleichung fordert, dass eine Distanz kleiner sein muss als die Summe der beiden anderen. Übersetzt in psychologische Ähnlichkeitsurteile bedeutet sie: wenn A ähnlich B und B ähnlich C ist, können A und C nicht unähnlich zueinander sein. Tversky bietet dafür folgendes Beispiel, das die psychologische Validität dieses geometrischen Axioms herausfordert. Er vergleicht die Ähnlichkeit zwischen Ländern: Jamaika ähnelt Kuba geographisch; Kuba ähnelt Russland politisch – Jamaika und Russland jedoch ähneln sich nicht wirklich. Obwohl diese Beispiele, wie Tversky zugibt, die Dreiecksungleichung nicht formell widerlegen, demonstrieren sie doch, dass psychologische Ähnlichkeiten nicht nur einfach transitiv, sondern meist multidimensional sind: also komplexer als geometrische Distanzen.

Aufgrund der in zahlreichen behavioralen Experimenten demonstrierten Verletzung dieser drei Axiome schlägt Tverskys ›Kontrastmodell‹ der Ähnlichkeit vor, dass die psychologische Ähnlichkeit – s – zwischen zwei Objekten a und b eine komplexe gewichtete Funktion dreier (der in Abb. 55c skizzierten) Mengen ist: $s(a,b) = f(A + B, A - B, B - A) = p(A + B) - q(A - B) - r(B - A)$. A und B stehen darin für die Merkmale der Objekte a und b, die jeweils nach ihrer Salienz (p-r) gewichtet werden. Diese Salienz hängt von verschiedenen Faktoren wie Auftretenshäufigkeit und Vertrautheit, Informationswert und Prägnanz ab. Wenn Sie also bei unserem visuellen Simile den Politiker als Referent gewertet haben, erklärt dies das Kontrastmodell dadurch, dass er – und nicht der Hai! – für Sie das prominentere, vertrautere Objekt ist. Im anderen Fall sind Sie wohl ein enthusiastischer und unerschrockener Taucher und Haiforscher.

Krumhansl, C. L. (1978). »Concerning the applicability of geometric models to similarity: The interrelationship between similarity and spatial density«. *Psychological Review,* 85, 445–463

Shepard, R. N. (1987). »Toward a Universal Law of Generalization for Psychological Science«. *Science,* 237, 1317–1323

Teng, N. Y., & Sun, S. (2002). »Grouping, simile, and oxymoron in pictures: a design-based cognitive approach«. *Metaphor and Symbol,* 17, 295–316

Tversky, A. (1977). »Features of similarity«. *Psychological Review,* 84, 127–352

L – METAPHER UND SPRACHÖKONOMIE

1

Aufgrund diverser Studien lässt sich schätzen, dass wir pro Gesprächsminute im Schnitt vier tote Metaphern verwenden – und dabei zwischen ein und zwei *ad hoc* formulierte Metaphern einsetzen. Auf zwei Stunden Redezeit pro Tag und eine Lebensspanne von sechzig Jahren übertragen, setzen wir also an die fünf Millionen neue und einundzwanzig Millionen alte Metaphern in Umlauf. Natürlich ist auch dies kontextabhängig: amerikanische Talkshows und Nachrichten verwenden schon nach fünfundzwanzig Worten eine figurative Redewendung.

Lernstudien wiederum zeigen, dass Analogien und Metaphern die Aneignung von neuem Wissen erleichtern: vor allem, wenn sie bildhaft konkret sind und damit Details in einem einheitlich Ganzen präsentieren (›Die Deutschen folgten Hitler wie Lemminge‹ ist deshalb weit schneller einsichtig als eine wörtliche Formulierung desselben Inhalts: ›Das deutsche Volk übernahm unkritisch Hitlers Ideen‹).

Figurativer Sprachgebrauch prägt auch soziale Strukturen. Er setzt ein gewisses Maß an Intimität zwischen Hörer und Sprecher voraus und verstärkt sie, indem er einen gemeinsamen Vorrat an Erfahrungen und Interessen ins Spiel bringt, die für die Interpretation einer Metapher notwendig sind. Subkulturen werden so zu einer kaum zu unterschätzenden Quelle neuer Metaphern: ob im Slang von Jugendlichen oder in den Termini von Computerspezialisten. Die figurativen Ausdrücke, die auf sie zurückgehen – von Begriffen für sozial adäquate Verhaltensweisen von ›hip‹ über ›phat‹ bis ›cool‹ oder all den Namen für Cannabis –, sind Legion; und wie sehr Computervokabular sich auf die Hirnforschung applizieren lässt, ist ebenso frappierend.

Die Politik kommt ebenfalls nicht ohne Leitmetaphern aus. Kommentare zu den beiden Irakkriegen griffen mit Vorliebe auf konzeptuelle Schemata wie STAAT IST EINE PERSON (um die militärische Intervention zu rechtfertigen) oder GERECHTER KRIEG IST HEROISCH (um nach Schurken und Helden werten zu können) zurück: sie personalisieren, konkretisieren und unterstreichen einzelne Meinungen. Es kommt nicht von ungefähr, dass einer der klassischen Vorwürfe gegen die Poesie ihre demagogische Überredungskunst ist, die sie nicht erst seit Johannes R. Becher, Jewtuschenko oder Neruda zum Agitprop einzusetzen verstanden hat.

Genauso wie wir im Alltag überwiegend anhand metaphorischer Schemata raisonieren (und uns LIEBE als ›Reise‹ in den Hafen der Ehe, als ›Nahrung‹, von der man nicht genug kriegt, als ›Naturgewalt‹, ›Magie‹ oder ›Einheit‹ vorstellen), ist auch der wissenschaftliche Diskurs damit unterlegt. Eine Debatte über Hypothesen greift entweder das Schema THEORIE IST EIN GEBÄUDE (indem man sie ›aufstellt‹, solange sie auf ›Fundamenten‹ beruht etc.) auf oder THEORIE IST EIN BERG (auf dem man sich ›versteigt‹ oder ›verirrt‹).[12] Spezifische Beispiele sind zahllos: sei es in der Physik – die bis zu Niels Bohr die um den Atomkern kreisenden Elektronen in Analogie zu den um die Sonne kreisenden Planeten begriff und deshalb der Quantenphysik anfangs nur wenig abgewinnen konnte –, sei es in der Psychologie. Eine Studie über die Metaphorik in wissenschaftlichen Artikeln der *Psychological Review* etwa zeigte zwischen 1894 und 1975 beständig sich verändernde Modellbildungen auf. Zuerst wurde alles Geistige über den Bereich ›Lebewesen‹ konzipiert (›durch das Lügen wird der Geist müde‹; oder ›stark wie vom Schwimmen gegen den Strom‹), dann über den ›Raum‹ (›Alles im Hintergrund Verborgene ist keine geistige Aktivität‹) und schließlich durch Vergleiche aus dem Umfeld ›System‹, ›Elektronik‹ und ›Computer‹.

2

Bei alledem sind wir in der Lage, Metaphern zu interpretieren, ohne dass es klare Regeln dafür gäbe. Wir kommen dabei letzten Endes ohne die Basis von definitiven wörtlichen Bedeutungen aus – selbst noch als Gemeinplatz ist die Metapher abhängig von Kultur, Kontext, Individuum und dem jeweiligen Sprechakt. Warum verstehen wir dann Metaphern trotzdem – und das bei all den bereits skizzierten Elementen semantischer Täuschung, die sie mit einbringen? Weil es etwas gibt, das Grice ›konversationelle Implikationen‹ genannt hat.

Ihnen zufolge ist Kommunikation dadurch gekennzeichnet, dass sie zwischen den Zeilen etwas mehr implizit denn explizit aussagt. Und das kann sie, weil jeder Dialog auf dem Wissen und der Empathie zwischen Dialogpartnern aufbaut und jeder Sprechakt Intentionalität voraussetzt:

---

12 Letztlich wird damit nur das Prinzip des *locus* aktualisiert, wie er durch die *ars memoriae* früher einmal präsentiert wurde – siehe unser späteres Kapitel dazu.

Möchtest Du gerne ein Stück Kuchen?
Ich bin auf Diät.

Um dies überhaupt als Dialog auffassen zu können, müssen wir eine ganze Reihe von Implikationen nachvollziehen. Denn eine eindeutige und kausale Antwort auf die Frage ist ja nicht gegeben: statt ›Nein‹ zu sagen, wird hier nur ›Nein‹ gemeint. Und auch die Frage ist nur implizit gestellt; sie will eigentlich nur etwas über einen Wunsch wissen; vom Nehmen und Essen wird nichts gesagt.

Grundlage solcher Sprechakte ist das, was Grice ›Kooperations-Prinzip‹ betitelt hat. Es definiert sich dadurch, dass ein Sprecher »einen Beitrag zur Konversation leistet – in dem Maß, wie er erforderlich ist; zu dem Zeitpunkt, zu dem er gebraucht wird; dem Verlauf gemäß, den die Konversation nimmt; ihrem Ziel oder Zweck entsprechend.«

In Maximen ausgedrückt, lässt sich dieses Kooperations-Prinzip auf folgende vier Punkte reduzieren:

- Maxime der Quantität: *Der Gesprächsbeitrag soll so informativ sein, wie erforderlich – nicht mehr.*
- Maxime der Qualität: *Man sagt grundsätzlich nicht, was man für unrichtig hält.*
- Maxime der Relation: *Man steuert zu einem Gespräch nur augenblicklich Relevantes bei.*
- Maxime des Stils: *Man ist dabei so knapp wie möglich, um Ambiguitäten und Unklarheiten zu vermeiden.*

Bleibt das Kooperations-Prinzip generell gewahrt, kann man gegen jede dieser Maximen verstoßen, solange der Adressat sich dessen bewusst ist (die Metapher verletzt meistens alle vier Maximen). Die Frage nach objektiven Wahrheitsgehalten stellt sich als Frage nach einer Intentionalität, die beim Sender wie beim Empfänger auf denselben ökonomischen Prinzipien basiert. Selbst noch eine schlecht konstruierte, deplazierte und überinstrumentierte Lüge verrät – an diesem Gebrauchsmodus gemessen – das Kriterium der Intentionalität: sie will ja *etwas sagen*.

Das setzt einen Sprachbegriff voraus, bei dem Worte nur ein Medium sind, mit dem Gedanken vermittelt werden, und eine Auffassung von Kommunikation, bei der es weniger um das Verständnis von Sätzen als um das Erkennen von Sprecherintentionen geht. Um dies zu gewährleisten, leiten wir vom Gesagten weit öfter Bedeutungen ab, als dass wir uns mit der rein wörtlichen Aussage zufriedengeben. Dabei greifen wir auf zusätzliche Informationen zurück: auf das, was wir vom Sprecher als Person wissen; auf das, was wir von den Dingen wissen, auf die er sich bezieht; und nicht zuletzt auf das, was wir aufgrund seiner Körperhaltung und Intonation erschließen. Danach gefragt, was jemand gesagt hat, geben wir es darum nur selten *verbatim* wieder; stattdessen drücken wir das aus, was *wir* für das eigentlich Gemeinte halten.

Unter diesem Gesichtspunkt betrachtet, scheint Sprache abhängig von jener kognitiven Fähigkeit zur Empathie, die wir in den Eingangskapiteln in den Vordergrund gerückt haben. Sie ist referentiell weniger auf Wörtliches und semantische Kategorien bezogen denn manipulativ auf Intentionalitäten.

Intentionalität ersetzt also die Idee ›wörtlicher Bedeutung‹. Diese Sprachpragmatik zeigt sich daran, dass bei experimentellen Studien die Reaktionszeit auf figurative wie auf wörtlich gemeinte Sätze etwa gleich lang ist. Das Figurative ist – ob als Idiom, Slangausdruck, Sprichwort oder Metapher – entgegen unseren Erwartungen nicht schwerer zu verstehen als das Wörtliche.

Dasselbe gilt für indirekte Aussagen (›kannst du mir das Salz reichen‹) und für negativ formulierte Sätze. Gängigen Auffassungen zufolge müssten wir jeweils erst das Wörtliche dekodieren und es dann direkt oder positiv umformulieren, bevor wir begreifen können, was gemeint ist. Einen angemessenen Kontext vorausgesetzt, ist dies jedoch nicht der Fall – im Gegenteil: wir scheinen Wörtliches und Figuratives parallel zu verarbeiten. Entscheidend dafür, was davon zum Tragen kommt, ist allein der pragmatische Aspekt – der die jeweilige Aussage auf ihren kontextuellen Rahmen hin einschätzt.

Man kann einer Versuchsperson zwei Beispiele vorlegen: Eines ist wörtlich aufgefasst falsch, metaphorisch jedoch verständlich (›Manche Jobs sind Gefängnisse‹); das andere formuliert dieselbe Idee wörtlich eindeutig (›Manche Menschen sind in ihren Berufen gefangen‹). Die metaphorische Ausdrucksweise leuchtet schneller ein als die wörtliche Ausdrucksweise – am längsten dauert die wörtliche Auflösung der Metapher (die erklärt, inwiefern Jobs ›Gefängnisse‹ sind). Dies geht so weit, dass wir bei Bedarf die wörtliche Ebene einfach kurzschließen, um ganz auf die metaphorische Ebene wechseln.

Kommunikation beruht also auf Intentionalität; sie gelingt, sobald sie als solche erkannt wird. Die Reaktionszeit für die Verarbeitung von Information hängt allein von der Identifikation der Sprecher-Intention ab – egal ob es sich um eine wörtliche, figurative, idiomatische, ironische oder indirekte Aussage handelt.

3

Anwendbar ist dies auch auf das wohl berühmteste Beispiel von wörtlichem Nonsens, das *expressis verbis* konstruiert wurde, um zu zeigen, dass ein Satz zwar grammatikalisch korrekt, semantisch aber völlig sinnlos sein kann. Gemeint ist Chomskys *Farblose grüne Ideen schlafen wütend.*

Diese Aussage sollte demonstrieren, dass Worte Symbole sind, die nur innerhalb eines semantischen Kontextes einen Sinn erhalten. Bei einem korrekten Sprachgebrauch kann ›schlafen‹ nicht das Substantiv ›Ideen‹ prädikatieren, ebenso wenig wie dieses durch ›wütend‹ adverbialisiert oder ›Ideen‹ durch ›grün‹ adjektiviert werden können (schon gar nicht, wenn dieses Adjektiv noch dazu durch ein zweites wieder negiert wird). Um vorzuführen, dass ›Bedeutung‹ unabhängig von der Grammatik einer spezifischen Sprache funktioniert – und umgekehrt Grammatik nicht das fundamentalste Sprachprinzip ist –, hat Chomskys Beispiel seinen Zweck erfüllt.

Trotzdem lässt sich diesem Satz sehr wohl Sinn abgewinnen. Zum einen bietet bereits die Ebene des Wörtlichen die Möglichkeit, ihm einen Wahrheitsgehalt zuzuweisen. Es genügt, *alle* davor zu setzen – *Alle farblos grünen Ideen schlafen wütend –*, und schon ist er nicht nur korrekt, sondern auch wahr. Da es keine farblos grüne Ideen gibt, gibt es auch keine farblos grünen Ideen, die *nicht* auch wütend schlafen könnten – um diese Aussage überhaupt verneinen zu können, bräuchte es existierende farblos grüne Ideen. Vertreter des logischen Positivismus haben solche Argumentationen zuhauf vorgebracht, denen zufolge alle metaphysischen (das heißt: empirisch nicht verifizierbaren) Aussagen sinnlos sind. So etwa hat Carnap in einem Essay explizit behauptet, dass fast jeder Satz Heideggers zwar grammatikalisch korrekt, logisch jedoch völlig unsinnig ist.

Zum anderen jedoch macht dieser Satz figurativ – als Ausdruck literarischer Intentionalität verstanden, die gegen alle oben angeführten Maximen verstoßen kann, weil sie uns zwingen, diese Maximen interpretativ wieder zu rekonstruieren – nur wenig Probleme. Ist das sprachpragmatische Kooperationsprinzip einmal ins Spiel gebracht, geht man den Umweg über die Polysemie: ›grün‹ kann lexikalisch auch ›jung, unausgegoren‹ bedeuten, ›farblos‹ auch ›langweilig und charakterlos‹; ›Idee‹ lässt sich als Personifikation auffassen, die das anthropomorphisierende Adverb ›wütend‹ verstärkt; und ›schlafen‹ lässt sich als konnotativer Ausdruck für eine noch nicht realisierte Potentialität begreifen. Mit ein wenig semantischer Feinabstimmung – über genau jenes Prozedere, mit dem man auch Gedichte interpretiert – gelangt man zur durchaus sinnvollen Aussage: *Undefiniert unausgegorene Ideen stecken voll unbewusster Aggression.*

Was so verstanden nichts anderes wäre als eine Paraphrase von Goyas *Der Schlaf der Vernunft gebiert Monster.*

Es gibt noch mehr solcher Beispielsätze. Schon vor Chomsky hat der Linguist Lucien Tesnière den Satz *Le silence vertébral indispose la voile licite* (›die Wirbelstille beeinträchtigt das zulässige Segel‹) formuliert, um damit ein ähnliches Argument zu illustrieren. Konträr dazu haben Dada und der Surrealismus jedoch gerade eine solcherart semantisch frei assoziierende Sprache als Poesie deklariert. Und Perec, Queneau und Calvino in der Gruppe Oulipo – den ›Arbeitern für eine Potentielle Literatur‹ – benützten die Prinzipien einer generativen Grammatik dazu, um gleichsam mechanisch solche Sätze zu konstruieren.

Größer könnte der Gegensatz zwischen Poesie und Linguistik also nicht sein. Dennoch ist er auflösbar. Drehen wir beispielsweise Chomskys Satz um, um diesmal nicht gegen seine Semantik, sondern gegen seine Grammatik zu verstoßen: *Wütend Ideen grün schlafen farblos...*. Ein sinnleeres Beispiel ist dies nur in einem Kontext, der einen korrekten Gebrauch von Syntax voraussetzt. Als Auszug eines Tagebuchs, hingekritzelte Notiz oder surrealistische *écriture automatique* würden wir diese Wortliste jedoch sofort akzeptieren: und uns (über die Griceschen Prinzipien) eine passende Syntax dafür erstellen. Oder diesen Satz als Stichwortliste für ein Gedicht betrachten – das oft genug gerade aufgrund solcher Gedankenstenogramme entsteht.

Dass Chomskys Satz sich auch in ein Gedicht eingliedern lässt, demonstrieren zwei, wenn auch nicht gerade überwältigende Beispiele. John Hollander lässt einen Maler solche ›farblos grüne Ideen‹ haben und von seiner Palette Chromoxyd (das Viridian oder ›Veroneser Grün‹ genannt wird) und Alizarin (ein aus dem Saft der Färberröte extrahiertes Pigment, das arabisch *azarah,* sonst aber auch ›türkische Wurzel‹ genannt wird) auf die Leinwand auftragen:

Aufgeringeltes Alizarin

für Noam Chomsky

seltsam tief, der schlummer karmesinroter gedanken:
während atemlos, in pappigem viridian
farblos grüne ideen wütend schlafen.

D. A. H. Byatts Gedicht hingegen bettet Chomskys Satz aus dem Bereich der Malerei in einen biblischen Kontext ein:

so adams stück vom paradies, in weit zurückliegender zeit:
der farb-wucher der blumen, bäume in myriaden von grün;
dank des gesegneten windes und eines gemäßigten klimas.
der weg zu primatenhaftem wissen noch nicht zu erkennen
schläft er am vorabend noch friedlich mit eva.
einen apfel später, schaut er neugierig
auf diese gärten der farbblindheit
in denen farblos grüne ideen wütend schlafen
und ihrer geburt entgegenfiebern, jeden morgen
bis das schicksal regenbögen bringt, die sie sehen endlich.

Es spricht für unsere Assoziationsfähigkeit – nicht für unsere Sprache –, dass
wir noch aus allem Sinn zu gewinnen verstehen. Und dass es erst der Kontext ist,
der Zeichen mit einem Bedeutungswert versieht.

4

Haben wir uns an anderer Stelle erlaubt, das Abgleiten des Wörtlichen ins Figurative durch an den *OUvriers de la LIttérature POtentielle* geschulten sprachge-
nerativen Methoden zu demonstrieren, bietet sich nun die Gelegenheit, ebenso
spielerisch das Gegenteil vorzuführen – nämlich wie man anhand von diversen
Notaten, Gedankenstenogrammen und Neuansätzen schließlich klare Bedeu-
tungsumrisse herausarbeitet, wobei die Ebene des rein ›Wörtlichen‹ bereits
von vornherein mehr als doppelbödig ist. Zeigen wir also in einem Beispiel, wie
man in sechs Schritten zu einem klassischen Lesebuchgedicht gelangen kann:

1. *Der erste Einfall, zwar prägnant, aber derb, gegen zwei Uhr morgens im Ta-*
   gebuch festgehalten, nachdem das Schweizer Hausmädchen einigen Unwil-
   len bezeugt hat:

Gerne der Zeiten gedenk ich
Als all meine Glieder gelenkig –
Bis auf eines.
Die Zeiten, die kommen nicht wieder,
Denn steif sind all meine Glieder –
Bis auf eines.

2. *Nachmittags versucht, Lyrismen einzuführen und alle Endlichkeit des Seins zu offenbaren; poetisch aber noch ein Hänger:*

Beizeiten geh zur Ruh,
Spürest alle Glieder du –
Bis auf eines.
Der Zeiten Flug – ein Hauch;
Bald ruhen deine Glieder auch –
Bis auf eines.

3. *Aufbruch nach Richterswil zu einem nahegelegenen Berg mit schönem Ausblick auf den Zürichsee; Felsweg geht an auf; Geschener Alp, Teufelsbrücke, Urner Loch; meine Hofratshaxn tun mir weh, aber euphoristische Stimmung nach dem Abstieg; in Alptal das leidige Thema neu aufgegriffen:*

Ich gedenk meinen Wanderschuhen
In denen meine Füß ruhen –
Dort oben am Gipfel;
Ich verlor sie beide im Walde
An ein Vöglein gar balde –
Dort oben im Wipfel.

4. *Zu touristisch; auch hat sich ein Schweizer Dativ eingeschlichen; im ›Ochsen‹ Quartier genommen; gehe das Sujet noch einmal mit dem alten Schwunge an:*

All der Zeiten gedenk ich,
Als ich noch v...... inniglich –
Spürest du's auch?
Einst streckte sich das G.... bis zum Gipfel,
Des Mondes Zipfel über der Bäume Wipfel –
Spürtest du's auch?

5. *Mehr als platt; ich ringe zwar um die Strophenform, dafür aber mißrät alles andere zusehens – auch ist mir die Nostalgie im Wege. Muß einenteils an der zu sauerstoffreichen Bergluft liegen, anderseits am Schmalz und am Käse, die man uns überall kredenzt; Blähungen; aber versuche jetzt, durch Verschränkungen und Enjambement dem Vorwurf trotzdem noch eine Kontur (embonpoint!) abzugewinnen:*

In allen Gliedern
Ist Ruh,
Trotz allen Liedern
Spürest du
Kaum einen Hauch;
Die Vögelein –
Bis auf eines –
Schweigen im Walde.

Warte nur, balde
Wird auch meines
Ruhen allein.

6. *Habe heute am 6. September wieder mein Tagebuch von 1775 hervorgekramt;
wußte, daß ich darin noch etwas Unerledigtes finden würde; sehe jetzt alles
viel klarer, vielleicht nenn ich's* ›Wanderers Nachtlied‹ *– könnte ankommen,
als kleines intimes Tableau mit subsumarischer Pointe:*

Über allen Gipfeln
Ist Ruh,
In allen Wipfeln
Spürest du
Kaum einen Hauch;
Die Vögelein schweigen im Walde.
Warte nur, balde
Ruhest du auch.

Johann Wolfgang von Goethe

Gibbs, Raymond W. (1994), *The Poetics of Mind – Figurative Thought, Language, and Understanding*, Cambridge

M – SPRECHEN DURCH MASKEN – PROSOPOPOEIE UND PERSONIFIKATION

1

Von der bitternis sing, göttin – von achilleus, dem sohn des peleus, seinem verfluchten groll, der den achaiern unsägliches leid brachte… Wenn Homer mit diesen Versen seine *Ilias* beginnen lässt, dann nicht, um selbst das Wort zu ergreifen. Er legt sein gesamtes Epos vielmehr der Muse in den Mund, in Form einer PROSOPOPOEIE, die sich von *prosopon* – ›Maske‹, ›Gesicht‹, ›Person‹ – und dem Stammwort der Poesie *poiein* – ›machen‹ – ableitet. Das Sprechen wird zunächst zu einem Rollenspiel, das sich bereits in seiner einfachsten Form, dem lyrischen Ich, vom Autor distanziert, um dieses Subjekt zum Stellvertreter des Lesers werden zu lassen. Es bietet ihm dadurch eine Maske an, durch die er monologisch die Welt betrachten kann: erst das hebt die Literatur von jedem privaten Notat ab und macht ihre Aussagen exemplarisch. Bringt man wie Homer hier ein Objekt zum Reden, offenbart sich hingegen jener fiktive Dialog, den Literatur darstellt: der imaginäre Sprechakt, den ein Autor an ein Publikum richtet – um damit auch Göttern und Natur, Dingen und Tieren (in den Tierfabeln etwa) eine Stimme und dadurch Präsenz zu verleihen. Nichts Eindrücklicheres, als wenn wir ihnen dann zuhören – von der Unterweltsszene in der *Odyssee* über Lukian, Fontenelle, Enzensbergers *Hammerstein* bis zu Totengesprächen.

Verwandt ist dieses Sprechen mit der Allegorie. Es kann sich mit einer bloßen Metapher begnügen oder sich zu jenem halluzinatorischen Gestus ausweiten, mit dem das Schreiben von seinem Objekt Besitz ergreift, um sich so eng mit ihm zu identifizieren, dass es dann zu einer Art Sprachrohr wird. Das zeigt Apollinaires *Rheinischer Herbst*:

Oh! Ich will nicht, daß du hinausgehst
Der herbst ist voll abgeschnittner hände
Nein nein es sind tote blätter
Es sind die hände der lieben toten
Es sind deine abgeschnittenen hände

Wo der Akt der Anverwandlung der Blätter in das apostrophierte Du durch ein rhetorisches ›nein nein‹ als reflektierte Prosopopoeie herausgestellt wird, bringt Dylan Thomas seine Natur direkt von innen heraus zum Sprechen:

> Die kraft die durch die grüne zündschnur die blume treibt
> Treibt mein grünes alter; was die wurzeln der bäume sprengt
> Ist mein zerstörer.
> Und ich bin stumm es der verwachsenen rose zu sagen
> Meine jugend wird vom selben wintrigen fieber gebeugt.
>
> Die kraft die das wasser durch die felsen treibt
> Treibt mein rotes blut; was den mund der ströme vertrocknet
> läßt den meinen zu wachs werden.
> Und ich bin stumm es meinen venen zuzumunden
> Wie derselbe mund aus der quelle des berges saugt.

Das personifizierende Sprechen leiht sich hier einer modernen Form von Mythos: doch selbst hier kann die Natur erst sprechen, wenn das Ich verstummt. Diese Art von ›Abwendung‹ von sich selbst, um in größtmöglicher Empathie das Andere, sonst Uneigentliche und Fremde nicht nur anzusprechen, sondern ihm auch Mund und Zunge zuzuschreiben, wird durch die Denkfigur der APOSTROPHE als Hinwendung an Dritte markiert. Ein schönes Beispiel dafür bietet uns erneut Homer mit seiner zweiten Anrufung der Musen in der *Ilias*:

> Doch nun sagt mir, ihr musen, die ihr am olymp wohnt -
> die ihr göttinnen seid – allwissend und allgegenwärtig -
> während wir sänger alles vom hörensagen nur wissen -
> sagt mir, musen, wer die heerführer der danaer waren:
> denn selbst so ich zehn zungen in zehn mündern hätte
> eine stimme, die nicht bricht, und ein herz aus bronze -
> ich wüßte den namen jedes einzelnen nicht zu nennen:
> ich vermag nur die schiffe und die kapitäne aufzuzählen.

Homer verbindet hier eine INVOKATION – die ›Herbeirufung‹, die uns Abwesendes sprachlich vergegenwärtigt – mit einer EVOKATION: dem dadurch bedingten ›Aufruf‹ von Eigenschaften und Dingen, in diesem Fall jenes umfangreichen Schiffskatalogs, der diesen Versen dann folgt.

Was die Musen hier zu verkörpern haben, ist eine ideale Erinnerungsleistung, die unser Gehirn stets nur eingeschränkt und assoziativ bewältigt – durch jenes ›Hörensagen‹, durch das wir bei Lernprozessen unser Repertoire an Wissen erwerben. Kognitiv betrachtet drücken diese Verse noch etwas anderes aus: dass uns nämlich nur ein Akt der Benennung über die Dinge verfügen lässt. Wenn wir einen Namen für sie haben, werden sie denkbar und verhandelbar, weil erst die Lautgestalt eines Wortes die dazugehörigen, individuell gebildeten und abgespeicherten Konzepte auf- und herbeizurufen imstande ist. Bleibt etwas namenlos, sind wir so stumm wie blind. Deshalb wurde jede Namensgebung in der Antike stets mit Magie gleichgesetzt – im Sinne des biblischen ›Im Anfang war das Wort‹; wo ehemals Priester darüber wachten, tut es heute der Duden oder der deutsche Sprachrat. Was in unseren offiziellen Sprachbestand eingeht, bedarf letztlich einer gesellschaftlichen Sanktion – gerade weil Begriffe unser Denken beeinflussen.

2

Was alle diese Sprachfiguren teilen, was ihr gedankliches Zentrum ausmacht, ist das Element der PERSONIFIKATION. Sie beginnt schon damit, dass wir den Dingen ein Geschlecht zuschreiben. So alt wie die Dichtung und die Malerei in ihren Dar- und Vorstellungen von Dingen, Abstraktionen, Tieren oder Toten, denen sie fiktive Präsenz und Permanenz verleiht, spiegelt sich in der Personifikation jener Anthropomorphismus wider, der unsere Kognition auszeichnet. Unsere soziale Intelligenz – evolutionsbiologisch dazu ausgelegt, zwischenmenschliche Interaktionen zu bewältigen, und sich von Kindheit an in intuitiver Empathie übend – ist im Vergleich zu allen anderen Intelligenzformen ja bei weitem am nuanciertesten ausgeprägt. Bei dieser Entwicklungsgeschichte verwundert es kaum, dass unser Vokabular überwiegend aus Worten besteht, die auf Humanes verweisen. Wir projizieren das Unsere in die Welt – von der Landzunge bis zum Bergfuß –, weil es uns eben leichter fällt, das, was wir vor Augen haben, in menschlichen Proportionen und Dimensionen zu fassen und der Welt ein Agens zuzuschreiben, das unserem vergleichbar scheint. Observierte Ereignisse werden für uns erst zu anschaulichen Fakten, wenn wir sie als Handlungen beschreiben können – so erzählen wir die Welt. Was für das naturwissenschaftliche Denken die größte *crux* ist – nämlich das Unbelebte jenseits aller Anthropomorphismen denkbar zu machen –, stellt einen Imperativ der Poesie dar. Sie will uns das Fremde zumindest sprachlich zu eigen machen.

Ob das Meer, die Morgenröte, die Sonne, ein Gewitter oder ein Unglück –

nicht erst seit Homer wurden Dinge, Zustände, Ereignisse und Tatsachen personifiziert. Selbst wenn wir glauben, neutral zu formulieren, dass sich das Meer zurückzieht, die Morgenröte sich am Himmel zeigt, die Sonne aufgeht, ein Gewitter sich zusammenbraut und ein Unglück eintritt, verrät jedes dieser Verben noch den Anthropomorphismus, mit dem wir diese uneigentlichen Vorgänge einmal für uns begreifbar machten. So archaisch dies scheinen mag, so grundlegend ist es für unser Denken. Um ein modernes poetisches Beispiel zu zitieren, Sylvia Plaths *Der Mond und die Eibe*:

Der mond ist keine tür. Er hat ein recht auf ein gesicht,
weiß wie ein knöchel und so fürchterlich bestürzt.
Es zieht das meer hinter sich her wie ein dunkles verbrechen; es ist still
mit dem aufgerissenen O völliger verzweiflung.

3

Wie selbstverständlich verbreitet und doch kaum bewusst die Prosopopoeie ist, zeigt auch die Sprache der Wirtschaft:[13] »Die ägyptische Börse hat in diesem Jahr, *ermutigt* durch ein gesundes Wirtschafts-*Wachstum*, einen weiten *Sprung* nach vorne gemacht.« Neutral formuliert würde es heißen: ›Der ägyptische Markt-Index ist dieses Jahr, der besseren Wirtschaftslage des Landes gemäß, um 75 Prozent höher als im letzten‹. Zu dieser Umformulierung zu gelangen ist gar nicht einfach: man muss auch auf ›entsprechend‹, ›sich verbessern‹ oder ›steigern‹ verzichten, da sie ebenfalls noch ein menschliches Agens implizieren würden.

Ein in der *American Academy of Management* präsentierter Bericht betont, dass ein personifizierender Sprachgebrauch, der den relativ unbeseelten Aktienmarkt als etwas Lebendiges darstellt, großen Einfluss auf Investoren besitzt. Als Beleg wird eine Studie des Instituts für Psychologie an der Columbia Universität zitiert, die Testpersonen eine Tabelle samt Beschreibung des Börsenindexes vorlegte und sie aufforderte, eine Tendenz vorherzusagen. War die Beschreibung in personifizierenden Termini formuliert, hielten sie anhaltend positive Tendenzen für weit wahrscheinlicher als bei einer rein ›objektiven‹ Beschreibung.

In einem zweiten Teil des Experiments untersuchte man Transkripte des

13 *Economist* vom 23.7.05

amerikanischen Börsenfernsehens und stellte eine signifikante Korrelation zwischen Personifizierungen und Aufwärtstrends am Markt fest – bei Abwärtstrends hingegen neigte die Wortwahl weit eher zu depersonalisierten Termini. Ein Befund, den der Institutsleiter so interpretierte: »Unsere Gehirne bringen nach oben gerichtete Verläufe mit Belebtheit und Antriebskraft in Verbindung, während wir Abwärtsbewegungen mit Unbelebtheit von Dingen assoziieren, die der Schwerkraft unterliegen.« Dass unsere Vorväter also auf Bäume klettern konnten, ihre Steinwerkzeuge dabei aber meist zu Boden fielen, ist eine allzu einfache Erklärung dafür. Dennoch verfügt unsere Sprache über eine ganze Reihe von Idiomen, bei denen ›oben‹ Kontrolle konnotiert, ›unten‹ jedoch ihr Fehlen markiert, um so Ausgeliefertsein und Ohnmacht auszudrücken.

Dabei stellen in unserem Beispielsatz aus dem Wirtschafts-›Leben‹ die Personifikationen dessen, was ›ermutigt‹ werden, ›wachsen‹ und ›springen‹ kann, gar nicht einmal die einzigen dar. Solche Verlebendigungen durchziehen den gesamten Aktienmarkt – beginnend mit seiner Bezeichnung als ›Börse‹ (was ursprünglich ›abgezogenes Tierfell‹ bedeutete), bis zu Hausse und Baisse, die man ›Bulle‹ und ›Bär‹ nennt (weil der Bulle mit seinen Hörner von unten nach oben stößt, der Bär mit seinen Tatzen jedoch von oben nach unten zuschlägt).

Was sich dahinter verbirgt, ist ein Modell des Stereotypen, demzufolge wir alle von uns unbeeinflussten Geschehnisse und Ereignisse als Handlungen auffassen. Es ist – wie so oft beim metaphorischen Transfer – eine Projektion von sensomotorischen Schemata auf unterschiedlichste unpersönliche Situationen. So lässt sich eine potentiell unendliche Anzahl von Personifikationen bilden, ohne dass jedes Mal das Agens spezifiziert werden muss.

4

Die Poesie konfrontiert uns natürlich mit weit eindrücklicheren Personifikationen, selbst noch in diesem einfachen Beispiel Yehuda Amichais:

die welt ist wach heut nacht.
sie liegt auf dem rücken, mit offenen augen.

Neutral formulieren lässt sich dieses Bild nur umständlich: ›Heute Nacht ist es nicht vollkommen dunkel und still. Ich bin – wie wohl viele andere – kontemplativ schlaflos. Als Anzeichen dafür sind überall noch erleuchtete Fenster zu sehen.‹ Doch selbst bei dieser offensichtliche Anthropomorphismen vermeidenden Paraphrase kommen wir weder ohne das Agens ›es‹ noch ohne einen vor-ausgesetzten Beobachter aus. So setzt die Sprache den Dingen eine Maske auf und lässt jedes Sagen zu einem Sprechen durch ihre Mundöffnung werden.

Die menschlichen Züge, die sie allem dadurch verleiht – im Gegensatz zum nur ganz selten möglichen objektiven Beschreiben –, erlaubt konzisere Aus-drucksweisen: und zwar deshalb, weil unser Vokabular vor allem aus Anthropo-morphismen besteht. Sie sind inhaltlich gleichzeitig weit umfassender als bloß objektive Beschreibungen, gemäß der Maxime, dass wir über Humanes am bes-ten informiert sind und wir uns seiner vorrangig zur Analogiebildung bedienen. Personifikationen lassen deshalb jedwede Art der Deskription eindrücklicher und präsenter erscheinen. So wie jede Maske ein Interface zwischen Innen und Außen darstellt, hebt sich in ihr auch die Distanz zwischen Subjekt und Objekt auf; der Blickwinkel und Horizont des Humanen erweitert sich und verleiht al-lem, was wir sehen, Tiefe und Weite: sodass die Welt wach auf ihrem Rücken liegen kann. Auf diese Weise vereinnahmen wir das, was wir beschreiben.[14]

5

Das Gegenstück zur Personifikation stellt die Denkfigur der DEPERSONALISIE-RUNG dar. Dazu ein Beispiel aus der expressionistischen Dichtung, die dieses Stilmittel – vor dem Hintergrund aufkommender Industrialisierung und ent-fremdender Großstadterfahrung – gerne eingesetzt hat. Ähnlich wie bei van Hoddis' *Weltende* wird auch in Alfred Lichtensteins *Dämmerung* die Kohäsion von simultan und disparat Wahrgenommenem hauptsächlich durch das Me-trum und die Reimverschränkungen suggeriert:

> Ein dicker Junge spielt mit einem Teich.
> Der Wind hat sich in einem Baum gefangen.
> Der Himmel sieht verbummelt aus und bleich,
> Als wäre ihm die Schminke ausgegangen.
>
> Auf lange Krücken schief herabgebückt
> Und schwatzend kriechen auf dem Feld zwei Lahme.
> Ein blonder Dichter wird vielleicht verrückt.
> Ein Pferdchen stolpert über eine Dame.

14 Während die Denkfiguren der Verneinung den gegenteiligen Effekt bewirken: sie negieren ein Agens weitge-hend, Ent-humanisieren und Ent-Realisieren dadurch letztlich.

An einem Fenster klebt ein fetter Mann.
Ein Jüngling will ein weiches Weib besuchen.
Ein grauer Clown zieht sich die Stiefel an.
Ein Kinderwagen schreit und Hunde fluchen.

Der Eindruck von Ent-Persönlichung wird zunächst dadurch vorbereitet, dass alles Humane, von dem wir Spezifik erwarten, sich verallgemeinert findet: unbestimmte Artikel werden gesetzt, und alles Individuelle wird so weit wie möglich ausgeblendet. Unterstrichen wird dies durch die stereotypisierenden Adjektive – ›dick‹, ›lang‹, ›blond‹. Adjektive, die Menschliches mit Dinglichem charakterisieren, verstärken den Effekt der Depersonalisierung noch: ›schiefe‹ Lahme, ›weiches‹ Weib, ›grauer‹ Clown. Deutlich wird dies in der letzten Zeile: sie ent-humanisiert idealtypisch Menschliches (ein Kleinkind) zum Objekt (›Kinderwagen‹).

Am prononciertesten zeigt sich dies im ersten Vers der dritten Strophe: er überträgt ein sich auf ein Objekt beziehendes Verb – ›kleben‹ – auf Humanes. Ein ohnehin nur generisch fetter Mann wird dadurch verdinglicht und ihm auch die einzige charakteristische Eigenschaft genommen, die Leibesfülle. Durch das auf Oberflächenhaftung bezogene Verb wird eine Verzerrung bewirkt: er wird auf Zweidimensionales reduziert und schrumpft dabei noch (realiter würde nur sein Bauch am Fenster kleben; hier muss der ganze Mann hineinpassen).

In diesen Bildern einer existentiellen Desorientierung wird alles Humane depersonalisiert. Im Gegenzug jedoch werden Tiere durch ihnen zugeordnete Verben (›stolpern‹ und ›fluchen‹) anthropomorphisiert. Die Natur erfährt das größte Ausmaß an Personifikation: der Wind wird körperlich, der Himmel zur Hure. In einer doppelten Volte wird dann alles illusorisch Projektive, mit dem wir der Natur unsere humane Kosmetik verleihen, wieder demaskiert: diese Schminke fällt ebenso ab, wie der Wind – das klassische Agens der Natur – jede Wirkungsmacht verliert und sich im Selbstreflexiven verfängt.

Dies führt uns etwas grundsätzlich Paradoxes vor Augen. Da jede Kategorisierung der Welt auf Menschlichem beruht, können wir – wenn wir einmal die Natur selbst sprechen lassen wollen – dafür nicht den Rahmen der Personifikation verlassen, sondern bloß die Personifikationsrichtung umdrehen. Als ließe sich die Natur erst darstellen, wenn wir die Projektionen, mit denen wir ihr Gestalt verleihen, verleugnen, verdrängen und verneinen.

6

Etwas zu personifizieren ist etwas allgemein Menschliches. Psychologische Studien zeigen, dass wir dadurch unberechenbare Dinge oder Situationen besser bewältigen – und wir diese Art der Vermenschlichung umso intensiver betreiben, je einsamer wir uns fühlen oder je lebloser uns die Umwelt erscheint. Zeigt man etwa einen Film, in dem zwei Kreise mit einem Dreieck interagieren, wird dies gemeinhin als Kampf zweier Männer um eine Frau interpretiert. Dabei leuchtet – wie bei der Szene eines gefilmten Kampfes zwischen Menschen – jenes Spiegelzellensystem auf, das es ermöglicht, uns in andere hineinzuversetzen.

Der Drang zur Personifizierung scheint uns angeboren. Schimpansenmännchen zum Beispiel reagieren auf einen Sturm, indem sie in Baumkronen klettern, mit abgebrochenen Ästen wild zum Himmel drohen und die Wolken anschreien, als bekämpften sie einen Rivalen – sie ›schimpansieren‹ damit den Wind. Was sich darin ausdrückt, ist eine Überlebensstrategie, die allem zunächst generell Intentionalität zuschreibt. Experimente an jener Primatengattung, die sich ›Mensch‹ nennt, demonstrieren dies auf ihre Weise. Lässt man Versuchspersonen über ihre eigene Einstellung, jene von anderen Leuten oder die Gottes bezüglich eines Themas wie der Todesstrafe nachdenken, erweist die Gehirnaktivität sich in den ersten zwei Fällen als sehr ähnlich: mir meine Ansichten oder die eines anderen zu überlegen löst ein vergleichbares neuronales Muster aus. Identisch wird dieses Muster jedoch in dem Moment, wo ich mir die Einstellung Gottes vor Augen führe: dann ist seine Haltung und die meine offenbar ein und dieselbe. Dies ist letztlich als neurologischer Hinweis darauf zu werten, dass wir reflexhaft in allem zuerst – uns selber sehen.

Epley, N., Converse, B.A., Delbosc, A., Monteleone, G.G., & Cacioppo, J.T. (2009). »Creating God in one's own image«. *Proceedings of the National Academy of Sciences*, 106, 21533–21538.

Epley, N., Akalis, S., Waytz, A., & Cacioppo, J.T. (2008). »Creating social connection through inferential reproduction: Loneliness and perceived agency in gadgets, gods, and greyhounds«. *Psychological Science*, 19, 114–120.

Epley, N., Waytz, A., Akalis, S., & Cacioppo, J.T. (2008). »When we need a human: Motivational determinants of anthropomorphism«. *Social Cognition*, 26, 143–155.

LAUT UND MALEREI

N – ONOMATOPOEIE UND SYNÄSTHESIE

1

Vorfällen, Dingen, Tieren und inneren Gestimmtheiten einen Wortlaut zu verleihen heißt nicht nur, der Welt eine Stimme zu geben, sondern auch Geräuschhaftes in die Sprache zu holen. Von *Ah* bis *Zzz* führt die ONOMATOPOEIE reine Sprechakte vor, die nichts behaupten und auch nichts verneinen; anders als Aussagen und logische Sätze bezeichnet ihre Wörtlichkeit weder einen Sachverhalt, noch referiert sie etwas. Die Sprechakte stellen nichts *dar*, sondern *sind*: das, was sie sagen.

Ihre Mimesis wäre im Idealfall naturgetreu: als könnte der Wortklang – *flatus vocis* – das Rauschen der Welt frequenzgenau wiedergeben. Dennoch sind sie nur Imitationen: selbst ein *Muh* gibt das Muhen einer Kuh nur andeutungsweise wieder. Aristoteles weist zwar in seiner Schrift *Über die Interpretation* der Onomatopoeie sprachschöpferische Kraft zu: für ihn ahmt sie mit dem Klang der Stimme den der Welt nach, auf dieselbe Weise wie das geschriebene Wort das gesprochene Wort imitiert. Platon hingegen fragte sich dann in seinem *Kratylos*, inwieweit solche Naturimitationen auch Ausdruck kultureller Konvention sind.

Die Onomatopoeie hat demnach ein Janusgesicht. Einerseits zeigt sie die Welt, andererseits die Worte – doch indem sie beides verkörpert, bringt sie sie miteinander in Berührung. Auf der einen Seite stellt der Wortklang ein Echo auf die Geräusche der Welt dar; die Lautmalerei inszeniert das Abrupte, mit dem sie uns bewusst werden – mit dem sie entstehen und sich wieder zerschlagen, sammeln und zerspringen, laut werden und wieder in Stille versinken: *krack, bumm, au, uff, plaff* … Auf der anderen Seite sind die Möglichkeiten, Geräuschhaftes zu reproduzieren, dadurch eingeschränkt, indem sie dies nur mittels Worten leisten können – die uns jedoch immerhin blubbern, klappern, brubbeln, glucksen, grunzen, babbeln, schrammeln, schwabbeln, grummeln lassen.

Sosehr die Onomatopoeie auf direkte Mimesis abzielt: sie bleibt eine Imitation – und letzten Endes eine Transposition von Realem in unser Bewusstsein. Sie zeigt, *wie* wir Geräuschhaftes hören und es durch das Klangmaterial unserer *Sprache* wiedergeben. Darum klingt der Hahnenschrei für deutsche Ohren anders als für englische oder französische: *kikeriki* ist nicht *cock-a-doodle-do* oder *cocorico* – obwohl die Hähne überall die gleichen sind. Und für das Quaken unserer Enten sagt das algerische Arabisch *bat'bat'*, das Türkische *vak vak*, das Dänische *rap rap*, das Tschechische *gagaga*, das Russische *kriak kriak* und das Französische *coin-coin*.

Kleinkinder, die noch keine velaren Phoneme (wie *k* und *g*) beherrschen, sind dennoch in der Lage, sie zu artikulieren, sobald sie Laute imitieren: das *kra-kra* einer Krähe, *gaga* als Zeichen ihres Lustempfindens, *ka* als das von Ekel. Obwohl sie auch den Fließlaut *r* in den Worten, die sie von Erwachsenen hören, noch nicht bewusst auszusprechen vermögen, geben sie trotzdem schon das T*r*illern eines Vogels oder ein *R*asseln damit wieder. Und selbst wenn sie noch kein *i* benützen, machen sie doch Hundegebell mit *didi* oder Spatzenschreie mit *titi* oder *bibibi* nach.

Mit dem Erlernen einer Sprache geht auch das Einlernen einer eigenen Klanggestalt einher – die Fähigkeit, spezifische Vokale und Konsonanten zu identifizieren und zu reproduzieren, die von Sprache zu Sprache unterschiedlich sind. Diese linguistische Konditionierung schränkt die Bandbreite der Laute ein, die wir zu bilden vermögen. Was Hänschen nicht lernt, lernt Hans nur mehr schwer: weshalb bei ihm, wenn er in einer Fremdsprache redet, meist die Lautung der Muttersprache durchklingt, sein Englisch oder Französisch den deutschen Akzent behält. Manche Differenzierungen – wie zwischen dem *l/r* bei Chinesen oder Polen – kann Hans deshalb kaum noch hören, geschweige denn adäquat aussprechen.

Die Lautmalerei aktualisiert dieses vorsprachliche Artikulationsvermögen wieder. Der Brustlaut, den man mit *hm* transkribiert, das labiale *r*, mit dem man Pferde zum Halten bringt, oder das *brrr!*, mit dem man Zittern und Kälte ausdrückt – all dies liegt außerhalb des gewohnten Lautspektrums der europäischen Sprachen. Das englische *ukh* als Ausdruck des Ekels und *uh-oh* als Ausdruck des Entsetzens gleichen eher der Konsonantik des Arabischen; das trillernde *r*, mit dem englische Kinder das Schnurren einer Katze andeuten, klingt hingegen mehr nach Fließlauten, wie sie das Französische oder Deutsche benützt.

In diesem Sinn ist Onomatopoeie Lautfabrikation, die mittels der Stimme auf etwas verweist, was durch die üblichen Worte nicht artikulierbar ist. Sie erweitert unser erlerntes Artikulationsvermögen, variiert und rekombiniert unser Repertoire an Silben und integriert zugleich neues Klangmaterial: im eigentlichen Sinn ist Lautmalerei nichts anderes als ›Wort-Bastelei‹ (*onoma-poiesis*).

Das Spiel, zu dem sie uns einlädt, ist eines, das auf die Oberfläche der Dinge achtet, nicht auf ihre Tiefe; es lässt die Worte ihren gewohnten Ernst verlieren, um – wie Nietzsche meinte – »die Musik der Welt spielen und uns auf ihren Dingen tanzen zu lassen«.

2

Die Onomatopoeie kann verschiedene Positionen zwischen Ich und Welt einnehmen. Auf der einen Seite gibt sie Tierstimmen wieder oder versucht direkt mit Tieren zu reden: *muh* und *bäh* oder *hüh!* und *hott!* Auf der anderen Seite imitiert sie die Dinge indirekt, indem sie lautmalerisch – wie schon Aristoteles meinte – den emotionellen Eindruck nachahmt, den sie in uns bewirken. *Uff* etwa transponiert den ausgestoßenen Atem (*ff*) – mit dem wir instinktiv eine Reaktion der Erleichterung ausdrücken – ins Schriftdeutsche.

Diese Art der INTERJEKTION verleiht zutiefst Körperhaftem eine Stimme und bringt Affekte, Emotionen und Gefühle zum Ausdruck: Verachtung (*pah*), Ekel (*puh*), Schmerz (*aua*), Ermutigung (*hop hop*), Gleichgültigkeit (*bah*), Ungläubigkeit (*ha*), Überraschung und Bewunderung (*oh*). Neben subjektiven Stimmungen und Haltungen artikuliert sie auch Kommunikationsweisen anderen gegenüber: Aufforderung (*he*), eine Bitte zu schweigen (*psst*) oder Widerspruch etwa (*ta ta ta*).

Für Dante begann Sprache – wie er in *De vulgari eloquentia* darlegt – nach dem Sündenfall mit dem Ausdruck der Verzweiflung: *heu!* Nicht eine Aussage oder eine Frage steht für ihn also am Ursprung der Sprache, sondern eine Interjektion. Unabhängig von allen Theorien darüber hat dieser Ansatz etwas Fruchtbares: Dante impliziert, dass es erst mit der Exklamation Sprache geben kann, nicht vorher – eine Sprache, in der man nicht in einen Ausruf ausbrechen kann, wäre für ihn keine menschliche.

Das ist insofern richtig, als die Intensität von Sprache nirgendwo größer ist als bei der Interjektion, mit der wir Emotionen Ausdruck verleihen, und bei der Onomatopoeie, mit der wir überwiegend das imitieren, was nichtmenschlich ist. In dem Moment, wo Sprache ihren gewohnten Sinn- und Klangraum verlässt, um das nachzuahmen, was selbst keine Sprache besitzt – Tiere, natürliche oder mechanische Geräusche, Affektives –, zeigt sie sich als das, was sie ist: Lautung. Sie löst sich dabei vom Kontext kultureller Konvention, um auf jene Nicht-Sprache zu verweisen, die außerhalb ihrer besteht. So wird sie zur *exclamatio* im eigentlichen Wortsinn: ein Aus-Ruf der Welt und zugleich auch unser Ausruf in die Welt.

Dieser affektive Gehalt macht auch den lebendigen Teil der Poesie aus – und das nicht nur bei der Lautpoesie, wo er ganz in den Vordergrund rückt. Egal bei welchem Gedicht – es sind erst die Interjektionen, die den Worten, der Syntax, den Idiomen und dem Sinn eines Verses ihr jeweiliges emotionales Gewicht verleihen. Sie sind der Teil des dichterischen Vortrags, der verlorengeht, wenn man ein Gedicht nur liest. Denn ganz gleich, wie schlecht ein Dichter vortragen mag – ob er murmelt, nuschelt oder stelzt, zu schnell ist oder stottert und bricht –, es ist und bleibt seine Lesart: und damit die Onomatopoeie dessen, was er mit seinem Gedicht meint. Sie vermittelt seine subjektive Haltung – *wie* er seine Worte in seinem Kopf hört, denkt und sieht; sie gibt wieder, welche Eindrücke, das, was er von der Welt gehört, gedacht und gesehen hat, in ihm hinterlassen hat. Fehlt diese Art der Lautmalerei durch den dichterischen Vortrag (den Schauspieler meist viel zu klischeehaft ›glatt‹ ausstellen), mangelt es dem Gedicht an jenen Akzenten, Betonungen und Pausen, die über reine Vokalakzente und Silbenbetonungen hinausgehen: Denn erst dadurch wird es zu einer *declamatio* der Welt.

3

Die Onomatopoeie ist bestrebt, mittels Sprache Außersprachliches zu suggerieren. Ist das Gegenteil der Fall, nennt man dies MIMOLOGIE: wenn man Geräusche als Worte versteht. So gehörte es zur französischen Folklore, dass der Schrei der Wachtel Schulden anmahnte – *paye tes dettes, paye tes dettes;* ebenso traditionell war es, dass die Soldaten früher einmal aus dem Rattern der Zugräder über die Schwellen entweder *bifteck-frites* oder *patates-fayots* heraushörten – je nachdem, ob sie Ausgang hatten oder wieder zurück in die Kaserne mussten. Dazu gehören auch die humoristischen Versuche von ›John Hulmes‹ Poesie, den Wortlaut deutscher Kinderlieder durch französische Worte wiederzugeben. So wird aus ›backe, backe Kuchen…‹: *Bac à bac à coup qu'aine d'air bécard hâte gai roue faine …*

Geräusche in Klänge zu transponieren, Laute zu Worten werden zu lassen – darin bestand schon die Kunst des griechischen Orakels, das entweder Tonröllchen an einen Baum hängte, um dem Wind eine Stimme zu geben, oder aus dem Zungenreden einer Pythia göttliche Botschaften heraushörte. Klangmalereien zählen aber auch zu den ältesten Spielen der Dichtung. Philipp von Zesen hörte aus dem Einschenken des Weins in Gläser ganze Verse heraus:

Es gischen die gläser, es zischet der zukker:
man schwenkt sie und schenkt sie euch allen vol ein.
Es klukkert verzukkert dem schlukker fein lukker,
fein munter hinunter der Rheinische wein.

Und Brentano bezog aus dem Klang der Vokale einen symbolischen Sinn:

In dem A den Schall zu suchen,
In dem E der Rede Wonne,
In dem I der Stimme Wurzel,
In dem O des Todes Odem,
In dem U des Mutes Fluchen
hat er aus dem Bauch geholet.

Eine solche Mimologie kann zum Strukturprinzip eines Gedichts werden – wenn es den Sinngehalt seiner Zeilen von der Klanggestalt eines Grundbegriffs ableitet und diese Lautfigur von Vers zu Vers in variierenden Echos widerhallen lässt: als gleichsam binnenreimender Sinn. Dieses laut- und sinnmalerische Prinzip ist so alt wie die Dichtung. Hesiods *Theogonie* beginnt mit der Anrufung der *Mousai*: die Muse steht so als Onomatopoeie für all das, was diese Göttinnen an Außersprachlichem in die menschliche Sprache zu bringen vermögen. Das Proömium seines Gedichts endet mit dem Satz ›Ich würde wahre Dinge sagen‹, den wir lautsprachlich wiedergeben: *etetuma muthesaimen.* Darin steckt ein Palindrom, das ›wahr‹ und ›sagen‹ (etETHUMa – MUTHEsaimen) zu spiegelverkehrten Echos werden lässt. Darüber hinaus wird all diese Wahrsagerei als Widerhall der Musen deutlich (MUSAI – MUtheSAImen). Die Bedeutungsebenen eines Gedichts werden also nicht nur durch lautmalerische Elemente generiert: die Poesie selbst ist hier Onomatopoeie dessen, was die Musen verkünden.

Arp und die Dadaisten, die Wiener Gruppe und Friederike Mayröcker haben diese Art semantischer Onomatopoeie betrieben, die einer einzigen Lautfigur ein ganzes Wortfeld abgewinnt; die walisische Dichtung von Daffydd ap Gwilym über Gerald Manley Hopkins bis Dylan Thomas hat sie zu ihrer Signatur gemacht. Hier ein Beispiel von Hopkins, das uns passenderweise den Kuckuck als Wappentier der Mimologie vorstellt:

repeat that, repeat,

cuckoo, bird, and open ear wells, heart springs, delightfully sweet,
with a ballad, with a ballad, a rebound
off trundled timber and scoops of the hillside ground hollow
hollow hollow ground;
the whole landscape flushes on a sudden at a sound.

Aus dem ›-eat‹ entwickelt sich *ear, heart* und *sweet;* aus dem ›-bound‹ *ground* und *sound;* aus Letzterem wiederum *sudden;* aus dem *cuck-oo* selbst das *sc-oo-ps*— während ringsum alles hohl, hohl im Hohlweg widerhallt … Das Gedicht als poetische *ex-clamatio* ist somit ein Wiederholen des Aus- und Zwischenrufs des Kuckucks.

Eine Übersetzung dieses Gedichts muss nun andere Wege gehen, seine Lautung andere Pfade öffnen, wenn sie dem mimologischen Prinzip treu bleiben will. Der grundsätzliche Unterschied zeigt sich in den Vokalen und Konsonanten, deren Klangqualität jedoch weniger Willkürliches hat, als man vermuten möchte: sie scheinen in sich zusammenzuhängen und auf eine gemeinsame Art von Wirklichkeit zu verweisen:

hol' es wieder, wiederhol' es

vogel, kuckuck, und bohr ohr-brunnen, herz-quellen, wunderbar süß,
mit einem lied, einem lied, seinem widerhall,
klang-kellen vom hang, prallend von der kehlung des hohlwegs,
vom hohlen hohlen grund;
daß die ganze landschaft aufwallt bei diesem schall.

4

Onomatopoeie stellt wohl die direkteste Ausdrucksform des Seins dar: Wo Zeichen und Bezeichnetes gleichsam ineinander aufgehen, sind sie das, was sie sagen – und sagen sie das, was sie tun. Einen Sonderfall bildet die Lautmalerei, deren Klanggestalt sich nicht als Nachahmung von Reellem erweist, sondern abstrakt bleibt: reines Artefakt. Von Interesse ist sie auch deshalb, weil sich über sie eine Eigengesetzlichkeit von Sprache aufzeigt – nämlich wie Laute *per se* Sinn generieren. Weit davon entfernt, Nonsens zu sein, erhalten sie Bedeutung auf zwei Ebenen:

1. durch den assoziativen Kontext unseres mentalen Lexikons (Platons ›kultureller Konvention‹);
2. und durch eine mehr oder weniger universelle Lautsymbolik (Aristoteles' ›innerste Eindrücklichkeit‹).

Überspitzt formuliert, könnte man behaupten, dass es kein Wort gibt, das letztlich sinnlos ist, weil sich über diese beiden Ebenen immer eine Art assoziative Bedeutung herstellt. Abstrakte Lautmalereien als Sonderfall zu bezeichnen heißt jedoch, ihren Wirkungsgrad zu unterschätzen, denn von der Produktion solcher linguistischen Artefakte lebt ein ganzer Wirtschaftszweig. Firmen wie ›Lexicon‹, ›Idiom‹ oder ›NameLab‹ kassieren hohe Summen für die von ihnen erstellten Onomatopoeien, Mimologien und anderen Neuschöpfungen. Gemeint sind damit die uns geläufigen LOGOS und MARKENNAMEN, die etwa die Hälfte unseres gesamten Sprachschatzes ausmachen: es gibt an die 300 000 solcher *registered trademarks*.

›Viagra‹ ist ein Beispiel dafür, wie vermeintlich sinnlose Lautmalerei durch den assoziativen Kontext unseres mentalen Lexikons mit Sinn ausgefüllt wird. Primär erhält dieses Wort einen Bedeutungshorizont, indem es sich auf das amerikanisch ausgesprochene ›Niagara‹ reimt: es konnotiert dadurch sowohl ›Wasser‹ (das psychologisch auf Sexualität und Leben verweist) als auch eines der beliebtesten Reiseziele für amerikanische Flitterwöchner: Niagara Falls mit seinen Hotels voller herzförmiger Betten. Sekundär bauen die einzelnen Wortkomponenten diese Konnotationen noch aus: *vi-* ist ein Homonym für *vie* (›kämpfen, wetteifern‹); -*agra* wiederum soll ganz bewusst den Aspekt der Aggression wachrufen.

Möglich gemacht wird diese Sinnstiftung durch den kognitiven Mechanismus, der in unserem Gedächtnis Vokabeln aufgrund ihrer Klanggestalt wachruft und dabei – des schnelleren Zugriffs wegen – prädiktiv arbeitet. Unsere mentalen Vokabellisten verfügen quasi über einen Auto-Vervollständigungsmechanismus. Eine Silbe genügt bereits, um ein ganzes Spektrum sie beinhaltender Worte wachzurufen: ›ag-‹ ruft so potentiell alle in unserem Privatwortschatz vorhandenen Einträge von ›Aga Khan‹ über ›Agitation‹ bis ›Agrotechnik‹ ab. Erweitert man diese Silbe um einen Buchstaben auf *agr-*, wird die Liste etwas fokussierter – da unser stets auf eine ökonomische Sinnproduktion bedachtes Gehirn sich prädiktiv das für den jeweiligen Zusammenhang passendste Wort aussucht. Und das ist in diesem Fall nicht ›Agraffe‹, sondern ›Aggression‹ – weil diese in unserer kulturellen Vorstellung mit Sexualität konnotiert wird.

Auf die Poetik übertragen, erklärt uns dieser kognitive Mechanismus auch, wie der REIM arbeitet. Durch seine das Grundwort leicht abwandelnde Lautgestalt, öffnet der Reim in uns beim Hören eines Gedichts binnen Millisekunden zunächst alle damit verbundenen Lexikoneinträge, um dann beim spezifischen Eintrag des Reimworts einzurasten – was die mentale Anspannung der Erwartungshaltung löst (ein Überraschungsmoment, vergleichbar mit der Spannung beim Roulette, bei dem man darauf wartet, auf welcher Zahl die Kugel liegen bleiben wird).

Als Nebeneffekt wird dank solcher lautlichen Ähnlichkeiten auch semantische Verwandtschaft suggeriert: jeder Reim ruft wieder den Bedeutungsraum des ihm vorausgegangenen Grundwortes wach, um dadurch selbst neu akzentuiert zu werden. Wie wirksam und manipulativ solche Rückbezüglichkeiten sein können – mit denen durch *Viagra* die Vorstellungen von ›Niagara‹, *to vie* und ›Aggression‹ wachgerufen werden –, zeigt sich daran, dass viel Geld für die Entwicklung solcher Logos ausgegeben wird und ihr Assoziationsgehalt hernach in Feldstudien getestet wird. So gesehen stellen Markennamen letztlich eine Art konkreter Poesie dar, die aufs äußerste verknappt wurde.

Logos sind entweder Namen, die aus ihrem eigentlichen Kontext herausgelöst wurden (›Apple‹ oder viele andere mythologische Namen), die komprimiert (›Compaq‹ von *compact*) oder kontrahiert wurden (›Pentium‹ von *pente* – als die fünfte Chip-Generation – und *-ium* – als Silbe, die in der Chemie eigene Elemente bezeichnet). Selbst einzelnen Lettern kommt dabei besondere Bedeutsamkeit zu. C, Q, X und Z sind relativ selten vorkommende Buchstaben, was ihnen die Aura von Auffälligem, Seltenem und Außersprachlichem verleiht. ›Xerox‹ sollte bewusst wie eine futuristische Vokabel aus einem Sciencefiction-Wörterbuch klingen; *-ss-* wiederum konnotiert amerikanischen Marktforschern zufolge Eleganz, wohl weil das doppelte S viel in französischen Feminina (*Noblesse*) vorkommt und damit ein positives Stereotyp von Kultiviertheit vermittelt.

Das Konkurrenzprodukt zu Viagra – *Cialis* – kommt hingegen fast ganz ohne semantische Bezugsebene aus. Es bezieht seine Konnotationen vor allem aus seiner Klangfigur: Die Sibilanten am Wortanfang und -ende fließen sanft dahin, das *l* in der Mitte ist so weich, dass sich das Wort mit entspanntem offenem Kehlkopf aussprechen lässt – was feminine Qualitäten wie Sensualität und Sehnsucht zum Ausdruck bringen soll.

Das führt uns zu jener zweiten Bedeutungsebene aristotelischer ›innerer Eindrücklichkeit‹, wonach Einzellaute aus sich selbst heraus spezifische Qualitäten evozieren. B oder D suggerieren Werbefachleuten zufolge Verlässlichkeit und Ruhe, P hingegen Kompaktheit. I, F, V, S und Z sollen auf unterschiedliche Weise Schnelligkeit andeuten (das englisch ausgesprochene Z ganz besonders); K hingegen gilt als aktiv und ›gewagt‹; und ein surrendes N (wie in ›Enron‹) vermittelt rund und glatt laufende Dynamik. Laute, bei denen die Stimmbänder vibrieren – D oder G etwa –, klingen im Vergleich zu den stimmlosen Explosivlauten P, T, K oder S breiter und ›luxuriöser‹. Unter einem ähnlichen Aspekt werden L, S und V wiederum von Ungarn, Franzosen, Griechen, Deutschen und Engländern mit angenehmen Gefühlen in Verbindung gebracht, R, P, T, D oder K hingegen mit unangenehmen.

Diese Eigenschaften als quasi statistisches Nebenprodukt jener Wörter aufzufassen, mit denen diese Buchstaben am häufigsten assoziiert werden, ist ein Teil der Wahrheit. Darunter verbergen sich jedoch auch Universalien, die einzelne Laute grundsätzlich mit spezifischen Emotionen verbinden. Um diese universalen Lautsymboliken auszutesten, werden jene Werbebudgets geschaffen, die Markennamen unter dem Gesichtspunkt globaler Verwendbarkeit kreieren.

5

Die ersten Versuche zur Lautsymbolik gehen auf den Gestaltpsychologen Wolfgang Köhler in den 30er Jahren des letzten Jahrhunderts zurück. Er legte Testpersonen zwei verschiedene Figuren vor – einen unregelmäßig gezackten ›Stern‹ und eine unregelmäßig runde ›Malerpalette‹ – und fragte sie dann, welcher von ihnen man die Namen ›takete‹, ›maluma‹, ›bouba‹ oder ›kiki‹ geben würde. Die Zuordnung war in der Regel einstimmig: ›maluma‹ und ›bouba‹ wurden der runden, ›takete‹ und ›kiki‹ der eckigen Form zugewiesen. Die Frage ist, warum?[15]

Die Bedeutung von Worten ist mehrschichtig – sie sind nicht nur Stichworte in einer Art von mentalem, semantischem Lexikon. Schon die Schnelligkeit, mit der wir reden, bedingt, dass wir über so viele Hinweise wie möglich froh sind, um den Zugriff auf sie und damit auch unser Verstehen zu beschleunigen. Worte, die *bloß* willkürliche Geräusche wären, hätten etwas untypisch Unökonomisches. Andeutungen auf den Sinn eines Wortes liefert nicht nur der Kontext, sondern auch seine Lautfigur. Dessen Artikulation spiegelt bereits bestimmte objektive Eigenschaften wider, die sich aufgrund unserer elementaren sensomotorischen Erfahrungen herausgebildet haben.

Eine volle, runde Lautgestalt assoziieren wir deshalb schematisch mit vollen und runden Dingen, die wir akustisch zu identifizieren gelernt haben: sie besitzen meist einen großen Resonanzraum wie eine Trommel oder ein Kessel. Diese Eigenschaft lässt sich durch Laute wie M, A, O, U oder B wiedergeben – deshalb wurde im oben zitierten Test etwas Rundes wie eine Malerpalette, auch wenn sie keinen solchen Resonanzraum hat, ›maluma‹ oder ›bouba‹ genannt. Der Schematismus, dem unser Sehen und Hören unterliegt, bringt unwillkürlich beides – die visuelle Figur und die akustische Gestalt – synästhetisch in Verbindung.

Dabei kommt es auch zu einer Synkinesie. Was wir hören und sehen, artikulieren wir auch – auf ähnlich schematische Weise. M, A, U, O und B nützen den ganzen Resonanzraum des Sprachapparates aus, wir machen der Mund groß und hohl, damit das Wort richtiggehend darin herumrollen kann. Eine spitze und eckige Gestalt dagegen assoziieren wir mit Hartem, Metallenem, das klirrt, klappert und scheppert – Geräusche, die wir deshalb mit dem hohen, hellen Vokal eines I und den Plosivlauten von T und K in ›kiki‹ und ›takete‹ wiedergeben. Und wieder wird eine Synästhesie zur Basis einer Synkinesie: denn dieses Spitze ahmt unser Sprechapparat nach, indem der Resonanzraum verengt und der Mund so schmal macht gewird, dass die Laute an die Zähne stoßen.

Durch die Synästhesie und Synkinesie unserer Rezeption und Artikulation erfahren wir ›Zackigkeit‹ und ›Rundheit‹ jeweils in Bild und Klang als schematisch ähnlich: Aristoteles' ›innerste Eindrücklichkeit‹, die Bild und Klang in Deckung bringt.[16]

15 ›Takete‹ verweist auch auf das Spitze von ›Rakete‹; ›maluma‹ und ›bouba‹ auf das Stereotyp einer ›Negersprache‹, die wir seit Tarzan kulturell auch mit Trommeln assoziieren: aber nicht der semantische Kontext ist hier vorrangig, sondern ein tiefer liegendes Prinzip.
16 Dafür könnten erneut Spiegelneuronen verantwortlich sein, insofern sie alles Nachahmende unserer Prozesse bestimmen.

6

Damit ist nun ein grundlegendes Repertoire etabliert, aus dem die Poesie ihr Klangmaterial beziehen kann. Auf ihrer untersten Ebene besteht die Lautdichtung zunächst bloß aus vokalischen und konsonantischen Klängen: Interjektionen und Exklamationen, deren Semantik auf ihrer emotionalen Intentionalität beruht. Ein Gedicht in einer Sprache vorgetragen zu bekommen, die man nicht versteht, vermittelt eben diese vorsprachliche Ebene; wenn es trotz des Verständnisproblems ein Genuss ist, dann aufgrund dieses Klangereignisses.

Das poetische Genre, das sich fast ausschließlich auf den Sprachklang konzentriert, ist das Lautgedicht. Nehmen wir eines von Raoul Hausmanns Plakatgedichten als Beispiel:

fmsbwtözäu
ppgiv-..?mü

Prosaisch gesehen – oder besser: unter semantischen Gesichtspunkten betrachtet – ist diese Abfolge von Buchstaben natürlich sinnlos. Fasst man sie jedoch als Lautfigur auf, samt aller schwebenden Intentionalität, die musikalischen Strukturen gleichkommt, lässt sich – verstärkt noch durch den auf Hörspur und Film erhaltenen Vortrag von Hausmann selber – ein ganzes emotionales Kommunikationsszenario strukturieren und interpretieren.

Das weich hinten in der Kehle liegende, stimmhafte *fmbsw* gibt lautmalerisch ein Gefühl von Genuss und Zufriedenheit wieder – als wiederkäuenden Wohlklang. Die Plosivlaute des *tözäu* spucken die Buchstaben gleichsam als Expektorat zwischen den Zähnen heraus – als hätten wir uns nach dem vorherigen Kauen an etwas verschluckt und es in den falschen Hals gekriegt –, worauf das *ppgiv..?* in den überrascht stotternden und ratlosen (-..) Tonfall des Fragens (?) verfällt, mit dem wir über die Ursachen eines solchen Unglücks raisonieren. Nur um darauf schulterzuckend Antwort zu geben: *mü* – was durch die lautmalerische Ähnlichkeit mit dem *Muh* einer Kuh zur Pointe wird.

Als Notierungssystem für solch emotive Bögen ist das Plakatgedicht noch erweiterbar. Wie Hausmann bei seinem ›optophonetischen Gedicht‹ kann die unterschiedliche Größe von gedruckten Lettern ihm eine zusätzliche akustische Dynamik verleihen. Dabei kommt erneut eine für unser assoziatives Denken typische Synästhesie zum Ausdruck, bei der wir größere Lettern automatisch mit höherer Lautstärke in Verbindung bringen:

kp'erioUM lp'er_{ioum}

Erstaunlich an dieser – prosaisch betrachtet – vollkommen zufällig scheinenden Abfolge von Buchstaben ist, dass wir sie dennoch als sprachliche Aussage aufzufassen imstande sind. Kommunikative Elisionen (') und Lautstärkenwechsel, die der Vortrag noch mit seinem eigenen Timbre versieht, genügen, um uns bereits anhand einer bloßen Melodiekontur die Prosodie gesprochener Sprache zu suggerieren. Obwohl wir nicht identifizieren können, um welche Sprache es sich handelt, revidieren wir diese Annahme nicht, um die Laute als bloßes Geräusch abzutun: nein – wir betreiben viel eher eine private Mimologie.

Da einige Sprachen kurze Silben aufweisen, die entweder vokalisch breit oder aus hart aufeinanderstoßenden Konsonanten aufgebaut sind, haben wir auch einen Kontexthorizont parat, in den sich diese scheinbaren ›Worte‹ einordnen lassen: in die Intonationskurven einer Fremdsprache, irgendwo zwischen Arabisch und einem imaginären Kongolesisch, jedenfalls in das Blabla von irgendwelchen Barbaren, Kameltreibern und Buschnegern. Und damit haben wir nicht *so* unrecht: vor dem Hintergrund eines ästhetischen Primitivismus – mit dem sich die Moderne von Picasso bis Dada beschäftigte – sind diese Lautgedichte auch entstanden. Dada etwa wollte der Abgenutztheit des Vorkriegsvokabulars gleichsam sprachschöpferisch begegnen und griff deshalb auf die orale Poesie von Aborigines oder afrikanischen Stämmen zurück, um sie in seinen Soiréen im Zürcher ›Cabaret Voltaire‹ zu präsentieren – zum Entsetzen der braven Schweizer Bourgeoisie.

Das berühmteste Beispiel dieser Vokalpoesie ist – passend zu diesem Hintergrund – denn auch mit ›Karawane‹ übertitelt: wobei nicht eine Kamel-Karawane gemeint war, sondern eine von Elefanten. Das macht uns Hugo Ball von der ersten Zeile (*'jolifanto bambla ô falli bambla*) über ein *anlogo bung / blago bung / blago bung / bosso fataka / ü üü ü* bis zur letzten Zeile (*ba-umf*) glauben. Es ist das Element der Onomatopoeie, das uns die schweren Tritte der Dickhäuter ebenso vor Ohren holt wie die Befehlsrufe der Treiber.

Ob hüh, hott, muh oder die akustische Nachahmung prasselnden Regens im folgenden Gedicht – die Onomatopoeie stellt einen ersten Schritt vom bloßen Signal zu einer identifizierbaren Signifikation dar. Noch einen Schritt weiter, und es bilden sich bereits Elemente der Prosodie heraus. Aus ihr hören wir mimologisch wiederum schon erste Denotationen und schließlich auch eine rudimentäre Semantik heraus. Das lässt sich anhand der ersten zwei Strophen von Hugo Balls *Wolken* von 1916 demonstrieren:

wolken

elomen elomen lefitalominai
wominuscaio
baumbala bunga
acycam glastula feirofim flinsi

elominuscula pluplubasch
rallalalaio

Unser Bildungsraum erlaubt uns, in dieser Onomatopoeie das semantisch Fehlende so weit zu interpolieren, um die Lautmalerei in ein Esperanto abendländischer Kultur zu übersetzen. Das *elomen* erkennen wir als die hebräischen Worte Jesu am Kreuz: ›Herrgott … warum hast du mich verlassen‹. Dies wiederum gibt uns ein bestimmtes Tempo und eine eigene Melodiekontur vor – nämlich die langgezogenen Melismen eines Messgesangs. Damit erhält auch die Religion Gestalt, jene älteste greifbare Instanz, die Worte und Musik zu poetischen Strukturen verknüpft hat. Deren Rituale erscheinen uns ja oft ebenso lautmalerisch wie die Vokalpoesie – so etwa, wenn aus dem *hoc corpus est* bei der Wandlung ein mimologisches ›Hokuspokus‹ wird, eine gleichsam Ballsche Verballhornung.

Wissen wir darüber hinaus, dass dieses Gedicht im Kostüm eines ›magischen Bischofs‹ im ›Cabaret Voltaire‹ in Zürich vorgetragen wurde, können wir nicht nur latinisierende Silben (*minuscaio, acycam, glastula*) identifizieren, sondern auch deutsch Anmutendes (*baum, flinsi*) sowie französische Anklänge: *lefit* für ›le fait‹; *pluplu* für ›pluie‹. So erhalten wir ein ganzes Spektrum an Mimologien und Onomatopoeien, über das wir uns ohne große Anstrengung – rein aus dem Affektiven und Assoziativen heraus – eine semantische Paraphrase erschließen können, die folgendermaßen lauten könnte:

O Herr, O Herr, der du sie gemacht hast, die kleinen Wolken, die Bäumchen (eventuell auch die Cyclamen und Gladiolen, jedenfalls irgendeine lateinische Flora auf den Balkonen der bourgeoisen Schweizer), die feurig im Sonnenuntergang stehenden, flimmernder Linsenwölkchen.
O Herr, ich hänge am Kreuz, der Himmel voller Cirren – aber da fängt es plötzlich gewaltig zu gewittern an und prasselt (aufs Wellblechdach des Schuppens in Nachbars Schrebergarten).

Die Andeutung einer Syntax, ihre einfachen Aneinanderreihungen und die im Gedicht zum Vorschein kommenden Diminutive der Babysprache zeigen, wie komplex sich nicht nur Onomatopoeie einsetzen lässt, sondern auch ein einfacher Singsang, der auf Tonhöhen basiert (dazu mehr in einem der nächsten Kapitel). Sie transportieren bereits eine ganze Menge an Bedeutungen, selbst wenn – oder gerade weil – die Aussage einen auktorialen Sprecher und einen Kontextbezug benötigt. Unter diesem Gesichtspunkt ist es daher relativ unwesentlich, ob unsere Paraphrase hermeneutisch absolut korrekt ist (worüber kaum je Einigkeit bestehen kann); entscheidend ist vielmehr, dass sie plausibel scheint.

7

Dass Emotion, Motorik und Onomatopoeie schon auf der subkortikalen Ebene miteinander verbunden sind, demonstriert das Tourette-Syndrom. Bei dieser Krankheit treten multiple motorische Ticks (Zuckungen, Grimassen, unwillkürliches Nachäffen eines Gegenübers) zugleich mit vokalischen Ticks auf. Das Repertoire dieser Ticks umfasst zwanghaftes Räuspern, Schnüffeln, Bellen und Schreien, und es kann sich ausweiten auf Formen der Echolalie (Wiederholung der Worte eines Gegenübers), auf die Flüche und Obszönitäten der Koprolalie, seltsame, oft ›witzige‹ Assoziationen, Wortspiele und Wortverdrehungen sowie Reden in Reimen. Seinen Ursprung scheint dieses Syndrom in Störungen des Gehirnkerns zu haben: des Thalamus, Hypothalamus, des limbischem Systems und der Amygdala, die für unsere affektiven und instinktiven Reaktionen verantwortlich sind und auch Bewegungsabläufe vorbereiten.

Das Syndrom erlaubt Rückschlüsse darauf, inwieweit beim Menschen Lautäußerungen auf einer tieferen Ebene bereits mit Emotion und Motorik verknüpft sind, und zwar unabhängig von der ›rationalen‹ Steuerung und Filtrierung durch den Neokortex. Manche Aphasien, die normales Sprechverhalten unmöglich machen, erlauben dennoch ganze Fluchketten. Und bei Schimpansen wirken sich weder kortikale Läsionen noch Stimulationen auf ihre Vokalisationen aus; sie sind überdies unfähig, in Abwesenheit eines emotionellen Stimulus Laute zu äußern.

Was das Tourette-Syndrom offenzulegen scheint, ist ein direktes und unwillkürliches Reagieren auf die Umwelt in seiner primitivsten und präsentischsten Form. Die Echolalie friert Klänge gewissermaßen ein, bleibt auf das Momentane fixiert und bewahrt den Lautstimulus wie etwas Fremdes, Unverarbeitetes –

ein Echo im Kopf, das von den Worten nur die melodische Kontur wahrnimmt, ihren Ursprung sowie ihre Bedeutungen und Assoziationen jedoch ignoriert. Ähnliches gilt für die Koprolalie, die stärker auf akustische als auf semantische Bedeutungen ausgerichtet ist: ein obszöner Fluch ist ebenfalls eher ein Ausruf; er gehört einer Wortklasse an, die den lautmalerischen Ausdruck von Emotion erlaubt.

Damit bietet sich eine Analogie zur Lautpoesie und eine gemeinsame neurologische Basis an. Vergleichbar dem Tourette-Syndrom, präsentiert sie ein quasi instinkthaftes Signalisieren emotionaler Zustände, das so radikal subjektiv wie archetypisch wirkt: eine Art von illusorischem primordialen Urschrei, der seine Signifikanz aus dem Klangmaterial der Sprache bezieht. Ausgedrückt wird damit ein ›gefühlter‹ Sinn, der höhere kognitive Prozesse zu unterlaufen vorgibt, um eher instinktive Reaktionen wie Trauer, Angst oder Freude zu instrumentieren. Wenn die Lautpoesie so eine Mitte zwischen simpler Artikulation und linguistisch reflektiertem Einsatz von Sprache behauptet, dann ist sie auf unmittelbare Nähe zur Welt und zum Ich aus: einem ursprünglichen Wir gewissermaßen.

Enckell, Pierre, & Pierre Rézeau (2003), *Dictionaire des Onomatopées*, Paris
Heller-Roazen, Daniel (2005), *Echolalias – On the Forgetting of Language*, New York
Pinker, Steven (1994), *The Language Instinct: The New Science of Language and Mind*, London
Schleifer, Ronald (2001), »The Poetics of Tourette Syndrome: Language, Neurobiology, and Poetry«. *New Literary History* 32.3, 563–584
Sharon, Begley (2002), »Blackberry and Sound Symbolism«. *Wall Street Journal*, August 26

Box 20. Phonaestheme und Einwürfe:
Wo Sprache Mentalem am nächsten scheint

Die ›Wauwau‹-Theorie einiger antiker und moderner Dichter besagt, dass alle Nennwörter durch Wortmalerei entstanden sind. Von Platon zu Lessing, der der Ansicht war, es werde im Wesentlichen nicht ›gemalt‹, und Herder, der meinte, es sei einmal ›gemalt‹ worden, über Wundt und Jespersen, Heinz Werners *Grundfragen der Sprachphysiognomik*, Karl Bühlers *Sprachtheorie* oder Walter Benjamins *Problemen der Sprachsoziologie* bis hin zu aktuellen leibphänomenologischen Beschreibungen der Lautwahrnehmung (Volke) haben sich viele Wissenschaftler mit der Frage auseinandergesetzt, ob Wörter eine gewisse Neigung besitzen, den Objekten schildernd nahezutreten, ob Phonologie also einen unabhängigen Beitrag zur Semantik leistet.

Dass Geräuschnamen, die man auch als Lautgebärden oder Schallnachahmungen bezeichnen kann, am ehesten Bühlers Charakterisierung des ›Malfelds‹ als direktestem Darstellungsfeld der Sprache erfüllen (Box 7), lässt sich im Deutschen an Worten wie *klappern*, *ächzen*, *jauchzen*, *kichern* und so weiter verdeutlichen. Auch andere Sinne können im Malfeld angesprochen werden: Worte wie *flimmern, huschen, wimmeln, torkeln* oder *kribbeln* versuchen Nichtakustisches auf Akustisches abzubilden. Aber sind alle Wörter aller Sprachen ihrem Ursprung nach entweder Schallwörter, Lallwörter oder Bildwörter, wie der Indogermanist Wilhelm Oehl 1932 meinte? Eine Grundannahme der von Ferdinand de Saussure begründeten modernen Sprachwissenschaft besagt schließlich, dass Lautstruktur und Wortbedeutung in einer völlig willkürlichen Beziehung stehen – diese Beliebigkeit verleiht der menschlichen Sprache ihr wortschöpferisches Potential und damit ihre Flexibilität.

Dennoch gibt es interessante Ausnahmen von dieser Regel. Das Japanische beispielsweise benutzt eine Form der Mimetik: es setzt oft bedeutungsähnliche Wörter in der Kommunikation mit Kindern oder in der Poesie ein (das lautmalerische ›goro goro‹ bedeutet gleichermaßen ›Sturm‹ wie ›Magengrummeln‹). Solche mimetischen Wörter spielen in dieser Sprache eine große Rolle, weil das Japanische über verhältnismäßig wenig Verben verfügt; fehlt ein hinreichend deskriptives Verb für eine bestimmte Handlung, füllt Onomatopoeie die Lücke auf. Sie verleiht der japanischen Sprache ihre Lebendigkeit und produziert nach dem Neurolinguisten Naoyuki Osaka unmittelbar eindrückliche ›Bilder‹, die einen starken synästhetischen Effekt haben (Box 23). Experimentelle Studien der Psychologin Mutsumi Imai an japanischen und US-amerikanischen Kleinkindern haben gezeigt, dass diese Art von Lautmalereien den Früherwerb von Verben fördert. Osaka und sein Kollege Teruo Hashimoto konnten zudem mittels fMRT zeigen, welche neuronalen Netzwerke an der ›lautmalerischen Wahrnehmung‹ beteiligt sind: lautmalerische Schmerzwörter wie ›zuki-zuki‹, was einen klopfenden, pulsierenden Schmerz suggeriert, oder ›kiri-kiri‹, was einen stechenden Schmerz suggeriert, aktivieren vornehmlich den vorderen cingulären Kortex (Abb. 3). Andere lautmalerische Wörter wie ›kakko‹ (Kuckuck) oder ›wan-wan‹ (Wauwau) aktivieren verstärkt den linken vorderen oberen Temporalgyrus und den beidseitigen unteren Frontalgyrus, also typische ›Sprachareale‹. Stehen diese Beispiele und Befunde stellvertretend für in vielen Sprachen vorkommende Sonderfälle, gibt es eine subtilere Klasse von Korrespondenzen zwischen Laut und Bedeutung, die die Beliebigkeitsannahme der Sprachwissenschaft herausfordert.

Ein weiteres aufschlussreiches Beispiel für Beziehungen zwischen Laut und Bedeutung sind nämlich sogenannte *Phonaestheme*: bestimmte Lautsequenzen, die über eine Reihe von Wörtern hinweg auftauchen und Bedeutungsverwandtschaften reflektieren. Dazu zählt etwa das Konsonantencluster ›gl‹ am Wortanfang, das sich auf alles bezieht, was ›glänzt‹, ›gleißt‹, ›glimmert‹ oder ›glüht‹. Dass /i/ oder /p/ Kleinheit oder Helligkeit suggerieren, /g/ Schwere, /u/ Dunkelheit oder /k/, /t/ und /r/ Aggressivität, haben Dichter und Literaturwissenschaftler wiederholt behauptet und Psychologen wie Sapir, Newman oder Taylor empirisch geprüft. Der Literatur- und Leseforscher David Miall kommt nach Sichtung einer Reihe solcher Arbeiten 2001 zu dem Schluss, dass die empirische Evidenz für Laut-Bedeutungs-Beziehungen gemischt ist und die beobachteten Effekte sehr vom jeweiligen Kontext abhängen, was einer der Pioniere der kognitiven Poetik, Reuven Tsur, bereits 1997 vermutet hatte: Lesen Probanden beispielsweise Poesie, so sind sie eher für lautmalerische Effekte sensibilisiert und sich derer bewusst, als wenn sie den Nachrichtenteil von Zeitungen lesen (Box 37).

Für die These systematischer Laut-Bedeutungs-Beziehungen sprechen aber auch ganz aktuelle Befunde aus einem Projekt des schon mehrfach erwähnten Exzellenzclusters ›Languages of Emotion‹, das der Psycholinguist Markus Conrad leitet. Conrad ging zunächst von der Annahme aus, dass bereits einzelne Sprachlaute emotionale Relevanz besitzen können und dass derartige Phänomene nicht nur in vereinzelten Sprachspielen (Onomatopoeie) zutage treten – etwa wenn die Schlange ›zischt‹ und die Taube ›gurrt‹ –, sondern dass sich die Sprache vielmehr generell die lautliche Anmutung sublexikalischer Segmente zum effizienteren Transport auch lexikalischer Semantik zunutze macht, indem sie für Wörter von bestimmter emotionaler Bedeutung systematisch bestimmte Phoneme verwendet (Phonemvalenz). Um dies zu prüfen, versuchte Conrad die generelle Verteilung des Phoneminventars der deutschen, englischen und spanischen Sprache auf einer breiten Datenbasis von jeweils über 6.000 Wörtern mit deren emotionalem Gehalt in Verbindung zu setzen; diese wurden zuvor von repräsentativen Stichproben von Probanden eingeschätzt. Die Probandengruppen schätzten den emotionalen Gehalt von Wörtern wie etwa ›Brand‹, ›Brust‹, ›Blume‹ oder ›blass‹ auf einer siebenstufigen Skala als eher positiv oder negativ ein (Box 6). Ebenso wurde auf einer fünfstufigen Skala das Erregungspotential (von ›beruhigend‹ bis ›sehr aufregend‹) der Wörter erhoben (Box 10). Auf der Basis aller enthaltenen Wörter und des ihnen zugeschriebenen emotionalen Gehalts wurde dann für alle einzelnen Sprachlaute ein gemittelter Wert der diesen Lauten mutmaßlich zukommenden emotionalen Bedeutung berechnet. Zum Beispiel ergab sich, dass die Lautfolge ›br‹ öfter in aufregenden als in beruhigenden Wörtern vorkommt; das Gegenteil ist der Fall für ›bl‹. Unter der Annahme systematischer Verwendung von Lauten als Marker emotionaler Bedeutung besäße somit ›br‹ höheres Erregungspotential als ›bl‹.

Ähnliches lässt sich konstatieren für Vokallängen: Typischerweise enthalten ›angenehme‹ oder ›beruhigende Wörter‹ eher lange, gedehnte Vokale, während kurze Vokale aufregenden Inhalt der sie enthaltenden Wörter zu signalisieren scheinen. Diese lautphysiognomischen ›Eigenwerte‹ einzelner Phoneme bzw. intra-syllabischer Lautfolgen (Silbenanlaut, -kern und -auslaut) wurden dann in einem zweiten Schritt dazu verwendet, den emotionalen Gehalt der sie enthaltenden Wörter statistisch vorherzusagen, um den vermuteten Zusammenhang zwischen Wortbedeutung und verwendeten Phonemen empirisch zu belegen. Es ergaben sich in allen drei Sprachen signifikante Zusammenhänge zwischen den einzelnen Phonemen zukommenden ›Eigenwerten‹ an emotionaler Valenz bzw. an Erregungspotential und dem für das konkrete Wort aus den lexikalischen Einschätzungsdaten entnommenen semantisch-emotionalen Gehalt.

Der von diesen Untersuchungen nahegelegte emotionale Bedeutungsgehalt einzelner Sprachlaute konnte auch in kreuzvalidierenden Untersuchungen bestätigt werden, in denen Probanden Kunstwörter, die – den zuvor ermittelten Regelmäßigkeiten gemäß – vermutlich besonders ›positiv‹ oder ›negativ‹ klingen sollten, auf ihren emotionalen Gehalt hin einschätzen sollten. Auf den gleichen wie für die Einschätzung der Wörter verwendeten Skalen wurden hierbei in der Tat Kunstwörter wie ›Britz‹ oder ›Drull‹ von Probandengruppen im Durchschnitt als ›negativer‹ und ›aufregender‹ eingeschätzt als solche wie ›Kliem‹ oder ›Gluhnt‹. Diese Ergebnisse legen nahe, dass in der Tat viele Wörter einer Sprache bereits ›so klingen‹ wie das, was sie bezeichnen, emotional zu bewerten ist und wir Menschen diese Klangwirkungen möglicherweise unbewusst wahrnehmen. Die Signifikanz entsprechender Ergebnisse über breite lexikalische Datenbasen hinweg lässt dies als generelles Prinzip der Organisation des Vokabulars der untersuchten Sprachen vermuten.

Einwürfe

Spontane Äußerungen körperlicher oder seelischer Empfindungen wie ›aha‹, ›autsch‹, ›pfui‹, die normalerweise anders als die üblichen Wortklassen gebildet werden, nennt die Linguistik *Interjektionen*. Nach Ansicht der Sprachwissenschaftlerin Anna Wierzbicka, einer Pionierin der vergleichenden Emotionsforschung, drücken Interjektionen mentale Zustände oder Vorgänge aus. Philosophen wie Herder hielten sie für das Äquivalent von Tierlauten, die sowohl ›Gefühlssprache‹ als auch ›Naturgesetz‹ seien – gewissermaßen natürliche Vorläufer unserer Sprache, da sie nicht nur Schmerz und Leidenschaft, sondern auch Werte ausdrücken und Verstand leiten könnten.

Neuere Studien zur Sprache der Maya erweitern diesen etwas einseitigen Begriff von Interjektionen als semiotischen Artefakten natürlichen Ursprungs und als transparentesten sprachlichen Gefühlsindex – im Sinne der Ausdrucksfunktion des Bühlerschen Organon. Sie weisen Ausrufen auch eine Funktion bei der Steuerung sozialer Interaktionen zu – und erfüllen damit die Appellfunktion des Organon (Box 7). Der Soziologe Norbert Elias sah sie als satzähnliche Äußerungen, die den Zwang zur Modellierung der Wirklichkeit gemäß den Kategorien von Subjekt und Prädikat umgehen, da sie Vorgänge wiedergeben, in denen kein handelndes Subjekt agiert. Als Beispiel diente ihm *Hui!* als alternativer Ausdruck für ›*Der Wind* weht‹ oder ›*Es* weht‹ – vermieden wird damit das grammatische Subjekt, das einen personalen Agenten dieses Vorgangs suggerieren würde.

Interjektionen sind keine universellen, natürlichen Zeichen, die nicht gelernt werden müssen. Sie gehören vielmehr zu den charakteristischsten kulturspezifischen Besonderheiten. Die Interjektion ›nu‹ gilt Linguisten wie Leo Rosten als das neben ›oy‹ meistverwendete jiddische Wort: sie sei so jiddisch, dass man daran jeden Juden erkennen könne. ›Oy!‹ besitzt eine besondere Flexibilität; nach Rosten vermag sie nicht weniger als 29 Emotions- und Gefühlsnuancen auszudrücken: 1) einfache Überraschung, 2) Erschrecktheit, 3) leichte Angst, 4) leichte Traurigkeit, 5) Behagen, 6) Freude, 7) Euphorie, 8) Erleichterung und Beschwichtigung, 9) Unsicherheit, 10) Vorahnung, Besorgnis, 11) Ehrfurcht/Scheu, 12) Erstaunen, 13) Empörung, 14) Irritation, 15) Ironie, 16) leichten Schmerz, 17) ernsten Schmerz, 18) Widerwille/Angewidertheit, 19) Seelenqual, 20) Bestürztheit, 21) Verzweiflung, 22) Bedauern, 23) Wehklage, 24) Schock, 25) Entrüstung, 26) Horror, 27) Verblüffung, 28) Konsterniertheit und 29) Ratlosigkeit.

Mehr als zwei Dutzend Gefühle in zwei Buchstaben: was für eine gewaltige semantische Produktivität!

Conrad, M., Schmidtke, D., Klann-Delius, G., & Jacobs, A. M. (2010). »Sound is meaning: The Phonaesthetic organization of languages' vocabulary. Evidence from English, German, and Spanish«. Submitted for publication

Hashimoto, T., Usui, N., Taira, M., Nose, I., Haji, H., & Shozo, K. (2006). »The neural mechanism associated with the processing of onomatopoeic sound«. *Neuroimage*, 31, 1762–1770

Imai, M., Kita, S., Nagumo, M., & Okada, H. (2008). »Sound symbolism facilitates early verb learning«. *Cognition* 109, 54–65

Miall, D. S. (2001). »Sounds of Contrast: An Empirical Approach to Phonemic Iconicity«. *Poetics*, 29, 55–70

Newman, S. (1933). »Further experiments in phonetic symbolism«. *American Journal of Psychology*, 45, 53–75

Rosten, L. (1968). *The Joys of Yiddish*. New York: McGraw-Hill

Sapir, E. (1929). »A study in phonetic symbolism«. *Journal of Experimental Psychology*, 12, 225–239

Taylor, I. K. (1963). »Phonetic symbolism re-examined«. *Psychological Bulletin*, 60, 200–209

Tsur, R. (1997). »Sound effects of poetry: Critical impressionism, reductionism and cognitive poetics«. *Pragmatics and Cognition*, 5, 283–304

Wierzbicka, A. (1991). *Cross-Cultural Pragmatics*. Berlin: Mouton de Gruyter

Box 21. (Un-)angenehme Akronyme

»ARD, ZDF, C&A, BRD, DDR und USA, BSE, HIV und DRK, GbR, GmbH – ihr könnt mich mal«, dichteten die Fantastischen Vier in ihrem Song »MfG«. Sie drückten damit aus, was viele als verwirrend und störend empfinden: die Plethora an Kurzwörtern, die meist aus den Anfangsbuchstaben (manchmal auch aus Anfangs- oder Endsilben) mehrerer Wörter zusammengesetzt sind – die Akronyme unserer modernen Gesellschaft. Im Internet, insbesondere in seinen Chatrooms, oder bei Handybenutzern verbreiten sich diese Akronyme mit blitzartiger Geschwindigkeit. Hier nur ein paar Beispiele: ASAP (›As Soon As Possible‹), LOL (›Laughing Out Loud‹) und seine Steigerung ROFL (›Rolling On The Floor Laughing‹), AFK (›Away From Keyboard‹), IMHO (›In My Humble Opinion‹), AFAIK (›As Far As I Know‹) oder AKA (›Also Known As‹).

Nicht alle Akronyme und Kunstwörter sind gleich einprägsam oder gleichermaßen wohlklingend. Diesen Umstand machen sich Werbefirmen zunutze, wenn sie Markennamen erschaffen. Ein erfolgreiches Beispiel ist das Kunstwort *Twingo*, das ›Swing‹ und ›Tango‹ verschmilzt, um die mit diesen Begriffen verbundenen positiven Assoziationen und Gefühle wachzurufen. Welche Gefühle wollen die Schöpfer des neueren Automodellnamens *Tiguan* wohl den potentiellen Käufern dieses Wagens vermitteln?

Dass nicht nur Wörter und Akronyme, sondern auch einzelne Phoneme positive oder negative Gefühlswirkungen haben können, vermutete bereits der Sprachforscher Otto Jespersen. In seinem Buch *Language: Its Nature, Development, and Origin* aus dem Jahre 1922 spekuliert er, dass einzelne Sprachlaute sich hinsichtlich ihrer Klangvalenz unterscheiden und zumindest im Englischen auch eine besondere Beziehung zu Konzepten aufweisen. So kämen Rachenvokale wie ›u‹ in ›dull‹ oder ›ugh‹ oft in Wörtern vor, die Ekel oder Abneigung ausdrücken: etwa ›blunder‹,

›bung‹, ›bungle‹, ›clumsy‹ oder ›muck‹. Auch Wörter, die mit dem Konsonantenpaar ›sl‹ beginnen – ›slouch‹, ›slut‹, ›slime‹ oder ›sloven‹ – sollen nach Jespersen oft negativ konnotiert sein. Obwohl es immer noch an seriösen wissenschaftlichen Studien darüber fehlt, inwieweit solche Einzelbeispiele verallgemeinert werden können, legen die in Box 20 erwähnten Studien nahe, dass Klang und Bedeutung von Wörtern nicht immer so arbiträr zusammenhängen, wie de Saussure dachte.

Wernicke glaubte, dass Wort- und Kurzwortbedeutungen auf einer Verbindung zwischen einem spezifischen Klang und einem spezifischen Vorstellungsbild beruhen. Dann aber sollten diese Verbindungen – analog zu ihren Einzelelementen Klang und Bild – auch unterschiedliche emotionale oder ästhetische Qualitäten aufweisen. Dass diese Idee nicht an den Haaren herbeigezogen ist, bewies der Gestaltpsychologe Wolfgang Köhler 1929 mit einem wunderbaren Versuch. Welche der beiden Figuren in Abbildung 57 heißt *maluma*, welche *takete*? In diesem Versuch entscheiden sich die Probanden systematisch für die linke Figur als *maluma*, während die rechte stets als *takete* bezeichnet wird. Spricht dies für die Existenz eines Ikonizitätsprinzips – einer intuitiven, gefühlsmäßigen Verbindung zwischen Worten und optischen Darstellungen, einer natürlichen Lautgestalt?

Der Psychologe Reiner Mausfeld geht so weit, aus diesem Versuch den Schluss zu ziehen, dass unser Wahrnehmungssystem gar nicht anders kann, als die Sinnesinformationen nach den ihm verfügbaren Bedeutungskategorien zu klassifizieren: es bewerkstelligt Hören und Sehen nach festgelegten Regeln. Die beiden in Abbildung 57 dargestellten geometrischen Figuren stellen ja eigentlich nicht mehr dar als geometrische Figuren mit unterschiedlichen Arten des Linienverlaufs. Ihnen darüber hinaus etwas zuschreiben zu wollen, wäre also nicht mehr als ein freies Spiel der Phantasie. Tatsächlich jedoch schreiben Personen – führt man entsprechende Studien durch – diesen Figuren in gesetzhafter Weise affektive Attribute zu: der linken Figur etwa ›friedlich‹, ›entspannt‹, ›freundlich‹, der rechten ›aggressiv‹, ›angespannt‹, ›unfreundlich‹. Mehr noch, sie verbinden beide Figuren im Experiment in gesetzhafter Weise mit völlig sinnlosen Begriffen (dies gilt für »takete« nur bedingt, da Assoziationen zu »Rakete« im Deutschen sicherlich eine Rolle spielen können).

Die affektiven Bedeutungskategorien, die durch diese Reize aktiviert werden, sind ganz offensichtlich nicht im Reiz selbst enthalten und können somit auch nicht aus ihm gewonnen werden. Sie stellen vielmehr einen aktiven Beitrag des Gehirns dar. Da wir über Sinnesmodalitäten hinweg solche Kategorisierungen durchführen, die nicht auf der individuellen Lerngeschichte beruhen, sondern universell sind, spiegelt sich darin – so Mausfeld – eine Struktur biologisch vorgegebener Bedeutungskategorien wider. Selbst bei einer so extrem mageren Reizsituation wie bei *maluma/takete* werden entsprechende Bedeutungskategorien aktiviert: das Wahr-

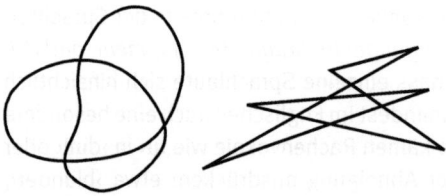

Abb. 57 Köhlers Figuren.

nehmungssystem kann gar nicht anders, als sie *in terminis* der ihm verfügbaren Bedeutungskategorien zu interpretieren.

Der Neurologe Vilayanur Ramachandran replizierte im Jahr 2001 die Köhlerschen Befunde unter Verwendung der Kunstwörter *bouba* und *kiki* statt *maluma* und *takete*. 2006 wies die kanadische Psychologin Daphne Maurer diesen Effekt bereits bei zweieinhalbjährigen Kindern nach. Ramachandran vermutet, dass der Effekt auf kortikale Verbindungen zwischen benachbarten Hirnarealen zurückgeht: sie verbinden das visuelle Perzept der sinnlosen Form (rund/eckig), die Lippenform des Sprechers (offen und rund/weit und eng), das Gefühl der phonetischen Inflektion und die Zungenbewegung bei der Aussprache dieser Kunstwörter. Laut Ramachandran bedingen diese Verbindungen zwischen sensorischen Arealen einerseits und sensorischen und motorischen Arealen andererseits die Evolution der Sprache phylo- wie ontogenetisch und führen manchmal zu Synästhesien (Box 25).

Jespersen, O. (1922). *Language: Its Nature, Development, and Origin*. London: Allen and Unwin

Maurer, D., Pathman, T., & Mondloch, C.J. (2006). »The shape of boubas: sound–shape correspondences in toddlers and adults«. *Developmental Science*, 9, 3, 316–322

Mausfeld, R. (2005). »Vom Sinn in den Sinnen: Wie kann ein biologisches System Bedeutung generieren?«. In: N. Elsner & G. Lüer (Hg.), »... *sind eben alles Menschen«: Verhalten zwischen Zwang, Freiheit und Verantwortung*. Göttingen: Wallstein Verlag

Ramachandran, V. S., & Hubbard, E. M. (2001). »Synaesthesia: A window into perception, thought and language«. *Journal of Consciousness Studies*, 8, 3–34

Box 22. Latent in der Umgangssprache verborgene Musik oder swingt Deutsch im Trochäus?

In einer Studie gelang es Wissenschaftlern der Cornell Universität um den Psychologen Tom Farmer kürzlich, die phonologische Ähnlichkeit einsilbiger Nomen und Verben im Englischen zu messen. Demnach sind Verben anderen Verben phonetisch generell ähnlicher als Substantiven (diese wiederum sind einander ebenfalls phonetisch ähnlicher als anderen Wortarten). Da Kleinkinder äußerst sensibel für Sprachlaute sind, nutzen sie solche lautlichen ›Typikalitäten‹ zusammen mit anderen Hinweisreizen beim Erlernen von Wortklassen (Box 27). Bereits vier Tage alte Säuglinge entdecken dadurch Unterschiede in der Silbenanzahl isolierter Worte. Im Englischen korrelieren – in der Elternsprache – die einzelnen Wortklassen mit der Anzahl der Silben (Kelly): je mehr Silben, desto höher die Wahrscheinlichkeit, dass es sich um ein Nomen handelt (einsilbig: 38 Prozent, zweisilbig: 76 Prozent, dreisilbig: 92 Prozent, viersilbig: 100 Prozent). Kindern und Erwachsenen helfen solche Korrelationen implizit beim Spracherwerb – besser als explizit formulierte Regeln.

Ein weiteres überzeugendes Beispiel für Lautbildsymbolismus (Box 20 und 21) kommt aus dem Bereich der Vornamen. Die melodische Kontur von Vornamen sagt mit einem hohen Grad auch ihr Geschlecht vorher, zumindest im Englischen, wie die

Direktorin am Max-Planck-Institut für Psycholinguistik, Anne Cutler, zeigen konnte. Das geläufigste Wortmuster im Englischen besteht aus zweisilbigen Worten mit betonter erster Silbe: ›common‹, ›pattern‹, ›English‹. In der Klasse der mehrsilbigen Nomen beginnen 85 Prozent mit einer betonten Silbe. Die zu den Nomen gezählten Vornamen unterscheiden sich von ihnen jedoch statistisch signifikant: männliche Vornamen sind zu 95 Prozent anfangsbetont, weibliche nur zu 75 Prozent. Weibliche Vornamen sind zudem in der Regel länger: im Durchschnitt 2,3 Silben gegenüber 1,9 Silben bei männlichen Vornamen. Sogar die ›Helligkeit‹ weiblicher Vornamen, gemessen an ›i‹ und ›e‹ – Lisa, Celia, Tina, Beatrice, Sabrina, Vera, Doreen etc. –, ist statistisch höher als bei männlichen. Auch andere Sprachen verfügen über lautliche Hinweisreize auf das Geschlecht von Nomen im Allgemeinen: Im Französischen enden maskuline Nomen typischerweise auf ›-ais‹ oder ›-ois‹, feminine eher auf ›-ssion‹ oder ›-stion‹. Im Hebräischen signalisiert ›a‹ oder ›t‹ am Wortende, dass es maskulin ist. Im Russischen tendieren feminine Nomen dazu, auf ›-a‹ zu enden, neutrale eher auf ›-o‹ und maskuline eher auf Konsonanten. Wie Quer- und Längsschnittstudien gezeigt haben, nutzen Kinder solche lautlichen Hinweisreize beim Erlernen der Wortklassen.

Dass auch das Deutsche über versteckte phonologische Hinweisreize auf das Wortgeschlecht verfügt, belegt Tabelle 3. Einige der 15 lautlichen Hinweisreize sind dabei absolut treffsicher: Endet die Verkleinerungsform eines Wortes auf den Silben ›-lein‹ oder ›-chen‹, handelt es sich um ein Neutrum. Andere Hinweisreize wie ›tr-‹ oder ›dr-‹ am Wortanfang oder Einsilbigkeit signalisieren immerhin noch mit brauchbarer Treffsicherheit, dass es sich eher um Maskuline handelt. Worte, die auf ›Frikativ + t‹ oder ›-e‹ enden, sind dagegen eher feminin.

Ein weiteres eingängiges Beispiel für nichtwillkürliche Beziehungen zwischen der Lautgestalt eines Wortes und seiner Wortklasse zeigt sich an der Betonung zweisilbiger englischer Verben, die auch als Substantive verwendet werden können: ›record‹, ›survey‹, ›permit‹, ›compound‹, ›abstract‹. Bei solchen zweiwertigen Worten gilt praktisch immer – Ausnahmen wie ›merit‹ sind sehr selten –, dass sie als Verb jambisch betont werden (›'Did you recOrd the concert‹), als Substantiv hingegen trochäisch (›I bought a rEcord at the store‹).
Der Psycholinguist Michael Kelly führt dies auf das Prinzip rhythmischer Abwechslung zurück. Er erklärt diese mit der Hypothese, dass Substantive und Verben typischerweise in verschiedenen rhythmischen Kontexten erscheinen: Substantive tauchen statistisch mit größerer Wahrscheinlichkeit in Kontexten auf, in denen zweisilbige Worte trochäisch betont werden. Ein Beispiel wäre: ›The _____ kissed the girl‹ im Vergleich zu ›The boy _____ the girl‹: in die Leerstelle einzusetzen ist das zweiwertige Wort ›convict‹. Im ersten Satz geht der Leerstelle für das Substantiv der unbetonte Artikel ›the‹ voran, während das betonte Verb ›kíssed‹ darauf folgt. Um einen Zungenbrecher zu vermeiden, wird deshalb eine trochäische Betonung bevorzugt: ›cOnvict‹. Beim zweiten Satz hingegen wird aus demselben Grund eine jambische Betonung favorisiert: ›convIcts‹.
Der Befund dieses Experiments weist darauf hin, dass Sprecher wie Hörer eine Aufeinanderfolge gleich stark betonter Silben als unangenehm empfinden. Wie der

Typ	Hinweisreiz	Geschlecht	Beispiel	Übersetzung
phonologisch	Umlaute	männlich	Der Ärger	Anger
	tr- oder dr-	männlich	Der Trieb	Force
	CV-	männlich	Der Tabak	Tobacco
	CCV-	männlich	Der Klub	Club
	CCCV-	männlich	Der Strich	Stroke
	-VC	männlich	Beamter	Official
	-VCC	männlich	Der Hahn	Rooster
	-VCCC	männlich	Der Markt	Market
	monosyllabisch	männlich	Der Akt	Nude
	Sch-	männlich	Der Schrank	Closet
	-el	männlich	Der Schlüssel	Key
	-n	männlich	Der Zahn	Tooth
	Frikativ + t	weiblich	Die Nacht	Night
	-e	weiblich	Die Sonne	Sun
	-(e)s	sächlich	Das Glas	Glass

Tabelle 3   Lautliche Hinweisreize auf das Wortgeschlecht im Deutschen (nach MacWhinney, 1989).

Sprachwissenschaftler Henry Sweet schon 1875 vermutete, ziehen wir es vor, unseren Sätzen einen durch regelmäßige Abwechslung geschaffenen Rhythmus zu verleihen. In einem psychologischen Experiment konnte James Martin 1970 zeigen, dass Hörer tatsächlich angeben, sie hätten eine rhythmische Alternierung in Sätzen gehört, bei denen objektiv keine gegeben war, da sie ohne jegliche Betonung ausgesprochen worden waren. Bedeutet dies, dass sich für eine jeweilige Sprache eine typische Grundmelodie herausgebildet hat? Baut das Englische eher auf einem trochäischen Takt auf (›English‹, ›music‹, ›poet‹)? Herrscht im Französischen dagegen eher der Jambus vor (die Betonung auf der zweiten Silbe, wie in ›maman‹ oder ›chaussure‹)? Das Deutsche wiederum schiebt – zumindest bei einsilbigen Wörtern (›Hose‹, ›Mama‹, ›Löwe‹) – mehr Trochäen dazwischen ein. Jedenfalls scheint das Geheimnis der Wortzerlegungskunst im sprachlichen Betonungsmuster zu liegen, das bereits Babys lernen (Box 27), und es könnte sein, dass jede Sprache in ihrem speziellen Rhythmus schwingt.

Dass deutsche Babys offenbar schon mit einem halben Jahr ›im Rhythmus der Muttersprache swingen‹, suggerieren jüngere Befunde der Psycholinguistin Barbara Höhle von der Universität Potsdam. Höhle spielte vier und sechs Monate alten deutschen und französischen Babys sinnlose Silbenfolgen abwechselnd im jambischen (gaGA, gaGA) und im trochäischen Muster vor (GAga, GAga). Im Gegensatz zu den französischen Babys beider Altersstufen und den jüngeren deutschen Babys hörten die älteren deutschen dem Trochäus bereits deutlich länger zu, was Höhle als klare Präferenz für den trochäischen Rhythmus wertet.

Auch 87 Prozent aller zweisilbigen deutschen Wörter werden auf der ersten Silbe, also trochäisch betont, was ihre Aussprache im Vergleich zum Spanischen, wo es dank der Hilfe von Akzentmarkierungen fast 100 Prozent sind, verlangsamt, wie die

Psycholinguisten Markus Conrad und Prisca Stenneken aus meiner Arbeitsgruppe herausfanden. Weitere Untersuchungen sind jedoch nötig, um herauszufinden, ob deutsche Babys, Kinder, Jugendliche und Erwachsene immer im gleichen Sprachrhythmus schwingen, ob sich im Entwicklungsverlauf der Takt ändern kann und welchen Rhythmus man fühlt, wenn man beispielsweise als deutscher Muttersprachler Französisch hören und sprechen muss.

Das Rhythmusgefühl hängt aber vermutlich nicht nur vom Betonungsmuster einzelner Wörter ab. Der Linguist Manfred Bierwisch konnte schon 1968 zeigen, dass die Satzbetonung ihre eigenen Regeln hat und der Rhythmus von Sätzen im Prinzip unbegrenzte Akzentgrade und -stufen aufweisen kann. Sein Fachkollege Richard Wiese bringt in seinem 1996 erschienenen Buch eingängige Beispiele für graduelle Akzentverschiebungen vom Einzelwort zu Phrasen, die vermutlich durch das Prinzip rhythmischer Abwechslung motiviert sind: ›**Ab**nehmen‹ versus ›den H**u**t **ab**nehmen‹, wobei ›fettgedruckt und unterstrichen‹ den stärksten Akzentgrad symbolisiert, nur ›fettgedruckt‹ den zweitstärksten und nur ›unterstrichen‹ den drittstärksten.

Es bleibt jedenfalls noch viel zu erforschen, bevor wir endgültig sagen können, dass Deutsch im Trochäus swingt!

Bierwisch, M. (1968). »Two critical problems in accent rules«. *Journal of Linguistics,* 4, 173–178

Cassidy, K. W., & Kelly, M. H. (1991). »Phonological information for grammatical category assignments«. *Journal of Memory and Language,* 30, 348–369

Conrad, M., Stenneken, P., & Jacobs, A. M. (2006). »Associated or dissociated effects of syllable frequency in lexical decision and naming«. *Psychonomic Bulletin & Review,* 13, 339–345

Cutler, A., McQueen, J., & Robinson, K. (1990). »Elizabeth and John: Sound patterns of men's and women's names«. *Journal of Linguistics,* 26, 471–482

Farmer, T. A., Christiansen, M. H., & Monaghan, P. (2006). »Phonological typicality influences on-line sentence comprehension«. *Proceedings of the National Academy of Sciences,* 103, 12203–12208

Höhle, B., Bijeljac-Babic, R., Herold, B., Weissenborn, J., & Nazzi, T. (2009). »Language specific prosodic preferences during the first half year of life: Evidence from German and French infants«. *Infant Behavior and Development,* 32, 262–274

Kelly, M. (1988). »Rhythmic alternation and lexical stress differences in English«. *Cognition,* 30, 107–137

MacWhinney, B., Leinbach, J., Taraban, R., & McDonald, J. (1989). »Language learning: cues or rules?«. *Journal of Memory and Language,* 28, 255–277

Martin, J. G. (1970). »Rhythm-induced judgments of word stress in sentences«. *Journal of Verbal Learning and Verbal Behavior,* 9, 627–633

Sweet, H. (1875–1876). *Words, Logic and Grammar.* Transactions of the Philological Society, London

Wiese, R. (1996). *The Phonology of German.* Oxford: Clarendon Press

O – SYNÄSTHESIE UND SPRACHGENESE

1

Von der Onomatopoeie zur Synästhesie und weiter zur Synkinesie ist es jeweils nur ein Schritt. Um die Idee von Kleinheit zu vermitteln, verengen wir die Lippen und verkleinern den Resonanzraum zu einem *i* – während wir Größe artikulieren, indem wir Kehle und Mund zu einem *ahhh* öffnen. Das ist wohl der Grund dafür, weshalb in vielen Sprachen Verkleinerungsformen (›-li‹) und Kleinheit (*little*, ›winzig‹, *petite*, ›diminutiv‹) durch ein *i* ausgedrückt werden, ein lautmalerisches Ah! hingegen überall Größe samt unserem Staunen davor ausdrückt.

Hohe Töne und enger Kehlkopf haben nur über ihre Assoziation mit etwas Drittem mit der Idee von Kleinheit zu tun: erst dadurch wird die Synästhesie zwischen Sehen und Hören auch in eine Synkinesie zwischen Sehen und Sprechen verwandelt. Erweiterbar ist dies auch auf die Gestik: Wir machen nicht nur den Mund schmal, wenn wir Kleines damit ausdrücken, wir zeigen diese ›Verengung‹ auch durch unsere Hände. Artikulieren wir die Idee von Kleinheit, bringen wir Zeigefinger und Daumen zusammen; reden wir von Großem, bewegen wir Hände oder Arme auseinander,

Die Motorik der Gestik imitiert dabei die Artikulationsmotorik (und beide zusammen imitieren eine spezifisch synästhetische Objektcharakteristik): es fiel schon Darwin auf, dass wir beim Schneiden mit einer Schere zugleich mit den Kiefern zubeißen. Dieser Imitationsprozess lässt sich auch in umgekehrter Reihenfolge demonstrieren. So, wie man Arm und Zeigefinger ausstreckt, um auf jemanden zu deuten, artikuliert man dieses Gegenüber, indem man Mund und Lippen nach vorne wölbt (›du‹, *you*, *tu* oder auf Tamilisch *thoo*). Deutet man dagegen auf sich selbst, bewegen Lippen und Zunge sich nach innen (›ich‹, *I*, *moi* oder Tamilisch *naan*).

In diesem Sinne ist die Synkinesie eine motorische Art der Synästhesie: sie synchronisiert die Motorik der Sprachartikulation mit jener des Armes. Befördert, wenn nicht gar bedingt wird dies durch die unmittelbare Nachbarschaft der jeweiligen motorischen Zentren im Gehirn – sie liegen beide im motorischen Homunculus des präzentralen Gyrus.[17]

---

17 Hier kommt vermutlich erneut das Spiegelneuronensystem ins Spiel. Ähnlich wie wir die Mimik eines Gegenübers zu imitieren imstande sind und dadurch auch die entsprechenden Emotionen in uns erzeugen, können wir

2

Das wirft nun eine andere Frage auf. Die Figur der Onomatopoeie imitiert ein Ding, Tier, irgendetwas Reales lautlich auf möglichst deckungsgleiche Weise. Drückt ihre Klanggestalt jedoch subjektive Reaktionen aus – oder wird sie wie bei Markennamen ganz zum Artefakt –, kann sie auch ins Synästhetische kippen. Dabei werden unterschiedliche sensorische Bereiche miteinander assoziiert; beim Farbenhören oder Musiksehen etwa wird Emotives, Visuelles und Phonetisches miteinander verknüpft. Der Auslöser für deren Assoziation gerät immer weiter in den Hintergrund: er kann für alle nachvollziehbar von einer objektiven Eigenschaft abgeleitet sein oder sich aus einem völlig subjektiven *tertium comparationis* ergeben. Für manche ist ein hohes C dann so rot wie eine Tomate; Stille war für Pindar dunkel, für Carducci grün, silbern für Wilde, blau für d'Annunzio und für Aragon wiederum grün; für Rimbaud war das A schwarz, das E weiß, I rot, U grün und O blau.

Abgesehen von solchen subjektiven Assoziationen gibt es auch universelle Synästhesien. In vielen Kulturen findet sich etwa eine ausdrückliche Opposition von ›dunklen‹ und ›hellen‹ Vokalen. Noch allgemeiner verbreitet ist es, Geschmack und Geruch miteinander zu assoziieren (›schmecken‹ ist im Süddeutschen immer noch ein Synonym für ›riechen‹). Gleiches gilt für die Verknüpfung von Sexualität mit Aggression: die meisten Sprachen drücken Aggression eher indirekt durch Obszönitäten aus als direkt – ganz so, als käme ein ›Fick dich!‹ der Sache näher als ein ›Hau dich!‹ oder ›Beiß dich!‹.

Für diese Formen der Synästhesie gibt es sehr wahrscheinlich eine neuronale Basis. Die sensorischen Zentren, die für das Erfassen von Farbe und Schrift zuständig sind, liegen nebeneinander im fusiformen Gyrus und scheinen miteinander korreliert. Das für Gerüche zuständige olfaktorische Areal grenzt direkt an den orbitofrontalen Kortex, wo Geschmack rezipiert wird. Und auch die Sexualität und Aggression kontrollierenden Nuclei im Hypothalamus befinden sich in unmittelbarer Nähe zueinander. Denkbar ist deshalb, dass zwischen diesen Arealen jeweils engere Vernetzungen bestehen, die einmal stärker, einmal schwächer ausgeprägt sein können – entweder sind sie antrainiert (die meisten Synästhetiker finden sich unter kreativ arbeitenden Menschen), genetisch vorbedingt oder aber ein Wachstumsdefekt. Das Hirn trimmt ja seine im Säuglingsalter beschleunigte neuronale Vernetzung im Laufe seiner Ent-

---

mittels Spiegelneuronen ein Ding durch mit ihm assoziierte Eigenschaften imitieren – und dies durch eine Motorik und Artikulation, die einander schematisch ähnlich sind.

wicklung wieder zurück, verstärkt dafür jedoch die am häufigsten gebrauchten Verknüpfungen.

Was für die neuronalen Querverbindungen der Synästhesie gilt, kann auch auf deren erweiterte Form zutreffen: die Metaphernbildung. Dass dabei der angulare Gyrus – der zentral zwischen den temporalen, parietalen und okzipitalen Lappen liegt – eine Rolle spielt, weiß man schon länger. Patienten, bei denen er verletzt wurde, zeigen große Probleme beim Erfassen von Metaphern und neigen dazu, Sprache streng wörtlich zu interpretieren. Im Extremfall wird man bei einer Läsion des angularen Gyrus zum Alektiker, der die Fähigkeit zum Lesen ganz verliert.

All dies ist nun weniger phrenologisch gemeint denn als Indiz dafür, wie der imaginative Transfer – auf dem Metaphern, Metonymien und eine Vielzahl anderer Denkfiguren basieren und der letztlich unser ganzes Denken strukturiert – neurologisch zustande kommt.

3

So wie es von der Onomatopoeie zur Synästhesie und weiter zur Synkinesie jeweils nur ein Schritt ist, ist dieser Verkettungsprozess auch umgekehrt möglich. Dantes Gedanken über den Ursprung der Sprache entsprechend, könnte diese Umkehrung auch den Weg zur Ausbildung einer Proto-Sprache vorgegeben haben.

Unsere Beispiele haben gezeigt, dass Onomatopoeien – als Elemente einer Proto-Sprache – ihre Lautgestalt wesentlich durch die Nachahmung natürlicher Klänge erhalten. Das Objekt wird genauso wenig willkürlich abgebildet, wie auch die synästhetische Verbindung von ›kiki‹ oder ›takete‹ mit einem gezackten Objekt kein Zufall ist: beide Male lässt sich ein gewisses Maß an neurologischer wie sensomotorischer Determiniertheit demonstrieren. Als sprachgenerierendes Prinzip aufgefasst, böten Onomatopoeien bereits die Voraussetzung für ein wie auch immer beschränktes Lexikon – ein erstes gemeinsames Vokabular. Die Synkinesie, bei der die Artikulation die Gestik nachahmt und *vice versa* (wie wir es vom Reden mit Händen und Füßen nur allzu gut kennen), stellt eine zweite Voraussetzung für Kommunikation dar.

Denn so kann Visuelles auf Auditives übertragen werden und Auditives wiederum auf Motorisches – durch Zentren, die jeweils miteinander verbunden sind. So geht Gestikulieren ins Sprechen über, indem Onomatopoeien (die subjektiven Gehalten wie objektiven Eigenschaften zum Wortlaut verhelfen) eine Proto-Sprache herausbilden.

Mit dem Beispiel von Dantes Ur-Interjektion – *heu!* – als Ausdruck des Ekels lässt sich diese Entwicklung schematisch skizzieren. Sie stellt zunächst einmal eine Universalie dar: Die menschliche Reaktion auf unangenehmen Geschmack und Geruch ist auf der ganzen Welt gleich – schon Säuglinge verziehen instinktiv das Gesicht, machen eine Schnute, schieben die Oberlippe zur Nase und ziehen die Mundwinkel nach unten. Zwischen Mimik und Artikulation ergibt sich dabei eine Synkinesie: ganz gleich ob diese Reaktion ›Ekel‹, *disgust, nausée* oder *schifezza* genannt wird – die Artikulation imitiert bei jedem dieser Wörter dieselbe instinktive Mimik. Was dadurch bedingt wird, ist eine Lautmalerei, die grundlegende Emotionen ausdrückt.

Von solchen Exklamationen bis zu Worten, deren Bedeutung symbolischer Natur ist, ist es nur ein weiterer Schritt. Die meisten Sprachen leiten von der wörtlichen Bedeutung ›ekelhaft‹ auch einen figurativen Sinn ab, der sich auf Moralisches und Soziales bezieht (auch die Tamilen drücken moralische Entrüstung mit einem Begriff aus, der wörtlich ›schlecht schmecken‹ bedeutet). Biologisch determiniert scheint dies durch den Umstand, dass das olfaktorische Areal direkt an den orbitofrontalen Kortex grenzt, der für moralisch-soziale Verhaltensweisen zuständig ist; eine neuronale Vernetzung ist also möglich. Zumindest demonstrieren uns die Primaten die Verknüpfung von figurativer und wörtlicher Bedeutung: Affen werfen mit ihren Exkrementen nach Menschen, die sie nicht mögen.

Damit würde sich ein quasi ganzheitliches Sprechen herausbilden, voll fabrizierter Phrasen und formelhafter Silbenfolgen, die wir ganzheitlich lernen und verwenden. Sie entsprächen in etwa unseren heutigen Idiomen, die sich allein über Lexikon und Grammatik nur schwer verstehen lassen. ›Himmelherrgottnocheinmal‹ oder ›Derhatsiejanichtalle‹ stellen holistische Sprachgesten dar, die auch heute noch einen ganz wesentlichen Teil unseres Sprachgebrauchs ausmachen. Schleichen sich in unsere Satzbildung nur allzu leicht Fehler ein, werden solche Idiome hingegen meist grammatikalisch und semantisch korrekt verwendet. Sie bieten uns damit ein wesentliches Fundament für unsere Kommunikation. Wir benützen sie, um aufgrund ihrer Formelhaftigkeit diverse Satzbildungen abzuleiten: auf ihrer Basis extemporieren wir.

Was aber bricht das (durch Synästhesie und Synkinesie bedingte) Formelhafte dieser Proto-Sprache auf und segmentiert sie in jene Worte und Silben, die wir Sprache nennen? Eine Antwort darauf mag die Assoziationsmaschine liefern, die wir Gehirn nennen. Angenommen, *tebima* hätte einmal ›gib ihr das!‹ gemeint und – ebenso hypothetisch – *kumapi* ›teil das mit ihr!‹. Um zu erkennen, dass die Silbe *ma* in beiden Formeln vorkommt, braucht es nicht viel. Für unser beständig auf ökonomisch verwertbare Strukturen bedachtes Hirn (das selbst noch aus dem Wetter Regelmäßigkeiten herausliest) wäre es kein großer kognitiver Sprung, dieses *ma* mit der Bedeutung ›Sie‹ zu versehen. So wird aus reiner Lautmalerei eine Silbe, die sich wiederum mit anderen Silben kombinieren lässt, um Worte zu bilden und schließlich auch eine Syntax. Der linguistische Sprung jedoch ist riesig: denn damit ist jene referentielle Ebene erreicht, die unser Vokabular kennzeichnet.

Simulieren lässt sich dieser Prozess am Computer. Versieht man selbst noch höchst willkürlich gebildete phonetische Sequenzen mit einem Lern-Generator, der rekurrierende Elemente speichert (und damit die Evolution imitiert), bilden sich binnen Generationen identifizierbare Silben, die sich schließlich zu einem eigenen Vokabular stabilisieren und eine Syntax herausbilden.

Christiansen, M. H., & S. Kirby (ed.) (2003), *Language Evolution*, Oxford
Ramachandran, V.S., & E.M. Hubbard (2001), »Synaesthesia – A Window Into Perception, Thought, and Language«. *Journal of Consciousness Studies* 8.12, 3–34
Wray, A. (ed.) (2002), *The Transition to Language*, Oxford

Box 23. Synästhesie oder warum Blau größer als Rot sein kann

Ist Blau größer als Rot? Wenn Sie diese Frage nicht beantworten können oder für unsinnig halten, gehören Sie nicht zu den ca. 1 bis 5 Prozent der Bevölkerung, die man als Synästhetiker bezeichnet. Zu diesen gehört ein gewisser Herr Haverkamp, der kürzlich in *Focus online* berichtete, dass er Blues-Musik nicht blau, sondern gelb-rot empfindet: »Gelb-Rot wird durch die Klangfarbe von E-Gitarre und Saxophon beeinflusst.«

Zu den meist verbreiteten und wissenschaftlich am besten erforschten Formen von Synästhesien gehört die Graphem-Farb-Synästhesie, bei der Buchstaben oder Zahlen systematisch Farbempfindungen auslösen. Der Pionier der Persönlichkeitspsychologie und Vererbungsforschung, Sir Francis Galton, behauptete bereits 1888, dass Synästhesie auf einer stark genetischen Komponente basieren müsste: es gibt Hinweise, dass Synästhesien in bestimmten Familien verbreitet sind und bei Frauen signifikant häufiger auftreten als bei Männern. Der letzte Punkt ist allerdings wissenschaftlich heute immer noch strittig.

Eine weitere, auf den Neuropsychologen Alexander Luria zurückgehende Behauptung unterstellt Synästhetikern generell ein besseres Gedächtnis. Luria beschreibt den Synästhetiker S., der keine Mühe hatte, Raster mit 50 Zahlen innerhalb von wenigen Minuten zu lernen. Selbst 15 Jahre später war er noch fähig, diese Zahlen korrekt aufzusagen. S. war, so Luria, ein fünffacher Synästhetiker, der über Synästhesien in allen fünf Sinnen berichtete. Die moderne Neurowissenschaft hat diese Einzelfallbeobachtung jedoch bisher nicht verallgemeinern können. Sie hat aber im letzten Jahrzehnt zu der Erkenntnis beigetragen, dass Synästhesie ein genuin sensorisches Phänomen ist und nicht durch höhere Gedächtnisassoziationen bedingt wird.

Dabei werden aktuell zwei Erklärungsansätze diskutiert. Die *Hyperkonnektivitätstheorie* geht davon aus, dass die Gehirne von Synästhetikern überdurchschnittlich viele und/oder starke neuronale Verbindungen aufweisen, insbesondere zwischen verschiedenen sensorischen Arealen (beispielsweise zwischen den Zifferngraphem- und V4–Farbarealen im Gyrus fusiformis; s. Tafel 10 im Farbteil S. 368). Die *Disinhibitionstheorie* dagegen nimmt ganz normale neuronale Verbindungen bei Synästhetikern an, behauptet aber, dass bestimmte Signalübertragungsprozesse innerhalb oder zwischen Hirnarealen gestört sind. Denn die Hyperkonnektivitätstheorie hat Probleme, die Direktionalität von Synästhesien ohne Zusatzannahmen zu erklären: wenn die überdurchschnittlich starken neuronalen Verbindungen zu einer Kreuzaktivierung zwischen ziffern- und farbsensiblen Arealen führen, warum evozieren dann Ziffern zwar systematisch Farbempfindungen, nicht aber umgekehrt?

Wissenschaftler um den Psychologen Roi Cohen Kadosh überprüften beide Theorien in einem posthypnotischen Suggestionsexperiment. Dabei wurde eine Gruppe von Nichtsynästhetikern zunächst hypnotisiert und dann instruiert, Zahlen mit Farben zu assoziieren. Anschließend mussten die Probanden eine Aufgabe lösen, während der diese Assoziation als posthypnotische Suggestion fungierte. Bei posthypnotischen Suggestionen führen Probanden in der Regel willig die suggerierte Aktion aus, obwohl sie nicht mehr unter Hypnose stehen und sich der unter Hypnose gemachten Suggestion auch nicht mehr erinnern. Die Befunde lassen den Schluss zu, dass eine überdurchschnittlich starke neuronale Konnektivität offenbar keine notwendige Bedingung für Synästhesie darstellt – und somit eher von Störungen in der Konnektivität auszugehen ist, wie es die Disinhibitionstheorie behauptet.

Cohen Kadosh, R., Henik, A., Catena, A., Walsh, V., & Fuentes, L.J. (2009). »Induced cross-modal synesthetic experience without abnormal neuronal connections«. *Psychological Science, 20,* 258–265

Hubbard, E. M., & Ramachandran, V. S. (2005). »Neurocognitive mechanisms of synesthesia«. *Neuron, 48(3),* 509–520

Wagner, B. (2006). »Synästhetiker: Blues-Musik ist nicht blau«. *FOCUS online* (1.12.2006)

P – EINE FUNKTION VON KUNST

1

Nach den bisherigen Ausführungen mag sich nun die Frage stellen, wie bei allen diesen determinierten Prozessen die Kunst ins Spiel kommt. Deren Charakteristik besteht wesentlich darin, dass sie ver- und entfremdet, verzerrt, um neu zu strukturieren – um letztlich zu karikieren. Denn von Bacon über Picasso bis zurück zur Höhlenmalerei wird nie das ›Reale‹ als solches ›onomatopoiesiert‹. Nicht einmal der Kunst-Photographie ist an einer möglichst realen, sondern vielmehr an einer ideellen Mimesis gelegen, die zu diesem Zweck Einzelnes ähnlich in den Vordergrund rückt wie die Poesie ihre ›leuchtenden Details‹. Sie stellen akzentuierte Stimuli dar, von denen aus wir jedes Mal wieder eine neue Gestalt entwerfen. Die optimale Stimulierung unserer Seh-, Hör und der anderen Wahrnehmungszentren suggeriert uns damit den Eindruck von Unmittelbarkeit: von Gegenwart also.

Ein Möwenjunges bettelt seine Mutter um Nahrung an, indem es auf den orangeroten Fleck auf ihrem Schnabel pickt. Es lässt sich aber auch täuschen – legt man ihm nur einen Schnabel hin oder bloß ein längliches Stück mit einem solchen orangeroten Punkt, pickt es ebenfalls darauf los. Erstaunlicherweise ändert sich seine Reaktion jedoch, sobald man ihm einen langen dünnen Stock mit drei orangeroten Punkten hinhält – es pickt nun noch kräftiger darauf los, beinahe frenetisch, und zieht diese Attrappe sogar dem Mutterschnabel vor. Die Punkte auf diesem artifiziellen ›Super-Schnabel‹ aktivieren die auf die visuelle Identifizierung des orangeroten Flecks konditionierten Neuronen auf ungleich stärkere Weise – ungeachtet dessen, dass der abstrakte Stimulus nur wenig Ähnlichkeit mit einem realen Schnabel aufweist.

Hätten Möwen eine Kunstgalerie, würden sie sich solche gepunkteten Stöcke an die Wand hängen, sie Picassos nennen und eine Unmenge Fisch dafür bezahlen, obwohl diese Skulptur nichts darstellt, was sie kennen. Die Reaktion auf diese Art von biologischem Pointillismus lässt sich auch auf die Farben eines Gemäldes übertragen: was wir auf der Leinwand sehen, ist saturierter und klarer, als wir es von der schattierten und vermischten Farbskala unserer Umwelt gewohnt sind.

Für Musik und die musikalisch strukturierte Sprache der Poesie gilt dasselbe:

ihre Lautmalereien sind näher am puren Klang als bloße Geräusche. Was man bei der Musik hört, sind gewissermaßen ›Super-Vokale‹, die frequenzreiner sind als die überlagerten Lautmodulationen der gesprochenen Sprache, und ›Super-Konsonanten‹ von Instrumenten, die einsetzen, angeschlagen werden und den Rhythmus markieren – ein Effekt, den die Poesie durch ihre Assonanzen und Konsonanzen ebenfalls zu erreichen sucht. Der Kortex wird damit durch intensivere Inputs als sonst stimuliert, was wesentlich zum Genuss solcher Klangerlebnisse beiträgt.

Der Aspekt der Symmetrie (besonders der spiegelbildlichen), der alle Formen von Kunst charakterisiert, lässt sich ebenfalls unter diesem Gesichtspunkt betrachten: als eine Art von idealtypischem Stimulus. Die dreidimensionalen Symmetrien von Steinwerkzeugen, 3-D-Bilder, Stoffmuster oder die visuelle und auditive Symmetrie poetischer Formen und Figuren – sie machen nicht nur die Bandbreite dessen aus, was wir Kunst und Kultur nennen, sondern sind auch wesentlich für die Energie verantwortlich, die wir in die Auseinandersetzung mit ihnen investieren.

Dafür lassen sich evolutionsbiologische Gründe vermuten. Wenn wir die zwei Gesichtshälften eines Tieres oder einer Person sehen, heißt das, dass sie uns – im Gegensatz zu den tangentialen Perspektiven, mit denen wir sie sonst *en passant* wahrnehmen – direkt zugewandt sind und von uns deshalb eine intensivere Interaktion fordern. Und auch bei der Partnerwahl zeigen wir eine klare Vorliebe für Symmetrien (die evolutionsbiologisch daher rührt, dass Parasitenbefall asymmetrischen Körperwuchs auslöst und auch als Indikator mangelnder Fruchtbarkeit gewertet werden kann).

2

Reine Stimuli zu präsentieren gehört zu den fundamentalen Anliegen der Poesie. Sie stellen ein Qualitätskriterium dar, an dem Poesie sich messen lassen muss, denn ihre Bilder wollen ja das nur ungenau Geschaute sichtbar werden lassen und dem Überhörten zur Sprache verhelfen.

Jürgen Beckers *Nachmittag mit Wolken* stellt ein prägnantes Beispiel für diesen Effekt dar:

> Der Wind ist sichtbar
>> und die Fluß-Möwen

blitzen vor den Fenstern auf
– biegen sich
ganze Reihen von Pappeln.
                    Mögliche Bilder,
die ich dir vorschlage, aber du mußt
etwas sehen –
            hier,
ich bleibe nicht. Bist du nicht.
                    Schatten
wandern über die Felder
            – in der Nähe
            des Rauchs, ruhig vor dem Horizont,
            rasche Wechsel
                    – Wind, mit seinen Geräuschen.

Nichts in diesen Zeilen (sieht man von der ersten ab) greift das für die Dichtung sonst übliche Repertoire semantischer Stilmittel auf; es werden keine Metaphern, Similes oder andere Tropen vorgeführt – nur klar konturierte Beobachtungen, typographisch voneinander isoliert und dadurch umso schärfer kontrastiert (womit wir die Argumentation der Kapitel G und H aufgreifen). Gerade durch diese Vereinzelung werden sie zusätzlich akzentuiert: die Möwen blitzen heller auf, die wandernden Schatten geraten dunkler. Das Reelle von visuellen Stimuli derart heraus- und von einem verrauschten Hintergrund abgehoben, verleiht den einzelnen Bildern die Abstraktheit von Mosaiksteinen, die sich in der Anschauung des Lesers dann zu einem eigenen Bild formieren. Der Raum, in dem sie belassen sind, die quasi frequenzfreie Leere um sie, verleiht ihnen die Prägnanz von Kippbildern, in denen Anwesendes sich zu Abwesendem verkehrt – und umgekehrt. Das ist es auch, was das Gedicht thematisch abhandelt: indem es über die Präsentation von Vorhandenem ein Fehlen evoziert – das eines Du und, davon abhängig, das eines Ich.

Die Poetizität dieser Zeilen ergibt sich gleichzeitig – um damit den Bogen dieses Kapitels zu Ende zu führen – durch die akustische Ebene. Es sind die unscheinbar eingesetzten Onomatopoeien, die das Gedicht beim Hören tragen: die Ws als Geräusch des Windes; das Ö der Möwenschreie (die erst dadurch zu den einzigen Lebenszeichen in diesen Stil-Leben werden: eine Lautmalerei, die eine ›Möglichkeit‹ zu einem ebenso impliziten Wunsch nach Wandel und Veränderung ausdrückt); das R, das zwischen Stasis (›Reihen‹, ›ruhig‹) und Dynamik (›Rauch‹, ›rasch‹) oszilliert – während das Beständigkeit suggerierende B von ›Bilder‹, ›bleibe‹, ›bist‹ durch ›blitzen‹ und ›biegen‹ die eigentliche Aussage des Gedichts konterkariert.

Ramachandran, V. S., & William Hirstein (1999), »The Science of Art – A Neurological Theory of Aesthetic Experience«. *Journal of Consciousness Studies* 6, 15–51

Box 24. Schemata und die Grisham- und Amis-Effekte

Zweck des Lesens ist in der Regel die Bedeutungskonstruktion. Diese hängt sowohl vom Text und seinen strukturellen Merkmalen wie vom Kontext ab: dem Erfahrungsschatz des Lesers, seinen Grundannahmen über den Text, dem Autor, dessen Zielgruppe und Absichten, seinen Motiven und seinen Aufmerksamkeitsprozessen (Box 37).

Die Vorstellung, dass Menschen eine schematische Repräsentation detaillierter Erfahrungen als mentales ›Werkzeug‹ für den Umgang mit vergleichbaren Situationen benutzen, hat eine lange Tradition von Platon und Aristoteles über Kant hin zu den Anfängen der Psychologie und Verhaltensbiologie. Für Konrad Lorenz »passen unsere festliegenden Anschauungsformen und Kategorien aus ganz denselben Gründen auf die Außenwelt, aus denen der Huf des Pferdes auf den Steppenboden, die Flosse des Fisches ins Wasser passt«. Verwandte und häufig synonym verwendete Begriffe dafür sind: Kategorie, Schablone, Muster, Skript, ›Frame‹, Szene sowie mentale Modelle oder Situationsmodelle.

Der Entwicklungspsychologe und Erfinder der genetischen Erkenntnistheorie, Jean Piaget, hatte bereits in den 1930er Jahren den Begriff ›Schema‹ eingeführt als *generalisierbaren Aspekt koordinierter Handlungen, der auf analoge Situationen angewandt werden kann.* Lange bevor der Begriff von ›verkörperten Konzepten‹ in Mode kam (Box 12), wies Piaget darauf hin, dass mentale Operationen, die symbolische Repräsentationen manipulieren, formale Strukturen mit sensomotorischen Aktivitäten teilen, die von den Gesetzen der Physik bestimmt werden. So entwickelt sich beispielsweise die Reversibilität logischer Operationen, die im symbolischen Denken Widerspruchsfreiheit und logische Kohärenz garantieren soll, aus der empirischen Reversibilität der Bewegung im Raum. Der Gedächtnispsychologe Frederick Bartlett zeigte in Experimenten zur Erinnerung von Geschichten, dass Menschen deren Inhalt kreativ an ihre einmal gelernten ›Schemata‹ angleichen und dabei deren objektiven Gehalt teilweise deutlich verzerren.

Seit der Pionierleistung der Kognitionspsychologen Jean Mandler und Walter Kintsch sowie des Literaturwissenschaftlers Teun van Dijk zur Verarbeitung von Texten geht man davon aus, dass Textverständnis stets von solchen Schemata gesteuert wird. Mandler bezeichnet mit dem Begriff ›story schema‹ eine Vielzahl von Erwartungen an die interne Struktur einer Geschichte, die das Einspeichern und Abrufen der Inhalte dieser Geschichte erleichtern. Die erste Quelle dieser Schemata, die Wahrnehmungen, Gefühle, Handlungen und Ereignisse beinhalten, speist sich

Laut und Malerei

aus Erfahrungen mit bereits Gelesenem: hier fließen typische Ereignisfolgen, Anfänge und Enden von Märchen, Fabeln usw. ein (Box 37).

Die zweite Quelle speist sich aus unserem generellen Wissen über Kausalbeziehungen und zeitliche Abläufe. Die Schemata können dabei jedoch viele Aspekte unseres logischen Denkens und unseres Erfahrungsschatzes kondensieren, verzerren oder ausweiten. Laut Kintsch bestimmt das Schema die Relevanz von Textteilen und beeinflusst damit die für Verständnis und Erinnerung entscheidende Selektion der Kernaussagen. Es lenkt die Aufmerksamkeit auf bestimmte Textaspekte, blendet andere dabei aus und dient vor allem der Ereigniszusammenfassung in unserem Arbeitsgedächtnis – was wiederum die Voraussage dessen erleichtert, was gleich passieren wird.

Schließlich erlauben Schemata dem Leser zu beurteilen, ob ein bestimmter Abschnitt einer Geschichte vollständig ist und somit im Langzeitgedächtnis abgespeichert werden kann – oder ob er aufgrund seiner Unvollständigkeit noch weiter im Arbeitsgedächtnis aufrechterhalten werden muss, um kommendes Material damit verbinden zu können.

Schriftsteller nutzen solche Schemata, um die Erwartungen des Lesers aufzubauen und Neugier und Spannung anzustacheln. Die moderne Leseforschung zeigt, dass ›Unvollständigkeit‹ das physiologische Erregungsniveau erhöht und die Aufmerksamkeit des Lesers auf die Assimilation weiterer Textelemente an das Schema richtet – so lange, bis Vollständigkeit, Auflösung der Spannung und damit Erlösung einsetzen. Laut der Evaluationstheorie der Emotionen des Psychologen George Mandler bestimmen wertbezogene kognitive Evaluationsvorgänge die *Qualität* von Emotionen, während ihre *Intensität* von autonomen Erregungsvorgängen bestimmt wird, die durch Diskrepanzen – Unvollständigkeit, Ambiguität – in der Handlung erzeugt werden.

In der Taxonomie der Emotionsarten beim Lesen des Literaturforschers Keith Oatley resultiert die Emotion ›Neugier‹ aus der Assimilation (Anpassung der äußeren Welt an bereits existierende Schemata durch ›top-down‹-Wahrnehmungsprozesse) an das Handlungsschema (›was passiert nun?‹). Die Identifikation mit dem Protagonisten hingegen rührt aus einer Akkomodation (Anpassung der inneren Welt an die äußere durch Bildung neuer Schemata) her. Oatley nennt die Assimilation den *Grisham-Effekt*, weil dieser Autor in seinem Thriller *The Pelican Brief* auf Seite 127 ein Schema entwirft – eine Explosion zeigt, dass der Protagonist in Lebensgefahr schwebt –, das über Hunderte von Seiten die Neugier, Anspannung und mitfühlende Angst des Lesers aufrechterhält, bis endlich auf Seite 436 die Erlösung kommt. Indikatoren wie Herzrate, Hautleitwiderstand und Gesichtsmuskulatur zeigen, dass eine solche Art der Lektüre systematisch das Erregungsniveau erhöht (Box 37).

Die Akkomodation nennt Oatley den *Amis-Effekt*. Aufbauend auf Shklovskijs und Brechts Idee, dass Kunst das Gewöhnliche verfremdet, beschreibt Amis in seinem Roman *Money* die Stadt Los Angeles so ungewöhnlich, dass diese Dishabituation das Erregungsniveau des Lesers erhöht und ihm damit Gelegenheit bietet, neue, unvertraute Bedeutungsstrukturen zu erwerben:

– Überm brodelnden Watts liegt auf der Silhouette des Stadtzentrums eine Schliere von Gottes grünem Rotz. Du gehst links, gehst rechts, bist eine Böschungsratte an einem geschäftigen Fluss. Dieses Restaurant serviert keine Getränke, jenes kein Fleisch, das nächste bedient keine Homosexuellen. Du kannst deinen Affen schamponiert, deinen Schwanz tätowiert kriegen, vierundzwanzig Stunden, aber kriegst du Essen? Und solltest du eine Leuchtschrift auf der anderen Seite BEEF-BOOZE-NO STRINGS aufflackern sehen, kannst dus vergessen. Der einzige Weg, die Straße zu überqueren, ist, dort geboren zu sein –.

Ob Homer, Kafka oder Joyce – Literatur kann durch eigenartige Wahrnehmungen und inkongruente Aneinanderreihungen die Assimilation des Materials an die gewohnten Schemata des Lesers erschweren. Sie erfordert in einer Art Schock-therapie neue Assoziationen und ermöglicht so neue oder veränderte Schemata (Akkomodation) – selbst wenn diese nur für die Dauer der Lektüre Bestand ha-ben. Auch in solchen Passagen ist das erhöhte Erregungsniveau – verursacht durch die wahrgenommenen Diskrepanzen zwischen Erwartetem und Präsen-tiertem – ein entscheidender Faktor, der auch in der Ästhetiktheorie des Kunst-psychologen Daniel Berlyne eine zentrale Rolle spielt. Für ästhetische Gefühle in der Kunstwahrnehmung fällt laut dem Literaturforscher David Miall zudem die Frage ins Gewicht, inwieweit das Hinausgehen über gewohnte Schemata selbst-reflexive Prozesse in Gang setzt (Box 37).

Berlyne, D. E. (1971). *Aesthetics and Psychobiology*, New York: Appleton-Century-Crofts

Kintsch, W., & van Dijk, T. A. (1978). »Towards a model of text comprehension and production«. *Psychological Review*, 85, 363–394

Mandler, J. M. (1978). »A code in the node: The use of a story schema in retrieval«. *Discourse Processes*, 1, 14–35

Mandter, G. (1984). *Mind and Body: Psychology of Emotion and Stress*. New York: Norton

Oatley, K. (1994). »A taxonomy of the emotions of literary response and a theory of identification in fictional nar-rative«. *Poetics* 23, 53–74

Piaget, J. (1923/1976). *Le langage et la pensee chez l'enfant*. Neuchatel/Paris: Delachaux et Niestle'

Piaget, J. (1936/1977). *La naissance de l'intelligence chez l'enfant*. Neuchatel/Paris: Delachaux et Niestle'

Piaget, J. (1937/1977). *La construction du reel chez l'enfant*. Neuchatel/Paris: Delachaux et Niestle'

MUSIK

Q – POESIE UND PROSA

1

sha nagba imuru   ishdi mati
sha kullati idu   kalama chassu
gilgamesh sha nagba imuru   ishdi mati
sha kullati idu   kalama chassu
ichitma   mitcharisch kibrati
napchar nemeki   scha kalami ichus

Od vseh glasb je morda ljudska glasba najtesneje pooosebljena s tradicijo ali ljudstvom, skratka, z drugimi besedami – narod jo lahko začuti kot del sebe, preneseno iz roda v rod, ali pa na nek način kot odsev domače pokrajine.

Ohne zu wissen, was diese Worte bedeuten, stellen sie für uns nur Zeichenreihen dar, eine verschlüsselte Botschaft gewissermaßen, deren Kode es zu knacken gilt. Doch womit? In Ermangelung jeden Kontextes steht uns als einziges Hilfsmittel reine Statistik zur Verfügung – das Zählen von Buchstaben und der Leerstellen dazwischen, um wenigstens über deren Anhäufung und Verteilung etwas aussagen zu können. Das jedoch ist mehr, als man zunächst glauben möchte.

Zum einen lässt sich feststellen, dass wir es bei beiden Textstellen mit einem Repertoire von 25 bis 30 Zeichen zu tun haben: nicht viel im Vergleich mit anderen Zeichensystemen wie den Noten oder all den Farben, die ein Maler benützt – und geradezu lächerlich wenig im Verhältnis zu dem, was unsere Sinne sonst an Information zu ver- und entschlüsseln imstande sind. Zum anderen lässt sich ebenso zweifelsfrei erkennen, dass dieses begrenzte Zeichenrepertoire innerhalb der einzelnen Kode-Segmente der Repetition unterworfen ist – im selben Maß wie die Leerstellen dazwischen wiederholt werden, jene Wortabstände, Beistriche, Gedankenstriche und Punkte, die (das nehmen wir an) unterschiedliche Arten von Pausen signalisieren.

Der Kode beruht also auf einer Repetition von Lauten (und ihrem Gegenteil: Stille). Darin zeigt sich bereits das Grundprinzip dessen, was wir ›Struktur‹ nennen. Sie ergibt sich stets aus der Binarität von rekurrierenden Prä- und Absenzen – sei es in der Musik, bei einem Text oder bei jenen Informationseinheiten, die unser Gehirn verarbeitet (das, wie wir gesehen haben, am besten funktioniert, wenn ihm nur 5 größere Informationseinheiten präsentiert werden, die es dann sortiert, identifiziert oder produziert).

Unter diesem Gesichtspunkt weisen die beiden Textstellen unterschiedliche Charakteristika auf. Zum einen scheint es sich um verschiedene Sprachen zu handeln: keine Konsonantenfolge des ersten Textes findet sich im zweiten wieder; die Háčeks im zweiten Text lassen vermuten, dass er in einer slawischen Sprache verfasst wurde. Und anders als im ersten, verraten im zweiten Zitat Interpunktion sowie Groß- und Kleinschreibung zumindest etwas über die Konventionen einer Schriftsprache. Doch genug des Kokettierens mit scheinbarer Ignoranz. Wir haben längst erkannt, dass es sich beim zweiten Text um Prosa handelt – es liegt also die Annahme nahe, dass wir es beim ersten Text mit Poesie in einer uns unbekannten Sprache zu tun haben. An solchen Verstößen gegen sprachliche und typographische Konventionen (wie sie etwa die scheinbare Platzverschwendung der Verse auf dem weißen Blatt darstellt) haben wir ja in der Schulzeit Poesie zu identifizieren gelernt. Dabei aber haben wir nur Wirkung mit Ursache verwechselt – denn die unterschiedliche Anordnung von Zeichen bestimmt gerade das immanente Prinzip, um das es hier geht.

Es ist das Ausmaß an Strukturiertheit, das die Poesie von Prosa absetzt. Der Unterschied ist nicht absolut, sondern graduell: sogar unsere Alltagssprache kommt nicht ohne repetitive Elemente aus (sie bleiben sozusagen das unauffälligste Indiz unsres strukturierenden Sprachvermögens). Und je geschliffener der Stil einer Prosa, desto mehr phonetische, semantische oder syntaktische Wiederholungen enthält sie. Solche rekurrierenden Elemente lassen sich auch in unserer – slowenischen – Prosa identifizieren: *glasb/glasba; roda/rod*; anlautende Klangfolgen wie *na nek način*, sogar mögliche Binnenreime *morda/ljudska/*

glasba. Ihre Verteilung jedoch ist unregelmäßig – ganz im Unterschied zur Poesie, die ihre Gestalt generell aus solch repetitiven Mustern gewinnt. Machen wir die Probe aufs Exempel:

Selbst noch ein gestammelter Vortrag des poetischen Textes durch einen Assyriologen (es handelt sich dabei um Akkadisch) lässt erkennen, dass die Verse a) auf einer Zäsur aufbauen; wobei sich b) in jeder Hälfte regelmäßig zwei betonte Silben finden (etwas Spielraum gibt es nur bei den unbetonten). Das in diese Matrix nun eingesetzte Wortmaterial reimt sich c) rein – *máti/ kibráti* – und d) unrein – *idú/chassú*. Zugleich alliteriert es e) auf die Laute *sch, n, m, ch, k* und *i*; und es wiederholt f) ganze Verszeilen ebenso wie Silben und Wörter: *scha; kalama/kalami*. Die qualitative Dichte an repetitiven Elementen und Segmenten, die uns vorrangig beim Hören bewusst wird, ist es auch, die Poesie von Prosa unterscheidet.

Um Poesie typographisch wiederzugeben, setzt man sie zeilenweise aufs Papier – daher der weiße Raum. In Unkenntnis des dahinter verborgenen Prinzips (darüber in einem späteren Kapitel mehr) könnte man bereits aus dem Umstand, dass Prosazeilen im Block gesetzt werden, auf ein willkürlich quantitatives Prinzip schließen, während die Typographie der Poesie ein gewollt qualitatives Prinzip verrät: nämlich dass es sich bei Dichtung um geformte Sprache handelt und dass ihre Regeln musikalisch sind – gemäß der Definition von Musik als Kunst, die durch Klangereignisse in der Zeit strukturiert wird. Wobei Poesie sich von Musik insofern unterscheidet, als sie auch explizit als Informationsträger eingesetzt werden kann.

Auf den letzteren Punkt bezieht sich auch unser Prosazitat, das aus dem Booklet einer CD mit slowenischer Volksmusik stammt:

> Von aller Musik ist es wahrscheinlich die Volksmusik, mit der sich eine Tradition und ein Volk am engsten identifiziert – weil sie, anders gesagt, eine Nation sich als eigene fühlen lässt, von Generation zu Generation weitergegeben wird und so auf ihre Weise die gewohnte Landschaft reflektiert.

Der Begriff der ›Volksmusik‹ lässt sich weit fassen. Unser erstes Zitat liefert dafür ein prägnantes Beispiel. Es gibt den Beginn des ältesten Epos der Welt wieder, einer Geschichte, die für den nahöstlichen Kulturraum identitätsstiftend war, die 2000 Jahre lang von Generation zu Generation tradiert wurde und dabei die Summe des verfügbaren Wissens weitergab – die Rede ist von *Gilgamesh:*

Er der den abgrund sah   die grundfeste unseres landes
der das meer kannte   und wußte was zu wissen ist
Gilgamesh der den abgrund sah   die grundfeste unseres landes
der das meer kannte   und wußte was zu wissen ist
er der den umkreis der erde sah   land um land
er dem sich der tiefste grund   aller dinge offenbarte

2

Unabhängig vom Sinngehalt und der Typographie kreiert das Klangmaterial eines Gedichts eine Tiefenstruktur, die sich lautmalerisch unter der semantischen Ebene versteckt. Normalerweise eliminiert ein Hörer bei der Perzeption eines gesprochenen Textes etwa die Hälfte jener phonologischen Elemente, die für das Erfassen seines Sinns unwesentlich sind. Bei einer poetischen Aussage hingegen – egal ob bei gehobener Prosa oder im Gedicht – kommt der umgekehrte Vorgang zum Tragen. Dort werden all diese scheinbaren Redundanzen signifikant, indem die Klangwiederholungen von Buchstaben, Silben und Worten eine zur eigentlichen Aussage parallel sich entwickelnde Sinnebene schaffen: einen Konnotationsraum, der die eher geradlinigen Denotationen mit einem dreidimensionalen Volumen umgibt.

Ein guter Text zeichnet sich gerade dadurch aus, dass er die entsprechenden Koordinatenachsen – des Klangs, der Form und des Inhalts – stimmig zu entwerfen versteht. Dadurch wird der Effekt von Sinn erzeugt und auch fühlbar: als erlebtes Verständnis, als intuitives Erfassen eines Ganzen, das über die Einzelaussagen hinausgeht. Wo sonst Redundanzen als überflüssig, wenn nicht gar störend erfahren werden, greift ein poetischer Satz diese auf, um daraus etwas Essentielles entstehen zu lassen. Zum einen erweitern sie die einzelnen Aussagen lautmalerisch mit einem zusätzlichen emotiven Gehalt und versehen sie mittels aller sich ergebenden Assoziationen mit einem breiten Kontext – durch jene Anklänge, die nicht nur Onomatopoeien und bestimmte Vokale, sondern auch Melodiebögen hervorzurufen imstande sind. Zum anderen verringern sie die großteils artifizielle Distanz, die zwischen der Lautfigur eines bestimmten Wortes und seiner Bedeutung liegt, um Klang und Sinn möglichst in Deckung zu bringen.

Das ist der Grund, weshalb bereits Descartes in seiner *Welt* notierte: »Es kann passieren, dass wir eine Aussage hören, deren Sinn wir vollkommen verstehen, ohne dass wir jedoch nachher zu sagen vermöchten, in welcher Sprache sie gemacht wurde.« Dieses Ziel vermag selbst heute noch ein Vortrag des Epos von Gilgamesh in der Originalsprache zu erreichen.

Greimas, A. J. (1970), *Du Sens,* Paris

R – VOM URSPRUNG DER MUSIK

1

Die Evolution hat nicht nur unser Immunsystem entwickelt, den Verdauungs-
apparat und die Kniescheiben, sondern auch unsere Emotionen, Perzeptionen
und kognitiven Funktionen. Ist deren Systemik einmal etabliert, ist es auch
möglich, sie zu stimulieren, ohne daraus einen evolutionären Vorteil zu gewinnen. Unsere übermäßige Lust an Zucker, Fetten und den unterschiedlichsten
Drogen zeigt, in welchem Ausmaß Stimulanz *per se* zum Selbstläufer wird.
Suchtverhalten tendiert jedoch dazu, evolutionsgeschichtlich von kurzer Dauer
zu sein und die Lebenserwartung zu verkürzen. Welcher Seite man nun die Musik zurechnen kann – ob adaptiven Verhaltensformen oder nicht –, ist strittig
und, wie immer, unserem Raisonieren *post hoc* unterworfen. Harte statistische
Fakten darüber, inwieweit Musikgenuss das Weiterleben der menschlichen
Rasse befördert, gibt es nicht. Aber schon die Allgegenwart der Musik – vom Lift
über den Fernseher bis zum Autoradio, von Feiern bis zu Festen – wie auch ihr
gesellschaftlicher Einfluss und das Prestige, das sie vermittelt, lassen eine evolutionsbiologische Notwendigkeit postulieren. Umso mehr, als man sich dafür
auf das Alter der Musik berufen kann.

So kamen bei Grabungsfunden in den Höhlen der Schwäbischen Alb Bruchstücke einer rund 40 000 Jahre alten, aus einem Geierknochen geschnitzten Flöte
zum Vorschein, des bislang ältesten bekannten Musikinstruments. Es gesellt sich
zu nur wenig jüngeren, dort entdeckten Flöten, die aus einem Schwanenknochen
gearbeitet oder aus hartem und sprödem Mammutelfenbein geschnitzt waren,
welches längs halbiert, mit Birkenpech verklebt und poliert worden war. Die entdeckten Bruchstücke wieder zusammengesetzt, wies sie drei Löcher auf, die eine
pentatonische Tonleiter produzieren konnten, deren einfache Harmonie für
Kinderlieder ebenso typisch ist wie für die Musik des frühen Mittelalters und im
Prinzip bereits unseren Blockflöten entspricht. Dort wurde aber auch ein ge-
gabeltes Rentiergeweih gefunden, wie es die norwegischen Samen noch heute
benützen: einen Trommelschlägel, der bei jedem Schlag einen schwirrenden
Doppellaut erzeugt. Geht man davon aus, dass Rasseln und Trommeln ältere –
weil einfachere – Instrumente als Flöten sein müssen, und auch davon, dass Sin-

gen der Fingerfertigkeit, deren das Flötespielen bedarf, vorausgehen muss, ist ein mehrere Hunderttausend Jahre alter Ursprung der Musik nicht auszuschließen: so weit zurück in der Zeit also, wie sich der Beginn unserer modernen kognitiven Fähigkeiten ansetzen lässt – zumindest in der Theorie.

Und Theorien zu evolutionären Funktionen von Musik gibt es zur Genüge. Der hypoglossale Nerv, der unser Artikulationsvermögen wesentlich bedingt, hat seine heutige Größe jedenfalls vor einer Viertelmillion von Jahren erreicht. Die Fähigkeit, bei der Jagd Tierstimmen zu imitieren, könnte jenen adaptiven Vorteil bewirkt haben, der die biologischen Kosten eines Stimmapparats aufwiegt. Diese Lautmalerei könnte dann in rituellen Aktivitäten inkorporiert worden sein, wobei Musik sich zu einer Art von Proto-Kommunikation entwickelte – die schließlich zur Sprache führte. Dass Musik auch der Kommunikation dienen kann, zeigt sich jedenfalls daran, dass in vielen primitiven Kulturen Sprache und Musik mit demselben Wort bezeichnet werden. Vielleicht ist dies ein Überbleibsel dessen, was unsere Spezies noch vor Worten besaß: nämlich die Fähigkeit, über Amplituden- und Frequenzmodulationen der Stimme bei der Jagd zu kommunizieren. Das ist, wie gesagt, eine von vielen Theorien, bei der sich wie bei allen anderen die Frage stellt: zu welchem Sinn und Zweck?

Darwins Antwort darauf war, dass Musik – analog zum Zwitschern der Vögel – der Brautwerbung diente. Die Abstimmung von Lauten aufeinander stellt die Grundlage allen Musizierens dar und findet sich auch im Tierreich wieder: es sind die Männchen, die sich synchronisieren, damit sie besser von den Weibchen gehört werden können – so etwa bei der nordamerikanischen Wiesenheuschrecke. In primitiven Kulturen wiederum lässt sich nachweisen, dass soziales Prestige und Führungsanspruch auch vom musikalischen und tänzerischen Geschick abhängen. Dieser evolutionsbiologische Zusammenhang von Musik und Balz lässt sich auf einen modernen Kontext übertragen. Man braucht nur an den Sexappeal zu denken, den Popsänger auf Fans und Groupies haben. Ihr schweißtreibendes Gesangs- und Tanztalent (ähnlich wie beim Rad eines Pfauen) lässt sich auch als Zeichen werten, wie fit und dadurch begehrenswert sie sind. Es ist offenbar kein Zufall, dass es zehnmal mehr männliche als weibliche Musiker gibt.

Das Element der Synchronisation lässt sich noch unter einem weiteren Gesichtspunkt betrachten. Ameisenschwärme in Sumatra, die auf Rotangpalmen leben, zischen bei Bedrohung im Chor wie ein einziges großes Tier; Baumfrösche synchronisieren ihre Rufe, um es den räuberischen Fledermäusen zu erschweren, einzelne Frösche zu orten. Für den Menschen – der in seiner Anatomie im Vergleich zu anderen Raubtieren eher gehandikapt ist – hätte dies einen nicht zu unterschätzenden Überlebensvorteil gebracht. Dass primitive Kulturen durch Singen ihren Stamm bei gegnerischen Attacken zusammenschweißen, wie dies Kriegs- und Marschlieder heute noch bewirken, stellt die passende Entsprechung dar.

Solche Synchronisationen sind auch unter einem anderen gruppendynamischen Blickwinkel interessant. Beim sogenannten ›Schimpansenkarneval‹, einem stimmlich wie motorisch *nicht* abgestimmten Tanz- und Ruf-Ritual, locken Affen ihre Artgenossen herbei, um auf Futterfunde hinzuweisen. Ein erweitertes Ritual – stimmig mit der Fähigkeit, die der *Homo sapiens* als einziges hochentwickeltes Lebewesen besitzt: nämlich Stimme und Bewegung zu synchronisieren – hätte diesen Gruppenzusammenhalt noch mehr gefordert und gefördert.

Die Vielzahl von Arbeitsgesängen, die die Tradition kennt, unterstreicht ebenfalls, dass Musik gemeinschaftliche Anstrengungen koordinieren hilft und das Gruppenerlebnis auf dieselbe Weise in den Vordergrund rückt, wie dies ein Open-Air-Konzert tut. Kinder, die mit Musik aufwachsen und ein Instrument spielen, weisen in der Regel größere sprachliche und soziale Kompetenz auf (nicht zuletzt, weil man beim gemeinsamen Musizieren übt, aufeinander zu achten).

Eine Gruppenidentität ergibt sich ferner durch die gemeinsame Symbolik, mit der man Musik wie jede andere Kunst auch versehen kann – was einen nicht unwesentlichen Beitrag zur Ausbreitung des *Homo sapiens* geliefert haben könnte. Größere Gruppen zeugen mehr Nachkommen – und für die Evolution zählt vor allem diese Art der Demographie. Zusammenfassen lassen sich die evolutionär vorteilhaften Aspekte der Musik mit sieben ›Ks‹: Kontakt, soziale Kognition, Ko-pathie, Kommunikation, Koordination, Kooperation und soziale Kohäsion.

Dies bringt uns auf einen weiteren Aspekt – dass Musik ein Stimulus ist, der Aggressionen auf- wie abbauen kann (wie man von Wettgesängen von der Antike über das Mittelalter bis zu *DeutschlandSuchtDenSuperstar* weiß). Das führt uns wiederum auf das menschliche Paarungsverhalten zurück. Denn Musik senkt bei Männern den Spiegel des Lust- und Aggressionshormons Testosteron – hebt ihn jedoch zugleich bei Frauen. Das bedingt eine Angleichung des jeweiligen geschlechtsspezifischen Verhaltens; dabei spielt zudem das Hormon Oxytocin eine Rolle, indem es die soziale Bindungsfähigkeit beeinflusst.

Wie jeder Stimulus, dem man wiederholt ausgesetzt wird, konditioniert Musik auch kognitive Fähigkeiten. Da bei einem Instrument beide Hände koordiniert werden müssen und das Hörzentrum simultan aktiviert wird, lässt beständiges Üben einen Regelkreis entstehen, der nahezu das gesamte Gehirn beansprucht: die Neuronen bilden ›Ensembles‹, Verknüpfungen, die auf andere Weise nicht zustande kommen. Das führt dazu, dass bei Musikern der Balken, der die linke und die rechte Gehirnhälfte verbindet, stärker entwickelt ist als bei Nichtmusikern. Diese neuronale Struktur erleichtert es wiederum, mehrere Regionen miteinander zu vernetzen, um verschiedenste Aufgaben zu bewältigen – was allgemein ein Handeln in komplexen Kontexten (wie den sozialen) erleichtert.

Das umreißt in etwa das Spektrum der Theorien – die eines gemeinsam haben: den Fokus auf Soziales.

2

Ob es sich um pleistozäne Gesänge, das Grölen von Fußballfans oder die 1893 von Mildred und Patti Hill geschriebene, weltweit erfolgreichste Komposition – *Happy Birthday* – handelt: in Gesellschaft singen selbst noch die tontaubsten Menschen. Die Rolle der Musik bei allen möglichen friedlichen und weniger friedlichen Riten schafft eine Gleichstimmigkeit, die Gruppen und Massen in ihrem Verhalten vereint. Je nach Tempo regt sie Atmung und Blutkreislauf an, synchronisiert Atem- und Herzfrequenz und stabilisiert die Sauerstoffsättigung im Blut. Sie ist dabei ebenso imstande, das Erregungsniveau zu heben und den Herzschlag zu beschleunigen, wie sie auch befriedend wirken kann, einschläfernd. Doch gleich, wie schnell oder langsam: sie prägt insofern, als allein beim Hören eines bestimmten Musikstücks eine Unmenge spezifischer Erinnerungen wachgerufen wird.

Beteiligt daran ist das Hormon Oxytocin, das bei Frauen nach der Geburt den Milchfluss auslöst – sich aber auch auf Reaktionsmuster des Gehirns auswirkt. Bringt ein Schaf ein Lamm zur Welt, wird sein Geruchssinn von diesem Hormon überflutet; dadurch kann es sein Junges am Geruch identifizieren – nicht aber mehr seine früheren Lämmer (was gewährleistet, dass ausschließlich das Neugeborene am Euter säugt). Oxytocin kann also alte Erinnerungen auslöschen und zugleich das Speichern von neuen erleichtern. Es reguliert Stimmungsschwankungen, indem es Glücksgefühle hervorruft, und es wird beim Orgasmus ausgeschüttet – in geringeren Mengen auch bei Trancezuständen oder eben beim Musikhören. Und so wie es Eltern-Kind-Bindungen erleichtert, befördert es generell Paar- und Gruppenbindungen – sodass es gute neurophysiologische Gründe dafür zu geben scheint, warum Liebende gerne zu ›ihrer Musik‹ tanzen, weshalb ein Großteil der Messe gesungen wird und wieso es von jeher Tänze und Gesänge für jeden erdenklichen gesellschaftlichen Anlass gibt. Oxytocin senkt zudem das Aktivierungsniveau in den Mandelkernen, was so gedeutet werden kann, dass es angstreduzierend wirkt.

Bis zur Erfindung der Musikkonserve war das Produzieren und Erleben von Musik nur in einem zwischenmenschlichen Rahmen möglich – was nahelegt, dass Musik (und mit ihr Sprache) ursprünglich als Surrogat für soziale Bindungen gedient haben könnte. Dabei kommt wieder die Kosten-Nutzen-Rechnung von Gruppengrößen mit ins Spiel. Je größer Gruppen sind, desto besser können sie sich gegen Aggressionen von außen verteidigen. Das hat jedoch nicht nur den Nachteil, dass die Nahrungsbeschaffung schwieriger wird und damit das Nomadisieren gezwungenermaßen zunimmt, auch das Aggressionspotential innerhalb der Gruppe wird größer: das zeigt sich bei Primaten sehr deutlich.

Um dem entgegenzuwirken, Allianzen zu formen und die sozialen Bindungen zu stärken, hat sich deshalb herausgebildet, was Anthropologen *grooming* nennen: gegenseitiges Kraulen und Lausen des Fells. Bei den Menschenaffen macht dies zwischen 10 und 20 Prozent der täglichen Aktivitäten aus. Je größer die Gruppe wird, desto mehr Zeit muss dafür aufgewendet werden. Umgerechnet auf den Standardverbund, auf den unser Gehirn ausgelegt scheint – eine Größe von gut 100 Individuen (was zugleich die Durchschnittsgröße der meisten ländlichen Siedlungen auf der Welt ist) –, würde das gegenseitige Betatschen um die 40 Prozent an Zeit und Arbeit verschlingen, was kaum zu leisten ist.

Wie bereits dargelegt, scheint es plausibel, dass sich Sprache als Alternative zu diesem physischen *grooming* entwickelt hat – um es durch jenes Schwatzen, Plauschen oder Über-das-Wetter-Reden zu ersetzen, bei dem es weniger um Informationsaustausch geht, als vielmehr darum, sich gegenseitiger Gewogenheit zu versichern. Der Vorteil des Sprechens besteht ja darin, dass wir es – anders als Lausen – mit mehreren Menschen zugleich tun können. Die Zahl der Beteiligten ist dabei begrenzt: wir sind gemeinhin in der Lage, einer Konversation zwischen vier Personen zu folgen. Kommt eine fünfte oder gar eine sechste in die Runde, beginnt diese sich aufzuspalten – das weiß jeder, der schon einmal mehr als zwei Paare zum Abendessen eingeladen hat. Damit wären wir wieder bei der Zahl 5 als Scheidewert dessen angelangt, was unser Gehirn an unterschiedlichen Signalen umsetzen kann. Automatisch verarbeiten können wir nur Beziehungsketten, Lese- und Zähleinheiten, Gedanken oder Wortklassen, die höchstens aus an einer Hand abzählbaren Elementen bestehen. Alles darüber hinaus bereitet uns unverhältnismäßig mehr Mühe.

Musik ist jedoch in der Lage, dieses Limit zu überschreiten und durch ihr Unisono einen Gruppenzusammenhalt herzustellen. Das zeigt sich in rudimentärer Form schon bei den Gänsen. Wie schaffen sie es etwa, im Schwarm mehr oder weniger gleichzeitig loszufliegen? Indem ihr Schnattern immer lauter wird, bis eine bestimmte Schwelle erreicht ist und sie gemeinsam abheben.

Sprache fußt auf individueller Interaktion, will sie verständlich sein und verstanden werden. Musik hingegen weist zwei Charakteristika auf, die sie für Bindungsrituale innerhalb einer Gruppe – die eher mit Kommunion denn mit Kommunikation zu tun haben – prädestinieren: nämlich klar markierte Tonhöhen und -längen sowie einen ebenso klar markierten Rhythmus. Das eine erlaubt, mehrere Stimmen harmonisch miteinander zu verschmelzen und zusammenklingen zu lassen – das andere synchronisiert Körperbewegungen. Beides zusammen macht erst Singen und Tanzen (und mittelbar die Poesie) möglich.

Es stellt sich aber wieder die Frage nach dem biologischen Nutzwert. Damit die Musik als Evolutionsprodukt gelten kann, muss sie einen adaptiven Wert besitzen, der ein bestimmtes Problem auf effektive Art und Weise löst. Eine Antwort darauf wären unsere ›egoistischen Gene‹, die dennoch der Gruppe bedürfen, um sich fortpflanzen zu können. Die sozialen Bindungen, die Musik herstellen kann, würden die Egozentrik zugunsten der Gemeinschaft zurückdrängen helfen.

Zum anderen kommt eine emotionelle Adaptation ins Spiel. Wir erfahren Emotionen in der Regel als etwas, das uns passiert, das wir kaum kontrollieren können. Musik dagegen kann Emotionen erzeugen und regulieren; sie lässt sie parallel mit Veränderungen in unserem Verhalten und unserer Physiologie entstehen, als Reflexe jener neuronalen Strukturen, die Musik verarbeiten.

3

Schon in der kindlichen Entwicklung zeigt sich die wichtige Rolle der Musik bei der emotionalen Abstimmung der Eltern-Kind-Kommunikation. Von Geburt an ist der – ›mutterisch‹ genannte – Singsang der Babysprache überall auf der Welt wesentlicher Teil elterlicher Zuwendung. Er reguliert das Wohlbefinden des Säuglings (indem er tröstet oder in den Schlaf wiegt) und die Qualität der Interaktion (indem er Aufmerksamkeit erregt und befriedigt). Bezeichnend ist, dass Säuglinge mehr auf das Singen als auf das Sprechen ihrer Eltern achten. Selbst wenn man ihnen den Singsang der Mutter nur am Video vorspielt, interessiert sie das mehr als die Mutter, die daneben steht; sie hängen dann wie hypnotisiert vor dem Bildschirm.

Diese erhöhte Aufmerksamkeit für die emotionale Komponente der Musik belegt, dass sie nicht nur für die Eltern-Kind-Bindung elementar ist, sondern überhaupt für das Überleben. Daher auch dieses instinktive Geschick, mit dem Kinder sie zu identifizieren in der Lage sind. Schon im Alter von drei Jahren zeigen sie die Fähigkeit, ›Fröhlichkeit‹ in der Musik zu identifizieren; mit fünf Jahren unterscheiden sie dann zwischen ›traurig‹ und ›fröhlich‹ anhand von Unterschieden im Tempo (langsam/schnell), und mit sechs Jahren haben sie gelernt, Dur und Moll samt den damit kulturell verbundenen Emotionalitäten zu differenzieren.

Wesentlich für das nun zu entfaltende Argument ist, dass Tonhöhen – auf denen das Mutterisch hauptsächlich basiert – für die kindliche Entwicklung erste Strukturen liefern, die sich für eine vorsprachliche Kommunikation eignen. Und dass sich erst danach im Laufe der Entwicklung ein Gefühl für Rhythmik herausbildet, um als zweite eigenständige Struktur dieses Kommunikationsschema zu komplettieren. Denn wie wir sehen werden, lässt sich die musikalische Seite der Poesie in eben diese beiden Komponenten aufspalten.

Conard, Nicholas J., Maria Malina, & Susanne C. Münzel (2009), »New flutes document the earliest musical tradition in southwestern Germany«. *Nature* 460, August 6, 737–740
Juslin, Patrik N., & John A. Sloboda (eds.) (2001), *Music and Emotion – Theory and Research*, Oxford
Koelsch, Stefan (2010), »Towards a neural basis of music-evoked emotions«. *Trends in Cognitive Sciences* 14.2, (in press)
Mithen, Steve (2005), *The Singing Neanderthals – The Origins of Music, Language, Mind, and Body*, London
Peretz, Isabelle, & Robert Zatorre (eds.) (2010), *The Cognitive Neuroscience of Music*, Oxford

Box 25. Musik, Käsekuchen und Oxytocin oder was Hühner und Menschen gemeinsam haben

Pinkers ›Käsekuchen-Hypothese‹ und die evolutionäre Bedeutung von Musik
Laut dem Sprachpsychologen Steven Pinker ist Musik nicht mehr als ein kultureller, auditiver ›Käsekuchen‹ – eine pseudokommunikative, nichtadaptive Aktivität, die die Sinne kribbeln lässt. Sie spreche damit Kapazitäten an, die als Nebenprodukt anderer evolutionärer Prozesse entstanden, insbesondere der Sprache.

Dagegen führen Wissenschaftler verschiedener Disziplinen wie der bereits erwähnte Neuropsychiater Jaak Panksepp (Box 10) das Argument ins Feld, dass Musik

eine wichtige Zutat im Gesamtrezept der evolutionären Tauglichkeit bilde: sie beför-
dere das männliche Balzverhalten und damit den Fortpflanzungserfolg. Panksepp
vergleicht die neurobiologischen Bindungsprozesse mancher Menschen an Musik
sogar mit jenen, die der Liebe und Hingabe für Mitmenschen zugrunde liegen. Seine
Grundhypothese ist, dass die menschliche Musikfaszination letztlich die uralte Fähigkeit der Säugetierhirne widerspiegelt, basale affektive Laute zu übermitteln und
zu empfangen, die Gefühle erzeugen können, welche wiederum implizite Indikatoren evolutionärer Fitness sind. Musik gründet also auf zwei basalen, allen Säugern
gemeinsamen Eigenschaften: erstens ihrer Fähigkeit zu Interjektionen, den auf
Emotionalem fußenden Lautmalereien (Boxen 20 und 21); zweitens den rhythmischen Bewegungen unseres instinktiv-affektiven motorischen Apparats. Letztere
wurden evolutionär dafür herausgebildet, um anzuzeigen, ob bestimmte Zustände
unser Wohlempfinden eher fördern oder behindern.

In einer Untersuchung an jungen, von ihren Spielkameraden zeitweilig getrennten Hühnern entdeckte Panksepp, dass Musik deren Trennungsrufe reduziert: sie
beruhigt und tröstet also. Weil Trennungsstress durch spezifische neurochemische
Manipulationen mit den Neuropetiden Oxytocin, Prolaktin und anderen Substanzen
gemildert werden kann (Box 10), spekuliert er, dass Musik einem ähnlichen Regelkreis unterliegt. Direkte experimentelle Evidenz zu dieser These steht allerdings
noch aus. Dass die neurokognitiven Wirkmechanismen von Musik jedoch sehr komplexer Art sind, macht das Modell des Musikpsychologen Stefan Koelsch deutlich
(Abb. 58).

Koelschs Modell der neurokognitiven Musikverarbeitung
Bei der Musikwahrnehmung wird die auditorische Information in unterschiedlichen
Bereichen des Gehirns verarbeitet; sie stößt möglicherweise verschiedene körperliche Effekte an, noch bevor die musikalische Wahrnehmung ins Bewusstsein gelangt. In der ersten Phase der *frühen Vorverarbeitung* werden zunächst akustische

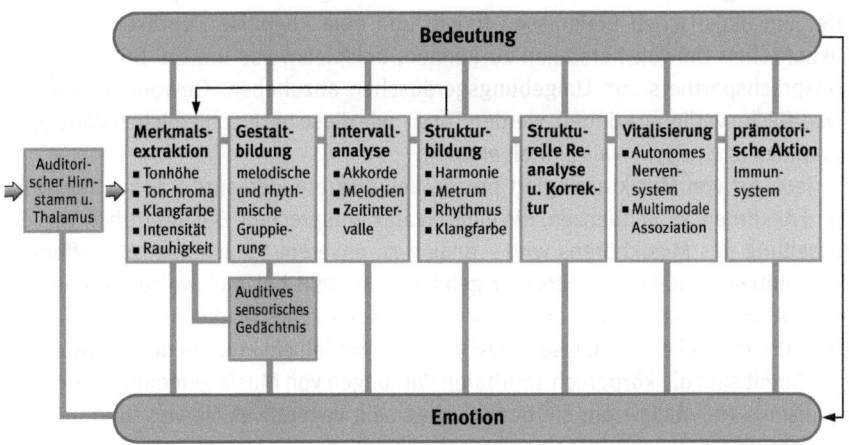

Abb. 58 Neurokognitives Modell der Musikwahrnehmung (nach Koelsch & Siebel, 2005; Erläuterungen im
Text).

Informationen in Form von Schallwellen – Druckschwankungen der Luft – im Innen-ohr in Nervenimpulse umgewandelt. Sie werden dann im auditorischen Hirnstamm (und auch im oberen Olivenkomplex und im unteren Colliculus) weiterverarbeitet, wo die Neuronen schon spezifische Antwortmuster für Tonhöhe, Klangfarbe und Rauhigkeit, Intensität und interaurale Disparitäten aufweisen. Diese Vorverarbei-tung auditorischer Information ermöglicht die Ortung von Gefahren bereits auf der Ebene des Thalamus, der nicht nur mit dem auditorischen Kortex, sondern auch di-rekt mit den emotionalen Schaltkreisen der Amygdala und des Orbitofrontalkortex verbunden ist, die sensorische Informationen evaluieren und ihnen ein affektives Vorzeichen verleihen.

Die spezifische Definition von Tonhöhen, Tonchroma, Klangfarbe, Intensität und Rauhigkeit erfolgt dann in der zweiten Phase im *auditorischen Kortex*. Nach der Extraktion dieser akustischen Eigenschaften erreicht die auditorische Information das auditorische sensorische Gedächtnis und damit eine Verarbeitungsstufe, in der Klanggestalten herausgebildet werden können.

Der Pionier der Psychoakustik und Erfinder der ›auditorischen Szenen-Analyse‹, Albert Bregman, hat eine ganze Reihe von auditorischen Gestaltgesetzen entdeckt, die jenen der visuellen Wahrnehmung entsprechen. Das Gesetz des gemeinsamen Schicksals kommt beispielsweise auch akustisch zum Tragen, wenn in ihrer Intensi-tät variierende Frequenzkomponenten zu einem einzigen Ton oder drei gleichzeitig gespielte Töne zu einem Akkord gruppiert werden. Klanggestalten ergeben sich auch durch Prozesse melodischer und rhythmischer Gruppierung: eine bekannte Tonfolge wird als »Hänschen Klein« wiedererkannt – unabhängig davon, ob sie in Dur oder Moll, in der gewohnten oder in einer veränderten Oktave präsentiert wird. Werden Melodietöne auf einem Cello zeitgleich mit Akkorden auf einem Klavier ge-spielt, hört man die Cellotöne aufgrund ihrer ähnlichen Klangfarbe als Melodie (Ge-setz der Ähnlichkeit). Kreuzen sich zwei Melodielinien – wenn sie etwa auf zwei Flö-ten gespielt werden –, empfindet man die eine Melodielinie als fallend, die andere als aufsteigend (Gesetz der Kontinuität). Im Alltag sind diese Operationen wich-tig, um akustischen Ereignissen folgen und eine kognitive Repräsentation der akustischen Umwelt herstellen zu können, beispielsweise um die Stimme eines Gesprächspartners von Umgebungsgeräuschen abzuheben. Obwohl Details der Oberfläche variieren können, werden Töne – wie diese unterschiedlichen Worttypo-graphien (s. S. 239f.) – als Einheit erkannt.

Jede Art von Musik arrangiert perzeptuell diskrete Elemente – Töne, Intervalle und Akkorde – zu Sequenzen, die einer Syntax entsprechen. Bei der frühen Vorver-arbeitung des Musikhörens wird – analog zu unserem Sprachprozess – offenbar eine initiale syntaktische Struktur gebildet: sie stellt beispielsweise die Relation einer Akkordfunktion zu einem harmonischen Kontext her. An diese Strukturbildung und ihre mögliche Re-Analyse schließt sich im Modell ein Prozess der Vitalisierung an. Damit sind die körperlich spürbaren Wirkungen von Musik gemeint, die den Or-ganismus (re)vitalisieren; sie beeinflussen sein vegetatives Nerven- und Immun-system. Entsprechend lassen sich unterschiedliche Konzentrationen von Immun-globulin A im Speichel von Probanden während der Musikwahrnehmung messen. Schließlich aktiviert Musikperzeption stets auch Prozesse der Handlungsplanung und -ausführung, möglicherweise über das Spiegelzellensystem (Box 1). Rezente Studien zeigten zudem, dass Musikperzeption mit der Handlungsplanung interferiert. Schon das bloße Hören von Klavierstücken kann zu (prä)motorischer Aktivität von Fingerrepräsentationen bei Pianisten führen und zudem die (prä)motorische Aktivität in der Repräsentation des Kehlkopfes auslösen – dies sogar bei Nichtmusikern. Musikalische und nichtmusikalische Informationen werden vermutlich in den multimodalen Assoziationskortizes des Schläfenlappens im Bereich des Brodmann-Areals 7 integriert.

Es leuchtet ein, dass Musik durch gemeinsames Mitwippen, Mitklatschen, Mittanzen, Mitsingen oder auch aggressive Gesten soziale Funktionen erfüllt und Bindungen zwischen Individuen innerhalb und außerhalb einer Gruppe befördert. Dass diese evolutionär vorteilhaften sozialen Aspekte des Musikmachens von positiven Effekten auf das Immunsystem begleitet werden, ist eine Erkenntnis der modernen Musikpsychologie. Diese wichtigen positiven Effekte verweisen auf einen evolutionären Ursprung. Sollten zukünftige Studien das Arbeitsmodell von Koelsch weiter stützen, dürfte die ›Käsekuchen-Hypothese‹ Pinkers als Torte im Gesicht jener landen, die Musik nur für ein evolutionäres Nebenprodukt halten.

Improvisation und Gehirn oder wenn alle Hemmungen fallen
»Spielst du eine falsche Note, ist es der nächste Ton, der es gut oder schlecht macht« – dieser Satz von Miles Davis verweist auf eines der größten Rätsel im Bereich der Musik, die Kunst der Improvisation. Obwohl auch in anderen Musikgenres improvisiert wird, gilt die Jazzmusik als das Nonplusultra dieser Kunst; jeder Musiker, der sich einmal im Improvisieren versucht hat, weiß, dass es dabei um ein komplexes Zusammenspiel von technischen, mnestischen und kreativen Prozessen geht, die man nur schwer erklären und ebenso schwer lernen kann.

Wer sich anhört, wie John Coltrane mit seinem Saxophon über die ersten acht Noten von Miles Davis' »So What« improvisierte, kann sich fragen, wie andere Saxophonisten hier wohl improvisieren würden. Gibt es irgendeine Wissenschaft, die vorhersagen kann, welche Improvisation die bestmögliche wäre? Was unterscheidet Menschen wie John Coltrane mit seiner Improvisationsfertigkeit von anderen Musikern, die diese Kunst weniger beherrschen? Obwohl solche Fragen sicherlich noch lange, wenn nicht ewig, einer Antwort harren dürften, beschäftigt sich auch die moderne Neurowissenschaft mit der Improvisationskunst.

Die Neurowissenschaftler Charles Limb und Allen Braun vom ›National Institute of Health‹ in Bethesda ließen professionelle Jazzpianisten in einem fMRT-Scanner auf Spezialkeyboards zu einfachen Skalen oder einem Jazzstandard improvisieren beziehungsweise einfach die Skalen oder die Melodie nachspielen, um herauszufinden, welche neuronalen Netzwerke aktiviert werden. Im Vergleich zum einfachen Nachspielen fanden sie ein dissoziiertes Hirnaktivierungsmuster im präfrontalen Kortex: extensive Deaktivierung des dorsolateralen präfrontalen Kortex und der lateralen orbitalen Region, aber fokale Aktivierung im medialen präfrontalen Kortex (s. Tafel 11, Farbteil S. 368). Sie spekulieren, dass dieses Muster psychologische Prozesse widerspiegelt, die einem intrinsisch motivierten, reizunabhängigen Verhalten unterliegen. Die Deaktivierung im dorsolateralen präfrontalen Kortex deuten sie als Abwesenheit oder Abschaltung zentraler Steuerungsvorgänge, die ansonsten Selbstmonitoring und Willenssteuerung von laufenden motorischen (und musikalischen) Aktivitäten begleiten. Auch die neokortikalen sensomotorischen Areale wiesen beim Improvisieren eine höhere und breiter verteilte Aktivierung auf als beim Nachspielen, allerdings mit gleichzeitiger Deaktivierung jener limbischen Schaltkreise, die üblicherweise Motivation und Affekt regulieren. Das weist darauf hin, dass das Gehirn die üblichen Kontrollprozesse samt den basalen affektiven Regelkreisen abschalten oder dämpfen kann, um spontan ein kreatives Verhalten entstehen zu lassen. Müssen also beim Improvisieren alle Hemmungen fallen?

Bregman, A. S. (1994). *Auditory Scene Analysis: The Perceptual Organization of Sound*. Cambridge: MIT Press

Koelsch, S., & Siebel, W. A. (2005). »Towards a neural basis of music perception«. *Trends in Cognitive Sciences*, 9 (12), 578–584

Limb, C. J., & Braun, A. R. (2008). »Neural substrates of spontaneous musical performance: An fMRI study of jazz improvisation«. *PloS One*, 3, e1679

S – WIE WIR MUSIK VERSTEHEN

1

Eine Möwe, die vom Aufwind an einem Hügel emporgetragen wird; der Bogen, den ein in die Luft geworfener Ball beschreibt; das Schwingen eines Kindes auf einer Schaukel; oder die Klangkontur tröstender Worte – solch unterschiedliche Assoziationen können ein und dieselbe Musikpassage in uns wachrufen, je nachdem, wer wir sind oder wann wir sie hören. Doch das heißt nicht, dass diese Assoziationen willkürlich wären.

Musik ist nicht, wie hinlänglich behauptet, selbstreferentiell in dem Sinn, dass sie nichts bedeutet und auf nichts verweist. Das kann sie schon deshalb nicht sein, weil unser Gehirn in der Lage ist, für alles Strukturierte stets eine Bedeutung zu konstruieren. Und dazu verweist sie auf intramusikalische Elemente: den Klang eines bestimmten Instruments, eine bestimmte Art von Melodie und Takt, mit denen wir bereits etwas zu verbinden gelernt haben. Besser formuliert wäre deshalb, dass Musik auf präzise kontextuelle oder konkrete Referenzen *verzichten* kann. Sie mag *über* etwas sein, *von* etwas handeln und sprechen: doch dieses *über* und *von* kann je nach Kontext wechseln. So gesehen, besitzt sie eine schwebende Intentionalität. Verankert findet sich diese nicht zuletzt in prä-konzeptuellen Schemata – jenen mentalen Diagrammen, auf die wir eingangs zu sprechen kamen. Der Unterschied zu solchen Schemata wie WEG (A → B) oder KRAFT besteht darin, dass A und B bei der Musik zu bloßen Platzhaltern werden, weil sie uns nur den Vektor dazwischen liefert.

Dass ein und dieselbe Melodie die oben beschriebenen Vorstellungen wachzurufen imstande ist, liegt an den sensomotorischen Wahrnehmungskategorien, mit denen wir letztlich alles auf unseren Körper und sein Umfeld zurückbinden. Schon dass wir einen Ton ›hoch‹ oder ›tief‹ nennen (obwohl seine Amplituden nur ›enger‹ oder ›weiter‹ auseinanderliegen), rührt daher, dass wir ihn entweder mit Kopfstimme oder unten im Zwerchfell produzieren. Der Grund dafür ist im bereits skizzierten Prinzip von Synästhesie und Synkinesie zu sehen. Ähnliches gilt für Töne, die wir ›laut‹ und ›leise‹ nennen – um sie dadurch mit Nähe und Ferne in Verbindung zu bringen.

Eine Kombination aus diesen Einzelelementen verhilft uns zu jenem dreidimensionalen Koordinatensystem, das uns den statischen Klang, der Musik ist, als Bewegung im Raum erfahren lässt, gewissermaßen in Dolby Surround. Als reine Frequenzwelle macht sie uns damit die Trajektorie eines Körpers vorstellbar: die einer Möwe oder eines Balls. Die vorsprachliche Proto-semie der Musik bedingt so die Poly-semie ihrer Bedeutungen. Wenn wir eine Melodie dem Flug einer Möwe, der Wurfbahn eines Balls, dem Schwung einer Schaukel oder dem Intonationsbogen einer Stimme zuordnen, dann aufgrund eines Schemas, das sich folgendermaßen repräsentieren ließe: ⌣. Der Umstand, dass ein solcher Vektor auf vieles übertragbar ist, macht die Musik so vieldeutig – ohne dass sie dabei sinnfrei wäre.

Experimente haben jüngst gezeigt, dass wir noch kürzeste akustische Signale mit emotionaler Bedeutung unterlegen. Selbst wenn Musik in Schnipseln von nur einer Zehntelsekunde präsentiert wird, sind Probanden in der Lage, Stücke und Stimmungen zu erkennen. Dies gelingt ihnen sogar dann, wenn man diese Schnipsel so durcheinanderwürfelt, dass bei dieser kaleidoskopartigen Kakophonie weder Melodie noch Rhythmus oder Harmonie mehr erhalten bleiben.

Eine Symphonie besteht letztlich aus solchen Mini-Schemata, die wie Silben zu Worten und dann zu einer Syntax von ›Sätzen‹ komponiert werden. Dass wir ein Klangwerk aber *Pastorale* nennen oder der Geschichte von *Peter und dem Wolf* folgen können, beruht darauf, dass wir in solchen Schemata – ja in ihrer ganzen formularischen Syntax – genügend Imitatives finden, um diese Titel zu rechtfertigen. Und dies, obwohl es stets nur Folgen von artifiziellen Tönen sind, die mit der akustischen Komplexität eines Schafbähens oder des Windes wenig gemein haben. Trotzdem genügen sie, um ganze Bildszenarien im Kopf freizusetzen.

Dies liegt zu einem an unserer Kognition, die alles rund um uns in ähnlich strukturierte Schemata zerlegt. Zum anderen hat dies mit unserem episodischen Gedächtnis zu tun: es assoziiert permanent unterschiedlichste Sinneseindrücke miteinander – Musik etwa mit der Situation, in der wir sie zum ersten Mal gehört haben. Was man gemeinhin das ›Schatz, sie spielen unser Lied‹-Phänomen nennt.

Konzeptionalisiert werden diese vektoriellen Strukturen, indem sie unterschiedlichste Assoziationen an sich binden: erst so erhalten sie ihren Sinngehalt, in dem sich Affekte, Emotionen und unser Wissen um die Welt zu einem komplexen Ganzen verknüpfen. Dabei ordnen wir sie, Gestaltprinzipien folgend, in eine kognitive Syntax ein. Das bezieht auch die linguistische Ebene mit ein, über die diese abstrakten Schemata semantisiert werden.

Demonstrieren lässt sich dies durch Experimente, die belegen, dass unsere

Wahrnehmung wirklich auf solchen Schemata aufbaut. Spielt man am Ende einer leichten, auf einen Schlussakkord zusteuernden Melodie statt dem harmonisch richtigen Akkord einen disharmonischen, verrät ein EEG diese Irritation mit einem Ausschlag der Hirnstromwellen. Das Gehirn braucht genauso lange wie beim Lesen und Schauen, um diese Verletzung einer kognitiven Syntax zu registrieren: 100 bis 200 Millisekunden nämlich. Ein konventioneller Akkord hingegen ruft keine auffällige Reaktion hervor.

Verletzungen semantischer Konventionen werden ähnlich registriert. Spielt man Testpersonen einen Ausschnitt aus Schönbergs Streicherzett vor (in dem der Komponist versucht, die Stiche eines Herzanfalls musikalisch umzusetzen), um ihnen anschließend am Bildschirm das Wort ›Nadel‹ zu präsentieren, zeigt das EEG keine auffälligen Reaktionen. Hören sie jedoch den ›Tanz der sieben Schleier‹ aus Strauss' *Salome* (ein Ausschnitt, in dem die Akkorde ein weites Tonspektrum umfassen), und wird ihnen anschließend das Wort ›Enge‹ präsentiert, schlägt das EEG 400 Millisekunden später deutlich aus. Es ist dies dieselbe Amplitude, die sich auch bei Sprachtests ergibt, in denen eine semantische Verletzung wie etwa ›er bestrich sein Brot mit warmen Socken‹ kognitive Irritationen auslöst.

2

Dass sich Strukturen aus einem Bereich der Sinneswahrnehmung auf einen anderen übertragen lassen, hat damit zu tun, dass optische wie akustische Impulse auf ähnliche Weise rezipiert werden. Dies liegt an der Ökonomie unseres Gehirns. Da das akustische Spektrum so breit wie das visuelle ist, müssen die Sinnesorgane ihre Signale zunächst strukturieren – und dabei auch Intervalle ausdifferenzieren. Erst danach kann man von ›Klangfiguren‹ auf der einen und von ›Farbenfiguren‹ auf der andern Seite sprechen. Bei beiden findet sich die ins Unendliche gehende Bandbreite von Geräuschen und visuellen Signalen grob reduziert auf für uns bearbeitbare Abstufungen. Für beide Wahrnehmungsbereiche gelten dieselben Beschränkungen: nämlich die begrenzte Speicherkapazität unseres Gehirns und seine Verarbeitungszeit. Warum sind wir dennoch in der Lage, Tausende von Melodien wiederzuerkennen? Selbst eine einzelne aus Chopins *Préludes* überschreitet mit der Anzahl ihrer Tonintervalle bei weitem unsere bescheidenen Möglichkeiten. Die Antwort darauf ist das Prinzip der Gestalt.

Die Wahrnehmungspsychologie zeigt, dass wir beim Sehen ein Reizmuster von Punkten als Linie und nebeneinanderliegende Dinge als zusammengehörig begreifen. Analog zu diesen Gestaltprinzipien ordnen wir auch Töne an; da sie kein räumliches Phänomen darstellen, tun wir dies eben nach dem Kriterium von Zeit:

1. Wir ordnen akustische Signale, die ähnliche physikalische Charakteristika besitzen (Timbre; Tonlage; Intensität; Klang- und Pausendauer) oder zeitlich unmittelbar aufeinander folgen, grundsätzlich zu einer Einheit an. Wechselt einer dieser Parameter, bricht die Sequenz ab – und ein neues Wahrnehmungssegment beginnt.
2. Wir verarbeiten reguläre Sequenzen besser als irreguläre – und halten Tonintervalle selbst dann noch für regelmäßig (innerhalb eines gewissen Toleranzbereichs von ca. 10 Prozent), wenn sie es streng genommen nicht sind.
3. Wir suchen auch nach repetitiven Mustern, um durch sie Klangereignisse vorherzusagen und damit besser fassen zu können. Das heißt, wir sind beim Hören von Musik dazu prädisponiert, rekurrierende Impulse zu entdecken, die uns das nötige Schema für eine Einteilung liefern: indem wir beispielsweise mit dem Fuß wippen, um den Takt eines Musikstücks zu identifizieren.
4. Wir verarbeiten Signale am besten, wenn sie in einem mittleren Tempo daherkommen: das heißt, wenn die Töne etwa alle 600 Ms wechseln.
5. Wir tendieren dazu, Zeitintervalle 2-mal so kurz oder lang wie die vorhergehenden Intervalle zu hören; Rhythmen, die ein Verhältnis von 1:2 aufweisen, sind deshalb für uns deutlich einfacher zu reproduzieren als Rhythmen mit der Ratio 1:3.

Mittels dieser Gestaltprinzipien entwerfen wir eine musikalische Syntax, die jener der Sprache übergeordnet ist – auch deshalb, weil Musik von größeren neuronalen Netzwerken verarbeitet wird als Sprache, für die spezialisiertere Areale zuständig sind. Das hat zweierlei zur Folge: wir verstehen Tonfolgen wie gesprochene Sätze – nehmen Sätze aber auch umgekehrt als Tonfolgen wahr. Beschrieben ist damit jene Prosodie (wörtlich: ›Gesang des geradeheraus Gesagten‹), die bei der Poesie besonders zum Tragen kommt.

Wie die Musik ist auch die Dichtung ein Ereignis, das in der Zeit abläuft und mit unseren Erwartungen spielt. Die korrekte Vorhersage der unmittelbaren Zukunft war für unsere Vorfahren überlebenswichtig, weshalb der Mensch einen regelrechten ›Zukunftssinn‹ entwickelte. Musik und Poesie schaffen dafür einen gefahrenfreien Raum, in dem wir ihn spielerisch schärfen können. Trifft die Vorhersage ein, wird unser Gehirn mit Dopamin belohnt. Wird allerdings jede Erwartung erfüllt, langweilen wir uns.

3

Will man ›Zorn‹ ausdrücken, zieht man eine laute Prosodie mit schnellem Tempo und einem Legato in der Artikulation vor; für ›Traurigkeit‹ sind ein langsames Tempo und geringere Lautstärke samt demselben artikulierenden Legato angebracht; der Eindruck von ›Fröhlichkeit‹ wird durch schnelles Tempo, hohe Lautstärke und ein Stakkato in der Artikulation erweckt – während dasselbe Stakkato bei langsamerem Tempo und geringerer Lautstärke ein Gefühl von ›Furcht‹ hervorrufen kann.

Verantwortlich dafür ist wiederum die kognitive Syntax von vektoriellen Schemata, die unser Gehirn erstellt. Obwohl sie sich sprachlich nur sehr ungenau fassen lassen, kann man aufgrund vergleichender Studien zur Rezeption von Musik dafür sogar eine rudimentäre emotionale Grammatik entwerfen, die teilweise auf evolutionspsychologischen Universalien zu basieren scheint. Entscheidend für uns ist, dass sich dies auch auf die Prosodie der Poesie übertragen lässt. Sie erweitert die Proto-Semantik einzelner Vokale und Konsonanten – wie wir sie zuvor aufzeigten – zu jener Proto-Syntax des Vortrags, die wir beim Hören eines Gedichts erleben.

Was grundsätzlich auf Tonhöhe und Rhythmus basiert, findet so in der Intonation zusammen. Die Intonation ermöglicht uns jene Interpretationsbreite, die wir erfahren, wenn ein und dasselbe Gedicht von verschiedenen Sprechern vorgetragen wird – oder je nach Stimmung und Abend vom Autor: einmal lauter, einmal leiser, einmal singender, dann wieder gebrochen.

Lautstärke: ›Laut‹ wird mit Intensität, Kraft, Spannung, Zorn und Freude assoziiert, ›leise‹ mit Weichheit, Zärtlichkeit, Traurigkeit, Feierlichkeit und Furcht. Große Unterschiede in der Lautstärke erwecken eher Furcht, kleine dagegen die Vorstellung von Freude und Aktivität. Schnelle Lautstärkewechsel werden mit Begriffen wie ›spielerisch‹ oder ›bettelnd‹ beschrieben, wenige oder gar keine werden hingegen mit Traurigkeit, Frieden und Würde verbunden.

Tonhöhe: Hohe Töne signalisieren Fröhlichkeit, Grazie, Heiterkeit, Träumerisches, Erregendes und Femininität – sowie Überraschung, Potenz, Zorn, Furcht und Aktivität, tiefe Töne dagegen Traurigkeit, Würde, Feierlichkeit, Maskulinität – sowie Langeweile oder Wohlgefallen. Große Variationen in der Tonhöhe suggerieren Fröhliches, Angenehmes, Aktivität und Überraschung, kleine Variationen in der Tonhöhe hingegen Ekel, Abscheu, Ärger, Furcht und Langeweile.

Melodie: Große melodische Ausdrucksbreite wird mit Freude, Sprunghaftigkeit und Launenhaftigkeit, aber auch Unbehagen und Unruhe assoziiert, geringe Ausdrucksbreite dagegen mit Getragenheit, Traurigkeit, Würde, Sentimentalität, Ruhe, Triumph beschrieben.

Melodiekontur: Eine aufsteigende Melodiekontur (wie die Poesie sie durch Jamben und Anapäste vermittelt) hat etwas mit expressiver Emotion zu tun – und kann aktiv, behauptend, bejahend, aggressiv oder protestierend wirken. Eine in ihrer Lautkontur fallende Prosodie jedoch (wie sie die Poesie durch Trochäen und Daktylen ausdrücken kann) macht eher den Eindruck introvertierter, Emotionales verarbeitender Stimmung: je nach Kontext wirkt sie beruhigend, nachgebend, passiv, ein- und zustimmend, willkommen heißend, akzeptierend und ausdauernd – aber auch traurig, langweilig oder angenehm.

Rhythmus: Regelmäßiger Rhythmus drückt eher Fröhlichkeit, Würde, Frieden und Majestätisches aus, unregelmäßiger Rhythmus Amüsement, Unruhe, Furcht und Zorn und variierender Rhythmus Freude. Streng betonte Rhythmen markieren Traurigkeit, Würde und Männlichkeit, weich fließende hingegen Glück und Fröhlichkeit, Grazie, Träumerisches und Heiteres.

Juslin, Patrik, & John A. Sloboda (eds.) (2001), *Music and Emotion – Theory and Research,* Oxford
Peretz, Isabelle, & Robert Zatorre (eds.) (2010), *The Cognitive Neuroscience of Music,* Oxford
Spitzer, Manfred (2002), *Musik im Kopf – Hören, Musizieren, Verstehen und Erleben im neuronalen Netzwerk,* Stuttgart

T – TONHÖHEN UND PROSODIE

1

Wie identifizieren wir Tonhöhen? Und weshalb hören wir beim *Bolero* immer wieder dieselbe Melodie, obwohl die Instrumente wechseln – und folglich jedes Mal vollkommen andere akustische Signale unser Ohr erreichen? Allgemeiner formuliert: Warum erscheint uns die Umwelt stabil, trotz der hohen Variationsbreite von Inputs, die unsere Sinne rezipieren?

Tonhöhen entstehen, indem etwas periodisch vibriert: die Luftsäule in einer Flöte oder die Stimmbänder im Kehlkopf (im Gegensatz zum Wind oder zu fließendem Wasser, die nur aperiodische Geräusche verursachen). Identifiziert werden sie über die Grundfrequenz eines Tons – und das paradoxerweise selbst dann, wenn diese Schwingungsfrequenz bei dem, was wir hören, fehlt. Wie Pythagoras schon wusste: wenn man eine Saite zum Klingen bringt, vibriert sie nicht nur ihrer ganzen Länge nach, sondern auch ihre Hälften und so fort – wobei jede dieser Vibrationen wiederum ihre eigenen harmonischen Frequenzen erzeugt. Dennoch nehmen wir stets nur die tiefste Frequenz als Tonhöhe wahr – selbst wenn wir sie gar nicht hören. Das Telefon ist ein gutes Beispiel dafür: die meisten Leitungen beschneiden nämlich den unteren Frequenzbereich, was einen blechernen Klang zur Folge hat. Trotzdem verändert sich die wahrgenommene Tonhöhe dadurch nicht: eine männliche Stimme klingt deswegen noch nicht wie Mickey Maus. Das haben wir unserem Gehirn zu verdanken, das die fehlende Grundfrequenz interpoliert und dadurch erst die Tonhöhe konfiguriert.

Am auditorischen Kortex von Seidenäffchen zeigt sich, dass dieser jedes Mal gleich auf unterschiedlichste Frequenzen anspricht, solange sie nur dieselbe fundamentale Tonhöhe besitzen. Ein Neuron, das bei 200 Hertz aktiviert wird, reagiert auch auf eine Kombination von 800, 1000 und 1200 Hertz – da sie die vielfache Frequenz dieses Grundtons bilden. Dies ist umso ungewöhnlicher, als Neuronen sonst generell nur auf äußerst spezifische Frequenzbereiche ansprechen. Hier aber leiten sie eine abstrakte Eigenschaft – Tonhöhe – über verwandte (jedoch nicht identische) Eigenschaften ab. Dank solcher Neuronen sind wir in der Lage, einer Melodie trotz wechselnder Instrumente zu folgen.

Wozu aber benötigen die Seidenäffchen (und damit auch wir) ein solches

System? Periodische Klänge sind in der Natur selten; sie werden fast ausschließlich von Tieren produziert. Damit sind Tonhöhen ein probates Mittel, um diese Art von Lauten von bloßem Hintergrundrauschen der Umwelt abzuheben – und damit die Wahrnehmung zu fokussieren. Darüber hinaus setzen die Seidenäffchen (wie auch wir) ihre Stimme gern und oft ein – was vermuten lässt, dass die Evolution von auf Tonhöhen ansprechenden Neuronen zentral für die Kommunikation war. Auf uns umgelegt, bedeutet dies, dass die Fähigkeit zur Identifizierung von Tonhöhen für die Herausbildung von Sprache und Musik von grundlegender Bedeutung ist. Studien belegen, dass diese lateral zum primären auditorischen Kortex befindliche Region bei uns ihre ursprüngliche Funktionsweise beibehalten hat.

Warum aber lässt sich das Verhältnis von Ober- zu Grundtönen mit mathematischen Zahlen angegeben? Weil die Evolution in unserem Innenohr die Fähigkeit zum Empfinden von Harmonie und Disharmonie entwickelt hat: je näher Schallfrequenzen beieinanderliegen, in desto enger benachbarten Bereichen werden sie von unserer Hörschnecke rezipiert. Dadurch kommt es innerhalb einer kritischen Bandbreite jedoch zu störenden Interferenzen zwischen den Schall verarbeitenden Haarzellen: halbtonweit auseinanderliegende Töne empfinden wir deshalb als disharmonisch – anders als bei den Tonabständen des Pythagoras, die sich von der Spiralstruktur der Hörschnecke ableiten lassen.

Das führt dazu, dass Quinten und Quarten mit ihren Frequenzintervallen von 3:2 und 4:3 kulturübergreifend leichter zu identifizieren sind als beispielsweise solche im Verhältnis 45:32. Tritt ein solcher Tritonus dominant auf, wirkt er zumeist dissonant; deshalb wurde er im Mittelalter ›der Teufel in der Musik‹ genannt. Die Universalität der Wahrnehmung spiegelt sich nicht unbedingt auch in einer Universalität der Musik wider: je nach kulturellem Kontext – auf dem Balkan oder in Indonesien – kann Musik auch gezielt Disharmonien erzeugen. Was man als schön empfindet, ist eine Frage der Gewöhnung, über die nicht die Physiologie der Hörschnecke, sondern letztlich das plastisch lernende Gehirn entscheidet.

Auf einer dritten Ebene aber kommt noch ein universell geltendes musikalisches Strukturprinzip zum Tragen: überall auf der Welt werden Oktaven in 5 bis 7 Tonintervalle unterteilt – was an den bereits skizzierten kognitiven Beschränkungen unseres Arbeitsspeichers, des Kurzzeitgedächtnisses, liegt. Die auf Guido d'Arezzo zurückgehende älteste Notationsform von Tönen basierte auf der Anzahl der Vokale. »Nehmen wir die fünf Vokale«, schrieb er; »so wie sie den Schönklang der Worte bewirken, bringen sie auch Harmonie in die Klänge: Alles, was gesprochen wird, lässt sich auch vertonen.« Er erweiterte dieses System später auf *ut-re-mi-fa-sol-la-si-do*; uns demonstriert er damit aber die musikalische Eindrücklichkeit der Lautpoesie, die jedem Vokal einen eigenen Ton abgewinnt.

2

Kulturunabhängig ist ebenfalls, dass bereits bei Kleinkindern die Wahrnehmung von Frequenzen, Intervallen und Timbres besser ausgebildet ist, als es zum Hören von Musik nötig wäre. Sie sind in der Lage, Tonsequenzen entsprechend den Kriterien von Tonhöhe, Lautstärke und Klangfarbe zu gruppieren. Sie erkennen sogar Melodien wieder, die höher oder tiefer transponiert wurden, solange die relativen Tonabstände bewahrt werden; das Gleiche gilt, wenn man sie langsamer oder schneller spielt – selbst dann noch, wenn man dazwischen störende Töne einbaut. Ihr Gehör ist auf Melodiekonturen bestens vorbereitet – sie erkennen die Grundstruktur einer Tonfolge, gleich wie viele Triller und Variationen dazwischen eingeschoben werden, und unabhängig davon, in welcher Fassung wir sie hören. Das Erste, worauf Säuglinge also ansprechen, sind Tonhöhen.

Über diese Sprachmelodien lernen Kinder zu sprechen. Benützen wir ihnen gegenüber ein neues Wort, akzentuieren wir es mit einem besonders hohen Ton und plazieren es am Satzende. So sind sie in der Lage, nicht nur neues Vokabular zu identifizieren, sondern auch über die gesetzten Pausen ein Gefühl für Syntax zu entwickeln: die Pausen markieren in der Regel ja den Beginn und das Ende von Satzteilen.

Überall auf der Welt reagieren Säuglinge weit intensiver, wenn man ihnen etwas vorsingt, als wenn man nur zu ihnen spricht – selbst wenn die Stimme ihnen unbekannt ist und jedwede expressive Gestik dabei fehlt. Deswegen setzen wir, sobald wir mit ihnen sprechen, instinktiv einen Ganzton höher an: beim Singen sind es sogar 3 bis 4 Halbtöne. Das gilt ebenfalls kulturübergreifend; und selbst dann, wenn Eltern ihrem Kind ein und dasselbe Lied nach einer Woche Pause wieder vorsingen, bleiben Tonhöhe und Tempo praktisch dieselben.

In diesem ›Mutterisch‹ gibt es grundsätzlich zwei Intonationskurven. Zu einem Erwachsenen würden wir sagen: ›das ist ein Ball‹; zu einem Kind jedoch sagen wir: ›SchauuUU? Siehst – du – den – BaaAALL??‹ Das abgesetzte Tempo mit der Intonationskurve nach oben beim ausgestellten Wort markiert eine Frage. Die andere Intonationskurve hingegen ergibt sich durch eine kurze, abgehackte Intonation ohne jeden Unterschied in den Tonhöhen: ›Nein! – Nein! – Ich habe – Nein! – gesagt!‹.

Auf diese beiden Betonungsarten lässt sich letztlich auch die Poesie reduzieren: sie markiert ihre Tempi deutlich durch Pausen. Und sie folgt wohl meist nach oben gehenden Intonationskurven, um ihre Worte in den Raum zu rücken. Nur im Ausnahmefall greift sie ein monotones Stakkato auf: wie etwa beim Expressionisten Stramm, beim früh verstorbenen Thomas Kling oder bei Michael Lentz. Im einen Fall ist die Dichtung eher als Aussage zu werten, die fragend nach Publikum verlangt, einem Echo, einer Antwort; im anderen Fall eine Deklaration, die zwischen Selbstbehauptung und Verneinung oszilliert.

3

Tonhöhen charakterisieren wesentlich die poetische Prosodie, mit der Sprache in Musik transponiert wird. Ob der melodische Singsang der Dichtung oder jener der Babysprache: bei beidem verwenden wir höhere Töne, eine größere Variationsbreite zwischen ihnen, lange, oft überartikulierte Vokale und Pausen, kürzere Sätze und ein größeres Maß an Wiederholung als in der Umgangssprache.

Als Strukturprinzip, das nur auf Tonintervallen basiert – egal von welchem Grundton aus –, genügt dies, um kommunizieren zu können und erste emotionale Gehalte zu vermitteln. Wir müssen dabei gar nicht zwischen mehreren Tonhöhen unterscheiden können, wie es etwa das Chinesische verlangt. Im Grunde reichen schon zwei verschiedene Tonhöhen. Stellen wir uns vor, wir besäßen eine Sprache, die nur zwei Worte hat: ›Tip‹ und ›Top‹. Alles, was rund um uns hoch, spitz, lang oder leicht ist, würden wir mit ›Tip‹ bezeichnen; alles was tief, rund, kurz oder schwer ist, mit ›Top‹. Mit diesen zwei Worten wären wir schon in der Lage, die meisten Dinge rund um uns zu benennen – und durch ihre Kombinationen auch schon zu differenzieren: ›Tip-Tip‹ wäre eine mögliche Steigerungsform; ›Tip-Top‹ etwas, das sich nicht genau einordnen lässt; ›Tiptip-Top‹ etwas, das mehr zu einer Klasse als zur anderen gehört.[18]

18 Ein solches Sprachsystem existiert – in der *Silbo Gomero* genannten Pfeifsprache der Hirten auf La Gomera, die damit über schwieriges Terrain hinweg miteinander kommunizieren. Es reduziert das phonemische Inventar des Spanischen auf zwei kontrastierende Vokale und vier Konsonanten und kodiert damit das gesamte Vokabular in Pfeiftöne um, die zum einen nach Tonhöhen variieren (hoch und tief), zum anderen in ihrer Melodiekontur, die entweder kontinuierlich oder unterbrochen werden kann. Die Ambiguitäten, die sich dabei notgedrungen ergeben, werden in der Praxis durch Repetition und Kontext der relativ einfachen und kurzen Botschaften ausgeglichen.

Neurologisch interessant dabei ist, dass die Regionen im linken Schläfenlappen, die sonst Sprache prozessieren, auf solche Signale reagieren, obwohl man es nur mit Tonhöhen und Sprachsurrogaten zu tun hat. Andererseits intensivieren sich bei diesen Silbadores auch die Aktivitäten im rechten temporalen Lappen, der nicht nur auf

Die Zuordnung von ›Tip‹ zu spitz und ›Top‹ zu rund war dabei alles andere als willkürlich – die dahinter steckenden onomatopoetischen, synästhetischen und synkinetischen Prinzipien haben wir bereits dargelegt. Durch sie kommen nun auch emotionelle Gehalte ins Spiel. Denn über kurz oder lang hätten wir uns in dieser imaginären Gesprächssituation darauf geeinigt, dass ›Tip‹ Positives, ›Top‹ hingegen Negatives bedeutet. Ähnlich wie ein nach oben gedrehter Daumen Zustimmung signalisiert (und das Gegenteil Ablehnung), scheinen höher liegende Laute tendenziell Gutes zu verheißen (tiefer liegende jedoch eher Schlechtes, Bedrohliches). Die Vokale, mit denen wir Zustimmung signalisieren – ›Ja‹, *Yes*, *Oui*, *Si* – liegen deshalb alle relativ höher als bei ihrem Pendant: ›Nein‹, *No, Non, No*.

Woher dies evolutionspsychologisch rührt, ist fraglich. Vielleicht daher, dass sich unsere instinktiven Fluchtreaktionen immer nach oben richten, hinauf auf den Baum unserer Urgeschichte. Oder daher, dass die Stimmlage uns bedrohender Tiere tiefer liegt, weil sie meist massiver sind als wir und ihr Resonanzraum dementsprechend größer ist – während alle Warnsignale im Tierreich, aber auch Rauchmelder und Polizeisirenen hohe Töne benützen, da sie weiter tragen als tiefe.

4

Mindestens ebenso zwingend scheint der Schluss, dass hohe Töne deshalb vorrangig positiv konnotiert sind, weil wir durch unsere Kindheit höher gelagerte Sprachmelodik mit mütterlicher Zuwendung in Verbindung bringen. Was bei Wiegenliedern mit Streicheleinheiten versehen wird, lädt auch den alltäglichen Singsang emotionell auf, indem er stets von Gesten, Augen- und vor allem Körperkontakt begleitet wird. Oder anders gesagt: diese spezielle Art der Prosodie wird zum Träger taktiler, kinästhetischer und visueller Information, die wir als unsere allerersten Gefühle erleben.[19]

Es ist die sanfteste denkbare Art der Konditionierung, bei der Musikalisches

wechselnde Tonhöhen und komplexe Klänge reagiert, sondern auch an der Verarbeitung syntaktischer Muster und ihrer Rhythmik beteiligt ist. Was für unsere späteren Ausführungen insofern interessant ist, als sich dabei zeigt, dass sowohl die Zentren, die Tönhöhen prozessieren, wie jene, die Rhythmus verarbeiten, sich in ihrer Aktivität mit den Sprachzentren überlappen.

19 Zusätzlich zur Breite eines emotionellen Repertoires, das wir zunächst nur über das Intonationsspektrum begreifen, kommt auch noch ein didaktischer Aspekt hinzu: Musik als Medium klassischer Pawlowscher Prägung befördert die mentale Entwicklung, indem sie kognitive Fähigkeiten (beim Entschlüsseln von Tonfolgen ebenso wie beim Synchronisieren mit Signalen anderer Sinnesorgane) und auch soziale Kompetenz antrainiert (beim Erkennen von emotionellen Stimmungen).

sich mit Emotionellem vereint. Die Augen beständig auf das Kind gerichtet, berührt die Mutter seine Hände, sein Gesicht und seinen Körper; sie verfällt in die Rhythmik des Wiegens und hält es dabei eng umarmt, dass sich nichts zwischen beide schieben kann. Mit ihrem gleitenden Singsang und dem stetigen Wiederholen weicher kurzer Phrasen in ruhigem Takt lässt sie ihrem Säugling jedoch genug Platz, damit er mit seinem Brabbeln und Babbeln, seinem Lachen und der Gestik seiner Hände und seines Körpers mit einstimmen kann – und jede seiner Regungen ruft wiederum bei der Mutter eine Reaktion hervor. Es ist eine komplexe Choreographie von fast tänzerischen Bewegungen, Gesängen und Sprachmelodien.

Diesen Prägungen ist es zu verdanken, dass reine Musik – also vom Stimmlichen abgelöster Klang –, Lieder oder Poesie diese emotionale Intensität wieder wachzurufen imstande sind: als wäre Musik im Grunde nichts als eine akustische Simulation des Kontakts mit unserer Mutter. Dies würde auch das Paradox erklären, weshalb sie alle auch Gefühle von Traurigkeit transportieren können, ohne unangenehm zu wirken – denn selbst Traurigkeit evoziert noch das Tröstliche des Mutter-Kind-Kontaktes. Das emotionale Spektrum, das ein Elternteil seinem Kind mitteilt, ist ja nicht nur rosarot und bloß auf kindliche Bedürfnisse ausgerichtet. Eltern singen auch, um ihren eigenen, nicht immer positiven Gefühlen Ausdruck zu verleihen: Wiegenlieder sind oft genug auch Klagelieder.

Prosodische Konturen manipulieren also – nach dem Motto ›die Melodie ist die Botschaft‹ – Emotionen. Tröstet man ein Kind, benützt man tiefere Töne und fallende melodische Bögen. Will man seine Aufmerksamkeit erregen und eine Reaktion stimulieren, gehen die Intonationsbögen nach oben. Will man, dass der Blick eines Kindes auf einem haftenbleibt, wird der melodische Bogen eher eine glockenförmige Kontur annehmen. Warnt man es dagegen, nimmt die Prosodie eher den Charakter von Warnsignalen an, wie man sie auch bei Primaten findet: ein Stakkato von kurzen Tönen mit steil nach oben gehenden Konturen. Damit haben wir aber nicht nur eine erste prosodische Grammatik des Emotionalen erlernt – sondern *in nuce* auch schon die Grundformen der poetischen Metrik: das Aufsteigen des Jambus, das Fallen des Trochäus und die ausgeglichene Rhythmik eines Amphibrachus oder Kretikus.

5

Die Ursprünge der Poesie sind überall auf der Welt mit Musik und Tanz verwoben – und dadurch mit einer nach Tonhöhen unterscheidenden Prosodie, die letztlich auf das Mutterische zurückgeht. Ob im vedischen Sanskrit, in der litauischen oder russischen Tradition, bei den alten Griechen und Römern oder in der Dichtung in Afrika und Indonesien heute – Tonhöhen gehören wesentlich zu ihrem musikalischen Repertoire und stellen bei einer der ältesten Dichtungen der Welt, der chinesischen, überhaupt das charakteristischste Merkmal dar. Erst durch die Änderung der Stimmhaltung und die akzentuierte Intonation setzt sich poetische Diktion ja von der Alltagssprache ab.

Was wir Lyrik nennen, waren einmal Liedtexte. Sie wurden von einer Lyra oder Kithara begleitet und zu einem *nomos* – einem dem indischen *râga* vergleichbaren Modus – gesungen, um zugleich auch in Tänze integriert zu werden. Als in der hellenistischen Zeit Griechisch zur *lingua franca* des Mittelmeers wurde, markierten die Philologen in Alexandria die singende Sprachmelodie der Lyrik durch Akzente, um sie für Nicht-Muttersprachler nachahmbar zu machen. Ein Akut [´] – *oxu*, ›hoch‹ – zeigte an, dass der Ton um eine Quinte oder eine große Terz hinaufging, der Gravis [`], dass er hinabfiel. Ein Zirkumflex [~] über einem langen Vokal verdeutlichte, dass die Stimme erst hochging, etwas oben blieb, um dann – *perispomene*, ›umdrehen‹ – wieder auf den Grundton zu fallen: wie eine Triole von A nach F oder E, in Sechzehntel-Noten, Adagio.

Das war nur eines von drei miteinander verbundenen Tonsystemen, die die antike Dichtung zu einem polyphonen Musikereignis werden ließen. Das zweite System unterschied nach langen und kurzen Vokalen (*o-mikron* und *o-mega* etwa, dem ›kleinen‹ und dem ›großen‹ O): lange Vokale entsprachen musikalisch etwa Viertelnoten, die kurzen den Achtelnoten. Die Melodie ergab sich so aus dem Text. Damit allein hätte sie jedoch wie ein getragener gregorianischer Choral geklungen, mit den Melismen seiner Tonverzierungen über den Silben. Was die Lyrik auch tanzbar machte, war das dritte System: der Iktus – der ›Schlag‹ eines Rhapsodenstabs –, der einen Takt angab. Dieser Taktschlag ging jedoch nicht mit den ersten beiden System synchron: die antike Lyrik kannte kein metronomisches Leiern, weil der Iktus synkopiert – versetzt – wurde. Ähnlich wie beim Jazz ergab sich so eine Dynamik, die die Melodie gleichsam schwebend machte, ohne dass zwei Verse gleich klangen. Das zeigt bereits der Anfang der *Ilias*: bei den ersten drei Worten – *menin aeide thea* – ging die Prosodie beim ›a‹ hinauf zum Ton G; der Iktus lag jedoch auf dem nächsten Buchstaben ›e‹, um dann beim ›a‹ von *thea* auf den Grundton zu fallen.

Von dieser ›quantitativen Metrik‹ und ihrem gleichsam arienhaften Gesang haben wir bei unserer Poesie heute kaum noch eine Vorstellung. Verantwortlich dafür sind die christlichen Dichter des frühen Mittelalters, Bischöfe und Gelehrte, wie der in Mainz tätige Venantius Fortunatus, der dort geborene Hrabanus Maurus oder der ›stammelnde‹ Notker aus der Schweiz. Sie korrumpierten in ihrer *sequentia* genannten lateinischen Hymne – *Veni Creator Spiritus* oder die rhythmische Prosa des *Media vita in morte sumus* sind noch bekannte Beispiele – die auch für die lateinische Dichtung noch gültige antike Prosodie und ersetzten sie durch die ›qualitative Metrik‹. Diese beruhte nur noch auf betonten und unbetonten Silben, ohne Vokallängen mehr mit einzubeziehen – ein Prinzip, das seitdem unsere Poesie prägt. Im schlimmsten Fall wird daraus ein mechanisches Skandieren, das die Verse kaum noch melodisch ausgestaltet.

Schuld daran ist letztlich der Einfluss des Deutschen auf diese Hymnendichter. Da unsere Sprache weit weniger Vokale einsetzt, kann sie die gleitende Musikalität der vielschichtigen antiken Prosodie nur schwer nachahmen. Dank ihrer Konsonantenlastigkeit und ihrem Wortakzent – der in der Regel auf der ersten Silbe sitzt – bietet sich ihr der Stabreim an. Diese Alliterationen weiten sich gleichsam automatisch zu einer qualitativen Metrik aus, die monoton Akzente alterniert – mit einer Regularität, die die Poesie um die Variationsmöglichkeiten einer flexiblen Dynamik beraubt. Der dadurch erzeugte Eindruck geordneter Ruhe mag mit ein Grund für den Bruch der christlichen Hymnendichter mit der ›heidnischen‹ Tradition gewesen sein: eine stabreimende Metrik unterdrückt die sich durch die Prosodie ergebenden Möglichkeiten, stetig wechselnde und unterschiedliche Laut- und Sinnkonfigurationen zu entfalten.

Die klassische Vortragsart blieb der weltlichen Poesie jedoch durchaus erhalten, wie die dokumentierten Tonaufnahmen von Karl Krauss, Yeats oder Pound zeigen. Sie galt erst nach dem Zweiten Weltkrieg im deutschen Sprachraum allgemein als pathetisch breit (während sie beim Russen Brodsky akzeptiert wurde). Dennoch bricht sie sich immer wieder Bahn: als generatives Prinzip sind Tonhöhen zu sprachimmanent, um sich völlig verdrängen zu lassen. Das soll ein Auszug aus einem Gedicht über die Betonstatue des Jesus am Corcovado – *Über das Heilige I* – exemplarisch andeuten:

einen krágträger ánzubeten
vom búnker seines sóckels aus · die wándlung auf dem altár
lállend ímmergrün der dschúngel · *páter*

peccávi · alleín im gláuben dádurch zu seín · hérr geworden
der nácht und ihrem zúngenreiz

Wollte man diese Zeilen nur nach dem Prinzip der qualitativen Metrik skandieren, erhielte man ebenso wenig eine erkennbare musikalische Kontur wie durch die Intonationswechsel und Tonabstände, die sich durch ein sinngemäßes Lesen ergeben. Erst mit einer klassischen Prosodie im Ohr erhalten die ersten beiden Zeilen ihren emotional wertenden, sarkastischen Ton: ›einen krAgträger aₕnzubeten vom bu̲nker seines sOckels aus‹.[20] Der Iktus der betonten Akzente übernimmt dabei die Aufgabe, einen Gegensatz zu unterstreichen – ›altár / lállend‹ –, um diesen Messgesang den Geräuschen des Dschungels entgegenzustellen. Das zitierte Kirchenlatein gibt darauf das Stichwort für einen Vortrag in Melismen, der sich durch zirkumflexe Tonhöhen samt Pausen und Vokallängen entfaltet: ›allEIₕn – im glAUₕben – d̲adurch – zu sEIₕn – – hErr – gew̲orden‹. Dadurch werden sechs unterschiedliche Bedeutungsebenen dieses Verses herausgestellt: ›allein / allein im glauben / allein im glauben dadurch / allein im glauben, dadurch zu sein / allein im glauben, dadurch zu sein – herr / allein im glauben dadurch dem zungenreiz der nacht herrgeworden zu sein.‹ Eine rein metronomische Analyse dieser Zeilen ginge deshalb am Sinn völlig vorbei.

Inwieweit die Tonhöhe der Vokale und die Intonationsbögen der Syntax unser Denken strukturieren und Denkräume eröffnen, demonstriert wiederum ein Beispiel von Timm Ulrich:

denk-spiel
(nach descartes)

ich denke, also bin ich.
ich bin, also denke ich.
ich bin also, denke ich.
ich denke also: bin ich?

Satzzeichen markieren nichts anderes als aufsteigende oder fallende Intonationsbögen. Auf ihnen baut nicht nur die Syntax eines jeden Satzes auf, sondern auch sein Sinn. Die Variationsmöglichkeiten einer solchen syntaktischen Pro-

---

20 Die Großbuchstaben markieren hier die Quint; ein ›h‹ markiert die Vokallänge; die Unterstreichung markiert das Ausbleiben der erwarteten Betonung.

sodie werden hier anhand ein und derselbe Wortfolge einmal durchgespielt – um jedes Mal einen völlig anderen Sinn zu ergeben.

Zusätzlich akzentuieren die vokalischen Tonhöhen (denen die Konsonanten quasi nur als Träger dienen) das Wortmaterial auf ihre Weise: das I gruppiert ›ich bin‹ zu einer Sinneinheit; das E markiert beim ›denke‹ die zweite; A und O in ›also‹ formen auch lautlich die logische *copula* zwischen diesen beiden Elementen. Sie werden damit syntaktisch wie klanglich – von Alpha bis Omega – durchkonjugiert. Markiert Timm Ulrich die sich daraus ergebenden unterschiedlichen Konstellationen durch Satzzeichen, muss dies bei jeder prosodischen und inhaltlichen Analyse einer Gedichtzeile erst interpoliert werden. Das ist das Denkspiel, das die Poesie und ihre Interpretation uns anbieten.

Carreiras, Manuel, et al. (2005), »Silbadores«. *Nature* 433, January 6, 31–32
Juslin, Patrik N., & John A. Sloboda (eds.) (2001), *Music and Emotion – Theory and Research,* Oxford
Mithen, Steve (2005), *The Singing Neanderthals – The Origins of Music, Language, Mind, and Body,* London
Peretz, Isabelle, & Robert Zatorre (eds.) (2003), *The Cognitive Neuroscience of Music,* Oxford
Zatorre, Robert J. (2005), »Finding the Missing Fundamental«. *Nature* 436, August 25, 1093–1094

Box 26. Wie lernen Kinder sprechen und lesen?

Wie die an der FU Berlin und im Exzellenzcluster ›Languages of Emotion‹ forschende Linguistikprofessorin und Expertin für Spracherwerb, Gisela Klann-Delius, schreibt, war das Ziel der in der zweiten Hälfte des 19. Jahrhunderts begründeten Kindersprachforschung, »Natur und Wesen des Kindes mit Mitteln der empirischen Wissenschaften, d. h. in genauen und systemischen Beobachtungen, zu ergründen«.

Was der Philosophieprofessor Dietrich Tiedemann von 1781 bis 1784 an der Entwicklung seines Sohnes beobachtet und beschrieben hatte, imitierten viele Wissenschaftler, darunter der in Jena lehrende Physiologe William Preyer, die Psychologen Clara und William Stern oder das Breslauer Lehrerehepaar Scupin. Auf diese eher deskriptiven Ansätze folgten in den 1930er bis 40er Jahren erste theoretische Werke mit den Arbeiten des Experimental- und Kulturpsychologen Lew Wygotski sowie des Linguisten, Philologen und Begründers des Prager Strukturalismus, Roman Jakobson. In seinem 1944 erschienenen Buch *Kindersprache* verwies Jakobson bereits auf die Universalität des Sprachlauterwerbs, indem er feststellte:

»egal, ob es sich um französische oder skandinavische Kinder handelt, um indianische oder deutsche, um estnische, holländische oder japanische, jede aufmerksame Beschreibung bestätigt uns immer wieder die merkwürdige Tatsache, dass für eine Reihe der lautlichen Erwerbungen die relative Zeitfolge überall und stets die gleiche bleibt«.

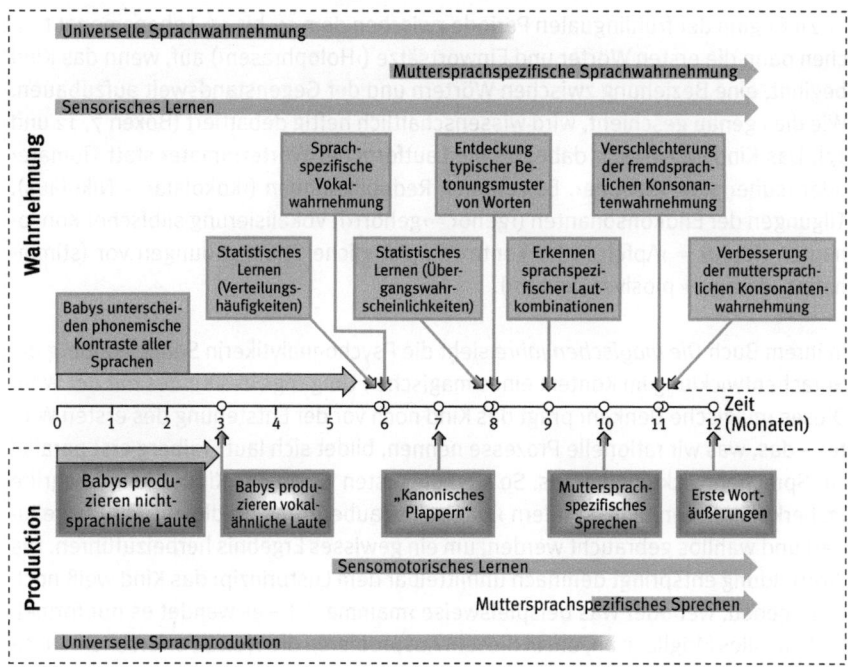

Abb. 59 Zeitlinie der Sprachentwicklung nach Kuhl (2004; Erläuterungen im Text).

Allgemein wird angenommen, dass ein Kind bei der Geburt zunächst über die universelle Fähigkeit verfügt, wesentlich mehr Phoneme (etwa 70) unterscheiden zu können, als für die eigene Muttersprache typisch sind (im Deutschen etwa 40). Durch die nach der Geburt einsetzende multisensorische Kommunikation mit seinen Bezugspersonen erhält das Kind durch bloßes Zuhören grundlegende Informationen über den Aufbau seiner Muttersprache. Dazu zählen etwa Häufigkeitsverteilungen und Übergangswahrscheinlichkeiten von Lauten, Lautkombinationen, Vokal-Konsonant-Wechseln und den typischen Betonungsmustern der Prosodie (Abb. 59). So lassen sich aus den permanent wahrgenommenen Lautstrukturen der Muttersprache Regelmäßigkeiten herausfiltern und Laute nach Häufigkeit und Ähnlichkeit im Gedächtnis speichern. Das Kind bildet so Assoziationen zwischen melodisch-rhythmischen Strukturen und kommunikativen Sprachfunktionen auf der Basis der ›säuglingsgerichteten Sprache‹ (›Mutterisch‹) heraus. Nach sechs bis neun Monaten ist das muttersprachliche Lautrepertoire im Sprachgedächtnis verankert.

Der Säugling reagiert nunmehr selektiv auf die bisher in der Muttersprache wahrgenommenen Lautkontraste – wodurch seine Wahrnehmung für fremdsprachige Laute verarmt. Englischsprachig aufgewachsene Säuglinge können ab diesem Stadium das im Deutschen – nicht aber im Englischen – auftretende lange ›ü‹ vom in beiden Sprachen vorkommenden langen ›u‹ nicht mehr unterscheiden. Sie wissen nun auch, dass unterschiedliche Tonhöhenverlaufsformen, die das Schimpfen, Bitten oder Bestätigen im Mutterischen begleiten, unterschiedliche Bedeutungen haben.

Zu Beginn der frühlingualen Periode zwischen dem 11. bis 14. Lebensmonat tauchen dann die ersten Wörter und Einwortsätze (›Holophrasen‹) auf, wenn das Kind beginnt, eine Beziehung zwischen Wörtern und der Gegenstandswelt aufzubauen. Wie dies genau geschieht, wird wissenschaftlich heftig debattiert (Boxen 7, 12 und 17). Das Kind vereinfacht dabei oft die Lautform der Wörter: ›mate‹ statt ›Tomate‹ oder ›suhe‹ statt ›Schuhe‹. Es kommen Reduplikationen (›Kokolala‹ = Nikolaus), Tilgungen der Endkonsonanten (›gehö‹ =›gehört‹), Vokalisierung silbischer Konsonanten (›apfu‹ = ›Apfel‹) oder kontextempfängliche Stimmgebungen vor (stimmhaftes ›damm‹ = plosives ›kamm‹).

In ihrem Buch *Die magischen Jahre* sieht die Psychoanalytikerin Selma Fraiberg die Sprachentwicklung im Kontext eines magischen Umgangs des Kindes mit der Welt. Dieses ›magische Denken‹ prägt das Kind noch vor der Entstehung des ersten Wortes – das, was wir rationale Prozesse nennen, bildet sich laut Fraiberg erst parallel zur Sprachentwicklung heraus. So sind die ersten Worte des Kindes keine Begriffe im herkömmlichen Sinn, sondern ›magische Zauberformeln‹, die aus Freude geäußert und wahllos gebraucht werden, um ein gewisses Ergebnis herbeizuführen. Die Wortbildung entspringt demnach unmittelbar dem Lustprinzip: das Kind weiß noch nicht genau, wer oder was beispielsweise ›mamma‹ ist – es wendet es nur formelhaft auf alles Mögliche an, um in diesem Ausprobieren die Welt zu erforschen. Diese Wortmagie bezieht sich jedoch nicht nur auf Dinge der Außenwelt, sie zaubert dem Kind gleichzeitig auch ein inneres geistiges Bild jener Dinge in den Kopf, auf die die Zauberformeln im Außen einzuwirken versuchen. So ersetzt ›mamma‹ schließlich in gewisser Weise die Mutter, indem dieses Wort sie in der kindlichen Imagination hervorruft (Box 12). Fraiberg weist darauf hin, dass Kinder dieses ›mamma‹ in ihren Einschlafmonologen oft als Technik gebrauchen, um (Trennungs-)Angst zu überwinden (Box 10).

Das Wort ersetzt somit nicht nur Dinge, sondern auch Handlungen, die das Kind getan hat oder gerne tun würde. Dadurch wird das Wort und das mit ihm verbundene Sprachsystem fähig, eine Verzögerung, einen Aufschub oder eine Umwandlung von Handlungsimpulsen zu erreichen – was nichts anderes bedeutet, als dass das Kind seine Triebansprüche mittels Sprache regeln kann, ohne sie gleich unterdrücken zu müssen. Trotz dieser intellektuellen Leistung, die mit dem Sprachgebrauch einhergeht, bleibt das Kind ›Magier‹. Begriffe werden oft allzu wörtlich aufgefasst. Das hängt damit zusammen, dass die Trennung zwischen Realität, Phantasie und Sprache beim Kind noch zu unscharf ausgebildet ist und die jeweiligen Welten, die diese Systeme aufbauen, verschwommen nebeneinander existieren: »Das Gefühl der Realität ist noch nicht stark genug, um zu urteilen und bestimmte Erscheinungen aus dem Bild der wirklichen Welt auszuschließen.«

Schließlich hat die Sprache noch eine wichtige Funktion bei der Ausbildung einer Vorstufe unseres Gewissens. Sprache ist nicht nur ein direktes Kanalisierungsmittel für Triebe, sondern vermag auch all die Verbote und Einschränkungen, die die Außenwelt dem Kind gegenüber ausspricht, in wörtlicher Form zu internalisieren. So entsteht im Kind etwas Ähnliches wie eine ›Stimme des Gewissens‹, die im Grunde die Stimme der Außenwelt ist; und diese ›Gewissensstimme‹ wird bereits durch die

ersten gesprochenen Worte hörbar gemacht. So äußert ein Kind etwa das Wort
›heiß‹, um seinen Impuls, auf den Ofen zu greifen, zu hemmen; Wochen zuvor – als
es dieses Wortes noch nicht mächtig war – wurde diese Hemmung durch die elter-
liche Ermahnung ›heiß‹ geleistet.

Wygotski vertrat bereits in den 1930er Jahren die Auffassung, dass frühkindliche
sprachliche Äußerungen die laufenden Handlungen des Kindes begleiten: sie sind
entweder an es selbst oder an niemand im Besonderen gerichtet. Der biologische
Reifungsprozess führt dann dazu, dass seine Sprache mehr und mehr internalisiert
und ›privat‹ wird und dadurch das Verhalten steuert. Dieses private innere Sprechen führt zu verbalen Gedanken, die das kindliche Verhalten unter Kontrolle bringen. Der Internalisierungsvorgang läuft laut Wygotski geordnet ab: zunächst gehen hauptsächlich kommunikative, aufgaben-irrelevante und selbst-stimulierende
Sprachformen über in aufgaben-relevante, deskriptive Äußerungen, um schließlich
ein präskriptives, selbst-steuerndes Sprechen zu bewirken. Letztlich wird daraus
privates, verinnerlichtes, subvokales, nicht mehr hörbares Sprechen.

   Der Mathematiker und Biologe Jacob Bronowski entwickelte in seiner Sprachtheorie Wygotskis Ansatz weiter. Sprache ist für ihn nicht einfach ein Kommunikationsmittel, sondern ein Mittel der Reflexion, welches das Planen, Durchspielen und
Testen von Handlung erlaubt. Diese Reflexion kann nur erfolgen, wenn eine ausreichend lange Verzögerungszeit zwischen dem Auftreten eines Umweltreizes und der
Reaktion darauf gegeben ist. Die Fähigkeit, motorische Reaktionen zu verzögern
und zu unterbinden, sieht Bronowski als zentrales Element der Sprachevolution an.
Nicht nur die Reaktion selbst, sondern auch die Entscheidung zur Reaktion kann
durch innere Sprache hinausgezögert werden, was mehrere wichtige mentale Funktionen herausbildet:

- *Verlängerung der Referenz*: Sie bewirkt die Fähigkeit, in der Zeit rück- oder
  vorwärts auf Umweltereignisse referieren und Botschaften mit anderen über
  zukünftige oder vergangene Handlungen austauschen zu können. Dazu bedarf es eines verbalen Kurzzeitgedächtnisses, das die Merkmale des reak-
  tionsrelevanten Umweltereignisses so lange speichert, bis der Organismus
  die mit seinem Handeln assoziierten Reaktionen aktivieren kann. Dieses pro-
  aktive Gedächtnis, das neuroanatomisch mit dem dorsolateralen präfrontalen
  Kortex in Verbindung gebracht wird (Box 3, Abb. 8), erlaubt die mentale Konstruktion hypothetischer Situationen, Planen, antizipatorisches Verhalten und
  letztlich eine Art Selbstbewusstsein, das durch die Hemmung mittels inneren
  Sprechens bedingt wird.
- *Affekttrennung*: Aus der Fähigkeit zu Hemmung und Verzögerung resultiert
  auch die Möglichkeit, den affektiven Gehalt vom Inhalt einer Botschaft zu trennen. Dieser wichtige emotionale Selbstregulationsmechanismus erlaubt über
  das innere Sprechen die Erwägung verschiedener Handlungsalternativen in
  emotional aufgeladenen Situationen. Während der dadurch bedingten Verzögerung im Reiz-Reaktions-Strom richtet sich die Sprache auf das Selbst; aus
  einem Kommunikationsmittel wird so das Medium eines ›Dialogs mit sich

selbst‹. Ist diese Funktion nicht voll ausgereift, erschwert sich die selbstge-
richtete Instruktion und Kontrolle. Dies scheint – dem klinischen Psychologen
Russell Barkley zufolge – bei vielen Kindern mit Aufmerksamkeits-Hyperaktivi-
täts-Störung der Fall zu sein.

- *Rekonstitution*: Inneres Sprechen bringt laut Bronowski eine dritte mentale
  Funktion hervor, die sich aus Prozessen der Analyse und der Synthese zusammensetzt. Die *Analyse* zerlegt Ereignis- oder Botschaftsfolgen in Einzelelemente, sodass eine progressive Verteilung des Ereignisses oder der Botschaft
  auf unterschiedliche Informationsverarbeitungssysteme des Gehirns – verschiedene neuronale Netzwerke oder Regionen – möglich wird. Die *Synthese*
  manipuliert und benutzt diese Einzelelemente dann, um neue Botschaften *an*
  oder ein neues Reaktionsverhalten *auf* andere zu kreieren. Diese neuen behavioralen Strukturen werden dann ihrerseits wieder abgespeichert – was nach Bronowski erst ein produktives, originelles Denken und Handeln möglich macht.

Ein weiterer großer Schritt in der Sprachentwicklung vollzieht sich zwischen dem 18.
und 20. Lebensmonat: Die Stabilisierung des Objektbegriffs. Die Gegenstandswelt
wird nun als unabhängig vom Selbst und dem Wahrnehmungsraum erkannt, sodass erste bedeutungsstabile Wort-Objekt-Zuordnungen entstehen: die späteren
Substantive. Aus Aktionswörtern werden so erste Verben, mit denen das Kind bereits auf rudimentäre Art räumlich-zeitlich nicht Präsentes erfasst. So kommt es zu
ersten ›Ich-Verweisen‹ anhand von Eigennamen; das Kind initiiert verstärkt Dialoge
und analysiert aufmerksam die im Dialog gehörte Elternsprache. Dadurch erwirbt
es sich sein Wissen über grammatische Strukturbildung, lautliche Präzisierungen
und Bedeutungsaufbau.

Zwischen dem 20. und 24. Monat werden Ideen, Wünsche und Erlebnisse in Sätzen übermittelt. Die ersten grammatischen Morpheme (Flexive) und Funktionswör-
ter erscheinen als satzbildende Elemente. Vier bis sechs Monate später sind die
ersten grammatischen Kategorien (Subjekt, Prädikat) da. Die ersten Kasusflexive
erscheinen (Besitz-Markierung wie ›Peters Buch‹), die Dialoge werden umfangrei-
cher, die Themen vielfältiger.

Nach Ansicht des Psycholinguisten Moshe Anisfeld vollziehen sich in der Periode zwischen einem und zweieinhalb Jahren drei Stadien der Bedeutungsentwick-
lung. Im Stadium der ›präsymbolischen Wortformen‹ lösen Wörter bestimmte
Handlungsmuster aus, beispielsweise führt die Äußerung ›Lenin‹ dazu, dass das
Kind auf ein Bild schaut; eine Kopfbewegung kann auch dann beobachtet werden,
wenn das Bild entfernt ist. Im zweiten Stadium werden Wörter zu ›persönlichen
Symbolen‹. Sie dienen als Werkzeug zur Verbindung von Erfahrungen: ›baba‹ bedeutet sowohl den Vater als auch seine Hose oder seinen Autohupenklang;
›Schuh‹ kann sowohl ›Schuhe‹ als auch ›Dosen‹ bedeuten. Im letzten Stadium wer-
den Wörter zu ›sozialen Symbolen‹, wobei das Phänomen der Überextension (Über-
generalisierung) zu beobachten ist: ›Tuch‹ kann ›Taschentuch‹, ›Handtuch‹ oder
›Lätzchen‹ bezeichnen; ›Addo‹ kann für Autos, Rasenmäher oder Computertisch mit
Rädern stehen. Aktionswörter werden so auch für unterschiedlichste Effekte eingesetzt: ›alle alle‹ kann dann heißen, dass eine Tasse leer getrunken wurde, ein Ge-

genstand gesucht wird oder das Kind feststellt, dass sich sein Spielzeugrad nicht mehr dreht.

Zwischen dem 36. und 40. Monat hat das Kind die elementaren Grundstrukturen seiner Muttersprache erworben: es spricht und versteht Sprache nun im Rahmen seiner näheren Erfahrungswelt und bewältigt schwierige Lautbildungen in der Wortartikulation fast problemlos (Abb. 60): die phonologische Entwicklung ist in der Regel bis auf /r/ vs /s/ od /sch/ /str/ /rst/ /sp/ abgeschlossen. In ganzen Sätzen formulierte Mitteilungen werden weitgehend verstanden, selbst wenn es kein Vorwissen vom Mitteilungsinhalt hat. Umgekehrt will das Wissensbedürfnis des Kindes im Dialog erfüllt werden: es stellt die ersten Warum-Fragen.

Mit drei bis vier Jahren ist die Entwicklung sprachlicher Formen und Gebrauchsweisen aber noch nicht abgeschlossen. Das Kind verfügt nun über einen grundlegenden Bestand an Wortschatz und Syntax seiner Muttersprache:

- der Wortschatz wächst exponentiell von einigen hundert Wörtern (2–3 Jahre) auf tausende (5 Jahre);
- es bilden sich Neologismen: Zumacher = Fensterläden; aufperlen = Perlen aufziehen, Rauchräder = Dampflokräder oder heißen = erwärmen;
- Pronomina, Hilfsverben und Präpositionen treten ebenso auf wie Wörter für abstrakte Kategorien (Entfernung, Ort, Größe und Zeit);
- längere Sätze mit Subjekt und Verb, Prädikatphrase mit Akkusativ- und Dativ-

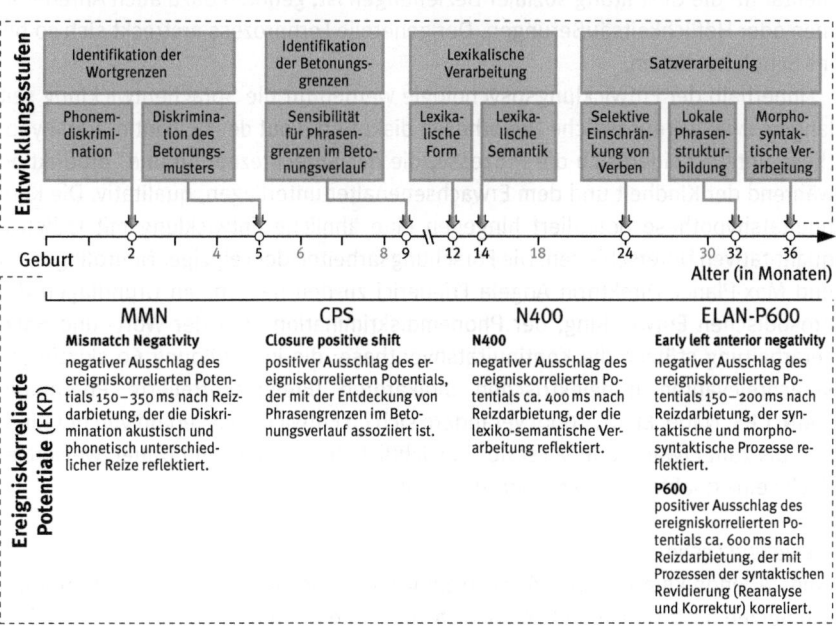

Abb. 60 Schematischer Überblick über die Entwicklungsstadien der auditiven Sprachwahrnehmung mit hirnelektrischen Korrelaten (Ereigniskorrelierte Potentiale, EKP), die die Möglichkeit eröffnen, phonologische, syntaktische und semantische Prozesse zu erforschen (nach Friederici, 2005; Erläuterungen im Text).

objekt, Orts- und Zeitangabe erscheinen ebenso wie Passivsätze und ›wenn‹-oder ›weil‹-Phrasen;

- die Negation erscheint an der richtigen Satzstelle: statt ›da Vogel nicht‹ → ›Hansi hat nicht geschlafe‹, auch wenn noch Doppelnegationen auftreten: ›Da ist noch kein Rad nie ab‹.

Trotzdem muss das Kind in der sog. ›Differenzierungsphase‹ (2,5–5 Jahre) noch zahlreiche Mittel erwerben, um den unterschiedlichsten sprachlichen Anforderungssituationen gerecht werden zu können. Dazu zählen lexikalische und morphosyntaktische Mittel für die Darstellung eines Ereignisses in Vergangenheit und Zukunft, von kausalen und teleologischen Beziehungen, die Hierarchisierung durch Nebensätze und das Erlernen von Passivkonstruktionen. Der auch im Deutschen nicht triviale Erwerb morphologischer Regeln (›Der Mensch denkt, Gott lenkt‹; ›Der Mensch dachte, Gott lachte‹) scheint sich in vier Schritten zu vollziehen: zunächst kann das Kind noch keine Konjugation (›gebe‹ → ›gibst‹) und Deklination (›Mann‹ → ›Mannes‹). Man beobachtet dann einen sporadischen Gebrauch einer beschränkten Anzahl frequenter unregelmäßiger Formen, aber noch keine allgemeinen Regeln (›zer-brochen‹, ›ge-laufen‹, ›kam‹). Drittens kommt es zu Überregularisierungen: ›ge-brocht, ge-lauft, komm-te, Fisch-es, Auto-en‹, und schließlich beherrscht das Kind die korrekten Regeln und Ausnahmen: ›ge-sprung-en, ge-tan, ge-laufen, Augen, Vögel, besser‹. All dies resultiert aus der Notwendigkeit, sich in Kommunikationssituationen verständlich ausdrücken zu müssen. Da Sprache elementar für die Gestaltung sozialer Beziehungen ist, gehören dazu auch Anredeformen oder Höflichkeitsäußerungen. Der generelle Lernprozess erstreckt sich so bis ins Schulalter hinein.

Innerhalb der Entwicklungspsychologie werden für die Sprachentwicklung seit langem zwei gegensätzliche Hypothesen diskutiert. Laut der Diskontinuitätshypothese unterscheiden sich die Prozesse, die der Sprachrezeption und -produktion während der Kindheit und dem Erwachsenenalter unterliegen, qualitativ. Die Kontinuitätshypothese postuliert hingegen eine ähnliche Entwicklung mit lediglich quantitativen Unterschieden. Die Forschungsarbeiten der Leipziger Neurolinguistin und Max-Planck-Direktorin Angela Friederici zu den neuronalen Grundlagen der prosodischen Entwicklung, der Phonemdiskrimination oder der Wort- und Satzverarbeitung stützen die Kontinuitätshypothese: die in Abbildung 60 skizzierten sprachrelevanten hirnelektrischen Indikatoren (Ereigniskorrelierte Potentiale: MMN, CPS, N400, ELAN, P600) verändern sich im Entwicklungsverlauf von der Kindheit bis zum Erwachsenenalter nur hinsichtlich ihrer Latenz und Dauer, weisen jedoch keine qualitativen Veränderungen auf.

Alexie und Lesenlernen
Eines Abends kam der französische Sportlehrer ›Monsieur P.‹ mit leichten Kopfschmerzen nach Hause und setzte sich wie jeden Abend zunächst mit einem Glas Pastis auf seine Veranda, um zu entspannen und einen Blick in seine Lieblingszeitschrift *L'Equipe* zu werfen. Doch schon beim Anblick der Titelseite packte ihn der Schreck! Er rief seine Frau und sagte: »Was ist das? Das sind doch keine Wörter! Ich

kann nicht mehr lesen.« Tatsächlich hatte Monsieur P. einen Hirnschlag erlitten – wie übrigens hunderttausende von Mitbürgern jedes Jahr –, der ein Gebiet um den linken Gyrus angularis lähmte und die Symptome verursachte, die Monsieur P. zu einem Alektiker oder ›letter-by-letter reader‹ machten. Monsieur P. konnte zwar noch lesen, aber nicht mehr so gut wie ein erwachsener Leser (der je nach Textvertrautheit und Wortschatzgröße 200–400 Wörter pro Minute schafft), sondern eher wie ein Kind in der Vorschule oder ersten Klasse, das sich die Wörter Buchstabe um Buchstabe, Silbe für Silbe mühsam erarbeiten muss. Je länger das Wort, desto länger dauert bei Leseanfängern auch die Lesezeit, wohingegen bei guten Lesern die Wortlänge – innerhalb gewisser Grenzen – kaum eine Rolle für die Lesezeit spielt. Wer aber für ein acht-buchstabiges Wort bereits 3–4 Sekunden braucht (statt 4–5 Wörter pro Sekunde wie ein guter Leser) und somit nicht mehr als 20 Wörter pro Minute schafft, dem vergeht rasch die Lust am Lesen. Heute kann Monsieur P. dank der Selbstheilungskraft des Gehirns wieder einigermaßen lesen, obwohl es ihm wegen der Mühe, die damit immer noch verbunden ist, nicht mehr so viel Freude bereitet wie vor seinem Schlaganfall.

Wie aber schafft es das Gehirn – nach jahrelangem Training –, aus einzelnen Buchstaben und Silben ganze Wörter zu konstruieren und mehrere solcher Gebilde pro Sekunde so zu verarbeiten, dass sinnentnehmendes Lesen und sogar Spaß am Lesen möglich wird? Wie schafft es das Gehirn eines Kindes, in rund 2000 Tagen das nachzuvollziehen, was die Phylogenese in etwa 2000 Jahren vollbracht hat? Wie schaffen es Kinder, bis zur dritten Klasse mindestens 9000 geschriebene Wörter zu lernen? Wie Maryanne Wolf richtig bemerkt, wurde das menschliche Gehirn offensichtlich nicht zum Lesen gemacht, was Millionen von Menschen mit Lese- und Rechtschreibproblemen in aller Welt bekunden. Lesen lernen wir nicht wie Laufen oder Sprechen. Trotzdem schaffen es die Gehirne der Mehrheit der Menschen, durch strukturelle und dynamische Umorganisation, Anpassung und Spezialisierung älterer Schaltkreise und Verbindungen – für Mustererkennung und Sprache etwa (Box 2) – neue Kompetenzen zu erwerben, nämlich Lesen und Schreiben, die eine innovative Art zu denken und zu fühlen und die Gedanken und Gefühle anderer zu beeinflussen ermöglicht.

Erst seit den 80er Jahren haben kognitive Psychologen empirisch belastbare Entwicklungs- und Prozessmodelle des Lesens und Lesenlernens publiziert. Das wohl bekannteste stammt von der Entwicklungsneuropsychologin Uta Frith und ist in Abbildung 61 skizziert. Es konzipiert das Lesenlernen als einen Vier-Phasen-Prozess, der mit dem *Pseudolesen* beginnt. Hierbei erkennen Kinder sehr verbreitete einfache Wörter wie ALDI oder APPLE an ihren visuellen Merkmalen wieder, ohne aber die einzelnen Buchstaben oder Silben identifizieren zu können. Auch die *logographische Phase* ist noch durch das Wiedererkennen ganzer vertrauter Wörter aufgrund salienter visueller Merkmale geprägt. Die Buchstabenreihenfolge und phonologische Aspekte spielen noch keine Rolle, das Wort wird erst erkannt und dann ausgesprochen. Wenn die Kinder ein Wort nicht (wiederer)kennen, können sie es auch nicht lesen, da sie es sich nicht über die Zuordnung von Buchstaben zu den ihnen entsprechenden Lauten (Phonemen) ›erlesen‹ können. Dieses wird erst in der *alphabetischen Phase* erreicht, während der Kinder das alphabetische Prinzip erler-

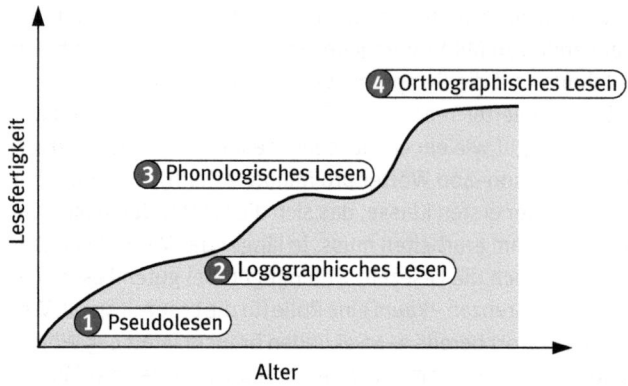

Abb. 61 Leseerwerbsmodell nach Frith (1985; Erläuterungen im Text).

nen – sie üben dann ein, Buchstaben oder Buchstabengruppen zu Phonemen zu kodieren (Box 35).

Ist diese analytische Fähigkeit ausgebildet, können Kinder auch unbekannte Wörter lesen, indem sie Buchstaben oder Silben in die entsprechenden Phoneme umwandeln. Auf der höchsten, der *orthographischen Stufe* schließlich sollen Kinder in der Lage sein, Wörter automatisch in abstrakte orthographische Einheiten (Grapheme) – ohne vorherige Umwandlung in Phoneme – zu zerlegen. Ob ein solches direktes Lesen – ohne jegliche phonologische Rekodierung – überhaupt möglich ist, ist strittig: der aktuelle Forschungsstand weist darauf hin, dass die alphabetische und orthographische Phase sich eher graduell als kategorisch unterscheiden, d. h., dass die phonologische Rekodierung im Verlauf des Lesenlernens immer effizienter wird (z. B. größere Einheiten umfasst) und schließlich völlig unbewusst und automatisch abläuft.

Friths Modell stellt eine erste theoretische Näherung an den Verlauf des Schriftspracherwerbs des Kindes dar. Es beschreibt nicht die vollständige Leseentwicklung des Menschen, die theoretisch kein Ende hat. Insbesondere fehlt im Modell eine wichtige Stufe, die bis ins junge (oder spätere) Erwachsenenalter reichen kann: die Stufe des flüssigen, verstehenden Lesens, das man in Anlehnung an Maryanne Wolfs Schilderungen ihrer wiederholten Lesungen von George Eliots Roman *Middlemarch* auch ›Tiefenlesen‹ nennen könnte. Damit ist die höchste Kompetenzstufe des literarischen Lesens gemeint, die in Box 37 näher erläutert wird.

Anisfeld, M. (1984). *Language Development from Birth to Three*. Hillsdale, NJ: Erlbaum

Barkley, R. A. (1997). *ADHD and the Nature of Self-control*. New York: The Guilford Press

Bronowski, J. (1979). *The Origins of Knowledge and Imagination*. Yale University Press

Bühler, Ch., & Hetzer, H. (1929). *Zur Geschichte der Kinderpsychologie: Beiträge zur Problemgeschichte der Psychologie*. Jena: Fischer

Fraiberg, S. H. (1959). *The Magic Years: Understanding and Handling the Problems of Early Childhood*. New York: Charles Scribner's Sons, Inc.

Friederici, A. D. (2005). »Towards a neural basis of auditory sentence processing«. *Trends in Cognitive Sciences*, 6, 78–84

Frith, U. (1985). »Beneath the surface of developmental dyslexia«. In: K. E. Patterson, J. C. Marshall, & M. Colt-
heart (eds.), *Surface Dyslexia*, 300–330. London: Lawrence Erlbaum

Jakobson, R. (1944). *Kindersprache, Aphasie und allgemeine Lautgesetze*. Uppsala. (Nachdruck: 1969 Frank-
furt/M.: Suhrkamp)

Klann-Delius, G. (1999). *Spracherwerb*. Weimar: Metzler

Kuhl, P. K. (2004). »Early language acquisition: Cracking the speech code«. *Nature Reviews Neuroscience*, 5,
831–841

Preyer, W. T. (1882). *Die Seele des Kindes: Beobachtungen über die geistige Entwicklung des Menschen in den
ersten Lebensjahren*. Leipzig: Grieben

Scupin, E., & Scupin, G. (1907/1933). *Bubis erste Kindheit*. Leipzig: Dürr

Stern, C., & Stern, W. (1907/1920). *Die Kindersprache*. Leipzig: Barth

Tiedemann, D. (1787). »Beobachtung über die Entwicklung der Seelenfähigkeit bei Kindern«. *Hessische Beiträge
zur Gelehrsamkeit und Kunst*, 2, 313–333, 3, 486–502

www.mutterspracherwerb.de

Wygotski, L. S. (1986). *Denken und Sprechen*. Frankfurt/M.: Fischer Taschenbuch Verlag. (Original 1934)

Box 27. Entwicklung prosodischer Fähigkeiten oder der Ton macht die Musik

Eine der spannendsten Fragen zur Sprachentwicklung betrifft die menschliche Fähigkeit, aus dem kontinuierlichen Lautstrom eines Gesprächs dadurch Sinn zu ex-
trahieren, dass wir ihn korrekt segmentieren, um die jeweiligen Spracheinheiten –
Silben, Worte und Phrasen – zu erkennen. Wie erwerben wir diese Kompetenz? Die
moderne Entwicklungspsychologie hält hierfür überraschende Antworten bereit.
Noch bevor sie ein Jahr alt sind, können Babys schon erkennen, welche Silbe wahrscheinlich auf eine andere folgen wird (Box 26). Und sie reagieren zugleich auf
etwas ebenso Wichtiges, das die Identifikation von Wörtern im Sprachstrom erst
ermöglicht: sie unterscheiden betonte von unbetonten Silben. Ihr akustisches System wertet dafür – unter Anwendung der in Box 25 beschriebenen, möglicherweise
genetisch vorprogrammierten Gestaltgesetze – Merkmale der Tonhöhe, -intensität
und -dauer aus. Eine Gruppe von Forschern um die Neuropsychologin Anke Sam-
beth bewies kürzlich, dass solche prosodischen Merkmale schon die hirnelektrischen Wellen von Neugeborenen systematisch beeinflussen – und dies sogar im
Schlaf.

Zwei bis drei Monate alte Säuglinge treffen bereits rhythmische Unterscheidungen, was der Psychoakustiker Laurent Demany 1977 herausgefunden hatte. Säuglinge haben damit ein Gefühl für den Sprechrhythmus, der zusammen mit dem Akzent, der Intonation (›Wortmelodie‹) und dem Sprechtempo die Prosodie ausmacht.
Es entwickelt sich durch das *Mutterisch* (Box 26) sowie durch das Vorsingen und
Musikhören. Je mehr dies unterstützt wird, desto früher bildet sich die Identifikation
von Prosodie heraus. In einer Längsschnittstudie fanden die Psycholinguistinnen
Manuela Friedrich und Angela Friederici heraus, dass bereits vier- bis fünfmonatige
Babys sensibler für das – für das Deutsche typische – trochäische Betonungsmuster
sind als für das jambische. Wer schon als Baby reiche Erfahrungen mit den melodi-
schen Parametern der Sprache (Tonhöhe, Klangfarbe), den dynamischen (Laut-

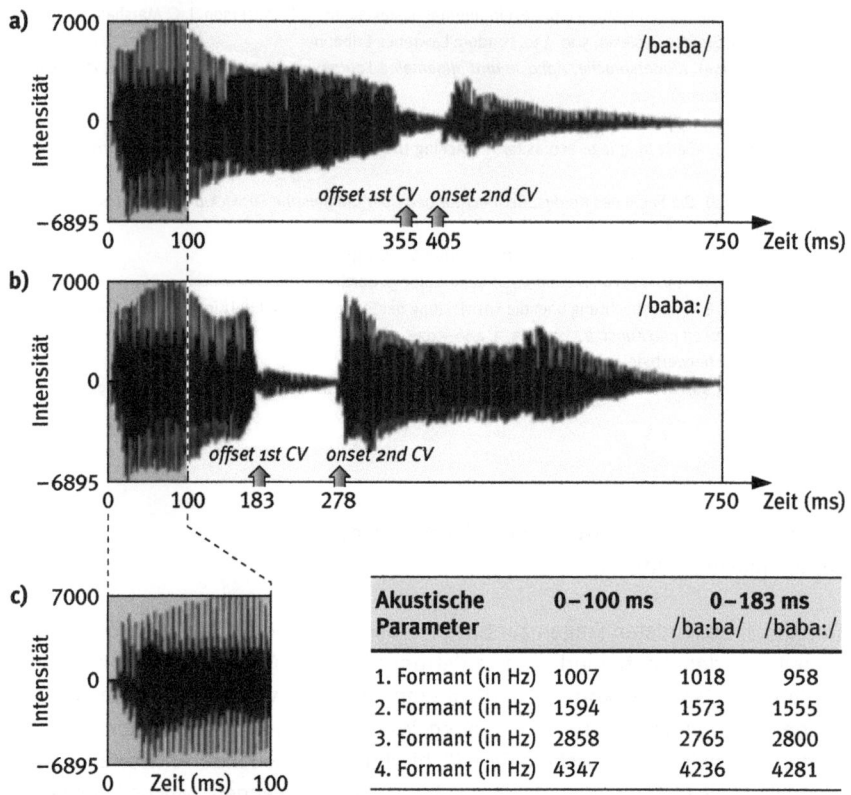

Abb. 62 Reizmaterial aus der EKP-Studie von Friedrich et al. (2009). Dargestellt ist die normalisierte Intensität. Die maximale Intensität ist für beide Reizmuster gleich. a) Trochäisches Betonungsmuster mit Akzent auf der ersten Silbe. b) Jambisches Betonungsmuster mit Akzent auf der zweiten Silbe. Die physikalischen Unterschiede zwischen beiden Mustern beginnen 100 ms nach Reizdarbietung. c) Beschreibung der akustischen Parameter der ersten 100 ms (erster bis vierter Formant in Hz).

stärke, Betonung), temporalen (Tempo, Rhythmus) und artikulatorischen (Lautbindung, Deutlichkeit) sammeln kann, hat in seiner weiteren Sprachentwicklung offenbar gute Karten.

Emotionale Prosodie

Wer Kinder hat, weiß, wie sensibel sie auf Änderungen der Prosodie reagieren. Oft genug glauben Eltern, den Ton heben zu müssen, um überhaupt ihre Aufmerksamkeit zu bekommen. Vielleicht sollten sie stattdessen öfter ihre Botschaft singend vortragen – denn Gesang erregt bereits bei Babys mehr Aufmerksamkeit und vermutlich auch mehr positive Affekte als Sprechen. Wird die Botschaft allerdings herausgeschrien, kann dies neben dem erwünschten Effekt der Aufmerksamkeitsanziehung auch zu direkt beobachtbaren (negativen) emotionalen Reaktionen führen.

Prosodie hat also nicht nur linguistische, sondern auch affektive Parameter. Diese scheinen evolutionär bedingt zu sein.

Der Primatenforscher Uwe Jürgens unterscheidet neuroanatomisch und phylogenetisch drei hierarchische Stufen stimmlichen Ausdrucks – verbalen wie nonverbalen –, die allesamt eng mit emotionalen Reaktionen verknüpft sind. Auf der untersten Stufe stehen genetisch determinierte lautliche Reaktionen, die allen Säugetieren gemeinsam sind und die keiner willkürlichen Kontrolle unterliegen: Schmerzensschreie etwa. Diese angeborenen ›Freisetzungsmechanismen‹ erfordern weder das Erlernen eines motorischen Programms zur Produktion des Lautmusters noch des ihn auslösenden Reizes. Neuroanatomisch sind daran insbesondere Hirnstammstrukturen wie das periaquäduktale Grau beteiligt.

Die stimmlichen Ausdrucksweisen der nächsten Stufe benötigen bereits willkürliche Kontrolle über die angeborenen Reaktionen, um aktiviert beziehungsweise gehemmt werden zu können. Rhesusaffen können beispielsweise über Verstärkungslernprozesse konditioniert werden, ihre Vokalisierungsraten zu erhöhen. Läsionsstudien deuten darauf hin, dass der vordere cinguläre Kortex dabei eine entscheidende Rolle spielt: er übt durch seine Verbindungen mit dem periaquäduktalen Grau auch Einfluss auf primitivere Vokalreaktionen aus.

Die dritte und höchste Stufe betrifft die willkürliche Kontrolle über präzise akustische Muster: damit sind vokale Reaktionen beim Imitieren von gehörten Lauten ebenso gemeint wie das Erfinden neuer Lautmuster. Diese Fähigkeiten bilden die Grundlagen für Sprache und Musik. Jürgens zufolge besitzen nur Menschen die Möglichkeit einer direkten Stimmkontrolle – die Voraussetzung für das Singen ist. Denn Studien zeigen, dass bei anderen Primaten die direkte Verbindung zwischen dem primären motorischen Kortex und dem Sitz der Kehlkopfmotoneurone im sogenannten Nucleus ambiguus fehlt.

Eine wesentliche Funktion von Emotionen besteht darin, über das zentrale und periphere, somatische und autonome Nervensystem optimale physiologische Bedingungen herzustellen, damit unser Verhalten eine spezifische Situation bewältigen kann. Angst ist beispielsweise mit der Motivation zu fliehen assoziiert und geht mit physiologischen Reaktionen einher, die Fluchtverhalten oder Kampfbereitschaft fördern: Erregung des sympathischen Nervensystems, erhöhte kardiovaskuläre Aktivität sowie höherer Sauerstoff- und Glukoseverbrauch. Solche neuronalen Änderungen beeinflussen über die Atemfrequenz, die Stimmbandvibration und die Artikulationsmotorik auch unsere Stimmlage und Lautproduktion. Wenn wir uns ärgern, steigt die Spannung der Kehlkopfmuskeln; gekoppelt wird sie mit einem erhöhten Druck an den Stimmlippen, was die Lautproduktion der Stimmritze und damit die Klangfarbe verändert.

Die bereits erwähnte Emotionstheorie von Scherer (Box 7) erlaubt Vorhersagen bezüglich der akustischen Hinweisreize, die mit Emotionen wie Angst, Freude oder Traurigkeit einhergehen; sie wird durch zahlreiche empirische Befunde gestützt. Die vom Musikpsychologen Patrik Juslin erstellte Tabelle 4 fasst diese Reize zusammen. Ärger wird demnach durch erhöhte Sprechgeschwindigkeit, hohe Stimmintensität und -variabilität, hochfrequente Schallenergie, eine hohe Tonlage sowie grö-

Emotion	Hinweisreize (Vokalausdruck/Musikalische Darbietung)
Ärger	schnelle Sprechgeschwindigkeit/Tempo, starke Stimmintensität/Schallpegel, große Stimmintensitätsvariabilität, viel hochfrequente Energie, hohe Grundfrequenz (FO)/Tonhöhe, viel FO Variabilität, ansteigende FO Kontur, schneller Stimmeinsatz, mikrostrukturelle Irregularität
Angst	schnelle Sprechgeschwindigkeit, schwache Stimmintensität (außer bei panischer Angst), große Stimmintensitätsvariabilität, wenig hochfrequente Energie, hohe Grundfrequenz (FO), wenig FO Variabilität, ansteigende FO Kontur, sehr wenig mikrostrukturelle Irregularität
Freude	schnelle Sprechgeschwindigkeit, mittlere bis starke Stimmintensität, mittlere hochfrequente Energie, hohe Grundfrequenz (FO), viel FO Variabilität, ansteigende FO Kontur, schneller Stimmeinsatz, sehr wenig mikrostrukturelle Irregularität
Trauer	langsame Sprechgeschwindigkeit, schwache Stimmintensität, wenig Stimmintensitätsvariabilität, wenig hochfrequente Energie, niedrige Grundfrequenz (FO), wenig FO Variabilität, abfallende FO Kontur, langsamer Stimmeinsatz, mikrostrukturelle Irregularität
Zärtlichkeit	langsame Sprechgeschwindigkeit, schwache Stimmintensität, wenig Stimmintensitätsvariabilität, wenig hochfrequente Energie, niedrige Grundfrequenz (FO), wenig FO Variabilität, abfallende FO Kontur, langsamer Stimmeinsatz, mikrostrukturelle Irregularität

Tabelle 4 Zusammenfassung der Muster akustischer Hinweisreize für einige diskrete Emotionen (nach Juslin & Laukka, 2003).

ßere Tonhöhenvariationen gekennzeichnet. Freude oder Glück dagegen drücken sich in einem erhöhten Tempo, mittlerer bis hoher Schallintensität, mittelfrequenter Schallenergie, schnellen Stimmeinsätzen und sehr geringen Tonhöhenvariationen aus. Traurige Menschen wären laut dieser Tabelle von zärtlichen aber stimmlich nicht zu unterscheiden.

Unser Gehirn registriert solche prosodischen Hinweisreize automatisch und auf höchst sensible Weise – wahrscheinlich weil sie das Überleben und das soziale Weiterkommen befördern. Ein Befund der Forschungsgruppe um Angela Friederici deutet sogar an, dass das Gehirn auf prosodische Informationen bei der Sprachwahrnehmung gar nicht verzichten kann. Wenn bei sprachlicher Information die Prosodie durch Verflachung der Tonhöhenvariation künstlich gedämpft wird, verlagert sich die ansonsten primär linkslateralisierte Hirnaktivierung – die typischerweise mit syntaktischer Verarbeitung einhergeht – in die rechte Hemisphäre. Sie versucht dann vermutlich, die fehlende Prosodie automatisch zu generieren. Diese Entdeckung werten die Forscher als Beleg für ein spezifisches Gestaltphänomen der Sprachwahrnehmung: nämlich die automatische Generierung von Satzmelodien.

Demany, I., McKenzie, B., & Vurpillot, E. (1977). »Rhythm perception in early infancy«. *Nature*, 266, 718–719

Friedrich, M., Herold, B., & Friederici, A. D. (2009). »ERP correlates of native and non-native language word stress in infants with different language outcomes«. *Cortex*, 45, 662–676

Herrmann, C. S., Friederici, A. D., Oertel, U., Maess, B., Hahne, A., & Alter, K. (2003). »The brain generates its own sentence melody: A Gestalt phenomenon in speech perception«. *Brain and Language*, 85, 396–401

Jürgens, U., & Hage, S.R. (2007). »On the role of the reticular formation in vocal pattern generation«. *Behavior and Brain Research*, 182, 308–31

Juslin, P. N., & Laukka, P. (2003). »Communication of emotions in vocal expression and music performance: Different channels, same code?« *Psychological Bulletin*, 129, 770–814

Scherer, K. R. (1986). »Vocal affect expression: A review and a model for future research«. *Psychological Bulletin*, 99, 143–165

U – RHYTHMIK UND METRUM

1

Musik wie Sprache lassen sich als Klangformen definieren, die innerhalb einer Gesellschaft bedeutungtragend sind und ein Maß an Intentionalität ausdrücken. Bei beiden wird das Lautmaterial in zwei Bereiche aufgesplittet: in Tonhöhen und in Rhythmus. Während die Musik ihr Klangkontinuum in eine Skala von Noten – Tönen – unterteilt, wird das Sprachkontinuum durch ein Paradigma von Phonemen – Silben – gebildet. Und genauso wie die Musik ihre Töne zu Akkorden kombiniert, um sie zu einem Syntagma von Zeiteinheiten – Rhythmus, Tempo und Takt – anzuordnen, kombiniert auch die Sprache ihre Silben zu Worten, um sie zu einer Syntax anzuordnen, die ihre eigenen Zeiteinheiten – Akzente, Längen, Kürzen und Pausen – besitzt.

Rhythmus ist ein Ordnungsprinzip in der Zeit, das durch Repetition definiert wird – das Zeitmaß, in dem sich seine Elemente gruppieren, gliedern und abwechseln. Zugleich ist Rhythmus etwas zutiefst Körperliches. Bittet man Versuchspersonen, mit dem Finger auf die Tischplatte zu klopfen, tun sie das rhythmisch, mit etwa einem Schlag alle 600 Millisekunden. Unser Herz klopft rhythmisch, wir atmen rhythmisch, und auch das Gehirn arbeitet aufgrund rhythmischer Frequenzwellen; beim Gehen schwingen unsere Arme mit – selbst im Sitzen könnten wir ohne rhythmisch koordinierte Motorik nach nichts greifen, weder saugen noch trinken, nicht schlucken, kauen oder sprechen. Wir reagieren weitaus schneller und instinktiver auf akustische als auf visuelle Stimuli – unsere gesamte Sensomotorik ist letztlich auf internen Schrittmachern und Oszillatoren aufgebaut, die sich externen Rhythmen flexibel anpassen.

Zuständig für diese Automatismen ist die Retikuläre Formation tief im Gehirnstamm; sie kontrolliert den Muskeltonus und generiert die notwendigen Reize für solch rhythmische Aktivitäten wie Gehen und Atmen. Sie ist überdies mit jenen Arealen vernetzt, die für den auditiven Input verantwortlich sind. Sie ermöglichen uns, schnell auf Geräusche zu reagieren, ohne dafür das Bewusstsein um Erlaubnis zu fragen. Noch bevor wir etwas sehen oder mit der Hand nach etwas greifen können, haben wir schon Geräusche registriert – bereits im Mutterleib verändern wir auf ein akustisches Signal hin unsere Lage oder schlagen mit den Beinen aus. Das Erschrecken ist ebenfalls eine instinktive Flucht-reaktion: ob ein Schuss fällt oder ein musikalischer Taktwechsel uns überrascht – jedes Mal schaltet der Körper auf Alarmstufe.

Kein Tier kann gleichzeitig kämpfen, schlafen, flüchten und sich paaren – die Retikuläre Formation steuert, in welchem Verhaltensmodus und auf welchem Erregungsniveau wir uns befinden. Wie wir uns dabei verhalten, dafür ist eben-falls nicht der evolutionsgeschichtlich späte Auswuchs des Neokortex verant-wortlich, sondern jener Teil unseres Gehirns, der auf die Reptilien zurückgeht: das limbische System. Es integriert die Inputs der unterschiedlichsten Rezep-tionszentren, um zu bestimmen, welcher instinktive motorische Output gerade angemessen ist.

Es greift auch auf jene Areale zu, die Emotionales steuern und uns helfen, soziale Interaktionen zu bewältigen. Damit bereitet es die sensorischen Systeme wiederum auf zu erwartende und erwünschte Stimuli vor: wir antizipieren be-ständig die unmittelbar vor uns liegende Zukunft, und jede Abweichung ver-setzt uns grundsätzlich in Alarmbereitschaft. Diese Erwartungshaltung ist ein wichtiger Aspekt jeder emotionalen Reaktion auf die Umwelt – auch unserer Reaktion auf Musik. Schnelle, laute, kreischende Töne treiben den Herzschlag in die Höhe, langsame Rhythmen und tiefe Töne beruhigen.

2

In der Rhetorik wird die Hebung einer betonten Silbe nach dem lateinischen Wort für ›Schlag‹ IKTUS genannt. Die Etymologie gibt im Grund ein instinkti-ves Verhalten wieder: überall im Tierreich gilt das Signal einer sich von ihrem Grundton nach oben absetzenden Stimme als Warnschrei. Wir nehmen eine Stimme, die plötzlich lauter und stärker wird, reflexartig als aggressiven Stimu-lus wahr: das Erschrecken ist nichts anderes als die Vorbereitung einer Flucht-reaktion. Erst das Abfallen der Stimme, eine darauf folgende Senkung, gibt so-zusagen Entwarnung.

Nicht nur ein Intonationswechsel, auch jeder Dialog zwischen zwei Spre-chern birgt ein solches Aggressionspotential, weil er leicht zum Schlagabtausch geraten kann. Dieser Antagonismus drückt sich in der Tradition eines eigenen poetischen Genres aus: von den Wortgefechten in der *Ilias* über die antiken Wettgesänge und den mittelalterlichen Sängerstreit bis zum heutigen Bach-mann-Wettbewerb. In Korsika wird heute noch der *contrastu* praktiziert – verbale Auseinandersetzungen, bei denen poetische Schlagfertigkeit körperliche Überlegenheit ersetzt. Dabei geht es darum, meist abschätzig hingeworfene Bemerkungen reimend aufzugreifen und zurückzuspielen – entscheidend ist nicht nur der Witz, sondern auch die Schnelligkeit. Rap und Hiphop stellen nur aktualisierte Formen solcher archaischen Gesänge und Schmähreden dar; sie sind verbale Rundumschläge, die Aggression in sublimierter Form präsentieren.

Strukturell betrachtet, genügt der Auftakt des Iktus, um rhythmische Muster entstehen zu lassen, die systematisch erweiterbar sind. So wie sich in der Musik ein Takt aufgrund von Taktschlägen bestimmen lässt, basiert in der Poesie ein Metrum auf betonten und unbetonten Silben. Als binäres Prinzip aufgefasst, baut jedes beliebige Metrum grundsätzlich auf den Intonationsbögen auf, die wir schon bei der Babysprache kennengelernt haben. Deshalb lassen sich vom Jambus, dem höher und lauter werdenden ›Steiger‹, und seinem Gegenstück, dem ›Faller‹ des TROCHÄUS, letzten Endes alle anderen Versmaße ableiten. Verlängert man das jambische Ansteigen um eine zusätzliche Silbe, wird daraus ein Anapäst; kann das Fallen dagegen auf einer weiteren Silbe ausschwingen, nennt man dies einen Daktylus. Wobei sich dieses Auf und Ab – wie beim AMPHIBRACHYS (unbetont/betont/unbetont: Ge-síng-ge) und seinem Spiegelbild, dem KRETIKUS (wán-del-bár) – zu einem ruhig atmenden Regelmaß auspendeln kann.

Ihre Klassifikation und viele ihrer ursprünglich griechischen Bezeichnungen verdanken diese Versmaße dem Umstand, dass sie für eine bestimmte lokale Tradition der Lieddichtung bezeichnend waren. Sie gaben der – noch auf Tonhöhen und dem Unterschied zwischen langen und kurzen Silben aufbauenden – antiken Lyrik spezifische Taktmuster vor, nach denen sie in Genres eingeteilt wurde: ungeachtet ihres Inhalts. Der Hexameter war nicht nur ein episches Versmaß: auch Lehrgedichte, Hymnen, Orakel, Rätsel und Parodien wurden damit verfasst. Eine Elegie hatte ebenfalls ursprünglich nur wenig mit einem Klagegesang zu tun: gemeint war primär ein Zweizeiler, der auf einen Hexameter einen Pentameter folgen ließ. Auch dieses Versmaß formuliert mit der ersten Zeile einen anstachelnden Reiz, der durch die zweite Zeile wieder neutralisiert wird – oder wie Schiller es in seinem *Distichon* formuliert: »Im Hexameter steigt des Springquells flüssige Säule, / Im Pentameter drauf fällt sie melodisch herab.«

So bildeten sich, ähnlich wie in der heutigen Volksmusik, für einen bestimmten Kulturkreis identitätsstiftende Rhythmen heraus. Ländliche Polka oder Wienerlied, der Hiphop der schwarzen Subkultur oder jamaikanischer Reggae,

Twist, Rock 'n' Roll, oder Punk stellen moderne Entsprechungen zu den Lied-
formen Alkaios', Asklepiades' oder Pindars dar, deren unterschiedliche Metren
nicht nur die Signatur der jeweiligen Lieddichter, sondern auch die ihrer Region
waren.

Ein Versmaß wird also nicht durch einen bestimmten Inhalt determiniert.
Begrenzt wird es zunächst durch unseren Arbeitsspeicher, der mit fünf Einheiten gut ausgelastet ist – deshalb beruht die Metrik in der Regel auf einem Takt
von nicht mehr als vier Elementen. An welcher Stelle der Takt betont wird,
drückt die je eigene affektive Grundstimmung aus. Und diese wiederum lässt
sich darauf reduzieren, in welchem Maß die sich ergebenden Intonationsbögen
Aggression vermitteln – oder nicht. So gesehen, können Jambus und Anapäst
als positiv, pro-aktiv, extrovertiert und provokant gelten, während Trochäus
und Daktylus eher negative, retro-aktive, introvertierte und zurückgenommene
Emotionen abbilden.

Dies verraten teilweise noch die Etymologien ihrer Namen. Das Metrum, das
Archilochos durch seine obszön zynischen Spottgedichte notorisch machte,
wurde JAMBUS genannt, weil er damit seinen Gegnern Verszeilen ins Gesicht
warf (*iambos,* von gr. *iaptein,* ›schleudern‹):

Lykambes, alter – was denkst du dir dabei?
   Wer hat dir denn den kopf verdreht?
Du konntest früher noch bis fünfe zählen –
   doch jetzt bist du der spott der stadt!

Der ANAPÄST (von *anapaiein,* ›zurückschlagen‹) holt für solche Übergriffe nur
noch etwas weiter aus. In seiner extremen Form – zwei aufeinanderfolgenden
›Schlägen‹ – heißt ein Versmaß denn auch PYRRHICHIUS; es bezeichnete einen
Ritus, bei dem bewaffnete Tänzer die Bewegungen des Krieges imitierten, jenem König zu Ehren, der das Pyrrhische jedes Sieges verkörpert.

Das Pendant dazu – der SPONDEUS mit seinen zwei langen Silben – stellt die
denkbar friedfertigste Art dar, etwas zu intonieren: sein Name leitet sich vom
Metrum jener Gesänge ab, die ein feierliches Trankopfer begleiteten. Und der
viersilbige PÄON, der nur eine Hebung aufweist (die wahlweise auf der ersten,
zweiten, dritten oder vierten Silbe liegen kann), ist zu Ehren des heilenden
Gottes Apollon benannt und wurde – seines zufriedenen und getragenen
Grundtons wegen – zum Metrum für Dankeschöre.

Ob von der Lyra begleitet, deren Saiten wie bei einer modernen Bassgitarre das rhythmische Grundgerüst lieferten, dem Stab des Rhapsoden als Taktgeber oder nur durch Mimik und Gestik akzentuiert: Poesie überträgt Klang in körperliche Motorik – und umgekehrt. Das zeigt schon das Wort ›Versfuß‹, das das rhythmische Aufstampfen beim Vortrag markiert. Selbst der DAKTYLUS – nach dem ersten langen Glied und den zwei kürzeren des Fingers benannt – lässt sich auf solch einen unmittelbar physischen Kontext beziehen, wie uns Aristophanes in seinen *Wolken* expliziert:

SOCRATES: Eine taktvolle Gesellschaft akzeptiert dich erst, wenn du, sagen wir, zwischen einem Anapäst und einem gewöhnlichen Daktylus – den man gemeinhin auch ›Finger-Rhythmus‹ nennt – unterscheiden kannst.
STREPSIADES: Finger-Rhythmus – den kenn ich.
SOCRATES: Dann definier ihn.
STREPSIADES [*streckt seinen Mittelfinger mit einer obszönen Geste aus*]: Nun – es bedeutet, mit diesem Finger den Takt angeben. Als ich noch jünger war, hab ich natürlich mit dem da [*greift an seinen Schwanz*] den Rhythmus angegeben.

3

Metren lassen sich also schematisch auf instinktive Angst- und Lustreaktionen zurückführen. Sie beeinflussen dadurch mittelbar auch unsere Motorik. Der primitivste Regulator für Verhaltensmodi ist das parasympathische Nervensystem. Alle Wirbeltiere können dadurch ihre Metabolismen verlangsamen und Sauerstoff sparen, nicht nur beim Winterschlaf, sondern auch beim Tauchen oder um – eine häufige Schutzstrategie – Scheintod vorzutäuschen. Höher entwickelte Wirbeltiere haben darüber hinaus ein sympathisches System entwickelt, das die für Fluchtreaktionen und Kampf nötige Energie aufbringt – vor allem die an Land lebenden Tiere, die es (anders als Fische) einige Anstrengung kostet, ihre Körpermasse in Bewegung zu setzen. Säugetiere, wie wir es sind, können zusätzlich ihren Herzschlag und das damit verbundene Erregungsniveau kontrollieren – und dazu ihre flexible Gesichtsmuskulatur einsetzen. Beides ermöglicht soziale Verhaltensstrategien, die schon auf Vokalisationen und Mimik reagieren und dadurch weniger Anforderungen an den Metabolismus stellen: Drohgebärden sind weit weniger energieaufwendig als Kämpfe.

Unsere emotionalen Reaktionen auf ein Gegenüber werden deshalb im Guten wie im Schlechten davon bestimmt, welche Gesichter man uns schneidet (dafür sind, wie wir gesehen haben, vermutlich die Spiegelneuronen verantwortlich). Umgekehrt begleiten wir das, was wir sagen, ebenfalls wieder mit Mimik und Gestik: so synchronisieren wir die Prosodie unserer Worte mit den Bewegungen von Kopf, Schultern, Armen und Händen. Deren Rhythmik stimmt dabei mit dem Sprechrhythmus überein: große, vom ganzen Arm ausgeführte Gesten unterstreichen einzelne Sätze, Bewegungen der Hand und der Finger akzentuieren einzelne Worte und Phoneme. Je rhythmischer eine Rede wird – sprich: je musikalischer –, desto ausdrucksvoller werden auch Mimik und Gestik: man denke nur an die Körpersprache eines Dirigenten. Und so wie wir unser Sprechen durch Bewegungen unterstreichen, beginnen wir auch bei einem Gedicht und stärker noch bei einem Lied mit den Beinen zu wippen und mit den Fingern zu klopfen.

Das überrascht nicht: Sprechen und Gestikulieren werden von denselben neuronalen Netzwerken reguliert; die Sprache und Handbewegungen koordinierenden Areale liegen im Kortex nebeneinander – sodass zu vermuten ist, dass sie entwicklungsgeschichtlich auseinander hervorgingen.

Rhythmus und Tempo bestimmen wesentlich jede verbale Interaktion. Wenn wir miteinander kommunizieren, synchronisieren wir unsere Sätze aufgrund motorisch-musikalischer Prinzipien: bei gebrochen Deutsch redenden Gesprächspartnern gleichen wir unsere Sprechrhythmik instinktiv ebenso an wie bei schnell und flüssig sprechenden Rednern. Deshalb wechselt in einer Konversation der Sprecher nicht nach semantischen Prinzipien, wie man meinen möchte, nein: der erste Sprecher einer Runde etabliert ein rhythmisches Muster. Und wenn man ihn unterbricht, tut man dies nicht auf beliebige Art und Weise, sondern genau dann, wenn die nächste betonte Silbe fällig wird.

Eine gelungene Kommunikation bemisst sich deshalb auch daran, inwieweit unsere Körpersprache mit dem, was wir sagen übereinstimmt und eine rhythmische Einheit bildet. Ist dies nicht der Fall, alarmiert uns das – wir erkennen Lügner nicht zuletzt an ihren mimischen Dissonanzen. Das zeigt bereits eine Passage aus der *Ilias*, wo der listige Odysseus dieses Prinzip bewusst unterläuft, indem er vorgibt, nicht zu wissen, dass man traditionellerweise den Rednerstab einsetzt, um seine Worte rhythmisch zu akzentuieren – und der noch dazu eine ausdruckslose Miene aufsetzt:

stand der sonst so wendige odysseus jedoch vom sitz auf
starrte er erst auf den boden, schaute scheel von unten

und hielt sich bloß am rednerstab fest, als wüßte er nicht
was anfangen damit, ohne ihn hin- oder herzubewegen –
ein mürrischer kerl möchte man meinen, ein bauerntölpel;
setzte er dann mit seiner kräftigen stimme aber zu reden an
brachen die worte aus seiner brust, so dicht wie schnee
im tiefsten winter – und wir saßen da mit offenem mund
und hörten bald auf, über sein auftreten uns zu wundern.

Odysseus hat die an einen Redner gestellte Erwartung zweimal nicht erfüllt und
jedes Mal eine andere Reaktion ausgelöst. Beim ersten Mal bewegt er sich, ohne
zur Rede anzusetzen. Damit ruft er bei seinem feindlichen Publikum – den Tro-
janern – Geringschätzung hervor und das Gefühl trügerischer Überlegenheit
wegen des Fehlens der gewohnten Gestik. Dann aber redet er, ohne zur Bewegung anzusetzen. Dieses asynchrone Verhalten bewirkt instinktive Alarmbereitschaft. Beide Male – so ließe es sich neurophysiologisch betrachten – ist das
limbische System dafür mitverantwortlich.

Wird die Erwartungshaltung jedoch befriedigt, indem Motorik und Sprache
harmonisch synchronisiert werden, ist die Reaktion eine völlig andere. So be-
schwichtigt Nestor in der *Ilias* den Kriegsherrn Agamemnon nach einer Brand-
rede des Achilleus:

achilleus griff sich den mit goldnen nägeln gespickten stab
warf ihn auf die erde und setzte sich auf die andere seite -
der kriegsherr drüben so weiß vor wut, daß nestor sich erhob:
er war ein sanfter redner mit einer klaren stimme
dem die worte süßer als honig von der zunge flossen.
und der kriegsherr agamemnon antwortete ihm:
ja, alles was du sagst, alter mann, ist richtig und wahr.

Entscheidend für diese Besänftigung ist, dass Nestor seine Zuhörer nicht wie
Odysseus mit einem Strom von Worten eindeckt, sondern sich einer rhythmisch gelassenen Redeweise bedient. Die Reizsignale werden eingebunden in
ein Regelmaß von repetitiven – und deshalb potentiell nicht bedrohlichen –
Mustern: wobei die ›Süße‹ des Vortrags eine Synästhesie des positiven Affekts
darstellt, den eine solche Vortragsart bewirkt.

Der Grund dafür ist wiederum neurophysiologischer Natur und hat wesentlich
mit unserem sozialen Verhalten zu tun. Denn in dem Maß, wie wir unsere Spra-

che unwillkürlich durch Körperbewegungen begleiten – die Kunst eines Schauspielers liegt eben darin, dass er instinktive Verhaltensweisen simulieren kann –, lassen sich all unsere inneren Rhythmen auch gruppendynamisch synchronisieren. Denselben Stimuli ausgesetzt, gleichen sich innerhalb einer Gruppe Atem- und Herzfrequenzen aneinander an, werden wir quasi ein Körper in einem Raum.

Das Glücksgefühl, das wir selbst noch bei Massenveranstaltungen empfinden, geht letztlich auf jene emotionale Bindung zurück, die wir als Säuglinge durch das Singen und Wiegen im Arm der Eltern erfahren haben; sie reichen bis zum Tanz in all seinen Formen. Alles, was eine Gruppe ein und demselben Rhythmus unterwirft – ob es das Musizieren ist oder militärischer Drill –, verstärkt die emotionale Bindung mit ihr. Schimpansen besitzen kein Taktgefühl, sie können ihre Bewegungen nicht einmal mit dem Schlag einer Trommel synchronisieren; dass wir Menschen in größeren Gruppen als Schimpansen erfolgreich zusammenleben, scheint wesentlich damit zu tun zu haben, dass Rhythmik die Solidarität untereinander emotional verstärkt, sei es bei Festen und Feiern, religiösen Ritualen oder politischen Veranstaltungen – strenggenommen verrät auch der Geschlechtsakt nichts anderes als dieses Bedürfnis nach Rhythmik.

4

Motion ist immer auch *Emotion.* Das demonstriert die Musiktherapie; sie kann die Effekte der Parkinsonschen Krankheit (die durch einen Mangel am Neurotransmitter Dopamin verursacht wird) deshalb zeitweilig aufheben, weil Musik die Ausschüttung dieses Transmitters auslöst, der in uns Glücksgefühle bewirkt. Es zeigt sich auch an Trancezuständen, die durch wiederholte rhythmische Bewegungen hervorgerufen werden. Sie bewirken den Verlust jedes Ich-Gefühls und eine veränderte Körperwahrnehmung, die sich etwa in der Vorstellung ausdrückt, fliegen zu können oder schwerelos zu sein.

Repetitive körperliche Rhythmik lässt das Herz langsamer schlagen, lässt uns ruhiger atmen und senkt das Niveau des Stresshormons Kortisol. Die durch schnelle Körperbewegungen ausgelösten Reize arbeiten sich so vom sympathischen Nervensystem über den Gehirnstamm und das Mittelhirn zum Kortex hinauf, wo sie zu erhöhter neuronaler Aktivität führen – bis schließlich eine Schwelle erreicht ist, bei der sich der Hippokampus im limbischen System einschaltet, um diesen Stresszustand auszugleichen. Er bremst die übermäßig hohe Erregung allmählich wieder ein.

Das hat zur Folge, dass gewissen Hirnarealen der Input entzogen wird, den sie brauchen, um normal zu funktionieren. Dazu gehört in erster Linie die Fähigkeit, sich in der Umwelt zu verorten und das eigene Ich davon abzuheben. Von der Notsteuerung des Hippokampus unterbrochen, muss das Gehirn mit den wenigen Informationen auskommen, die ihm dann noch zur Verfügung stehen. Ein Prozess der De-Afferenziation setzt ein, bei der die Grenzen des eigenen Ich zu verschwimmen beginnen und ein zeitloses All-gefühl einsetzt – jene Art der *unio mystica,* wie sie mittelalterliche Mystiker beschrieben haben und die Raver heute jeden Samstagabend erleben.

Das rhythmische Tempo kann überhöht sein oder stark verzögert. Selbst sehr langsame rhythmische Bewegungen lösen diese entgrenzenden Glücksgefühle aus – indem sie anstelle des sympathischen das parasympathische Nervensystem stimulieren, bis dessen Aktivitäten wieder die Schwelle erreichen, bei der sich die Notsteuerung des Hippokampus zuschaltet. Ob der Auslöser Heavy Metal ist oder Mahler, *head banging* oder buddhistische Atemtechnik, ist also gleichgültig.

Damit sind wir erneut bei jener Sensomotorik angelangt, die alles letztlich auf unsere Orientierung im Raum zurückführt. Etwas zu ›verstehen‹, zu ›begreifen‹ und zu ›erfassen‹ heißt im Grunde, zeitliche Abfolgen und räumliche Anordnungen miteinander zur Deckung zu bringen, um die stereoskopische Tiefenschärfe der Kognition zu erhalten. Die beiden Gehirnhälften arbeiten alternierend und schieben sich wechselseitig Informationen zu, einem Rhythmus gemäß, der vom *general brain state* vorgegeben wird. Dabei werden räumliche Informationen als zeitliche Sequenzen kartiert, während zeitliche Sequenzen umgekehrt in räumliche Information verwandelt werden. Beides zusammen bildet nicht nur die Basis für unsere sensomotorischen Konzepte, sondern auch für unsere Wahrnehmung von Klängen. Musiker lernen so beispielsweise, die temporalen Sequenzen von Noten in die Bewegungsmuster umzusetzen, mit denen ihre Finger im Raum agieren.

Alkohol, Hypnose, Tanz, Drogen, Fasten, Meditation, sensorische Deprivation, Stimulanz durch Licht und Klänge, Trancezustände und Riten – sie alle beeinflussen die Vernetzungen unserer kognitiven Areale untereinander. Sie entkoppeln das lineare, analytische ›Denken‹ unseres Neokortex zugunsten von intuitiven und holistischen Regelkreisen und wirken sich auf das Zentrale Nervensystem aus.

Ein Gefühl äußerlicher Desorientierung verbunden mit innerer Konzentration kommt der hypnotischen Wirkung von Musik wohl am nächsten. Es beschreibt damit nicht nur den Effekt, den das Klangereignis der Poesie auslösen kann, sondern auch den Zustand der Inspiration. In der Antike war dies überhaupt Grundbedingung: ein Dichter, der nicht entrückt und enthusiastisch – ›voll des Gottes‹ – war, hatte nur profan Belangloses zu sagen. Er sprach dann höchstens von sich selbst; von Interesse waren seine Botschaften dagegen, wenn sein Geist zwischen Himmel und Erde schwebte. Platon kommt darauf im *Ion* ausführlich zu sprechen:

Wie nämlich die korybantisch Verzückten bei ihrem Tanz nicht bei Sinnen sind, so sind auch die Lyriker nicht bei Sinnen, wenn sie ihre schönen Lieder dichten – vielmehr sind sie, sobald sie in Harmonie und Rhythmus geraten, in bacchischer Besessenheit befangen.

Und wie die Bacchantinnen nur in ihrem Taumel Honig und Milch aus den Flüssen schöpfen, nicht aber wenn sie bei klarem Verstand sind, so macht es auch die Seele der Lyriker – wie sie selbst behaupten. Denn die Dichter sagen uns doch, sie sammelten ihre Lieder aus honigspendenden Quellen und aus den Gärten und Waldtälern der Musen, um sie uns zu bringen, und sie seien dabei beflügelt wie die Bienen.

Und es ist auch ganz richtig, was sie sagen. Denn ein leichtes Wesen ist der Dichter, beschwingt und heilig, und nicht eher ist er imstande zu dichten, als bis er voll des Gottes wird und von Sinnen ist und die Vernunft nicht mehr bei ihm wohnt; solange aber ein Mensch noch in ihrem Besitz ist, bleibt er unfähig zu dichten oder zu weissagen.

Wenn der Gott ihm nämlich den Verstand raubt, ihm und den Orakelverkündern und göttlichen Sehern, so geschieht dies, damit wir, die ihnen zuhören, wissen, daß nicht sie selbst, die ja gar nicht bei Sinnen sind, so wertvolle Dinge sagen, sondern daß es der Gott ist, der durch sie hindurch spricht, daß seine Stimme zu uns dringt.

Als Beleg für eine solcherart erfolgte Trance galt seit dem Altertum eine musikalisch gebundene Sprache, die sich von der Formlosigkeit der Alltagssprache durch ihre harmonische Rhythmik abhob. Im Extremfall – wie bei den Orakeln – konnte sich dies bis zur Glossolalie steigern, dem Zungenreden, für das das lautmalerische Silbensingen im Jazz – der Scat-Gesang – ein modernes Gegenstück darstellt. Dass dabei mit Rauschmitteln nachgeholfen wurde, wissen wir: dazu zählten Schlafmohn, eine giftige Lorbeerart, die gegessen oder über dem Feuer verbrannt und eingeatmet, psychotrop wirkt (dass man die Dichter bei einem Wettbewerb mit Lorbeer krönte, war also soviel wie sie mit Cannabis zu belohnen), oder Methangas, das in Delphi aus einer Erdspalte strömte.

Der Grund, weshalb schon bei den Sumerern, wie später bei Griechen oder Römern, eine Rede süß wie Honig genannt wurde, hat damit zu tun, dass Honig in der Antike zu den Rauschmitteln zählte: er bewirkte das Hochgefühl eines Zuckerschubs und wandelte sich – zu Met vergoren – zu Alkohol. In diesen Kontext ist mit einzubeziehen, dass Trancezustände oft von optischen wie akustischen Halluzinationen begleitet werden, von Punkten, die vor den Augen tanzen, und von an einen Bienenschwarm gemahnendem Summen. So ist von Mohammed überliefert, dass er sein Langgedicht – den Koran – in einer vergleichbaren Verfassung niederschrieb und dabei beständig ein lautes Surren und Schwirren in den Ohren hörte.

5

Für den Genuss von Poesie – wie bei der Rezeption von Religion – ist es zunächst relativ unerheblich, ob man ihre Aussagen versteht. Aufgenommen wird beides, unabhängig von jedem Sinngehalt, zuerst als Hörerlebnis. Die Intonationsbögen der Prosodie suggerieren uns – von Kindheit an vorgeprägt – eine Art vorsprachlicher Kommunikation. Die Modulationen von Tempo und Taktarten lösen dieselben körperlich spürbaren Erregungskurven in uns aus wie bei unserem Interagieren mit der Umwelt.

Im Gegensatz dazu erleben wir Poesie jedoch in einem artifiziellen akustischen Raum, der von der zyklischen Repetition eines Metrums kreiert wird. Dies trägt wesentlich zum hypnotischen Effekt bei. Gleich, ob man ein Gedicht hört oder Musik, beide Male wird dadurch eine virtuelle Gesprächssituation in einem ebenso virtuellen Kontext suggeriert. Wir erfahren eine auf ihre emotionale Ebene reduzierte Sprache, die sich auf unsere Motorik überträgt, um uns Stimmungen vorzugeben.

Addis, Laird (1999), *Of Music and Mind,* Ithaca
d'Aquili, Eugene, & Andrew B. Newberg (1999), *The Mystical Mind – Probing the Biology of Religious Experience,* Minneapolis
Benzon, William (2001), *Beethoven's Anvil – Music in Mind and Culture,* New York
Swain, Joseph P. (1997), *Musical Languages,* New York

**Box 28. Hirnrhythmik und -metrik:
Natur oder Kultur?**

Was haben die wohl berühmtesten Stücke der beiden Jazz-Musiker Paul Desmond und Dave Brubeck – *Take Five* und *Blue Rondo A La Turk* – miteinander gemein? Nun, beide sind rhythmische Meisterwerke, die in ungeraden Taktarten – 5/4 und 9/8 – komponiert wurden. Der Saxophonist Paul Desmond wurde durch die Geräusche einarmiger Banditen in Reno zu *Take Five* inspiriert: *Es war der Rhythmus der Maschine, der mich beeinflusste, und ich schrieb das Stück eigentlich nur, um das in dieser Nacht verlorene Geld wieder hereinzubringen.*

Musikrhythmen können ganz allgemein Menschen in ein Gefühl von Bewegung in der Zeit versetzen, das Atmung, Puls, Phrasierung, Tonalität und Metrik (Takt) umfasst. Spezifischer gesehen, versteht man unter Rhythmus ein Muster von Zeitintervallen. Rhythmische Phänomene sind alltäglich zu beobachten, wenn etwa Zuhörer spontan ihre Füße zum Takt bewegen oder dazu mit dem Kopf nicken. In der Musik versteht man darunter das durch die Folge unterschiedlicher Notenwerte – Tondauern – entstehende *Akzentmuster* über dem Grundpuls. In der Poesie ist damit ebenfalls die Abfolge verschiedener Betonungsmuster gemeint. Und in der Dramaturgie spricht man von einem Erzählrhythmus, um die zeitliche Abfolge von Spannungselementen zu charakterisieren. Das basalste rhythmische Phänomen jedoch ist der Biorhythmus: regelmäßig wiederkehrende Zustände und Veränderungen von Organismen, mit dem Herzschlag als Grundtakt.

Seit den Zeiten des Pythagoras glauben Menschen, dass numerische Eigenschaften, wie etwa ganzzahlige Tonhöhenintervalle (2:1 oder 3:2), zum Wohlklang und der Ästhetik von Musik beitragen. Im Mittelalter betrachtete man einfache Tonkombinationen als Spiegel der Schönheit Gottes, während komplexe Intervalle wie der im Jazz beliebte Tritonus mit seinem Tonhöhenverhältnis von 45:32 als ›Teufelswerk‹ verschrien waren. Einfache rhythmische Intervalle wie der 4/4–Takt etwa gefallen zumindest den meisten Westeuropäern besser als komplexe. In der Tat haben Menschen aus westlichen Kulturen oft Probleme mit der komplexeren Rhythmik fremder Musik; sie tendieren dazu, deren Taktstruktur mental so zu verändern, dass sie den einfacheren Regeln ihrer westlichen Rhythmik folgt, bei der regelmäßig wiederkehrende Taktstrukturen wiederholt werden, meist in einer Abfolge von starken und schwächeren Schlägen. Ein Walzertakt etwa besteht aus drei gleich langen Schlägen, von denen der erste stark betont ist.

Indische oder südosteuropäische Musik hingegen weist deutlich komplexere Rhythmen auf, bei denen ständig zwischen Takten mit drei, zwei und vier Schlägen gewechselt wird. Dies deutet bereits darauf hin, dass es keine angeborene Vorliebe für einfache Rhythmen gibt. Die Musik- und Entwicklungspsychologin Sandra Trehub testete die Hypothese einer kulturbedingten Vorliebe für bestimmte Rhythmen an nordamerikanischen Studenten, bulgarisch- oder mazedonischstämmigen Einwanderern, die seit ihrer Kindheit sowohl an komplexe als auch an einfache Rhythmen gewöhnt waren, sowie an Kleinkindern im Alter von sechs bis sieben Monaten. Sie veränderte dabei Auszüge aus Musikstücken mit einfacher und mit komplexerer Rhythmik so, dass die ursprüngliche Taktstruktur deformiert war.

Nordamerikaner erkannten diese Veränderungen nur, wenn sie in Musikstücke mit einfacheren Takten eingefügt worden waren. Bei komplexeren Rhythmen merkten die nordamerikanischen Probanden – im Gegensatz zu den Einwanderern und den Babys – solche Modifikationen nicht. Dies spricht für Trehubs These, dass die Verarbeitung von rhythmischen Strukturen im Gehirn zu Beginn des Lebens sehr flexibel ist und erst durch jahrelange Gewöhnung an bestimmte Taktstrukturen eine Umorganisation im Gehirn stattfindet, sodass fast nur noch die gewohnten Rhythmen wahrgenommen und ästhetisch bevorzugt werden.

Dass Babys im Alter von zwei Monaten auch rhythmische Unterscheidungen treffen können und das Gefühl für Sprechrhythmus sich bei entsprechender Förderung durch Mutterisch oder Vorsingen äußerst früh entwickeln kann, hatten wir ja bereits in Box 27 angesprochen. Wie aber verhält sich dies bei professionellen Musikern? Sind deren Gehirne für ein außergewöhnlich gutes Rhythmusgefühl genetisch prädisponiert – oder ist dies das Ergebnis jahrelangen Trainings? Die neurowissenschaftliche Forschung liefert Hinweise darauf, dass beide Faktoren eine Rolle spielen; sie legt nahe, dass Hirnareale im linken unteren Frontalgyrus, insbesondere das Broca-Areal, nicht nur für die Sprachverarbeitung, sondern auch für das Rhythmusgefühl wichtig sind. Abbildung 63 zeigt typische Hirnaktivierungen von 14 dänischen Jazzrockern, die bei Stings polyrhythmischem *The Lazarus Heart* zuerst auf den Haupttakt hören (120 Schläge/Minute) und diesen mitklopfen mussten. Danach sollten sie auf den Nebentakt (160 Schläge/Minute) hören, dabei aber den Haupttakt mitklopfen. Der erste Teil des musikalischen Reizes etablierte den Haupttakt, der zweite den Nebentakt.

Die meisten Musiker berichteten von einer gefühlten Spannung, die sich in einer verminderten ›Mitklopfgenauigkeit‹ im zweiten Teil ausdrückte. Diese Spannung aufgrund einer zwiespältigen akustischen Figur-Grund-Relation vergleichen die Forscher mit derjenigen, die Kippfiguren in der visuellen Wahrnehmung bewirken (Box 16). Die Befunde aus der Hirnbildgebung stützen diese Interpretation. Neben der bereits erwähnten signifikanten Aktivierung im unteren Frontallappen fanden die Forscher zusätzliche Aktivationsmaxima in Arealen, die bei der Wahrnehmung von visuellen Kippfiguren systematisch ›aufglühen‹ und mit Aufmerksamkeitsprozessen in Zusammenhang gebracht werden (dazu zählen der untere Parietallobulus und der supramarginale Gyrus).

Rhythmus ist also ein komplexes Phänomen, das angeborene wie kulturell erlernte Komponenten aufweist. Bei aller Reizabhängigkeit entsteht er jedoch maßgeblich ›in Körper und Kopf‹, um letztlich wohl auf ein natürliches Bedürfnis nach rhythmischer Abwechslung zurückzugehen (Box 22).

TapM/C versus tapM/M

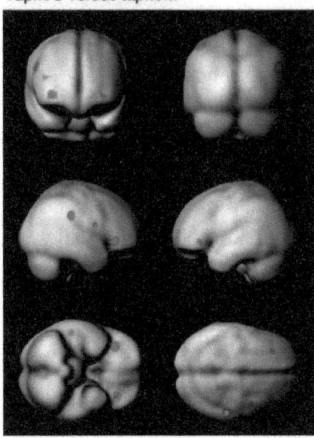

Abb. 63 Typische Hirnaktivierungen bei Stings polyrhythmischem *The Lazarus Heart* (Erläuterungen im Text; nach Vuust et al., 2006).

Hannon, E. E., & Trehub, S. E. (2005). »Metrical categories in infancy and adulthood«. *Psychological Science*, 16, 48–55

Seay, A. (1975). *Music in the Medieval World* (2nd ed.), Englewood Cliffs, NJ: Prentice Hall

Vuust, P., Roepstorff, A., Wallentin, M., Mouridsen, K., & Østergaard, L. (2006). »›IT DON'T MEAN A THING …‹: Keeping the rhythm during polyrhythmic tension, activates language areas« (BA47). *NeuroImage*, 31, 832–841

V – DIE ERFINDUNG DER POESIE

1

Sprache und Musik beruhen auf ähnlichen Ausdrucksformen. Beide können notiert werden, beide sind vokalisch – ob beim Sprechen oder Singen –, und beide können gestisch untermalt werden, mit Zeichensprache oder Tanz. Das ist kaum verwunderlich – Sprechen wie Singen werden durch eine Motorik produziert, die Luft vom Zwerchfell durch unterschiedliche Teile des Kehlkopfs zu den Lippen bewegt. Darüber hinaus basieren Musik und Sprache auf analogen Strukturen: Tonhöhen, Melodien und Harmonik entsprechen den Lauten, Prosodien und der Semantik.

Differenziert hat beide erst die Evolution. Was sie wieder auf ihren gemeinsamen Ursprung zurückprojiziert, ist die Poesie. Dies hat einen pragmatischen Grund: Sie wurde einzig und allein erfunden, weil sich durch die Koppelung von Musik und Sprache das Erinnerungsvermögen steigern lässt. In einer Zeit, die noch keine Schrift kannte, war Poesie die einzige Möglichkeit, Wissen in einem größeren Umfang zu fixieren, indem die Worte in einer musikalischen Matrix abgespeichert wurden: so konnten sie auf Abruf wiedergegeben werden.

Die funktionelle Verbindung von Sprache und Musik in der Poesie ist mittels unterschiedlichster Experimente nachweisbar. Bittet man Versuchspersonen, eine Wortliste zu memorieren, während Musik im Hintergrund spielt, ist die Gedächtnisleistung bei der Abfrage unter den gleichen Bedingungen ungleich höher als in einem musiklosen Kontext. Von besonderer Bedeutung ist dabei die Rhythmik; erst in zweiter Linie spielen Melodien – und somit Tonhöhen – eine Rolle. Je mehr beides aber ineinandergreift, desto größer ist das Erinnerungsvermögen. Das lehrt schon die Alltagserfahrung: in Liedform können wir einen Text über lange Passagen hinweg wiedergeben; ohne diese Gedächtnisstütze kommen wir meist kaum ein paar Zeilen weit.

Die Frage ist, was am Aufbau unseres Gehirns diese Leistung befördert. Erste Hinweise auf die neuroanatomische Basis von Musik und Sprache – inwieweit also die jeweils zuständigen Gehirnregionen sich überlappen beziehungsweise getrennt sind – liefern die Pathologien der Aphasie und der Amusie.

2

Der russische Komponist Wissarion Jakowlewitsch Schebalin erlitt im Alter mehrere linksseitige Hirnschläge, von denen er sich körperlich wieder erholte, die jedoch eine Aphasie zur Folge hatten. Er konnte zwar noch mit Mühe lesen und ein paar Worte schreiben, war aber unfähig, einfachste gesprochene Sätze zu verstehen oder selbst zu formulieren. Und er konnte keine Objekte benennen, sobald er mehr als zwei davon vor Augen hatte – nicht einmal, wenn man ihm den Anfang ihrer Namen nannte. Seine musikalischen Fähigkeiten jedoch waren ihm erhalten geblieben: er komponierte nach seinen Schlaganfällen weiterhin Sonaten, Quartette, Lieder und eine letzte Symphonie, die Schostakowitsch als »brillante kreative Arbeit, voll höchster Emotionen, optimistisch und voller Leben« würdigte. Dieser berühmte Fall kann als erstes Indiz dafür gelten, dass Musik und Sprache von unterschiedlichen Systemen verarbeitet werden.

Gestützt wird diese Annahme durch weitere klinische Fälle. So stellte man bei einem Patienten nach einem Schlaganfall eine Läsion der rechten temporoparietalen Region entlang des superioren temporalen Gyrus fest, die es ihm unmöglich machte, Gesprochenes zu verstehen. Er konnte zwar weiterhin lesen und einfache Worte wiederholen, aber keine richtigen Sätze mehr bilden: *for whom the bell tolls* gab er nach einigen Versuchen bestenfalls mit *for whom the spell extols* wieder. Dazu vermochte er keine Geräusche aus seiner Umwelt mehr zu identifizieren – also all jene Laute, die keine musikalischen Qualitäten aufweisen: einen Wecker hielt er für einen schnarchenden Menschen; die Sirene eines Feuerwehrautos für Kirchenglocken. Sein Interesse an Musik dagegen stieg sprunghaft an, obwohl er sich vorher nie besonders dafür interessiert hatte. Auch wenn er die Namen der Lieder durcheinanderbrachte, konnte er sie doch alle problemlos singen, zwischen verschiedenen Rhythmen klar unterscheiden und diese mit den Fingern nachklopfen.

Eine ähnliche Pathologie verursachte bei mehreren Patienten zusätzlich den Verlust der Fähigkeit, Tonhöhen zu identifizieren. Sie erkannten Fremdsprachen weder an ihrem Tonfall noch an ihren spezifischen Satzprosodien oder der darin ausgedrückten emotionalen Stimmung; Fragen, Ausrufe, Befehle oder neutrale Aussagen konnten nicht mehr voneinander unterschieden werden.

In einem anderen Fall führte eine Läsion der linken Gehirnhälfte (das EEG zeigte, dass der anteriore und mittlere Schläfenlappen in ihrer Funktion beeinträchtigt waren) neben der Aphasie zum Verlust der Fähigkeit, Rhythmen zu identifizieren. Obwohl die Patientin vollkommen wort-taub geworden war, konnte sie Nonsens-Worte noch an der Sprachmelodie von richtigen Worten unterscheiden und Fremdsprachen erkennen. Das bedeutet, dass die rechte Gehirnhälfte für die Verarbeitung von Intonationen zuständig ist und insofern auch lexikalische Vorentscheidungen trifft, die Worte und Nonsens-Worte differenzieren.

Ein Japaner wiederum litt nach einem Hämatom in der linken Gehirnhälfte, das vor allem den linken Thalamus und die weiße Materie des linken Temporal- und Parietallappens schädigte, unter einer vollständigen Aphasie. Er konnte zwar noch normal reden, lesen und schreiben, verstand aber nichts mehr von dem, was man ihm sagte, weder den Sinn der Worte noch ihre Prosodie. Trotzdem war er weiterhin in der Lage, zwischen Geräuschen und Klängen zu unterscheiden; er identifizierte Tonhöhen, Melodien und die emotionale Stimmung eines Musikstückes – nur der Rhythmus bereitete ihm Schwierigkeiten.

3

Das Gehirn kann also musikalische Strukturen erkennen, selbst wenn das Sprachvermögen verloren ist. Aphasie muss demnach nicht unbedingt Amusie zur Folge haben – das gilt auch umgekehrt, wie folgende Fälle zeigen.

Wie Schebalin litt Maurice Ravel in seinen letzten Lebensjahren unter einer milden Form der Aphasie, die ihm allerdings Schwierigkeiten bei Eigennamen und beim Finden der richtigen Worte machte; sie lagen ihm zunehmend nur mehr ›auf der Zunge‹. Schlimmer war jedoch, dass er keine Musik mehr zu komponieren vermochte, obwohl er eine neue Oper im Kopf hatte, Tonleitern auf dem Klavier spielen und Konzerte hören konnte.

Ähnlich ging es einem australischen Amateurmusiker nach einem Schlaganfall im rechten inferioren Scheitellappen, der sein Sprachvermögen intakt ließ, ihn aber um die Fähigkeit brachte, zu singen und seine Instrumente zu spielen. Er hörte die Fehler, die er machte, vermochte sie aber nicht zu korrigieren: seine Hände hatten jedes Gefühl für Melodie, Rhythmus und Harmonie verloren, ihre Bewegungen ließen sich nicht mehr koordinieren.

Bei einem italienischen Gitarristen kehrte nach einem Hämatom im linken Schläfenlappen und im superioren temporalen Gyrus zwar das Sprachvermögen zurück, aber Singen klang für ihn nun wie Geschrei. Prosodien erkennen, Geräusche von Klängen unterscheiden, einzelne Rhythmen wie Tango oder Walzer auseinanderhalten, all das konnte er noch; Melodien identifizieren, obwohl sie ihm ›irgendwie‹ bekannt vorkamen, gelang ihm jedoch nicht mehr.

Ein Aneurysma im linken Schläfenlappen und in der rechten frontalen opercularen Region des Gehirns ließ wiederum einen Kanadier mit einer besonderen Art der Amusie zurück: er konnte noch Tonhöhen und Rhythmen voneinander unterscheiden und identifizierte Melodiekonturen danach, ob sie stiegen oder fielen. Sein gesamtes tonales Erkennungsvermögen, das Wissen um die impliziten Regeln, mit denen Musik strukturiert wird (und die wir wie die grammatikalischen Regeln in der Kindheit lernen), war jedoch verlorengegangen: er erkannte keine Tonleitern mehr.

4

Diese Liste von Pathologien zeigt, dass musikalische und sprachliche Strukturen von getrennten Arealen verarbeitet werden – die jedoch miteinander vernetzt sind. Vom Singsang, mit dem wir zu Babys sprechen, bis zum Sprechgesang der Poesie – beide Male ist Musik wie Sprache involviert, beide Male müssen Melodien, Tonhöhen und Rhythmen zu einem Ganzen integriert werden. Neueste Studien bestätigen, dass die Verarbeitung von musikalischer wie sprachlicher Syntax teilweise auf denselben neuronalen Netzwerken basiert: vorwiegend auf dem Broca-Areal und dem rechtshemisphärischen homotopen Areal.

Der Fall des kanadischen Musikers KB, bei dem ein Schlaganfall das rechte frontoparietale Areal sowie das rechte Cerebellum in Mitleidenschaft zog, ist deshalb umso interessanter. Er liefert Hinweise dafür, wie Text und Musik eines Liedes abgespeichert werden – und damit, wie unser Gehirn Poesie prozessiert.

Nach dem Anfall kehrten bei KB Sprach- und Gedächtnisvermögen wieder im alten Umfang zurück, dafür hatte er plötzlich Schwierigkeiten beim Sequenzieren von Symbolen: gleich ob Buchstaben oder Zahlen. Obwohl sein Gehör nicht betroffen war und er weiterhin Geräusche und Töne unterscheiden konnte, verlor er zunehmend jedes Interesse an Musik. Sein eigenes Singen empfand er als ebenso ›flach‹, wie seine Sätze sich für andere monoton und emotionslos anhörten: seinem Sprechen fehlte jegliches prosodische Element.

Dieser Verlust des Intonationsvermögens – die Fähigkeit, Sprechdynamik, -geschwindigkeit und -timbre zu variieren – sagt etwas über die Verbindung von Musik und Sprache aus. Prosodie nimmt ja musikalische Formen an, insbesondere wenn sie so akzentuiert wird wie in der Poesie. Sie ist das, was von einem Satz übrigbleibt, wenn man von seinem semantischen Gehalt absieht: eine lautmalerische Kontur von Tonlängen, -stärken, -höhen und rhythmischen Akzentuierungen. KBs Fall demonstriert – neben den anderen aufgezählten

Fällen von Aphasie und Amusie –, dass eine dieser zwei Störungen genügt, um die Verarbeitung von Prosodie zu unterbinden. Das bedeutet, dass bei der Synchronisation von Sprache und Musik – welche die Poesie kennzeichnet – die jeweils beteiligten Areale auf einen gemeinsamen Regelkreis zugreifen, der Tonhöhen und rhythmische Muster prozessiert.

Spezifische Tests am Patienten KB bestätigten dies: er konnte weder Tonhöhen noch Rhythmen identifizieren und erkannte deshalb selbst die vertrautesten Melodien nicht mehr, sobald sie ihm instrumental vorgespielt wurden. Bei Liedern war es jedoch anders: da sie mit einem Text unterlegt waren, gelang es ihm weiterhin in begrenztem Maß, neue Melodien zu erlernen. Das bedeutet, dass Melodie und Text vom Gehirn zwar separat abgespeichert werden, aber doch eng genug miteinander vernetzt bleiben, dass eines das andere abrufen hilft.

Von KBs geschädigten musikalischen Arealen waren also noch genügend funktionsfähig geblieben, um von den sprachlichen Zentren aktiviert werden zu können. Nur dieser Umstand machte es ihm möglich, über die Worte eines Liedes dessen Melodie zu erkennen; bei Instrumentalmusik scheiterte er hingegen, weil diese nur die musikalischen Zentren aktivierte. Sprache und Musik werden demzufolge nicht nur durch die Prosodie verarbeitenden Areale miteinander synchronisiert, sie gehen auch auf einer tieferen Ebene eine Verbindung ein: es ist die Ebene der Erinnerung, auf der beide Strukturen als gemeinsame Einheit abgespeichert werden. Ein musikalischer oder ein semantischer Reiz genügt deshalb, um sie zusammen wieder abzurufen.

5

Bevor wir auf das Verhältnis von Musik und Sprache näher eingehen, sind diese neuronalen Vernetzungen noch klarer zu skizzieren. Der Gehörsinn sitzt in einer Falte der Schläfenlappen, die lateraler Sulcus genannt wird. Von dort werden die Impulse – über den Thalamus – an spezialisierte Areale innerhalb dieses Lappens weitergeleitet. Der primäre auditorische Kortex ist hauptsächlich für die Identifizierung von Tonhöhen und Lautstärke zuständig; der sekundäre auditorische Kortex fokussiert sich auf harmonische, melodische und rhythmische Muster; der tertiäre auditorische Kortex integriert die einzelnen Informationen dann zu einem Ganzen.

Nun gibt es aber auditorische Kortizes in beiden Gehirnhälften – entsprechend komplementär sind ihre Aufgaben. Der linke Kortex ist stärker als der rechte verantwortlich für die Auflösung von schnell wechselnden Tonhöhen (also auch für die Prosodie), der rechte hingegen stärker als der linke für repetitive musikalische Strukturen (also auch für das Metrum). Diese Aufteilungen machen Sinn. Eine bessere Auflösung hoher Frequenzspitzen geht auf Kosten des Zeitfensters, in dem sie sich erfassen lassen – und umgekehrt: je breiter das Fenster für Rhythmen ist, desto weniger gut lassen sich Tonhöhen registrieren. Da beides für unsere Fähigkeit zur Kommunikation entscheidend ist, hat wohl der evolutionäre Druck zu dieser Spezialisierung geführt – und damit dazu, dass Musik und Sprache sich trennten. Sie haben sich, wie man mit dem Fachbegriff sagt, ›doppelt dissoziiert‹ und eine eigene funktionelle Autonomie entwickelt. Die Musik – obwohl sie ähnlich aufgebaut ist wie Sprache – geht dabei tiefer: sie ist unmittelbarer, weil sie ohne verbale Reflexionen auskommt.

Zu den Strukturen zusammengesetzt, die wir Sprache respektive Musik nennen, werden diese Signale jedoch an anderer Stelle. Klänge und Sprachlaute erhalten eine Syntax von Melodie- und Prosodiebögen im Broca-Areal der linken und im entsprechenden Zentrum der rechten Gehirnhälfte: Musik aktiviert dabei eher die rechte Gehirnhälfte, Sprache eher die linke. Rhythmus hingegen wird weniger im Kortex als in der evolutionsgeschichtlich ältesten Region unseres Gehirns verarbeitet: im Cerebellum und in den Basalganglien. Das wissen wir im Grunde – denn das für die Poesie wohl auffälligste Merkmal ist der Rhythmus; er geht uns schneller und eindrücklicher ein als der Sinngehalt der Verse.

So wie musikalische Impulse nicht nur von einem Zentrum, sondern von mehreren Arealen gleichzeitig prozessiert werden, überlappen sich auch die Schaltkreise von Musik und Sprache. Die Prosodie eines Verses wird eher in der rechten Gehirnhälfte aufgelöst, während das Erfassen seiner Aussage eher in der linken vor sich geht.

Parallel geschaltet werden sie durch eine Vielzahl von gemeinsamen Strukturen: Worte wie Töne stimulieren den Herschelschen Gyrus und die superiore temporale Ebene mit dem Planum Temporale. Die primäre auditorische Region (BA 41) reagiert auf Sprache und Musik genauso wie die sekundären auditorischen Regionen (BA 42 und BA 22), die für die akustische Identifikation von Worten wie von Tonleitern verantwortlich sind und als ›Prozessoren‹ auch Vorhersagen über zu erwartende Muster treffen.

Dem Cerebellum fällt erneut eine besondere Rolle zu. Dieses ›kleine Hirn‹ sitzt hinten am Nacken: es umfasst zwar bloß 10 Prozent der gesamten Masse, enthält jedoch weit über die Hälfte aller Neuronen. Dieses Reptiliengehirn überwacht die Rhythmik unserer Bewegungen – und damit auch die von Prosodie und Musik. Es ist einerseits durch dicke Verbindungen mit den Mandelkernen als emotionalen ›Zentren‹ unseres Gehirns verknüpft, andererseits mit den analytischen ›Zentren‹ des zerebralen Kortex. Von beiden unterstützt und optimiert, hilft das Cerebellum die Daten der einzelnen Sinnesorgane zu verarbeiten: es unterscheidet zwischen Metrum und Tonhöhe, Wortsemantik sowie perzeptuellen und räumlichen Wahrnehmungen, um sie dann auch emotional zu grundieren.

Dafür kommen neben den Mandelkernen weitere, über mehrere Hirnareale verteilte emotionale Netzwerke ins Spiel – ACC, Nucleus Accumbens, Insulae und Orbitofrontalkortex –, die ebenfalls durch musikalische Reize aktiviert werden. Und die motorischen Zentren des zerebralen Kortex, die mit dem auditorischen Kortex in Verbindung stehen, bereiten währenddessen schon die entsprechenden Hand-, Finger- und Lippenbewegungen vor.

Entscheidend für unseren Genuss ist jedoch, dass diese ›tieferen‹ Netzwerke Opioide ausschütten und Dopamine produzieren, die unsere Grundstimmung positiv beeinflussen. Es handelt sich um natürliche Antidepressiva, was erklärt, weshalb selbst die traurigste Musik auf uns wohltuend wirken kann. Das ist jedoch nur ein Regelkreis, der gleichsam selbstbelohnend und stimulierend wirkt. Den anderen bietet uns das Cerebellum, das parallel zu Rhythmus und Metrik auch die Emotionen reguliert. Und ein dritter Regelkreis ist für unser intellektuelles Vergnügen zuständig: die auditorischen Regionen im Vorderhirn synchronisieren nämlich die oszillierende Neuronentätigkeit auf die Reizsignale der Prosodie, um den nächsten Jambus oder Trochäus vorherzusagen. Deckt sich dieser mentale Takt mit dem real gehörten, verschafft uns dies ebenso ein Gefühl von Zufriedenheit wie eine kunstvolle Abweichung vom Regelmaß. Beides ergänzt sich: zu viel Regelmaß, und Langeweile tritt ein; zu viel Abweichung, und wir verlieren das Interesse.

Vergleichbares trifft für die Strukturierung von semantischer Information zu. Um eine Gedichtzeile als Ganzes erfassen zu können, ist ein Arbeitsspeicher nötig, in dem die Silben abgelegt werden können, damit sie zu Worten, Phrasen und Sätzen kombiniert werden können. Wo dieser Speicher sitzt, weiß man noch nicht genau – wahrscheinlich im Stirnhirn.

Zudem ist ein Speicher für Langzeiterinnerungen notwendig, der erstaunlich wirkungsvoll ist: einmal gelernte Verse vergisst man ebenso wenig wie Melodien. Auch dessen Lokalisierung ist ungewiss – falls seine Arbeit nicht überhaupt durch die Gesamtstruktur des Gehirns bedingt wird. Als möglicher Kandidat gilt die Glia – der ›Leim‹, der das Stützgerüst der Neuronen bildet. Die dort vorhandenen Astrocyten machen 90 Prozent der gesamten Hirnzellen aus. Sie schütten Moleküle aus, die die synaptische Erinnerung der Neuronen bewirken. Im Hippokampus kontrolliert eine einzige Astrocyte etwa 140 000 Synapsen. Damit würden Astrocyten eine Meta-Ebene bilden, die jene neuronalen Vernetzungen wieder aktivieren kann, mit denen all unsere Erinnerungen kodiert werden. Sie stellen letztlich nichts anderes dar als Verbindungen von Neuronen, die – sobald sie wieder richtig konfiguriert werden – das Abrufen der Erinnerung erlauben, um sie uns dann im Kino unseres Kopfes abzuspielen.

Was für die Vorhersage der prosodischen Melodiekontur gilt, charakterisiert auch die Vorhersagbarkeit von Wortfolgen. In beiden Fällen verschafft uns eine leichte Abweichung das größte Amüsement: eine leicht verschobene Semantik, ein synkopiertes Metrum ist einerseits interessant und stachelt unsere Neugier an, fällt andererseits aber gerade noch in den erwarteten Rahmen. Diese Reaktion ist rein kulturell konditioniert. Hört eine Ratte eine Abweichung im Rhythmus der Zweige, die ans Fenster klopfen, reagiert sie mit Angst. Da wir jedoch gelernt haben, Poesie als grundsätzlich nicht bedrohlich einzustufen, stimuliert sie uns – es sei denn, man hat sie uns nie nahegebracht oder in der Schule wieder ausgetrieben.

6

Beim Hören wie beim Vortragen von Poesie werden demnach zwei komplex miteinander verbundene neuronale Netzwerke aktiv: das eine analysiert und speichert musikalische, das andere sprachliche Elemente. Wiederholtes Hören etabliert einen Regelkreis zwischen beiden, sodass die Aktivation des einen automatisch auch das andere stimuliert. Damit haben wir einen weiteren neuropsychologischen Beleg für jene Gedächtnisleistung, die durch Poesie befördert wird. Und die ist nicht unerheblich. Vom etwa 16 000 Verse umfassenden *Siri-Epos* des Tulu-Volkes, dem malischen *Son-Jara* oder dem *Mwindo-Epos* der Banjanga bis zum *Manas* der Kirgisen, dem *Gesar* der Mongolen und all den indischen Epen mit ihren Hunderttausenden von Versen konnte sich die Performance solcher Langgedichte über Tage und Wochen erstrecken, von Instrumenten begleitet oder *a capella* gesungen. Als einzige Basis dafür diente das Gedächtnis mit seiner durch musikalische Strukturen erhöhten Speicher- und Produktionsfähigkeit, durch die erinnerte Formeln im gleichen Maß abgerufen wie neue Verse gebildet werden konnten. Nicht von ungefähr lauteten die drei ältesten Namen der Musen Aoide (›Gesang‹), Melete (›Übung‹) und Mneme (›Erinnerung‹).

Levitin, Daniel J. (2006), *This Is Your Brain On Music – The Science of a Human Obsession*, London
Peretz, Isabelle, & Robert Zatorre (ed.) (2010), *The Cognitive Neuroscience of Music*, Oxford
Santello, Mirko, & Andrea Volterra (2010), »Astrocytes as aide-mémories«. *Nature* 463, January 14, 232–236

W – FORMELN UND PHRASEN

1

Die Bedeutung der Worte sowie ihre Melodik und Metrik der Prosodie werden also von unterschiedlichen neuronalen Netzwerken aufgefädelt, über gemeinsame Knotenpunkte jedoch wieder miteinander verknüpft. Sprache und Musik sind sich demnach in ihrer Textur ähnlich. Das zeigt sich auch auf der Ebene des Gedächtnisses. Es ordnet ihre jeweiligen Muster nach gestaltpsychologischen Kriterien an – retrospektiv wie prospektiv. Damit wären wir erneut bei jener Ökonomie angelangt, die uns in der Fülle der von uns prozessierten Daten überhaupt erst Strukturen erkennen lässt.

Unsere Kognition versucht, soweit möglich, serielle Abfolgen zu antizipieren – kann aber auch innerhalb unseres Gedächtnisses diese Erwartungshaltungen rückwirkend wieder revidieren. Grammatik und Syntax der Sprache ermöglichen uns die Vorhersage, dass auf einen Artikel ein Substantiv folgen wird; sie lassen uns aber auch verbale Klammern auflösen und im Nachhinein den Sinn des Satzes erschließen.

Gleiches gilt für die Musik mit ihrem auf Takt und Tonleitern aufbauenden Syntagma. Dass wir gewisse Muster vorauszusagen imstande sind, erlaubt uns erst die scheinbare Anstrengungslosigkeit, mit der wir Musik hören. Dasselbe Gestaltprinzip versetzt uns auch in die Lage, rückwirkend die Automatik solcher Analysen zu berichtigen – etwa bei Beethovens *Streichquartett op. 59*, wo sich die anfänglich dominante C-Dur-Tonlage nachträglich als e-Moll erweist.

Erfüllt sich unsere Erwartung nicht, sind wir momentan desorientiert. Mozarts ›dissonant‹ genanntes Quartett ist dafür ein Beispiel: es scheint in As-Dur zu beginnen – sobald die Violine aber mit ihrem klargestrichenen A einsetzt, konzipieren wir das Stück wieder von vorn. Bemerkenswert dabei ist, dass es völlig irrelevant ist, wie oft wir das Stück bereits gehört haben. Die Wendungen – und damit unser affektiver Genuss, der die sprichwörtliche Gänsehaut auslöst – verlieren durch wiederholtes Hören nichts von ihrer Wirkung: sonst würden wir ja kein Musikstück mehrmals anhören.

Dies bedeutet, dass wir Musik auch unabhängig von der uns unmittelbar bewussten Wahrnehmung verarbeiten – und eine Art ›Prozessor‹ am Werk ist, der gehörte Strukturen automatisch von vorne abtastet und ordnet. Das gilt sogar für die Musik, die wir ›im Kopf hören‹: wir holen die Töne zwar aus unserem Langzeitgedächtnis, der Prozessor bearbeitet sie aber weiterhin so, als wäre es das erste Mal – womit der Eindruck entsteht, wir würden sie gleichsam ›von außen‹ hören.

Experimente haben dieses Prozesshafte auch bei der Sprache bestätigt – ein Wort, das in einem Satz keinen Sinn ergibt, löst in unserem Gehirn dieselbe elektrophysiologische Reaktion aus wie ein dissonanter Ton in einem Akkord. Dasselbe gilt für die Syntax unserer Sätze: wir antizipieren nicht nur bestimmte Worte, sondern auch ihre spezifische Position innerhalb einer Wortfolge. Wird der letzte Teil eines Sprichwortes nur um 600 Millisekunden verzögert, zeigen die elektrischen Signale unseres Hirns dieselben Reaktionsmuster wie bei einer zeitversetzten Note.

2

Auf die Erinnerungsleistung der Poesie übertragen, bedeutet dies, dass wir Worte nicht nur unter ihrem semantischen Aspekt abspeichern, sondern auch nach den Charakteristika ihres Metrums und (zumindest was die vormodernen Dichtungstraditionen betrifft) nach den Tonhöhen der Prosodie. Statt einem Verarbeitungsmechanismus haben wir somit gleich drei zur Verfügung. Da die Qualität von Poesie wesentlich davon abhängt, inwieweit diese musikalischen Strukturen mit den Satzstrukturen synchronisiert sind – wie singbar Worte also gemacht wurden –, kann ein und derselbe Prozessor sie auch wieder parallel aufrufen und zu ihrer ursprünglichen Einheit zusammensetzen. Etwaige Lücken im Wortgedächtnis werden mithilfe der metrischen Struktur oder der prosodischen Kontur geschlossen, die den Wortlaut herstellen helfen.

Diese funktionelle Eigenart unseres Gehirns hat zu jenem Vorrat an Formeln geführt, mit denen die orale Poesie ihre Informationen gruppiert, um sie leichter erinnerbar und schneller wieder abrufbar zu machen. Nomen – Helden, Dinge, Städte – wurden mit fixen Beiwörtern versehen, Phrasen und Idiome bildeten sich heraus, ja ganze Stehsätze und Verse. Sie kamen allein aufgrund eines bestimmten metrischen und melodischen Rasters zustande: das Wortmaterial dafür wurde spezifisch unter dem Gesichtspunkt der Prosodie ausgewählt.

Das bekannteste moderne Beispiel ist der Formelvorrat, den die mündlichen Dichter des ehemaligen Jugoslawien – die Guslaren – noch in den 30er Jahren des letzten Jahrhunderts verwendeten. Mithilfe ihrer Formelsprache extemporierten sie Gesänge in einer Länge von bis zu 12 000 Versen: ein Viertel der Einzelverse und die Hälfte der Halbverse bestehen aus solchen Satzbausteinen. Da sie fast beliebig kombinierbar sind, ersparten sie dem Dichter die mühsame und zeitaufwendige Transposition dessen, was er sagen wollte, in eine sprachmusikalische Struktur; sie garantierten einen nahtlos improvisierten Vortrag – mit einer Sprechgeschwindigkeit von 10 bis 20 Silben pro Minute.

Ein den Sinngehalt der guslarischen Formeln wörtlich übersetzendes Beispiel muss hier genügen, um die in solchen Epen wiederkehrenden Phrasen zu unterstreichen:

> Ein ›Bei Allah‹ und sie bestieg ihr Pferd;
> Sie flehte ihr weißes Pferd an:
> Los, Schimmel, du Falkenflügel!
> du bist an Raubzüge gewöhnt;
> Mujo ging schon immer auf Raub.
> Bring mich jetzt zur Stadt von Kajnida!
> Ich kenne den Weg nicht zur Stadt von Kajnida!
> Es war ein Tier, es konnte nicht sprechen,
> aber der Hengst kannte viele Dinge.
> Er schaute über die Berge hinweg,
> es nahm den Weg zur Stadt von Kajnida,
> es überquerte ein Gebirge ums andere,
> bis es den Berg hinabgaloppierte.

Eine solche Technik macht aber noch keinen Homer. Dessen Epitheta – der ›schnellfüßige Achilleus‹, die ›weißarmige Hera‹ – und Formeln nehmen zwar noch Bezug auf orale Traditionen. Seine weit komplexere Poesie, die bildlich nuancierter, erzählerisch detaillierter, rhetorisch und logisch anspruchsvoller war, verrät indes eine davon bereits abgehobene Kompositionsweise: Homer stand bereits Schrift zur Verfügung. Statt eines flüchtigen Klangs im Ohr und eines nur akustischen Arbeitsspeichers bediente Homer sich eines völlig anderen Mediums – Pergament und Alphabet –, das ein ungleich größeres Maß an Reflexion, Zeit und Wortarbeit für jeden Vers erlaubte.

Trotz der Vorteile der Schriftlichkeit hielt sich die mündliche Ebene bis ins hohe Mittelalter, wobei ›lesen‹ gleichbedeutend war mit ›laut aussprechen‹. Die Textbauweise mittels fixen Wortblöcken wurde sogar noch nachdem sich die Schrift in aller Breite durchgesetzt hatte, weiter bewahrt. Bis ins 19. Jahrhundert hinein wurden so im *Gradus ad parnassum* – ›den Stufen zum Parnass‹ – Phrasen lateinischer Dichter kompiliert und die langen und kurzen Silben darin bequem für den Schulgebrauch markiert, damit Schüler sich daraus ihre Gedichte zusammensetzen konnten. Diese Werke wurden – nach dem Namen einer aus alten Flicken zusammengenähten Decke – *cento's* genannt, ihre Verse meist aus Vergilschen Formeln gestückelt.

Heute bestehen die ›Lyrics‹ der meisten ›Popsongs‹ aus einer Formelsprache, die sich seit den 50er Jahren des 20. Jahrhunderts herausgebildet hat, sodass man die Reime inzwischen in der Regel treffsicher voraussagen kann. Sogar bei Bob Dylan besteht die Hälfte seiner Texte aus solchen Phrasen. In unserer deutschsprachigen Volksdichtung besitzen wir einen Vorrat von rund 15 000 Redensarten, die großteils aus solchen Formeln bestehen: von ›Wer A sagt, muss auch B sagen‹ und ›das A und O von etwas sein‹ bis zu ›in der Zwickmühle stecken‹ und ›etwas aus dem Zylinder holen‹. Diese Redensarten sind mehr als bloße Idiomatik: mit ihrer komprimierten Bildlichkeit und der in ihnen ausgedrückten Moral stellen sie gedankliche Fertigteile dar, die wir tagtäglich einsetzen.

3

Die Klangfiguren, zu denen Worte mittels Metrum und Prosodie vereint werden, befördern also die Erinnerungsleistung des Gehirns. Das hat für die Poesie nicht nur positive Konsequenzen – denn dadurch kann die musikalische Ebene die semantische in den Hintergrund drängen. Je vollmundiger ein Gedicht, je runder seine Metrik, je ›weiblicher‹ (zweisilbig) und ›reicher‹ (drei- oder mehrsilbig) seine Reime, desto weniger nimmt man seinen Sinngehalt wahr: der überinstrumentierte Klang reduziert die Worte zum Geklingel:

> Wenn steigend sich der Wasserstrahl entfaltet,
> Allspielende, wie froh erkenn ich dich;
> Wenn Wolke sich gestaltend umgestaltet,
> Allmannigfaltige, dort erkenn ich dich.

Was da beim Hören von Goethes *Buch Suleika* an klarer Aussage noch erkennbar wird, ist fraglich. Denn das Lautmalerische der Verse verschleiert, dass das harte Hochspritzen und Auffächern einer Fontäne mit einer nebulös wabernden Wolkenbildung *de facto* wenig zu tun hat. Die Analogie zwischen Wasserstrahl und Wolke wird hier allein durch den Gleichklang von ›entfaltet – gestaltend umgestaltet‹ und die parallele Syntax erzeugt. Es erlaubt zudem, ein für beide Seiten inkongruentes *tertium comparationis* – ›Allmannigfaltige/Allspielende‹ – einzubauen: das Abstraktum einer heiligen Vielfaltigkeit, die das Konkretum von Wasserstrahl und Wolke verbinden soll. Der geschlossene Eindruck, den die Musikalität der Strophe erweckt, täuscht darüber hinweg, dass der Zusammenhang zwischen diesen drei Sinneinheiten nur gesetzt ist, eigentlich aber völlig willkürlich bleibt.

Zurückführen lässt sich dies auf jenen musikalischen ›Prozessor‹, der ein Gedicht nun vorrangig auf seinen Klanggehalt abtastet. Er antizipiert klangähnliche Wörter, Alliterationen und Stabreime. Treffen die von ihm gesetzten Voraussagen zu, sind wir befriedigt – es liegt somit kein zwingender Grund mehr vor, auch unsere semantische Erwartungshaltung zu revidieren, um die eigentliche Aussagekraft der Zeilen zu überprüfen.

Der Prozessor, mit dem wir die gebundene Sprache eines Gedichts gewissermassen ›scannen‹, um ihre musikalischen Strukturen zu erfassen, bewirkt aber noch etwas anderes, das für die Poesie typisch ist: unser prospektives und zugleich retrospektives Hören lässt Gedichte relativ zeitlos und statisch wirken.

Weil die Repetition der metrischen Muster letztlich den Eindruck von Stillstand vermittelt, kann im Gedicht deshalb weniger gut erzählt werden als in der Prosa. Gesteigert wird der Effekt des Statischen noch durch den Reim, der stets auf sein Grundwort zurückverweist. Dabei sind wir bemüht, die lautliche Ähnlichkeit mit einer semantischen abzugleichen, um rückwirkend eine Art Kohärenz herzustellen. Und obwohl all dies erst im Nachhinein geschieht, ist der Effekt – dank unseres mentalen Arbeitsspeichers – der von Gleichzeitigkeit. In Goethes Versen wird dies überdies durch parallele Satzstrukturen verstärkt, in denen parallele metrische Raster sich am leichtesten realisieren lassen: sie bewirken erneut den Eindruck von Gleichläufigkeit. Metrum, Reim und die Prosodie der Syntax befördern zyklische Wiederholbarkeit – sodass jede neue Verszeile zunächst nur eine Variation ein und desselben Grundmotivs darstellt.

Dadurch ergibt sich insgesamt eine Art Zeitlupeneffekt: das Retrospektive jeder Repetition (das zugleich auch prospektiv auf die nächsten Verse ausgerichtet ist), ordnet eigentlich linear abfolgende Sinneinheiten gewissermaßen spiralförmig an – um sie auf zeitlos Momentanes zu verengen. Das wirkt sich in unserem Beispiel auch semantisch aus. Obwohl es, prosaisch betrachtet, eine ganze Weile dauert, bis Wolken ihre Gestalt wechseln, und obwohl das Aufschießen eines Brunnenstrahls dazu noch Dynamik ausdrückt, steht in Goethes Strophe dennoch alles still, ist beides zu einer Momentaufnahme gefroren. Anders als Prosa, die wir tendenziell filmisch verarbeiten, ist die Poesie deshalb eher mit der Fotografie zu vergleichen.

Wählen wir ein anderes Beispiel, C. F. Meyers *Römischer Brunnen*:

Aufsteigt der Strahl, und fallend gießt
Er voll der Marmorschale Rund,
Die, sich verschleiernd, überfließt
In einer zweiten Schale Grund;
Die zweite gibt, sie wird zu reich,
Der dritten wallend ihre Flut,
Und jede nimmt und gibt zugleich
Und strömt und ruht.

Beim Hören gibt die Härte der ersten Zeilen samt ihrem Bruch die Dynamik des Themas vor. Das Metrum setzt immer wieder neu an und baut in die Kontur erst kleine Bögen ein – ›sich verschleiernd‹; ›sie wird zu reich‹ –, um sich in den letzten zwei Versen immer jambischer hochzuarbeiten, aufbrodelndem Wasser ähnlich. Diese Unruhe gibt hier – anders als bei Goethe – den Fall des Wassers von Schale zu Schale lautmalerisch wieder. Prozessiert man das Gedicht jedoch nur optisch und liest es still, erstarrt dieses Überfließen trotz allen Wallens. Bedingt wird dies durch den Formzwang der gebundenen Sprache. Um das Strömen darin ausdrücken zu können, zwingt sie die Sprache zu Genitivkonstruktionen, Partizipien, Adjektivierungen und Appositionen, die den gegenteiligen Effekt bewirken: sie nehmen der Bewegung das Transitive, verdinglichen die Flut, substantivieren sie. Und der Reim tut das Seine, um durch ›ruht‹ die ›Flut‹ zurückzustauen auf das ›Rund‹ eines ›Grunds‹. Die Kunst dieses Gedichts besteht darin, die Gegenläufigkeit zwischen der poetischen Form und ihrem Sujet zum beiderseitigen Vorteil zu nutzen. Das Paradoxon von ›strömen‹ und ›ruhen‹ spricht aus, was die Antithetik von Prosodie und Semantik vorführt – um es zum Wesen des Brunnens zu erheben.

Fehlt die Glaskugel des Musikalischen, durch die wir die Miniatur des Gedichts wahrnehmen, entwickeln sich andere Strukturen – wie etwa in Günter Eichs *Fußnote zu Rom*:

Ich werfe keine Münzen in den Brunnen,
ich will nicht wiederkommen.
Zuviel Abendland,
verdächtig.

Zuviel Welt ausgespart.
Keine Möglichkeit
für Steingärten.

Die für die mündliche Dichtung typische Struktur – die syntaktischen Parallelismen von ›ich werfe/ich will‹, ›zuviel/zuviel‹, ›keine/keine‹ – sind ebenso vorhanden wie Alliterationen und sogar anklingende Reime (›-unnen/-ommen‹, ›-art/-ärt-‹). Die musikalische Matrix ist hier jedoch zu fragmentarisch; sie bietet keine kohärente Struktur mehr an, in die sich die Aussagen einreihen ließen. Stattdessen müssen wir eine eigene Matrix dafür erstellen, um uns einen Reim darauf zu machen. Der Rezeptionsprozess ist somit ein anderer. Statt von der Melo-Poeie auszugehen, erarbeiten wir eine Phano-Poeie (welche Bilder hängen womit zusammen?) und eine Logo-Poeie (warum ›verdächtig‹?). Das Bild des Trevi-Brunnens trifft so auf das des Steingartens, um die Frage nach dem Verhältnis zwischen Natur und Architektur aufzuwerfen. Haben Goethe und Meyer diese Frage wesentlich durch die Melodik ihrer Gedichte beantwortet, bleibt sie bei Eich – obwohl jeder Vers eine apodiktische Aussage setzt – in all ihrer semantischen Spannung offen.

4

Mit der Poesie ist es ähnlich wie in der Oper: werden uns Sprache und Musik gleichzeitig präsentiert, können wir nicht beides gleich detailliert wahrnehmen. Fokussieren wir uns auf die Musik, überhören wir, was und wovon gesungen wird; konzentrieren wir uns auf den Liedtext, bemerken wir die falschen Töne einer Melodie weniger. Was auf so enge Weise miteinander verbunden ist, beeinflusst sich gegenseitig. Den Sinn eines Gedichts erschließen wir über Wortbedeutungen; der Klang eines Gedichts kann jedoch eine semantische Kohärenz suggerieren, wo, streng besehen, gar keine vorhanden ist – und umgekehrt. Die Koppelung von Sprache und Musik beruht meist auf einem gewissen Maß an Manipulation – auf beiden Seiten. Sprache nach musikalischen Gesichtspunkten zu formen, heißt deshalb oft genug, das Wortmaterial auf Kosten der Verständlichkeit und seiner grammatisch-syntaktischen Korrektheit metrischen Gegebenheiten anzupassen. Das steckt schon in unserem Wort Dichtung, das nicht Verdichtung, sondern eine besondere Art der ›Diktion‹ ausdrückt.

Schon der Duktus der homerischen Epen war eine Kreation des Hexameters, der zu unzähligen Elisionen, Inversionen und einigen Unstimmigkeiten in Grammatik und Syntax führte. Um Sprache in das Prokrustes-Bett des Musikalischen einzupassen, griff bereits Homer auf archaische oder dialektale Vokabeln aus unterschiedlichen Sprachschichten zurück, die ihm diese Anpassung erleichterten. Das ließ seine Epen bereits für die Griechen des fünften Jahrhunderts annotationsbedürftig werden; die Bedeutung vieler obskur gewordener Wörter lernten sie erst in der Schule. Außer Rhapsoden, Orakelpriestern oder Satirikern wäre es deshalb niemandem auch nur im Traum eingefallen, Homers Diktion zu benützen.

Daran hat sich bis heute nichts geändert. Die Sprache der Poesie ist immer noch ›schwierig‹ in vielerlei Sinn – schon allein, weil ihre Gebundenheit sie von der Umgangssprache abhebt. Je musikalischer sie sein will, desto größer sind tendenziell die grammatischen Verstöße: von Kontraktionen über Ellipsen bis zu den üblichen verdrehten Sätzen, semantischen Unschärfen und logischen Unrichtigkeiten, ganz zu schweigen von den Wortschöpfungen, die die Poesie auszeichnet – und von ihr als ›dichterische Freiheit‹ deklariert wird.

Die Produktionsebene entspricht der Rezeptionsebene. Ein Gedicht zu hören, heißt zunächst, mit dominanten Klangfiguren konfrontiert zu werden, hinter denen das Gemeinte etwas zurücktritt. Darauf lässt sich ein Teil der Schwierigkeit zurückführen, die man mit der Poesie hat: Die musikalische Gebundenheit stellt sich vor den Inhalt und erschwert die Interpretation; gleichzeitig täuscht der Klang jenseits aller Sprachlogik Geschlossenheit vor.

Musikalische Kohäsion suggeriert so semantische Kohärenz. Positiv gesehen, verleiht die Poesie auf konzise Art und Weise disparaten Elementen eine Einheit; negativ betrachtet, kaschiert sie oft genug die Dürftigkeit von dichterischen Aussagen. Beides lässt sich an einem Gedicht von Jakob van Hoddis demonstrieren:

Weltende

Dem Bürger fliegt vom spitzen Kopf der Hut,
In allen Lüften hallt es wie Geschrei.
Dachdecker stürzen ab und gehn entzwei
Und an den Küsten – liest man – steigt die Flut.

Der Sturm ist da, die wilden Meere hupfen
An Land, um dicke Dämme zu zerdrücken.

Die meisten Menschen haben einen Schnupfen.
Die Eisenbahnen fallen von den Brücken.

Jeder, der dieses Gedicht in der Schule einmal auswendig gelernt hat, bringt nach Jahren wenigstens noch die erste Strophe zusammen; Metrik und Reim sind einprägsam genug, um die Verse herunterleiern zu können. Das Vergnügen, das man dabei empfindet, ist dem musikalischen Prozessor zuzuschreiben: es ist jedes Mal wieder verblüffend, welche Reime aus dem Hut gezogen werden. Von dieser Erwartungshaltung lebt schließlich jedes Gedicht. Je größer die Reimfertigkeit, desto größer die Überraschung – die besonders humoristische Gedichte von Busch bis Gernhardt für sich nützen. Dass ähnlich Klingendes dann aber völlig anderes bedeutet, daraus schlagen sie den Profit ihrer Pointen.

Unter umgekehrten Vorzeichen betrachtet – in der Retrospektive desselben Prozessors, der im Nachhinein nach Zusammenhängen sucht –, tendiert man dank Reim, Metrum und Strophenform jedoch dazu, die semantische, logische oder kontextuelle Disparatheit der vorliegenden Zeilen zu verdrängen. Ein auseinanderlaufender Dis-kurs tut sich auf, der sich auch im ABBA CDCD der Strophen widerspiegelt, im Guten wie im Schlechten.

Positiv ausgelegt, macht er hier zunächst Sinn. Dass die völlig zufällige Wortliste von ›Bürger‹, ›Dachdecker‹, ›Sturm‹, ›Schnupfen‹ und ›Eisenbahnen‹ nur von einem oberflächlichen Klangrahmen zusammengehalten wird, entspricht der willkürlichen Abfolge solcher Kurzmeldungen in einer Zeitung. Auf den Kontext des Expressionismus bezogen, verrät sich dadurch die urbane Simultaneitätserfahrung und Entfremdung des Subjekts in der Neuzeit – zu Letzterem zählt auch das ›Entzweigehen‹ der Dachdecker.

Blickt man genauer hin, wird jedoch offensichtlich, dass die unüblich inversive Satzstellung der ersten Zeile dem Reimzwang geschuldet ist und die letzte Zeile keinen pointierten Abschluss liefert, sondern eigentlich besser am Anfang der zweiten Strophe stünde. Hier ließe sich noch über dichterisches Handwerk im Allgemeinen streiten – nicht aber beim metrisch bedingten Einschub ›wie‹ und der Präposition ›in‹ der zweiten Zeile. Der dadurch entstandene Vergleich ist inkohärent, denn um im Bild des Gedichts zu bleiben, muss das Geschrei der Bürger und Dachdecker präpositional richtig *durch* die Lüfte und Stürme ›hallen‹. Doch selbst das noch ist semantisch falsch: Geschrei kann nicht ›hallen‹, weil es nirgendwo einen Echoraum dafür gibt (eigentlich müsste da ›schallen‹ stehen). Der Sturm ist somit nichts als Geschrei im Wasserglas.

Mögen die Kritikpunkte hier noch verhältnismäßig gering sein, zeigen sie sich umso deutlicher am folgenden, epigonal aus dem Expressionismus gewonnenen Gedicht eines Dichterkollegen, der uns die folgenden Ausführungen verzeihen möge. Er bedient eine ähnliche Tonlage mit vergleichbaren Mitteln, semantisch jedoch weit unstimmiger:

Der Turm von Babel steht am Bahnhof

Die Menschen wollen das Vergnügen
zum halben Preis
und schlürfen Lust in vollen Zügen
auf leerem Gleis.

Da bricht der Damm. Der Donner trifft die.
Was dann? Entfliehn?
– Die Chancen stehen fifty-fifty
(geschätzt nach DIN)

Geschenkt sei, dass eine offenbar in den *letzten* Zügen liegende Gesellschaft des Wortspiels wegen in vollbesetzten Zügen auf einem leeren Gleis Champagner schlürfen muss. Nicht mehr als ein Kalauer, entbehrt dieser Bildsprung jeder Logik: denn entweder gibt es hier keine mit Passagieren besetzten Waggons oder keinen Bahnhof. Krasser wird diese Katachrese, wenn erneut, eines simplen Wortspiels wegen, aus dem Eisenbahndamm ein (van Hoddisscher) Damm wird, der unter dieser sündigen Flut bricht, während die Menschen bei diesem Weltende aus den 90ern nicht mehr vom Blitz, sondern vom Donner getroffen (statt ›gerührt‹) werden. Gänzlicher Unsinn schließlich ist, dass eine Deutsche Industrienorm für so etwas präzise Vorgaben aufstellt, geschweige denn Wahrscheinlichkeitsrechnungen: sie stehen hier nur des Reimes wegen.

Diese beckmesserische Krittelei soll zeigen, was die Musikalität der Poesie uns alles zu übersehen verleitet – mehr noch, was wir uns dabei alles semantisch zurechtbiegen: denn was im Grunde gemeint sein könnte, darüber ließe sich schon Einigkeit herstellen. Konzentrieren wir uns auf das Lyrische, überhören wir, was gesagt wird; konzentrieren wir uns auf die Sätze, entgeht uns der musikalische Charme des Gedichts: beides beeinflusst sich gegenseitig.

Jackendoff, Ray (1992), *Languages of the Mind – Essays on Mental Representation*, London

**Box 29. Der lexikalische Zugriff:
Wie entsteht ein Wort im Gehirn?**

Bereits die Gestaltpsychologen fragten danach, wie größtenteils unbewusst wahrgenommene Gestalten oder bewusste Perzepte entstehen. Untersucht wurde dies an einzelnen Wörtern mittels der Methode der Aktualgenese – der stufenweisen Entwicklung von Wahrnehmungserlebnissen. Die Gestaltbildung von Wörtern geschieht demnach in zwei Stufen: in der ersten wird auf passive Weise ein Gesamteindruck gebildet. Die danach einsetzende zweite Phase umfasst den aktiven Prozess, bei dem relevante Einzelinformationen ausgewählt werden und alternative Perzepte miteinander konkurrieren.

Ein von der Kognitionspsychologin Joan Snodgrass entwickelter neuerer Test kann die Worterkennung sozusagen in Zeitlupe nachvollziehen, um dabei Aspekte bewusst werden zu lassen, die sonst – bei einem hochüberlernten Vorgang wie dem Lesen – völlig automatisch und unbewusst ablaufen. Abbildung 64 zeigt eine Skizze dieses Fragmentationsverfahrens. Dabei wird der Versuchsperson zunächst nur das Fragment eines Wortes gezeigt, das etwa 20 Prozent der gesamten Bildpunkte umfasst. Der Proband wird dann instruiert, eine Taste zu drücken und das Wort zu benennen, sobald er es erkannt hat. Gelingt dies nicht im ersten Schritt, werden im zweiten Durchgang 10 Prozent mehr Pixel hinzugefügt. Diese Prozedur wird wiederholt, bis die Versuchsperson eine Antwort gegeben hat (die allerdings nicht unbedingt korrekt sein muss).

Das Prinzip des Tests ist einfach: durch stufenweise Hinzufügung sensorischer Informationen wird die anfangs große Unsicherheit der Versuchsperson bezüglich der Identität eines Wortes reduziert und ihre dank ihres Wortschatzes vorhandene Fähigkeit zum Erraten erhöht. Haben die Probanden schließlich das Wort identifiziert (oder glauben sie, dies getan zu haben), geben sie häufig an, einen ›magischen Moment‹ zu erleben, in dem blitzartig all das Wissen über das Wort zur Verfügung steht, das vorher noch im Dunkeln lag: welches Wort es ist, was es bedeutet, wie es ausgesprochen wird, ob es sich um ein Substantiv oder ein Verb handelt, wie viele Silben es besitzt und so weiter. Dieses Erlebnis gilt als subjektives Gegenstück zum theoretischen Konstrukt des lexikalischen Zugriffs, und es stellt ein Schlüsselkonzept der Leseforschung dar: in diesem Moment, in dem das hypothetische mentale Lexikon die notwendigen Informationen aus Text und Kontext re-produziert hat, wird ein Wort erkannt.

Beginn des Durchgangs ➡ 1

2

3

4

5

6

7

8

Abb. 64 Beispiel für den Fragmentationstest mit dem Wort »Idee« (nach Ziegler, Rey & Jacobs, 1998).

Die Hirnforschung zeigt allerdings, dass der lexikalische Zugriff entgegen diesem subjektiven Eindruck von Unmittelbarkeit ein zeitlich über mehrere hundertstel Sekunden verteilter Vorgang ist, an dem zahlreiche neuronale Netzwerke unterschiedlichster Hirnregionen beteiligt sind. Sobald man ein Wort beim Lesen in den Blick genommen hat, lassen im Bruchteil einer Sekunde Millionen von erregten Nervenzellen und Synapsen in verschiedenen Arealen zusätzlich zum Schrift- und Klangbild des Wortes auch dazugehörige Erinnerungen, Gefühle oder Bilder entstehen. Alle vier Hirnlappen – die hintere Sehrinde, der seitliche Schläfenlappen, der obere Scheitellappen und das vordere Stirnhirn (plus Kleinhirn und subkortikale Strukturen, wie etwa die Basalganglien) – arbeiten nun gemeinsam am Gelingen dieser Leseaufgabe: sie konstruieren aufgrund der aneinandergereihten Buchstaben unter Benutzung von Kontextwissen das, was wir ›Sinn‹ nennen.

Dies ist umso überraschender, als der Mensch erst in den letzten zehntausend Jahren allmählich Schriftformen erfand, die es erlaubten, gesprochene Sprache umfangreich speichern und übermitteln zu können. Es blieb also kaum Zeit dafür, dass das Gehirn für die Verarbeitung von Schrift spezifische neuronale Strukturen entwickelte. Trotzdem lassen sich lesespezifische neuronale Aktivitäten nachweisen, die große Teile des Gehirns miteinbeziehen.

Zunächst beginnt die Sehrinde einzelne visuelle Informationen – Striche, Winkel oder Rundungen – im Schriftbild zu isolieren, um sie mental zu Buchstaben zusammenzufügen. Bereits etwa eine Zehntelsekunde nach Beginn dieser Blickfixation hat das Visuelle Wortform-Areal (Abb. 65b) diese Buchstaben bereits im vorbewussten Schriftbild eines Wortes ›gebunden‹. Für eine bewusste Worterkennung muss dieses noch mit dem entsprechenden Lautbild gekoppelt werden, was eine weitere Zehntelsekunde benötigt: dies geschieht hauptsächlich im Schläfenlappen der linken Hirnhälfte in der Nähe der für die Sprachverarbeitung spezialisierten Areale.

Diese erlernte, automatisch ablaufende Assoziation von Schrift- und Lautbild – *phonologische Rekodierung* genannt – ist entscheidend für das Lesenlernen und laut der aktuell bestbewährten Lesetheorie selbst noch bei geübten Lesern für das

a)

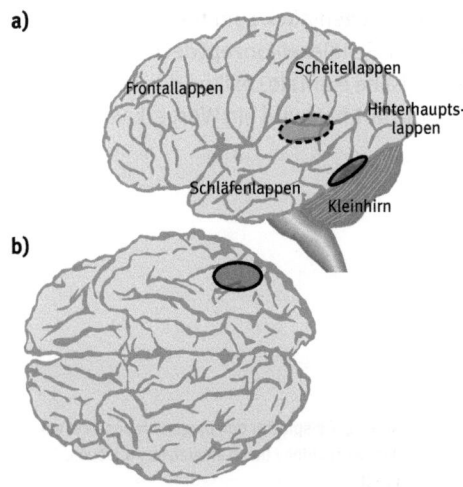

b)

Abb. 65 a) Seitenansicht des linken Kortex mit einer Region im oberen temporalen Gyrus (gestrichelt), die mit phonologischer Verarbeitung sowie Dyslexie und Alexie in Verbindung gebracht wird. b) Untenansicht beider Hemisphären mit einer Region im mittleren Gyrus fusiformis, die Visuelles Wortform-Areal genannt wird (nach McCandliss & Noble, 2003).

Erfassen der Wortbedeutung notwendig. Gelegentlich hört man ja beim stummen Lesen ›den kleinen Mann im Ohr‹, insbesondere beim Entziffern von Texten in einer Fremdsprache. Das mehr oder minder bewusste Echo des Geschriebenen hängt vermutlich damit zusammen, dass wir die Bedeutung von Wörtern zuerst über die gesprochene Sprache lernen und beim Lesenlernen anfangs gewöhnlich die einzelnen Buchstaben und Silben laut aussprechen. Dies gilt ontogenetisch wie kulturhistorisch, weil das Lesen lange Zeit ein lautes war, wie Alberto Manguells *Eine Geschichte des Lesens* erzählt.

Es dauert nun noch einmal gut eine Zehntelsekunde, bis nach insgesamt rund einer Drittelsekunde schlagartig all das, was man über ein Wort weiß, in das Bewusstsein gelangt. Dieser *lexikalische Zugriff* geht mit der Aktivierung neuronaler Netzwerke im linken Stirnhirn einher, wobei die semantischen Repräsentationen über weite Teile der linken Hirnhälfte verteilt zu sein scheinen: bei Tätigkeitswörtern sind auffällige Aktivierungen eher im Stirnhirn zu bemerken, bei bildhaften Substantiven eher im Schläfenlappen (Box 2, Abb. 2). Neben der Bedeutung wird beim lexikalischen Zugriff auch das potentielle grammatische Umfeld eines Wortes unbewusst ›voraktiviert‹, um möglichst schnell und genau zu bestimmen, wer was im Satz mit wem tut. An dieser Verarbeitung von Syntax sind wiederum Teile des Stirnhirns und des oberen Schläfenlappens beteiligt.

Verschiedene neuronale Schaltkreise vorzugsweise der linken Hirnhälfte berechnen zwar in Sekundenbruchteilen die semantischen und syntaktischen Wortfelder, um diese dann über mehrere Blicksprünge beim Textlesen hinweg zu einem möglichst sinnvollen Ganzen zu integrieren. Wörter können jedoch auch angenehme oder unangenehme Gefühle wachrufen, die zum übergeordneten Sinn und dem ›roten Faden‹ des Textes einmal besser, einmal schlechter passen. Für diese emotionale Färbung und den ästhetischen Aspekt eines Wortes sind zusätzlich noch ältere, unter der Oberflächenschicht liegende Netzwerke wie das limbische System beteiligt (Box 6). Noch bevor die volle Bedeutung eines Wortes bewusst wird, hat der für die emotionale Informationsverarbeitung wichtige Mandelkern (*Amygdala*) im Wechselspiel mit dem *Hippokampus* – einer zentralen Gedächtnisstruktur (Box 3) – bereits ein positives oder negatives affektives ›Vorzeichen‹ markiert. Wörter wie ›Nazi‹, ›Krebs‹ oder ›Tod‹ erhalten dadurch ihren negativen Beigeschmack, ›Habseligkeiten‹, ›Geborgenheit‹, ›lieben‹, ›Augenblick‹ oder ›Rhabarbermarmelade‹ jene positive Grundierung, die sie in dieser sehr deutschen Reihenfolge zu den ›schönsten deutschen Wörtern‹ 2004 gemacht hat (Box 6).

Der lexikalische Zugriff kann aber auch misslingen oder sich verzögern. Immer mehr Kinder in Deutschland oder den USA beispielsweise haben Schwierigkeiten, flüssig lesen zu lernen, was hauptsächlich daran liegt, dass sie die Einzelworterkennung nicht vollständig beherrschen. Entscheidend für die flüssige Worterkennung ist eine automatisierte Assoziation von Schrift- und Lautbild eines Wortes. Lernt ein Kind nicht oder nur mangelhaft, die Buchstaben eines Wortes mit den entsprechenden Lauten zu assoziieren, bekommt es meist Lese- und/oder Schreibprobleme. Viele Kinder mit einer Lese- oder Rechtschreibschwäche – Dyslexie, Legasthenie – zeigen ein typisches Blickbewegungsmuster beim Lesen, das dem von wortblinden (alektischen) Patienten ähnelt, wie u. a. Blickbewegungsexperimente des Leseforschers Florian Hutzler zeigen. Der Blick kreist innerhalb bestimmter Worte – insbesondere schwierig auszusprechender – um einzelne Buchstaben und springt sogar in kurzen Worten noch zurück, als ob sich das Gehirn die phonologische Struktur des Wortes – seine Silben – erst mühsam erarbeiten müsste. Sie lesen Buchstaben für Buchstaben, wodurch sie letztlich den Spaß am Lesen verlieren (Box 26).

Die möglichen Ursachen der Dyslexie sind vielfältig und schließen genetische, kognitive und sozial-emotionale Faktoren ein. Ein vielfach bestätigter Befund weist auf die Unteraktivierung in jenen neuronalen Netzwerken hin, die mit der phonologischen Verarbeitung geschriebener Wörter zu tun haben und in Abbildung 65 skizziert sind. Nachdem der Arzt Adolf Kussmaul sich bereits in den 1870er Jahren mit Sprach- und Lesestörungen beschäftigt und den Ausdruck »kongenitale Wortblindheit« für eine angeborene Leseschwäche geprägt hatte, beschrieb der Neurologe Joseph Dejerine 1892 den Fall eines Patienten, der nach einem Hirnschlag nicht mehr richtig lesen konnte. Ähnlich wie Broca – der Entdecker des motorischen ›Sprachzentrums‹ in der linken Hirnhälfte – untersuchte Dejerine postum das Gehirn dieses Alektikers und entdeckte eine Läsion im Bereich des oberen temporalen Gyrus (Abb. 65a gestrichelte Markierung), die er für diesen Fall von Wortblindheit verantwortlich machte. Heute wird vermutet, dass diese Region im Zusammenspiel mit dem Visuellen Wortform-Areal (Abb. 65b Kreis) im Gyrus fusiformis entscheidend für die Assoziation von Schrift- und Lautbild eines Wortes ist.

Die experimentelle Psychologie und Hirnforschung ist trotz aller Fortschritte noch weit davon entfernt, alle Rätsel, die der ›magische Moment‹ des lexikalischen Zugriffs birgt, gelöst zu haben, wie auch die Boxen 6, 10 oder 17 zeigen. Methodische Fortschritte, die insbesondere aus der Kombination verschiedener Verfahren wie EEG und fMRT, fNIRS und TMS oder dem simultanen Einsatz von Blickbewegungsmessung, EEG und fMRT resultieren, stimmen jedoch optimistisch. Ebenso wichtig wie die Methodenerneuerung ist aus unserer Sicht aber die interdisziplinäre Zusammenarbeit mit ihrem Bemühen um ökologisch validere Stimulusmaterialien, Versuchsanordnungen und theoretische Modelle.

Dejerine, J. (1892). »Contribution à l'étude anatomo-pathologique et clinique de différentes variétés de cécité verbale«. *Comptes Rendus de Séances et Mémoires de la Société de Biologie*, 4, 61–90

Hutzler, F., Kronbichler, M., Jacobs, A. M., & Wimmer, H. (2006). »Perhaps correlational but not causal: No effect of dyslexic readers' magnocellular system on their eye movements during reading«. *Neuropsychologia*, 44, 637–648

Kussmaul, A. (1910). *Die Störung der Sprache. Versuch einer Pathologie der Sprache*. Leipzig: Vogel

Manguell, A. (1998). *Eine Geschichte des Lesens*. Berlin: Volk und Welt

McCandliss, B. D., & Noble, K. G. (2003). »The development of reading impairment: a cognitive neuroscience model«. *Mental Retardation and Developmental Disabilities Research Reviews*, 9, 196–205

Snodgrass, J. G., & Vanderwart, M. (1980). »A standardized set of 260 pictures: Norms for name agreement, familiarity and visual complexity«. *Journal of Experimental Psychology: Human Learning and Memory*, 6, 174–215

Ziegler, J. C., Rey, A., & Jacobs, A. M. (1998). »Simulating individual word identification thresholds and errors in the fragmentation task«. *Memory & Cognition*, 26, 490–501

VERS UND REIM

X – REIM

1

Von Homer zu den *qasidas* der präislamischen Dichter, von den Troubadours bis zu den Minnesängern, von Daffyd ap Gwilym bis zu Belmann – was uns heute meist nur mehr als Text vorliegt, waren einmal Strophen der Lyrik. Umgekehrt lassen sich die *lyrics* von Brassens über Brel, Cohen, Dylan, Mitchell, De André und De Gregori bis Buarque und Veloso – vom *beat* und dem musikalischen Arrangement abgelöst – auch als Dichtung lesen.

Ihre ›trockene‹ Sprachmelodie wird durch die musikalische Phrasierung nur ›saftiger‹. Jede Wortsilbe wird zusätzlich mit einer anderen Note unterlegt; Schlagzeug, Rhythmusgitarre und Bass geben – ähnlich wie die früher zur Begleitung angeschlagenen Instrumente – einen Takt an, der auf dem Wortakzent aufbaut. Die Melodik verstärkt, redupliziert oder konterkariert den Sprechgesang der Poesie – ignorieren aber kann sie ihn nicht.

Dass Lyrik leichter memorierbar und extemporierbar ist, weil sie parallel in unterschiedlichen Modulen abgespeichert wird, haben wir gesehen. Doch es gibt einen weiteren Grund, weshalb musikalisch gebundene Sprache die Erinnerung befördert: eine akzentuierte Prosodie bedient zusätzlich den spezifischen Mechanismus, mit dem wir im Kopf unsere Wortregister anlegen.

2

Ob Neugeborene irgendwelchen Stimmen zuhören oder wir einem Lied in einer Sprache, derer wir nicht mächtig sind – beide Male signalisieren wechselnde Töne und Takte einzelne semantische Einheiten. Das Repetitive der Satzmelodien erlaubt nach einer Weile, gezielt auf die Vokalisierungen zu achten. Mittels der Prosodie werden so Worte im Sprachfluss erkennbar; und obwohl sie noch sinnleer sind, lassen sie sich bereits in Silben zerlegen.

Sprechen lernen heißt, diese rezeptive Analytik wieder umzukehren. Babys tun zunächst nichts anderes, als Silben, die sie identifiziert haben, aneinandergereiht wiederzugeben. Erleichtert wird ihnen dies durch die akzentuierende Intonation – Veränderungen der Tonhöhen, des Rhythmus und der Lautstärke – der Sprachmelodie, jenem Singsang, dessen rhythmische Bögen auch syntaktische Einheiten markieren.

Ein einjähriges Kind beherrscht auf diese Weise an die 100 Worte; ein Erwachsener zwischen 60 000 und 75 000; die Hälfte davon setzt er im Alltag aktiv ein (während dieses Buch hier wahrscheinlich mit weniger als der Hälfte auskommt, Varianten zu ein und demselben Wort mitgerechnet). Wie aber unterscheiden wir zwischen ihnen? Auf welche Weise ist unser mentales Lexikon organisiert?

Das Strukturprinzip unseres mentalen Lexikons beruht weder auf Wortfeldern noch auf hierarchischen Kategorien oder Bildern – sondern auf Silben. Deshalb haben sich als älteste Schrifttypen auch Silbenschriften entwickelt; das Alphabet beruht erst auf einem davon abstrahierten Prinzip. Mit Silben sind indes nicht etwa bedeutungstragende Morpheme gemeint, aus denen sich Worte ableiten ließen: dazu arbeitet unser Gehirn zu wenig ›logisch‹. Sie stellen vielmehr kleinste denkbare Klangpartikel dar: Lautfiguren also, keine Sinnfiguren. Gebildet werden sie aufgrund der phonetischen Prinzipien, die jeweils eine Sprache besonders prägen: im Chinesischen sind es Tonhöhen, im Englischen Wortakzente, im Französischen ist es eher der Sprachrhythmus. Und um diese Silben zu strukturieren, berücksichtigen wir die winzigsten Details – etwa die Klangfarbe eines Vokals, die sich je nach den Konsonanten davor und danach ändert (man nennt dies ›Ko-Artikulation‹).

Was wir also im Kopf haben, ist eine spezielle Art von Reimlexikon: es ruft zuerst all die Worte wach, die an eine bestimmte Lautfigur anklingen, bis dasjenige selektiert ist, das sich mit ihr genau deckt. Erst darüber erhalten wir Zugriff auf das Konzept, das wir mit einem Wort verbinden, auf die damit verknüpften Assoziationen – und nicht zuletzt auf die nötige Motorik, um das Wort artikulieren zu können.

Die Identifikation eines Wortes kommt dabei einem Wettrennen gleich, das von verschiedenen Seiten aus startet. Ein einziger Input aktiviert alle lautlich mit ihm kompatiblen Einträge – je nachdem, wie viel wir gehört haben. Die Silbe ICH ruft nicht nur das Personalpronomen auf den Plan, sondern auch – selbst wenn wir nur halb zugehört haben – retroaktive Ergänzungen zu SICH oder DICH. Lässt die Intonation erkennen, dass das Wort noch nicht fertig artikuliert wurde, werden weitere Begriffe aufgerufen: LICHT, NICHT, GEDICHT und DICHT (sowohl im Sinn von ›eng bei etwas‹ wie ›gut schließend‹ als auch den Imperativ). Folgt darauf ein U, werden alle damit nicht kompatiblen Worte wieder deaktiviert – ihre Bedeutung aber hallt immer noch nach. Übrig bleiben dann nur mehr (S)ICH(T)U(NG) oder (L)ICH(T)U(NG) oder eben (D) ICH(T)U(NG). Dabei gilt selbstverständlich, dass kurze Wörter schneller identifiziert werden als lange – und gebräuchliche schneller als ungebräuchliche.

Je nach der für eine Sprache typischen Syntax hilft die Satzstellung beim Prognostizieren des zu findenden Wortes. Dies ist mit ein Grund für die Charakteristik der Formelsprache mündlicher Dichtung. Sie ist deshalb so vorhersehbar idiomatisch, weil eine übermäßige sprachliche Nuancierung die pragmatische Erwartungshaltung sprengen würde; ein gängiger Wortschatz ist dienlicher als die Aufeinanderfolge seltener Begriffe.

Parallel zur syntaktischen Prognose liefert uns auch der Kontext eine Hilfestellung beim Identifizieren der Worte. War kurz zuvor die Rede von Reim und Musik, verkürzt sich das Prozedere beim Einbetten des Inputs ICH. Die Denkökonomie greift und bringt uns direkt auf DICHTUNG: die pragmatisch einfachste Lösung ist stets die am schnellsten zugängliche.

Die Poesie nützt diesen Prozess wieder und wieder aus. Das folgende Gedicht Weinhebers ist dafür ein gutes Beispiel. Es präsentiert den Konstruktionsvorgang und führt zudem vor, inwieweit Silben und Laute bereits eine Bedeutung durch automatische Assoziation mit jenen Vokabeln erhalten, mit denen sie meist verbunden sind – jene bei der Onomatopoeie deutliche Klangsymbolik, durch die Laute auch emotional angereichert werden:

LICHT-NICHT-GEDICHT

(Lautsymbolischer Versuch)

L-ich-t: Mit L-eben hebt es an,
und das -ich- bleibt schön Mitte,
ward die T-at am End getan.

N-ich-t: Schon zeigt die N-acht ihr Wesen:
Macht das ich zu ach. Am Schluß
ist das T wie Tod zu lesen.

Gibst du dem Ged-ich-t nun Raum,
steht zuhäupten der Ged-anke
und das T nach -ich- wird Traum.

3

Mit diesem Konstruktionsprinzip ist zugleich der Effekt des Reims skizziert. Denn die möglichen Reimvarianten spiegeln das Ordnungsprinzip unseres mentalen Lexikons wider. Seine Spielarten – vokalische Assonanz (›rede‹/›rette‹), die Konsonanz von Mitlauten (›regen‹/›ragen‹), grammatikalischer Reim (›gehen‹/›gehst‹), identischer Reim (›Bank‹/›Bank‹) – geben die klangliche Bandbreite dessen wieder, was unser Gehirn kognitiv leistet, um Worte samt ihren Bedeutungen abzurufen.

Indem der Reim an die Lautfigur des Grundwortes anklingt, ruft er assoziativ auch dessen Bedeutungshorizont auf – zusätzlichen zu seinem eigenen. Das lässt sich auch experimentell nachweisen. Erhält man jedes Mal, wenn man das Wort ›Herz‹ hört, einen milden Elektroschock, führt dies schnell dazu, dass dieses Wort auch ohne Elektroschock Stressreaktionen auslöst. Wenig überraschend ist dann, dass dafür auch die Reimworte ›Scherz‹ oder ›März‹ genügen.

Schon die Assyrer hielten ähnlich klingende Wörter für wesensverwandt – womit sie einen weiteren Effekt des Ordnungsprinzips unseres mentalen Lexikons erfassten: paradigmatische Assoziativität. Denn jede Sprache erstellt ihre Wortfelder mehr oder weniger aufgrund lautlicher Ähnlichkeiten. Die semitischen Sprachen (zu denen das Assyrische zählt) gewinnen ihr Vokabular durch Ableitungen von bedeutungtragenden Grundphonemen – was zu langen Listen von semantisch ähnlichen Worten führt. Das Chinesische tut dies anhand von Silben, deren Tonhöhen sich gleichen. Beide Male führt dies dazu, dass klangähnliche Wörter auch in ihrer Bedeutung ähnlich sind. Dies ist ein wesentlicher Grund dafür, dass der Reim sowohl im Arabischen als auch im Chinesischen zu einem dominanten poetischen Strukturprinzip wurde, da die Auswahl an möglichen Reimen in diesen Sprachen groß ist.

Die indoeuropäischen Sprachen hingegen weisen, durch ihre morphemischen Strukturen bedingt, eine ungleich geringere paradigmatische Assoziativität auf. Die antike Poesie verwendet den Reim kaum, weil er sich weniger anbietet; ihre Poetik war deshalb auf die Prosodie fixiert. Es ist dem Einfluss der arabischen Kultur zuzuschreiben, dass er nach und nach auch in Europa Fuß fasste. Hielten ihn die römischen Dichter für pueril – weil allzu kalauernd –, fand der Reim erst im 2. Jahrhundert beim Vater des Kirchenlateins Verwendung, dem in Karthago geborenen Tertullian. Zum Stilprinzip wurde der Reim dann in den Naturgedichten der irischen Mönche im 8. Jahrhundert, die diese Technik offenbar aus den christlichen Zentren Ägyptens mitgebracht hatten und sie im Zuge ihrer Missionsarbeit in Europa verbreiteten. Bei uns übernommen wurde er im 9. Jahrhundert von dem Pfälzer Otfried von Weißenburg: seine Evangeliendichtung reimt bereits ›Herz‹ auf ›Schmerz‹.

Diese Technik konnte sich jedoch nicht halten: dazu eignete sich die alliterierende deutsche Sprache zu wenig. Erst das Prestige der arabischen Dichtung, deren Liebesethik man im höfischen Mittelalter zu imitieren begann, setzte ihn schließlich durch. Über die spanischen Mauren gelangte der Reim einerseits zu den provenzalischen Troubadours und dann zu unseren Minnesängern; über die Sarazenen in Sizilien kam er andererseits an den Hof Friedrichs II., um die dort entstehende italienische Dichtung zu prägen. Was der Reim jedes Mal ermöglichte, war eine neue Sichtung des jeweiligen Sprachbestands nach klanglichen Kriterien – er half damit, die paradigmatische Assoziativität der eigenen Sprache zu entdecken. Der folgende Auszug aus dem *Quodlibet* des Meistersingers Hans Sachs ist ein gutes Beispiel dafür:

Was sol ein boeth on gedicht,
Was sol ein sprecher, der nicht spricht,
Was sol ein richter, der nicht richt,
Was sol ein prieff on sigel?
Was sol ein stecher, der nicht sticht,
Was sol ein fechter, der nicht ficht,
Was sol ein kremer on gewicht,
Was sol ein thür on rigel?
Was sol ein aug, das nit gesicht,
Was sol ein leuchter on ein licht,
Was sol ein orgel, die nicht gicht,
Was sol ein varb on tigel?

Was der Reim hier entwirft, ist ein auf ›-icht‹ basierendes Wortfeld. Dessen klangliche Taxonomien versuchen die einzelnen Verse in einen Diskurs überzuführen, um daraus auch semantisch-logische Relationen zu gewinnen. Weil ein ›Gedicht‹ ›gesprochen‹ wird, kann es auch behaupten, etwas mit einem ›Gerichtsspruch‹ und einem (Gerichts-)›Brief‹ zu tun zu haben, ›stechen‹ und ›fechten‹ voneinander ableiten zu können und ›Auge‹ und ›Leuchter‹ durch ›Licht‹ und ›sehen‹ miteinander zwingend in Verbindung zu bringen.

Da die Kategorienbildung im Deutschen weniger als in anderen Sprachen auf paradigmatischer Assoziativität beruht, machen es unsere Wortfelder der Poesie nicht gerade leicht, Wortklang und Wortbedeutung miteinander in Deckung zu bringen. Andererseits liegt darin gerade das heuristische Potential des Reims. Er kann ornamental eingesetzt werden, um eine Melodie zu instrumentieren, kann sich hier aber auch zu einem kognitiven Instrument entwickeln, das anhand des Klanges verborgene semantische Zusammenhänge entdeckt und neue herstellt.

Indem der Reim, psychologisch betrachtet, das Bewusstsein auf eine Lautfigur fokussiert, umgeht er die übliche semantische Zentrierung unseres rationalen Denkens. Von seiner Mitte aus lassen sich dann andere kategorielle Radien ziehen: das ›-icht‹ führt so zu »Krämer« und »Orgel«, das »Briefsiegel« zum »Türriegel« und »Farbtiegel«. Es ist eine Logik des Klangs, die über die engen Kreise der *ratio* hinausgreift – was durch Einfallsreichtum und Witz überrascht, schafft neue Bezüge und Analogien.

Der Reim bringt eine Art doppelter Buchführung von semantischer Identität und semantischer Differenz ins Spiel. Über die klangliche Relation zwischen Grundwort und Reimwörtern baut er im Gedicht eine Reihe von impliziten Vergleichen auf, semantischen Similes, die zeilenversetzt präsentiert werden. Anders gesagt: Er entwickelt innerhalb der Strophen eine Art semantisch-logischen Rhythmus – auf diesen Begriff geht unser Wort ›Reim‹ denn auch etymologisch zurück.

Unterstützt wird diese Reim-Rhythmik durch die Prosodie, die sie bedingt: die Endstellung des Reims definiert wesentlich das Metrum. Dadurch etablieren sich nicht nur Beziehungen zu den anderen Klangfiguren eines Verses, der Reim segmentiert zugleich das Gedicht als Ganzes, indem er die logisch-semantische Architektur der Strophe aufbaut. Wo diese in der antiken Lyrik allein durch die Metrik als Einheit definiert wurde – in der vierzeiligen sapphischen Odenform etwa –, bestimmt der Reim nun die diskursive Einheit der Strophe. Als Strukturprinzip taucht diese erstmals bei Abu Nuwas auf.

Nicht zuletzt ist der durch den Reim erzeugte Gleichklang das komprimierteste Beispiel für die Verbindung zwischen Sprache und Musik – und dieser Aspekt ist es wiederum, der die Poesie auf ihre ursprüngliche *raison d'être* zurückführt: erinnerbar zu sein.

Altmann, Gerry T. M. (1997), *The Ascent of Babel – An Exploration of Language, Mind, and Understanding*, Oxford
Deacon, Terrence (1997), *The Symbolic Species – The Co-Evolution of Language and the Human Brain*, London

Box 30. Reim und Raison:
Die magischen Kräfte und Tücken des Gleichklangs

Eines der berühmtesten Anwaltsplädoyers der jüngsten US-amerikanischen Rechtsgeschichte enthielt den Satz »If the gloves don't fit, you must acquit«. Hätte der Anwalt Johnnie Cochran für den Sportstar O. J. Simpson mit dem synonymen Ausdruck ›If the gloves don't fit, you must find him not guilty‹ ebenso gut einen Freispruch erwirken können? Manche Kommentatoren meinten: Nein. Sie bezogen sich dabei auf die Eingängigkeit, den Erinnerungswert und die persuasive Rhetorik, die der Reim besitzt: er erhöhte die Wahrscheinlichkeit, dass dieser Satz in den Köpfen der Jury hängenblieb, sie sich seiner erinnerten und sich damit auch die Direktive des Anwalts zu eigen machten.

Dass Reim und Rhythmus Wörtern und Sätzen magische Kräfte verleihen können, ist eine Grundannahme der klassischen Rhetorik, die Nietzsche in seiner *Fröhlichen Wissenschaft* von 1878 aufgriff. Selbst die Weisesten sollten ihm zufolge manchmal geneigt sein, in metrischer und reimender Form vorgebrachte Ideen für wahrer zu halten als solche, denen dieser »göttliche Funke und Sprung« fehlt. Befunde aus einem rezenten psychologischen Experiment Matthew McGlones stützen Nietzsches These. Probanden sollten Sätze auf einer 9-Punkte-Skala danach beurteilen, wie akkurat sie menschliches Verhalten beschreiben. Die Sätze gaben Aphorismen mit Reim (›Woes unite foes‹) oder ohne (›Fools live poor to die rich‹) wieder; diesen Sätzen wurden modifizierte semantische Kontroll-Versionen entgegengehalten, die ihnen nur mehr inhaltlich entsprachen (›Woes unite enemies‹). Tatsächlich wurde reimenden Aphorismen ein höherer Wahrheitsgehalt zugeschrieben als ungereimten Sprichwörtern und ihren modifizierten Varianten.

> Beware of HEARD,
> a dreadful WORD
> that looks like BEARD
> but sounds like BIRD
> and DEAD –
> it's said like BED,
> not BEAD.

For goodness sake,
don't call it DEED!
Watch out for MEAT
and GREAT and THREAT,
they rhyme with SUITE
and STRAIGHT and DEBT;
a MOTH is not a moth in MOTHER,
nor BOTH in BOTHER,
BROTH in BROTHER.

Wer dieses Gedicht von Mark Twain im Englischunterricht gelernt hat, kennt die Tücken der englischen Orthographie und weiß, dass Wörter, die sich reimen, orthographisch sehr unähnlich sein können. Wer die deutsche Sprache lernt, hat es damit leichter als Engländer oder Franzosen, deren Schriftsprachen sehr kreative, inkonsistente Beziehungen zwischen Orthographie und Phonologie aufgebaut haben.

Die Fertigkeit zu erkennen, ob sich zwei Wörter reimen oder nicht, gehört jedenfalls zu den elementaren Voraussetzungen für eine ungestörte Sprach- und Leseentwicklung. Sie scheint mit einer zunehmenden Aufspaltung der Verarbeitung von gesprochener und geschriebener Sprache sowie des sie begleitenden phonologischen Bewusstseins in zwei Hirnhälften einherzugehen. Neuere Studien weisen zwar darauf hin, dass auch die rechte Hirnhälfte begrenzt auf phonologische Information reagiert, allerdings deutlich später als die linke. Der Grund dafür liegt vermutlich darin, dass die im Prinzip ›stumme‹, nonverbale rechte Hirnhälfte erst auf die von der linken vorverarbeitete phonologische Information warten muss.

Nach der klassischen Theorie von Samuel Orton aus dem Jahr 1925 werden Wörter zu Beginn des Lesenlernens primär von der rechten Hirnhälfte dank ›visueller Engramme‹ prozessiert. Im weiteren Verlauf des Leseerwerbs stören diese jedoch die Entwicklung phonologischer Prozesse (siehe Friths Modell in Box 26) in der linken Hirnhälfte und müssen deshalb unterdrückt werden. Einer jüngeren neurowissenschaftlichen Studie des Neurologen Peter Turkeltaub zufolge korreliert Lesenlernen tatsächlich mit zwei Veränderungsmustern der Hirnaktivität: der mit dem Lesealter steigenden Aktivität im linkshemisphärischen mittleren temporalen und inferioren Frontalgyrus; und der bei steigender Lesekompetenz sinkenden Aktivität in rechtshemisphärischen infero-temporalen Arealen. Diese Befunde stützen Ortons frühe, aus der Mode gekommene Theorie des Lesenlernens.

Ein Gespür für die orthographische und phonologische Ähnlichkeit von Wörtern zu entwickeln und sich dabei von ›visuellen‹ Wortgedächtnisbildern zu lösen, scheint also wichtig für den Leseerwerb zu sein. Es hilft unter anderem, unbekannte Vokabeln – über ihre Analogie zu bereits bekannten Wörtern – korrekt auszusprechen. Kinder, die früh Reime erkennen und produzieren können, haben gute Chancen, zu kompetenten Lesern zu werden. Ob der frühe Kontakt mit (vor)gelesenen Gedichten eine förderliche Rolle spielt, ist wissenschaftlich noch nicht belegt. Dass viele Kinder Spaß an und am Reimen haben, bedarf aber keiner wissenschaftlichen Überprüfung; es wird durch die Erfahrungen in jedem Kindergarten belegt. Strittig hingegen war und bleibt die Rolle des Reims in Dichtkunst und Ästhetik, wie ein Auszug aus Lessings *Ästhetischen Schriften* zeigt:

> Den Reim für ein notwendiges Stück der deutschen Dichtkunst halten, heißt einen sehr gotischen Geschmack verraten. Leugnen aber, dass die Reime oft eine dem Dichter und Leser vorteilhafte Schönheit sein können, und es aus keinem andern Grunde leugnen, als weil die Griechen und Römer sich ihrer nicht bedient haben, heißt das Beispiel der Alten missbrauchen. Man lasse einem Dichter die Wahl. Ist sein Feuer anhaltend genug, dass es unter den Schwierigkeiten des Reims nicht erstickt, so reime er. Verliert sich die Hitze seines Geistes, während der Ausarbeitung, so reime er nicht.

Bleibt festzuhalten, dass zumindest Kinder und Anwälte auf den Reim kaum verzichten können. Unser Gehirn verarbeitet Sich-Reimendes eben leichter, manchmal sogar auf Kosten des Verstandes und der Vernunft.

Lessing, G. E. (1970ff.), *Ästhetische Schriften: Vierzehnter Brief an den Herrn F.*, In: *Werke*. Band 3, München, 299–302

McGlone, M. S., & Tofighbakhsh, J. (2000). »Birds of a feather flock conjointly (?): Rhyme as reason in aphorisms«. *Psychological Science*, 11, 424–428

Nietzsche, F. (1967–77 und 1988), *Die fröhliche Wissenschaft*. In: *Sämtliche Werke*. Kritische Studienausgabe (KSA), Bd. 3. Hg. von G. Colli und M. Montinari. Berlin/New York: Deutscher Taschenbuch Verlag/de Gruyter

Orton, S. T. (1925). »Word-blindness in school children«. *Arch. Neurol. Psychiatry*, 14, 581–615

Turkeltaub, P. E., Gareau, L., Flowers, D. L., Zeffiro, T. A., & Eden G. F. (2003). »Development of neural mechanisms for reading«. *Nature Neuroscience*, 6, 767–773

Y – STAB- UND SCHÜTTELREIM UND FEHLLEISTUNGEN

1

Die Lautgestalt eines Wortes ist es, die in unserem verbalen Arbeitsspeicher beim Denken präsent bleibt. In diesem ›Komputationsraum‹ bildet sie die Basis, aufgrund derer wir einzelnen Sätzen Bedeutung verleihen; wir konzeptionalisieren sie, indem wir darin syntaktische, semantische, kontextuelle, pragmatische und emotionelle Informationen zur Deckung bringen. Vergleichbar mit dem visuellen Arbeitsspeicher, der die Daten über das *Wo* und das *Was* eines Objekts zu einem mentalen Bild zusammensetzt, gibt es auch im verbalen Arbeitsspeicher einen ›artikulatorischen Regelkreis‹. In ihm werden – über das ›stille Sprechen‹ der subvokalischen Artikulation – Informationen bereitgestellt und prozessiert.

Denn wie haben wir Lesen gelernt? Über das Nachsprechen von Buchstaben … Dies haben wir so internalisiert, dass wir nicht mehr mit dem Finger den Buchstaben nachfahren und dazu die Lippen bewegen müssen. Die dadurch etablierte Motorik ist nach wie vor präsent – und wird immer wirksam, wenn wir beispielsweise einem Druckfehler oder einem unbekannten Wort begegnen: dann sprechen wir es automatisch nach, um zu wissen, womit wir es zu tun haben. Die Pufferkapazität dieses Arbeitsspeichers ist jedoch beschränkt: wie wir im nächsten Kapitel sehen werden, hängen die Verslängen wesentlich davon ab.

Wie aber werden die eintreffenden Impulse innerhalb des artikulatorischen Regelkreises im verbalen Speicher aufgearbeitet? Immer der Reihe nach – bis er voll ist. Vom akustischen Input zum mentalen Konzept gibt es so eine Rangordnung in der Reihung von Information, die zuerst eintreffende Daten privilegiert. Das ist der Grund, weshalb wir Wichtiges akzentuieren, indem wir es an den Anfang eines Satzes stellen, nicht ans Ende. Die Linguistik nennt dies die Ausdrucksstellung des Themas gegenüber dem ausführenden Rhema.

Beginnend mit dem Registrieren von Phonemen, arbeitet eine Reihe von Regelkreisen den Input des ersten Wortes auf, um es nach und nach zu konzeptionalisieren – während sich parallel eine zweite Reihe zuschaltet, die sich bereits mit dem nächsten Wort befasst. Sie überlappen sich also. Die neuronalen Reizmuster, die ein Wort aktiviert hat, ›glühen‹ noch eine Weile nach und bleiben in

Bereitschaft, während das nächste Wort bereits sein eigenes neuronales Muster ausgelöst hat. Selbst wenn das erste Wort bereits konzeptionalisiert ist – und schon die Artikulation des dritten Wortes vorbereitet wird –, bleibt das Reizmuster des ersten Wortes noch präsent.

Macht man sich diese gewissermaßen gleitenden Übergänge zunutze, indem man Sätze bildet, deren Buchstabenfolgen sich wiederholen, werden sie dadurch leichter memorierbar beziehungsweise extemporierbar. Da sie die residual noch vorhandenen Reizmuster ausnützen, sind sie weniger arbeitsaufwendig. Dies betrifft nicht nur Gleichklänge innerhalb eines Verses, sondern vor allem die Alliteration von Wortanfängen: das hat den STABREIM zu einem wichtigen mnemotechnischen Hilfsmittel gemacht und ihm seine Eingängigkeit verliehen. Gerade die Mühelosigkeit, mit der sich stabende Zeilen aussprechen lassen, macht ihren Genuss aus – sie gehen einem ebenso leicht von der Zunge, wie sie sich einem einprägen.

Überlastet man den Arbeitsspeicher jedoch mit solchen Überschneidungen, liegen zu viele residuale Muster vor, um noch Impulsdifferenzen registrieren zu können. Damit wird nicht nur das Identifizieren von Wörtern schwierig, sondern auch deren Artikulation: es kommt zu den berühmten Zungenbrechern. Dann bedarf es einiger mentaler Akrobatik, um ihren Sinn zu verarbeiten, weil der Arbeitsspeicher an den permanent wiederholten Lauten hängenbleibt wie eine Nadel im Kratzer einer alten Schallplatte. Und es bedarf einiger artikulatorischer Akrobatik – wie etwa diese letzten beiden Worte zeigen. Das Einlernen von *Fischers Fritz fischt frische Fische* dauert lange genug; versucht man dann aber einmal *Fischers Fritz fischt frische Tische* zu sagen, werden sicher wieder *Fische* daraus.

2

Beim Hören scannen wir akustische Signale auf ihre Lautfolgen hin, um sie als Wort zu identifizieren und dessen Bedeutungsraum zu aktivieren; beim Sprechen kehren wir diesen Prozess um. Formulieren wir einen Satz, läuft der Assoziationsmechanismus rückwärts ab: Wir ordnen zuerst Konzepte an, dann suchen wir die Worte dafür und reihen sie entsprechend ihrer syntaktischen und grammatikalischen Konventionen, um sie auszusprechen. Auch für diese Artikulationsschleife benötigen wir unseren verbalen Pufferspeicher. Um ›Wort‹ zu sagen, lassen sich die einzelnen Phoneme w – o – r – t ja nicht gleichzeitig aussprechen, sondern müssen nacheinander geladen werden.

Auch bei diesem Vorgang kommt es oft genug zu Überlastungen des Arbeitsspeichers: *Wenn ichs wiedererkannt hätte, würd ichs hören … aber er bet seine Schreibs so undeutlich … ich enthalte das für _genau.* Diese Artikulationsfehler zeigen etwas Interessantes. Denn es sind nicht die Worte, die in der Warteschleife verrutschen (sonst müsste es nämlich *Wenn ichs hören hätte, würd ichs wiedererkannt etc.* heißen), sondern die Konzepte. Eigentlich gemeint war ja: *Wenn ichs gehört hätte, würde ichs wiedererkennen … aber er schreibt seine B's so undeutlich … ich halte das für ungenau.* Ebenso bemerkenswert ist, dass die Konzepte zwar falsch plaziert werden, unsere Sprechroutine sie aber mit der richtigen Grammatik versieht. Bei den ersten zwei Beispielen sind dies die Markierungen für Zeit und Person; beim dritten jene für die Negation (sonst müsste es *ich unhalte das für _genau* heißen).

Die kognitive Ökonomie – sprich: unsere geistige Faulheit – hat es darauf angelegt, viele, aber nicht zu viele Gleichklänge simultan zu verarbeiten; sie will auch bei Lautwiederholungen ein ideales Verteilungsmuster erzielen. Dies wirkt sich bei jenem Wortbildungsprinzip aus, das man linguistisch METATHESIS nennt. Es bildet neue Worte, indem es – der leichteren Aussprache wegen – einzelne Buchstaben oder Silben eines bestehenden Wortes umsetzt oder umformt: *bird* stammt beispielsweise von Altenglisch *bryd* ab; aus *burn* wird unser *brennen*, aus dem niederländischen *bron* der *Born*.

Demselben Wortbildungsprinzip entspricht die ANAPTYXIS, die einen Vokal zwischen aufeinanderfolgenden Konsonanten einfügt, um deren Aussprache zu erleichtern – etwa, wenn Kinder statt *Pst!* ›Püscht‹ sagen oder generell wenn wir konsonantische Fremdnamen mit Vokalen anreichern, wie bei unserer *Nofretete* und der englischen *Nefertiti*. Bei der DISSIMILATION hingegen werden zwei Worte einander unähnlicher: so entwickelte sich aus dem französischen *marbre* unser *Marmor*. Die EPENTHESIS wiederum lässt durch Einfügung eines Konsonanten ein neues Wort entstehen: *hoffentlich, Tokioter* oder das *-s-* bei Komposita wie *Artikulationsfehler*.

Die HAPLOLOGIE lässt zwei idente oder ähnliche Silben aus dem Ursprungswort ausfallen: das lateinische *nihil* wird so zu *nil* und unserer *Null*; die ursprüngliche *Zaubererin* zur *Zauberin*. Und die PARAGOGE bildet ein neues Wort, indem sie am Ende einen neuen Buchstaben oder eine Silbe anfügt: *dorten* statt *dort*. Die letzten beiden Prinzipien verwendet die Poesie sehr häufig, indem sie entweder ein *-e* anhängt, um das Metrum zu erfüllen, oder indem sie es ausfallen lässt – wie in Hölderlins *An die Parzen:*

Nur Einen Sommer gönnt, ihr Gewaltigen!
   Und einen Herbst zu reifem Gesang*e* mir,
      Daß williger mein Herz, vom süßen
         Spiel*e* gesättig*et*, dann mir sterbe.

            … Einmal
   Lebt_ich, wie Götter und mehr bedarf_s nicht.

3

Wortumstellungen als poetisches Prinzip in England nutzbar gemacht hat Reverend William Spooner, der seiner Kongregation erzählte, *The Lord is a shoving leopard,* von seinen Studenten am Ende des Trimesters berichtete: *they tasted the whole worm,* für die Queen *three cheers to our queer old dean* ausbrachte, die Bauern als *noble tons of soil* betitelte oder den Soldaten nach ihrer Rückkehr aus dem Ersten Weltkrieg versprach: *when our boys come home from France, we will have the hags flung out.* Ob Spooner schneller am Denken war, als er es aussprechen konnte, oder ob Absicht dahintersteckte, sei dahingestellt. Diese Methode lässt sich im Deutschen jedoch zum Verfertigen von SCHÜTTELREIMEN ausbauen, wie folgender Auszug aus einer Website[21] demonstriert:

> Beim Schüttelreim werden bei zwei Worten oder Silben die am Anfang stehenden Mitlaute vertauscht. Dadurch muss sich wieder ein sinnvolles Wort- und Silbenpaar ergeben, wie z. B. ›**Schlingen** fangen – fingen **Schlangen**‹. Die Schwierigkeit besteht darin, ein passendes Wortpaar zu finden.
> Das obige Beispiel erlaubt eine Variante des Schüttelreims, bei der nicht die Mitlaute, sondern die Selbstlaute vertauscht werden. So entstehen zusätzlich die Wortpaare ›Schlangen fingen – fangen Schlingen‹. Auf dieser Grundlage könnte man nun einen sogenannten ›vierfachen‹ Schüttelreim aufbauen.
> Es gibt mehrere Methoden, um zum Ziel zu kommen:
> Man probiert so lange, irgendwelche Wortpaare umzudrehen, bis man durch Zufall über einen Schüttelreim stol-

---

21 Johannes Widi, jowidi@myself.com

pert. Das ist eher langwierig und von wenigen Erfolgserlebnissen begleitet.

Sobald man im Gespräch oder beim Lesen ein Wort mit mehr als zwei Silben hört, wird es geschüttelt. Durch das Gesetz der großen Zahl stößt man dabei im Lauf der Zeit zwangsläufig auf einige brauchbare Reime. Das führt jedoch dazu, dass das Sozialleben ein wenig leidet, weil man ständig etwas abwesend erscheint. Andererseits ist dies eine auch für den Westeuropäer akzeptable Form, höhere Bewusstseinszustände zu erreichen. Bei eingefleischten Schüttlern stellen sich diese nach einiger Zeit immer wieder spontan, d. h. ohne bewusste Anstrengung ein.

Ein algorithmischer Ansatz:

Zuerst sucht man sich ein Wort aus, das in einem Schüttelreim vorkommen soll. Um das Ganze an einem praktischen Beispiel zu verdeutlichen, wählen wir das Wort ›Klaus‹.

Als Nächstes schreibt man sich alle Worte auf, die sich auf dieses Wort reimen, also z. B. ›aus, Haus, Maus, raus …‹. Je mehr Worte man findet, desto wahrscheinlicher ist man einem Schüttelreim auf der Spur. Reimt sich gar nichts, kann man auch nichts schütteln.

Wenn man spontan eine Liste sich reimender Worte aufschreibt, übersieht man in der Regel etliche nützliche Reimkandidaten. Abhilfe schafft hier eine Tabelle der gebräuchlichsten Mitlaute und Mitlautkombinationen, die man der Reihe nach durchprobiert. Meine Version dieser Tabelle stelle ich hier zur Verfügung.

Aus diesen Worten wählt man eines aus, etwa das Wort ›Haus‹.

Nun schreibt man eine Liste von Worten, die mit dem gleichen Selbstlaut beginnen, wie ›Hof, Heim, heben, Hang, hingen, Hunde …‹.

Dann wird geprüft, ob eines der Worte sich durch Vertauschen der Anfangsbuchstaben in ein anderes sinnvolles Wort verwandeln lässt. In unserem Beispiel würden wir den Buchstaben *H* durch die Buchstaben *Kl* ersetzen. Erfreulicherweise finden wir dabei die Worte ›kleben, Klang, klingen‹. Mit einem Schlag verfügen wir über drei ›schüt-

Konsonantensammlung:

b	kn	schr
bl	kr/cr/chr	schw
br	l	sk
d	m	sl
dr	n	sm
dsch	p	sp
f/v	pf	sph
fj	pfl	spr
fl/vl	pfr	st
fr/vr	pl	str
g	pn	sz
gl	pr	t/th
gn	ps	tr
gr	qu	tsch/cs
gschn	r/rh	tw
gst	s	w
h	sch/sh	wr
j	schl	x
k/c/ch	schm	z
kl/chl/chl	schn	zw

telfähige‹ Wortpaare, nämlich ›Klaus – heben, Haus – kleben‹, ›Klaus – Hang, Haus – Klang‹ und ›Klaus – hingen, Haus – klingen‹.

Erscheint einem ein Wortpaar sinnlos, sollte man nicht mit Gewalt versuchen, einen Reim damit zu bilden. Am ehesten hat man bei Worten Erfolg, bei denen sich spontan eine Assoziation einstellt, z. B.:

Die Glöckchen, die an Klaus hingen, hört man im ganzen Haus klingen.

Gefällt einem das Resultat nicht, geht man zurück zu Punkt drei, zwei oder eins und beginnt von vorne.

Noch ein algorithmischer Ansatz: Zuerst sucht man … siehe *oben*. Wir bleiben beim Beispiel ›Klaus‹.

Als Nächstes … *dito*

Nun sucht man ein Wort, das mit denselben Buchstaben beginnt wie das Ausgangswort, also z. B. ›Klaus – Klette‹.

Dann schreibt man eine Liste der Worte, die sich auf das zweite Wort reimen, etwa ›Bette, fette, hätte …‹

Darauf sucht man in beiden Listen nach Worten mit gleichen Anfangsbuchstaben. Wir finden z. B. ›Maus – Mette, raus – rette …‹

Jetzt braucht man nur zwei Wortpaare herauspicken und drauflosschütteln. Wobei mir zu *Maus rette – raus Mette* momentan beim besten Willen nichts einfällt, obwohl es schüttelt.

Die Matrix-Methode: Im Prinzip handelt es sich um eine effektive Kombination der oben angeführten Methoden. Man schreibt Wörter in eine Tabelle, und zwar nach folgendem Muster:

	→ Wörter, die sich reimen			
Wörter mit gleichen Anfangs-buchstaben		Bau	schau	Sau
	zwar	bar	Schar	
	Zweck		Scheck	
	Zwang	bang		sang

Jetzt braucht man nur vier Kästchen suchen, die a) ein Rechteck bilden und b) Worte enthalten. Im Nu erhält man so aus der obigen Tabelle die Schüttler:

Schar Bau – Bar schau,
zwar bang – bar Zwang,
sang Bau – bang Sau
usw.

4

Einen der bekanntesten Schüttelreime – mit welcher der oben genannten Methoden er erreicht wurde, ist nicht mehr zu sagen – hat Ernst Jandl verfasst:

lichtung

manche meinen
lechts und rinks
kann man nicht velwechsern
werch ein illtum!

Man kann aus diesen Zeilen entweder einen deutsch radebrechenden Japaner heraushören – oder sie neurophysiologisch interpretieren. Dann aber ist aus dem Gedicht (gemäß der Maxime, dass in unserem mentalen Pufferspeicher Konzepte Vorrang vor dem bloßen Wortlaut besitzen) etwas anderes herauszulesen: nämlich, dass für jemanden, der lieber im Freien steht, jede Vorgabe einer *Richtung* einer Einschränkung gleichkommt. Das lyrische Ich, solcherart durch Worte zurechtgewiesen, stimmt dem scheinbar zu – hält aber weiterhin am Konzept des *locus amoenus* einer langersehnten *Lichtung* fest.

In der Psychopathologie des Alltags werden uns solche konzeptionellen Fehlleistungen als Freudsche Versprecher bewusst: sie verraten, dass man sozialen Konventionen gegenüber nur ein Lippenbekenntnis ablegt. Die Hintergedanken dabei können jedoch nie ganz verborgen werden – und kommen dann im Wortlaut zum Vorschwein: *Sie reizt nicht mit ihren Geizen. Das war wieder einmal ein schöner Verbrecher.* Dies ist eine Volksdichtung, deren Witz und Einsichtskraft ganz allgemein die Omnipräsenz der Poesie demonstriert.

In der Literatur hingegen kommen solche Fehlleistungen mehr oder minder bewusst zum Einsatz, um lautmalerisch parallele Sinnstrukturen zu etablieren.

Arno Schmidt hat in seiner Antwort auf die Frage *Sind wir noch ein Volk der Dichter und Denker?* ein schönes Exempel statuiert, das die im Abschnitt zu Laut und Malerei angeführten Erkenntnisse vorwegnimmt:

Ich wiederhole der Kürze halber das belehrende Beispiel aus Maury's *Le sommeil,* wo jener einmal im Traume auf einer Landstraße spazierte und die Kilometersteine ablas. Dann in einen Kaufladen trat, dessen Inhaber zwar mit Kilogrammgewichten handtierte; dem Träumer allerdings mitteilte, er sei jetzt aber nicht in ›gay Paree‹, sondern auf der Molukkeninsel Dschilolo; worauf M. sich bedankte und durch Lobelienbüsche davonschritt, zwischen denen General Lopez (dessen Tod er am Abend zuvor in der Zeitung gelesen hatte) auf ihn zu kam, und ihn zu einer Partie Lotto einlud – eine scheinbar läppische, ›sinnlose‹ Bildfolge.

Es sei denn, man entschlösse sich, die Zünd=Worte so zu arrangieren:

Ki	lo	meterstein
Ki	lo	grammgewicht
Dschi	lo	lo
	Lo	belien
	Lo	pez
	Lo	tto

Mit deutlicheren Distelworten: aus ›irgendeinem Grunde‹ war bei Maury der mit ›lo‹ etikettierte Wortballen aufgegangen; und der Traum konstruierte nun, mit größter Eifer= & Possenhaftigkeit, etwas wie eine Bildergeschichte daraus, vergleichbar dem Schnelldichter im Tingeltangel. Und der Grund zu solchem ›lo‹=Zwang lag noch eine Etage tiefer; denn bei ›lolo‹ gibt selbst der neuste=kleine ›Klett‹ an, daß es sich um den Kosenamen für eine Frauenbrust handelt, und eine ›Lolotte‹ ist ein Nüttchen: Maury muß, physiologisch bedingt, amouröse Regungen verspürt haben. Die ganze Erscheinung ist ebenso ›natürlich‹ wie häufig, und sie besagt u.a., daß die bloße Lagerung der Worte im Gehirn uns viel mächtiger beeinflußt, als vergangene, relativ unerleuchtete, Jahrhunderte ahnten. Auch im Wachzustand werden sich dergleichen seeschlangige ›Zusammenhänge‹ pausenlos anbieten, und einige davon auch durchsetzen; es handelt sich eben um seelische Mechanismen des Herrn Jedermannn, vor denen man die Augen nicht schließen, vielmehr möglichst weit aufsperren sollte.

Denn auch das Umgekehrte wird ja nunmehr möglich: daß ein erzgeschickter Schriftsteller die nichtsahnenden Leser unauffällig mit ›lolo‹=Silben ›unterschwellig‹ bearbeitet; und der Ahnungslose lobt den Losen, der ihn bewußt gelotst hat, und wundert sich womöglich noch, wieso er sich nach getaner Lektüre erotisch wohlaffektioniert erhebt. Ge= & Mißbrauch der Methode sind selbstredend nicht auf die Sexualität beschränkt, sondern erstrecken sich auf alle Gebiete menschlicher Betätigung; und ermöglichen der Modernen Literatur gänzliche neue Mittel zu feinsten, geistreichsten Anspielungen & Verknüpfungen. … Es handelt sich um eine einwandfreie Bereicherung der literarischen Technik, die es, bei sorgsamer Handhabung, ermöglicht, hinter die moderne=bunte=reiche Oberflächenhandlung einen schon dazu passenden ›Echoraum‹ zu blenden; den Nachvollziehenden mit diskreter Gewalt zu einem doppelten Leseglück zu zwingen. Und wer immer noch sich zieren oder gar bestreiten möchte, sei darauf verwiesen, daß zwar die Künstler all=harmlos sind; aber z. B. die ›Reklame‹ sich das Verfahren unauffälliger Bearbeitung unter vorsichtiger Aufopferung der Orthographie längst umfassend zunutze gemacht hat. Denn den brutal=einfallslosen Koofmich erkennt man daran, daß Einem sein Fabrikat, ob Zigarette oder Kugelschreiber, von der Litfaßsäule herunter von einer hübschen=dicken Puppe, mit solchen oh=lo=los, hingehalten wird; während der besser Beratene es besser mit ›RAMA‹ macht: da liegt nämlich, gleich nebenan im Wort=Hort, das gute=fette ›Rahm‹, (und einem, der englisch kann – wer könnte es bei uns nicht – fällt, in frivoleren Augenblicken, womöglich gar ein rammelndes ›ram‹ ein).

Altmann, Gerry T.M. (1997), *The Ascent of Babel – An Exploration of Language, Mind, and Understanding*, Oxford

Box 31. Du bist Buddhist – oder was Versprecher und Schüttelreime uns über Gehirn und Sprache verraten

Wird der Satz ›Fischers Fritz fischt frische Fische‹ oft und schnell genug hintereinander aufgesagt, schleichen sich sicherlich Versprecher ein, die nicht unbedingt mit Freuds Theorie der Fehlleistungen erklärt werden müssen. Nicht alle alltäglichen Versprecher nach dem Muster ›ge-f-ickt einge-sch-ädelt‹ sind Ausdruck verdrängter Triebregungen. Sie reflektieren oft primär die Wirkweisen psycholinguistischer Prinzipien und Prozesse, wie die Sprachforscher Rudolf Meringer und Carl Mayer bereits früh durch die Sammlung und Analyse von mehreren Tausenden von Alltagsversprechern herausfanden – die auch mehr als 170 unwillkürliche Schüttelreime einschließt.

Der Biokybernetiker Don MacKay testete 1970 verschiedene Erklärungsmodelle für Sprechfehler in dieser Sammlung, die unterschiedliche Klassen von Versprechern enthält:

- Antizipation und Postposition: *in der Schnegel geht es schneller.*
- Vertauschungen: *wir pfeifen nicht nach ihrer Tanze.*
- Kontaminationen: *Beispiele aus den Haaren saugen*
- Substitutionen: *Wes Brot ich ess, des Lob ich trink.*

MacKay bewies formal, dass psycholinguistische Einheiten wie Phoneme, Silben und Morpheme nicht zufällig, sondern nach bestimmten hierarchisch organisierten Ähnlichkeits- und Gruppierungsprinzipien vertauscht werden – er deutete dies als Evidenz für die psychologische Realität dieser Prinzipien als mentale Repräsenta-

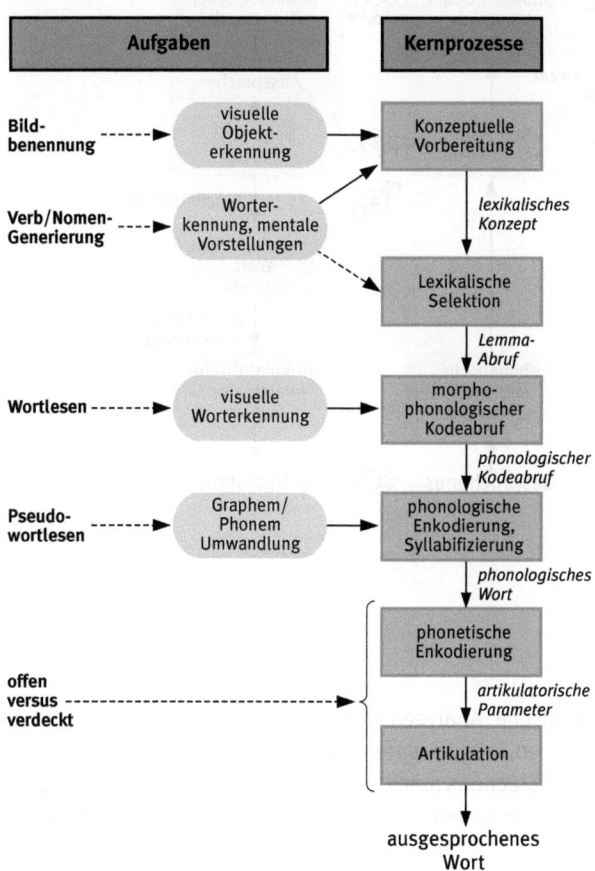

a)

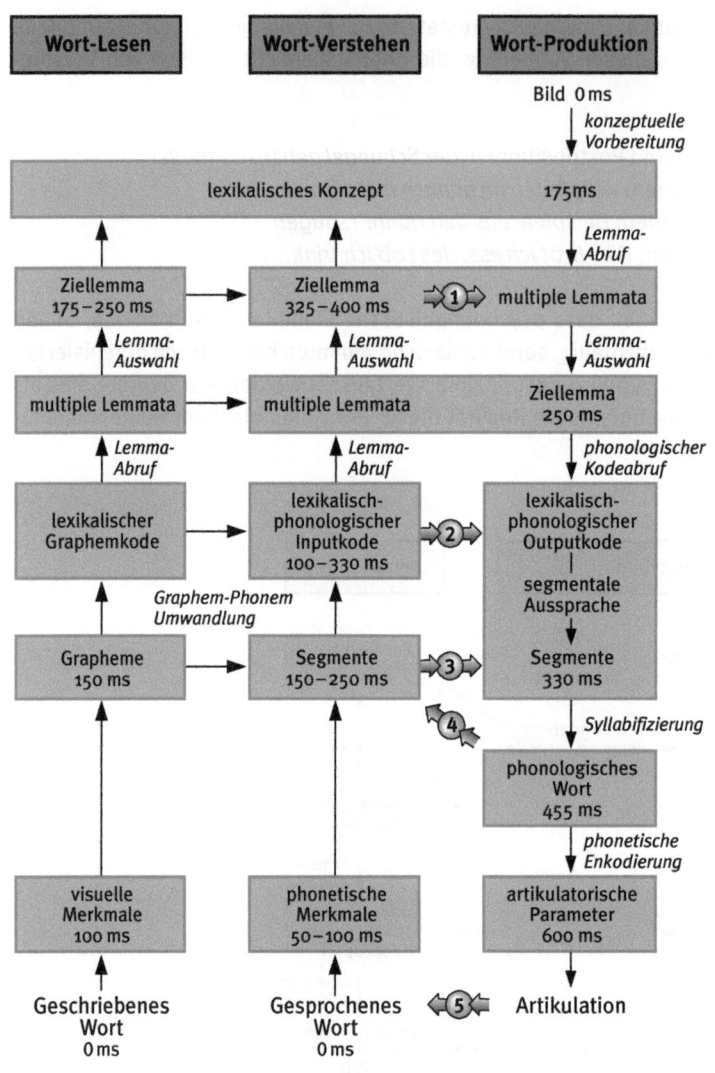

b)

tionen. Spätere systematische Analysen von Fromkin oder Garrett bestätigten MacKays Schlussfolgerungen, was Versprecher zu einem bevorzugten Testfall für theoretische Modelle des Sprechens machte (Abb. 66a). Solche Modelle sollen empirisch prüfbare hypothetische Antworten auf die Frage geben, wie Menschen vom Gedanken zum gesprochenen Wort oder Satz gelangen und wie dieser Prozess im Gehirn abläuft.

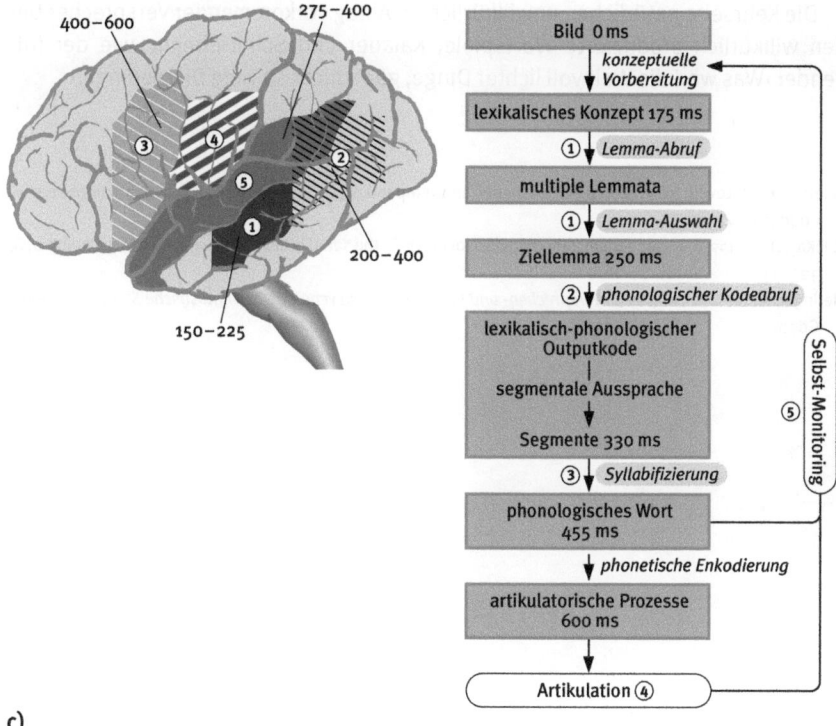

Abb. 66 a–c Theoretisches Modell der mentalen Vorgänge beim Sprechen mit dazu passender Zeitlinie und Hirnkartographie (nach Indefrey & Levelt, 2004).

Das empirisch am besten bewährte Modell stammt von der Gruppe des ehemaligen Max-Planck-Direktors für Psycholinguistik, Pim Levelt. Es ist im Wesentlichen deckungsgleich mit demjenigen aus Abbildung 66a. Laut diesem Modell läuft die Aussprache eines Wortes immer nach dem gleichen stufenartig aufgebauten Muster ab. Alles beginnt logisch mit der konzeptuellen Vorbereitung, die sich oft auf ein inneres Bild dessen stützt, was gesagt werden soll. Diese ist nach etwa 175 Millisekunden abgeschlossen, worauf dann die lexikalische Selektion erfolgt, der sogenannte Lemma-Abruf. Er legt die syntaktischen Parameter des auszusprechenden Zielworts fest: Wortart, Geschlecht, Satzstellung und -rolle. Dieser Vorgang dauert nur rund 75 Millisekunden (Abb. 66b). Danach muss zwecks korrekter Aussprache das syntaktische, parametrisierte Mentalgebilde in eine phonologische Form gewandelt werden, was wiederum drei Stufen erfordert: den Abruf des gelernten morpho-phonologischen Kodes (80 Millisekunden), die Syllabifizierung (125 Millisekunden) und die phonetische Enkodierung (145 Millisekunden). Erst nach insgesamt 600 Millisekunden ist so das Gehirn zur Artikulation bereit.

Ein mentaler Vorgang, der so viele, so komplexe und so schnell ablaufende Phasen umfasst und auf so viele neuronale Netzwerke zugreift (Abb. 66c), kann durchaus einmal Fehler produzieren – vor allem wenn er durch Zeitdruck, Nervosität, Abgeschlafftheit oder fünf Maß Bier aus dem Rhythmus gebracht ist.

Die Kehrseite natürlicher, unwillkürlich im Alltag vorkommender Versprecher bilden willkürlich produzierte Wortspiele, Kalauer und Schüttelreime wie der folgende: ›Was wär' die Welt voll lichter Dinge, gäb's nicht so viele Dichterlinge.‹

Indefrey, P., & Levelt, W. J. (2004). »The spatial and temporal signatures of word production components«. *Cognition*, 92, 101–144

MacKay, D. G. (1970). »Spoonerisms: the structure of errors in the serial order of speech«. *Neuropsychologia*, 8, 323–350

Meringer, R., & Mayer, K. (1895). *Versprechen- und Verlesen: Eine psychologisch-linguistische Studie*. Stuttgart: Göschen

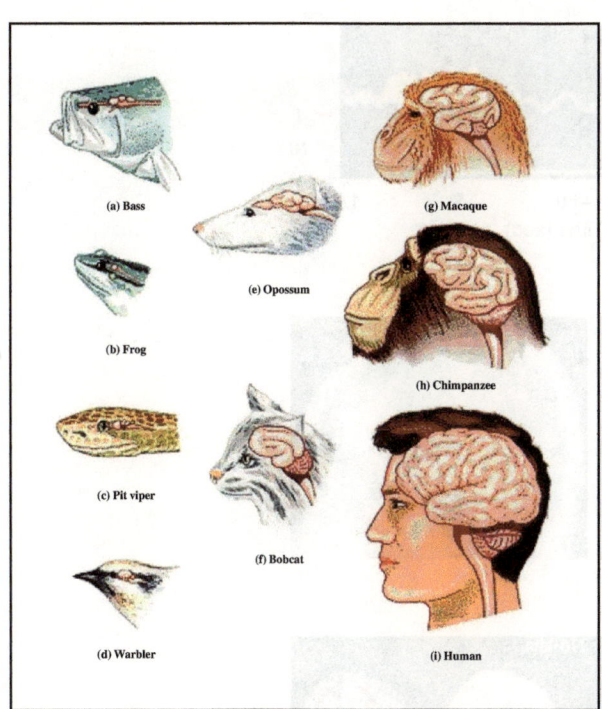

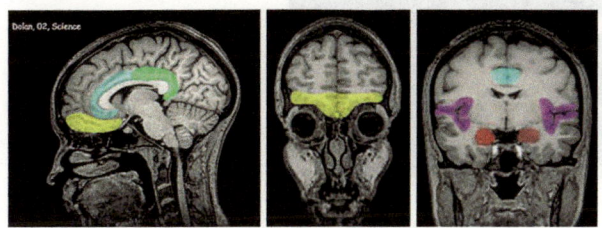

MUSCHEL, SCHEISSE, STRICKEN, TITTEN, ARSCHLOCH, FICKEN, FRITTEN, MUSCHI...

Tafel 1 (oben): Phylogenetische Entwicklung der Hirngröße.

Tafel 2 (Mitte): Hirnregionen, die mit Emotionen in Verbindung gebracht werden (nach Dolan, 2002). Gelb: Orbitofrontalkortex; Lila: Insulae, Türkis und Grün: vorderer und hinterer cingulärer Kortex; Rot: Amygdalae.

Tafel 3 (unten): Stroop-Test mit Tabuworten. Bei diesem Test sollen Probanden die Farbe benennen, in der die Wörter gedruckt sind.

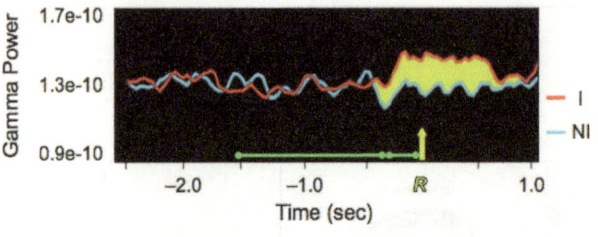

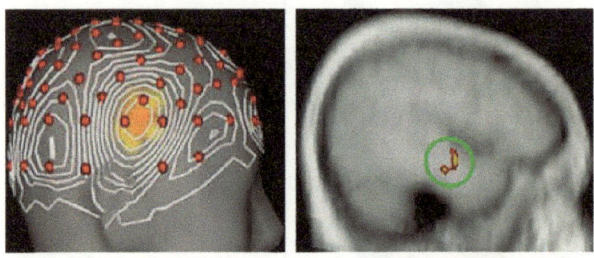

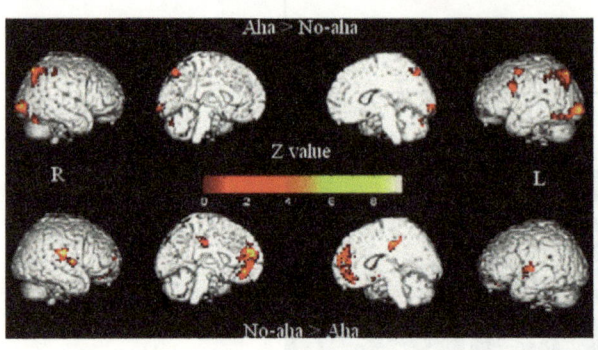

Tafel 4: Wahrscheinliche kortikale Korrelate des Aha-Erlebnisses (nach Kounios & Beeman, 2009).

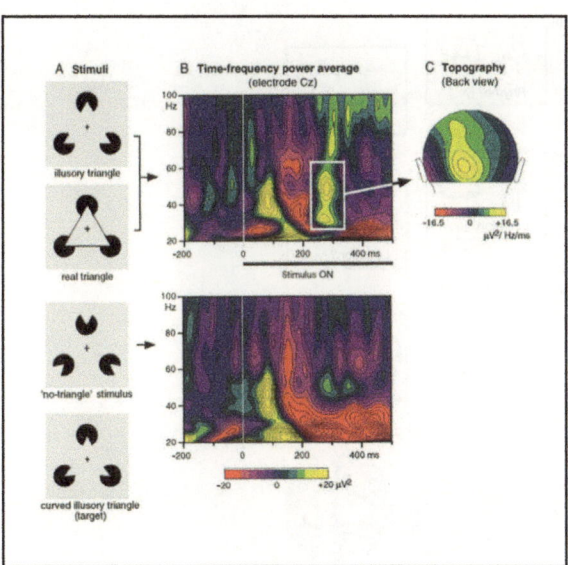

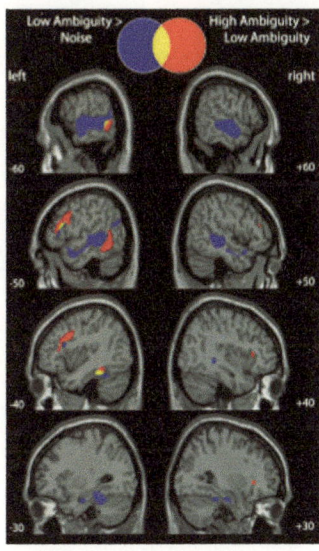

Tafel 5 (oben): Gamma-Aktivität im EEG bei der Betrachtung verschiedener Varianten des Kanizsa-Dreiecks. A: Vier Varianten des Kanizsa-Dreiecks, die als Reize dienten. B: Gemittelte EEG-Aktivität in Abhängigkeit von der Zeit (X-Achse) und dem Frequenzband (Y-Achse). C: Topographie der hirnelektrischen Aktivität für die beiden oberen Reizsituationen. Die obere Abbildung in B zeigt das ca. 300 Millisekunden nach Darbietung der beiden oberen Reize aus A auftretende Aktivierungsmaximum im Gamma-Frequenzspektrum, das als neuronales Korrelat der Gestaltwahrnehmung interpretiert wird (nach Tallon-Baudry & Bertrand, 1999).

Tafel 6 (unten): Kortikale Aktivierungen für ambige Wörter (nach Rodd et al., 2005). Linke Spalte: Vergleich geringer Ambiguität versus Rauschen; rechte Spalte: Vergleich hohe versus geringe Ambiguität.

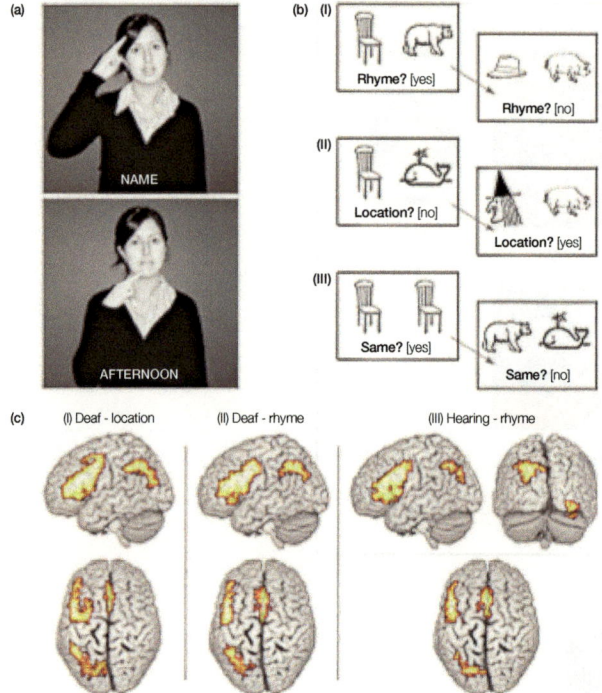

Tafel 7: Phonologische Verarbeitung in einer Gebärdensprache und in der gesprochenen Sprache (Erläuterungen im Text; adaptiert nach MacSweeney et al., 2008).

Rechte Seite:
Tafeln 8 (oben) und 9 (unten): Zwei Bilder des tschechischen Künstlers Jiří Kolář (oben: „Love Game", unten: „A Small Honour for P. Klee") als Analogien dafür, wie sich die beiden Begriffe einer Metapher in ihre Konnotationen aufsplitten und durch das IST GLEICH neu zusammengesetzt werden, um durch ihre Überblendung eine oszillierende Figur zu ergeben.

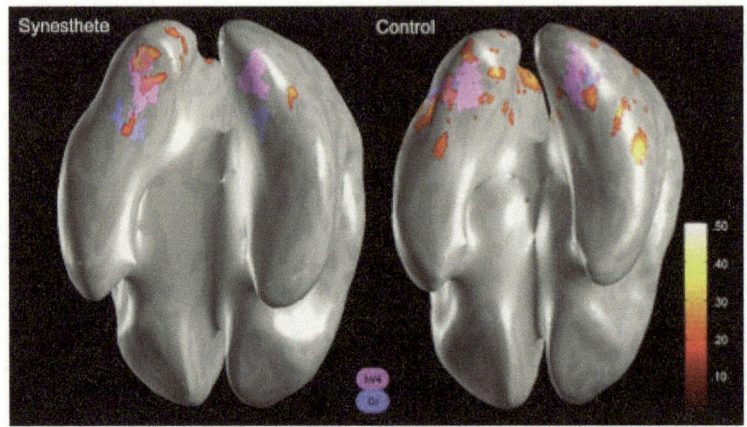

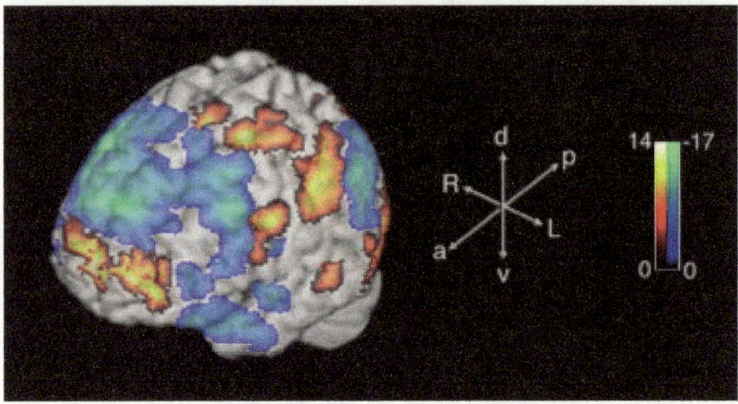

Tafel 10 (oben): Hirnaktivierungen bei einem Synästhetiker (links) im Vergleich zu einer Kontrollperson (rechts). Untenansicht von zwei „aufgeblasenen" Gehirnen. Das Areal hV4 ist hell-lila markiert, die sog. Graphemarea dunkel-lila. Beide Probanden weisen Aktivierungen in der Graphemarea auf. Beim Synästhetiker ist zusätzlich hV4 aktiv.

Tafel 11 (unten): Hirnaktivierungen während der Improvisation. Der mediale und dorsolaterale präfrontale Kortex zeigt eine deutliche Deaktivierung (Blaugrün), die sensomotorischen Areale dagegen eine relative Aktivierung (Gelbrot).

Z – VERSLÄNGE UND STROPHENKOMBINATORIK

1

Holen wir noch einmal aus, um nach all den neurophysiologischen Exkursen die spezifischen Charakteristika unserer Kognition zusammenzufassen. Zum einen reduziert sie die Informationen unserer Umwelt auf für uns brauchbare Kategorien – in einem determinativen Vorgang, der versucht, Wahrscheinliches und Mehrdeutiges in Gewissheiten und Eindeutigkeiten überzuführen. Im Gegensatz zu diesem Bemühen um Regelhaftes ist das menschliche Nervensystem jedoch darauf ausgelegt, Differenzen zu registrieren; es ist habituativ – das heißt, es ignoriert tendenziell wiederholte und erwartete Stimuli zugunsten neuer und unerwarteter. Dabei geht es im Wesentlichen synthetisierend vor – und sieht im Extremfall selbst dort noch Gestalthaftes, wo es gar nicht vorhanden ist. Das Gehirn ist also eher ein aktives als ein passives Organ – es konstruiert seine Szenarien, um sie an der Realität zu messen. Und es ist dabei prädiktiv: Die Muster, die es extrapoliert und oft genug auch erfindet, sind für die Vorhersage dessen ausgelegt, was als Nächstes passieren kann oder wird. Aus dieser Art der Imagination schöpft grundsätzlich auch alle Kreation – genauso, wie die Funktion aller Erinnerung im Grunde die Fähigkeit zur Voraussage und Vorwegnahme ist.

Die Aktivität des Gehirns ist dabei selbst-belohnend: es besitzt Zentren für die Rezeption von opiumähnlichen Peptiden wie Encephalin – die Endorphine – und andere lustverschaffende Substanzen wie die Katecholamine. Es kontrolliert sowohl die Ausschüttung wie auch die Aufnahme dieser Chemikalien. Über diese Selbststimulanz lassen sich bestimmte Verhaltensmuster verstärken: das Gehirn belohnt sich auch, um seine Anpassungsfähigkeit zu steigern. Kommt zu diesem Motivationsmechanismus noch eine von außen kalibrierende und kontrollierende Instanz hinzu, ist der Gewinn an Effizienz enorm – wir lernen schneller und intensiver, wenn all unsere emotionellen und intellektuellen Ressourcen mobilisiert werden. Und es ist wahrscheinlich nicht zu weit gegriffen, wenn man behauptet, dass die ästhetische Erziehung (einschließlich der Poesie) diese kognitive Effizienz befördert, ja, dass letztlich alle menschlichen Werte, selbst die Ideale von Wahrheit und Schönheit sich danach ausrichten.

Verbunden mit der Fähigkeit, sich selbst zu belohnen, ist der grundlegend reflexive Charakter kognitiver Prozesse. Sie kalibrieren sich innerhalb gewisser Grenzen quasi selber. Und es scheint, als besäßen wir – anders als ein Computer – die Fähigkeit, unsere Software in jene Hardware zu konvertieren, die aus den ›Modulen‹ des Kurz- und des Langzeitgedächtnisses besteht. So entsteht gewissermaßen eine Schleife des Selbstreflexiven: jene Introspektion, die dann wieder die eigenen Operationen examiniert und beeinflusst. In diesem Sinne lässt sich unser Bewusstsein als antithetische Disparität zwischen dem Gehirn als Beobachter seiner selbst und dem Gehirn als Objekt seiner Observationen definieren. Dieses Wissen um sich selbst – das sich in vielen Sprachen aus ein und derselben Wurzel ableitet: als Bewusstsein und Gewissen, als *conscience* und *consciousness* – zeigt das Verhältnis zwischen Selbst-Bewusstsein und Selbst-Belohnung auf.

Dabei sind jedoch die Operationsmodi des Gehirns vor allem auf soziale Aspekte fokussiert – nicht allein, was spezifische Geschicklichkeiten und kommunikative Kompetenzen betrifft, sondern fundamentaler noch, was die Fähigkeit zur Stimulanz, Orientierung, Aufmerksamkeit und Motivation angeht. Sie lassen sich auch nicht mehr vom kulturellen Kontext, für den sie geschaffen wurden, trennen. Was genetisch in uns vorprogrammiert ist, benötigt einen soziokulturellen Rahmen, um sich entfalten zu können. Die Erfindung der Schrift mit ihrer Kombinatorik von Buchstaben ist ein gutes Beispiel, in welchem Ausmaß neue Mechanismen inkorporiert werden können: Das Lesen ist inzwischen fast schon zu einem Instinkt geworden; es hat seine artifiziellen Inputs zum Programm gemacht und es zu einer neuronalen Hardware umgeformt – sodass ein Buch letztlich eine Art CD-ROM ist, die wir in unserem Kopf abzuspielen gelernt haben.

›Spielen‹ ist das Stichwort. Ob Kreuzworträtsel oder Kunst, Fernsehquiz oder Kasino, Mathematik, Philosophie oder Physik – es sind jedes Mal Spielformen menschlichen Verhaltens. Hinter ihnen steckt jeweils eine kognitive Universalie: die einer Kombinatorik von definierten Regeln, mit deren Hilfe wir die unendliche Komplexität der Realität simplifizieren und sie umgekehrt wieder simulieren. Gelingt uns dieses Strukturieren, empfinden wir Lustgefühle – scheitern wir daran, sind wir frustriert wie bei einem Spiel, das sich als monoton und langweilig herausstellt. Der Selbstbelohnungsmechanismus setzt ein gewisses Maß an Herausforderung voraus – aber sie muss bewältigbar bleiben: so, wie die Idee des Schönen auch nur erotisch wirkt, wenn sie in einer Spannung zu einem idealtypisch einförmigen Maß steht.

2

Vor diesem Hintergrund erklärt sich nicht nur die formale Strenge, zu der die Poesie seit je tendiert, sondern auch die Tatsache, dass sie diese Norm nie zur Gänze erfüllt: ein Metrum, das perfekt wäre, besäße die Monotonie eines Metronoms; ein vollkommen gleichklingendes Reimschema wäre nichtssagend. Regel und Regelbruch gehören zusammen: gemeinsam schaffen sie jene kognitive Spannung, die unser Interesse erweckt.

Das ist bereits im Prinzip der Struktur selbst angelegt: je deterministischer sie ist, desto mehr Variationsmöglichkeiten bietet sie. Denn Variation bedeutet keineswegs ein Abweichen von der Regel, ganz im Gegenteil: sie wird von ihr bedingt. Was paradox klingt, lässt sich durch eine mathematische Analogie leicht begreifen: bei vier einzelnen Strukturprinzipien – A, B, C, D – hat man nur die Wahl zwischen 4 Optionen. Führt man jedoch die Regel ein, dass nur zwei davon gleichzeitig eingesetzt werden können, erweitern sich die Wahlmöglichkeiten auf 6: AB, BC, CD, AC, BD, AD. Unberücksichtigt bleiben dabei noch 8 weitere: 6 Dreier-Gruppen (ABC, ACB, BCA etc.), das ganze Set zusammen und ein Null-Set. Hat eine Regel also einmal Strukturprinzipen als signifikant etabliert und einzeln identifiziert, erhöht sich dadurch schlagartig das Repertoire – wobei 6 reguläre Kombinationen dann 8 irregulären gegenüberstehen.

Fassen wir A, B, C, D als Reime auf und erweitern wir die Regeln noch um jene des Metrums, der Silbenzählung und der Anzahl der Zeilen, erhalten wir alle jene Strophen, die in ihren Variationsmöglichkeiten die eines Schachspiels mit seinen weit begrenzteren Zugmöglichkeiten exponentiell hinter sich lassen: von der Otfridstrophe zum Nibelungenvers, von Terzinen zu Sonett und Sestinen, vom Haiku über Stanzen bis zur Odenform.

3

Das Gehirn ist deshalb so komplex, weil es sich noch mit einer weitaus komplexeren Realität auseinandersetzen muss: es tendiert dazu, chaotische Kontexte hierarchisch zu organisieren. Dies spiegelt sich auch in der inneren Architektur des Gehirns wider, die beispielsweise von den einfachen Neuronen auf der Netzhaut aufwärts immer komplexere Stimuli verarbeitet – um sie umgekehrt als motorische Aktivität in immer einfacher werdende neuronale Servomechanismen umzusetzen. Die aus unterschiedlichen Modulen stammenden Modalitäten und Modelle müssen jedoch miteinander integriert werden – wobei manche mehr Zeit für ihre Prozesse benötigen, manche weniger: es braucht einen neuronalen Puls, der die unterschiedlichsten Informationen zusammenführt. Würden beispielsweise im visuellen System die vielen Ebenen von Formdetails, Farbe und räumlicher Tiefe nicht synchronisiert, wären wir nicht in der Lage, ein Objekt wahrzunehmen.

Dies führt zurück zur Frage, weshalb man ein Gedicht – einerlei in welcher Sprache – stets an der Kürze seiner Zeilen erkennt: am Vers, der seine rhythmische, semantische und syntaktische Grundeinheit darstellt (wobei wir unter Vers hier eine Informationseinheit verstehen, auf die eine klare Zäsur folgt: also auch den Halbvers eines Hexameters).

Ein komparatistischer Vergleich der üblichen Verslängen weltweit zeigt, dass ein Vers in Sprachen, die keine fixen Tonhöhen haben, im Schnitt zwischen 7 bis 17 Silben lang ist. Bei tonalen Sprachen – wie dem Chinesischen, wo die Silben doppelt so lange artikuliert werden – weist er in der Regel zwischen 4 und 8 Silben auf. Egal ob in Papua-Neuguinea, Zambia, in den Sprachen des Ural oder auf Ungarisch, Spanisch, Italienisch oder Französisch: um einen Vers zu rezitieren, braucht es durchschnittlich zwischen 2 und 4 Sekunden – wobei der Verteilungsgipfel zwischen 2,5 und 3,5 Sekunden liegt. Der Halbvers eines daktylischen Hexameters dauert 2,8 Sekunden, der Langvers der lateinischen Elegie 3,5 Sekunden. Was deutsche Verslängen betrifft, so ergibt sich (rechnet man ein paar Anthologien durch) folgende statistische Verteilung: 3 Prozent der Gedichte haben eine Versdauer von unter 2 Sekunden, 73 Prozent von 2 bis 3 Sekunden, 7 Prozent von 3 bis 4 Sekunden und 17 Prozent zwischen 4 und 5 Sekunden. Anders als man jedoch vermuten würde, hat dies nichts mit Atemeinheiten zu tun – wir haben genug Luft in der Lunge, um mühelos bis zu 40 Silben aufsagen zu können.

Die repetitiven Elemente, die ein Gedicht aufweist, machen den Vers zu einer Universalie. Der statistisch dominante 3-Sekunden-Zyklus wird nicht nur durch eine Pause markiert, er wird zusätzlich durch die klanglichen Ähnlichkeiten des Wortmaterials unterstrichen: aus diesen Repetitionen ergibt sich der Rhythmus. Die konstant bleibenden Elemente, auf denen der Vers aufbaut, können unterschiedlichster Natur sein. In der ungarischen Volkspoesie etwa bleibt die Silbenzahl pro Vers gleich – als Kompensation für die Einfachheit dieser Regel wird bei jedem Vers allerdings auf grammatikalische Korrektheit geachtet. Andere Versformen – wie das *Gilgamesh-Epos* oder das *Poema de Mio Cid* – haben eine fixe Anzahl betonter Silben, während die Anzahl der unbetonten dazwischen schwanken kann. Die meisten europäischen Metren beruhen auf regelmäßigen Versfüßen mit einem fixen Muster von betont-unbetont. Tonale Sprachen wie das Chinesische bauen auf Silben mit gleichbleibender Tonhöhe und Silben mit wechselnder Tonhöhe auf, um daraus ein Muster zu erstellen; das Angelsächsische und Altdeutsche hingegen bevorzugen Alliterationen. Die meisten Sprachen benutzen überdies Assonanzen – dazu gehört auch der Reim –, um das Versende deutlich zu markieren und es von der nächsten Zeile abzuheben. Wo dagegen Verszeilen von unterschiedlicher Länge verwendet werden, kommt dem Metrum und dem Reim meist besondere Betonung zu: sie kompensieren die variierenden Längen durch ihren Grundpuls – er liefert sozusagen das Trägersignal, das den Klang vom sprachlichen Rauschen abhebt.

Oft werden mehrere dieser Kunstgriffe gleichzeitig eingesetzt, um einem Gedicht seine Rhythmik zu verleihen; keine Poetik setzt sie jedoch alle zugleich ein – so dass jedes Gedicht ein Wechselspiel zwischen vorgeschriebenen Elementen und freien Variationen darstellt. Das Metrum mit seinen vielfältigen syllabischen Permutationen innerhalb der grundsätzlichen Invarianz der Verslänge zeigt ein vergleichbares Wechselspiel.

Informationstheoretisch lässt sich dies als kommunikativer Kode verstehen: Die 3-Sekunden-Einheit des Verses bildet das Medium; er ist sozusagen die ›Trägerwelle‹, die sich vom ›Rauschen‹ abhebt durch die am Zeilenende gesetzte Pause und durch die vielen metrischen Kriterien wie Silbenanzahl, Betonung, Tonhöhe, Assonanz etc. (die überdies mit den semantischen und syntaktischen Einheiten des Verses harmonisiert werden). Metrische Variation ist also Teil der Botschaft, die vom Trägersignal des Verses transportiert wird – wie ein Radiosignal, das einen Grundpuls systematisch innerhalb gesetzter Parameter moduliert, damit die musikalische Übertragung sich vom bloßen ›Geräusch‹ abhebt.

4

Doch damit ist noch nicht die Dominanz von 3 Sekunden langen Versen erklärt. Das Sehen basiert (außer bei Farbe) auf der simultanen Wahrnehmung räumlicher Koordinaten, das Hören jedoch auf der Wahrnehmung von temporalen Sequenzen. Was wir hören, ist: Zeit. Tonhöhen identifizieren wir über den sehr reinen (und hochakkuraten) Vergleich einzelner Frequenzen, die in Zeitsequenzen unterteilt werden. Timbre und Klangtexturen ergeben sich für uns aus Kombinationen dieser Frequenzen – und unser Gespür für Rhythmus und Takt beruht auf der Einteilung dieser Frequenzen in längere, wiederholte Perioden. Unser Gehör kann indessen erst Töne unterscheiden, wenn sie mindestens

0,03 Sekunden auseinanderliegen; sind die Abstände kürzer, erscheinen sie uns als gleichzeitig. Erst oberhalb dieser 0,03-Sekunden-Schwelle sind wir imstande, einzelne Töne voneinander zu unterscheiden – nicht aber, in welcher Reihenfolge sie auftreten. Die grundlegendste auditorische Erfahrung ist also zeitlos; danach kommt eine quasi ›räumliche‹ Wahrnehmung – räumlich deshalb, weil sich spatiale Positionen anders als temporale austauschen lassen (ich kann von Berlin nach Wien reisen oder umgekehrt; nicht aber zurück nach 1964).

Erst ab 0,3 Sekunden gelingt es uns, die Töne in der Reihenfolge ihres Auftretens wahrzunehmen. Wir befinden uns dann in einem Bereich, wo unsere Reaktionszeit auf Töne ausreicht, um nicht nur passiv zu hören, sondern gezielt zu horchen – womit der Klang für uns ja erst real wird. Um dann freilich Klänge gruppieren und Muster erkennen zu können, brauchen wir ein Zeitfenster von 3 Sekunden. Darin liegt für uns die elementare Länge unserer Gegenwart (zumindest für das Gehör, das am präzisesten auf Zeit reagiert; das Auge dagegen braucht zweimal so lange, um Sequenzen von Simultanem unterscheiden zu können).

Deshalb pausiert man beim Sprechen alle 3 Sekunden unbewusst für ein paar Millisekunden, um über Syntax und Lexik der nächsten drei Sekunden zu entscheiden – unser Zuhörer nimmt in diesen 3 Sekunden das Sprachmaterial auf und hört dann aber kurz weg, um die Informationen zu integrieren und zu reflektieren.

Wir besitzen also einen auditorischen Arbeitsspeicher, der im 3-Sekunden-Takt arbeitet, um die derart entstehende Informationseinheit an die nächsthöhere Verarbeitungseinheit weiterzugeben.[22] Aber noch ein weiterer Mechanismus kommt dabei zum Tragen – denn verschiedene Informationstypen brauchen unterschiedlich lange, um prozessiert zu werden. Mikrodetails im Sehfeld etwa benötigen mehr Zeit als Makrodetails, um identifiziert zu werden. Eine Art Puls ist also notwendig, damit die verschiedenen Informationen im Paket an das nächste Modul weitergegeben und als zusammengehörig verstanden werden können: der sensorische Kortex ›wartet‹ auf die ›langsamste‹ Information, damit sie mit der ›schnellsten‹ aufholen kann und alle gleichzeitig abgeschickt werden können. Diese 3-Sekunden-Periode konstituiert einen Puls.

All dies findet nun im Metrum seine linguistische Entsprechung. Eine durchschnittliche Silbenlänge – 0,3 Sekunden etwa – entspricht jener Zeiteinheit, in

22 Theoretisch könnte er etwa 1000 Simultaneitäten, 100 zeitlich separiert wahrgenommene Klangereignisse oder 10 aufeinanderfolgende Reaktionen auf Stimuli verarbeiten – praktisch wird er höchstens mit etwa 60 Prozent davon fertig.

der unsere Wahrnehmung etwas zu differenzieren vermag: um effizient zu sein, muss Sprache ja so schnell wie möglich sein, aber immer noch langsam genug für einen Zuhörer, damit dieser auf jede Silbe reagieren kann.

Das ist also der Grund, weshalb die durchschnittliche Silbenzahl eines Verses überall auf der Welt etwa 10 Silben umfasst – die 3-Sekunden-Zeile füllt genau das Zeitfenster aus, innerhalb dessen wir Gegenwart erleben: sie ist die ideale Verarbeitungsgröße, mit der Information sich am besten erinnern und ausdrücken lässt.

5

Indem das Metrum eine bestimmte Rhythmik zugunsten einer anderen ausschließt, befriedigt es das Bedürfnis des Hirns nach Eindeutigkeit und Unterscheidbarkeit. Indem es Repetition mit Variation verknüpft, erfüllt es den Drang nach kontrolliertem Neuen. Und indem es aufgrund dieser Rhythmik auch neue Informationen liefert, ermutigt es das Hirn in seiner prädiktiven Aktivität: es schafft Erwartungshaltungen, die sich angenehm erfüllen lassen. Kurz – Dichtung stimuliert die Selbstbelohnung des Hirns.

Die poetische Nachahmung endogener Gehirnrhythmen bewirkt auch jenen Effekt mit, den wir schon beschrieben haben. Denn dadurch, dass ein idealtypischer Vers mit seinen 3-Sekunden-Perioden das Zeitfenster besetzt, in dem wir unsere audio-temporale Gegenwart wahrnehmen, schafft er jenen artifiziellen psychischen Raum, in dem wir uns – abgehoben von allem – ausschließlich auf das Gedicht konzentrieren können.

Und dies wiederum führt zu jener angenehmen, ganz und gar nicht gesundheitsschädlichen Nebenwirkung, die das Hören und Lesen von Gedichten erzeugt: Emily Dickinson wie Robert Graves haben erzählt, wie es ihnen dabei heiß und kalt den Rücken herunterläuft und sie eine Gänsehaut bekommen; die Muskeln entspannen sich, während der Geist sich fokussieren und konzentrieren kann; man ist dem Lachen und dem Weinen näher, holt tiefer Luft, und ein leichtes Gefühl der Trunkenheit macht sich breit – Raymond Roussel verglich es mit einem nüchternen Rausch und Coleridge mit dem Effekt, den ein paar Gläser Schnaps bei einer Konversation haben ...

Turner, Frederick, & Ernst Pöppel (1983), »The neural lyre: Poetic meter, the brain, and time«. *Poetry Magazine* 12, August, 277–309

SCHRIFT UND SPRACHE

I – DAS DENKEN DER SPRACHE

1

Ein Gedicht zu lesen oder zu schreiben, stellt im Grunde ein Paradoxon dar. Es wurde ja gerade erfunden, weil es noch keine Schrift gab, um Gesprochenes zu fixieren: was zur Dichtung führte, war eine singbare Diktion, die es erinnerbar werden ließ. Darauf verweisen noch die drei alten Namen der Musen: *Mneme, Aoide* und *Melete* – ›Erinnerung‹, ›Gesang‹ und ›Übung‹. Nur wenn man das Singen lernt, es wieder und wieder übt, wird man der Erinnerung fähig.

Literatur dagegen leitet sich von indoeuropäisch *deph* ab, dem Stempel: mit ihm hinterlässt man kein mentales, sondern ein reales Zeichen. Im Griechischen wurde daraus die beschreibbare Wachstafel *diphthera*, die sich über den Lautwandel des Etruskischen wiederum in die lateinischen *lettera* verwandelte. Von Diphthongen zur Literatur ist es jedoch ein weiter Weg, nicht nur etymologisch, vor allem kognitiv. Denn die Einführung der Schrift bewirkte eine der größten Veränderungen in unserem Denken überhaupt. Das hat mit der unterschiedlichen Natur von gesprochener Sprache und Schriftzeichen ebenso zu tun wie mit den Sinnesorganen, die sie perzipieren.

2

Jede Sinneswahrnehmung wird durch das Element der Zeit bedingt. Für das gesprochene Wort trifft dies jedoch auf besondere Art und Weise zu: es gewinnt seine Präsenz erst, nachdem es akustisch wieder inexistent geworden ist. Denn was gesagt wird, beginnen wir erst zu begreifen, nachdem wir es gehört haben. Die einzelnen Laute lassen sich weder an- noch festhalten, sondern bleiben ihrem Wesen nach flüchtig: bis man beim Wort ›Sin-nes-wahr-nehm-ung‹ zur ›Wahrnehmung‹ selbst gelangt, ist der ›Sinn‹ akustisch längst verschallt. Anders als beim Sehen, das Bewegungen registriert, das Unbewegliche von Momentaufnahmen jedoch vorzieht, ist beim Klang kein Stillstand möglich. Diese Dynamik gibt auch die hebräische Vokabel *dabar* wieder: sie bedeutet ›Wort‹ und ›Ereignis‹ – gerade weil es beides zugleich ist.

In dem Maß, in dem unser Denken der Worte bedarf – und das tut es zu einem großen, wenn auch nicht ausschließlichen Teil –, lässt sich nur das wissen, woran man auch Erinnerung besitzt. In den oralen Gesellschaften, die die Menschheitsgeschichte über Hunderttausende von Jahren geprägt haben – weit länger als die etwa 5000 Jahre unserer Schriftkulturen –, wurde deshalb die Mnemotechnik zum dominierenden Medium. Um artikuliert denken zu können, musste man in der Mnemonik von musikalischen Rastern denken. Diese prägen auch heute noch die Syntax unserer Schriftkultur: die Wiederholung von Subjekt-Prädikat-Objekt oder die Unterteilung in Haupt- und Nebensätze basiert auf Rhythmen, die das Erinnern befördern. In einer oralen Gesellschaft zu denken heißt deshalb, seine Gedanken auf durchrhythmisierten, symmetrischen Strukturen aufzubauen: auf Repetitionen und Antithesen, Alliterationen und Assonanzen, Epitheta und formelhaften Ausdrücken, auf Sprichwörtern und Maximen, die immer wieder auf Standardsituationen (den Krieg, die Brautwerbung, den Zweikampf) und Typen (den Helden, den Schurken, die Mutter, die Geliebte und die Götter) bezogen werden.

Diese Art zu denken ist weit körperlicher, als wir es von der Schrift gewohnt sind: sie geht weit stärker auf Emotionen als homöostatisch abgespeicherte Erfahrungswerte zurück. Ihre Phrasen werden auf den Atmungsprozess, die begleitende Gestik und andere sensomotorische Prozesse abgestimmt: Aborigines halten beim Singen ihrer Traumlieder Fäden in der Hand, die sie zu Figuren formen; die Araber zählen beim Vortrag ihrer Qasiden die Perlen an ihrem Rosenkranz; beim Singen des Talmud wippen orthodoxe Juden mit dem Oberkörper.

Etwas in nichtformelhaften und unstrukturierten Begriffen durchdenken zu wollen, bleibt vergebliche Liebesmüh; es ist ja in großem Umfang nicht erinnerbar – und kann daher nicht wieder abgerufen werden. Auch deshalb gibt es in oralen Kulturen kein Ich mit komplexen individualpsychologischen Charakteristiken, wie wir es heute voraussetzen. Was gesagt und was gedacht wird, benützt kollektive Formen und ist auch wieder für ein Kollektiv bestimmt: es drückt weniger Subjektives denn Exemplarisches aus. Dies gilt für alle Bereiche des Wissens. Ob Genealogien oder Gesetzestexte, ob Unterhaltendes, Religiöses oder das, was wir heute Philosophie und Naturwissenschaft nennen – es konnte anfangs nur in Gedichtform weitergegeben werden. Obwohl ihnen allen bereits die Schrift zur Verfügung stand, zeigt sich das selbst noch bei Hesiod, Homer oder Parmenides' in Versform abgefasster Philosophie. Als prosaischer Neuerer wurde Heraklit deshalb von Platon geringgeschätzt.

Das bedeutet nicht unbedingt, dass ein Denken in Formeln nicht zu Differenzierungen in der Lage wäre. Seine Nuanciertheit – die wir bei der Literatur als Qualitätskriterium betrachten – basiert jedoch auf anderen Grundlagen. Mündliche Dichtung hat über Generationen hinweg ihre eigenen grammatikalischen Strukturen herausgebildet. Das zeigt sich in ihrem additiven Stil, der nicht – wie heute – subordiniert: er reiht Hauptsätze aneinander – wie etwa am Anfang der *Genesis*, deren repetitives ›und‹ (hebräisch *we*) moderne Übersetzungen mit ›als‹, ›wenn‹, ›während‹, ›also‹ auszudifferenzieren versuchen. Und anstelle unserer hierarchischen Analysen bevorzugen orale Kulturen aggregative Schilderungen, in parallelen oder antithetischen Sätzen, die typisieren und auch totalisieren: die Fixierung von Details ist ein Luxus, den erst die Schrift erlaubt hat.

3

Auf die Aufmerksamkeitsspanne eines Zuhörers, die Begrenzungen unseres akustischen Arbeitsspeichers und unser Kurzzeitgedächtnis zugeschnitten, ist jede spontane Rede voller Redundanzen und Rückverweise, die längst Gesagtes immer wieder in Erinnerung rufen. Man sieht das nicht nur am großen stilistischen Unterschied, den die wörtliche Transkription eines Interviews im Vergleich zur veröffentlichten schriftlichen Druckfassung aufweist, sondern auch daran, dass schriftlich konzipierte Reden eher Gefahr laufen, den Zuhörer zu verlieren. Eine freie Rede dagegen kann viel flexibler auf das Publikum und seine Reaktionen eingehen.

Umgekehrt zeigt sich die ursprüngliche Dominanz oraler Muster auch beim Schreiben. Selbst wenn wir Wohlbekanntes mit der Hand notieren, brauchen wir dazu etwa 10-mal länger als beim Reden – obwohl die körperliche Motorik der Hand mit der unserer Zunge durchaus vergleichbar ist. Dies liegt daran, dass wir beim Schreiben all unsere oralen Redundanzen wieder ausblenden müssen: ein Text ist eben anders organisiert als eine mündliche Rede. Bei einer

Publikumsansprache dreht sich das jedoch wieder um: Zögernde Pausen werden als Inkompetenz ausgelegt, weshalb es zu den ältesten rhetorischen Regeln gehört, etwas kunstvoll variierend zu wiederholen, ungeachtet dessen, dass mehrmals dasselbe gesagt wird. Was man im Mittelalter *copia* nannte – das Überreiche –, kennt man von jedem Politiker.

Die Informationspolitik einer oralen Tradition ist äußerst konservativ. Originalität im modernen Sinne ist ihr kein Kriterium: es zählt nur, was kollektiv sanktioniert und kulturbewahrend ist. Ihre Art der Originalität zeigt sich im Kontakt mit dem Publikum – in der Fähigkeit, Reden zu extemporieren und auf das Publikum und die jeweilige Situation zuzuschneiden. Entscheidend ist die Nähe zur Lebenswelt: orale Kulturen kennen keine Statistiken und kaum Fakten, die sich vom menschlichen Handeln trennen lassen. Sie können Abstraktes nur in dem Maß konzeptionalisieren, wie es sich auf unser Tun beziehen lässt. Erst die Schrift hat sozusagen eine denaturierende Distanz geschaffen, mittels derer sich Dinge *per se* klassifizieren und auflisten lassen; eine orale Kultur zieht narrative Strukturen vor, die Wissen einprägsam vermitteln.

Der Iktus, mit dem jedes Sprechen anhebt, hat potentiell Antagonismen zur Folge: zu reden bedeutet oft genug auch, einen Machtanspruch zu stellen. Sprachmächtigkeit wird dabei auch durch Körperliches charakterisiert. Während Dialekte in Europa mit Rachen- und Kehllaut assoziiert werden, bevorzugen Hochsprachen in der Regel Nasale und Dentale, die weniger ausdrucksstark sind: Emotionen zu verraten wird leicht als Schwäche ausgelegt. Eine prononcierte Aussprache im vorderen Gesichtsraum mit der dadurch hervorgerufenen starren Mimik lässt sich deshalb leichter in jenes Maskenhafte umsetzen, mit dem wir Macht darstellen – die *stiff upper lip* der Engländer etwa, deren *Queens English* dem Pariser Französisch, dem Italienisch der Römer oder dem nasalen Deutsch der Wiener Ministerien in nichts nachsteht.

Darüber hinaus weist Sprache in oralen Kulturen – wenn sie menschliche Interaktion ausdrückt – allgemein antagonistische Strukturen auf: sie polarisiert in Gut und Schlecht, Erlaubt und Verboten, in Helden und Schurken. Diese Oppositionen in der Sprache zu neutralisieren ist erst dem Text gelungen, der seine Abstraktionen von der Arena zwischenmenschlicher Rivalitäten abzuheben vermochte.

4

In einer oralen Kultur zeichnet sich Wissen durch empathische Nähe und gemeinschaftliche Identifikation aus. Die Bedingungen für ›Objektivität‹ schafft erst das Schreiben, das den Wissenden vom Wissen trennt. Die mündliche Tradition hingegen kennt dafür nur die Idee präsentischer Auktorialität: Wissen erhält seine Autorität durch die Person, die es verkörpert – in mehr als einem Sinn. Diese Eindeutigkeit wird durch Gesten, Inflektionen der Stimme, die Mimik und die Situation vermittelt; zusätzlich wird die Wichtigkeit einer Aussage durch das soziale Ansehen unterstrichen.

Der schriftliche Text dissoziiert sich von diesem Präsens – um statt auf Breitenwirkung auf historische Tiefe zu setzen. Wo in oralen Kulturen irrelevante Informationen abgestoßen werden, erzeugt die Fixierung des Klangbilds von Worten durch Schrift nicht wenige Homonyme. In seinem Ausdifferenzieren arbeitet der Text semantische Diskrepanzen heraus und damit die historische und etymologische Bedeutungsvielfalt der Wörter. So entsteht jene Mehrdeutigkeit, die ein agierendes Sprechen gar nicht erst aufkommen lassen will. Wo die Poesie der oralen Kultur stets durch ihre unmittelbare Relevanz für ein Publikum auf Gegenwart ausgerichtet ist – selbst die ältesten Stoffe werden ja immer wieder neu erzählt –, lassen Texte auch die Vergangenheit einer Geschichte zu. Der Blick auf alte Manuskripte ermöglicht Historizität. Und im Gegensatz zum lokal betonten Sprachschatz der oralen Poesie erlauben Texte die Integration verschiedenster Dialekte, die Bewusstwerdung beständigen Sprachwandels und das Erkennen von Etymologien: erst mit der Schrift wurden Lexika und Enzyklopädien möglich.

In einer oralen Kultur ist das Denken situativ und konkret statt konzeptionell und abstrakt. Die Konzepte der mündlichen Überlieferung bestehen aus operationellen Referenzrahmen, deren Abstraktionsgehalt minimal ist, weil sie sich beständig auf die menschliche Lebenswelt zurückbeziehen. Feldstudien über die oralen Kulturen der Kirgisen oder Usbeken im letzten Jahrhundert haben detaillierte Kenntnisse von deren kognitiven Divergenzen gewonnen, indem sie sie mit unserer Art des Denkens verglichen.

Menschen, die nie lesen und schreiben gelernt haben, identifizieren geometrische Figuren nicht wie bei uns üblich durch Begriffe wie ›Kreis‹ oder ›Rechteck‹, sondern über die Namen von Objekten, die diesen ähnlich sind: Teller, Sieb, Kübel, Uhr, Mond beziehungsweise Spiegel, Tür, Haus, Dörrbrett.

Auch ihr Kategorisierungsvermögen ist anders. Setzt man ihnen etwa eine Serie von Zeichnungen vor – Hammer, Säge, Baumstamm, Axt – mit der Bitte, sie zu einer Gruppe zusammenzufassen und Unpassendes wegzulegen, streichen sie den Baumstamm nicht. In ihrem situativen Denken passen alle diese Dinge zu einer Tätigkeit: das kognitive Schema ihrer Kategorienbildung besitzt eben einen anderen Fokus.

Dazu kommen bei einer oralen Kultur auch noch Schwierigkeiten bei der artikulierten Selbst-Analyse. Was wir ›Ich‹ nennen, ist eine Abstraktion, die sich erst ergibt, wenn situatives Denken beiseitegeschoben wird. Das Ich muss von der umgebenden Welt und ihrer Dynamik isoliert und das Zentrum einer Situation von ihr abgehoben werden, um sich examinieren und beschreiben zu lassen. Dies gelingt nur dank der Permanenz und Abstraktion von Worten, die die Schrift herstellt – dank ihr gibt es nichts Isolierteres als das Schreiben und zugleich nichts Anonymeres als ein Lesepublikum (das dann erst durch Lesungen gewonnen werden muss). Ein Ich in einer oralen Kultur hingegen definiert sich über die direkten Interaktionen mit den Mitmenschen: es sieht sich als Teil eines kollektiven Wir, bei dem jede Selbstbezüglichkeit nur als Erwartungshaltung anderer zum Tragen kommt.

Auch die Formale Logik ist ein Nebenprodukt einer Schriftkultur: denn deduktives Denken und Syllogismen haben nur selten praktische Bedeutung. Für uns scheint die Antwort auf die folgende Frage selbst-verständlich zu sein: *Im hohen Norden, wo Schnee liegt, sind alle Bären weiß. Novaya Zembla liegt im hohen Norden, und es gibt immer Schnee dort. Welche Farbe haben die Bären dort?* Eine orale Kultur hingegen reagiert völlig anders darauf: *Ich weiß nicht. Ich habe Schwarzbären gesehen, noch nie andere … an jedem Ort gibt's andere Tiere.* Was für eine Farbe ein Tier hat, findet man heraus, wenn man es sieht – wozu dann raten, welche Farbe ein Polarbär hat?

Mit mangelnder Intelligenz hat dies nichts zu tun. Es liegt eher daran, dass ein Syllogismus selbstreferentiell ist – seine Schlussfolgerung ergibt sich nur aufgrund einer Prämisse, die isoliert betrachtet und als fixiertes Wissen aufgefasst werden muss. Das heißt nicht, dass die orale Kultur keine solchen Prozesse kennen würde, im Gegenteil. Ihr Gegenstück zum Syllogismus ist das Rätsel. Um es lösen zu können, muss man jedoch in der Lage sein, über die eigentlichen Fakten hinauszugehen, sie mit Lebenswirklichkeiten zu versehen und auf assoziatives Wissen zurückzugreifen: die Intelligenz ist hier kontextuell, nicht formell. Nehmen wir ein Beispiel aus dem angelsächsischen *Rätselbuch von Exeter*:

Beliebt bei allen, findet man mich weit und breit,
aus dem Wald geholt und den Hügeln der Stadt,
aus Hohem und Tiefem. Tag für Tag
brachten mich winzige Körbchen durch den hellen Himmel
geschickt heim unter ein sicheres Dach. Sofort danach
nahmen mich die Menschen und badeten mich im Zuber.
Jetzt bin ich es, der sie fesselt und züchtigt und die Jungen
ebenso zur Erde wirft wie manchmal die Alten.
Wer sich gegen meine Stärke wehrt,
wer es wagt, mit mir zu ringen, merkt sogleich,
daß er mit dem Rücken auf einen harten Boden fällt,
wenn er mit seinen Dummheiten nicht aufhört.
Seiner Kraft beraubt und seltsam redselig,
ist er ein Einfaltspinsel, der weder seinen Geist
noch Händ und Füss beherrscht. Und jetzt, Freunde, fragt mich,
wer die Jungen besinnungslos schlägt, sie zu Sklaven macht
im breiten, wachen Tageslicht? Ja – fragt mich, wie ich heiße.

Die Antwort ist: Met, der aus vergorenem Honig gebraut wurde, dem einzigen
Süßstoff, den die Angelsachsen kannten – weshalb der Bienenzucht ein hoher
Rang zukam.

5

Die Unterschiede zwischen oralem und literalem Denken lassen sich auf kognitive Unterschiede zwischen dem Sehen und dem Hören zurückführen. Keiner
unserer Sinne wirkt so stark auf uns wie das Gehör, so direkt in uns hinein (abgesehen vom Geruchssinn). Das Auge reagiert am besten auf diffus von Oberflächen reflektierte Strahlen: in die Lichtquelle selbst zu sehen, schadet und erlaubt kaum, den Blick zu fokussieren. Sogar Tiefe und Entfernung nimmt das
Auge am ehesten über eine gestaffelte Serie von Oberflächen dar. Ein Innen
kann es nicht wahrnehmen: noch im Interieur eines Zimmers bleiben die
Wände oberflächlich Äußeres. Geruch und Geschmack vermitteln uns ebenfalls keinen Eindruck von Innen und Außen. Auch der Tastsinn tut das nur teilweise – jede Berührung zerstört im Moment der Wahrnehmung die Idee eines
Innen wieder, weil sie einen Eingriff von Außen darstellt. Das Gehör dagegen
kann Dimensionen eines Innen registrieren – und wenn es nur der hohle Klang

einer leeren Schuhbox ist. Es registriert auch die inneren Strukturen dessen, was einen Laut hervorruft: eine mit Beton gefüllte Geige klingt anders als eine Stradivari; und unsere Fähigkeit zur Stimmerkennung ist phänomenal.

Das Sehen isoliert; das Hören inkorporiert. Während das Schauen einen Beobachter in Distanz rückt, außerhalb dessen, was er gerade sieht, vereinnahmt uns das Horchen vollkommen. Vision kann jeweils nur etwas aus einer Richtung wahrnehmen; Audition dagegen ist simultan: sie versetzt den Hörer in die Mitte ihrer Klangwelt.

Vision seziert, Audition eint. Was für das Sehen optimal ist – Klarheit und Unterscheidbarkeit –, das trennt; das optimale Hören jedoch setzt seine Information zu einem harmonischen Ganzen zusammen. Dies betrifft auch die Relation zwischen einem Sprecher und seinem Publikum: im besten Fall verschmelzen sie zu einer Einheit, verstärkt noch durch die synchrone Rhythmik der Prosodie, die sich auf beide körperlich überträgt. So wird aus Kommunikation letztlich Kommunion – der Schritt von der Poesie zur Religion ist (nicht nur historisch gesehen) stets ein kleiner gewesen.

Ong, Walter J. (1988), *Orality and Literacy – The Technologizing of the World*, London

II – SCHRIFT UND SPRACHE

1

datgafreginichmitfirahimfiriuuizomeista
dazeroniuuasnohufhimil
nohpaumnoperegniuuas

des dofroug i fa die mentschn as is geraschte wundo
dass die eare et giweddn, obbm ka himbl
ka paam et unt aa et a perk

Die Schrift hat unser Bewusstsein so sehr verändert, dass es einerseits schwer-fällt, uns die Rahmenbedingungen einer oralen Kultur zu vergegenwärtigen. Andererseits haben wir, umgekehrt, längst vergessen, welches Artifizium die Schrift eigentlich darstellt – und wie unvollkommen sie Gesprochenes transkri-biert. Nehmen wir die Beispiele oben: Als handelte es sich um ein dadaistisches Lautgedicht, lassen sich die Buchstabenfolgen erst nach mehreren Anläufen überhaupt aussprechen, Betonungen erraten oder Worteinheiten bestimmen – obwohl sie in unserer Sprache abgefasst wurden. Die erste Strophe gibt die *scriptio continua* der Handschrift des altbayerischen *Wessobrunner Gebets* aus dem 9. Jahrhundert wieder; die zweite stellt ihre literarische Übertragung in den heutigen Pustertaler Dialekt dar. Ins Schriftdeutsche – das jedoch streng ge-nommen kaum jemand spricht – übersetzt, würde dieses Schöpfungslied lau-ten: »Das erfrage ich von den Menschen als größtes Wunder, dass die Erde nicht war, noch oben ein Himmel, noch Baum, noch Berg war.«

Anders als das auktoriale Sprechen etabliert das Schreiben eine quasi kontext-freie Sprache und einen autonomen Diskurs: nicht nur linguistisch, vor allem semantisch. Etwas Geschriebenes lässt sich – anders als ein Sprecher – weder befragen noch als Text in Frage stellen. Aus dem Auktor, der seine Rede aus-agiert und ›schauspielert‹, wird so ein stummer Autor, aus den eingebundenen Zuhörern ein ungreifbarer Leser.

Orale Kulturen mit ihren Orakeln und Prophezeiungen besitzen zwar etwas mit diesem autonomen Diskurs Vergleichbares. Doch diese Art des Sprechens stellt die Ausnahme dar und wird anders legitimiert: was eine Pythia durch ihr Zungenreden an Botschaften Apollons übermittelte, musste von den Priestern in Delphi erst interpretiert und umformuliert werden. Eine Schriftkultur hingegen beruft sich nicht auf die Wahrheit eines Gottes, sondern auf das Profane einer Wahrheit ›wie sie im Buch oder einer Bibel steht‹. In diesem Sinn ist jedes Lesen Ausdruck derselben Aporie und desselben einseitigen Diskurses, den jedes Gebet offenbart – wir vergessen dies nur, weil wir dies alles längst internalisiert haben. »Der Buchstabe tötet, der Geist aber macht lebendig« – wie es im zweiten *Korintherbrief* heißt.

Gegen die Ketzerei, die ein Text betreibt, indem er die sakrale Autonomie von Orakeln zum profanen Alltagsprinzip erhebt, hat schon Platon gewettert. Deshalb nannte er die schreibenden Dichter – im Gegensatz zu den Sängern, den göttlich inspirierten Aoiden – nur verächtlich ›Macher‹ – *poietes* – und schloss sie aus seiner Republik aus. Die Kritik, die er im *Phaidros* und im *Siebten Brief* am Schreiben äußert, ähnelt der, die auch Computern entgegengebracht wurde.

Schreiben ist für Platon inhuman, weil es vorgibt, etwas außerhalb des Geistes zu stellen, was in Wirklichkeit innerhalb des Geistes liegt. Es beruht auf einem Artifizium und ruiniert unser Erinnerungsvermögen – so wie Taschenrechner heute das Kopfrechnen. Zudem hält Platon einen Text für indifferent, was seine Wahrheitskriterien und das Verhältnis zwischen Produzent und Rezipient betrifft: ein Schriftstück lässt sich nicht befragen; und selbst wenn das, was es sagt, falsch ist, lässt es sich nicht korrigieren. Als Statement untergräbt der Text damit jede menschliche Interaktion: er bleibt passiv und das Produkt einer irrealen, unnatürlichen Welt.

Um seine Ansichten unter die Leute zu bringen, bediente Platon sich jedoch auch schon der Schrift. Zwar hat er dies durch die Form sokratischer Dialoge zu kompensieren versucht – den kognitiven Veränderungen, die Schriftlichkeit mit sich brachte, entging er dadurch aber nicht. Sein Begriff von *Idea* – Form – basiert bereits auf Visuellem; er leitete sich von derselben Wurzel ab wie das lateinische Wort für Sehen: *video*. Damit baut auch die platonische Formenlehre letzten Endes nicht mehr auf Analogien des Hörbaren, sondern des Sichtbaren auf: Ihre Ideen sind stimmlos und unbeweglich, nicht interaktiv, sondern isoliert, absolut gesetzt außerhalb der menschlichen Lebenswelt, aber ekstatisch ›schaubar‹.

Platons Kritik ist insofern korrekt, als das Schreiben die Worte von ihrem Präsens ablöst und die Dynamik des Akustischen auf die Statik zweidimensionaler Flächen reduziert; Schrift hat als Technik das begonnen, was Druck und Computer heute weiterführen. Schrift zu beherrschen, verlangte deshalb den Einsatz neuer kognitiver Systeme.

Sprache in Buchstaben zu verwandeln heißt, bewusst erdachte, artifizielle Regeln umzusetzen: etwa den Laut ›a‹ durch ein Alpha zu symbolisieren. Zu behaupten, Technologien seien etwas rein Äußerliches, wäre jedoch zu kurz gegriffen – schließlich steht gerade unsere Gehirngröße in Relation zu der Fähigkeit, Werkzeuge aus Stein herzustellen. Ein Faustkeil lässt sich nicht nur als Produkt, sondern auch als am Objekt verwirklichter Speicher neu erlernter kognitiver Fähigkeiten sehen, als Teil einer memetischen Evolution. Die Transformation unseres Bewusstseins durch die Schrift gehört ebenfalls dazu: sie erhöht unser kognitives Potential. Dass Worte durch die Schrift von ihrem natürlichen Umfeld entfremdet werden, hat auch Positives – denn um etwas verstehen und analysieren zu lernen, brauchen wir nicht nur Nähe, sondern auch Distanz.

Als Technik ist die Schrift aus den *aides mémoire* hervorgegangen. Von Kerbhölzern, Kieseln, Knotenschnüren oder figurhaften Tokens hat sich Schrift über Piktogramme und Ideogramme zu Syllabarien und schließlich zum Alphabet entwickelt. Allein schon daraus lässt sich eine kognitive Entwicklung ablesen: vom ursprünglich Objektbezogenen zum Lautbezogenen hin zum visuell Symbolischen.

Es ist ein langsamer Übergang, der sich auch darin zeigt, dass die altgriechischen Verben für ›lesen‹ typischerweise mit *ana-* (›wieder‹) und *epi-* (›über‹) beginnen: Lesen basiert auf ›etwas‹ und wiederholt, ›was da steht‹. Dabei unterschied die Schrift noch nicht zwischen einzelnen Worten, indem sie Leerstellen setzte. Erkennbar wurden Wortgrenzen erst durch das Nachsprechen: alles Geschriebene erhielt seine Bedeutung *viva voce*. Die Schrift hingegen verschafft sich über das Auge Zugang zu unserem Gehirn – was bedeutet, dass sie sich über diesen Umweg eine neue konzeptuelle Welt erschließt.

Zweitausend Jahre nach dem ersten Auftauchen von Schrift hat sich das Alphabet entwickelt; es stellt die weitaus radikalere Erfindung dar. Zeichnet man die Dinge, auf die Sprache verweist, in Piktogrammen auf, gibt man immerhin noch die Dinge aufgrund unserer genetisch implantierten Gestaltprinzipien wieder. Die Sprache nach Syllabarien zu ordnen – wie es die Keilschrift etwa tut –, bedeutet ebenfalls noch, jener ›natürlichen‹ Segmentierung von Lautlichkeit zu folgen, auf der unser mentales Lexikon basiert. Diese Segmentierung fußt auf einem rhythmischen Kriterium. Wir sequenzieren musikalisch gebundene Sprache, indem wir vor allem auf den Iktus (nicht die Senkungen) achten, der die Silbenbildung dominiert. Dabei kommt letztlich ein motorisches Prinzip zur Geltung: denn die Silbenbildung basiert vor allem auf Konsonanten. Um diese zu formen, setzen wir eine Vielzahl von Gesichtsmuskeln ein – für die wenigen, sich in der Artikulation vergleichsweise wenig unterscheidenden Vokale bedarf es nur des Ausatmens und der Stimmbänder: sie sind strukturell kaum markant. Aus diesem Grund haben viele Schriftsysteme zunächst auf die Notation von Vokalen verzichtet, die Hieroglyphen ebenso wie das Altarabische.

Ein Alphabet zu erstellen heißt, diese Gestaltprinzipien zu hinterfragen. Sprache muss dazu von einer Meta-Ebene aus klassifiziert werden; sie muss Laute isolieren und dabei auch die in den Syllabarien absenten Vokale erfassen. Der Laut ›bäume‹ beruht auf einem motorisch flüssigen und einheitlichen Artikulationsvorgang; ihn in B A E U M E zu segmentieren, beinhaltet bereits ein gewisses Maß an Willkürlichkeit bei der Sezierung und Fixierung der Lautgestalt. Dies zeigt die Wiedergabe des Diphthongs ›äu‹ durch A E U ebenso wie die Entscheidung, einen Konsonanten als stimmlos oder stimmhaft zu definieren: das *Wessobrunner Gebet* schrieb ›bäume‹ denn auch als *peim*.

Klare, zwingend aus der Aussprache ableitbare Kriterien gibt es dafür nicht: Vom stimmhaften *b* über das stimmlose *p* bis zum nasalisierten *m* oder zum *v* sind die Übergänge fließend, weil dieselbe Artikulationsmotorik dahintersteckt. Wie artifiziell im Vergleich dazu das Alphabet ist, zeigt sich umgekehrt daran, dass sich C etwa auf fünf verschiedene Arten aussprechen lässt. Die Raffinesse des erfinderischen Einfalls beruht auf der Künstlichkeit, mit der das Alphabet sprachliche Variationsbreiten und Komplexitäten standardisierte.

Die dafür nötige kognitive Distanz – das Maß an Reflexion, das notwendig ist, um Selbstverständliches zu abstrahieren –, ergab sich durch den Schrifttransfer zwischen verschiedenen Ethnien. Dadurch wurde die Schrift jedes Mal gezwungen, das Klangmaterial ihrer Sprache durch das einer anderen wiederzugeben: dies verlieh auch den eigenen Lauten etwas Fremdes, das sich analysieren ließ. Seinen Ursprung hatte das Alphabet zunächst im pharaonischen Heer, das semitische Soldaten einzog, die sich dann der Schriftzeichen ägyptischer Schreiber bedienten, um damit die Lautung der eigenen Sprache wiederzugeben. Die in den Türkisminen am Sinai schuftenden semitischen Zwangsarbeiter entwickelten daraus das erste Konsonantenalphabet. Derselbe Adaptationsvorgang führte bei den Griechen dazu, dass sie von phönizischen Händlern das von diesen wiederum leicht modifizierte Konsonantenalphabet übernahmen – und dabei jene Konsonanten, für die sie keine Verwendung hatten, in Vokalzeichen umwandelten. Der ursprünglich noch vorhandene Dingbezug der Zeichen ging dabei verloren; sie wurden symbolisch. *Aleph* (›Ochse‹) und *bayt* (›Haus‹) wurden zu Alpha und Beta gräzisiert und in Unkenntnis der Etymologie bald zu Nonsensbegriffen.

Die Etrusker adaptierten dieses Alphabet wiederum von den Griechen, die Römer von den Etruskern, und von diesen gelangte es schließlich zu uns. Das Fremde ist es, was dazu zwingt, Altbekanntes zu hinterfragen und Neues zu entdecken. Was ursprünglich Gedächtnisstütze war, bei der es genügte, ›knsnntn‹ zu schreiben, wurde so erweitert und umgeformt. Die Analyse der eigenen Sprache im Spiegel einer anderen führte zur Reflexion auf einer Meta-Ebene: es kulturtragenden Machthabern gleichtun zu wollen und zu müssen, war jeweils genug Motivation für diesen kreativen Akt.

Der sich ergebende Abstraktionsschritt setzte das Zeitbezogene von Sprache in visuelle Komponenten um: das Alphabet fixierte zeitliche Laute räumlich. Es machte aus einem Klangereignis etwas Dingliches und Stilles: so wurde aus dem Präsentischen von Sprache das Permanente von Schrift. In diesem Sinne konnte Demokrit erstmals vom *poietes* im positiven Sinne sprechen: vom Architekt eines Wort-Gebäudes.

Die nunmehr dingliche Begrifflichkeit von Worten ermöglichte in der Folge erst Philosophie und Naturwissenschaft im heutigen Sinne. Sie beförderte auch Demokratie: wo die Schrift zuvor eine elitäre Angelegenheit von Experten war (ähnlich komplex wie die Programmiersprache von Computerexperten), wurde sie nun einfach und deshalb für alle erlernbar. Beides zeigt sich nicht nur in der Antike, sondern noch im Mittelalter: Wissenschaft und Philosophie setzen auch hier erst wieder nach der Erfindung des Buchdrucks und der demokratisierenden Verbreitung der Schrift ein.

3

Die Transformation des Bewusstseins durch die Schrift schlägt sich neuropsychologisch nieder: das Hören von Sprache involviert eher Areale der rechten Gehirnhälfte. Das visuelle Element der Schrift und die Analytik, die die Umsetzung von Sprache zum Alphabet bedingt, wird jedoch mehr von linksseitigen Arealen verarbeitet. Diese Verlagerung neuronaler Aktivitäten verrät sich in der

Entwicklung der Schreibrichtung: weil man anfänglich schrieb, was man hörte, verliefen die Zeilen von rechts nach links (wie das durch den Koran in diesem Entwicklungsschritt fixierte Arabisch). Die, überspitzt gesagt, kognitive Konfusion, die die zunehmende Dominanz der linken Gehirnhälfte auslöste, spiegelt sich darin wider, dass viele Sprachen begannen, die erste Zeile von rechts nach links, die zweite Zeile dann aber von links nach rechts zu schreiben. Bei den Griechen nannte man dies *boustrophedon,* weil man dabei schreibt, ›wie der Ochse pflügt‹. Oder man trug der visuellen Dominanz beim Schreiben und Lesen dadurch Rechnung, indem man der natürlichen Blickrichtung wegen vertikal von oben nach unten schrieb (*stoichedon*). Unsere inzwischen übliche horizontale Leserichtung von links nach rechts kam erst viel später zustande, als sich das Visuelle der Schrift gegenüber dem Akustischen der Sprache durchgesetzt hatte.

Das hat damit zu tun, dass, ganz gleich, wie groß das Artifizium eines Prinzips sein mag, das Visuelle letztlich von der natürlichen Prozesshaftigkeit unserer Kognitionsvorgänge assimiliert wird: in diesem Fall von der Motorik des Blicks. Da sie auf die im Laufe der Evolution etablierten Nervenbahnen zu den visuellen Zentren Rücksicht nimmt, gleitet die Abtastrichtung der Augen leichter von links nach rechts als umgekehrt. Deswegen stellt dies auch bei jedem Film die dominante Kamerabewegung dar; Schnitte von rechts nach links oder von unten nach oben nehmen wir eher ruckartig und gegenläufig wahr.

Die auf einer seit Urzeiten eingespielten Motorik beruhenden Prozesse der Kognition zeigen sich daran, dass kein Schriftsystem der Welt von unten nach oben schreibt – sondern immer von oben nach unten. Diese körperliche Art der Texterfassung spiegelt die generellen Konditionierungen wider, mit denen wir unsere Umwelt erfassen – unser Blick wandert wohl deshalb von oben nach unten, weil unser Hirn auf soziale Interaktion ausgelegt ist und wir unserem Gegenüber erst einmal ins Gesicht schauen, um Kommunikationssignale zu erfassen, bevor wir seinen Körper mit Blicken messen. Deshalb gibt es ›Kopfzeilen‹ und ›Kapitelüberschriften‹ (von lateinisch *caput,* ›Kopf‹) sowie die entsprechenden ›Fuß‹-Noten dazu, in die sich ein Text auf-›gliedert‹.

4

Sprechen heißt, Situationen zu manipulieren; deren Totalität geht über das rein Verbale insofern hinaus, als darin eine große Bandbreite an menschlichen Interaktionen zum Ausdruck kommt. Schreiben dagegen bedeutet, ›etwas‹ auf

Papier (oder Stein, Pergament, Papyrus oder Wachs) zu setzen: psychodynamisch gesehen ist dies eine isolierte, quasi solipsistische Operation.

Denn was beim Schreiben verlorengeht, ist die Intonation; sie kann durch Interpunktionen nur rudimentär wiedergegeben werden. In Ermangelung eines gewohnten situativen Kontextes gerät das Schreiben deshalb zur weit peinsameren Tätigkeit. Es verlangt einem mehr ab als die Präsentation von etwas Oralem vor einem realen Publikum: für einen Schreibenden bleibt das Publikum überwiegend fiktiv. Umgekehrt fiktionalisiert der Leser dann den Autor – von angenehmen und unangenehmen Seiten dieser Situation kann jeder Schriftsteller ein Lied singen. Für die Botschaft eines Textes ist es jedoch irrelevant, ob der Verfasser tot oder lebendig ist. Um die Klarheit einer Aussage zu erlangen – in Abwesenheit jeder auktorialen Gestik, Mimik und Intonation –, muss man beim Schreiben deshalb die potentiellen Bedeutungen vorhersehen, die ein Statement für alle erdenklichen Leser in allen möglichen Situationen haben kann.

Dieses Prädiktive erzwingt eine Präzision, die orale Kulturen so nicht kennen. Indem es den Wissenden vom Wissen trennt, ermöglicht das Schreiben eine artikulierte Introspektion, die Psychisches der Umwelt zugänglich und sich selbst zum Sujet macht. Der Buchdruck hat diese Tendenzen noch verstärkt: weit mehr als bei jedem handschriftlich verfassten Manuskript wird Gesprochenes durch die Schrifttypen gleichsam zur ›objektiven‹ Sache. Der Handschrift haftet hingegen noch das Mnemotechnische an; sie ist eine Gedächtnisstütze geblieben, die hilft, Gesprochenes wieder zu rezyklieren. Manuskripte müssen zunächst entziffert werden, bevor sie sich lesen lassen; das ist umständlich und hat dazu geführt, dass man sie – bei den Griechen oder in den mittelalterlichen Schreibstuben – stets langsam und *sotto voce* vorlas.

Das Buch jedoch setzt das, was das Alphabet mit seiner Auflösung von phonetischen Einheiten in die räumlichen Äquivalente von Buchstaben erreicht hat, konsequent in das Visuelle einer Typographie um. Dass Buchstaben sich nur langsam von der Dominanz des Auditorischen lösen konnten, zeigen etwa die barocken Titelseiten, deren Erratik kaum Rücksicht auf visuelle Gestaltung nahm. Von da bis zu den Regelmäßigkeiten eines Blocksatzes, der Gleichförmigkeit von Lettern und einer Hierarchie von Schriftgrößen und -typen, die sich vom Manuskripthaften ganz absetzen, war es ein weiter Weg.

Die Typographie strukturiert unser Denken, indem sie es erleichtert, analytische Hierarchien zu erstellen; umgekehrt erlaubt sie, Denkgebäude und Ideensysteme im weitesten Sinn vermittelbar zu machen. Mit dem Druck geht sowohl die Renaissance wie die Aufklärung und die Reformation einher. Auf die Kartierung der Worte folgt dann die Kartierung der Welt, wie sie im 16. Jahrhundert beginnt. Und mit dem symbolisch Fixierenden von Zeichen und Zahlen ergibt sich erst der Kapitalismus (es waren ja Buchhalter, die Schrift erfanden; Geld und Worte entwickelten sich aus kleinen Dingzeichen). Das Demokratische des Alphabets hat dabei das Demokratische des Sozialverhaltens und auch die Idee des Ichs verändert.

Dies wirkt sich auf die Literatur aus: Dass sich Worte quasi objekthaft arrangieren lassen, dass sie zurückgenommen (was beim gesprochenen Wort unmöglich ist), umgruppiert und retrospektiv zueinander in Bezug gesetzt werden können, hat den Text erst zu einem analytischen Konstrukt von Worten werden lassen. Der typographische Raum wird so zum Äquivalent der oralen Stille: ob in *Tristram Shandy*, wo Sterne seinen Unwillen, über etwas zu sprechen, durch weiße Seiten ausdrückt; in den kombinatorischen Möglichkeiten von Mallarmés Poem *Un coup de dés;* bei Queneaus Sonett-Maschinen oder in der Konkreten Poesie, die mit dieser typographischen Dialektik spielt.

In dem Maß, wie der Buchdruck das Seine getan hat, um Wissen zu verbreiten und zu standardisieren, wirkte er auf die gesprochene Sprache zurück. Ohne Buchdruck kein normiertes Schriftdeutsch, wie es Schulen lehren, kein Sinn für eine ›korrekte‹ Sprache, kein Lexikon und keine Etymologie – Sprache ist heute ungleich textueller, als sie es je war.

Damit aber wurde Lyrik im traditionellen Sinne überflüssig: als Kommunikationsmedium für Wissen hat musikalisch gebundene Sprache ihre Vorrangstellung verloren. Stattdessen hat sich eine Poesie herausgebildet, die diesen Verlust durch die Reflexion von Sprachlichem kompensiert, indem sie sich auf die Strukturen fokussiert, die dem Denken, der Sprache und der Musik inhärent sind. Sie überprüft sie nun auf ihren Gehalt und ihre Mechanismen. Daher rührt ihr formales Bewusstsein, das die Polysemien und Paradoxien der Semantik herausarbeitet, daraus bezieht sie ihre Metaphorik und die Konzentration auf Stil- und Denkfiguren, deren Qualitätsmaßstab nicht mehr wie vorher ausschweifende Redundanz ist, sondern ökonomische Stringenz.

5

Dank der Schrift ließ sich Gesprochenes fixieren, ohne es in Formelhaftes verwandeln zu müssen. Das machte erstmals die Aufzeichnung von Umgangssprache möglich und führte mittelbar zur Prosa und zum Drama, die den Menschen auf den Mund schauen, um unseren alltäglichen Duktus wiederzugeben.

Die Schrift polarisiert jedoch. Denn sie definiert nicht nur ein Kollektiv, sondern bestimmt Individuelles. Wo das gesprochene Wort einmal vom Aspekt des Öffentlichen bedingt war, ist die Schrift – und der Zugang zu ihr – vor allem privat. Dies betrifft auch die Idee eines Ich, das sich vor der Verbreitung von Schrift in der Antike und dann wieder im Mittelalter nur begrenzt ausprägte. Erst mit der Schrift gibt es die altägyptischen Liebeslieder, die Subjektives in verblüffend moderner Nuanciertheit zum Vorschein bringen, gibt es Sappho und Catull oder Shakespeare. Sie schafft eine Grundlage für den psychologischen Freiraum, den ein Ich innerhalb einer Gesellschaft beanspruchen kann.

Das zeigt sich darin, dass mit der Schrift Worte zum Privatbesitz werden können. Eine orale Kultur dagegen kennt weder ein Copyright, noch erhebt sie Anspruch auf Originalität. Der *plagiarius* – den noch Martial bloß als ›Folterknecht, Plünderer und Unterdrücker‹ versteht – gewinnt erst mit dem Buchdruck Gestalt: und mit diesem die Idee eines Autors. Vom homerischen Erzähler, der nur in Ausnahmefällen als Ich auftaucht, sich vielmehr als Sprachrohr der Musen sieht, über Vergils *Arma virumque cano* (›von Waffen und dem Mensch singe ich‹) und das gesellschaftlich normierte Ich des Troubadours und Minnesängers bis hinauf zu Villon ist es ein langer Entwicklungsprozess zu unserer Vorstellung vom Individuellen.

Dieses Ich – das die orale Kultur nur als exemplarischen Typus kennt – gewinnt seine Konturen durch das interiorisierende Bewusstsein, das Schreiben und Lesen vermitteln. Introspektion ist sehr oft mit Schrift verbunden, wie die Geschichte des christlichen Asketizismus von den *Bekenntnissen* des Augustinus bis zur *Autobiographie* der Thérèse von Lisieux zeigt, der Protestantismus, der sich auf die private und individuelle Interpretation eines Textes berief, oder Calvinismus und Puritanismus, denen das Tagebuch als Vehikel der Seelenschau und Selbstergründung diente.

Das Vereinzelnde des Lesens und Schreibens akzentuiert ein psychisches Bewusstsein, wie es orale Kulturen weit weniger herausbilden. In den privaten Welten, die sie generieren, taucht erstmals die Idee des Charakters mit seinen interiorisierten Motivationen und mysteriösen inneren Regungen auf. Parallel mit der Entwicklung von Charakteren im Roman und im Drama geht auch die

Psychologie einher; sie profitiert von dieser Fokussierung auf die Psyche durch die Schrift und ihre Intensivierung durch den Buchdruck. Wie die Tiefenpsychologie und heute die Neuropsychologie nach signifikanten Bedeutungen unterhalb der Oberfläche unseres Alltagsverhaltens suchen, laden auch Romanschriftsteller (beginnend mit Richardson oder Shikibu) ihre Leser ein, hinter der fiktiv gewordenen Oberfläche eines Kollektivs nach individuellen Wahrheiten zu suchen.

6

Darüber hinaus erzeugt der Text die Vorstellung von der Finalität einer Aussage. Das *variatio delectat* oraler Kulturen und ihrer situativ adaptierenden, extemporierenden Kommunikation weicht dem Bemühen um perfektionierte Eindeutigkeiten. Der Text verlangt nach Vollständigkeit und Geschlossenheit – auch was seine Erzählstrukturen betrifft, die nun projektierbar werden. Der Vortrag eines oralen Epos hingegen war kaum planbar – erst mit dem Drama begann man schriftlich verfasste Texte Wort für Wort auswendig zu lernen, um sie wiedergeben zu können. Mit dem Buchdruck differenzierte sich diese Entwicklung schließlich zur Fabel, einem ausgeklügelten Plot, wie er dann in den ersten Detektivgeschichten seinen dominierendsten Ausdruck findet.

Der Aspekt des Finalen wirkt sich zudem auf philosophische und naturwissenschaftliche Werke aus. Die alten Disputationen wurden durch Textbücher ersetzt, um nun – wo zuvor nur die Reflexion von Sprichwörtern möglich gewesen war – von ›Fakten‹ und ›Dingen an sich‹ zu schreiben. Als Korrelat dazu ergeben sich ein fixer Gesichtspunkt und ein fixer Ton in einer bestimmten Tonlage, der für einen Text durchgehalten wird. Sie sind Ausdruck der größer gewordenen Distanz zwischen dem Wort, dem Ding, das es bezeichnet, und der jeweiligen Kommunikationssituation. Das räumlich Kontextuelle und das zeitlich Intertextuelle lösen das präsentisch Situative des Oralen ab und verleihen ihm Permanenz. Der Text – wiewohl ein Produkt der Zeit – bezieht sich nun *ipso facto* auf all das, was ihm vorausging und was ihm nachfolgt: in einem seltsamen Anspruch auf Zeitlosigkeit.

Ong, Walter J. (1988), *Orality and Literacy – The Technologizing of the World,* London

Box 32. Evolution der Schrift und Schriftspracherwerb: Auch eine Frage der Korngröße?

Aristoteles' These, Schrift sei ein graphisches Werkzeug zur Transkription von Sprache, wurde jahrhundertelang in zahlreichen Theorien über die Geschichte der Schrift, das Lesenlernen oder die kognitiven Implikationen von Literalität unkritisch übernommen. Geisteswissenschaftler wie Eric Havelock, Walter Ong oder Jacques Derrida haben diese einseitig-eurozentrische ›romantische‹ bzw. ›phonozentrische‹ Sichtweise der Evolution von Schrift völlig umgedreht. Sie arbeiteten heraus, dass das Schreiben nur sekundär der Speicherung und Übermittlung sprachlicher Informationen dient, primär aber eine neue Mentalität herausbildet und als aktive kulturelle Kraft unser Denken und Bewusstsein verändert.

Der Erziehungswissenschaftler und Leseforscher David Olson sieht in der Schrift ein Modell der gesprochenen Sprache. Auch für ihn ist die Evolution von Schriftsystemen und der Erwerb der Literalität nicht in erster Linie auf die Transkription gesprochener Sprache ausgerichtet; sie stellt vielmehr ein neues Hören und Denken dar. Der Erwerb der Literalität spielt demnach eine aktive, strukturierende Rolle im Verlauf der kognitiven Entwicklung eines Kindes. Analog zur Evolution von Schriftsystemen dient der Schriftspracherwerb auch in der Ontogenese dem Ziel, möglichst eindeutige Repräsentationen der Bedeutung von Gesprochenem zu erwerben. Statt lediglich bereits Bekanntes und Beherrschtes zu transkribieren, stellt die Schrift somit Konzepte für das Denken (auch über die Struktur gesprochener Sprache) bereit. Olson meint, dass »die Entwicklung einer Kommunikation, die durch sichtbare Zeichen funktionierte, zugleich die Entdeckung repräsentierbarer Sprachstrukturen war«.

Seit den 70er Jahren vermuteten Sprachpsychologen, dass Kinder in Ländern mit Alphabetschriften sich ein Wissen über die fundamentalen Spracheinheiten wie Phoneme keineswegs nur aufgrund ihrer Beherrschung der gesprochenen Sprache erwerben. Ihr Befund war, dass Menschen nur aufgrund des Alphabets Worte als aus isolierten Lauten zusammengesetzte Strukturen wahrnehmen; bei Analphabeten ist dies nicht der Fall. Der Experimentalpsychologe Jose Morais wies dies bei portugiesischen Fischern nach, die nur teilweise mit dem Alphabet vertraut waren. Er verwendete dafür einen einfachen Test, bei dem den Fischern reale Wörter sowie sinnlose Kunstwörter vorgesprochen wurden. Sie sollten einen Laut eliminieren beziehungsweise addieren und das neue Wort/Kunstwort dann korrekt aussprechen: zum Beispiel das ›T‹ aus ›Tisch‹ entfernen und dann ›Isch‹ sagen, hatten damit aber große Probleme.

Kleinkinder lernen ebenfalls zunächst, einzelne Phoneme zu produzieren, dann Phonemfolgen (Konsonant-Vokal-Verbindungen, Silben) und danach ganze Worte. Schließlich ist zu lernen, wie sich diese Sprachlautfolgen durch Schriftzeichen abbilden lassen. Dazu muss das *Alphabetische Prinzip* internalisiert werden, dem zufolge alphabetische Schriftzeichen Phoneme kodieren. Die Psychologie spricht in diesem Fall auch von der ›Entdeckung der Basisebene‹, auf der sich die elementaren orthographischen und phonologischen Repräsentationen der graphischen und lautlichen Symbole treffen.

Das Erlernen dieser Identitätsrelation wird gemäß der Lesenlerntheorie der Psycholinguisten Johannes Ziegler und Usha Goswami durch mindestens drei Probleme erschwert: das Konsistenz-, Zugänglichkeits- und Granularitätsproblem. Das *Konsistenzproblem* ergibt sich durch die Irregularitäten in der Beziehung zwischen den Symbolen der gesprochenen und der geschriebenen Sprache. Ein langes ›a‹ kann im Deutschen schriftlich durch AH, AA oder auch wie in ›nach‹ nur durch ein A ausgedrückt werden; und CH wird beim ›Chor‹ wie ›k‹, beim ›Chef‹ jedoch wie ›sch‹ ausgesprochen. Alphabetische Schriftsprachen unterscheiden sich dabei hinsichtlich Umfang und Schwere solcher Inkonsistenzen. Im Englischen, dessen Lautsystem entwickelt wurde, um Schreibweisen (nicht Aussprachen) von Morphemen – kleinsten lautlichen Bedeutungseinheiten wie ›HEAL‹ in *heal* oder *health* – konstant zu halten, müssen etwa 40 Phoneme durch 26 Buchstaben abgebildet werden. Dies erfordert einerseits distinkte Buchstabengruppen (Grapheme wie EA in BEACH) zur Kodierung sämtlicher Phoneme, andererseits führt es zu einer hohen Inkonsistenz in der Schrift-Laut- und Laut-Schrift-Kodierung.

G.B. Shaw hat dies in seinem GHOTI-Problem elegant dargestellt; wäre die Laut-Schrift-Kodierung konsistent, müsste man dieses Wort ›fish‹ aussprechen (GH = ›f‹ wie in enouGH; O = ›i‹ wie in WOMEN; TI = ›sh‹ wie in NATION). Das Problem der Schrift-Laut-Kopplung ist im Deutschen weitaus weniger gegeben. Nach Berechnungen, die meine ehemalige Arbeitsgruppe im Marseiller Institut für Kognitive Neurowissenschaften auf der Grundlage von Sprachdatenbanken durchgeführt hat, sind ca. 31 Prozent der englischen Wörter inkonsistent in der Schrift-Laut-Umsetzung, aber nur ca. 10 Prozent der deutschen Wörter. Allerdings sind ca. 50 Prozent der deutschen Wörter inkonsistent in umgekehrter Richtung (Laut-Schrift), was Diktate in Deutsch immer noch viel leichter erscheinen lässt als im Englischen und Französischen, wo ca. 80 Prozent der gesprochenen Wörter mehrere Schreibweisen haben. Wenn Sie den /o:/-Laut im Französischen hören, woher wollen Sie wissen, ob er ›oh‹, ›au‹, ›aux‹, ›eau‹ oder ›eaux‹ geschrieben wird?

Das *Zugänglichkeitsproblem* besteht darin, dass das Erlernen des alphabetischen Prinzips erschwert wird, weil nicht alle phonologischen Einheiten dem Lesenlernenden bewusst oder explizit zugänglich sind. Das Verbinden von orthographischen mit phonologischen Einheiten, die noch nicht zugänglich sind, bedarf somit einer weiteren kognitiven Entwicklung. Mentale Repräsentationen auf übergeordneten Ebenen sind dabei gewöhnlich leichter zugänglich als solche auf niederen Ebenen. Kinder können beispielsweise die Anzahl von Silben in einem Wort besser angeben als die Anzahl von einzelnen Phonemen. Dass neben Phonemen/Graphemen auch Silben relevante Einheiten beim leisen Lesen sind, wird durch Arbeiten von Markus Conrad aus meiner Arbeitsgruppe an der FU Berlin belegt, die allerdings noch auf die relativ lauttreuen Sprachen Spanisch und Deutsch beschränkt sind. Dass Silben beim lauten Lesen eine Rolle spielen, überrascht nicht, aber erst seit einigen Jahren ist aufgrund von Experimenten im Spanischen und Deutschen klar, dass sie die implizite automatische Verarbeitung von Schrift systematisch beeinflussen.

Das *Granularitätsproblem* schließlich verweist auf den Umstand, dass mehr orthographische Einheiten gelernt werden müssen, wenn der Zugriff auf das phonologische Wissen eher auf breiteren ›Korngrößen‹ beruht als auf kleineren: so gibt es mehr Wörter als Silben, mehr Silben als Reime, mehr Reime als Grapheme und mehr Grapheme als Buchstaben. Nach der Korngrößenhypothese von Ziegler und Goswami haben es Kinder leichter, die in relativ konsistenten Muttersprachen wie Deutsch oder Italienisch lesen lernen, weil sie sich ausschließlich auf die kleine linguistische Korngröße des Phonems konzentrieren können; denn praktisch jedes Wort wird ja genau so ausgesprochen, wie es geschrieben wird. Kennt ein deutschsprachiges Kind die korrekte Aussprache der 26 Buchstaben des Alphabets einschließlich diejenige einiger wichtiger Grapheme wie SCH oder CH, ist es bereits bestens für das Lesenlernen gewappnet. Britische Kinder hingegen können sich nicht auf die Lauttreue ihrer Orthographie auf der Graphem-Phonem-Ebene verlassen, wie Mark Twains Gedicht in Box 30, das obige GHOTI-Beispiel, unsere Berechnungen (Ziegler et al.) und der folgende Satz zeigen: der gleiche Buchstabe A hat in ›A ball in the park‹ drei verschiedene Aussprachen!

Das korrekte Aussprechen wird leichter, wenn man zwei Korngrößen höher ansetzt und sich auf Reime (Kernlaut und Schlusslaut, wie -ASE in CHASE oder -INT in MINT) konzentriert. Dazu müssen britische Kinder, laut Schätzungen von Ziegler und Goswami, allein um die 3000 der geläufigsten einsilbigen englischen Wörter richtig auszusprechen, die Zuordnungen zwischen 600 verschiedenen orthographischen Mustern und 400 phonologischen Reimen lernen. Oft hilft sogar nur, sich das ganze Wort zu merken, denn niemand kennt die Regel für die Aussprache des englischen Wortes ›yacht‹.

Um die Korngrößenhypothese zu testen, verglichen wir zusammen mit Johannes Ziegler im Jahr 2001 die laute Leseleistung englisch- und deutschsprachiger Probanden für identische Wörter und Kunstwörter (zoo/Zoo, sand/Sand, fot/Fot, lank/Lank). Laut der Hypothese sollten sich bei den deutschsprachigen Lesern stärkere Längeneffekte (Anzahl der Buchstaben im Wort bzw. Kunstwort) ergeben, weil sie auf der Graphem-Phonem-Ebene dekodieren, während englischsprachige Leser auf der Reimebene dekodieren. Die Befunde bestätigten dies und sprechen somit dafür, dass der – je nach Muttersprache – mit vielen oder noch mehr Problemen verbundene Schriftspracherwerb, der sich, wie in Box 26 beschrieben, in Stufen entwickelt, auch eine Frage der Korngröße ist.

Conrad, M., Carreiras, M., Tamm, S., & Jacobs, A. M. (2009). »Syllables and bigrams: Orthograpic redundancy and syllabic units affect visual word recognition at different processing levels«. *Journal of Experimental Psychology: Human Perception and Performance*, 35(2), 461–479

Derrida, J. (1967). *L'écriture et la différence*, Paris: Éditions du Seuil

Havelock, E. (1986). *The Muse Learns to Write: Reflections on Orality and Literacy from Antiquity to the Present*. New Haven and London: Yale University Press

Jacobs, A. M. (2002). »The cognitive psychology of literacy«. In: N. J. Smelser & P. B. Baltes (eds.), *International Encyclopedia of the Social and Behavioral Sciences* (8971–8975). Amsterdam: Elsevier

Morais, J., Bertelson, P., Cary, L., & Alegria, J. (1986). »Literacy training and speech segmentation«. *Cognition*, 24, 45–64

Olson, D. R. (1996). »Towards a psychology of literacy: on the relations between speech and writing«. *Cognition*. 60, 83–104

Ong, W.J. (1988). *Orality and Literacy – The Technologizing of the World*. London: Methuen & Co

Ziegler, J. C., & Goswami, U. (2005). »Reading acquisition, developmental dyslexia, and skilled reading across languages: A psycholinguistic grain size theory«. *Psychological Bulletin*, 131 (1), 3–29

Ziegler, J. C., Jacobs, A. M., & Stone, G.O. (1996). »Statistical analysis of the bidirectional inconsistency of spelling and sound in French«. *Behavior Research Methods, Instruments, & Computers*, 28, 504–515

Ziegler, J. C., Perry, C., Jacobs, A. M., & Braun, M. (2001). »Identical words are read differently in different languages«. *Psychological Science*, 12, 379–384

Ziegler, J. C., Stone, G. O., & Jacobs, A. M. (1997). »What's the pronunciation for –OUGH and the spelling for /u/? A database for computing feedforward and feedback inconsistency in English«. *Behavior Research Methods, Instruments, & Computers*, 29, 600–618

Box 33. Vokale und Konsonanten: Hat der Geist supra-phonemische Repräsentationen?

Manche Autoren wie Steven Pinker halten die Prozessierung von Musik für ein Nebenprodukt unserer angeborenen Sprachfähigkeit; andere denken, dass Musikverarbeitung eigene Hirnnetzwerke erfordert. Um herauszufinden, welche dieser Annahmen korrekt ist, untersuchte die Brüsseler Gruppe um die Experimentalpsychologen Regine Kolinsky und Jose Morais das Singen; Singen stellt einen idealen Gegenstand dar, um Beziehungen zwischen Sprache und Musik zu erforschen, weil sich eine linguistische Komponente (Text) mit einer musikalischen (Melodie) verbindet. Bei dieser Studie standen Unterschiede zwischen Vokalen und Konsonanten im Vordergrund. Vokale weisen andere Schallmuster auf als Konsonanten: sie lassen fast statische Frequenzmuster erkennen – im Gegensatz zu den schnell wechselnden der Konsonanten, welche von der linken Hirnhälfte besser verarbeitet werden als von der rechten. Auf einer von der Neurolinguistin Prisca Stenneken berechneten Sonoritätsskala deutscher Phoneme besetzen die Vokale a, e, i, o und u die höchste Stufe (4), gefolgt von den Liquiden l und r (Sonoritätsstufe 3), den Nasalen m und n (2) sowie den am wenigsten sonoren Obstruenten (Frikative und Plosive) p, q, t, d, k und g (1).

Um melodische Information zu transportieren, eignen sich Vokale somit besser als Konsonanten: Professionelle Sänger dehnen oft die Vokale aus, kürzen aber die Konsonanten, um den Text besser an die Melodie anpassen zu können. Morais und Kollegen fanden Hinweise darauf, dass Sprache und Musik beim Singen auf komplexe Weise interagieren. Die Sichtweise, der zufolge beide entweder auf ein und dasselbe Sprachsystem oder auf völlig unterschiedliche Areale zugreifen, ist deshalb wohl zu einfach. Vokalprozessierung beim Singen greift eher auf nichtsprachliche Netzwerke zurück, bei Konsonanten sieht dies anders aus – Sprachzentren und ›musikalische‹ Areale scheinen also eher eng miteinander verbunden zu sein.

Das zeigt sich auch in der Alltagssprache, in der Vokale ebenfalls anders verarbeitet werden als Konsonanten. Letztere transportieren mehr lexikalische, zur Worterkennung beitragende Information, Erstere mehr melodische – grammatikalisch-prosodische – Information. Bereits dreijährige Kinder können Wörter aufgrund ihrer Konsonanten voneinander unterscheiden; ist das entscheidende Wortmerkmal jedoch ein Vokal, versagen sie. Dass aphasische Patienten Konsonanten schlechter als Vokale produzieren, wird von Neuropsychologen wie dem Harvard-Professor Alfonso Caramazza als Indiz für unterschiedliche neuronale Verarbeitungssysteme gewertet. Diesbezüglich fand die Leseforscherin Iris Berent heraus, dass Konsonanten beim Lesen schneller verarbeitet werden als Vokale, was erneut die These gesonderter neuronaler Prozesse stärkt. Tiere wie Tamarin-Affen und Menschenaffen scheinen ebenfalls Probleme mit der Wahrnehmung und Erzeugung von konsonanten-ähnlichen Lauten zu haben; nur Menschen besitzen die geeignete Kehlkopfausstattung, um die für unsere Sprache notwendige Fülle von Phonemen (als bedeutungsscheidende Laute) zu produzieren.

Berent, I., & Perfetti, C. A. (1995). »A rose is a REEZ: The two-cycles model of phonology assembly in reading English«. *Psychological Review*, 102, 146–184

Caramazza, A., Chialant, D., Capasso, R., & Miceli, G. (2000, January 27). »Separable processing of consonants and vowels«. *Nature*, 403, 428–430

Kolinsky, R., Lidji, P., Peretz, I., Besson, M., & Morais, J. (2009). »Processing interactions between phonology and melody: Vowels sing but consonants speak«. *Cognition*, 112, 1–20

Stenneken, P., Bastiaanse, R., Huber, W., & Jacobs, A. M. (2005). »Syllable structure and sonority in language inventory and aphasic neologisms«. *Brain and Language*, 95, 280–292

BILDRÄUME

III – ARS MEMORIAE

1

»Simonides sagt, dass Malerei schweigende Poesie ist, während Poesie sprechende Malerei ist«, überliefert Plutarch. Glaubt man den Berichten, hat Simonides von Keos (ca. 557–468 v. u. Z.) die Gesellschaft von Malern sehr geschätzt
und Inskriptionen für öffentlich ausgestellte Skulpturen verfasst, etwa für das
sensationelle *Iliupersis* des Polygnotos; noch der Pseudo-Longinus lobt an seinen Gedichten die lebendige Bildlichkeit. An dem, was von ihnen erhalten blieb,
sieht man jedenfalls, dass er proportional mehr Farbadjektive als seine Dichterkollegen einsetzt.

Insofern war Simonides ein Zeitgenosse. Denn neben dem Schrift- und
Geldwesen, das sich in seiner Epoche ausbreitet, machte sich in diesem Jahr-
hundertwechsel – wie Plinius berichtet – die Malerei selbständig und entwickelte neue Formen. Polygnotos und folgende Malergenerationen führten in
die zweidimensionale Bildfläche des archaischen Stils neue Techniken ein, mit
denen sich eine dreidimensionale Realität repräsentieren ließ: Verkürzungen,
lineare Perspektive, abstufende Farbmischung, Überlagerungen von Farbschich-
ten ebenso wie verschiedene proportionale Adjustierungen, die zusammen erst
jene optische Illusion ermöglichen, welche auf einer bloßen Fläche räumliche
Objekte vorstellbar werden lassen. Der stets zum Reaktionären neigende Platon
denunzierte diese moderne Kunst des *trompe-l'œil* als unphilosophisch, reine
Sophisterei. Sie ersetze Lebensechtes durch Lebensähnliches und Wahrheit
durch Suggestion: »diese Künstler kreieren Phantasmen, nicht Realität; eine Art
menschgemachter Traum für jene, die im Wachen schlafen«; sie zeichneten sich

somit nur durch die Fähigkeit aus, die Menschen täuschen und verführen zu können. Diesen Illusionismus wirft Platon nicht nur der Malerei vor, sondern auch der Poesie nach Homer, da sie ihm die Worte (wie Geld) von jeder Obligation der Wirklichkeit gegenüber zu entbinden schien.

Der neuen Dominanz des Bildhaften entspricht ein Wandel des Vokabulars: war zuvor Intelligenz mit Verben des Hörens umschrieben worden, wurde sie jetzt gleichgesetzt mit dem Schauen – und zunehmend mit dem Virtuellen der Imagination.[23] Diese eröffneten jedoch der Poesie einen neuen Raum, in mehrfacher Hinsicht: denn die von Platon diskreditierten *phantasmata* standen nun als Erinnerungsträger gleichwertig neben dem der Musik. Was die Griechen unter diesen *phantasiai* verstanden und die Römer unter *imagines,* wurde zu den bildhaft wie emotional gefärbten Konzepten, in denen Erinnerung und Imagination, Rekonstruktion und Kreation in einem zusammenfanden: in der Kogitation.

2

Simonides von Keos stand bei diesem neu akzentuierten Denken in Bildern Pate. In *De oratore* überliefert uns Cicero eine Vignette über Simonides und seinen höchst undankbaren Mäzen Skopas:

> Einmal saß Simonides im Haus des reichen und edlen Skopas im thessalischen Krannon beim Abendessen. Er hatte ein Lied zu Ehren dieses Mannes komponiert und darin auch sehr viel ornamentales Material über Castor und Pollux eingeflochten. Worauf Skopas ganz ungenerös erklärte, daß er Simonides nur die halbe Summe bezahlen würde, die sie dafür ausgemacht hatten: die andere Hälfte solle er sich von den Göttern holen, die er in solch einem Ausmaß gelobt hatte.
>
> In dem Moment erhielt Simonides die Botschaft, daß zwei junge Männer draußen vor der Tür stünden und ihn in einer äußerst dringenden Angelegenheit sprechen wollten. Er stand auf und ging hinaus, ohne jemanden vorzufinden. In der Zwischenzeit jedoch stürzte das Dach über dem Raum ein, in dem Skopas tafelte, und erschlug ihn und seine Freunde.
>
> Als die Angehörigen die Toten dann begraben wollten, sah sich keiner von ihnen imstande, die zermalmten Körper auseinanderzuhalten. Simonides

23   Dies zeigt sich auch am Wandel des Begriffs der Theorie. Ursprünglich bezeichnete sie eine ›Götterschau‹; zu Platons Zeit aber war damit das voyeuristische Spektakel von Wettkämpfen gemeint – bis daraus die Theorie im modernen Sinn wurde.

aber, so heißt es, gelang es, jeden von ihnen für das Begräbnis zu identifizieren, indem er sich jeweils den Platz in Erinnerung rief, an dem sie zu Tisch gesessen waren.

Er entdeckte dadurch, daß es die Ordnung ist, die hauptsächlich Licht in die Erinnerung bringt ... Ich bin Simonides von Keos dankbar, daß er damit, wie man sagt, die *ars memoriae* erfand, die Kunst des Erinnerns.

Mythologisch verbrämt – die beiden mysteriösen Männer sind natürlich das besungene Götterpaar –, ist diese Anekdote symptomatisch für den Übergang von einer oralen zu einer visuellen Kultur. Traditionell wurzelt die Erinnerung für die Griechen in der gebundenen Rede: dies zeigt die Entsprechung von *mneme* (›Erinnerung‹), *mimneskomai* (›ich erinnere mich‹ bzw. ›ich nenne‹) und der Göttin Mnemosyne als Mutter der Musen. Denkwürdiges Benennen und memorierbares Sagen – das waren die komplementären Aufgaben der Dichtung, wozu auch gehört, einen Geizkragen und Geldsäckel wie Skopas nicht dem Vergessen anheimfallen zu lassen. Nur das Singen vermag alles jener Ewigkeit zu überantworten, die eine orale Kultur kennt: der Überlieferung.

Wie sich die Paradigmen wandeln, zeigt der Text ebenfalls: wo der Dichter anfangs als Gegenleistung Gastfreundschaft erwarten konnte, wird seine Leistung nunmehr durch eine symbolische Transaktion abgegolten – durch die in Simonides' Jahrhundert sich ausweitende Geldwirtschaft. Zugleich wird das durch seine Musikalität bedingte Erinnerbare des Liedes durch Symbolisches ersetzt: durch das Eidetische – jenes virtuell Visuelle, das nicht zuletzt die Schrift mit sich bringt.

Wo die Kunst der Dichtung zuvor im Hörbaren bestanden hatte, lag sie jetzt im Sichtbar-Machen. Dies verlangte der Erinnerung eine andere kognitive Ordnung ab. Ciceros Vokabel dafür – *ordo*, ›genaue Positionierung, Arrangement‹ – ins Griechische zurückübersetzt, würde *kosmos* bedeuten, ein Wort, das viele Arten von Ordnungen beinhaltet: planetarische und staatliche, soziale und linguistische. Es ist, als fänden sich dadurch alle menschlichen und natürlichen Prinzipien auf ein und dieselbe Weise kategorisiert, als wären sie alle nur unterschiedliche Ausdrucksformen ein und derselben Materie, die Zeit wie Raum umfasst. Drückte sich Dichtkunst vormals in der Omnipräsenz des Klangs aus, der auf den göttlichen ›Atemlaut‹ (als Ursprungsbedeutung von *theos*) zurückgeführt wurde, erhält sie nun die Gestalt des Lichts – das die Dinge still, aber umso figurativer vor Augen rückt. Verkörpert wird sie in beiden Fällen jedoch immer noch durch eine Person: den Dichter.

3

Wo ein Dichter sich früher festgefügter Formeln bedient hatte, um sein Wissen zu verinnerlichen, griff er nun auf Bildräume zurück, um es sich damit verfügbar zu machen. Die klassische Kunst der Erinnerung baut auf meist vor architektonischen Kulissen angeordneten *imagines* auf, welche die rhetorischen Schulen der Römer zu einem praktisch handhabbaren System erweiterten. Studenten wurden angehalten, den Innenraum großer Gebäude nach bestimmten Regeln zu memorieren und ihn in spezifische *loci* zu unterteilen. Zu erinnernde Fakten wurden in visuelle Bilder verwandelt – je überraschender und bizarrer, desto eindrücklicher – und nacheinander auf Gedankenräume verteilt. Bei Bedarf schritt man diese in der Vorstellung ab, die Bilder ihrer Ordnung nach geistig notierend und sich ihrer ursprünglichen Bedeutung erinnernd. Auf avancierterem Niveau wurden spezifische Bilder für einzelne Sätze oder Worte konzipiert, sodass sogar lange Textpassagen abgespeichert werden konnten – gleichsam auf der Basis eines einzigen großen Rebus.

Durch solche ›Eselsbrücken‹ erreichte die *ars memoriae* schwindelnde Höhen: Von einem berühmten Praktikanten dieser Kunst hieß es, er habe den ganzen langen Tag über bei einer Auktion gesessen und am Ende aus der Erinnerung jedes Stück, jeden Käufer und den Preis aufzählen und zuordnen können. In seiner extremen Form – ›extrem‹ im selben Sinn, wie es Menschen mit absolutem Gehör gibt – führt diese Übung zu jenem eidetischen Gedächtnis, wie es der Neuropsychologe Lurija in seinem *Mind of a Mnemonist* beschreibt: Eine wenige Sekunden hingehaltene Zahlentabelle genügte einem nur ›S.‹ genannten Russen, um noch nach Monaten die Ziffern nicht nur in ihrer Reihenfolge, sondern auch diagonal oder verkehrt aufsagen zu können; er sah sie – wie er angab – im Kopf vor sich und las sie ab.

Das Christentum übernahm diese Kunst von den Römern; die Dominikaner machten sie zu ihrer Spezialität (und die Erinnerung zur Kardinaltugend der *prudentia*). Giordano Bruno und Ramon Lull perfektionierten sie weiter; die Renaissance tauschte jedoch deren enzyklopädische Kulissen gegen eine neoplatonische Vorstellungswelt: das ptolemäische Universum mit seinen Sphären, von Gott bis zur Hölle, vom Makro- zum Mikrokosmos.

Als historische Behelfslösung so lange in Gebrauch, bis Pergament und Papier billiger wurden, verlieh die Dreidimensionalität dieser Kunst den Ideen eine konzeptuelle Anordnung – und damit eine Tiefenschärfe, wie sie der Literatur weniger eignet: eine Vorform jenes ›Hypertextes‹, wie ihn erst der Computer mit seinen vielen Verlinkungsmöglichkeiten geschaffen hat. Übrig geblieben ist von der ursprünglichen Erinnerungskunst heute höchstens noch der Begriff ›Gemeinplatz‹; er leitet sich vom *locus communis* ab: gemeint war damit jene für alle in einem geistigen Gedankengebäude einsichtige Stelle, an der eine Idee ihr natürliches Umfeld fand – ein allen zugänglicher Ort innerhalb eines geordneten Kosmos.

Ansatzweise wurde diese Gedächtnisfunktion von Bildräumen bereits von den Similes in den homerischen Epen erfüllt. Im zweiten Buch der *Ilias* etwa mit seinen Streitreden der Kriegsherrn darüber, ob sie nach Hause zurückkehren oder Troia angreifen sollten, werden die unterschiedlichen Reaktionen des Heeres jeweils mit ähnlich ausführlichen Similes wiedergegeben:

bei agamemnons worten brandete applaus auf – einer woge gleich
die an eine klippe donnert, die wellen so aufgewühlt vom wind
der um die riffe heult, daß ihre kämme ins weiße brechen
an allen seiten aufgepeitscht von böen, zu gischt zerrissen -
so standen sie nun auf und stürmten los zu ihren schiffen
schürten die feuer bei den zelten, um ihr essen zu bereiten

Erzählerisch dient diese Passage nicht nur dazu, die aggressive Macht eines Heeres als Naturgewalt zu schildern; ihre Eindrücklichkeit hat außerdem eidetische Funktion. Der für jeden Zuhörer aus dem Gedächtnis abrufbare Topos eines an die Küste brandenden Meeres präsentiert gleichsam binnen eines Augenblicks Strukturen, die jene der sehr komplexen Erzählsituation auf prägnante Weise widerspiegeln. Während Agamemnon im Widerstreit der Argumente seine verbündeten Könige erst mühsam überzeugen muss, und diese wiederum ihre Truppen, fixiert das Bild diese Konflikte räumlich: sie werden in der Stasis eines Gemäldes überblickbar. Es verortet die Situation des Disputs – Agamemnon (als Küste), der im Kreis seiner Generäle steht (die Riffe), während die Armee (das Meer) ringsum am Boden sitzt – und macht die sozialen Hierarchien und emotionalen Bewegungen (die Böen), die durch die Soldaten gehen, augenscheinlich: der aufbrandende Applaus wird nicht nur hörbar, sondern sichtbar.

Als Illustration hilft dies dem Publikum ebenso die Erzählsituation zu rekapitulieren und zu erfassen, wie es dem extemporierenden Rhapsoden hilft, sie imaginativ zu entwickeln. Das Bild bringt ja nichts Neues oder Überraschendes ein, es steht uns vom ersten Vers an bereits emblematisch vor Augen, sodass wir uns ganz auf die aufgezählten Elemente und ihre geordnete Positionierung konzentrieren können – vergleichbar mit Moritatenerzählern, die mit ihrem

Zeigestock auf ein Schaubild deuten (in dem die ganze Geschichte ebenfalls bereits begriffen liegt). Es zeigt uns die Details darauf und benennt sie gleichzeitig, indem es sie in Erinnerung ruft, entsprechend der Bedeutung des Wortes *mimneskomai*.

4

Ut pictura poesis – aus neuropsychologischer Sicht erschließt sich uns so, dass es vergleichbar zum komplementären Verhältnis von Sprache und Musik auch zwischen Bild und Sprache zwei parallel kodierende Systeme gibt: ein System, das auf die Repräsentation und Elaboration von Informationen, Objekten und nicht-sprachlichen Ereignissen spezialisiert ist; ein anderes, das sich auf ihre Beziehung zur Sprache konzentriert. Die Relation zwischen beiden ist jedoch nicht univok: die Verknüpfungen zwischen beiden sind nie eins zu eins, sondern eins zu vielem (ein Wort kann die verschiedensten Bilder ins uns wachrufen – wie man umgekehrt mit verschiedensten Worten ein Bild beschreiben kann).

Was das eine mit dem anderen verbindet, ist die Erfahrung und die Art, wie unsere Erinnerung die Dinge abspeichert: welche Bilder und Worte abgerufen werden, hängt vom Stimulus ab. Gekoppelt werden die unterschiedlichen Modi von Bild und Sprache letztlich also wieder durch die Fähigkeit unseres Gehirns zu assoziieren.

Box 34. Hirnbilder – Ortszellen und Taxifahrer-Hippokampi

Wie gelangen Bilder in unseren Kopf? Ist räumlich-bildhaftes Denken angeboren oder erlernt? Haben Tiere ein räumliches Vorstellungsvermögen? Wie unterscheiden sich mentale Vorstellungsbilder von Wahrnehmungsbildern bzw. ihren realen Entsprechungen? Ist konkret-bildhaftes Denken (nur) die Vorstufe zu sprachlich-abstraktem Denken oder eine eigenständige Denkform? Mit solchen Fragen schlägt sich die Psychologie seit ihrer Gründung als empirische Wissenschaft vor ca. 150 Jahren bis heute herum, ohne – trotz zahlreicher heftiger Kontroversen – endgültige Antworten liefern zu können. Einer der Pioniere der modernen Forschung zu mentalen Vorstellungsbildern, der Harvard Psychologe Stephen Kosslyn, umreißt das Problem folgendermaßen:

»Vorstellungsbilder entstehen dann, wenn perzeptive Information aus dem Gedächtnis abgerufen wird, und lassen den Eindruck entstehen, man sehe mit dem

Bildräume

geistigen Auge, höre mit dem geistigen Ohr usw. Im Gegensatz dazu sprechen wir von Wahrnehmung, wenn Information direkt durch die Sinne registriert wird. Mentale Bilder müssen aber nicht unbedingt auf der Erinnerung vorangegangener perzeptiver Ereignisse basieren; sie können auch durch die Kombination und Veränderung gespeicherter perzeptiver Informationen auf neue Weise generiert werden.«

John Watson, der Erfinder des Behaviorismus – der psychologischen Denkschule, die menschliches Verhalten nur unter der Perspektive eines Reiz-Reaktionssystems untersuchte –, hatte 1913 noch die Existenz mentaler Vorstellungsbilder verneint, und der Kognitionspsychologe Zenon Pylyshyn vertrat 60 Jahre nach ihm die Position, dass Vorstellungsbilder keine ›Bilder‹ seien, sondern ›propositionale‹ mentale Beschreibungen, die mit sprachlichen identisch sind. Im Gegensatz dazu geht Kosslyn – in Anlehnung an den großen Neuropsychologen Luria – davon aus, dass Vorstellungsbilder ein funktionales System im Gehirn mit eigener interner Struktur darstellen: ihm zufolge basieren deren Komponenten auf denselben neurobiologischen Mechanismen, die auch die Wahrnehmung und die Sprache verwendet. Der Kognitionspsychologe John Anderson wies 1978 darauf hin, dass diese Kontroverse wohl nur mittels neuer neurowissenschaftlicher Methoden gelöst werden könne: »Die Konklusion dieses Artikels ist jedoch, dass eine Entscheidung, ob interne Repräsentationen piktorieller oder propositionaler Natur sind, ohne entsprechende physiologische Befunde nicht möglich ist.«

Mittlerweile hat die kognitive Neurowissenschaft eine Vielzahl von Befunden zur Lösung dieser Kontroverse beigetragen. Ein wichtiges Ergebnis ist, dass die Vorstellung von einem einheitlichen System mentaler Bilder wohl zu einfach war. Vielmehr sieht es nach aktueller Datenlage so aus, als ob verschiedene Vorstellungsaufgaben oder -anforderungen auch unterschiedliche ›Formate‹ von Vorstellungsbildern generieren. Zumindest korrelieren sie mit unterschiedlichen Hirnaktivitätsmustern. Sollen sich Probanden beispielsweise Gesichter vorstellen, so findet man eine selektive Aktivierung im fusiformen Gesichterareal (FFA; Box 14). Sollen sie sich hingegen Orte mental vergegenwärtigen, wird bevorzugt das parahippokampale Ortsareal (parahippocampal place area, PPA) aktiviert, das über sogenannte ›Ortszellen‹ verfügt, die als neuronales Substrat des räumlichen Orientierungsvermögens gelten.

Bereits 1948 stellte der Verhaltenspsychologe Edward Tolman die Hypothese auf, dass Ratten und Menschen über ›kognitive Karten‹ verfügen, die ihnen die Orientierung und Navigation im Raum ermöglichen. Er stieß damit Watsons behavioristisches Dogma um, wonach jegliche Hypothese über mentale Repräsentationen als unwissenschaftlich zu gelten hatte. Neurowissenschaftler um den Gedächtnisforscher John O'Keefe entdeckten ca. 30 Jahre später ›Ortszellen‹ im Hippokampus von Ratten, die immer dann selektiv feuerten, wenn die Ratten einen spezifischen Ort betraten. Neuronen mit ähnlichen Eigenschaften wurden daraufhin auch bei Affen und Menschen nachgewiesen. Eine Mitarbeiterin O'Keefes, Eleanor Maguire, fand in einem 1996 veröffentlichten aufsehenerregenden Artikel mittels Hirnbildgebung Evidenz dafür, dass Londoner Taxifahrer im Vergleich zu Kontrollprobanden einen vergrößerten Hippokampus besitzen (Abb. 67). Eine gute Orientierung ist also auch

a)

b)

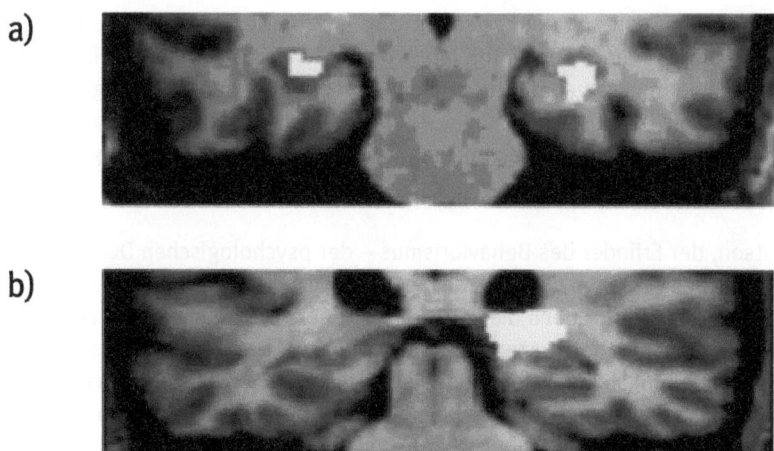

Abb. 67 a) Vergrößertes Kortexvolumen (Graue Substanz) im hinteren Hippokampus von Londoner Taxifahrern.
b) Areal in der hinteren Region des rechten Hippokampus, in der das Kortexvolumen mit der Berufserfahrung
als Taxifahrer positiv korreliert (nach Maguire et al., 2003).

eine Frage des Trainings, das wiederum Spuren in der Hirnstruktur hinterlassen
kann. In der hinteren Hälfte des Hippokampus werden offenbar räumliche Erinnerungen angelegt, und er wächst und schrumpft je nach Anforderungen. Ein Londoner ›Cabbie‹ kennt typischerweise mindestens 320 Standardstrecken in seiner
Stadt, außerdem rund 25 000 Straßen in einem Neun-Kilometer-Radius um Charing
Cross.

Weitere aufschlussreiche neurowissenschaftliche Studien untersuchen akustische Vorstellungsbilder. Fragt man Probanden, ob die ersten drei Noten des Liedes
›Hänschen klein‹ auf- oder absteigend sind, geben die meisten von ihnen an, dass
sie das Lied im Kopf hören, während sie versuchen, die Frage zu beantworten. Was
sind die neuronalen Grundlagen solcher akustischen Bilder? Der kanadische Musik-
psychologe Robert Zatorre untersuchte Patienten mit Hirnläsionen, um dies herauszufinden. Er verglich eine Gruppe von epileptischen Patienten, denen der für die
auditive Wahrnehmung wichtige Temporallappen entfernt worden war, mit ansonsten ähnlichen Kontrollprobanden. In einer Versuchsbedingung hörten die Probanden eine vertraute Melodie, während sie gleichzeitig den Liedtext lasen. Sie sollten
dabei angeben, welches von zwei bestimmten Wörtern die höhere Tonlage hatte. In
einer zweiten Bedingung lasen die Probanden den Liedtext und sollten die gleiche
Aufgabe erledigen, hörten aber nicht die Melodie. Die Patientengruppe konnte dies
im Gegensatz zu der Kontrollgruppe nicht, was Zatorre so deutet, dass zumindest
einige der neuronalen Strukturen, die für die Tonhöhendiskriminierung verantwortlich sind, auch bei der akustischen Vorstellung eine Rolle spielen. Vorstellungsbilder scheinen also zumindest partiell jeweils die neuronalen Netzwerke mit zu
aktivieren, die auch an der Wahrnehmung der echten Objekte beteiligt sind. Für
die These eines einheitlichen Systems zur Generierung mentaler Bilder liefert die
neurowissenschaftliche Forschung aber keine Belege.

Anderson, J. R. (1978). »Arguments concerning representations for mental imagery«. *Psychological Review*, 85, 249–277

Kosslyn, S. M., Ganis, G., & Thompson, W. L. (2001). »Neural foundations of imagery«. *Nature Reviews Neuroscience*, 2, 635–642

Luria, A. R. (1980). *Higher Cortical Functions in Man*. New York: Basic Books

Maguire, E. A., Frackowiak, R. S., Frith, C. D. (1996). »Learning to find your way: a role for the human hippocampal formation«. *Proc Biol. Sci.*, 263 (1377), 1745–1750

Maguire, E. A., Spiers, H. J., Good, C. D., Hartley, T., Frackowiak, R. S., & Burgess, N. (2003). »Navigation expertise and the human hippocampus: A structural brain imaging analysis«. *Hippocampus*, 13, 250–259

O'Keefe, J., & Nadel, L. (1978). *The Hippocampus as a Cognitive Map*. Oxford: Oxford University Press

Pylyshyn, Z. W. (1973). »What the mind's eye tells the mind's brain: a critique of mental imagery«. *Psychological Bulletin*, 80, 1–24

Tolman, E. C. (1948). »Cognitive maps in rats and men«. *Psychological Review*, 55, 189–208

Watson, J. B. (1913). »Psychology as the behaviorist views it«. *Psychological Review*, 20, 158–177

Zatorre, R. J., Chen, J. L., & Penhune, V. B. (2007). »When the brain plays music: Sensory-motor interactions in music perception and production«. *Nature Reviews Neuroscience*, 8, 547–558

IV – IMAGO

1

Ut pictura poesis – auch dieses Horazsche Diktum geht auf Simonides zurück, der es noch elementarer auslegte: *o logos ton pragmaton eikon estin.* Die Grammatik des Denkens führt sich in dieser Aussage selber vor: *das Wort der Dinge ein Bild ist.* Die Dinge in ihrem possessiven Genitiv hängen in ihrer Bedeutung sowohl vom Wort wie vom Bild ab; beide rivalisieren sie rechts und links um ihre dingliche Mitte. Ein ›ist‹ (*estin*) im Griechischen hintanzusetzen, wäre nicht notwendig gewesen; so erstellt es jedoch ein Beziehungsdreieck, gleichsam von außen, jenseits des selbstevidenten Zusammenhangs von Wort, Ding und Bild. Es wirft damit die Frage nach ihrer Bedeutung auf – die wir uns zu beantworten bemühen, indem wir den Stellenwert von Bildern für unser Denken skizzieren.

2

Kognitive Prozesse sind nur zu einem Teil abhängig von Sprache. Es lassen sich mehrere Arten des Denkens bestimmen, die ohne dieses Vehikel auskommen:

Kognitive Prozesse bei der Ausübung komplexer motorischer Fähigkeiten: Das Erlernen wie das Ausüben komplexer Fertigkeiten ist eine hochkognitive Aktivität, die unterschiedlichste Arten von Informationen kalibrieren muss: ob dies nun beim Abschlagen eines Faustkeils oder beim Golfspielen ist. Dieses praktische Wissen aber lässt sich für gewöhnlich linguistisch nur sehr grob umschreiben, wenn überhaupt.

Trial und Error: Die Denkprozesse werden oft von der Repräsentation eines Ziels getragen, scheinen in der Regel aber nicht das verbale Formulieren von expliziten Hypothesen (wie dieses Ziel zu erreichen ist) zu umfassen.

Bildhaftes Denken: Kognitive Prozesse dieser Art scheinen allein von der visuellen Imagination ausgeführt zu werden, wie etwa beim Kalkulieren, ob ein Schrank zwischen Wand und Bett passt.

Empathisches Raisonieren: Dies umfasst die Fähigkeit, sich vorstellen zu können, wie andere Menschen sich in bestimmten Situationen verhalten – ohne dass normalerweise Theorien zur Anwendung kämen oder explizite Voraussagen aufgrund vergangenen Verhaltens; eher versetzt man sich dabei in ihren Blickwinkel und stellt sich ihre Reaktion imaginativ und überwiegend nichtsprachlich vor.

Analogisches Denkvermögen: Es besteht ein fundamentaler Unterschied, ob ein expliziter Zusammenhang zwischen zwei Ideen besteht oder man eine implizite Analogie zwischen Ideen feststellt; Ersteres kann für gewöhnlich in eine logische Aussageform überführt werden, Letzteres sperrt sich meist dagegen, in Sprache gefasst zu werden.

All diese Denkformen beinhalten ein Erkennen von Schemata; sie basieren auf der Wahrnehmung von strukturellen Ähnlichkeiten zwischen Ideen und Zuständen – während rein bildhaftes Denken ›einfacher‹ scheint, weil es nur die Manipulation von Raumvorstellungen und visueller Imagination umfasst. Sie stellen eine Art von *Denken-Wie* dar, das sich nur schlecht in Worte kleiden lässt. Natürlich kann man die Einsicht, dass ein Schrank irgendwohin passt oder ein entgegenkommender Passant jetzt nach links ausweichen wird, auch formulieren – nicht aber den Denkprozess, der zu diesen Schlussfolgerungen geführt hat.

Die propositionellen Schemata elementarer Logik – wie sie von der Symbolik einer Sprache abhängen – beruhen dagegen auf dem *Denken-Was*. Als Konstruktion benötigt es die Vervollständigung durch einen Satz nach einem generellen *Was* – einen Satz, der den spezifischen Inhalt dessen definiert, worüber nachgedacht wird –, während die vorsprachlichen Konstruktionen eines *Denken-Wie* sich dann ganz natürlich durch einen Infinitiv vervollständigen lassen, der eine Aktivität oder einen Prozess identifiziert. Da ein *Denken-Wie* auf Perzeption beruht, kommt ihm dadurch der Rang des Faktischen zu.

Ein propositionelles Denken beginnt somit erst, wenn man Gedanken entwerfen kann, ohne ihnen einen Wahrheitsgehalt zuschreiben zu müssen; man kann darüber sinnieren, ungeachtet dessen, ob etwas richtig oder falsch ist. Die Perzeption jedoch kennt diese Art von Kontextabhängigkeit nicht. Natürlich glauben wir nicht immer, was wir sehen – optische Täuschungen wie die Müller-Lyer-Illusion sind dafür ein gutes Beispiel … Das heißt jedoch nicht, dass wir willentlich den Glauben an die Richtigkeit unserer Perzeption aussetzen können: so, wie etwas unseren Augen erscheint, so ist es zunächst einmal. Ein Denken in Bildern ist also nicht ablösbar vom Kontext eines Hier und Jetzt, von präsentischen Aktivitäten und Zusammenhängen.

Ein Denken in Sprache hingegen kann frei flottieren, unabhängig von jeder Umgebung, unserem Tun und Handeln. Ihm kommt jedoch nur Mittelbarkeit zu. Wenn Gedichte deshalb Bilder entwerfen – mittels Worten; als Derivat sozusagen –, tun sie dies, um die präsentische Eindrücklichkeit des Bildhaften für sich auszunützen. Sie suggerieren damit einerseits das Naheverhältnis zur Welt, das alles Geschriebene verloren hat; andererseits täuschen sie aber mit diesem scheinbar Faktischen über das Fiktive jeder Art von Literatur wieder hinweg.

Damit haben wir erst an der Oberfläche gekratzt. Auf der vorsprachlichen Ebene ist dieses Proto-Denken nämlich wesentlich räumlich. Es operiert mit unserem Verständnis dessen, was wir wahrnehmen: den dreidimensionalen Formen, die bestimmte Positionen im Raum innehaben. Und es ist dynamisch – insofern, als es mögliche Handlungen vorherzusagen versucht (die Wahrscheinlichkeit, dass sich etwas in diesem Raum bewegt; die möglichen Auswirkungen eines Auf- oder Zusammenpralls).

Deshalb inkorporiert dieses Proto-Denken nicht nur die Wahrnehmung von Position, Form und Bewegung, sondern ist auch in der Lage, die materiellen Spezifika von Dingen einzuschätzen: ob sie rigide oder flexibel sind, elastisch, spröde oder plastisch, kohäsiv wie Zucker oder angehäuft wie Samenkörner, fest, flüssig oder gasförmig, nass oder trocken, sanft oder rauh, fett oder sauber. Derart pragmatisch und kontextgebunden, räumlich und dinglich konturiert, werden ›Bilder‹ (die sich im Arbeitsspeicher unserer räumlichen Perzeption überlagern) zu Vehikeln unseres vorsprachlichen Denkens. So wenig bewusst es uns oft ist – aber mit ihnen entwerfen wir eine erste Grammatik der Welt.

Denn dieses bildhafte und räumlich kategorisierende Denken geht dann in unsere Sprachstrukturen ein. Was beispielsweise lang und dünn ist, kann so mit einem einzigen Begriff vereint werden – wie etwa im Japanischen: *Hon* bezeichnet Stäbe, Stöcke, Stifte; Bäume; Seile; Haar; Schwerter und die mit ihnen verbundenen Kampfsportarten; Baseballschläger sowie die damit assoziierten Ballwürfe; Bandrollen (weil sie entrollt lang und dünn sind); Telefonanrufe ebenso wie Radio- und TV-Programme (weil sie über Drähte zustande kommen); Briefe (weil man sie in Japan ursprünglich als Schriftrollen abfasste); Injektionen (der Nadel wegen); aber auch tote Schlangen und getrocknete Fische (weil sie ebenfalls lang und dünn sind).

3

Letzten Endes gründet die Art, wie wir Welt erfassen, stets auf unseren Bewegungen im Raum. Sie beeinflussen all unsere Kategorisierungen – sie stellen das eigentliche Fundament unserer Gedanken, Wahrnehmungen, Handlungen und auch der Sprache dar. Jedes Mal, wenn wir etwas als eine *Art* von Dingen sehen – einen Baum etwa –, kategorisieren wir. Wenn wir hierauf über diese *Art* von Dingen zu raisonieren beginnen – Stühle, Staaten, Krankheiten, Emotionen –, bedienen wir uns der bereits gebildeten Kategorien. Unternehmen wir dann irgendeine *Art* von Handlung – mit einem Bleistift schreiben, einen Nagel einschlagen oder bügeln –, stellen diese Tätigkeiten ebenfalls eine bestimmte *Art* von motorischer Aktivität dar.

Die meisten Kategorien beziehen sich dabei nicht auf Dinge, sondern sind Kategorien abstrakter Entitäten: scheinbar Reales wie Ereignisse, Emotionen, soziale Beziehungen ebenso wie Theoretisches – ob es sich nun um Neuronen oder Krankheitssymptome handelt. Unser Verhältnis zu ihnen bleibt jedoch wesentlich im Räumlichen begründet: unsere Sinne sind ja in erster Linie da, uns im Raum zurechtzufinden. Aufgrund dieser sinnlichen Erfahrungen konstituieren wir nicht nur unsere Umwelt, sondern leiten mit unseren sensomotorisch gewonnenen Strukturschemata prototypisch alle anderen Kategorien davon ab.

Die psychischen Strukturen, mit denen wir Kategorien erstellen, korrespondieren jedoch kaum mit den physikalischen oder biologischen Strukturen der Welt, sondern sind die unseren. Sie bauen auf dem auf, was *wir* als gestalthaft wahrnehmen, den mentalen Bildern, die wir entwerfen, der Art und Weise, mit der *wir* unser Wissen über die Dinge organisieren. *Was* etwas ist, hängt nicht nur von den natürlichen Eigenschaften eines Objektes ab, sondern im gleichen Maße davon, *wie* unser Körper sie erfährt. Und dies strukturiert unsere Kategorienbildung: wir begreifen Dinge räumlich als BEHÄLTNIS; hierarchisieren alles darin nach dem Prinzip TEIL-GANZES und OBEN-UNTEN; sehen die Relationen als VERBINDUNGEN; ordnen sie nach dem Schema ZENTRUM-PERIPHERIE; gehen aus vom Schema URSPRUNG-WEG-ZIEL; und unterscheiden je nach Wichtigkeit zwischen VORDERGRUND-HINTERGRUND.

Das beginnt bereits in der Kindheit: die Dinge sind für uns das, was *wir* mit ihnen tun können. Eine Blume lässt sich riechen, ein Ball werfen, eine Katze streicheln. Also lässt sich zunächst alles, was sich riechen lässt, mit ›Blume‹ bezeichnen ... So klassifizieren wir die Welt auf der Ebene des *Genus*. Von dort aus

beginnen wir erst, übergeordnete und untergeordnete Kategorien zu erschließen, zu generalisieren und zu spezifizieren. Das Genus bleibt allerdings unsere
Referenz: auf dieser mittleren Ebene haben alle Sprachen einfache Namen für
die Dinge, besitzen die Dinge überall große soziale und kulturelle Signifikanz,
lassen sie sich ebenso mühelos aufzählen wie erinnern – weil wir sie als Ganzes
sehen, als holistische Gestalt; als geistige Bilder sind sie jederzeit mühelos abrufbar. Da wir diese *Art* von Dingen über körperliche Interaktion erfahren und
darüber hinaus einen emotionalen Bezug zu ihnen aufbauen, sind sie unabhängig von Sprache – noch als kognitive Modelle beruhen sie auf schematischen
Bildern.

4

Zählen wir ein paar Beispiele für die sensomotorische Bedingtheit unserer Kategorien auf. Diese Bedingtheit definiert sich zunächst durch das, was sie beinhaltet. Ein solches ›Beinhalten‹ verstehen wir vor allem räumlich – als schematische Vorstellung eines Behältnisses, das ein ›Innen‹ von einem ›Außen‹ trennt.
So wie wir uns bereits in den ersten Minuten des täglichen Lebens permanent
an diesem Innen und Außen orientieren, geraten wir vom real Bildhaften ins
Figurative unseres sprachgetragenen Denkens. Unser Gesichtsfeld ist ebenso
ein Raum, *in* dem etwas zum Vorschein kommen, wieder *aus* unserem Blickfeld
verschwinden und doch zu einem Konzept werden kann: die Ehe beispielsweise,
in der man gefangen sein kann, *aus* der man sich aber auch wieder befreien
kann.

Die Konfiguration von Kategorien, die nach Summen und Einzelteilen unterscheidet, leitet sich ebenfalls vom Bewusstsein unseres Körpers ab, den wir
als aus ›Gliedern‹ bestehendes Ganzes begreifen. Demgemäß bildet auch das
Konzept der Familie ein Ganzes, an dem die einzelnen Mitglieder ›teilhaben‹,
bis es zum ›Bruch‹, zur ›Spaltung‹, ›Trennung‹ oder ›Scheidung‹ kommt. Wie
die Nabelschnur die erste Verbindung zwischen Mutter und Kind ist, bleiben
wir den Eltern figurativ ein Leben lang ›verbunden‹ und verstehen soziale oder
zwischenmenschliche Verhältnisse als ›Bindungen‹, die man ›knüpft‹, ›Freund-
schaftsbande‹ oder ›Verbindungen‹, die man wieder ›auflöst‹; wir sehen Sklave-
rei als ›Fessel‹ und halten Freiheit für ›Ungebundenheit‹.

Unseren Körper begreifen wir über einen Mittelpunkt (Kopf, Herz oder der
Bauch) und seine konzentrisch davon ausgehenden Kreise (Haare, Finger, Zehen), wobei das Zentrum wichtiger ist als die Peripherie: sowohl pragmatisch

(was Verletzungen betrifft) wie auf Identität bezogen (Identität sehen wir als etwas Zeitloses, von einem Zentrum Bestimmtes – ähnlich wie kurze oder lange Haare nichts an der Identität einer Person ändern). Das Zentrum definiert die Peripherie, nicht umgekehrt – als Prinzip ist dies auf all unsere Kategorisierungen anzuwenden.

Genauso wie wir all unsere Bewegungen räumlich als Richtung zwischen Ausgang und Ziel betrachten, begreifen wir auch Intentionelles mittels dieses Schemas: Zwecke sind ›Ziele‹; es ist ein ›langer Weg‹ zu allem Möglichen, auf dem wir uns in etwas ›verrennen‹ oder ›verirren‹ können, man uns ›Steine in den Weg legt‹, aber man doch ›Fort-Schritte‹ macht, bis das ›gesteckte Ziel erreicht‹ ist. Hochkomplexen Ereignissen schreiben wir dabei einen Ausgangszustand zu, Sequenzen von Zwischenstufen und finale Konsequenzen. Hierarchien darin – selbst wenn es sich nur um ein Mehr oder Weniger handelt – werden vertikal geordnet, wobei Oben in der Regel positiv, Unten negativ konnotiert ist. Zusätzlich unterscheidet man horizontal zwischen Offensichtlichem und Verborgenem – analog zur Unterscheidung zwischen Figur und Hintergrund beim gestalthaften Sehen.

5

Das Koordinatensystem dieses kategorisierenden Denkens leiten wir von unserer Bewegung im Raum ab; ihm entnehmen wir unsere internen Repräsentations-Schemata ab, deren evolutionärer Ursprung auf unsere Perzeption, unsere Sensomotorik und die damit verbundenen affektiven Erfahrungen zurückgeht.

Das *Wo* verarbeiten wir getrennt vom *Was*: den rein visuellen Charakteristiken, die wir an den Dingen erfassen. Bemerkenswert ist hierbei, dass der mentale Bildschirm, auf den wir sie projizieren, auch unabhängig von unserer Optik funktioniert. Denn obwohl Sehen bedeutet, etwas simultan wahrzunehmen, Hören und Tasten hingegen etwas Sequenzielles darstellen, sind von Geburt an Blinde in der Lage, mentale Bilder zu konzipieren, die ein räumliches Koordinatensystem wiedergeben. Bittet man sie, einen Raum zu malen, in dem sie sich nur taktil bewegen, oder zu zeichnen, wie sie ihre Finger überkreuzen, ist auf ihren Skizzen eine Perspektive ebenso klar zu erkennen wie die Verdeckung eines Gegenstands durch einen vorgelagerten (hier die Finger). Umgekehrt gilt dasselbe: Legt man ihnen Prägedrucke von perspektivischen Zeichnungen vor, sind sie in der Lage, mittels ihrer Haptik das Perspektivische daran zu erfassen –

und wenn es sich um optische Täuschungen handelt, ist ihre Konsternierung darüber ebenso groß wie die unsere.

Obwohl das Tastvermögen grundsätzlich dreidimensional ausgelegt ist, scheint der von unserem Sehvermögen mitbenützte Arbeitsspeicher jene 2½ Dimensionen zu besitzen, wie sie sich an den Biedermanschen Geone zeigen – jenen 36 Grundelementen, mit deren Hilfe wir die Wahrnehmung von Gegenständen bewältigen.

Neugeborene können, obwohl sie ein Objekt noch nicht gleichzeitig mit Augen und Fingern erfassen (das gelingt ihnen erst ab einem Alter von 3–6 Monaten), diese beiden unterschiedlichen Erfahrungsmodi von Tasten und Sehen zur Deckung bringen. Das spricht für eine angeborene Synästhesie: ein Assoziationsvermögen, das ökonomisch darauf bedacht ist, allem eine einheitliche Gestalt zu verleihen.

Die Neuropsychologie kann die Regionen im Gehirn identifizieren, in denen wir das *Wo* (Lokalisierung und Orientation) im Unterschied zum *Was* und *Wie* wahrnehmen. Wenn die optischen Signale retinotopisch im visuellen Puffer der Sehrinde organisiert werden, öffnet sich ein ›Aufmerksamkeitsfenster‹, das aus den im Puffer vorhandenen Signalen die gerade relevanten auswählt. Von dort gelangen diese Signale in das ventrale System (von der Sehrinde zum inferioren Schläfenlappen), das die sichtbaren Erscheinungsformen der Dinge konzipiert, und in das dorsale System (von der Sehrinde zum superioren Scheitellappen), wo die räumlichen Eigenschaften entschlüsselt werden – eine Arbeitsteilung, die jener bei der Auflösung von Musik in Tonhöhen und Rhythmik entspricht.

Wie bei der Musik auch werden die Informationen aus den *Wo*- und *Was*-Systemen in der assoziativen Erinnerung (des posterosuperioren Schläfenlappens) mit den dort vorhandenen Repräsentationen perzeptiver und abstrakt-konzeptioneller Informationen (Namen, Kategorien) verknüpft. Gelingt dies nicht sofort, schaltet sich ein Suchsystem ein, das *top-down* im Langzeitgedächtnis (vor allem im präfrontal dorsolateralen Kortex) nach passenden Konzepten sucht. Ergänzend gibt es noch ein zweites *top-down*-System, das seine Aufmerksamkeit auf relevante Aspekte des Stimulus in Bezug auf das Gedächtnis verlagern kann (frontale Sehfelder, posteroparietaler Lappen, Pulvinarkomplex und Colliculi Superiori).

Das Gehirn seziert die Wahrnehmung gewissermaßen anatomisch in das Skelett des *Wo* und das Fleisch des *Was* – so erhalten wir eine Figur. Zu einer beweglichen Gestalt wird sie jedoch erst dank der in der Erinnerung abgespeicherten Informationen, die dieser Figur affektive Dimensionen verleihen. Die

Wahrnehmung von Musik arbeitet auf analoge Weise: auch hier wird das Gerüst von Tonhöhe und Rhythmus erst durch unser assoziatives Gedächtnis zur Musik, die uns etwas bedeutet (können wir hingegen nichts mit bestimmten Tonfolgen verbinden – wie häufig in der ›modernen Musik‹ –, bleiben sie nur ein blasser Grundriss).

Ein Beispiel: Stellen Sie sich den Buchstaben D vor. Drehen Sie ihn um 90° nach links. Dann setzen Sie darunter ein J. Was sehen Sie? Zunächst nur ein auf einer zweidimensionalen Fläche gedrehtes D über einem J. Dann jedoch – über die Informationen des Gedächtnisses – erhält dieses Schema Raum, und Sie konzipieren es zu einem aufgespannten Regenschirm (obwohl es, streng besehen, irreal bleibt: es ist ja nicht wirklich ein Regenschirm).

Mittels dieser Prinzipien lassen sich unsere mentalen Bilder klassifizieren. Unsere Perzeption liefert uns zunächst:

1. *mentale Figuren*: Ihre Flächigkeit erhält über die Wahrnehmung von Licht und Schatten, Farbabstufungen und Verdeckungen die 2½ Dimensionen umfassende Tiefe von

2. *räumlichen Bildern*. Über sie gelangen wir zu

3. *konzeptionellen Bildern*, in die bereits alle möglichen Abstraktionen und Referentialitäten von Sprache aufgehen.

Ein Kontinuum von Bildern dient uns demnach als Vehikel, um vom Empfinden zum Denken zu gelangen, von der Erfahrung zur Intentionalität, von vorsprachlichen Auffassungen zu sprachlich formulierbaren Konzepten, vom Ikonischen zum Symbolischen. Diese mentalen Vorstellungen sind abstrakt in einem Maß, dass wir beständig dazu tendieren, ihren bildlichen Ursprung wieder zu vergessen. Wer denkt beispielsweise bei den verschiedenen Redewendungen ›Zorn‹ betreffend – ›Er stieg hoch in ihr‹; ›Sie war am Kochen‹; ›Sie ließ Dampf ab‹; ›Ihr Blut kochte‹; ›Da ging ihm der Hut hoch‹ etc. – daran, dass dahinter das Bild eines Topfes voll kochender Flüssigkeit steht, über dem ein Deckel liegt? Ein Bild, das wir konzeptionell mit unserem eigenen Körper in Verbindung gebracht haben, weil er sich für uns als Behälter darstellt, in dem Zorn durch Hitzewallung und erhöhten Blutdruck merkbar wird?

6

Die kreative Leistung bei diesen Bildüberblendungen (die wir im Nachhinein über sprachliche Analogien beschreiben) ist erstaunlich – vor allem der Umstand, dass wir den Vorgang des Perzipierens umkehren können in das Imaginieren. Der Unterschied könnte nicht größer sein: im einen Fall sagen wir ›Augen auf!‹; im anderen ›Schließ die Augen!‹. Wie weit sich in der Vorstellung das Prozesshafte des Sehens einfach umdreht, verblüfft.

Stellen Sie sich zwei Uhren vor, von denen die eine 3 Uhr 22, die andere 7 Uhr 55 zeigt. Auf die Frage hin, bei welcher Uhr die Zeiger den größeren Winkel bilden, wandeln wir diese Daten zu Bildern auf unserem geistigen Bildschirm um, betrachten sie – und kommen erst dann zur richtigen Antwort. Die Zeit, die nötig ist, um ein solches mentales Bild abzutasten, und die Zeit, um ein reales Bild wahrzunehmen, bleibt gleich. Lässt man ein Objekt im Kopf rotieren – oder rotiert es vor unseren Augen: beide Male benötigen wir gleich lange, um es zu identifizieren. Scannen wir es – ob als eingeprägte Vorstellung oder als reale Vorlage –, benötigen wir gleichfalls dieselbe Zeitspanne. Selbst das *Was* hat darauf Einfluss: Stellt man sich versuchsweise vor, eine Kanone aus Eisen und eine Attrappe aus Gummi durch einen Raum zu tragen, geht Ersteres weitaus langsamer vor sich als Letzteres – als ob man den Gewichtsunterschied noch in der Imagination fühlen könnte. Und auch die Größe unseres geistigen Bildschirms entspricht – wie Experimente gezeigt haben – exakt der Größe unseres Sehfeldes.

Geistige Vorstellungskraft und Kreativität bedingen sich wesentlich. Kekulé erschloss sich die Struktur des Benzolmoleküls durch das Bild einer sich in den Schwanz beißenden Schlange. Nikola Tesla (dem wir die Teflonpfanne und den Wechselstromgenerator verdanken) war in der Lage, mental Elektromotoren aus vorgestellten Einzelteilen zusammenzubauen – und sie auch zu testen, indem er sie sozusagen im Geist laufen ließ –, und zudem noch über die Abnützung einzelner Teile Auskunft geben konnte. Und Einstein (dessen Relativitätstheorie auf die Vorstellung zurückgeht, auf einem Lichtstrahl sitzend den Raum zu durchqueren) hat wiederholt auf die Dominanz seiner visuellen Imagination hingewiesen – und darauf, wie schwierig es sei, sie in Sprache (oder mathematische Symbole) zu transponieren.

Das Entdeckungspotential liegt:

1. in dem Mehr an realen Informationen, das Bilder beinhalten – was wir wahrnehmen ist stets umfassender als das, was wir dann konzeptionell verarbeiten. Dadurch werden Bilder
2. reinterpretierbar – was wir in Bildern ausdrücken, deckt sich nie vollkommen mit dem, was wir optisch an ihnen alles wahrgenommen haben.

In ungleich größerem Ausmaß betrifft dies jene rein virtuell zusammengesetzten Bilder, auf denen viele Erfindungen beruhen: deren Bild- und Gedankenspielereien kombinieren Einzelteile wie Mosaiksteine aus unterschiedlichsten Bereichen, um sie neu zusammenzusetzen. Bei diesem kreativen Prozess erhält man funktionell Brauchbares über das Spielerische von neu erstellten Formen – nicht umgekehrt.

Die Schwierigkeit liegt darin, dass sich die Funktion von neuen Formen meist nicht auf Anhieb erschließt – ob das, was wir in unserer Vorstellung zusammengebastelt haben, eine ›gute Gestalt‹ ergibt, muss sich erst zeigen. Kreation beruht somit auf dem (auch evolutionär bestimmenden) Prinzip der Emergenz: eine assoziative Aleatorik bringt unterschiedlichste Bereiche kaleidoskopartig miteinander in Verbindung. Wenn sie nicht nur symbolisch, sondern auch durch den ihnen (oft unbewusst) anhaftenden Bezug zum Reellen und Materiellen eine kohärente Struktur bilden, sie also funktionell wie Zahnräder ineinandergreifen – dann haben wir es mit einer neuen Erfindung zu tun. Das Sehen lässt uns so Neues erkennen, wo wir vorher paradoxerweise blind blieben.

Dies betrifft die Naturwissenschaften wie die Literatur. Italo Calvino schreibt in diesem Sinne etwa:

Beim Entwurf (*ideazione*) einer Erzählung ist das erste, was mir in den Kopf kommt, ein Bild, das sich mir aus irgendeinem Grund mit Bedeutung beladen präsentiert, ohne daß ich deswegen diese Signifikanz in diskursiven oder konzeptionellen Termini formulieren könnte. Kaum aber ist mir dieses Bild im Kopf klar geworden, setze ich mich daran, eine Geschichte zu entwickeln, oder besser, sind es die Bilder selbst, die ihr implizites Potential entwickeln, die Erzählung, die sie in sich tragen.

7

Und die Poesie? Sie lebt – neben all ihrer musikalischen Eindrücklichkeit – eben auch von der Einprägsamkeit ihrer Bilder. Je klarer sie skizziert sind, das heißt, je mehr solch implizites Potential sie besitzen, desto vielwertiger und bedeutungstragender wird ihre Aussage. Ein Beispiel von Quasimodo, das in jedem italienischen Lesebuch steht:

> *Ogniuno sta solo sul cuor della terra*
> *traffito da un raggio di sole;*
> *ed è subito sera.*

> Ein jeder steht allein auf dem herz der erde
> durchbohrt von einem sonnenstrahl;
> und bald ist es abend.

Visuell ist das Gedicht so genau komponiert, dass sich darin sogar die Uhrzeit ablesen lässt: Da wir automatisch bemüht sind, alle Informationen stets in einer guten Gestalt zu vereinen, und ›von etwas durchbohrt sein‹ konzeptuell bedeutet, dass uns etwas gerade von vorne (nicht von hinten; auch nicht von oben oder unten: dann wären wir ›gepfählt‹) in der Körpermitte trifft, muss es also gegen 3 Uhr nachmittags sein. Auch das Metrum gibt dieses Durchbohrtsein synästhetisch wieder: es benützt den Amphibrachys mit einem Iktus in der Mitte, rechts und links flankiert von zwei unbetonten Silben.

Die unreinen Reime (solo/sole; terra/sera) stellen überdies die klanglichen Analogien zu den beiden konzeptuellen Paradoxa des Gedichts dar: *auf* dem Herz der Erde zu stehen und von einem *Sonnenstrahl* durchbohrt zu sein. Dank des Gestaltprinzips verlängern wir dabei jedes Mal (damit diese beiden Behauptungen Sinn machen) eine Kontaktrichtung imaginativ weiter – ebenso wie wir die Reime imaginativ ›verlängern‹, um zu einem vollkommenen Gleichklang zu gelangen.

Auf diese Weise konzipierend, strukturieren wir die eigentliche inhaltliche Aussage: das ›ein jeder‹ steht für das kategoriale Verhältnis eines Einzelnen zu einer Menge; die Empathie zum innersten Wesenskern fassen wir gleichfalls im Bezug zum Wesen einer allumfassenden Natur auf; und im Durchdrungensein von Licht sehen wir eine Metonymie des Göttlichen. Ein Emblem existentieller Vereinzelung ergänzen wir so durch in der Imagination abgeleitete Verbindungen zum Materiellen und Ideellen – mittels derselben Konstrukte, mit denen wir uns sonst in der Welt verorten: über das Deiktische einer Sprache von Bildern. So gesehen, ist das Gedicht ein mentales Bild, in dem Realdaten des Raumes mit unseren körperlichen Erfahrungen eine Synthese eingehen: ein temporäres Konstrukt, das zwar Ewigkeit beanspruchen, diese aber nur suggerieren kann.

Bermudéz, José Luis (2003), *Thinking Without Words*, Oxford
Ferretti, Francesco (1998), *Pensare Vedendo – Le Immagini Mentali nella Scienza Cognitiva*, Rom

DENKFIGUREN

V – GELD UND SCHRIFT

1

Im selben Zeitraum, in dem die Lettern des Alphabets breitenwirksam wurden, setzte sich in Griechenland die Geldwirtschaft durch. Mit der Münzprägung, einer weiteren aus dem Osten übernommenen Erfindung (Herodot schreibt sie um 700 v. u. Z. den Lydern zu), begannen zuerst die Städte Korinth und Athen um 550; Ende dieses Jahrhunderts waren sie dann überall in der griechischen Welt in Umlauf.

Schriftkundigkeit und die durch Geld veränderten merkantilen Rahmenbedingungen wirkten sich auch auf das Berufsbild des Dichters aus. War er davor einer oralen Kunst verpflichtet, deren Legitimation die göttliche Inspiration der Musen darstellte und deren Gesänge man im Zuge der Gastfreundschaft mit Verpflegung und Unterkunft vergalt, mutierte der Sänger jetzt zum Literaten, dessen Qualitätsmaßstab das Originäre wurde und der seine Dienste nunmehr für Geld feilbot. Auch deshalb wurde er von Platon verächtlich als Poet – ›Wort-Handwerker‹ – beschimpft, dessen profane Werke bloß »metrisch verkleidete Prosa« darstellten.

Als Vertreter dieser neuen Spezies von Kunstgewerblern galt Simonides von Keos. Er war »der erste Poet, der in die Liedkunst peinlich sorgsame Kalkulation einführte und seine Gedichte gegen Bezahlung komponierte«. Diese Charakterisierung ist symptomatisch für den doppelten Paradigmenwandel in dieser Zeit: die Ablösung des Tauschhandels durch das Geldwesen, die sich parallel mit der Ablösung von der oralen Tradition durch die Schrift vollzieht.

Beide Bereiche gehen auf einen gemeinsamen historischen Ursprung zurück: die ersten Keilschriftzeichen der Sumerer waren so gut wie Geld. Sie ersetzten symbolisch die aus Lehm geformten Tokens – Miniaturskulpturen von alltäglichen Kommoditäten wie Schafe, Brote oder Ölkrüge –, mit denen die Steuereintreiber der Tempel ihre Buchhaltung betrieben. Ökonomie im zweifachen Sinne beförderte also die Entstehung von Geld und Schrift: beide entstammten einem wirtschaftlichen Kontext, und beide setzten sich deshalb durch, weil sie einfach zu handhaben waren. Diese Ökonomisierung der Mittel aber bringt eine Eigendynamik mit sich, die beim Geld wie bei der Schrift zu tragen kam.

Beim unmittelbar Reziproken des Tauschhandels in einer Gesellschaft, deren soziale Bande durch das Ritual des Schenkens gefestigt wurden – das griechische *xenia* bedeutete Gastfreundschaft im Sinne eines erhaltenen oder überreichten Geschenks –, ging es nicht um Profit, sondern darum, gegenseitige Verpflichtungen zu schaffen. Dies wich nun dem Mittelbaren von Geld – und Schrift: bei beiden wird der direkte reziproke Kontakt zwischen zwei Partnern durch indirekt Reziprokes ersetzt. Beide werden sie damit zu realen Abstraktionen, wie Marx es genannt hat. Was dem Geld seinen Wert gibt, ist etwas, das man nicht sieht – was der Schrift ihre Gültigkeit verleiht, etwas, das man nicht mehr hört. In beiden Fällen wird etwas veräußert, in beiden Fällen schleicht sich – auch dies einer von Marx' Begriffen – Entfremdung ein. Geld macht aus Gebrauchsgegenständen etwas anderes, im gleichen Maß, wie es die Menschen, mit denen wir es tauschen, zu Fremden macht. Für die Schrift gilt dasselbe: sie bringt in die Sprache das Distanzierende ein und verwandelt ein Publikum in anonyme Leser. Dies ist das negative Nebenprodukt einer ökonomisch abgegoltenen Symbolik, die den Wert von Geld und Schrift durch Normierung und Klassifizierung bestimmt.

»Um getauscht werden zu können, müssen Kommoditäten irgendwie vergleichbar sein«, schreibt Aristoteles in seiner *Nikomachischen Ethik.* »Deshalb hat man das Geld erfunden. Es spielt die Rolle eines Vermittlers, indem es alle Dinge misst und sie relativ zueinander bewertet – zum Beispiel wie viele Schuhe mit einem Haus gleichzusetzen sind.« Dem damit eingeführten Wertmaßstab – dem Kanon – geht es um die Genauigkeit der jeweiligen Entsprechung. Auf das Geldwesen übertragen, nennt man dies Geiz, in Bezug auf Schrift eine um Präzision bemühte Ausdrucksweise.

2

Die Professionalität des Simonides von Keos als einem der ersten ›Intellektuellen‹ der griechischen Gesellschaft (und damit Vorläufer der Sophisten) hat ihm zu Lebzeiten laut Xenophanes den Ruf eingetragen, ein Geizhals zu sein. Ob er, wie Aristophanes später meinte, wirklich »auf einem Schilfrohr in See stechen würde, nur des Profits wegen, und enorme Summen für seine Verse einheimste«, mag dahingestellt bleiben. Es zeigt zumindest, dass sich die Einkommensverhältnisse und Produktionsbedingungen der Dichter grundlegend verändert hatten.

Andererseits rechnete man Simonides seine Penibilität in sprachlichen Dingen hoch an. So gab man ihm nicht nur Kredit, die langen Vokale (das Eta als gedehntes Epsilon und das Omega als gedehntes Omikron) sowie die doppelten Konsonanten Xi und Psi erfunden zu haben, was seinen scharfen Blick für eine exakte Transkription von gesprochener Sprache bezeugt. Quintilian sprach ihm auch für die Korrektheit seiner Idiomatik Lob aus. Er verkörperte *par excellence* jene Gattung von neuen Dichtern, die sich von den generalisierenden Formeln der Epik und Lyrik absetzten und stattdessen auf das Spezifische des sprachlichen Ausdrucks Wert legten, als Prämisse einer nunmehr zeitgemäßen Literalität.

Homers *Ilias* kommentierend, notiert ein Scholiast: »*Phrix* – Rippel – kündigt den Beginn eines sich erhebenden Windes an. Simonides formuliert es, im Versuch, dies zu repräsentieren, so: *die Brise kommt, die See aufzurauhen.*« Anders als bei Homer liegt bei Simonides der poetische Fokus auf der Suche nach dem richtigen Wort, dem passenden Ausdruck. Wo in den Epen nur stereotyp von einem weinroten Meer, hohlbäuchigen Schiffen und geblähten Segeln die Rede war, präzisiert Simonides diese Bilder nun ungleich nuancierter: »ein Segel, scharlachrot gefärbt von den nassen Blüten der stämmigen Steineiche.« Denn worauf die Literatur nun Bezug nimmt, wird weniger von einer Ewigkeit versprechenden göttlichen Instanz und dem Konservativen einer oralen Tradition bedingt, sondern vom Ephemeren und spezifisch Individuellen:

als mensch kannst du nie sagen, dies oder jenes ›wird morgen geschehen‹
noch, siehst du jemanden erfolgreichen, ›daß es dauern wird, bis …‹
denn schneller als selbst eine langflügelige libelle
wechselt alles.

Simonides' literarische Sprache lässt auch das Prärogativ der oralen Poesie – die semantische Einheit eines Verses – nicht unangetastet und bricht mit dem fundamentalen Prinzip des elegischen Metrums. Das zeigt folgendes Beispiel, wo es um homosexuelle Eifersucht in einem politischen Kontext geht:

> ein sicherlich großes licht ging den Athenern auf als Aristo-
> geiton Hipparchos umbrachte gemeinsam mit Harmodios

Der Lexikograph Hephaistion hatte noch gefordert, dass jede metrische Zeile mit einem vollständigen Wort enden muss. Diese von Simonides verfasste Grabinschrift stellt deshalb eine Regelverletzung dar; uns – die wir diesen literarischen Umgang gewohnt sind – erschließt sich der Stilbruch dieses Enjambements als sinnvoll. Der prosodische Impuls erlaubt es Aristogeiton, seinen angestammten Platz im Hexameter der ersten Zeile zu überschreiten, um sich zu seinem Geliebten Harmodios zu gesellen, damit beide den Eindringling Hipparchos gewissermaßen umzingeln können. Der Preis dieses Verstoßes ist – analog zur Strafe des Mordes –, dass der Zweizeiler Aristogeitons Namen so gewaltsam entzweischneidet wie die Eifersucht sein Leben, um das Edle (›Aristo-‹) seines Namens durch diesen Akt entehrt zurückzulassen.

So mit Worten umzugehen, beinahe schon nach Prinzipien der konkreten Poesie, hat erst die Schrift ermöglicht; die kognitive Distanz, die sie mit sich brachte, ermöglichte ein selbstreflexives Bewusstsein samt den entsprechenden syntaktischen und semantischen Strukturen. Ebenso wie Geld Herrschaftsverhältnisse und Abhängigkeiten transparent macht, bringt das Zeichenhafte der Schrift die diversen Bezüge innerhalb von Sätzen zum Vorschein: es nützt sie aus und macht sie nutzbar. Geld und Schrift sind so etwas Drittes, dessen Symbolik sich von der Zeit und vom realen Gegenstand abhebt. Aristoteles' Definition des Geldes gilt in dieser Hinsicht für die Schrift: »als Garantie eines Tausches in der Zukunft für etwas, was in der Gegenwart nicht vorhanden ist.«

Dass Simonides sich mit Grabepigrammen einen Namen machte – der berühmte Spruch über die Spartaner bei den Thermopylen stammt von ihm –, ist bezeichnend. Seine Epitaphe stellen die ersten Gedichte der antiken griechischen Tradition dar, von denen man mit Sicherheit sagen kann, dass sie verfasst wurden, um gelesen zu werden: Literatur also. Es sind keine oralen Verse mehr, weder in ihrer Kompositionsweise noch in ihrer Ästhetik. Der Unterschied liegt im Materiellen: sie müssen auf den gekauften Grabstein passen. Dieses wirtschaftliche Faktum – sowohl der Stein wie die Inskription kosten Geld – bedingt eine kalkulierende Ökonomie. Die Griechen bezeichneten dies als *akribeia*, was minutiöse Sorgfalt bezüglich sprachlicher Details und des exakten Ausdrucks sowie peniblen Umgang mit finanziellen Ausgaben, Geiz, meint. Dieses Bestreben nach Präzision bewirkte eine Vorform dessen, was man heute die typographische Präsentation eines Textes nennt. Die Formen der einzelnen Buchstaben des Alphabets wurden über die Graveure zunehmend vereinheitlicht und die Lettern auf dem Stein schließlich nach einem genauen Raster verteilt, horizontal und vertikal auf einer Linie.

Darüber hinaus demonstriert der Grabstein selbst den abstrakt irrealen Bezug zwischen Schriftzeichen und dem durch sie ausgedrückten Objekt. Ein Epitaph steht auf einem Grab – ein *soma* wird damit zum *sema*, ein Körper zum Zeichen. Figurativ gesehen wird der Freiraum, den Schrift wie Geld sich erkaufen, nur durch die Abwesenheit von Realem möglich. Erst indem sie imaginiert werden, erhalten die Objekte einen Handlungsspielraum in unserem Denken. Kreieren wie analysieren lassen sie sich vorrangig in der Vorstellung: so lässt sich Abwesendes evozieren, um das Vorhandene ermessen zu können.

Carson, Anne (1999), *Economy of the Unlost*, Princeton

VI – NEGATION ODER DIE ENTSTEHUNG DER LOGIK

1

Das Paradoxon der Schrift liegt darin, dass sie uns die Begrifflichkeit von Worten vermittelt, indem sie eine Distanz zum unmittelbar Dinglichen einbringt. Die Metabezüglichkeiten von schwarz auf weiß machen es leichter, über Worte nachzudenken. Sie schärfen das Bewusstsein der Eigengesetzlichkeiten von Sprache und arbeiten dadurch deren Strukturen heraus: jene Stilfiguren, die auch die Figuren unserer Kognition bilden. Mehr als ein Dutzend davon gibt es im Wesentlichen nicht. Doch mittels dieser TROPEN – als grundlegende Kombinationsregeln der Worte – machen wir uns die Welt erst denkbar: das ist die These dieses Buches.

Keine einzige von ihnen wurde durch die Schrift erfunden – sie erlaubt es jedoch, diese Tropen konturiert zu identifizieren. Die vorgebliche Schwierigkeit der Poesie besteht darin, dass sie diese Sprachfiguren auf konzentrierte Art und Weise präsentiert. Gerade dadurch aber werden die komplexen Mechanismen unseres Denkens transparent. Kein anderes Artefakt legt auf so komprimierte Art davon Zeugnis ab: jedes Gedicht ist zugleich Sprache, Musik und Bild.

Jeder Dichter bevorzugt – je nachdem, was stilistisch gerade *en vogue* ist, sein momentanes Sujet bildet oder seiner ureigensten Perspektive folgt – einige dieser Tropen. Bei Simonides ist es das Denkschema der NEGATION, wie es sich auch in der Stilfigur der Litotes und im Oxymoron ausdrückt. Das bietet uns einen Ausgangspunkt, um über sie auch die Entstehung der Logik zu skizzieren.

Es gibt drei Möglichkeiten, semantische Gegensatzpaare zu erhalten. Entweder man bildet zwei unterschiedliche Begriffe (›gut‹ und ›schlecht‹); oder man negiert den Ausgangsbegriff (und spricht von ›gut‹ und ›nicht-gut‹); oder aber man negiert den Komplementärbegriff (›nicht-schlecht‹ und ›schlecht‹). Alle Sprachen benützen üblicherweise die ersten zwei Möglichkeiten, setzen die dritte jedoch nur selten ein, weil sie als Ausdrucksform ein tertiäres Derivat darstellt. Sie setzt einige geistige Akrobatik voraus, die für den Alltagsgebrauch zu umständlich ist – als Erkenntnisform aber weit führt, wie wir sehen werden.

Im uns erhaltenen, etwa 1300 Worte umfassenden Korpus seiner Poesie sagt Simonides weit öfter ›Nein‹ als andere antike Dichter. Bei ebenso viel Worten Anakreons findet man die negativen Adverbien *ou* und *en* 28-mal, bei Pindar 16-mal, bei Bachylides 19-mal; Simonides verneint seine Dinge zwei- bis dreimal so oft, nämlich 56-mal. Das liegt vor allem an seinem Hang, positive Aussagen grundsätzlich durch Verneinungen zu formulieren. Er entwickelt seine Gedichte ganz bewusst aus dem Negativen: »Nicht aus duftend gemalten Blumen …, sondern aus bitterem Thymian sauge ich meine Verse.«

Wenn Simonides versichern will, dass das Leben voller Leid ist, benützt er die doppelte Verneinung der LITOTES: »Nichts ist bei Menschen nicht schmerzhaft«; »Nicht einmal die Menschen früher, die Söhne der Götter waren, hatten ein Leben, dass nicht voller Schmerz und Tod und Gefahr gewesen wäre.« Statt zu verkünden, dass Vergnügen etwas Gutes ist, präsentiert er es über seine zweifache Negation: »Ohne Vergnügen ist auch keines Gottes Leben zu beneiden.« Den weithin sich ausbreitenden Klang verneint er doppelt, um ihm Realität zu verleihen: »Kein laubschüttelnder Windstoß erhob sich, der den Klang daran gehindert hätte, überallhin getragen zu werden.« Und die Tatsache, dass die Stadt Tegea den Krieg heil überstanden hat, feiert er mit folgendem Bild: »Kein Rauch stieg vom Brand Tegeas zum blauen Himmel auf.«

Simonides zu lesen heißt deshalb, von Fehlendem und Verlorenem zu erfahren. Wenn seine Imagination bildhaft Ereignisse beschwört, die nicht stattgefunden haben, Menschen beschreibt, die nicht anwesend sind, oder Möglichkeiten erwägt, die keiner erwartet, dann, um sie der realen Gegenwart entgegenzustellen. Im Hinblick auf das bereits Gesagte ist es sicher nicht zu weit gegriffen, darin auch eine Reaktion auf jenen Wirklichkeitsverlust zu sehen, den Geldwirtschaft wie Schriftwesen mit sich bringen, indem sie nur mehr die symbolische Präsenz von real Abwesendem darstellen.

Auch ohne diesen Kontext lässt sich behaupten, dass die Negation schon deshalb zu den grundlegenden Stilfiguren gehört, weil sie ein Denkereignis ist. Es gibt, wie uns die Philosophen lehren, keine Negativa in der Natur, wo jede Situation nur positiv sein kann: das, was sie ist. Uns etwas vorzustellen, was nicht ist, dieses Paradoxon ermöglicht uns das Virtuelle der Imagination. Es aber zur Basis eines Diskurses zu machen, das wird in diesem Umfang erst durch die Schrift möglich.

Der direkte Bezug zwischen Wort und Sache erlaubt es nicht, Negationen hervorzubringen: dafür bedarf es mental abrufbarer Konzepte. Denn zu schreiben, dass »kein Rauch von Tegeas Brand zum blauen Himmel aufstieg«, heißt, zwei konträre Bilder in einen Sprachrahmen zu setzen: ein faktisch präsentes (das unversehrt vor einem liegende Tegea) und ein absentes (das brennende Tegea). Es ist, als würde man auf eine imaginäre Wand nacheinander die Dias zweier unterschiedlicher Aufnahmen projizieren, um sie miteinander vergleichen und dann bestimmen zu können: Dies ist nicht das.

Von Bedeutung ist, dass die Negation ein reicheres Bild zeichnet als die positive Aussage – sie ist ja in der Lage, sich die Stadt Tegea zusätzlich durch den fiktiven Genitiv eines Brandes auszumalen. Die Negation stellt sich einen Akt der Imagination als Addition zur Wirklichkeit vor – um umgekehrt die Wirklichkeit erst von ihr zu subtrahieren: die Idee eines nicht existierenden Objektes ist somit umfassender als die seiner bloßen Wahrnehmung. Eine in Negationen sprechende Person breitet eine komplexere Sichtweise der Dinge aus als jemand, der nur zutreffende Aussagen über sie formuliert.

2

Der althergebrachten griechischen Tradition gemäß galt ein Dichter als *sophos* – weise –, wenn seine Kunst die Vision eines Lebens ausmalte, das uns durch die Beschränktheit unserer gewöhnlichen Erfahrung für gewöhnlich verschlossen bleibt. An dieser Perspektive ändert sich bei Simonides und seiner Zeit nichts. Was jedoch zuvor auf einer bloß postulierten Synthese beruht hatte, weicht nun einer Dialektik und Akzentuierung von Denkbewegungen.

War die Idee des Lebens vorher explizit in einen göttlichen Kosmos eingebunden, entgöttlicht sich dieser Raum jetzt und wird zunehmend zur Leerstelle. Die Welt miteins als unermesslich empfunden, beginnt die Imagination alles Stereotype zu verlieren, um es durch eigene Visionen zu ersetzen – und auf den ureigensten Analysemöglichkeiten menschlichen Denkens aufzubauen. So setzt mit Simonides und nach ihm den Sophisten eine griechische ›Aufklärung‹ ein. Der Mensch wird nun, dem berühmten Diktum Protagoras' entsprechend, das Maß aller Dinge, »sowohl der Dinge, die da sind und dass sie sind, als auch der Dinge, die nicht sind und dass sie nicht sind«. Dadurch tut sich dort, wo vorher der Gipfel des Olymp aufragte, eine Aporie auf. Sextus Empiricus – der uns dieses Diktum überliefert hat – kommentierte es bereits in diesem Sinne: »Protagoras postuliert damit nur das, was für jeden Menschen sichtbar ist, und führt so Relativität ein.«

Wo Protagoras sich etwas darauf zugutehielt, die gegensätzlichen Seiten eines Gerichtsfalles ausargumentieren zu können (er publizierte zwei Textbücher dazu), und andere Intellektuelle des 5. Jahrhunderts sich mit dem Messen von geometrischen Winkeln, Tonintervallen oder dem Raum zwischen den Sternen beschäftigten, fokussiert Simonides seine Analytik auf das Negative und das Positive, um über ihre dialektische Antithetik nunmehr Realität synthetisieren zu können. Er verinnerlicht diese Positionen gewissermaßen und lenkt sie auf den Denkprozess. Als Modus der Erkenntnis ist dies mit der Haltung Parmenides' vergleichbar, eines weiteren Philosophen des 5. Jahrhunderts, der einen Wahrheitssuchenden aufforderte, »fest auf das zu blicken, was abwesend ist, ganz so, als wäre es dir mittels deines Geistes präsent«.

Simonides – und mit ihm die Poesie – ermöglicht dadurch, was weder der Illusionismus der Malerei noch die Sophisten vermochten: nämlich das Unsichtbare sichtbar zu machen. Seine Ikonologie zeigt uns nicht nur Tegea, sondern auch den Rahmen als Grenze jedes Bildes. Sein Medium sind Worte, die so positioniert werden, dass sie uns an jenen Abgrund führen, wo Worte über sich hinauszuweisen beginnen, um auf etwas zu zeigen, was kein Auge mehr sehen und kein Maler mehr malen kann.

Großflächig umreißt dies kognitive Prozesse, wie sie sich *in nuce* anhand von Simonides' Negationen aufzeigen lassen. Befördert wurden sie in einem intellektuellen Klima, das mit dem Geld- und Schriftwesen sowie dem Illusionismus der Malerei eine Ökonomie des Hypothetischen begründete. Der Schritt von *theos* zum Theorem liegt im Ausmaß intellektueller Differenzierung – und damit auch der Polarisierung.

Die *circumlocutio* oraler Kulturen, ihr Typisieren und Totalisieren kennt dies in ungleich geringerem Ausmaß. Wo das Göttliche (und stellvertretend die Tradition) auktorial verstanden wurde, um als gesetzte Synthese eine in sich geschlossene Welt zu deklarieren – als mythische Formel –, eignete sich das formelhaft Generalisierende der Sprache nur schwer für detaillierte Präzisierungen. Gegenüber einem leeren Kosmos jedoch, der Mensch auf sich zurückgeworfen, setzt mit Simonides' Zeit nun aber eine Moderne ein, die sich mittels Denkbewegungen erst wieder Synthesen konstruieren muss, um das Vakuum zu füllen. Dies beginnt mit den Eigengesetzlichkeiten unseres Denkens; der Frage, wie die Welt nunmehr zu prädikatieren ist. Und hierauf: wie sie kategorisiert werden kann. Das Sterbliche und das Unsterbliche – welches von beiden ist negativ, welches positiv? Ist das ›Unsterbliche‹ positiv, weil Sterblichkeit einen Mangel an Unsterblichkeit darstellt – oder ist es negativ, weil ihm das Sterbliche fehlt?

3

Mit dieser Suche nach Definitionen setzt nicht nur die griechische Philosophie und Naturwissenschaft ein: damit hebt auch das logische Raisonieren an, das es auf strenge Axiomatik angelegt hat. Beides ergibt sich jedoch erst als Ergebnis eines ausdifferenzierenden Prozesses. Denn zunächst kann jedwedes Raisonieren nur Induktionen anbieten und ganz bei sich anfangen, von vorne.

Eine Proto-Logik beginnt mit dem Aufstellen von Gegensatzpaaren – Konzepten von Sicherheit und Gefahr, Sichtbarkeit und Unsichtbarkeit oder An- und Abwesenheit wie bei unserem Tegea-Beispiel. Auf der elementarsten Ebene kommt dies noch ohne Sprache aus: jenes neurologisch Prozesshafte genügt, auf dem unser Gehirn aufbaut – das Assoziieren. Eine Gazelle an einem Wasserloch zu sehen, bedeutet für einen durstigen Menschen keine Gefahr; handelt es sich um einen Löwen, durchaus. Diese Fähigkeit, an der Umwelt zu lernen, ist angeboren – dank ihrer registrieren wir Regelmäßigkeiten in ihr ebenso wie durch unser Handeln bewirkte Veränderungen. Es ist ein Lernen, bei dem Assoziationsmuster mittels Repetition zu konditionierten Verhaltensmustern werden.

Eine Gazelle bedeutet keine Gefahr, ein Löwe schon. Über diese aus Erfahrung gewonnenen Assoziationen lassen sich einzelne Zustände konstatieren: als Konjunktionen und Disjunktionen. Um sie zu den rudimentärsten Formen logischen Schließens koppeln zu können, bedarf es zunehmend mehr der Sprache; ohne diese Metaebene lassen sie sich nur schwer verhandeln.

Den ersten Schritt zum logischen Denken bildet das freie Schlussfolgern aufgrund exkludierter Alternativen. Mit dieser Folgerung gelangt man von der stets nur positiven Feststellung eines Zustands zur Erkenntnis, dass nicht zugleich auch etwas anderes zutrifft: zu einer negativen Feststellung also. Hat man einmal gelernt, dass Gazellen und ein Löwe nie gleichzeitig an einem Wasserloch stehen, und sieht man daraufhin eine Gazelle saufen, liegt der Schluss nahe, dass kein Löwe da ist. In der formalen Logik nennt man das einen disjunktiven Syllogismus (A oder B wird über Nicht-A zu B).

Auf dieser Basis gelangt man in einem zweiten Schritt zum konditionalen Raisonieren eines Wenn-Dann. Doch damit liegt ein qualitativer Erkenntnissprung vor: er wird möglich, indem wir virtuell präsente Erfahrungen assoziativ miteinander in Verbindung bringen. Diese projektiven Denkvektoren führen bei unserem Beispiel nicht nur zur Prädiktion des Möglichen, sondern darüber hinaus von einer negativen Feststellung zu einer imaginativen Negation.

Weiß man, dass Gazellen beim Anblick eines Löwen die Flucht ergreifen, und weiß man, dass die Gazellen bald einen Löwen sehen werden, weil er stets abends zum Wasserloch kommt, und assoziiert beides dann miteinander, lässt sich die Vorhersage treffen, dass die Gazellen bald flüchten werden. Diese Wenn-Dann-Schlussfolgerung nennt man in der formalen Logik einen Syllogismus im *modus ponens*. Er macht seine Conclusio von zwei miteinander verknüpften Sachverhalten abhängig (wenn A dann B; A wird bejaht; daraus folgt: B).

Komplementär lässt sich ein Syllogismus im *modus tollens* bilden. Dabei beweist ein Sachverhalt, dass ein anderer nicht zutrifft. Sieht man die Gazellen friedlich grasen, heißt das, dass sie noch keinen Löwen gesehen haben. Oder urbaner formuliert: Wenn es regnet, ist die Straße nass. Da die Straße jetzt nicht nass ist, drängt sich der logische Schluss auf, dass es nicht regnet (wenn A dann B; B wird verneint; daraus folgt: Nicht-A).

In diesem Nicht-A jedoch liegt der ganze Unterschied, der uns von den Primaten trennt. Deren Lautsignale verweisen stets direkt auf die Welt; es gibt kein Alarmsignal, das sich auf die Abwesenheit eines Feindes bezieht. Wir dagegen besitzen Worte, die referentiell – das heißt indirekt, als mentale Konzepte – auf etwas verweisen können, das uns nicht real vor Augen stehen muss. Nur weil wir über solche mental abgespeicherten Begrifflichkeiten verfügen, können wir Wenn-Dann-Folgen bilden. Um solche Konzepte herauszubilden, mit denen Assoziationen verschiedenster Wahrnehmungsmodi fixiert und in der Erinnerung aktiviert werden können, hat die Evolution wohl jene Hunderttausende von Jahren gebraucht, in denen unsere Gehirngröße konstant groß blieb, ohne dass an den Artefakten ein sich entsprechend entwickelndes symbolisches Verhalten zu entdecken wäre. Das liegt wohl daran, dass dieser Prozess der Konzeptbildung ein äußerst langwieriger gewesen sein muss: er beruht nicht auf flüchtigen Assoziationen, sondern fixiert sie zu Worten. Wie aber können diese von einem Sprecher zum anderen vermittelt werden, wenn es noch keine Sprache gibt? In dieser Frage liegt die Crux, die jede Theorie der Sprachevolution zu beantworten hat.

Klar ist, dass das Identifizieren von Gegensatzpaaren zunächst nur zum Induzieren führt. Erst über den mentalen Akt der Negationen gelangen wir auch zu Konditionalsätzen, die sich zu logischen Schlussformen erweitern lassen. Begleitet wird dies von einer exponentiell wachsenden Sprachabhängigkeit. Und um eine immer stärker differenzierende semantische Begrifflichkeit entwickeln zu können, bedarf es eines Mediums, das nicht nur flexibel genug ist, sondern uns auch über das Kurzzeitgedächtnis hinausgehende Speicherkapazitäten zur

Verfügung stellt. Beides hat die Schriftkultur ermöglicht, indem sie Sprache in Zeichen transkribierte: als Transaktion des Hypothetischen.

Darauf aufbauend, wird von den Sophisten über Sokrates, Platon, Aristoteles und die Stoiker das Bemühen um Logik feststellbar, im Versuch, gültige Kriterien zu finden, mit denen sich die Welt begreifen lässt. Parallel dazu entsteht eine ›moderne‹ Poesie, die sich auf die Eigengesetzlichkeiten der Sprache konzentriert. Wo die Logik ihre Gegensatzpaare aufstellt, um mittels deren Dialektik Aussagen zu bilden, die in sich widerspruchsfrei sind, geht die Poesie einen Schritt weiter. Mit der Aporie, bei der das Baukastensystem der Logik unweigerlich endet, gibt sie sich nicht zufrieden. Sie spricht davon, worüber die Philosophie schweigen muss, um ihrer alten Tradition gemäß die Welt ganzheitlich darstellen zu können: was bedeutet, dass sie nicht nur das Konträre, sondern auch das Paradoxe umfasst.

4

Aus der doppelten Verneinung der Litotes lassen sich weitere Tropen ableiten: Antithesis, Chiasmus und Oxymoron. Erstere belassen den poetischen Diskurs noch auf einer logisch verhandelbaren Ebene, Letzteres führt ihn darüber hinaus. Die Antithesis arbeitet zwei konträre Kategorien klar heraus und stellt sie rational vergleichend nebeneinander, während der Chiasmus sie gegenläufig miteinander verschränkt. Das Oxymoron hingegen versucht, den Gegensatz zwischen ihnen aufzuheben, indem es sie quasi irrational miteinander überblendet.

Alle drei Denkfiguren lassen sich unter den Begriff des PARADOXONS subsumieren: mit dem Unterschied jedoch, dass Antithesis und Chiasmus einen faktischen Widerspruch aufstellen, der sich bei näherer Analyse auflösen lässt, während die Wahrheit eines Oxymorons mit Faktischem nicht mehr zu begründen ist und auf Metaphorisches verweist.

›Eng ist die Welt, und weit das Gehirn‹ – herkömmlich definiert, pointiert die ANTITHESIS kontrastierende Ideen, indem sie in ihrer Bedeutung entgegengesetzte oder deutlich unterschiedene Begriffe in eine Satzfolge zwingt. Für Aristoteles, stets ein Verfechter des Logischen und Klaren, war dies eine ›befriedigende Redeweise‹. In seiner *Rhetorik* formuliert er es so:

> Da Gegensatzpaare ohnehin in höchstem Maße verständlich sind und durch
> ihre parallele Anordnung ein noch höheres Maß an Deutlichkeit gewinnen,

ähneln sie einem Syllogismus; denn indem man widersprüchliche Schlußfolgerungen Seite an Seite stellt, läßt sich eine davon widerlegen.

Als Sprachfigur wird die Antithesis schon in der Bibel häufig eingesetzt: ›der Geist ist willig, das Fleisch ist schwach‹. Stilbildend wird sie vor allem in der neoklassischen Poesie von der Renaissance bis zur Aufklärung – jene Periode, die man in England ›das Zeitalter der Vernunft‹ nennt. In Shakespeares *Sonetten* kommt sie gezählte 209 Mal vor, wobei er auch mit doppelten Antithesen arbeitet. Ein wörtlich übersetztes Beispiel aus dem *Sonett XXVII*:

Ich halte meine fallenden lider weit offen
und schaue in die dunkelheit, die blinde sehen:
nur daß meiner seele imaginäre sicht
meinem sichtlosen augen deinen schatten zeigt,
der, wie ein juwel in schrecklicher nacht,
die schwarze nacht schön und ihr altes gesicht neu erschafft.
So finden bei tag meine glieder, bei nacht meine gedanken
wegen dir und wegen mir keine ruhe.

Was hier beschrieben wird, ist der Akt der Imagination, der uns in einer Art Blindsicht mentale Bilder vor unser ›inneres Auge‹ rückt. Ganz gleich, wie schattenhaft sie sein mögen, ihr Realbezug ist noch groß genug, um sie uns wirklich erscheinen zu lassen. Dank der konzeptuellen Begrifflichkeit der Worte vermögen wir uns ihr bildliches Negativ vorzustellen (das Wachen zum Schlaf, den Tag zur Nacht, das Alte zum Neuen, den Geist zum Körper). So kommt ein disjunktiver Denkprozess in Gang, der uns über inverse Vorstellungen die Hauptideen ins Relief rückt. Die Antithesis dient so als Kontrast: sie betont den Hintergrund, um dadurch die Figur stärker hervortreten zu lassen.

Wird das Gegensatzpaar (›Juwel-Nacht‹/›Nacht-schön‹) spiegelverkehrt nach dem Schema a-b/b-a angeordnet, hebt dies seine Antithetik noch deutlicher hervor. Es ist ein ›überkreuzender‹ CHIASMUS nach dem Muster von Goethes ›Die Kunst ist lang und kurz ist unser Leben‹. Er konfiguriert die Antithesis gegenläufig, ohne jedoch an ihrem Status etwas zu ändern; so ließe sich etwa die Antithesis von Shakespeares vorletzter Zeile chiastisch umformulieren zu ›bei Tag meine Glieder, meine Gedanken bei Nacht‹. Ausbalanciert und konzise, zugleich witzig und ernst, erhöht sich der Effekt der Antithesis noch, wenn sie wie hier als *heroic couplet* das Gedicht schließt: sie zeigt dann ihre logische Struktur als poetische *conclusio*.

Obgleich die Antithesis einem rationalen Diskurs verhaftet bleibt, kann sie sich als doppelte Verneinung bereits dem Figurativen nähern. Das zeigt sich bei Simonides' Litotes »kein Rauch stieg vom Brand Tegeas zum blauen Himmel auf« ebenso wie bei Eliots Antithesis »Wir sind die hohlen Menschen, wir sind die ausgestopften Menschen«. Sie deklarieren X, implizieren aber auch – einmal schwächer, einmal stärker –, dass X auch Nicht-X ist. So lässt sich eine weit umfassendere Aussage erzielen. Das Tegea-Beispiel liefert uns zum Positiv auch das fotografische Negativ, um eine vollständigere Aufnahme zu erhalten; Eliots Satz tut dasselbe, indem er zwei konträre Adjektive einsetzt.

Wo die Antithesis einander Verneinendes auseinanderdividiert, wird es durch das OXYMORON metaphorisch komprimiert. Seine ›scharfe Dummheit‹ – so die wörtliche Bedeutung dieses Begriffs – gibt in der Formulierung Horaz' eine »missgestimmte Harmonie der Dinge« wieder. Logisch betrachtet, stellt sie eine Kontradiktion dar, deren Widerspruch sich durch die Adjektivierung eines Substantivs ergibt. Solche Oxymora stellen einen festen Bestandteil der Alltagssprache dar – ob ›freundschaftliche Scheidung‹, ein ›unerhörter Anblick‹, die ›von der Arbeit freigestellte Mutter‹, eine ›Lebensversicherung‹, die Aufforderung, ›sich natürlich zu benehmen‹, eine Beschreibung als ›ganz schön hässlich‹, die Begriffe ›Zivilkrieg‹ und *Jumbo shrimp* oder die Vorstellung eines ›harten Wassers‹, das noch nicht ›trockenes Eis‹ geworden ist. Diese Stilfiguren sind oft genug ironisch gemeint: etwa wenn von ›militärischer Intelligenz‹, ›akademischer Administration‹ oder ›Business-Ethik‹ die Rede ist.

In der Literatur bildet das Oxymoron – anders als die für ›rationalere‹ Arten von Poesie typische Antithesis – eine der bezeichnendsten Stilfiguren des Barocks von Marino über Gongora und Crashaw bis zu den deutschen Dichtern. Miltons »sichtbare Dunkelheit«, Opitz' »Du bist tot lebendig / ich bin lebendig tot« bis hinauf zu Celans »schwarzer Milch der Frühe« sind nur einige Beispiele ihrer *contradictio in adiecto*.

Wo die Antithesis zwei Konzepte gleichrangig gegeneinanderstellt, ist das Oxymoron Produkt einer Unterordnung. Es negiert einen Begriff (Sonne), indem es eine zentrale Eigenschaft (hell) ins Gegenteil verkehrt und den Bedeutungshof damit vollständig okkupiert: ›schwarze Sonne‹. Darin steckt ein rhetorischer Trick. Die Antithesis wirft im Grunde die Frage nach dem *tertium comparationis* auf – jenem gemeinsamen Punkt, von dem aus ihre beiden gegensätzlichen Parallelen sich imaginär schneiden könnten. Das Oxymoron dagegen beantwortet sie bereits implizit, indem es diesen Fluchtpunkt in sich integriert: die ›schwarze Sonne‹ bildet jene *coincidentia oppositorum* ab, in der Licht und Schatten metaphysisch ineinander aufgehen.

Die Antithesis spielt einmal gesetzte kategorische Begrifflichkeiten gegeneinander aus; das Oxymoron hebt ihre kategoriellen Unterschiede völlig auf – und dies noch weit extremer als jede Metapher. Damit negiert es jede semantische Begriffsbildung, logische Differenzierung und diskursive Verhandelbarkeit: es stellt seine Bilder jenseits unseres normalen Wahrnehmungsvermögens. Deshalb kommen im Oxymoron nicht nur vorrangig abstrakte Begriffe zum Tragen: es verhilft auch dem religiösen Mysterium zur Sprache, indem es eine transzendente Einheitlichkeit von Inkommensurablem evoziert.

5

All diese Denkfiguren zeigen einmal mehr, dass die Poesie jenen Verlust an Bildern, den sie historisch durch den Niedergang des Göttlichen erlitten hat, mit ihren eigenen Mitteln wieder wettzumachen versucht: mittels sprachlicher Grundstrukturen. Simonides' Negationen waren so bemüht, eine Welt, die ihre konstitutive Einheit verloren hatte, kritisch zu sichten und kategoriell neu zu ordnen, um sie über einmal identifizierte Elemente wieder zusammenzusetzen: nicht umsonst bezeichnete man die Sophisten auch als ›atomistische Materialisten‹.

Für die Gegenwartslyrik gilt dies in ungleich größerem Maß. Das zeigt das folgende Beispiel Robert Crawfords. Von einer Antithesis ausgehend, zeichnet es den Weg bis zum Oxymoron auf: hier wird es durch die Vorstellung eines ›grünenden Totholzes‹ impliziert. Dabei führt es vor, wie klar denotierte Begrifflichkeiten – die jeder neurolinguistische Test als Basis benützt – dank ihrer Konnotationen den Rahmen jedweder Kategorienbildung sprengen und jenen Metamorphosen unterworfen werden, die uns die Metaphorik der Poesie skizziert:

Rat

Wenn du dich zwei möglichkeiten gegenübersiehst
Wähle beide. Und sollten sie dich dem test unterziehen,
Kreuz jedes kästchen an. Nichts ist jemals einzeln.
Ein samen ist ein baum, ein schiff eine konstellation.
Nagle deine wahre flagge auf diesen sich verästelnden mast.

Bermúdez, José Luis (2003), *Thinking Without Words,* Oxford
Carson, Anne (1999), *Economy of the Unlost,* Princeton

Box 35. Hirnlogik:
Küsse, Liebe und Rohfrequenzen

Im Jahr 1945 veröffentlichte der Experimentalpsychologe Albert Michotte ein denkwürdiges Buch mit dem Titel *The Perception of Causality*. Darin weist er auf einfache
Weise nach, dass die Gliederung des Weltgeschehens in Ursachen und Wirkungen
bereits tief in unserem Wahrnehmungsapparat verwurzelt ist – ebenso wie die
anderen elementaren Kategorien Farbe, Form oder Bewegung; sie gehen erst sekundär auf ein schlussfolgerndes Denken zurück. Diese Versuchsanordnung ist im
Internet anschaulich dargestellt (http://openmap.bbn.com/~kanderso/Michotte/
michotte.html). Sie demonstriert zwei Effekte: den Anstoß- und den Mitnahmeeffekt. Wenn wir sehen, wie eine Kugel gegen eine andere rollt und abrupt zum Stillstand kommt, während die zweite sich in Bewegung setzt, um mit etwa gleicher
Geschwindigkeit weiterzurollen, können wir nicht umhin, das Geschehen so zu erleben, als hätte die erste Kugel die zweite ›angestoßen‹. Sehen wir, dass die zweite
Kugel zur ersten wandert, diese berührt und dann vor sich her ›schiebt‹, spricht man
vom Mitnahmeeffekt. Beide Phänomene sind elementare Kausalwahrnehmungs-
leistungen, die auch nicht dadurch unterdrückt werden können, dass man Probanden instruiert, keine Kausalitäten zu sehen, wo keine sind: beim Anstoßeffekt etwa
könnte sich die Kugel ja auch aus Eigenantrieb bewegt haben. Das Phänomen
kommt also weder durch rational-logisches, schlussfolgerndes Denken zustande,
noch lässt es sich dadurch eliminieren.

Dass das menschliche Gehirn nicht automatisch zum logisch korrekten Denken
neigt, zeigt ein von dem britischen Denkpsychologen Peter Wason erfundener be-
rühmt-berüchtigter Test (Abb. 68). Dabei geht es um deduktives Schließen, das von
einer Regel eine Schlussfolgerung ableiten soll. Im Wason-Test lautet eine Regel
beispielsweise: ›Wenn auf der einen Kartenseite ein Vokal auftaucht, befindet sich
auf der Rückseite eine gerade Zahl.‹ Der Proband soll durch Umdrehen von möglichst wenigen Karten empirisch prüfen, ob diese Regel korrekt ist. In einem der
Originalversuche drehten fast 50 Prozent der Probanden irrigerweise die beiden
Karten ›E‹ und ›4‹ um, nur 5 Prozent kamen auf die richtige Lösung ›E‹ und ›7‹.

Erstere Strategie beruht auf einem Trugschluss, der sogenannten ›Bejahung der
Konsequenz‹. Lautet die Regel ›wenn p, dann q‹, folgen daraus laut klassischer Lo-

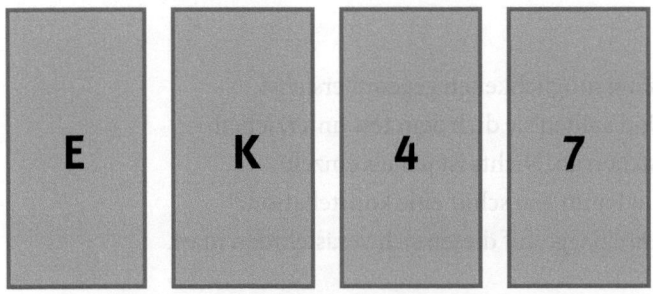

Abb. 68 Der Wason-Test, nach Wason & Johnson-Laird (1972) (Erläuterungen im Text).

Denkfiguren

gik zwei zulässige und zwei unzulässige Schlussfiguren. Die zulässigen sind der Modus ponens und der Modus tollens: ›p liegt vor; also liegt auch q vor‹ beziehungsweise ›q liegt nicht vor, also auch p nicht‹. Die unzulässige Bejahung der Konsequenz schließt aus dem Vorliegen q's auf das Vorliegen von p; die ebenfalls unzulässige Verneinung des Antezedens folgert vom Nichtvorliegen p's auf das Nichtvorliegen q's. Eine Fehlerquelle besteht nun darin, dass normale Probanden Regeln wie ›wenn p, dann q‹ nicht immer bidirektional (›immer wenn und nur wenn p, dann q‹) interpretieren. Eine andere ist darauf zurückzuführen, dass Probanden mit abstrakten Regeln mehr Probleme haben als mit solchen, die an konkreten Alltagsbeispielen exemplifiziert werden. Stellt man Psychologiestudenten etwa folgende Regel vor: ›Wenn Sie mich liebt, küsst sie mich‹. Fragt man dann, ob aus ›sie küsst mich‹ auch folgt: ›also liebt sie mich‹, erkennt die Mehrheit der Probanden den Trugschluss der Bejahung der Konsequenz, den sie in der abstrakten Formulierung ›wenn p, dann q‹ nicht erkannt hat.

Mittels bildgebender Verfahren decken Neurowissenschaftler aktuell die neuronalen Netzwerke auf, die an logischen Denkvorgängen beteiligt sind. Das bereits erwähnte Broca-Areal im linken unteren Frontalgyrus wird in fast allen Studien zum deduktiven Denken aktiviert; dasselbe gilt für weitere sprachrelevante linkshemisphärische Areale (etwa das Wernicke-Areal im Schläfenlappen). Dies wird von einigen Forschern als Bestätigung der aristotelischen These des ›Logos‹ als Wesen des menschlichen Geistes gewertet. Patienten haben nach linksseitigen Hirnläsionen tatsächlich neben Sprachausfällen auch häufig Probleme mit räumlichen und logischen Aufgaben.

Menschen versagen jedoch nicht nur bei deduktiver, sondern auch bei induktiver Logik häufig, wie sie bei Wahrscheinlichkeitsrechnungen typisch ist. Der Kognitionspsychologe und Nobelpreisträger Daniel Kahneman hat dies zusammen mit seinem bereits verstorbenen Kollegen Amos Tversky anhand des sogenannten ›Konjunktionstrugschlusses‹ demonstriert. Im berühmten ›Linda-Test‹ lesen die Probanden Folgendes: ›Linda ist 31 Jahre alt, Single, freimütig und sehr gescheit … Als Studentin war sie sehr an Diskriminierungsprozessen und sozialer Gerechtigkeit interessiert …‹. Anschließend sollen die Probanden entscheiden, welche von zwei Hypothesen die ›wahrscheinlichere‹ ist: a) Linda ist eine Bankangestellte; b) Linda ist eine Bankangestellte und aktive Feministin.

Gewöhnlich halten über 80 Prozent der Probanden b) für wahrscheinlicher als a). Laut klassischer Wahrscheinlichkeitstheorie weist aber gerade ein verknüpftes Ereignis keine größere Wahrscheinlichkeit auf als die seiner beiden Einzelereignisse: zwei Sechsen in einem Wurf mit zwei Würfeln sind unwahrscheinlicher als eine Sechs. Setzt man die klassische Wahrscheinlichkeitstheorie als Maßstab, so begehen die Probanden also einen Konjunktionstrugschluss. Der Paläontologe Stephen Jay Gould wurde durch solche Befunde zu der Aussage verleitet: »Unser Gehirn wurde nicht dazu geschaffen – aus welchem Grund auch immer –, mit Wahrscheinlichkeitsregeln zu arbeiten.« Und Professor Kahneman erhielt letztlich den Nobelpreis für den experimentellen Nachweis, dass Menschen keine rationalen (den Gesetzen der Logik und Wahrscheinlichkeitstheorie entsprechenden) Entscheidungen treffen, wie es das Standardmodell der Ökonomie vorsieht.

Der Max-Planck-Direktor und Entscheidungsforscher Gerd Gigerenzer sieht dies etwas anders. Ähnlich wie sich nur aufgrund von Wahrnehmungstäuschungen wie der Müller-Lyer-Illusion nicht darauf schließen lässt, dass Menschen generell schlecht Distanzen einschätzen können, folgert Gigerenzer aus dem Abschneiden der Probanden des Linda-Tests nicht, dass Menschen allgemein schlecht im induktiven Schließen sind und dabei letztlich irrational vorgehen. Anhand von Aufgaben wie der folgenden zeigt er, dass es immer darauf ankommt, wie ein Problem definiert und erklärt wird. Nehmen wir folgende Aufgabe:

> »Die Wahrscheinlichkeit einer Brustkrebserkrankung für 40-jährige Frauen, die an einem Screening teilnehmen, liegt bei 1 Prozent. Wenn eine Frau tatsächlich Brustkrebs hat, beträgt die Wahrscheinlichkeit 80 Prozent, dass dieser in der Mammographie entdeckt wird. Hat eine Frau tatsächlich keinen Brustkrebs, wird mit einer Wahrscheinlichkeit von 9.6 Prozent in der Mammographie trotzdem eine positive Diagnose gestellt. Eine Frau aus dieser Altersgruppe bekommt nun nach der Mammographie die Diagnose Brustkrebs. Wie hoch ist die Wahrscheinlichkeit, dass sie tatsächlich Krebs hat?«

Psychologiestudenten lernen während ihrer Ausbildung, dass man solche Aufgaben am besten unter Zuhilfenahme des nach dem Mathematiker Thomas Bayes benannten Theorems löst (Abb. 69). Setzt man die verfügbaren Wahrscheinlichkeiten in die Gleichung ein, ergibt sich die korrekte Antwort: die bedingte Wahrscheinlichkeit für Krebs bei positiver Diagnose beträgt: 7.8 Prozent. In der Praxis sieht das Ergebnis jedoch drastisch anders aus: 95 von 100 Ärzten, die die Aufgabe gestellt bekamen, antworteten, die Krebswahrscheinlichkeit liege zwischen 70 und 80 Prozent, was in der Realität einen schwerwiegenden Irrtum bedeuten würde.

Gigerenzers Forschungsgruppe kennt jedoch ein einfaches Mittel gegen solche Irrtümer. Anstelle von Wahrscheinlichkeiten sollte man die absoluten Häufigkeiten angeben:

> »10 von 1000 Frauen im Alter von 40 Jahren, die an einem Routinescreening teilnehmen, bekommen eine positive Diagnose. Von 990 Frauen ohne Brustkrebs werden 95 auch positiv diagnostiziert. Hier ist jetzt eine neue repräsentative Stichprobe von 40-jährigen Frauen mit einer positiven Diagnose. Wie viele von diesen haben tatsächlich Brustkrebs?«

Studierende, die nie etwas vom Bayes-Theorem gehört haben, antworten in 46 Prozent der Fälle korrekt, verglichen mit 16 Prozent für diejenigen, die die Aufgabe im Wahrscheinlichkeitsjargon gestellt bekamen. Gigerenzer schließt aus solchen und vielen anderen gleichgerichteten experimentellen Befunden, dass unser Geist Schwierigkeiten mit Wahrscheinlichkeiten hat – insbesondere wenn es sich um bedingte Wahrscheinlichkeiten handelt – und viel besser mit Rohfrequenzen umgehen kann.

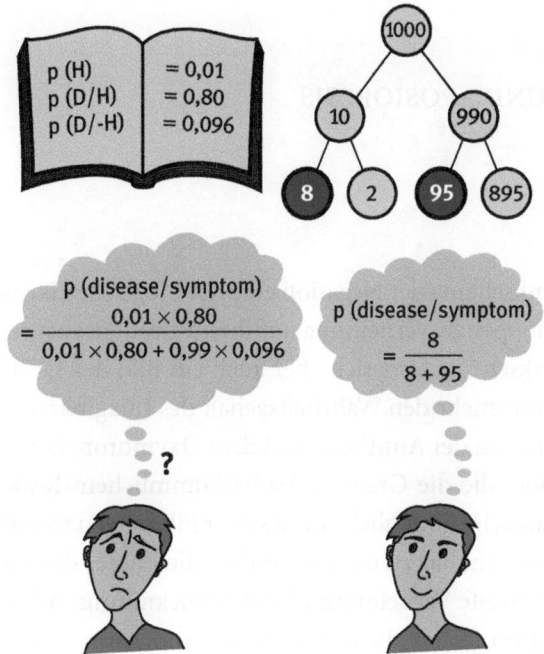

Abb. 69 Unterschiedliche Komplexität der Berechnung von Erkrankungswahrscheinlichkeiten auf der Grundlage des Bayes-Theorems. Links: anhand von Wahrscheinlichkeiten (H = Hypothese, D = Daten), rechts: anhand von Rohfrequenzen (Erläuterungen im Text; nach Chase et al., 1998).

Chase, V. M., Hertwig, R., & Gigerenzer, G. (1998). »Visions of rationality«. *Trends in Cognitive Sciences*, 2, 206–214

Kahneman, D., Slovic, P., & Tversky, A. (1982). *Judgment Under Uncertainty: Heuristics and Biases*, New York: Cambridge University Press

Michotte, A. (1962). *The Perception of Causality*. London: Methuen (Original 1945)

Wason, P. C., & Johnson-Laird, P. N. (1972). *Psychology of Reasoning: Structure and Content*. Cambridge, MA: Harvard University Press

VII – ADYNATON UND APOSIOPESIS

1

Die Litotes gewinnt dem Denkschema der Negation eine neue logische Harmonie ab, indem sie trotz der doppelten Verneinung auf ihrem Realitätsanspruch besteht. Aus demselben Denkschema lässt sich aber auch ein Bild des Disharmonischen entwickeln, das nur mehr den Wahrheitsgehalt des Imaginären beanspruchen kann. Ausgehend von der Antithesis und dem Oxymoron, können Gedichte Szenarien entwerfen, die die Grenzen des herkömmlichen ›Realen‹ hinter sich lassen, um das gänzlich Unmögliche in all seiner Fiktivität darzustellen und das völlig Illusorische denkbar zu machen. Indem die Litotes das Imaginäre ihrer Figur durch die zweite Verneinung wieder zurücknimmt, beharrt sie auf einem Referenzpunkt im Realen. Beim Oxymoron und seiner strophischen Verlängerung, dem Adynaton, verlagert sich dieser Referenzpunkt hingegen ins Irreale – um das Aporetische in den Vordergrund zu rücken.

Das ADYNATON – das ›unmöglich geschehen Könnende‹ – stellt dar, was sich nicht abbilden lässt, und sagt, worüber man schweigen muss. Es thematisiert zunächst die Unfähigkeit, zur Sprache ansetzen zu können, wie Homers Anrufung der Musen in der *Ilias* zeigt:

> denn selbst wenn ich zehn zungen in zehn mündern hätte
> eine stimme, die nicht bricht, und ein herz aus bronze –
> ich wüßte den namen jedes einzelnen nicht zu nennen.

Die angerufene Instanz des Göttlichen ist es hier noch, die die eigene Sprachgewalt zu potenzieren imstande ist und der eigenen Zunge im Mund Vielsprachigkeit verleiht, jeder Heiserkeit vorbaut, der Stimme Tragweite verleiht und das Herz (als antikem Erkenntnisorgan *par excellence*) an der unverwüstlichen Dauer des Ewigen teilhaben lässt. Eine Illusion, gewiss – aber solange der Mythos als allgemeinverbindliche Konvention das Terrain jenseits unserer unmittelbaren Wahrnehmung verwaltet, genügt diese Gewissheit. Als Beispiel für diese existenzielle Sicherheit mag Echnatons *Hymne an die Sonne* genügen:

Wie wunderbar geordnet sind sie,
deine absichten für diese welt -
oh Hapy, herr der ewigkeit, in deinem himmel!
Obwohl du noch zu den fernsten völkern gehörst,
den kleinen scheuen tieren,
die durch die wüste und das hochland wandern,
kommt Hapy noch von unten -
auch für unser geliebtes Ägypten.
Deine sonne nährt jedes feld und jede wiese:
wenn du scheinst, leben sie;
dank deiner stehen sie im saft und gedeihn.
Du setzt die jahreszeiten, auf daß die welt wachse und erblühe –
einen winter, damit sie ruhen und sich erneuern kann,
die gluthitze des sommers, damit sie reift.
Du hast den fernen himmel erschaffen,
damit du von dort herab auf uns scheinen,
damit du von dort über deine schöpfung wachen kannst.

Mit dem allmählichen Verlust des Göttlichen engt sich jedoch der Radius des
›Wirklichen‹ ein, isoliert den Menschen und führt die Grenze zwischen Fass-
barem und Unfassbarem umso stärker vor Augen. Wo zuvor das Territorium
des Göttlichen allumfassend war, wird der Anspruch darauf nun unmöglich –
und das Adynaton demonstriert dann, wie absurd die weltinduzierende Wenn-
Dann-Logik eines transzendenten Sprachgestus wird.

Ein Beispiel für diese Akzentuierung des Aporetischen liefert Archilochos,
der anlässlich einer Sonnenfinsternis im Jahre 648 v. Chr. die existentielle Unsicherheit thematisierte:

Es gibt jetzt nichts mehr, was nicht zu erwarten
oder noch auszuschließen ist –
es gibt keine wunder mehr,
seit Zeus, der vater der götter
den mittag zur nacht machte
und die strahlende sonne aus dem himmel nahm,
daß uns alle klamme angst befiel.
Von nun an ist an alles zu glauben
und mit allem zu rechnen:
seid bloß nicht überrascht,

bei gar nichts, was ihr seht –
nicht einmal wenn die landtiere
jetzt dort weiden würden, wo die delphine spielen
um sich das salzige meer, die brechenden wogen
zur heimstätte zu erwählen,
während die delphine sich lieber auf den bergen
und in den bäumen vergnügen.

Was bei den Hethitern noch ein Zauberspruch war, der sich durch das für unmöglich erachtete Negativbeispiel eines Adynatons im Ritus göttlicher Sicherheit vergewissern wollte – »So wie das Hinterrad niemals das Vorderrad einholt, so lass den bösen Tag niemals deinen Anbeter einholen« –, kehrt sich nun ins Gegenteil um. Die Denkfigur dieser *impossibilia* bleibt die gleiche; sie wird jetzt aber von der Sphäre des Göttlichen auf Menschliches übertragen, um sich zum Topos auszuweiten.

Der ›Bevor-das-geschieht-Typus‹ zählt zu den häufigsten Formen des Adynatons. Er behauptet, dass eher Unmögliches wahr wird, als dass ein eigentlich besagter Umstand eintritt: bevor ein Liebhaber seiner Geliebten untreu wird, fließt Wasser bergauf.

Der zweite Typus hingegen ist jener der ›unmöglichen Zählbarkeit‹. Er bezieht sich auf die Anzahl von Sandkörnern an einem Strand, Sternen am Himmel, Wellen im Meer oder Kornähren auf dem Feld – oder wie es in Shakespeares *Richard II.* heißt: »Nicht einmal all die Wasser einer rauhen groben See / vermögen den Balm wieder von einem gesalbten König abzuwaschen.«

Interessant an diesen beiden sich entwickelnden Typen ist, dass sie auf zwei ganz bestimmten Voraussetzungen beruhen: zeitbedingter Kausalität und der Definierbarkeit von Kategorien. Sie verweisen damit auf jene Vorformen des Logischen, wie wir sie bei der Negation herausgearbeitet haben.

Wo das Adynaton – wie in Archilochos' Beispiel – sich einerseits auf Subjektives, andererseits auf Objektives konzentriert, überlagern sich diese beiden Brennpunkte im Spätmittelalter zu einem. Der Fokus rückt nun ins Subjekt, das sich mit einer ›unmöglichen‹ Welt identifiziert, um sich darüber selbst zu definieren. Cecco Angiolieri, ein Zeitgenosse Dantes, liefert ein anschauliches Beispiel, wie sogar in der der Logik am meisten verpflichteten Gedichtform – dem Sonett – das Adynaton zum textgenerierenden Prinzip wird:

Wäre ich feuer, ich setzte die welt in brand,
wäre ich wind, würd ich sie mit sturm überziehn,
wär ich wasser, ich ließ sie darin untergehn,
wäre ich gott, schickte ich sie in die hölle,
wäre ich papst, wäre ich allerdings froh,
all die christen übers ohr zu hauen,
und wär ich kaiser, weißt du, was ich machen würd?
Ich schlüg allen die köpfe ab und ließe sie rollen.

Wäre ich der tod, ich besuchte meinen vater;
wäre ich das leben, ich flöhe vor ihm:
und desgleichen bei meiner mutter.
Wäre ich cecco, wie ichs bin und war,
holte ich mir die jungen und feschen mädchen –
die alten und häßlichen aber überließ ich den anderen.[24]

Solche Adynata erweiterten sich zur Gattung der FATRASIE, die um 1300 im
französischen Arras aufkam. Sie basiert auf einem Elfzeiler, der außerhalb aller
üblichen poetischen wie realen Rechensysteme steht und durch diese schiefe
Zahl auch den Beginn des Karnevals (11. 11. um 11 Uhr 11) signalisiert, in dem
die Koordinaten der Welt aufgehoben werden, um Heiliges mit dem Profanen,
Hohes mit Niedrigem, Großes mit Winzigem, Weises mit Törichtem, Obszönes
mit Lyrischem, Rationales mit Irrationalem zu vermengen. Eine einfache poetische Struktur (aabaab/babab) findet sich darin – entsprechend der Etymologie
dieses Begriffs: ›gestopft‹ wie eine farcierte Gans – angefüllt mit radikal Wi-
dersinnigem und Alogischem. Sie drücken sich weniger in Wortspielen denn in
einer einfachen Sprache aus, die zum Vehikel semantischer Unmöglichkeiten
gemacht wird. Das Einzige, was diese verballhornte ›Phantasie‹ noch andeutungsweise im Realen verankert, ist eine Perspektive, die das enigmatisch Ge-

---

24 Angiolieri parodiert Petrarcas 134. Sonett, dessen poetischer Impuls nicht Ekel ob einer als korrupt angesehe-
nen Welt ist, sondern Liebe, die antithetische Emotionen hervorruft:

Frieden find ich nicht, und muß doch keinen krieg führen;
und ich fürcht mich, hoffe; und brenne und bin eis;
und fliege über den himmel und lieg auf der erde;
halte nichts in der hand und umarme die ganze welt.

[…] Ich sehe ohne augen, und hab keine zunge und schrei;
brülle, weil ich vergehe und flehe um hilfe;
mich selbst hasse ich, andres aber lieb ich.

schilderte stereotyp in der Vergangenheitsform ausdrückt: allein sie bannt noch diese grotesk fragmentierte, mittendurch gespaltene, in Absurdität, Anarchie und Chaos verfallende Welt:

> Ein mörser aus federn
> trank den ganzen schaum
> des weiten meeres,
> und ein amboss,
> der sich sehr mürrisch gab,
> tadelte ihn zornig.
> Ein kater hob an zu weinen,
> daß das meer feuer fing.
> Eines donnerstags nach abendbrot
> wurde eine feder gezwungen
> vier säue zu freien.

Als Lügenmärchen spiegelt sich in diesen Phantasien auch etwas von jenen Reiseberichten des Unglaublichen wider, wie sie Mandeville vorlegte. Das berühmteste Beispiel von Philippe de Beaumanoir aus dem 13. Jahrhundert geht für diese Präsentation einer aus den Fugen geratenen Welt erneut von Archilochos' Adynaton aus; statt Zeus' Kosmos fallen hier jedoch die weltliche und die christliche Herrschaftsmacht der Aporie anheim:

> Ich sah alles meer
> sich sammeln an land,
> um ein turnier zu bestreiten,
> und zerstoßene erbsen
> ließen unseren könig
> auf einem kater reiten.
> Dann kam ich weiß nicht was,
> das Calais und Saint Omer
> einnahm, sie aufspießte
> und zurückwarf
> über den Sankt Eligius Berg.

Von den Fatrasien lässt sich eine Linie ziehen zum Expressionismus (van Hoddis' *Weltende* greift solche Fatrasien mit seinen »an Land hupfenden Meeren auf«), Dada und dem Surrealismus. Gleichzeitig aber holen sich diese Adynata ihre Motive auch aus dem Volkstümlichen. Das zeigt die Gattung des Abzähl-verses[25] wie auch die von Morgenstern, Scheerbart und Ringelnatz betriebene sogenannte Unsinnspoesie. Sie leugnet ihre folkloristischen Wurzeln nicht, wie das Beispiel eines Berliner Anonymus zeigt:

Ick sitze da und esse Klops.
Uff eemol kloppts.
Ick warte, staune, wundre mir,
Uff eemol geht sie uff, die Tür.
Nanu denk ick, ick denk nanu!
Jetzt ist sie uff, erst war sie zu.
Ick jehe raus und kiecke, –
Und wer steht draußen? – Icke!

All diesen aus einem Stamm erwachsenen Beispielen ist gemeinsam, dass sie einen Kosmos ins Karnevaleske verkehren; sie negieren seine sinnstiftenden Ko-ordinaten, um stattdessen ins Skurrile, Groteske und Bizarre abzuleiten. Der Prozess ist ein gradueller. Wo die Litotes unter logisch umgekehrtem Vorzei-chen Wirklichkeit wiederzugeben versuchte, demonstrieren Adynata, dass Welt und Wahrnehmung, je mehr alles logisch Ordnende beiseitegeschoben wird, in unzusammenhängend Einzelnes zerbrechen. Die Dinge beginnen sich wieder zu vermischen und fallen in ein vorsprachliches Chaos zurück – die wohl radi-kalste Konsequenz, zu der Poesie fähig ist.

2

Das Adynaton verbalisiert das Scheitern der Worte an der Welt, die sie nie wirk-lich adäquat auszudrücken vermögen. Das Gegenstück zum sprachlichen Auf-

---

25 Hier ein Beispiel aus *Des Knaben Wunderhorn*:
Eins, zwei, drei,
Bicke, borne hei,
Bicke, borne Pfefferkoren,
Der Müller hat seine Frau verloren,
Hänschen hat sie gefunden.
D'Katzen schlagen d'Tromme,
D'Maus kehren d' Stuben aus,
D'Ratten tragen den Dreck hinaus,
's sitzt ein Männel unter dem Dach,
Hat sich bald zu krank gelacht.

wand, den man betreibt, um anzudeuten, was jenseits unseres gewohnten Horizonts liegt, stellt die Aporie dar: die Unmöglichkeit, die richtigen Worte zu finden. Als Stilfigur wird sie APOSIOPESIS (griechisch: ›Verstummen‹) genannt: sie hält mitten in einem Satz inne und lässt ihn unvollendet. Dieser rhetorische Kunstgriff kann emotionellen Überschwang, Zerstreutheit oder Zurückhaltung ausdrücken und lässt den Leser oder Hörer den Satz selber vollenden. Der suggestive Effekt der Aporie erhöht sich dadurch: worüber geschwiegen wird, ist umso beredter.

Als Beispiel für diese artifiziell abgebrochene Rede, bei der Gemeintes ungesagt bleiben soll, um im kontrastierenden Schweigen ›hörbar‹ zu werden, lässt sich Neptuns Drohung am Anfang von Vergils *Aeneis* nennen. Sie stellt erneut eine Variation zu Archilochos' Adynaton dar:

Wie könnt ihr es wagen, ihr Winde, Himmel mit Erde zu vermengen
und solch einen Tumult zu erheben, ohne mein Einverständnis?
Ich werde euch … zuerst aber muß ich die Wellen stillen.

Subtiler wird die Aposiopese von Tomas Tranströmer in dem Gedicht *Vermeer* mitten zwischen zwei Strophen eingesetzt:

                        ] zwei Herzen strampeln in ihr
An der Wand dahinter hängt eine knittrige Karte von Terra incognita.

Ruhig atmen … Ein unbekannter blauer Stoff ist an die Stühle genagelt.
Die Goldnieten flogen [

Das affektbetonte Verstummen, bei dem etwas Wichtiges verschwiegen wird, um zwischen den Zeilen gesagt zu werden, ist hier dreifach vorhanden. Zum einen durch die Leerzeile, zum anderen durch den Perspektivwechsel und den emotionalen Imperativ der Aussage ›ruhig atmen‹: beide lassen einen Bruch in der gleitenden Beschreibung des Raums entstehen. Dazu kommen noch die drei Auslassungspunkte – sie markieren eine Anrede, die dieses Verfallen in Wortlosigkeit ausdrückt und zugleich überbrückt. Das Verstummen wird somit zur Botschaft des Gedichts, das mit einer weiteren Definition dieser Denkfigur seinen Schlusspunkt setzt: »Ich bin nicht leer, ich bin offen«.

Dutli, Ralph (2010), *Fatrasien – Absurde Poesie des Mittelalters,* Göttingen

VIII – METALEPSE

1

Axiomatisches Denken, wie es die Logik voraussetzt, bildet sich heraus, indem schrittweise Prämissen aufgebaut werden; dafür müssen zuerst die Kategorien abgeklärt werden, dann deren Negationen, um schließlich Syllogismen erstellen zu können. Logische Prädikationen sind jedoch abhängig von unserer Kategorienbildung: davon, welche Elemente wir darin inkludieren, welche nicht. Was uns am Erstellen bloßer Tautologien hindert, sind unsere Wahrnehmungen und Erfahrungen – sie zeigen uns, *wie* die Dinge zusammenhängen, auf welche Weise sie einer Kategorie angehören. Der grundlegendste Mechanismus, über den wir hier verfügen und auf dem ein Großteil unserer wissenschaftlichen Kenntnisse fußt, ist das Erkennen von Kausalketten: sie ergeben sich dank unserer assoziativen Fähigkeiten; die Assoziationen selbst werden hierauf jedoch wieder und wieder an der Realität geprüft.

Die Poesie bedient sich ebenfalls solcher Ordnungsprozesse. Sie interessiert sich allerdings meist weniger für axiomatische Klassifizierung als für die Szenarien des Hypothetischen, die sich jenseits aller Logik entwerfen lassen: sie erstellt ihre eigenen, meist assoziativen Kategorien und Kausalitäten. Dies tut sie aber nicht mittels sekundärer Ableitungen von solchen Rastern, als logisches Derivat. Sie gewinnt ihre Bildräume auch nicht, indem sie nur von scheinbar genormten und standardisierten Koordinaten abweicht, um abseits eines einzig möglichen Pfades Irreales zu suggerieren: sie ist weder ein Holzweg, noch sind ihre Figuren reine Chimären. Nein – ihr die Sprache und Welt reflektierender Blick führt vielmehr vor, dass jede Art von Kategorisierung im Grunde artifiziell ist, realiter der Welt nur zugeschrieben, weil von unserem Denken abhängig. Sie geht davon aus, dass alle Kausalketten zwangsläufig Konstrukte sind – und man nie ausschließen kann, dass sie (dem Popperschen Diktum gemäß) irgendwann einmal falsifiziert werden. Das ist letztlich die epistemologische Legitimation für die Assoziationen, mittels derer die Poesie ihre Denkfiguren ausgestaltet.

Auf ein und derselben Basis lassen sich also zwei Denkmodi aufbauen: ein logischer Denkmodus, dessen Kohärenz auf der Linearität kategorialer Grenzziehung beruht; und ein poetischer, der diese wieder in Frage stellt, alles mit allem in Beziehung zu setzen sucht und die kategorielle Quadrierung der Dinge wieder zu einem Kreis auflösen will.

2

Jede Art von Kausalität basiert letztlich auf einer zeitlichen Abfolge zweier Ereignisse. Das berühmte Beispiel von Schrödingers Katze demonstriert auf der quantenphysikalischen Ebene, dass die Zuschreibung von Kausalität auf den Beobachter zurückzuführen ist, auf seinen Eingriff und seine ›Erzählung‹ von den Verhältnissen: ob die Katze in dieser Versuchsanordnung lebendig ist oder tot, hängt vom Blick des Beobachters ab – bis dahin ist ihr Zustand ›verschmiert‹. Bischof Berkeleys Frage, ob ein Baum auch existiert, wenn niemand da ist, der ihn wahrnimmt, überträgt diese Problematik auf die makrophysikalische Ebene, wo sie dann von Kant und dem philosophischen Konstruktivismus aufgegriffen wird. Und nirgendwo ist die Zuschreibung von Kausalitäten präsenter als in der Psychologie, unserer Wahrnehmung und unserem sozialen Verhalten. Auf der poetischen Ebene zeigt die Trope der METALEPSE, inwieweit kausale Folgerungen auf einem subjektiven Blickwinkel beruhen, indem sie das Vorhergehende mit dem Nachfolgenden, Wirkung und Ursache vertauscht – so etwa ›Krach‹ für Streit setzt.

Sie verrät dadurch, in welchem Maß kausales Denken auf Konvention beruht. Wäre es auf absolute Prämissen gegründet, würden uns die folgenden einfachen Beispiele mehr als nur stutzen lassen – sie blieben unbegreiflich. Denn diese metonymischen Fügungen illustrieren, wie sehr wir gewöhnt sind, Sachverhalte zeitversetzt zu begreifen: wir reden von verschiedenen *Zungen*, um die dadurch artikulierten Sprachen zu benennen; wir halten jemandes *Hand* für unleserlich und meinen doch schon das Geschriebene; wir *hören* auf jemanden, um ihm bereits zu gehorchen; wir *sehen* etwas und glauben doch schon, es verstanden zu haben.

Eine Metalepse wie ›der bleiche Tod‹ setzt Späteres anstelle des Früheren und verkehrt Ursache und Wirkung ebenso wie der metaleptische Satz ›er hat gelebt, also beweinen wir ihn‹. Im folgenden Beispiel Lautréamonts findet sich Temporales und Kausales gleichfalls umgekehrt: »Das edle Tier aus der Familie der Felidae erwartet seinen Gegner voller Mut und verkauft sein Leben teuer. Morgen wird irgendein Lumpensammler ein elektrisierbares Fell einhandeln. Wovor flieht es jetzt nur?«

Begründungen, Ereignisfolgen und zeitliche Abläufe werden bei der Metalepse ins Gegenteil verkehrt; überraschend ist nur, wie wenig Kopfzerbrechen es uns bereitet. Das erlaubt den Rückschluss, dass logische Kausalitäten bloß auf den Korrelationen unseres Denkens beruhen. Ob es Nacht wird, weil die Sonne untergeht, oder die Sonne untergeht, weil es Nacht wird, scheint relativ unerheblich, solange wir beides miteinander in Verbindung bringen können. Die Wahrnehmung ist in jedem Fall subjektiv – und jeder Wahrheitsgehalt erst ein Konstrukt, das davon abstrahiert. Denn weder geht die Sonne ›unter‹, noch ›wird‹ es Nacht im Sinne einer Metamorphose: stattdessen dreht sich die Erde in ihren eigenen Schatten, wie wir auf der Basis unserer naturwissenschaftlichen Beobachtungen nun ›wissen‹, ohne es – von einer Handvoll Astronauten abgesehen – je mit eigenen Augen beobachten zu können. So gesehen ist nicht die logische, sondern die poetische Wahrheit die eigentlich menschliche.

Der Effekt, den eine Metalepse erzielt, ist der einer Stasis. Zeitlich Abfolgendes, das verkehrt wird, hebt das Zeitgefühl auf und vermittelt die Totalität eines Augenblicks. Kausal Zusammenhängendes, das vertauscht wird, suggeriert wiederum die Totalität eines einzigen allmächtigen Agens, das sich überall zugleich auswirkt – als Wirkungsprinzip des Göttlichen, wie es die Poesie (trotz allem Atheismus) ideell immer wieder zu postulieren versucht.

Ein Beispiel für die Konstruktion eines Gedichts auf der Basis solcher Metalepsen ist Jürgen Beckers *Holländische Malerei (1622)*:

Das eigene Land. Jetzt ist der Kanal
und die Windmühle da. Das Blatt der Geschichte
wendet sich knarrend um, und die Fähre stößt ab,
wo der Uferweg endet. Lange Zeit, das Land

hat gewartet. Die Reisenden kommen leer zurück; nun
reißt der Horizont auf, und die nächste Entdeckung
führt zu den Männern, die das Boot reparieren. Wer war

der erste, der sah, wie braun die Uferbäume
sich spiegeln... die Leute im Dorf wissen nichts; es gibt
keine Chorherren, Tempel, Amphoren. Die Enten, im Fluß
und im Himmel, sind da; man kann sie jetzt malen.

Das eigene Land erhält seine Typik erst ›jetzt‹, somit im Nachhinein; es wartet auf seine Zeit, statt sie zu bedingen; der Horizont reißt erst nach der Rückkehr der Reisenden auf, statt sich während ihrer Ausfahrt zu erweitern; ihr Boot – und implizit die Fähre – wird nach dem Ablegen repariert; die Männer entdeckt man erst nach dem Blick auf die Länge; die Spiegelung der Uferbäume besteht vor ihnen; die Enten zeigen sich, werden aber erst durch den Akt des Malens real. Ausgelöst werden all diese metaleptischen Verkehrungen durch das Gemälde, das das Gedicht beschreibt: bereits Lessings *Laokoon* führt aus, dass ein erzählerisches Nacheinander auf einem Bild nur simultan wiedergegeben werden kann und damit jedes Tableau letztlich eine gemalte Metalepse darstellt.

Indem das Gedicht zwischen zwei verschiedenen Ebenen – hier Poesie, dort Malerei – hin- und herspringt, demonstriert es auch eine zusätzliche Dimension der Metalepse, die ein Text zeigt, wenn er in sich das Lesen eines Buches thematisiert oder den Leser direkt anspricht. Im Grunde aber ist jedes Gedicht metaleptisch: indem es in seinen Zeilen Vergangenes präsent macht, springt es vom ›Damals und Dort‹ ins ›Hier und Jetzt‹.

3

Eine erweiterte Form der Metalepse entwirft Quintillian in seiner *Rhetorik*, indem er sie als Denkfigur definiert, die eine logische Schlussfolgerung überspringt: »Das üblichste Beispiel ist das folgende – *cano* [singen] ist ein Synonym für *canto* [Gesang] und *canto* eines für *dico* [sprechen]; also kann *cano* als Synonym für *dico* gelten, wobei *canto* den Mittelbegriff bildet.« Die Schrittfolge eines Syllogismus wird zwar gewahrt, der Mittelbegriff jedoch umgangen. Statt strikt nach semantischen Kategorien zu trennen, lässt man sie überlappen – in einer Kette poetischen Raisonierens.

So betrachtet, gibt eine Gedichtzeile stets nur das letzte Glied eines solchen Kettenschlusses wieder. Das demonstriert das folgende Beispiel aus James Howells *Familiar Letters*: »Guter Wein macht gutes Blut, gutes Blut erzeugt guten Humor, guter Humor bewirkt gute Gedanken, guten Gedanken schaffen gute Taten, gute Taten bringen einen Mensch in den Himmel, ergo bringt guter Wein den Menschen in den Himmel.« Ein Syllogismus, derart ent-differenziert, verkürzt und alle logischen Stufen mit einem Satz nehmend, wird somit zum Sorites (›Narrenschluss‹). Doch dafür ist die Poesie ja gut: Menschen in den Himmel zu bringen. Dass sie sich der närrischen Täuschung dabei bewusst ist, zeichnet sie – im Unterschied zum Mythos und zur Religion – aus.

Diese Art von in der formalen Logik unzulässigen Kettenschlüssen lässt sich von der Satzebene auch auf die Wortebene übertragen: als semantischer Sinnsprung. Sophokles nennt den Menschen einen ›blinden Mund‹ – und überspringt damit den Mittelbegriff ›Seher‹, der als blinder Weissager Prophezeiungen artikuliert. Milton greift diese Metalepse Jahrtausende später auf und formt sie zu einer Definition der Menschen als ›blinde Füße‹ um … Wir tun heute das Gleiche, wenn wir vom ›Bleifuß‹ reden, nur weil Blei schwer ist und ein schwerer Fuß aufs Gaspedal drückt, um so einen Raser zu charakterisieren. Aber selbst dieses Fachlatein verbirgt nicht, dass durch solche Metalepsen die Grundstruktur offengelegt wird, auf der Logik wie Poesie aufbauen. Die Beziehung zwischen ›blind‹ und ›Mund‹ und ›Fuß‹ ist eine metonymische: das heißt, sie beruht letztlich auf jenen assoziativen Prinzipien, durch die wir Kategorien erstellen.

4

Die Zeit- und Sinnsprünge von Metalepsen verraten sich auch in den Perspektivwechseln eines Textes. Dazu gehört die Überraschung, wenn ein Text – wie es hier des Öfteren der Fall war – plötzlich direkt zu Ihnen spricht. Weiter gefasst, zählt dazu auch das Paradoxon einer Erzählhaltung, die sich selber erzählt: wenn Cortázar die Geschichte eines Mannes erzählt, der von einem der Charaktere des Romans, den er gerade liest, ermordet wird. Oder wenn Borges die Illusion einer erzählerischen Ebene bricht:

> Warum beunruhigt es uns so sehr, daß die Landkarte in der Landkarte beinhaltet ist und die 1001 Nächte im Buch *Tausendundeine Nacht*? Warum beunruhigt es uns, daß Don Quichote Leser des *Quichote*, Hamlet Zuschauer des *Hamlet* ist? Ich denke, die Ursache herausgefunden zu haben: solche Vertauschungen legen nahe, daß, wenn die Figuren einer Fiktion Leser oder Zuschauer sein können, auch wir, ihre Leser oder Zuschauer, fiktiv sein können.

In diesem Sinn stellt eine Metalepse den Sprung von einer Stimmhaltung oder Erzählposition in eine andere dar; sie überschreitet die Grenze zwischen der Welt, *in* der man erzählt, und der Welt, *von* der man erzählt. Umfasst werden alle denkbaren Meta-Ebenen, von den abschweifenden Diskursen im *Don Quichote*, in denen der Erzähler seine Geschichte im Stich lässt, um über das Erzählen und dabei zugleich vom eigentlichen Erzähler des Buches zu erzählen, bis zu den im *Tristram Shandy* eingesetzten Meta-Techniken des Erzählens, die so weit führen, dass das Buch von selber zu erzählen beginnt.

Ein poetisches Beispiel hierfür ist Michael Krügers *Rede des Philosophen*, welche die eingangs dargelegte Problematik von Kausalitäten und Kategorisierungen veranschaulicht:

Nachts,
wenn die Welt eine Chance hat,
beginne ich mit der Arbeit.
Aber erwarten Sie kein System.
Kühnheit war mir stets fremd,
für eine Schule war ich zu müde,
das Fremde machte mir Angst.
Eine Zukunft des Denkens
kann ich mir nicht vorstellen,
die Entfremdung von Begriff zu Begriff
nimmt zu, und über dem Vergangenen
hängen schwere Wolken.
Alles, was ich noch sehe,
sind ein paar Fußabdrücke von weither,
die ich sorgfältig übersetze,
ehe sie sich verlieren.
Von meinem Buch über die Ethik
schrieb ich nur das Wort ›Ich‹,
auch das mit unsicherer Hand.
Manchmal schreibt mir die Kindheit
eine Postkarte: Erinnerst du dich?
Aber das ist, strenggenommen,
keine Philosophie.

Das Gedicht lässt sich als Kommentar lesen zu unserer subjektiven Art der Begriffsbildung, die im Kontrast zur Eigenwilligkeit der Welt steht, ohne diese jedoch dunkel bleiben muss. Sie kann nur ›Systeme‹ entwerfen, die unvollendet bleiben müssen und nur ein unter Anführungszeichen gesetztes Ich als einzigen Bezugspunkt aufweisen. Alles, was wir haben, ist Sprache, mit der wir die Fußabdrücke des Realen in die Eindrücke des Mentalen übersetzen, um sie in Worten festzuhalten, bevor sie verwischt werden. Die beiden hier eingesetzten Metalepsen – die Postkarte, die einem die eigene Kindheit schreibt und die in einem weiteren metaleptischen Zeitsprung zurückfragt, ob man sich ihrer erinnert – führen vor, dass jedes ›Ich‹ nur ein scheinbar kausal durch die Vergangenheit bedingtes Konstrukt ist. Es kann sich seiner erst versichern, indem es auf die eigene erinnerte Geschichte zurückblickt: offenbart wird dadurch aber, dass jede Kausalität nur auf Assoziationen von Dingen in der Zeit beruht. Und es macht offensichtlich, dass der Text einer Gegenwart sich in einer doppelten Rückbezüglichkeit auf das Vergangene schreibt.

IX – SYNEKDOCHE UND METONYMIE

1

Sosehr die Metalepse die Koordinatenachsen unseres Weltbildes versetzt, die Graphen, die sie erstellt, basieren dennoch auf sinnlichen Daten. Als Fehlversuch, Sinnsprung oder logischer Verstoß verstanden wird sie nur, weil bestimmte Kausalitätsformen und Zeitrelationen Konvention geworden sind. So gesehen, tut die Metalepse letztlich nichts anderes, als Sinneseindrücke zu korrelieren – über deren eigentliche Hierarchien dann die *ratio* entscheidet.

Das ist auch auf die erste Hälfte des folgenden Gedichts von Günter Kunert zu beziehen:

Gordion: Nach Fehlversuchen

Mein Irrtum war
mich über die Trümmer zu erheben:
Die kulturhistorische Perspektive – etwas
für Blinde. Aber der Erde
aufgebrochenen Leib nahmen meine Augen
nicht wahr. Aus diesem kahlen
Bauch trat solch dauerhafte Frühgeburt
genannt ›Hauptstadt
des phrygischen Reiches‹. Du hättest
New York werden können Tokio Paris.

Dass das Auge etwas für wahr ›halten‹ oder ›nehmen‹ kann, erscheint uns nur deshalb als selbstverständlich, weil wir uns der kognitiven Prozesse zwischen dem Blick und dem Bild, dem optischen Eindruck und der vom Gehirn konstruierten Wahrnehmung, kaum mehr bewusst sind. Wir setzen das eine für das andere – um dabei noch weniger zu merken, inwieweit auch unsere ›haltenden‹ und ›nehmenden‹ Hände daran beteiligt sind. Da Auge, Gehirn und Hand derart eng korreliert sind, werden sie somit auch in unserer Sprache austauschbar – weshalb sich die Abfolge von Wahrnehmung, Kognition und Motorik umkehren oder in ihr Gegenteil verkehren lässt. Dies präsentiert uns Kunert hier durch eine Figur der Antithesis (›die Perspektive der Blinden‹) und ein metaleptisches Oxymoron (›dauerhafte Frühgeburt‹).

Alle bislang aufgezählten Stilfiguren definieren sich durch eine bestimmte Art von Bezüglichkeit. Die Metalepse beruht auf der Umdrehung von zeitlichen und kausalen Abfolgen, die Negation auf der Verkehrung eines Sachverhalts – die sich zu einem Asyndeton ausweiten oder im Oxymoron überblenden lassen. Die SYNEKDOCHE (›das Mitverstehen und Mitaufnehmen von einem im anderen‹) und die METONYMIE (›das Andersnennen‹) hingegen sind umso fundamentaler, als sie die dinglichen Bezüge dafür erst herstellen: indem sie einen Teil für das Ganze nehmen und das eine anstelle des anderen setzen. Das hinter diesen zwei Denkfiguren stehende Prinzip ist das der Inklusion innerhalb einer Kategorie. Bei einer Synekdoche ist der Bezug zwischen Ding und Kategorie noch konkret, *pars pro toto*:

1. Ein Teil steht für das Ganze (Kopf oder Hand für ›Person‹);
2. eine Materie steht für ein Objekt (Stahl für ›Schwert‹);
3. das eine steht für das viele (›der Feind‹);
4. eine Spezies steht für ein Genus – und umgekehrt.

Die Metonymie geht jedoch über das Konkrete, durch die Sinne Nachprüfbare hinaus. Ihre Bezüge sind abstrakter Natur: konzeptionell. Sie ersetzt:

1. Gattungen durch für sie charakteristische Namen, Begriffe oder Epitheta (ein Kunstförderer wird über den römischen Maecenas zum ›Mäzen‹ oder Greta Garbo zu ›die Göttliche‹);
2. den Typus durch ein Token (Herrschaft durch ›Zepter‹);
3. ein Agens durch einen Akt (dieser ›Picasso‹ ist abstrakt);
4. ein allgemeines Prinzip durch ein damit verbundenes Objekt, eine spezifische Eigenschaft oder einen bestimmten Vorfall (Terrorismus durch ›9/11‹);
5. Aspekte von Zeit und Raum durch ihre jeweiligen Spezifika (›ein blutiges Jahrzehnt‹; ›Burgunder‹ als Wein) – und umgekehrt.

In unserem Beispiel finden sich beide Arten der Substitution wieder: ›Trümmer‹ ersetzt als Synekdoche die Ruinenstadt Gordion; ›New York Tokio Paris‹ wiederum stehen als Metonymien für ›Zentrum der zivilisierten Welt‹. Diese zwei unterschiedlichen Formen einer figurativen Redeweise beziehen sich dennoch auf eine wörtlich gemeinte Mitte: in unserem Gedicht ist dies die unter Anführungszeichen gesetzte Benennung Gordions als ›Hauptstadt des phrygischen Reiches‹. Sie demonstrieren den Mechanismus, durch den im Gedicht Signifikationen erstellt werden. Ein spezifisches Objekt kann so in seine synekdochischen Einzelteile seziert und dann wieder in einen größeren metonymischen Bezugsrahmen integriert werden; die dadurch erstellten Relationen erarbeiten so das, was man hinlänglich ›Sinn‹ nennt.

Dahinter steckt ein dialektischer Prozess. So wie die Metalepse mehrere Schritte in einem Syllogismus übergehen kann, um Antithetisches einer Synthese zuzuführen, verbirgt sich auch in der Synekdoche und der Metonymie ein solch übersprungener Syllogismus. Die Metonymie basiert dabei auf einem deduktiven, die Synekdoche auf einem induktiven Bezug.

Beides dient dazu, einer Idee Dimensionen und einem Gegenstand Räumlichkeit zu verleihen – um damit ein umfassendes Weltbild zu entwerfen. Die Poesie geht jedoch anders vor als die Logik: sie unterläuft die Folgerichtigkeit konventioneller Schlussfolgerungen und führt ihre Prämissen zu einer figurativen *conclusio*. Was solcherart axiomatisch in die Irre weist, erstellt, poetisch betrachtet, eine alle Paradoxien überwindende, überzeitliche und akausale Welterklärung – ob in einem Danteschen Universum, einem Rilkeschen Weltinnenraum oder in Kunerts ›aufgebrochenem Leib der Erde‹.

Doch das Gedicht vermag noch mehr, nämlich seine logische Irrläufigkeit als Kritik klischeehafter Erkenntnis einzusetzen. So demontiert die zweite Hälfte von Kunerts Gedicht eine kulturhistorische Perspektive, die alles Vereinzelte einem bildungsbürgerlichen Ganzen unterordnen möchte. Es stellt die Konkretheit seiner synekdochischen Bezüglichkeiten den metonymisch abstrakten Konstruktionen eines überkommenen Antikebildes entgegen, um dessen normative Relationen zu desavouieren. Dem Partiellen eines *pars* gegenüber ist jedes *toto* totalitär, oktroyiert und jeder Schritt vom Konkreten ins abstrakt Symbolische ein beschönigender; er postuliert eine Einheitlichkeit, die stets nur provisorisch sein kann, ephemer, weil durch Gewalt aufgebaut und durch Gewalt wieder zerstört. So heißt es in der zweiten Hälfte von Kunerts Gedicht:

Aber bevor Alexander der Große
hier den Knoten der Weissagungen durchschlug
(Gewalt legitimiert den Herrscher)
waren schon die Wälder gefällt
die entscheidenden Schlachten geschlagen

die Gebeine verstreut.
Tote Natur
aus welcher gelehrte Frevler
den steinernen Fötus zogen
um ihn entblößt liegenzulassen.

Der Zeitsprung der Metalepse – in dem neuzeitliche Archäologen die Antike zutage fördern, das Vergangene gegenwärtig wird und ein toter Fötus *nach* einer lebensfähigen Frühgeburt auf die Welt kommt – negiert jede Art von zeitlicher Kontinuität. Die Synekdochen (›Wälder‹ statt Phrygien; ›Schlachten‹ statt heroischem Krieg, ›Gebeine‹ anstelle von ruhmreich Gefallenen) wehren sich gegen jede Einordnung in das kollektive Paradigma einer Historie, des griechischen Reiches oder der westlichen Zivilisation. Sie behaupten das singuläre Einzelne gegen den Majestätsplural jenes Metonymischen, wie er sich im Namen ›Alexander der Große‹ ausdrückt.

2

Synekdoche und Metonymie zählen zu den in der Alltagssprache am häufigsten gebrauchten Tropen, weil sie unseren Wahrnehmungsprinzipien entsprechen. Wir nehmen ja an Objekten zunächst Details wahr, um sie erst hernach zu einem Ganzen zusammenzusetzen. Und wir verleihen dabei selbst den disparatesten Elementen eine einheitliche Gestalt, indem wir, gemäß dem Prinzip der ökonomischsten Figuration, das Fehlende interpolieren.

Der Denkspielraum, den die Synekdoche ermöglicht, ergibt sich durch die Verlagerung des Blicks vom Ganzen auf das Detail. Dadurch rückt sie Peripheres ins Zentrum und vergrößert es. Unter diesem Blickwinkel bietet uns die Poesie nicht nur ein Korrektiv zu unseren üblichen Fokussierungen: sie ist auch in der Lage, klischeehaft Erstarrtes wiederzubeleben. Ein ›leuchtendes Detail‹, wie Pound es genannt hat, verleiht einer Sache so überraschende Prägnanz und erschließt sonst verborgene Wahrnehmungsbereiche: nicht umsonst ist die Synekdoche eine der beliebtesten Tropen moderner und postmoderner Ästhetik, wie sie sich etwa in der Kunstform der Collage zeigt. Dass sich das Große im Kleinen widerspiegeln kann, belegt das Phänomen der Selbstähnlichkeit in der fraktalen Geometrie und der Chaostheorie. Was sich so in der Natur wiederfindet, stellt zugleich einen poetischen Urtraum dar: den eines bruchlosen Übergangs vom Makro- in den Mikrokosmos.

Komplementär zum eher analytisch sezierenden Schauen der Synekdoche führt die Metonymie vor, wie faktische Informationen in einen konzeptuellen Zusammenhang integriert werden – vergleichbar den Wahrnehmungsdaten, die unser Gehirn mit den im Langzeitgedächtnis abgespeicherten Konzepten verbindet. Die Metonymie unterscheidet sich jedoch von der Synekdoche dadurch, dass sie zwei autonome Inhalte miteinander verbindet. ›Eine gute Flasche kaufen‹ ist eine Synekdoche für ›Wein‹, weil dieser in Flaschen abgefüllt wird; ›eine gute Flasche trinken‹ stellt eine Metonymie dar – die Flasche selbst wird ja nicht getrunken. Das beiden Denkfiguren zugrunde liegende Prinzip ist das einer konzentrischen Modellbildung. Bei der Synekdoche wird das Partielle bereits vom Bedeutungskreis der jeweiligen Kategorie beinhaltet. Die Metonymie hingegen greift auf andere, sich mit ihrem Bedeutungskreis nur am Rande überschneidende Kategorien aus (›trinken‹ lässt sich ebenso vieles, wie eine ›Flasche‹ vielerlei sein und beinhalten kann).

Der Übergang zum Metaphorischen bleibt nach außen hin diffus – daher der ewige Streit um die Unterscheidung zwischen beiden. Als Faustregel mag hilfreich sein, dass man bei der Metapher ein ›wie‹ als hypothetischen Brückenschlag zwischen die Begriffe schieben kann, was das Artifizium und die Distanz ihrer Verbindung aufzeigt. Bei einer Metonymie klingt dieses ›wie‹ falsch, weil es überflüssig ist – die Verbindung zwischen beiden ist in unserer Kognition bereits etabliert (ein Zeppelin ist nicht ›wie‹ ein Luftschiff; Casanova nicht ›wie‹ ein großer Liebhaber).

3

Die Metonymie konstituiert eine der grundlegendsten Formen, um über Menschen, Dinge, Ereignisse und Situationen zu referieren. Auf ihr basieren viele Formen logischen Denkens – auch die Art und Weise, mit der wir erschließen, was das durch sie Ausgedrückte eigentlich meint.

Indem wir ein benütztes Objekt für seinen Benützer setzen (die ›Geige‹ ist heute krank), Passives für Aktives (›Muti‹ gab ein schlechtes Konzert gestern; ›Bush‹ bombardierte Bagdad) oder einen Ort für ein Ereignis (der ›Irak‹ darf kein zweites ›Vietnam‹ werden – sagt das ›Weiße Haus‹), fokussieren wir ein relevantes Detail, ohne uns um den Gesamtzusammenhang kümmern zu müssen. Darin verrät sich ein weiteres Mal die Ökonomie unserer Denkprozesse, die permanent Wichtiges von Unwichtigem zu unterscheiden bemüht sind. Eine solche Reduktion beschränkt zwar unsere Wahrnehmung – die ausgeblendeten

Details werden jedoch durch kulturelle Konventionen wieder kompensiert. Dass man sagen kann, ›der Picasso ist gut‹, nicht aber ›Maria schmeckt gut‹ (obwohl sie gerade einen wunderbaren Kuchen gebacken hat), hängt einzig damit zusammen, dass die Idee des Kunstwerks kulturell mit genialischer Geistesgröße kodiert wird, nicht aber die Idee eines Kuchens.

Biologisches und Kulturelles überschneiden sich in unserer spezifischen Art der Modellbildung. Die Metonymie ist von den Prototypen abhängig, mit denen wir die Welt kategorisieren. Diese ergeben sich nicht taxonomisch aus der Natur; wir sind es, die sie erstellen. Wir gehen von jenen Prototypen aus, die eine Klasse von Dingen am besten zu repräsentieren scheinen. Der typische Vogel ist für uns ein Spatz – kein Huhn, Pinguin oder Strauß; ein Stuhl ist für uns eher einer, der vor einem Schreibtisch steht, als ein Schaukelstuhl oder der elektrische Stuhl.

Die Kriterien der Kategorienbildung sind nicht in erster Linie logische. Sie basieren vielmehr auf jenen gestalthaften Strukturen, die wir am einfachsten verarbeiten, lernen, merken und verwenden können. Sie repräsentieren eine externe Realität nicht auf objektive Weise, sondern werden aufgrund anderer Faktoren gebildet:

1. was wir als Gestalt wahrnehmen (die nicht unbedingt der Wirklichkeit entsprechen muss);
2. welche mentalen Bilder wir von der Welt haben (die ebenfalls nicht der Wirklichkeit entsprechen müssen);
3. wie wir uns körperlich zu den Dingen verhalten (was nicht allein von den Eigenschaften eines Objektes abhängt).

Prototypen stellen dar, was für uns ›normal‹ ist: was uns in unserer privaten und kulturellen Statistik am häufigsten vor Augen tritt; was wir als Kind zu identifizieren gelernt haben, indem wir es handhaben, riechen, schmecken, fühlen konnten. Die Kategorienbildung berücksichtigt dabei vor allem eine ›Mitte‹. Von den möglichen Unterscheidungsklassen (1. *Pflanze; Tier;* 2. *Lebensformen wie Baum, Busch, Vogel, Fisch;* 3. *Nadelbaum; Laubbaum;* 4. *Familie: Buchengewächse;* 5. *Genus: Eiche;* 6. *Spezies: Steineiche;* 6. *Unterart: Quercus ilex* var. *rotundifolia*) bevorzugen wir das Genus als Zentrum unserer Modelle. Für diese Mitte haben alle Sprachen die prägnantesten Namen – die Dinge lassen sich auf dieser Ebene leichter erinnern, sie haben größere kulturelle Signifikanz und die klarste Gestalt. Darin deckt sich die ›volkstümliche‹ auch am ehesten mit der wissen-

schaftlichen Kategorisierung – sie weichen meist erst bei Über- und Unterord-
nungen voneinander ab.

Die Poesie bedient sich des Prototypischen, um eine knappe und prägnante
Aussage zu erzielen – als semantische Ökonomie sozusagen. Andererseits kann
sie das herkömmlich Prototypische auch substituieren, um den Blick auf andere
Erscheinungsformen der Dinge zu lenken. Hans Arp liefert dafür mit seiner
schwalbenhode 4 ein amüsantes Beispiel:

> der purzelbaum
> besteht aus:
>
> den purzelblättern
> den purzelzweigen
> den purzelästen
> dem purzelstamm
> und den purzelwurzeln

Das Kompositum Purzel-Baum leitet sich von ›stürzen und aufbäumen‹ ab, wobei bäumen eine Metapher darstellt, die in den Grundwortschatz einging: das
mittelhochdeutsche *boumen* bedeutet mit ›Bäumen bepflanzen‹, was dann mit
dem ›aufrichten‹, besonders von Pferden, bildhaft verglichen wurde. Kontrahiert zum ›Purzelbaum‹ – seine Etymologie ist nicht mehr erkennbar und damit ist es zum Nonsens-Wort geworden –, spielt Arps Gedicht unsere übliche
Kategorienbildung anhand des Zentralbegriffes ›Baum‹ durch, um am Ende die
Semantik des Purzelbaums von der Klanggestalt einer gemeinsamen Wurzel
abzuleiten.

4

Um die Substitution einer Metonymie erkennen zu können – egal ob in der
Poesie oder im alltäglichen Gespräch –, greifen wir jedes Mal auf das Wissen um
solche Modellbildungen zurück; wir implizieren es bei allem Gesagten und Geschriebenen. Ein einfaches Beispiel dafür ist folgender Dialog:

> A: Wie bist du zum Flughafen gekommen?
> B: Ich habe ein Taxi angehalten.

Logisch betrachtet, ist die Antwort absurd: hätte es sich wirklich so zugetragen, wäre B samt Taxi nicht vom Fleck gekommen. Eigentlich gemeint ist, dass B zum Flughafen kam, ›indem er einem Taxi winkte; es anhielt; er einstieg; und es dann mit ihm zum gewünschten Ziel fuhr‹. All dies zu interpolieren helfen uns die Griceschen Maximen. Mit ihrer Hilfe projizieren wir das Gesagte auf jenes prototypische Modell zurück, das wir für unterschiedlichste Arten von Abläufen im Kopf haben – ein Schema, das ein weiteres Mal nur auf der Motorik unserer Bewegungsabläufe basiert:

1. *Bereitschaft:* bevor eine Bewegung ausgeführt wird, müssen bestimmte Bedingungen erfüllt sein (zum Flughafen zu wollen);
2. *Einleitungsphase:* was immer zu tun ist, um die Bewegung einzuleiten (ein Taxi herbeizuwinken);
3. *Hauptprozess:* in das angehaltene Taxi einzusteigen;
4. *mögliche Unterbrechung und Wiederaufnahme:* die Option, wieder auszusteigen, falls der Taxifahrer unangenehm wird oder man hoffnungslos im Stau steht;
5. *Iteration oder Kontinuation:* sich ein zweites Taxi heranzuwinken;
6. *Zweck:* sicherzugehen, dass es der richtige Flughafen ist;
7. *Abschluss:* auszusteigen;
8. *Endzustand:* am Flughafen angelangt zu sein.

Auf der Übertragbarkeit dieses Modells beruhen im Grunde alle Handlungsszenarien. Generell gilt, dass wir dabei meist den signifikantesten Punkt metonymisch für den gesamten Ablauf setzen. Umgekehrt rezipieren wir ihn als intentionellen Verweis auf das komplette Szenario – was nur möglich ist, weil Sprecher und Adressat dasselbe Modell teilen.

Spart man den signifikanten Teil einer solchen Sequenz bewusst aus, haben wir es mit einem indirekten Sprechakt zu tun. Bitten wir jemanden, die Tür zu schließen, kann dieser indirekte Sprechakt etwa Höflichkeit ausdrücken. Statt die eigentliche Handlung zu benennen, sprechen wir dann nur seine Fähigkeit dazu (›Könntest du bitte‹) oder seine Bereitschaft (›Willst du …‹ oder ›Würde es dir etwas ausmachen …‹) an; wir drücken es als Wunsch aus (›Ich möchte, dass die Tür geschlossen wird‹), geben ein allgemeines Statement ab (›Es zieht‹) oder formulieren das Ganze als Frage nach einer Intention (›Wie wäre es, wenn du …‹).

Egal in welcher Form – Kommunikation wird letztlich erst durch dieses metonymische Sprachverständnis möglich. Nehmen wir folgende zwei Beispiele:

A: Ich muss noch die Werkstatt anrufen, um mein Auto in die Reparatur zu bringen.
B: Sie haben gesagt, dass sie bis 5 Uhr offen haben.

A: Ich bestelle mir noch eine Bloody Mary.
B: Die mag ich mehr als alle anderen.

In jeder dieser Entgegnungen steht ein Plural- anstelle des korrekten Singularpronomens: grammatikalisch gesehen sind diese Antworten also falsch. Erstaunlicherweise zeigen nun Tests, dass wir solche ›konzeptuellen Anaphern‹ wie ›Sie‹ und ›Die(se)‹ in der Regel besser und schneller verstehen als Sätze mit korrekten Pronomen. Für uns ist es leichter zu erkennen, dass einzelne Dinge (die Werkstatt) metonymisch für ein konzeptuelles Set stehen (die Beschäftigten einer Werkstatt), als zu identifizieren, worauf das Singularpronomen in diesem Set nun speziell verweist.

Wir erschließen uns ebenso automatisch auch ganze Handlungssequenzen, selbst wenn wir nur einen Teil davon gehört haben:

Arthur war hungrig und ging ins Restaurant.
Er bestellte beim Kellner Hummer und teuren Wein.
Es dauerte lange, bis alles kam.
Er hinterließ nur wenig Trinkgeld.

Beim Hören wie beim Lesen dieser kurzen Episode aktivieren wir sofort ein prototypisch strukturiertes Szenario, das uns als Folie dient, um Zusammenhänge zu konstruieren und fehlende Information aufzufüllen. Wir nehmen deshalb als selbstverständlich an, dass der Hummer gegessen und der Wein getrunken wurde und Arthur wenig Trinkgeld gab, weil ihm die Bedienung zu lange dauerte. Realiter wäre jedoch ebenso denkbar, dass Arthur nach langer Wartezeit aufsteht, ohne gegessen zu haben, und er deshalb nur wenig Trinkgeld hinterlässt; dass das Restaurant bereits eine Servicecharge berechnet hat; oder dass Arthur ein Geizhals ist. Für welches dieser Szenarien wir uns entscheiden, ist davon abhängig, was uns – kultur- und erfahrungsbedingt – am plausibelsten erscheint oder am häufigsten vorkommt.

Je weiter die Informationen auseinanderliegen, desto mehr sind wir auf unsere etablierten Basismodelle angewiesen:

Er wollte König werden.
Das Warten dauerte ihm zu lange.
Er dachte sich, dass Arsen ein gutes Mittel wäre.

Schieben wir ›er beschloss, den König zu vergiften‹ ein, verringert sich die kognitive Anstrengung beträchtlich. Entscheidend ist, dass wir es sind, die einen Zusammenhang erst konstruieren – und dabei prädiktiv vorgehen, nach Kriterien der Wahrscheinlichkeit. Denn derart rudimentär skizziert, ließe sich aus diesen Sätzen auch eine ganz andere Anekdote konstruieren, in welcher der König Arsen nimmt, um sich selbst zu vergiften, weil es ihm bis zur Thronbesteigung zu lange dauert. Das wäre aber – in unserem Repertoire von Geschichten – die ungewöhnlichere: deswegen fällt sie dem Ockhamschen Rasiermesser zum Opfer.

Kurz: die Metonymie greift auf jenes Modell zurück, das Informationen kohärent im einfachst möglichen Skript einbaut. Es ist ein Film von Metonymien, der in unserem Kopf abläuft – wie im Kino, wo sich die großflächige Kameraeinstellung auf den Protagonisten durch das ersetzen lässt, was wir als Zuschauer mit ihm an Stimme, Geräuschen, Blickwinkeln und einzelnen Details in Verbindung bringen.

5

Der Aspekt, unter dem wir ein Szenario als adäquat akzeptieren, ist der der Konventionalität. Davon profitiert die Poesie – in zweifachem Sinne. Zum einen verlässt sie sich darauf, dass wir ihre Metonymien identifizieren können; zum anderen weicht sie bewusst vom herkömmlichen Skript ab, um die Dinge unter einem neuen Gesichtspunkt vorzuführen. Die Interpretation eines Gedichts basiert dann – paradoxerweise – darauf, die Deviationen so zu paraphrasieren, dass wir sie wieder in unsere herkömmlichen Szenarien einbinden können. Dies sagt auch etwas über den Sinn eines Gedichtes: er liegt im Unterschied – der *différence* und der *différance*, wie die französischen Poststrukturalisten sagen würden. Folgendes Gedicht von W. C. Williams führt uns das vor:

Ich wollt nur sagen

Ich hab
die pflaumen
die im kühlschrank waren

und die
du wahrscheinlich
fürs frühstück
zur seite gestellt hast
gegessen
Verzeih mir
sie waren köstlich
so süß
und so kalt

Ohne Metrum, Reim und Metaphorik lebt dieses Gedicht allein von dem metonymischen Raum, den es uns eröffnet – und von unserer Lust, diesen zu entwerfen. Die Verse selbst sagen ja nichts über eine Küche, einen Vormittag oder die spezifische Situation einer Ehe aus: wir sind es, die dieses konventionelle Skript erstellen und eine fast unscheinbare Adjektivierung zur Symbolik von ›verbotenen Früchten‹ erheben.

Scheinbare Offenheit der Deutungsmöglichkeiten und konventionelle Enge der Paraphrase komplementieren sich als die zwei Seiten poetischer Sprache. Was der Poesie darüber hinaus Prägnanz verleiht, ist der Zugriff auf rein Sinnliches: das virtuell wiederholbare Geschmackserlebnis der Pflaumen. Das eigentlich Erstaunliche jedoch ist, dass bloße Worte einem den Speichel im Mund zusammenlaufen lassen.

Gibbs, Raymond W. (1994), *The Poetics of Mind – Figurative Thought, Language, and Understanding,* Cambridge

X – IRONIE, MEIOSIS UND HYPERBEL

1

Der Begriff der Ironie wurde der altgriechischen Komödie entnommen: er bezieht sich auf ihren Protagonisten, den gescheiten, aber schwachen und ewig benachteiligten *eiron* (›Kleintuer‹), der über seinen Widersacher triumphiert, den angeberisch dummen *alazon* (›Großtuer‹). Psychologisch interessant sind beide Figuren, weil sie ein Zivilisationsprodukt früher Urbanität und Demokratie darstellen: Im öffentlichen Raum präsentiert sich das Ich nunmehr als Rollenspiel einer *per-sona* (›durch-klingen‹); es spricht durch eine Maske, die einen Charakterzug zeigt, um alle anderen dahinter verbergen zu können.

Durch diese Art der Dissimulation hat sich die dramatische Stimmhaltung zu einer philosophischen erweitert. Bei Platon gibt Sokrates seinen Gesprächspartnern gegenüber – die vorgeben, alles zu wissen – vor, nichts zu wissen: der Suche nach Erkenntnis wegen. Sokrates setzt sich dann ebenso vorhersehbar durch, wie der *eiron* mit seinen Untertreibungen gegen die hochstaplerischen Übertreibungen des *alazon*. Stellt sich die Frage, warum wir einer ›kleintuerischen‹ Pose mit ihrem ›weniger als‹ mehr Wahrheit zubilligen. Vielleicht weil wir intuitiv wissen, dass unser kognitiver Zugriff auf die Welt stets ein defizitärer ist, und wir trotzdem ständig der Anmaßung eines allumfassenden Blickwinkels erliegen.

IRONIE beginnt also mit einem Konflikt, einer wahrgenommenen Differenz zwischen Prätention und Realität. Dadurch wird sie zu einer grundlegenden Denkfigur, die alle möglichen stilistischen Formen annehmen kann: tragische und komische Ironie, rhetorische und praktische Ironie, Selbstironie und doppelte Ironie, Situationsironie wie bei Sokrates oder Ironie des Schicksals wie bei Ödipus. Um es mit Kierkegaards Worten zu formulieren: »Gleich wie Philosophen behaupten, dass ohne den Zweifel keine wahre Philosophie möglich ist, lässt sich behaupten, dass kein Menschenleben ohne Ironie authentisch ist.«

Ironie sagt das Gegenteil dessen, was sie meint. Zum Sarkasmus und Zynismus pointierbar, zum Understatement der Meiosis abschwächbar oder zum Overstatement der Hyperbel steigerbar, zählt sie zu den prägenden Modi unseres Sprechens. Sie ist ein rhetorischer Kunstgriff, mit dem wir unsere eigentlichen Intentionen verbergen und uns der Verantwortung dessen, was wir sagen, entziehen können – indem wir alles, und damit uns, von innen nach außen oder von zuunterst nach oben kehren.

Inhaltlich verrät Ironie auch eine moralische Komponente, denn indem sie überkommene Vorstellungen, Glaubenssätze oder Gemeinplätze in Frage stellt, bewertet sie sie. Am deutlichsten demonstriert dies der Zynismus, der grundsätzlich allem, worüber er sich äußert, die gleiche quasi nihilistische Wertigkeit zuschreibt; ihm ist nichts heilig, er stellt Relevantes und Irrelevantes, Moralisches und Amoralisches auf ein und dieselbe Stufe. In einem dialogischen Kontext demonstriert er die Strategie eines *zoon politikon*, das auf soziale Rang- und Hackordnungen mit verbaler Aggression reagiert.

Allgemein gesagt, weist Ironie in der Öffentlichkeit das Publikum als *die anderen* aus, um sich selbst durch ein *Wir aber* davon abzugrenzen: eine Provokation, mit der sich mögliche Allianzen und Rivalitäten spielerisch abklopfen lassen. Dennoch bedarf die Theatralik der Ironie einer gemeinsamen Bühne. Denn als Schlagabtausch wird sie erst sichtbar, wenn die Kontrahenten eines Dialogs über dieselben Vorstellungen und dasselbe Wissen verfügen – anders wären ihre Sätze für das Publikum entweder absurd oder reine Lüge. Damit die Aussage *X ist ein wahrer Einstein* ihren ironischen Sinn erhält, müssen Sprecher und Zuhörer dieselbe niedere Meinung von X's Intelligenz besitzen. Indem die Ironie nicht das sagt, was sie meint, sondern das Gegenteil davon, setzt sie stillschweigend übereinstimmende Blickwinkel voraus, mehr noch: sie betont Dritten gegenüber noch diese mutmaßliche Homogenität. Zeigen wir, dass wir die Ironie eines Satzes begriffen haben, vermitteln wir damit: ›wir beide verstehen einander‹.

2

Ironisches lässt sich durch verschiedene verbale Strategien ausdrücken. Um den Inhalt einer Aussage ins Gegenteil zu verkehren, genügt es schon, etwas wörtlich aufzugreifen und ihm einen anderen Tonfall zu geben:

A: Davon wussten meine Freunde nichts!
B: Eines Tages wirst du dich damit abfinden müssen, dass ›deine Freunde‹ nicht alles wissen.

Indem ein und dasselbe anders ausgesprochen wird, ergibt sich ein kognitiver Bruch. Eine unterschiedliche Prosodie bewirkt eine kritische Distanz zur eigentlichen Aussage: eine andere Intonation markiert eine andere Intention.

Ein Wort lässt sich aber nicht nur mit einem, die Botschaft konterkarierenden Tonfall unterlegen. Eine Sprachmelodie lässt sich umgekehrt auch durch eine gegenläufige Botschaft betexten, um sarkastische Intentionen zum Ausdruck zu bringen:

A: Ich habe einen Ruf zu verteidigen!
B: Und ich bin die Königin von England!

A: Ich verspreche, es wird nicht wehtun!
B: Und ich glaube an das Christkind!

Unterschiedliche Sprechakte – eine Behauptung; ein Versprechen – behalten hier jedes Mal ihre Intonation bei, werden aber durch ihre Semantik verkehrt. Es ist ein nachäffendes Echo, das komplex Gemeintes klischeehaft simplifiziert. Damit reduziert es gleichsam einen Gesichtsausdruck zur Grimasse einer Maske, skelettiert ihn und macht ihn zur Karikatur. Nicht von ungefähr bedeutet *sarkasmos* Hohnlachen und einen Spott, der sich von *sarkazein* ableitet: ›das Fleisch von den Knochen schaben‹.

Das Englische kennt einen Ausdruck dafür, wie Ironisches zu verstehen ist: *at face value*. Denn semantisch gesehen, besitzt die Ironie etwas Plakatives, weil wir uns bei ihr mit Oberflächlichem begnügen – wenn etwas sich als ironisch herausgestellt hat, wird es selten ein weiteres Mal hinterfragt. Das belegen linguistische Experimente. Sie zeigen, dass wir ironische Aussagen nicht verstehen, indem wir zuerst das Wörtliche daran analysieren und dann seinen Sinn ins Gegenteil verkehren – wir lösen sie vielmehr kontextbezogen ganzheitlich auf. Ob die Aussage grundsätzlich wahr oder falsch ist, interessiert uns zunächst nicht; wir substituieren nicht das eine für das andere. Wir verarbeiten – entgegen allen Vorstellungen von linguistischer Analytik – ironisch formulierte Aussagen weit schneller als nicht-ironische, die dieselbe Botschaft trocken wörtlich präsentieren. Dies fällt uns umso leichter, wenn wir ein Zitat aufgreifen können, um es mit einem ironischen Tonfall zu unterlegen. Die Intonation verrät uns eine Intention schneller als eine Analyse des Semantischen.

Dies ist psychologisch interessant. Zum einen scheint uns allein schon der Umstand, dass eine Aussage wiederholt wird, eine mögliche Ironie erwarten zu lassen – als wäre jedes Nachahmen potentiell ein negativ gemeintes Nachäffen. Sich bei jemandem, der einem auf eine Bitte hin geholfen hat, zu bedanken, indem man sagt, dass er ›eine große Hilfe war‹, weckt häufig den Verdacht der Ironie – wenn nicht gleich ein verstärkendes ›wirklich‹ dazugesetzt wird, samt einem ›ja!‹

Was aber ist davon zu halten, wenn jemand angesichts eines regnerischen Tages bemerkt: ›Heute ist ja ein gutes Wetter‹? Obwohl hier nichts bereits Gesagtes aufgegriffen wird, verstehen wir den Satz dennoch intuitiv richtig. Zum einen, weil er sich auf eine allgemein geteilte Erwartung bezieht, die von der Realität offensichtlich konterkariert wird. Zum anderen, weil der Sprecher ebenso offensichtlich eine Rolle spielt – er nimmt die Persona eines anderen an, in diesem Fall eines Blinden, und gibt vor, zu einem abwesenden Dritten zu reden. Für den eigentlichen Rezipienten wird die Aussage jedoch sofort als sarkastisch kenntlich, weil er dieses Rollenspiel durchschaut.

Soziale Ironie ist letztlich ein darwinistisches Spiel von Selbstüberhebung und Abwertung anderer und damit *eironeia* im etymologischen Sinn: ein Verhören, ein sich und andere Abfragen nach dem, was eigentlich gemeint ist.

Kognitiv betrachtet, beruht die Ironie noch auf einer zweiten Komponente. Da unser Hirn auf die Prädiktion aller nur denkbaren Ereignisse ausgelegt ist, führt uns die Ironie den Unterschied zwischen Erwartungshaltung und Realität vor – um uns ihre Inkongruenz bewusst zu machen. Der Mechanismus funktioniert wie bei einem Witz: eine bestimmte Erwartung wird aufgebaut, die die Pointe dann unterläuft. Die sich durch diese momentane mentale Orientierungslosigkeit ergebende Anspannung löst sich am Ende in erleichtertem Gelächter auf: potentiell Aggressives wird so sublimiert. Das gilt auch, wenn die Differenz zwischen Erwartungshaltung und Realität einem erst im Nachhinein bewusst wird: so etwa bei Ödipus, der seinen eigenen Untergang heraufbeschwört, weil er den Unterschied zwischen dem, was er *glaubt*, und dem, was *ist*, noch nicht *kennt*.

Für Vico war Ironie noch die höchste zu ersehnende Stufe des Bewusstseins, ein Modus selbstkritischer Reflexion, um Wissenschaft oder Geschichte zu beschreiben. Sie kann aber auch einen kulturellen Endpunkt darstellen und zur geistigen Impotenzerklärung werden. Diese gegenläufigen Wertungen ergeben sich, wenn man die kognitiven Komponenten der Ironie mit ihren sozialen Komponenten koppelt: so wie man zuerst das Paradigmatische menschlichen Handelns erkennen muss, um sich ironisch wertend darüber erheben zu können, lässt sich Ironie auch als reine Ersatzhandlung begreifen, die eine tatsächliche Handlungsunfähigkeit sprachlich kaschiert. Durch den schulterklopfenden Witz der Ironie kann man leichter das eigene Gesicht wahren – dass man dabei nicht Stellung beziehen *muss,* kann jedoch umgekehrt oft verraten, dass man nicht Stellung beziehen *kann.*

3

Wo das gesprochene Wort durch Mimik, Gestik und (einen meist nasalen) Tonfall Ironie unverkennbar unterstreicht, vermag ein Text dies nur durch Anführungszeichen, Fußnoten, kursive Schrifttypen, eine spezielle Typographie, ein akademisches [sic!] oder ein plumpes [!?] anzudeuten. Wo solches ganz fehlt, wird Ironisches schwer *lesbar.* Die Schreibhaltung eines Autors steckt ja nur implizit zwischen den Zeilen; ihre Verkehrung ist deshalb umso schwieriger auszumachen.

Zum poetischen Stilprinzip hingegen wird Ironie in der Collage (wenn sie, wie bei Heißenbüttel oder Brinkmann, Zitate neu kontextualisiert), in der Imitation (wenn Artmann in seiner *Vergänglichkeit und Auferstehung der Schäfferei. XXV Epigrammata in teutschen Alexandrinern gesetzet* die barocke Bukolik nachahmt) oder in der kritischen Pastiche. Dazu zählen Enzensbergers Parodien von Brechts *Radwechsel,* der in Alexandrinern, Terzinen, einem Ghasel, einem Clerihew oder als Konkrete Poesie karikiert wird; hier Distichon und Alkäische Ode daraus:

DER RADWECHSEL

Ich sitze am Straßenrand.
Der Fahrer wechselt das Rad.
Ich bin nicht gern, wo ich herkomme.
Ich bin nicht gern, wo ich hinfahre.
Warum sehe ich den Radwechsel
Mit Ungeduld?

DISTICHON

Ach, auf dem langen Marsch verschlägt
es dem Dichter die Rede.
Ist ihm so ferne vom Ziel ausgegangen
die Luft?

ALKÄISCHE ODE

Dem Phöbus gleich, mit fliegender Rösser Kraft,
So zog er hin. Doch plötzlich im Abendlicht
Auf wüstem Acker stille stehet
Nun die vergoldete Staatskarosse.

Die Diener zünden Fackeln an. Ihrem Herren
Bereiten sie ein Lager am Feuer zu.
Den Wagenschmied zu Hilfe holt vom
Unfernen Maierhof her der Kutscher.

Doch unheilvoll umwölket die Braue sich:
Es quält den Meister rasende Ungeduld,
Und Zornesblitze wirft er allen
 Säumigen zu, bis das Werk getan ist.

Als Eos rosenfingrig erwacht ist, wird
Dem braven Schmiede goldener Lohn zuteil.
Auf seiner Himmelsbahn geschwind, dem
Sonnengott gleich, ist enteilt der Meister.

Das *Distichon* transponiert ein auf anekdotischer Selbsterforschung basierendes Sinngedicht auf semantische Weise: es substituiert ›Ich‹ metonymisch durch
›Dichter‹. Die Ironie ergibt sich durch die von diesem neuen Subjekt abgeleiteten Analogiebildungen, welche sich mit den Begriffen des Originals überschneiden: aus ›Rad‹ wird so ›Rede‹, aus ›mit Ungeduld sehen‹ ein ›die Luft ausgehen‹.
    Bei der *Alkäischen Ode* wird der metonymische Abstand noch größer (von
dem im Original nur implizierten Wagen über die ›Staatskarosse‹ bis zum
Himmelswagen des Sonnengottes zeigt sich auch die Kettenbildung einer Metalepse). Zum kabarettistischen Erfolg trägt das als erhaben antik konnotierte
Strophenmaß bei: es demonstriert, inwieweit bereits Prosodie eine Aussage prägen und unterlaufen kann. Die Inkongruenz von Intonation, poetischer Intention und Sinngehalt ist es, die hier das ironische Lachen auslöst.
    Doch gleich, ob die Diktion eines Gedicht eine vorhandene Spannung zwi-
schen Metrik und Semantik sarkastisch dekonstruiert oder durch eine einge-
schobene Gegenstimme grundsätzliche Ambivalenzen herausarbeitet – Ironie
lässt sich auch als allgemeines Gestaltungsprinzip der Poesie begreifen. Ambiguitäten, Paradoxalem und einer Vielzahl von Bedeutungsebenen Einheitlichkeit verleihen zu wollen, indem ihre Sprache und Form reflektiert werden, hat
bereits etwas Ironisches an sich. Die Moderne hat die Vielfalt ironischer Stilmittel zu ihrer Signatur gemacht – zu ihren in jedem Sinn doppelbödigsten
Werken zählt wohl T. S. Eliots *The Waste Land,* mit seinen changierenden Ton-
fällen und Perspektiven, seinen Zitaten und Collagen, seinen Stimmimitationen
und -reflexionen. Doch je demonstrativer Ironie auftritt, desto mehr beginnt

sie am eigenen Anspruch zu zweifeln. So verkehrt sich ironisches Selbstbewusstsein in etwas, das man ebenfalls nur als englischen Begriff kennt: *self-consciousness* – die Unsicherheit, die sich durch zu viel Reflexion ergibt.

4

Ironie stellt sich durch ein Echo ein, in dem Wort und Sinn auseinandertreten oder sich ganz verkehren. Wo Enzensberger Sprache *und* Musik eines Gedichts ironisiert, erzielen dies andere Beispiele, indem sie die prosodische Kontur belassen, dafür aber Semantisches austauschen – wie etwa die Dada-Sprüche Baargelds:

> Das Ding an sich und das Ding an ihr.
> Der Mensch ist der beste Freund des Weibes.
> Die Liebe auf dem Zweirad ist die wahre Nächstenliebe.
> Die Axt im Haus erspart den Bräutigam.
> Wer gegen den Wind spuckt, besudelt die eigene Mathilde.
> Nieder mit der kompakten Majorität der Damenschneider.

Sie benützen erkennbare Maximen und Sprichwörter als Folie. Die Ironie ergibt sich dadurch, dass sie deren Idiomatik entweder auf den Kopf stellen (statt Hund wird ›Mensch‹ gesetzt; statt Mensch ›Weib‹), Begriffe darin metonymisch substituieren (›Bräutigam‹ statt Zimmermann) oder den Kontext wechseln (vom eckigen Dingbegriff Kants etwa zum rundbusigen Weichen des Weiblichen).

Komplementär lässt sich Ironie herstellen, indem man die Semantik belässt und nur die Sprachmelodie der prosodischen Kontur anders akzentuiert, wie hier in einem Beispiel aus John Hulmes *DE INVENTIONE CANTUS volx. – Poetische Grundlagentexte aus der dekonstruktivistischen Frühgeschichte der deutsch-französischen Cohabitation –*, und sie zudem mit ›akademischen‹ Fußnoten versieht.

> Fou[26] qu'ce d'où astique anse que ce tôt laine,
> Guipe[27] si vie d'air hère.

26 Er putzt den Henkel wie ein Verrückter.
27 Dann macht er gedrehte Fransen.

Sens moustiche²⁸ s'air y est guerre haut laine
Mite²⁹ d'aime j'y ce couvert.

Das Gedicht ist formal die Pastiche eines Kinderliedes, inhaltlich aber eine Persiflage deutscher Wortlautung. Hinter den Zeilen steckt nichts anderes als eine mimologische Transkription von ›Fuchs, du hast die Gans gestohlen‹ ins Französische. Und wieder sagt – gemäß unserer Definition des Ironischen als vorrangig plakativ Aufgefasstem – das ironische Echo eines Textes über den eigentlichen Wahrheitsgehalt des originalen Wortlauts nichts aus. Als sprachlicher Gestus stellt es zunächst nur eine Art Rätsel dar, das – sobald es gelöst ist – uns einen Informationsvorsprung verschafft, der das eigentliche Vergnügen am Text ausmacht. Dann kann man dabei zusehen, welch große Augen jemand beim ersten Lesen dieses Textes macht, der sein Prinzip noch nicht durchschaut hat.

Dass der Autor hierbei auch auf philologische Editionsmethoden anspielt (von den Fußnoten dieses Gedichts zu jenen von Eliots *Waste Land* ist es nur ein relativ kleiner Schritt) und das Akademische als Gegenstimme zum Poetischen setzt, zeigt nicht nur ein Spiel mit zwei Masken. Es charakterisiert auch das Lachen der Ironie: Uneingeweihten gegenüber ist es überheblich; im Kreis derer, die den Witz verstanden haben, wirkt es verbrüdernd.

Diskret eingesetzt, wird Ironie durch die deklarierte Differenz zwischen Intonation, Intention und Semantik zu einem Mittel der Kritik, wie der folgende Gedichtauszug belegen soll:

Über das Heilige III

vorfabrizierte elemente
die eisenarmierten segmente
übereinander aufgewuchtet dreißig meter
hoch zu hundert tonnen christus aus massivbeton
seine arme ausgebreitet nicht um ein blau berstendes meer

die stadt an sich zu ziehen sondern um ans kreuz
des himmels genagelt zu werden
einen kragträger anzubeten

---

28 Vielleicht eine Verwechslung von ›moustique‹ (Moskito) mit ›moustache‹ (Schnurrbart), jedenfalls kurz vor einem Wollkrieg.
29 Eine verdeckte Vorliebe für Motten.

vom bunker seines sockels aus · die wandlung auf dem altar
lallend immergrün der dschungel · *pater peccavi*

In diesen Strophen auf die Jesusstatue am Corcovado ergibt sich Ironie zunächst durch die Gegenüberstellung zweier unterschiedlicher Fachsprachen und ihrer Idiomatik: des Vokabulars der Baustatik und desjenigen des Katholischen. Geringe metonymische Verschiebungen deuten eine erste derogative Distanz an. Statt – idiomatisch passender – ›vorgefertigt‹ wird ›vorfabriziert‹ gesetzt, um das Artifizielle dieses ›Christus‹ zu betonen, während ihm das Fehlen eines bestimmenden Artikels das Uneigentliche von Material verleiht (als Echo auf ›Fels‹ etwa, das ebenfalls keinen Artikel benötigt). Die Kluft zwischen dem originalen Idiom und der ironischen Imitation vergrößert sich noch, wenn in der traditionellen Formel ›ans Kreuz genagelt zu werden‹ ›Kreuz‹ durch ›Himmel‹ substituiert wird – und komplementär dazu der Sockel (auf den wir gewöhnlich Idole stellen) als Bauwerk des Zivilschutzes qualifiziert wird. Wo sich die beiden Fachsprachen überlagern (im ›Kragträger‹ der Baustatik, der zugleich den Priesterkragen meint), ergibt sich dann eine doppelte Ironie.

Das für die Ironie typische uneigentliche Sprechen – das Sprechen durch eine aufgesetzte Maske zu imaginären Dritten – findet in der kursiven Typographie des lateinischen Beichtbekenntnisses Ausdruck. Und der kognitive Bruch nicht erfüllter Erwartungshaltungen wird durch den Titel vorgegeben, um vom Text nicht eingelöst zu werden. Die eigentliche Intention des Textes – Religion als Fabrikat darzustellen – transportiert ein kommentarloses, Kirchenlatein zitierendes Sprechen. Seine implizite Kritik wird erst durch den Kontext und die beiden als Gegenstimmen plazierten Idiomatiken fassbar – bis auf ›blau berstend‹ und ›lallend immergrün‹ haben wir es sonst mit einem wertungsfreien Sprechen zu tun.

5

Erweitert wird die Denkfigur der Ironie durch die Über- und die Untertreibung. Bei der HYPERBEL (›über ein Ziel hinaus geworfen‹), die die Burleske ebenso wie das Heldendrama charakterisiert, ist der Schritt vom Erhabenen zum Lächerlichen meist ein kleiner: das verleiht ihr die ironische Spannung. Was dabei als ›normal‹ zu gelten hat, bestimmt die kulturelle Konvention, wie etwa das folgende Beispiel von H. C. Artmann zeigt. Auf den Status eines Originalgenies, den zuletzt die Dichter der Klassik und Romantik für sich beanspruchten – teils aus Größenwahn, teils aus politischem Kalkül, um sich durch die Berufung auf göttliche Inspiration in einer kleingeistigen Gesellschaft die nötige dichterische Freiheit zu verschaffen –, kann heute nur mehr ironisch Anspruch erhoben werden. Er bleibt so anachronistisch wie die barocke Schreibweise, mit der Artmann die Hyperbel seines Gedichts unterstreicht:

auff den großen lord byron:

du stern vor griechen land im tiefen halb mond finster
du schwerdt & spiegel lord . du kuehnes unruh pendel
du blaetter gleicher vers . du haupt feind aller grendel:
dir gab apoll den ruhm . den andren nur westminster …

Früher einmal allgemeingültige Epitheta – wie sie für den anglosächsischen Dichter des *Beowulf* (in dem das Monster Grendel eine Rolle spielt), den Aoiden als Liebling der apollinischen Musen oder den Poeten als aufgehenden Stern gang und gäbe waren – wirken heute lächerlich, gemäß Pascals Hyperbel, dass »der Mensch ein Nichts im Hinblick auf das All ist, unendlich weit davon entfernt, das Extreme zu begreifen«. Die Übertreibung der Hyperbel wird jedoch nicht nur kulturell kodiert, wenn ihre metaphorische Spannweite zu weit ist, um sie noch als Gestalt zu konfigurieren. Das ist bei ›du kuehnes unruh pendel‹ der Fall: der mechanisch-zyklische Antrieb einer Uhr, das Regelmaß eines Pendels und eine alle Normen missachtende Kühnheit lassen sich nur schwer miteinander vereinen. In der konzeptuellen Inkompatibilität einer Hyperbel liegt ihre Komik – anders als in der letzten Zeile, die ihre Ironie dadurch gewinnt, indem sie dem Götterolymp das englische Parlament gegenüberstellt.

Schreibt ein Dichter über sich selbst, ist meist der spiegelverkehrte Blick angebracht: die MEIOSIS (›Verkleinerung‹). Am Schluss seiner *Sonette an Maria Stuart* urteilt Brodsky etwa:

So führe ich ein Leben, das ich mehr
als alles liebe. Ob was davon übrigbleibt? – Eine Flöte aus Papier – und leer!

Was wir zur Hyperbel gesagt haben, trifft ebenso auf die Meiosis zu – nur unter umgekehrten Vorzeichen. Sie ist das Gegenstück zur Hyperbel, erneut gemäß Pascals Diktum, »daß der Mensch ebenso unfähig ist, die Unendlichkeit zu sehen, von der er verschlungen wird, wie das Nichts, aus dem er gezogen ist«. Die semantische Distanz ihrer Metaphorik bleibt dabei gleichfalls inkongruent: ob man einen Dichter als »stern vor griechen land« oder ein Dichterleben als »Papierflöte« bezeichnet – beide Male werden die Proportionen verzerrt.

Deutlicher als bei der Hyperbel wird im Understatement der Meiosis nur die Kritik, die sie mit einbringt. Sie unterstreicht mit ihrem Zu-wenig-Sagen, dass etwas unterschätzt wurde oder einem gewohnten Usus nicht entspricht: sie wertet. Beides aber fordert durch Lachen Widerspruch heraus. Wo die Hyperbel eine negative abschwächende Reaktion hervorruft (indem man erkennt, dass etwas übertrieben ist), bewirkt die Meiosis hingegen eine positiv verstärkende Reaktion: Brodskys Verse hier sind letztlich ein *fishing for compliments*.

6

Die Ironie unterscheidet sich von der Litotes dadurch, dass die Litotes explizit formuliert, was die Ironie nur impliziert. Von Lord Byron, der sich am Freiheitskampf der Griechen beteiligt hat, zu behaupten, dass er ›ein Kämpfer im Hinterland der Poesie war‹, ist ironisch; eine Litotes dagegen würde es folgendermaßen ausdrücken: ›er war kein Feigling‹. Beide nehmen sie dabei Rekurs auf die Negation: als könnten wir das, was ist und nicht ist, was möglich ist und was nicht, stets nur auf dieselbe Art und Weise denken – mit demselben *modus moderandi*.

Meiosis (›er war nicht gerade ein Held‹) wie Hyperbel (›er war der Erlöser der antiken Zivilisation‹) weichen von der Wahrheit ab: beide verlangen ein korrigierendes Statement. Und beide setzen dafür einen allgemein anerkannten Standard voraus, eine normativ gültige Sichtweise dessen, was eigentlich wahr ist. Das gilt auch sprachpragmatisch. Beide verletzen die Gricesche Maxime der Qualität (der zufolge man grundsätzlich das sagt, was man für *wahr* hält) und die Gricesche Maxime der Quantität (der zufolge man zu einer Konversation so viel besteuert, wie minimal zu ihrem Verständnis nötig ist – nicht *mehr* und nicht *weniger*). Als Regelbruch aufgefasst, heißt dies nun, dass Hyperbel wie Meiosis dazu anhalten, ihren Sinn jenseits des Wörtlichen zu suchen. Wie alle Poesie.

In diesem Sinne erläuterte der 78-jährige Thomas Mann in einer Rundfunkdiskussion den Stellenwert der Ironie in seinem Gesamtwerk durch den Eindruck, den ein Wort Goethes auf ihn gemacht hatte:

Ironie ist das Körnchen Salz, durch das Aufgetischtes überhaupt erst genießbar wird. Eine sehr merkwürdige Äußerung. Man könnte aus ihr schließen, dass Goethe die Ironie fast mit dem Prinzip des Künstlerischen überhaupt übereinstimmen bzw. zusammenfallen lässt. Man könnte daraus schließen, dass er die Ironie gleichsetzt mit jener künstlerischen Objektivität, derer er sich zeit seines Lebens befleißigt hat, dass er sie gleichsetzt mit dem Abstand, den die Kunst von ihrem Objekt nimmt, dass Ironie eben dieser Abstand ist, indem sie über den Dingen schwebt und auf sie herablächelt, so sehr sie zugleich den Lauschenden oder Lesenden in sie verwickelt, in sie einspinnt. Man könnte die Ironie gleichsetzen mit dem Kunstprinzip des Apollinischen, wie der ästhetische Terminus lautet, denn Apoll, der Fernhintreffende, ist der Gott der Ferne, der Gott der Distanz, der Objektivität, der Gott der Ironie. Objektivität ist Ironie – und der epische Kunstgeist; man könnte ihn als den Geist der Ironie ansprechen.

Gibbs, Raymond W. (1994), *The Poetics of Mind – Figurative Thought, Language, and Understanding,* Cambridge

Box 36. Hirnwitz und Ironie oder
wie verhüten Techniker?

Carlo Schmidt sagte einmal, der jüdische Witz sei »heiter hingenommene Trauer über die Gegensätze dieser Welt. Er zeigt immer wieder auf, dass – eben in dieser Welt voller Logik – die Gleichungen, die ohne Rest aufgehen, nicht stimmen können.«
Von Aristoteles über Descartes, Hobbes, Kant, Schopenhauer und Bergson bis hin zur modernen Neurowissenschaft hat das Phänomen des Witzes immer wieder Denker und Forscher zu Theorien und Experimenten angeregt. In seinem Werk *Komik und Humor* aus dem Jahre 1898 zerstückelt der philosophische Psychologe Theodor Lipps, ein Schüler Freuds, argumentativ gewitzt zunächst ein halbes Dutzend zeitgenössischer Theorien den Witz betreffend, um dann seine eigene Theorie zu unterbreiten

> »Ist die Komik, wie man behauptet hat, ein Wechsel von Lust und Unlust? Diese Frage haben wir verneint. Und wir müssen bei dieser Verneinung bleiben. Wechsel von Lust und Unlust ist: Wechsel von Lust und Unlust, und weiter nichts. Das Gefühl der Komik aber ist ein eigenartiges Gefühl. Es ist nicht jetzt reine Lust, jetzt reine Unlust, sondern immer dies Besondere, das wir eben um seiner Besonderheit willen mit dem besonderen Namen ›Gefühl der Komik‹ bezeichnen ... Nach all dem müssen wir bei der Erklärung bleiben, die ich schon abgab: Das Gefühl der Komik ist nicht irgendwie aus anderen Gefühlen zusammengesetzt, sondern es ist ein eigenartig neues Gefühl. Es ist das eigenartig neue Gefühl, das

man niemand beschreiben kann, der es nicht kennt, und das man dem nicht zu beschreiben braucht, der es kennt. Oder vielmehr das Gefühl der Komik ist ein zusammenfassender Name für viele eigenartige Gefühle, die aber ein Gemeinsames haben, um dessen willen wir sie als Gefühle der Komik bezeichnen.«

Ein paar Jahre später, 1905, sah Sigmund Freud in *Der Witz und seine Beziehung zum Unbewußten* darin eine Technik zur Einsparung von Konflikten und zum Lustgewinn. Der Lustgewinn beruhe auf einer kurzzeitigen Lockerung von unbewussten Verdrängungen. Durch die Solidarisierung mit Gleichgesinnten wirke der Witz gegen Autoritäten, gegen den Sinn – oder auch gegen Andersdenkende. Symptomatisch sei, dass der Witz verfliege, sobald man ihn erkläre. Denn im Moment der Erklärung werde der Pointe das Überraschungsmoment genommen – und stattdessen geklärt, was der Ernst der Situation sei, um damit wieder den gebotenen Ernst herzustellen.

Ein Pionier der Affektiven Neurowissenschaft, der Neurologe Ray Dolan, untersuchte 2001, welche neuronalen Netzwerke aktiv werden, hören Probanden semantische und phonologische Witze. Dazu zählen Witze, die mit Wortbedeutungen spielen (›Wie verhüten Techniker? – Mit ihrer Persönlichkeit‹), oder Wortspiele, die auf dem ähnlichen Klang zweier Wörter beruhen (›Was tut eine Blondine in Indien? Man sagte ihr: die Toilette ist am Ende des Ganges‹). Während der Messung sollten die Probanden nicht lachen. Danach bewerteten sie die je 30 Witze auf einer Skala von eins bis fünf.

Die Befunde zeigten erwartungsgemäß, dass Gehirnregionen, die normalerweise für die Verarbeitung von Bedeutung zuständig sind, bei den semantischen Witzen aktiviert wurden, während solche, die bei der Sprachproduktion eine Rolle spielen, bei den Wortspielen aktiviert waren. Für beide Arten von Witzen jedoch wurde der Teil des Gehirns aktiviert, der belohnungsorientiertes Verhalten steuert – der sogenannte mediale präfrontale Kortex. Die Aktivierung dieser Region korrelierte darüber hinaus mit der Bewertung der Witzigkeit. Dolan schließt daraus, dass separate Areale im Gehirn verschiedene Arten von Witzen verarbeiten.

In den letzten Jahren hat ein Dutzend weiterer Studien sich dem Thema Witz und Gehirn gewidmet und gezeigt, dass mehrere Hirngebiete bei unterschiedlichem Stimulusmaterial (akustisch/visuell/verbal/nonverbal) aktiv waren. Die Tübinger kognitive Neuropsychiaterin Barbara Wild fasste die Untersuchungsergebnisse kürzlich zusammen und fand Aktivierungen linksseitig in einem halben Dutzend linksseitiger Brodmann-Areale. Rechtsseitig gab es insgesamt weniger aktivierte Areale (Areal 37 in 7 Studien, Areale 21, 22 und 38 in 4 Studien). Diese Areale sind entweder mit Sprachfunktionen und emotionaler Verarbeitung in Verbindung gebracht worden (Areale 47, 37, 38, 44, 21, 22), mit Gedächtnisfunktionen (Areal 9), mit komplexen visuellen Prozessen (Areal 37), mit der Verarbeitung von Prosodie (Areal 22) oder mit der Zuschreibung von Intentionen (Areal 21). Wild schließt aus diesen Befunden:

»dass es kein ›Humorzentrum‹ gibt, sondern dass durch witziges Material ein Netzwerk verschiedener Gebiete aktiviert wird, deren Zusammenspiel das

Erkennen und die Reaktion auf Witze bewirkt. Dabei handelt es sich um ›Werkzeuge‹, die auch bei nichtwitzigen Aufgaben eingesetzt werden, wie z. B. das Arbeitsgedächtnis oder Fähigkeiten der Spracherkennung. Für das Verständnis vieler Witze ist es zudem notwendig, eine Theory of Mind bilden zu können. Damit ist gemeint, zu verstehen, was andere Menschen planen oder denken.«

Die Psychologin Simone Shamay-Tsoory von der Universität Haifa hat 2005 jene Hirnregionen untersucht, die beim Verstehen von Ironie und Sarkasmus aktiviert werden. Sie stellte fest, dass vor allem drei zentrale Bereiche für das richtige Wahrnehmen und Interpretieren von Sarkasmus oder Ironie zuständig sind und eine Beschädigung des präfrontalen Kortex ein sinngemäßes Verstehen unterbindet. Während die in der linken Gehirnhälfte angesiedelten sprachrelevanten Areale für die wörtliche Interpretation von ironischen Äußerungen zuständig sind – ähnlich wie bei Metaphern –, erfassen der präfrontale Kortex und Teile der rechten Gehirnhälfte laut Shamay-Tsoory den sozialen und emotionalen Kontext einer Sprachbotschaft.

Erst durch das Zusammenwirken aller drei Bereiche werden Sarkasmus und Ironie richtig interpretiert. Das Verständnis von Ironie und Sarkasmus ist für Shamay-Tsoory ein komplexer Prozess, der vor allem auf dem Kontextverständnis einer Situation beruht. Ironie ist in ihren Augen ein Teilbereich sozialer Konversation, der nur durch ein differenziertes soziales Denken und ein ausgereiftes empathisches Verhalten (›Theory of Mind‹) zustande kommt und verstanden wird. Vielen autistischen Personen fehlt diese Fähigkeit, ähnlich wie kleinen Kindern, weshalb sie Sarkasmus und Ironie nicht richtig deuten können.

Zohar Eviatar verfeinerte die Studie von Shamay-Tsoory, indem er wörtliche, metaphorische und ironische Äußerungen verglich. Die metaphorischen ergaben deutlich höhere Aktivationsmaxima im linken inferioren Frontalgyrus als die wörtlichen und ironischen Äußerungen, während die ironischen am stärksten den rechten superioren und mittleren Temporalgyrus aktivierten. Eviatar interpretierte die spezifische Rolle der rechten Hirnhälfte beim Ironieverständnis dahingehend, dass sie dabei helfe, die kommunikative Bedeutung einer Äußerung von ihrer informativen Bedeutung zu dissoziieren – im Sinne der auf der Griceschen Sprechakttheorie aufbauenden Relevanztheorie von Sperber und Wilson.

Die Entwicklungspsychologie hat sich mit der Frage beschäftigt, ab welchem Alter Kinder Ironie begreifen. Expertinnen wie Ellen Winner meinen, Kinder könnten allgemein ab sechs Jahren verstehen, dass ein ironischer Sprecher das, was er sagt, nicht wirklich meint (diese ›Mittelwertsangabe‹ schließt nicht aus, dass einzelne Kinder in bestimmten Kontexten schon früher Ironie verstehen). Empirische Studien lassen aber auf eine systematische, sich bis in die Pubertät erstreckende Weiterentwicklung schließen. Sie verläuft für das Verständnis ironischer Kritik (positive Äußerungen, die etwas Negatives vermitteln sollen, wie ›Du bist ein toller Torwartkiller‹, bezogen auf jemanden, der gerade einen Elfmeter verschossen hat) anders als für ironische Komplimente (negative Äußerungen, die etwas Positives vermitteln sollen, wie ›Du bist so ein Versager‹, bezogen auf einen Elfmeterschützen, der gerade getroffen hat).

Was ironische Kritik betrifft, entwickelt sich der Psycholinguistin Penny Pexman zufolge offenbar zuerst das Verständnis für das, was der Sprecher glaubt; erst danach verstehen Kinder die ironische Absicht und Haltung des Sprechers. Ironische Komplimente betreffend, entwickelt sich das Verständnis für das, was der Sprecher glaubt, zusammen mit dem Verstehen seiner ironischen Absicht. Erst danach lernen Kinder, auch die Haltung des Sprechers zu verstehen.

Eviatar, Z., & Just, M. (2006). »Brain correlates of discourse processing: An fMRI investigation of irony and metaphor processing«. *Neuropsychologia*, 44 (12), 2348–2359

Freud, S. (1905/1986). *Der Witz und seine Beziehung zum Unbewußten*. Frankfurt/M: Fischer Taschenbuch-Verlag

Goel, V., & Dolan, R. J. (2001). »Functional neuroanatomy of humor: Segregating cognitive & affective components«. *Nature Neuroscience*, 4, 237–238

Lipps, Th. (1898). *Komik und Humor. Eine psychologisch-ästhetische Untersuchung*, Hamburg, Leipzig: L. Voss

Pexman, P. M., & Glenwright, M. (2007). »How do typically developing children grasp the meaning of verbal irony?«. *Journal of Neurolinguistics*, 20, 178–196

Shamay-Tsoory, S. G., Tomer, R., & Aharon-Peretz, J. (2005). »The neuroanatomical basis of understanding sarcasm and its relationship to social cognition«. *Neuropsychology*, 19, 288–300

Sperber, D., & Wilson, D. (1995). *Relevance: Communication and Cognition*. Oxford: Blackwell

Wild B. (2010). »Humor und Gehirn. Neurobiologische Aspekte«. *Zeitschrift für Gerontologie und Geriatrie*, 43, 31–35

Winner, E. (1988). *The Point of Words: Children's Understanding of Metaphor and Irony*. Cambridge: Harvard University Press

XI – BILDLOGIK UND KATACHRESE

1

Als Admiral Beatty bei der Seeschlacht um Jütland nacheinander zwei seiner Schiffe untergehen sah, soll er gesagt haben: »Mit unseren verdammten Schiffen scheint heute etwas nicht in Ordnung zu sein.« Ironisch umformulieren ließe sich diese Meiosis mit: ›Schönes Schauspiel‹ und als Hyperbel ausdrücken durch: ›Wir erleben gerade den Untergang der westlichen Welt‹.

Hyperbel und Meiosis stellen sprachliche Entsprechungen zur optischen Täuschung der Verzerrung dar. Ein und dasselbe Faktum (›zwei untergehende Schiffe‹) wirkt dabei größer beziehungsweise kleiner, als es wirklich ist. Der *modus operandi* bleibt derselbe: der Zentralbegriff einer Kategorie (›Schiffsuntergang‹) wird durch eine an der Peripherie seines Bedeutungskreises liegende Metonymie ersetzt (›nicht in Ordnung seiendes Schiff‹ bzw. ›Weltuntergang‹). Beide Male ist die Aussage jedoch faktisch richtig (mit einem untergehenden Schiff *ist* etwas nicht in Ordnung; mit einem Schiff geht *auch* ein Teil der Welt unter), und wir lösen sie auch sprachpragmatisch richtig auf.

Der sprachliche Effekt der Verzerrung entspricht den Längenverzerrungen der Müller-Lyell-Täuschung, die durch nach innen oder nach außen weisende Pfeile bewirkt wird. Die semantischen Vektoren der Über- und Untertreibung lassen etwas einmal als größer, einmal als kleiner erscheinen; die begriffliche Distanz zur Mitte und die sich dadurch ergebende ›Bedeutungslänge‹ bleiben aber dieselbe.

›Über‹- und ›Unter‹-treibungen: Bei unserer Diskussion haben sich schon vorher begriffliche Analogien zur Länge eingeschlichen. Wie wir etwa in unserem Exkurs über die Mathematik und die Kategorienbildung sahen, nehmen wir die Relationen zwischen Begriffen wahr, als wären sie Relationen zwischen Dingen. Wir denken mit ihnen, als würden wir uns in einem Raum bewegen, und schreiben ihnen ›Größe‹, ›Distanz‹, ›Mitte‹ und ›Proportionen‹ zu. Von der Mitte unserer Perspektive aus versuchen wir eine Mitte an den Dingen zu entdecken; so wie wir eine Reichweite und einen Aktionsradius besitzen, identifizieren wir an den Dingen einen Bedeutungshof von Zentrum und Peripherie. Und so wie wir uns selbst als Körper mit Gliedern und innerer Bewegung empfinden, verleihen wir auch den Dingen eine begriffliche Gestalt. Wir fassen sie als

Gliederpuppen auf, die Größe, Proportionen und Eigenvektoren besitzen – nur so wird die Bezeichnung einer Aussage als ›Über‹- und ›Unter‹-treibung verständlich.

2

Die wahrnehmungspsychologischen Gesetze greifen begrifflich, als Grundprinzipien jeder kategoriellen Modellbildung:

1. Wir trennen eine Figur vom Grund.
2. Wir sehen jedes Reizmuster so, dass die resultierende Struktur so einfach wie möglich ist (Gesetz der guten Gestalt).
3. Ähnliche oder nahe Dinge erscheinen uns zu Gruppen geordnet (Gesetz der Ähnlichkeit und der Nähe).
4. Wir tendieren dazu, Punkte auf direktestem Weg zu Linien zu verbinden (Gesetz der fortgesetzt durchgehenden Linie).
5. Dinge, die sich in die gleiche Richtung bewegen, erscheinen uns zusammengehörig (Gesetz des gemeinsamen Schicksals).

So wie wir auf diese Weise auf Dinge schauen, nehmen wir die Verhältnisse zwischen Begriffen wahr. Unsere Wahrnehmung identifiziert das Relevante und bezieht es auf uns zurück. Die Projektionsrichtung geht zuerst von A nach B und danach von B nach A. Doch damit ist sie nicht gleichwertig reversibel, sondern asymmetrisch. Das gilt auch sprachlich: A ist wie B, B jedoch nicht im gleichen Maß wie A – wir benützen B nur, um über A etwas auszusagen. Unsere semantischen Projektionen richten sich ebenfalls in der Regel auf das relevanteste oder auffallendste Merkmal: eine Ellipse ähnelt einem Kreis, ein Portrait einer Person, ein Sohn seinem Vater. Dass sich das nur im Ausnahmefall umkehren lässt, hat damit zu tun, dass wir um möglichst ökonomische Modellbildungen bemüht sind. Je mehr sich in einem Modell integrieren lässt, je mehr Gestaltgesetze sich auf eine Kategorie zurückbeziehen lassen, desto besser: eine Ellipse ist für uns hinlänglich ein Epiphänomen der Kategorie ›Kreis‹, ein Portrait das Abbild einer Person und ein Sohn zum Vater gehörig, weil wir am Prototypischen interessiert sind.

3

Am SIMILE zeigt sich dies deutlich. Sein *Wie* gibt die Projektionsrichtung von A nach B vor; wir lösen es sodann auf, indem wir B in A integrieren – und dadurch unser Modell von A um die Aspekte von B erweitern, entsprechend den Gestaltprinzipien unserer Wahrnehmung. Dieser Prozess greift selbst dann, wenn – wie im folgenden Beispiel von Ezra Pound – das *Wie* unterdrückt wird, um die größere Nähe des Metaphorischen zu erzeugen:

IN A STATION OF THE METRO

The apparition of these faces in the crowd;
Petals on a wet, black bough.

IN EINER STATION DER METRO

Das erscheinen dieser gesichter in der menge;
Blütenblätter auf einem nassen, schwarzen ast.

Der Titel liefert uns den Hintergrund, eine Station der Pariser Untergrundbahn mit ihren typischen Art-Nouveau-Dekorationen. Erst davon abgehoben identifizieren wir die eigentliche Figur. Durch die Projektion von ›gesichter‹ auf ›blütenblätter‹ leiten wir für ›gesichter‹ rückbezüglich Adjektive wie bleich und weiß ab; durch die Projektion von ›menge‹ auf ›ast‹ leiten wir ab, dass die Menschen – gemäß dem Gesetz der guten Gestalt und der fortgesetzten Linie – nicht etwa sitzen, sondern aufgereiht stehen. Das Metrum des ersten Verses unterstreicht dies durch seine musikalische Gestalt: Der Päon mit drei unbetonten und einer betonten Silbe impliziert, dass es keine geschlossene Menge ist, sondern jeder vom anderen Abstand hält; und der dreifache Iktus am Versende markiert, dass der Fokus des Vergleichs auf dem ›nassen, schwarzen ast‹ liegt.

Über die Kriterien der Gestalt gewinnt das Bild seine Details. Die Figur auf den Grund zurückprojizierend, stellen wir die Menge am Bahnsteig auf, nicht etwa in der Schalterhalle. Über das Gesetz der Ähnlichkeit erschließen wir sogar den Blickpunkt des Bildes: er kann sich nur auf dem gegenüberliegenden Bahnsteig befinden – anders lässt sich das Aufgefädelte von Gesichtern in der Menge gar nicht sehen. Damit ergibt sich – wiederum über das Gesetz der guten Gestalt und der Nähe und Ähnlichkeit – das, worauf der ›nasse schwarze ast‹ sich eigentlich bezieht: nicht auf die Reihe von Menschen, sondern vielmehr auf den schmutzig schwarzen Mauerstreifen des über dem Gleis erhöht liegenden Bahnsteigs. Dort stehen die Menschen vor uns auf dieselbe Weise, wie Zweige und Blüten (Körper und Köpfe) von einem Ast abstehen.

Dank der Legende des Titels malen wir uns somit eine Imago aus, die in zwei Zeilen die Genauigkeit einer Photographie entwickelt. Bezeichnend ist, dass wir das Gedicht als Vergleich auffassen, obwohl kein *Wie* es als solchen ausweist. Trotz des einen Zusammenhang suggerierenden Semikolons und der Assonanz des Reims liegen uns streng genommen nur zwei aneinandergereihte Bilder vor. Es ist allein unsere Tendenz zur Modellbildung, die sie aufeinander bezieht, um sie dann zu überblenden: dadurch konstruieren wir aus Einzelteilen *ein* mentales Diagramm. So wie unser Gehirn ein Objekt durch die Informationen über das *Was*, *Wie* und *Wo* zusammensetzt, durch Farbe, Form und Lage, stellen wir es uns dann als Bild vor. Dessen räumliche Tiefe bleibt allerdings beschränkt: das Simile ist, im Unterschied zur Metapher, in seinem Wesen eher flächig.

4

Die METAPHER versteht ebenfalls eine Sache mittels einer anderen; doch sie wirkt weitaus räumlicher und lebendiger, weil wir bei ihr nicht auf eine so klare diagrammatische Modellbildung zurückgreifen können. Demonstrieren lässt sich dies an einem Beispiel Stephen Spenders:

nachmittag brennt auf den drähten der see

Zum einen geht der Blickpunkt der Projektion nicht direkt von uns aus; wir müssen uns erst in ein Agens hineinversetzen (den ›nachmittag‹, der dadurch personifizierende Züge erhält). Um die Metapher aufzulösen, können wir nicht auf eine Liste von abrufbaren kategoriellen Eigenschaften zurückgreifen; wir sind vielmehr gezwungen, ein Szenario zu entwerfen, in dem sie stimmig werden. Um das Bild von Telegraphendrähten und Wellenkämmen in Deckung zu bringen, muss der Nachmittag in unserer Vorstellung erst windig werden, damit sich jene langen Linien von Gischt ergeben, die mit Drähten verglichen werden können. Dazu muss der Tag klar, hell und heiß geraten, um das Meer zum durchsichtigen Spiegel werden zu lassen: erst dann hebt sich die Figur von ihrem Hintergrund ab. Damit die Perspektive passt, benötigen wir auch einen Blick von oben, also von der Sonne aus. All dies schafft Weite und Tiefe – und eine Eindrücklichkeit, die sich ergibt, indem wir den Bildraum zunächst quasi dreidimensional erlebbar machen, um ihn aufgrund dessen dann zu begreifen. Da wir uns nicht wie bei einem Vergleich der implizit darin angelegten Strukturen bedienen können, müssen wir das wenige, das gesagt ist, durch rein subjektive Assoziationen vervollständigen. Die wahrnehmungspsychologischen Prinzipien gelten weiterhin; sie lassen sich jedoch an weniger Details festmachen. Wir tendieren zwar nach wie vor zur Modellbildung, doch statt uns auf ein bereits existierendes Paradigma zu beziehen, erstellen wir ein neues, in dem Eigenschaften von B durch einen possessiven Genitiv in A integriert werden.

5

Ist das Modell einer Metapher brauchbar, sinkt sie ab und wird zum Bestandteil der Umgangssprache. Meist bleibt das Modell aber flüchtig und improvisiert, zeigt sich seine gute Gestalt erst unter einem speziellen Blickwinkel und in einem speziellen Kontext. Je schwieriger sich die Modellbildung gestaltet, desto größer die KATACHRESE – der ›Missbrauch‹ von Sprache und der gestaltbildenden Prinzipien. Es kommt dann zu Bildsprüngen wie etwa bei Dylan Thomas' Metapher:

> die sonne brüllt am gebetsende

Animalisches, Humanes und Unbelebtes, Sprachliches und Nichtsprachliches finden sich darin vermengt, ohne dass sich noch gestalthafte Bilder entwerfen ließen. Jedes dieser Worte gibt uns zwar ein *Wie, Was* und *Wo* vor, aber sie lassen sich kaum mehr in ein herkömmliches Szenario einbinden: Das auf einen personifizierten Gott gerichtete Gebet wird pantheistisch animalisiert, seine Diktion zum Urweltgeräusch und jede Art von Kausalität und temporaler Abfolge von der Gleichzeitigkeit des ›am‹ aufgehoben.

Ist Thomas' Metapher als Metamorphose eines animistischen Universums gerade noch begreiflich, fällt dies bei Hyperbeln, Metalepsen und Oxymora noch schwerer. Zu einem Bildschema überblendet, ergeben sich eher jene Strukturen, die uns von den optischen Täuschungen her bekannt sind. Kommen wir dazu noch einmal auf Dylan Thomas zurück:

> Geh nicht gelassen in diese gute nacht,
> brennen soll das alter, ob des sinkenden tages rasen,
> vor zorn toben, toben gegen das sterbende licht.

Wiewohl weise männer am ende wissen, das dunkel hatte recht,
weil ihre worte den blitz nie spalten konnten,
gehen sie nicht gelassen in diese gute nacht.

Gute männer, die letzte welle vorüber, klagen wie leicht
ihre flüchtigen taten in der grünen bucht hätten tanzen können –
sie toben vor zorn, toben gegen das sterbende licht.

Wilde männer sangen die sonne die sie fingen auf der flucht
und lernten zu spät, daß sie sie auf ihrer bahn nur härmten –
sie gehen nicht gelassen in diese gute nacht.

Ernste, dem tod nahe männer, die mit blendender sicht
blinde augen wie meteore lodern sahen, vor glück strahlend –
sie toben vor zorn, toben gegen das sterbende licht.

Und du, mein vater, dort auf deiner traurigen wacht,
verfluch mich, segne mich, bitte, mit der strenge deiner tränen.
Geh nicht gelassen in diese gute nacht.
Tobe vor zorn, tobe gegen das sterbende licht.

Alle vier Gattungen der optischen Täuschung finden sich hier in sprachlichen
Entsprechungen wieder:

– *Ambiguität:* ›blinde wie meteore lodernde augen‹ oszillieren zwischen dem
Aspekt des Blinden und dem des Leuchtenden.
– *Verzerrung:* Sie findet sich in den vielen Hyperbeln des Gedichts – von
›blitze spaltenden worten‹, dem ›singen der sonne‹ bis zu ›männern, die die
sonne fangen‹. Einen metaleptischen Bildsprung führen die ›in der bucht
tanzenden taten‹ vor, wobei personifizierende Bedeutungsketten übersprun-
gen werden: ›tun‹ heißt ›handeln‹ heißt ›sich bewegen‹ heißt ›tanzen‹; ›bucht‹
heißt ›fläche‹ heißt ›tanzboden‹.
– *Fiktion:* Die ›gehärmte sonne‹ impliziert die Fiktion einer personifizierten
Sonne.
– *Paradoxon:* Die ›blendende sicht blinder augen‹ stellt konträre Eigenschaften antithetisch gegeneinander: ›blind‹/›sicht‹ und ›blind‹/blendend‹.

Die Irritation dieser Denkfiguren rührt daher, dass wir sie in einem Modell abzubilden versuchen, A und B in ihren Eigenschaften aber nicht einmal proportional übereinstimmen. Wir sind am ehesten noch in der Lage, gemeinsame Bedeutungsmitten zu suggerieren; die Modelle jedoch, die sich von ihnen ableiten lassen, bleiben paradox, verzerrt, fiktiv und ambig.

Fauconnier, Gilles, & Mark Turner (2002), *The Way We Think – Conceptual Blending and the Mind's Hidden Complexity*, New York
Fogelin, Robert J. (1988), *Figuratively Speaking*, Yale
Goldstein, E. Bruce (1997), *Wahrnehmungspsychologie – Eine Einführung*, Heidelberg

XII – DAS GEDICHT

1

Nach all diesen Exkursen zu einzelnen Aspekten der Poesie sind wir noch das Exempel schuldig, an dem sich das Zusammenspiel diverser Ebenen in einem Gedicht aufzeigen lässt. Dafür eignet sich François Villons *Rondeau*, ein Vierzeiler, den er nach der Verkündung seines Todesurteils schrieb:

Je suis François, dont il me poise,	Ich bin François,
Né de Paris emprès Pontoise,	was schwerwiegend für mich ist,
Et de la corde d'une toise	Geboren in Paris bei Pontoise,
Saura mon col que mon cul poise.	Und von einem Strick von einer Elle
	Wird mein Hals wissen,
	was mein Hintern wiegt.

Form und Inhalt bedingen sich in einem Gedicht gegenseitig; fehlt die Form – wie hier in dieser rein wörtlichen Übersetzung –, zerfällt der Inhalt in seine Fragmente und zeigt Risse. Sucht man die einzelnen Teile dann in einer anderen Sprache wieder zu einem Ganzen zusammenzusetzen, merkt man schnell, dass die poetischen Mechanismen, die ineinandergreifen sollen, entweder zu haken beginnen oder man sich den Inhalt der Form wegen zurechtbiegen muss. Das erste Problem wirft schon das Homonym ›François‹ auf: es bezeichnet sowohl Villons Vornamen wie einen Bewohner der Region der Île-de-France (deren Rechtsprechung Villon sein Urteil verdankt). Das zweite Problem wird durch die Ortsbestimmung von Paris durch Pontoise (nicht umgekehrt) bedingt.

Der expressionistische Dichter Paul Zech hat das Gedicht folgendermaßen übersetzt:

Ich bin Franzose, was mir gar nicht paßt,
geboren zu Paris, das jetzt tief unten liegt,
ich hänge nämlich meterlang an einem Ulmenast
und spür am Hals, wie schwer mein Arsch hier wiegt.

Trotz des im Vergleich zum Original sprachlich leichter zu bewältigenden Reimschemas muss Zech auf den ›Franz‹ verzichten, die Ironie der Ortsbezeichnung platt ausmalen und das Futurum des Gedichts ins Präsens setzen: was aus Villon jemanden macht, der, noch am Galgen baumelnd, vier Verse zu schreiben vermag.

Walter Küchler versucht die Problematik anders zu lösen:

Franz bin ich, gram drum dem Geschicke,
Geboren in Paris, nah bei Oisebrücke,
Und wissen wird, am ellenlangen Stricke,
Wie schwer mein Hintern wiegt, bald meine Genicke.

Bei Küchler fällt nun der Franzose unter den Tisch, das antiquierte ›gram‹ und ›Geschick‹ nimmt der Geschichte nicht nur ihre direkte Prägnanz, sondern führt eine übergeordnete Schicksalsinstanz ein, die Villons Eigenverantwortlichkeit reduziert. Dazu deutscht er Pontoise auf eher lächerliche Art ein – wobei ihn die ›Brücke‹ dazu zwingt, den Reimen ein ›-e‹ als Paragoge anzuhängen. Das Reimschema samt Zeilenzäsuren bleibt so bewahrt, ohne aber durch den Inhalt zwingend determiniert zu werden.

Carl Fischer wiederum versucht es so:

Der Franz-os ich, ein Mißgeschick,
bin aus Paris bei Oisebrück,
bald merkt mein Hals am langen Strick:
mein Hintern bricht mir das Genick.

Ein Missgeschick ist hier vielmehr die erste übersetzte Zeile, weil sie die Homonymie des ›François‹ als platten Kalauer präsentiert und Name wie Nationalität kaum als eine eigene Unvorsichtigkeit aufgefasst werden können. Dazu deutscht auch Fischer Pontoise ein, als hätte man dort weiterhin fränkisch gesprochen. Und der kurze Strick ist nun plötzlich lang geworden, was er bei Villons Galgen nicht ist, da man die Leute damals erdrosselte, ohne ihnen das Genick zu brechen. Dafür aber sitzt die Schlusszeile endlich straff genug, um ihre Pointe abzuliefern.

Nachdichtungen können, verständlicherweise, stets nur eine Ahnung vom Original wiedergeben. Sehen wir uns deshalb an, was Villons Gedicht eigentlich sagt – und *wie* es das tut. Das Ich darin ist zunächst, symptomatisch für die Zeit, so ich- wie fremdbestimmt, so autonom wie noch unterworfenes Subjekt. Es maßt sich zwar das *Ich Bin* eines Königs an – aber dies nur in der relativen Freiheit einer Galgenfrist. Dieser Selbstüberhebung hatte Villon wohl sein Urteil zu verdanken: sowohl der Umstand, dass er der notorische François ist, wie die Tatsache, dass er aus der Île-de-France stammt, werden zum Grund seines Unglücks.

Der erste Halbvers – *je suis François* – stellt die Formel dar, mit der sich das ganze Gedicht entwickeln lässt. Seine Homonymie ist das Paradigma, von dem sich homophon (-*ois*) auch die Endreime ableiten; er setzt die Zäsur, die dann die Verslänge bestimmt; und sein Versfuß gibt zugleich das Metrum vor: den Päon. Sein auf drei unbetonte Silben folgender Iktus imitiert onomatopoetisch jemanden, der, am Galgen hängend, nur noch kurz Luft holen kann. Selbst der einzige handwerkliche Lapsus, den das Gedicht aufweist – ein metrischer Lapsus –, wird dem gerecht. Denn der Versfuß weicht bei *de la cór-de d'úne tói-se* vom Regelmaß ab und lässt zusätzlich die Konsonanten k, d und t aufeinanderstoßen. Was ein metrischer Verstoß scheint, erweist sich so als motiviert: besser lässt sich das Würgende eines Stricks kaum wiedergeben.

Ihren Galgenhumor erhalten die Verse durch die eingesetzten Stilfiguren. Die Metonymie der ersten Zeile – dass nicht eine Tat schwerwiegende Folgen hat, sondern allein die Tatsache, François zu sein – ist so apologetisch wie jede Verteidigungsrede vor Gericht, die sich auf äußere Umstände herausredet: die Metonymie schwächt grundsätzlich Kausalitäten ab, indem sie sie auf eher oberflächliche Verbindungen reduziert. Ursache und Wirkung werden jedoch – verdrängt auf das Un-Bewusste des Klangs, als Freudscher Versprecher gewissermaßen – durch Alliterationen stark akzentuiert: das P von *poise* bringt Villons Schwerenöterei mit Paris und Pontoise in ursächliche Verbindung, das C des Stricks (*córde*) diese dann mit der Last von Hals (*col*) und Hintern (*cul*).

Als Modell ließe sich davon auch das Genre der Konkreten Poesie ableiten, die – gewissermaßen in einem poetischen ›Kol-Kül‹ – zwischen dem COL und dem CUL eine typographische Progression entwerfen könnte.

Der verächtliche Kommentar zum Gerichtsstand Paris beruht dagegen auf einer Metalepse. Statt, unserer natürlichen Kategorienbildung gemäß, die Peripherie durch die Mitte zu bestimmen, lässt Villon hier nicht Pontoise bei Paris liegen; er stellt Pontoise ins Zentrum. Indem die eigentliche Hauptstadt damit auf den Rang einer Vorstadt ›erniedrigt‹ wird, ergibt sich dadurch semantisch gesehen auch eine Figur der Meiosis.

Die Synekdoche der dritten Zeile – ein ellenlanger Strick als *pars pro toto* für den Galgen – lässt durch ihr objektives Detail eine direkte, definitive und konkrete Realität eindrücklich werden: diese Art von Strang ist es, die einen zu Tode bringt. Die Synekdochen des letzten Verses hingegen bewirken den gegenteiligen Effekt. Dadurch, dass nur Körperteile genannt werden, als wären sie unabhängig vom Ich, setzt sich ein Verdrängungsmechanismus in Gang: suggeriert wird ein Über-den-Tod-hinaus-Denken – zumindest für den Hals … Dass der Kopf büßen muss, was der Unterleib angerichtet hat, ist nicht nur eine antithetische Fügung, die uns zum Lachen bringt, sondern auch ein apologetischer Sarkasmus nach dem Muster ›Ich selbst kann ja letztlich nichts dafür‹ – und insgeheim ein Geständnis.

Das Eingeständnis der Lage liegt dann im letzten Wort. Mit ihm kehrt das Gedicht zu sich selbst zurück. Entsprechend seiner Form – dem ›Rundgedicht‹ des Rondeaus – erringt es durch diese Rückbezüglichkeit seine eigentliche Erkenntnis. Denn die Denkarbeit des Gedichts besteht darin, ein anfänglich bloß figuratives *poise* am Ende der Strophe zu einem wörtlich gebrauchten werden zu lassen. Damit erhält dieses Wort am Schluss sein ›Gewicht‹ – als Pointe, mit der Sprache wie Ich ihre Körperlichkeit zurückerhalten. Das Überraschende an diesen Versen ist dabei, dass sie vordergründig ohne Metapher auskommen. Sie steckt jedoch verborgen im Hintergrund, um auf allen Ebenen durchkonjugiert zu werden: die Figur nämlich, in der sich François als Galgenstrick erweist.

Box 37. Neurokognitive Poetik: Elemente eines Modells des literarischen Lesens

Kognitive Poetik
In der Wissenschaftsgeschichte gibt es zahlreiche Versuche, das literarische Lesen theoretisch zu fassen. Nach den griechischen und römischen Klassikern der Rhetorik, Poetik und Ästhetik (Aristoteles, Cicero, Quintilian, Horaz) haben sich immer wieder Philosophen, Dichter und Wissenschaftler unterschiedlichster Disziplinen wie Kant, Schiller, Herder, Lessing, Goethe, Hegel, Husserl, Nietzsche, Proust, Freud, Brecht, Heidegger, Jaspers, Benjamin, Marcuse, Lacan, Barthes, Bruner oder Ricœur mit dem Thema beschäftigt. Bei der Entwicklung des hier vorgestellten Modells literarischen Lesens standen – neben experimentalpsychologischen und neurowissenschaftlichen Arbeiten – die folgenden Ansätze im Vordergrund: Arbeiten des Formalismus und Strukturalismus (z. B. Shklovskij, Spitzer, Mukařovský, Jakobson), rezeptionstheoretische und linguistische Schriften zu Poetik und Hermeneutik (z. B. Gadamer, Jauß, Iser, Bierwisch, Klein) und Aufsätze über kognitive Poetik (z. B. Iser, Tsur, Miall).

Abgesehen von der seit gut 100 Jahren aktiven psychologischen Leseforschung und der um 1960 entstandenen Psycholinguistik – die sich allerdings nur marginal mit literarischem Lesen beschäftigten –, sind im Gegensatz zu dieser Fülle an theoretischen Arbeiten empirische oder gar experimentelle Studien sehr selten. Sie entstanden eigentlich erst seit der Gründung der Zeitschrift *Poetics* durch den niederländischen Literaturwissenschaftler Teun van Dijk und Kollegen in den 1970er Jahren. Autoren wie Siegfried J. Schmidt, Norbert Groeben oder Willie van Peer legten darin und in anderen Werken wegweisende theoretische und empirische literaturwissenschaftliche Studien vor.

Im Zuge der Chomskyschen Erneuerung der Linguistik forderte der Linguist Manfred Bierwisch 1971 von einer allgemeinen Theorie der Poetik, sie müsse mindestens drei Elemente enthalten: i) eine exakte Charakterisierung von Typen poetischer Regeln und der Beziehungen zwischen ihnen, das heißt des möglichen Aufbaus eines *poetischen Systems*, *P*; ii) eine Präzisierung der notwendigen Arten *Poetischer Strukturbeschreibungen*, *PSB* sowie iii) einen Algorithmus, der erzeugten Texten unter Voraussetzung von *P* die entsprechenden *PSB* eindeutig zuordnet.

Eine Reihe von Autoren, insbesondere der Psychologe und Ästhetikforscher Colin Martindale, versuchten sich an solchen theoretischen Fundierungen, bis Van Dijk 1979 in einem vielbeachteten Aufsatz in *Poetics* zu der andauernden Kontroverse zur ›poetischen Sprache‹ zwischen ›Strukturalisten‹ und ›Stilisten‹ oder ›Dekonstruktivisten‹ meinte, es gebe »keinen seriösen Weg, den Begriff ›poetische Sprache‹ zu definieren, da keine Sprachformen ausschließlich nur in Literatur oder nie in Literatur gebraucht würden; gleiches gelte für die Poesie«. Van Dijk reagierte damit auf zahlreiche Versuche, ›Poetizität‹ über Abweichungen von phonologischen, grammatischen oder semantischen Regeln zu definieren. Solche Abweichungen im Sinne der Formalisten und Strukturalisten erwiesen sich jedoch als weder hinreichend noch notwendig für ›poetische Sprache‹.

Van Dijk stellte damit 1979 die ›Poetizitätshypothese‹ grundsätzlich in Frage – zumindest in ihrer starken Form – und verlangte explizit eine interdisziplinäre Zusammenarbeit von Literaturforschung und empirischer Psychologie, aus der Prozessmodelle entstehen sollten, die sowohl eine detaillierte strukturelle Analyse verschiedener Diskurstypen und spezifischer Kontextanforderungen als auch der sich aus ihnen ergebenden Verstehens- und Gedächtnisprozesse enthalten. Van Dijk ging durch seine hochproduktive Kooperation mit dem Kognitionspsychologen Walter Kintsch mit gutem Beispiel voran. Ein weiteres gelungenes Beispiel ist die 2003 erschienene ›Psychonarratologie‹ der Literaturwissenschaftlerin Marisa Bortolussi und des kognitiven Psychologen Peter Dixon, der zufolge die Autoren als grundlegendes Element empirischer Ansätze zum literarischen Lesen die Unterscheidung sehen »zwischen dem, was im Text ist, und dem, was im Kopf des Lesers vorgeht«.

Die aktuelle Literaturforschung geht mit dem Literaturwissenschaftler Peter Stockwell ganz selbstverständlich davon aus, dass eine Theorie literarischen Lesens empirisch fundiert sein muss:

Eine Theorie literarischen Lesens – kognitive Poetik – ist nur der spezielle Teil einer allgemeinen Sprachtheorie, und diese allgemeine Theorie basiert auf empirischer Evidenz ... Das heißt nicht, dass eine kognitive Poetik eine wissenschaftliche Theorie im herkömmlichen Sinn darstellt; vielmehr ist davon auszugehen, dass es eine wissenschaftliche Basis für die Mittel gibt, welche die kognitive Poetik für die Erforschung literarischen Lesens zur Verfügung stellt.

Elemente eines neurokognitiven Arbeitsmodells

In diesem Buch und dem ›neurokognitiven Modell‹ des literarischen Lesens, wie wir es in den folgenden Abschnitten skizzieren, wollen wir beide Seiten der von Bortolussi und Dixon gemachten Unterscheidung deskriptiv abdecken: die neuralgischen Textelemente ebenso wie ihre neurokognitive Verarbeitung. Mit dem Begriff ›literarisches Lesen‹ streben wir in Anlehnung an David Bleichs Definition – »ein Prozess, bei dem Leser einen Text gemäß ihren subjektiven Eindrücken und emotionalen Reaktionen, die von Kontexteinflüssen abhängen, bestimmen« – ein Modell an, welches über die reinen Informationsverarbeitungsmodelle der kognitiven Psychologie hinausgeht, indem es affektive und ästhetische Prozesse beinhaltet, wie sie Dewey, Rosenblatt, Gadamer, Iser oder Miall beschrieben haben.

Das Modell sollte idealerweise erklären können, welche Textelemente im Leser welche kognitiven, emotionalen und ästhetischen Prozesse auslösen. Und es sollte diese Vorgänge auf den drei Beschreibungsebenen der Psychologie (subjektives Empfinden, indirekt beobachtbare Hirnaktivität und objektiv-beobachtbares Verhalten) so darstellen, dass sowohl das Wie als auch das Warum dieser Prozesse verständlich wird.

Ein allgemeines Prozessmodell, welches alle diese Forderungen erfüllt, liegt aktuell noch nicht vor. Es wird sicherlich einige Jahre auf sich warten lassen, da die empirische Datenbasis, aus der sich ein solches Modell speisen und gegen die es geprüft werden kann, bisher nicht für eine Spezifizierung der verschiedenen Modellebenen ausreicht. Trotzdem soll hier der Versuch unternommen werden, die Ergebnisse verschiedener theoretischer und empirischer Arbeiten, sowohl aus der empirischen Literaturforschung als auch der experimentellen Psychologie und kognitiven Neurowissenschaft, anhand eines in der kognitiven Psychologie üblichen Flussdiagramms zu skizzieren. Als Arbeitsmodell soll dies der Einordnung wichtiger empirischer Fakten und konzeptueller Vorstellungen ebenso dienen wie der Generierung von Hypothesen und Alternativmodellen für zukünftige Versuchsreihen. Hierzu sei angemerkt, dass Prozessmodelle der Psychologie prinzipiell keine Notwendigkeits-, sondern eine Suffizienzanalyse bieten: sie zeigen, wie etwas funktionieren könnte, nicht aber, warum etwas notwendigerweise so funktioniert und nicht anders. Insofern gleichen sie dem im Vorwort erwähnten Vaihingerschen *Als ob*.

Das präquantitative, deskriptive ›Modell‹ in Abbildung 70 geht davon aus, dass literarisches Lesen empirisch nachweisbare Effekte auf vier Beschreibungsebenen produziert (neuronal, kognitiv, affektiv, behavioral), die auf unterschiedliche Weise zustande kommen. In der langen Tradition sogenannter Zwei-Prozess-Modelle der Psychologie, die schnelle, automatisierte von langsamen, kontrollierten Vorgängen unterscheiden, beruht auch das Modell in Abbildung 70 auf einer Grundunterschei-

Denkfiguren

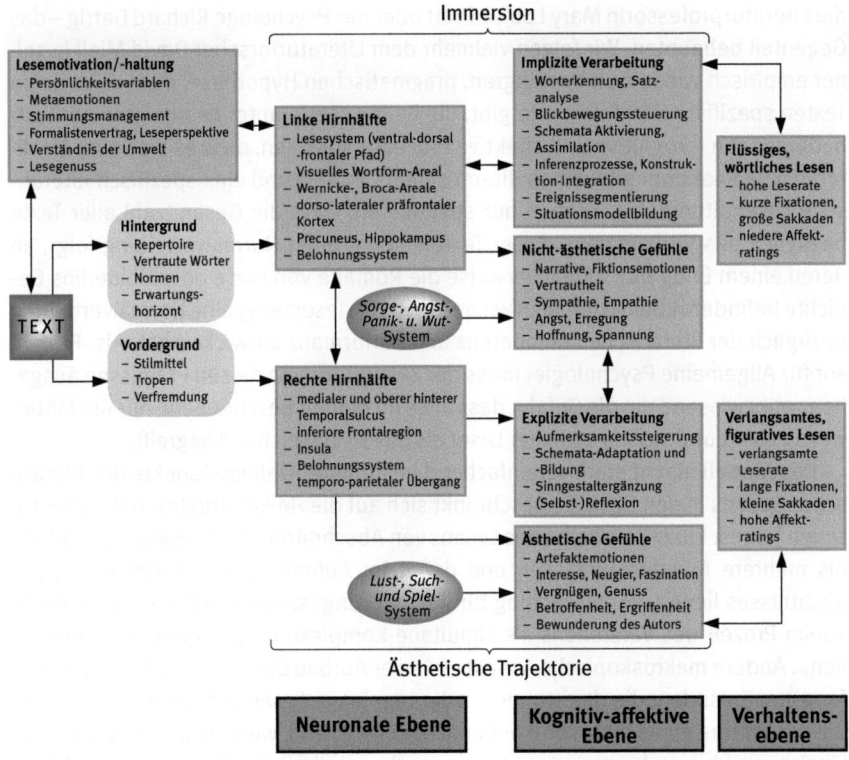

Abb. 70 Schematische Darstellung der am literarischen Lesen beteiligten Prozesse (nach Jacobs, 2010). Die hypothetischen Prozesse, welche auf den vier Beschreibungsebenen ablaufen, unterscheiden sich aufgrund der Textelemente, die entweder Hinter- oder Vordergrundmerkmale aufweisen bzw. betonen. Diese Prozesse stellen ebenso wenig wie die sie auslösenden bzw. modulierenden Textelemente sich gegenseitig ausschlie-ßende Kategorien oder »reine Fälle« dar, wie sie als strikt nacheinander ablaufende, voneinander unabhängige Stufen zu verstehen sind. Vielmehr repräsentiert dieses vereinfachende »Modell« ein nonlineares dynamisches System aus sich zeitlich überlappenden, hoch interaktiven Vorgängen, die sich am besten anhand von Computersimulationsmodellen nachvollziehen lassen. So bedeutet beispielsweise die Unterscheidung Linke vs. Rechte Hirnhälfte nicht, dass Hintergrundelemente ausschließlich in der linken Hemisphäre prozessiert werden, sondern dass diese dominant bei der impliziten Verarbeitung solcher Elemente ist. Auch kann ein und derselbe Satz sowohl Hinter- als auch Vordergrundelemente aufweisen und somit eine Interaktion zwischen impliziten Vorgängen (automatische Wiedererkennung, Vertrautheitsgefühl) und expliziten (bewusstes Erinnern, Überraschung) auslösen. Schließlich postuliert dieses Modell – wie alle psychologischen Modelle – nur »probabilistische« Prozesse, d. h., dass nicht alle »Stilmittel« notwendigerweise auch »foregrounding«-Effekte erzeugen und umgekehrt solche Effekte auch durch Textelemente, die nicht unbedingt dem Stilmittel-katalog zuzurechnen sind – und eben auch durch Lesermerkmale – zustande kommen können.

dung, die sich durch alle vier Ebenen zieht: *backgrounding* und *foregrounding*. Literarische Texte enthalten demnach sowohl Hinter- als auch Vordergrundelemente, die unterschiedliche Effekte auf den Lesevorgang haben.

Wir stellen uns damit weder auf die Seite jener (Formalisten, Strukturalisten), die behaupten, literarische Texte seien grundsätzlich aufgrund ihrer ›Poetizität‹ von nicht-literarischen zu unterscheiden, noch auf die Seite derjenigen, die – wie etwa die Literaturprofessorin Mary Louise Pratt oder der Psychologe Richard Gerrig – das Gegenteil behaupten. Wir folgen vielmehr dem Literaturforscher David Miall in seiner empirisch wiederholt bestätigten, pragmatischen Hypothese, dass es in vielen Texten spezifische Textelemente gibt, die beim Leser – unter bestimmten Kontextbedingungen – kognitive und affektive Prozesse auslösen, dass es also eine Art ›literarische Reaktion‹ gibt, einen ›literarischen Genuss‹ und eine spezifisch ›literarische Lesehaltung‹. Wir können nur spekulieren, dass die Gesamtzahl aller Texte bezüglich des Vorkommens dieser Textelemente einer Normalverteilung folgt, an deren einem Ende sich möglicherweise die Romane von Joyce oder Hölderlins Gedichte befinden. Ebenso nehmen wir an, dass sich leserseitig eine Normalverteilung bezüglich der literarischen Kompetenz und Performanz entwickelt hat. Als ›Professor für Allgemeine Psychologie‹ muss der Zweitautor von diesen Prämissen ausgehen, wohl wissend um die Gefahr, dass alles im Modell Beschriebene nur ›im Mittelwert‹ zutrifft und sich so mancher Leser als davon abweichend begreift.

Das Modell nimmt stark vereinfachend bestimmte ›Online‹-Aspekte des literarischen Lesens in den Blick. Es beschränkt sich auf die ›Mikrostruktur‹ eines literarischen Textes: kurze Zeiträume des Lesens von Abschnitten, die Sekundenbruchteile bis mehrere Minuten umfassen und damit im Aufnahmebereich des Arbeitsgedächtnisses liegen. Voraussetzung für ihre Wirkung ist Bierwisch zufolge, dass sie »beim Prozeß des Verstehens als simultane Komplexe rekonstruiert werden können«. Andere makroskopische Aspekte wie der Aufbau der Fabel oder die Verknüpfung von Episoden, die das stunden- oder tagelange Lesen betreffen, oder solche, die der Lektüre eines Textes vor- oder nachgelagert sind, werden fürs Erste vernachlässigt, weil hierzu kaum verwertbare experimentelle Befunde vorliegen. Schließlich bezieht sich das Modell vorerst der Einfachheit halber vor allem auf Prosa: Poesie stellt eine ungleich komprimiertere Art von Text dar; ob und inwieweit ihre Art der Verdichtung den Lesevorgang spezifisch beeinflusst, muss ebenso erst experimentell fundiert werden.

Das Modell stellt also für uns einen Aufbruch, keinen Abschluss dar.

Lesemotivation bei fiktionalen Texten und Genreeffekte
Lesen lässt sich als zielgerichtete Handlung verstehen: ein Leser greift zum Text, um sich zu informieren, amüsieren, entspannen, abzulenken und so weiter. Praktisch jede Lektüre setzt auch eine Genreentscheidung voraus, die messbare Konsequenzen für den Lesevorgang hat. Bestimmte Textsorten – Sachbücher oder Lexika etwa – liest man üblicherweise, wenn auch nicht ausschließlich, um sich zu informieren, seine Wissbegierde oder Neugier zu befriedigen. Bei Märchen, Romanen, Dramen, Kurzgeschichten oder Gedichten will man meist auch emotional bewegt werden. In beiden Fällen gleicht das Lesen einem Abenteuer, einer virtuellen Reise ins Ungewisse, die Überraschungen und oft auch ein Wechselbad von Gefühlen verspricht. Lesen bietet wunderbare Lerngelegenheiten für die mentale Simulation der sozialen Welt, weil es die Kommunikation und das Verständnis sozialer Informationen und damit die Entwicklung emotionaler Kompetenzen fördert.

Die Entscheidung für oder gegen eine bestimmte Textsorte geschieht bereits auf der Grundlage motivational-emotionaler Prozesse, die allerdings bisher experimentell nicht untersucht wurden. Anekdotische Evidenz für die These, dass emotionale Zustände oder Stimmungen die Lektüre beeinflussen, findet sich jedoch im Alltag, wenn jemand beispielsweise meint, heute nicht in der Stimmung zu sein, diesen – oder irgendeinen – Roman zu lesen. Einen theoretischen Zugang zu diesen Prozessen könnte die Stimmungsmanagement-Theorie des Psychologen Dolf Zillmann liefern, die postuliert, dass unbewusste Einzelmotive die erfahrungsgeleitete Medienselektion steuern. Damit ist insbesondere gemeint, dass Menschen Unterhaltungsmedien wählen, die positive Stimmungen fördern oder aufrechterhalten, beziehungsweise solche, die dabei helfen, negative Stimmungen zu reduzieren oder zu umgehen. Obwohl diese Theorie nicht unumstritten ist, wurde sie im Experiment durch die Auswahl von Fernsehsendungen empirisch bestätigt – wenn auch mit der Einschränkung, dass ihre Vorhersagen eher für weibliche als für männliche Probanden zutrafen. Probanden, die eine negative Stimmungsinduktion bekommen hatten, wählten in der Regel Medien, die die negative Stimmung bessern, während solche mit positiver Stimmungsinduktion Medien wählten, die diese Stimmung aufrechterhalten. Die Leseforscher Raymond Mar und Keith Oatley behaupteten kürzlich, diese Theorie könnte auch die Lektüreauswahl erklären, lieferten jedoch keine empirische Evidenz dafür.

Die Medienauswahl beruht höchstwahrscheinlich auf einem weit komplexeren Geflecht aus Motivationen, Emotionen und Kognitionen, als es die hedonistische Theorie Zillmanns behauptet. Einem aktuellen medienpsychologischen Prozessmodell der Kommunikationswissenschaftlerin Anne Bartsch zufolge spielen Meta-Emotionen, Meta-Kognitionen und Emotionsregulationsprozesse wie Interesse, Bewertung oder der ›individuelle Geschmack für tragische Unterhaltung‹ eine entscheidende Rolle. Auch dieses Modell bedarf aber noch eingehender experimenteller Überprüfung.

Bezüglich der Textsortenauswahl zeigen mehrere kognitionspsychologische Studien, dass der Lesevorgang genre-spezifisch sein kann, wie es der Leseforscher Rolf Zwaan oder der Anglist David Hanauer postulierten. Leser treffen zunächst Genre- bzw. Subgenreentscheidungen – Poesie vs. Roman oder narrative vs. lyrische Poesie –, um dann ihr Leseverhalten entsprechend zu adaptieren. Dies zeigt sich in empirischen Maßen der Lesezeit oder des Blickbewegungsverhaltens, wie Wissenschaftler um Maria Carminati herausfanden. Dieses textsortenabhängige Verhalten beruht auf Veränderungen bestimmter kognitiver und affektiver Prozesse. Zwaan wies dies in zwei Leseexperimenten nach, die auch die Jakobsonsche These einer ›poetischen Funktion‹ – als Fokussierung auf die Botschaft bei maximaler Hervorhebung der sprachlichen Form der Äußerung und Minimierung des kommunikativen Aspekts – zu stützen scheinen. Probanden, die mit einer ›literarischen Perspektive‹ an die Texte gingen, wiesen längere Lesezeiten, ein besseres Gedächtnis für Oberflächeninformationen, aber ein schlechteres Erinnerungsvermögen für situationale Informationen auf als solche, die von einer ›Nachrichten-Perspektive‹ geleitet wurden.

Wir gehen aufgrund der Befundlage zum Bereich Lesemotivation in unserem Modell versuchsweise davon aus, dass die Lektüreauswahl von Stimmungsmanagement-, komplexen Meta-Emotions- sowie Emotions-Regulationsprozessen abhängt, welche die Genreentscheidung und damit die kognitive Einstellung, bestimmte Aufmerksamkeitsprozesse und eben auch das Leseverhalten beeinflussen. Die Literaturforscher David Miall und Don Kuiken erklären dies spekulativ mit einem ›Formalistenvertrag‹, den ein Leser literarischer Texte eingehe und den wir als Hypothese in unser Arbeitsmodell aufnehmen. Demnach behandeln Leser einen Text als Ganzes: als begrenztes System mit komplexen Verbindungen zwischen den Elementen, und sie sind darauf vorbereitet, dass der Akt des Lesens eine kreative Angelegenheit sein kann, aus der möglicherweise ein neues Verständnis der Welt resultiert. Zudem gilt für poetische Texte prinzipiell, dass sie Erinnerungen, Gefühle, die Selbstwahrnehmung oder Empathie verändern oder erzeugen können. Schließlich liegt die Primärfunktion des Lesens in einem besseren Verständnis der Umwelt. Literatur erfüllt diese Funktion, den Autoren zufolge, dadurch, dass sie Gefühle und Gedanken ›offline‹ erzeugt und verändert, das heißt, in Isolation von Handlungen, die reale Konsequenzen haben. Ähnlich wie Miall und Kuiken gehen die Medienpsychologen Nadine Van Holt und Norbert Groeben davon aus, dass »kompetente Leser aufgrund ihrer Erfahrungen und ihres Wissens um narrative Texte eine bestimmte Lektüre als genretypisch und bekannten Schemata folgend einordnen können« und dies dazu nutzen, eine bestimmte Leseperspektive einzunehmen.

Ist die Lektüre erst einmal gewählt, so richtet sich das Hauptziel des Lesevorgangs auf die Sinnentnahme bzw. -konstruktion, wie dies allgemein für Sprache gilt – wo immer gesprochen wird, erwartet man ›Sinn‹. Diese elementare Erwartung von Sinnkonstanz bildet auch die Voraussetzung für die Prozessierung literarischer Texte. Das Bedürfnis nach Sinn und das Bemühen um Sinn kann literarisch nur deswegen befriedigt werden, weil zum Beispiel die Charaktere und Handlungszusammenhänge von Romanen typischerweise einen hohen Grad an intersubjektiver Eindeutigkeit aufweisen, die als empirisches Maß für das Potential an Textkohärenz dienen könnte. Dies gilt ebenso für avantgardistische Texte: sie leben davon, herkömmliche Sinnerwartungen zu unterlaufen, um ihre Sprachfiguren von diesem Hintergrund absetzen zu können.

Der Literaturwissenschaftler Wolfgang Iser spricht in diesem Zusammenhang von *Sinngestalten*, die ein literarischer Text anbietet und die vom Leser sodann aufgrund des textgesteuerten Potentials und seiner individuellen Möglichkeiten realisiert werden können. Literarische Sinngestalten werden durch ihre prinzipielle Offenheit charakterisiert. Ähnlich wie bei den unvollständigen Wahrnehmungsgestalten der Gestaltpsychologie (Box 15) erzeugen offene literarische Sinngestalten eine Spannung, die nach einer Auflösung verlangt. Die Konfiguration dieses Sinns, dessen Offenheit und Unvollkommenheit nach dem Prinzip der ›guten Gestalt‹ ergänzt wird, beruht auf semantischen Selektionsentscheidungen, die der Leser meist unbewusst auf Grundlage der vom Text bereitgestellten Selektionsparadigmen trifft; ein einfaches Beispiel hierfür wäre die Entscheidung, ob eine bestimmte Romanfigur sich in einem Handlungszusammenhang ›gut‹ oder ›böse‹ verhält. Zentral für die Lesemotivation ist, dass diese Sinngestaltergänzung hedonische und ästhetische Qualität aufweist, insofern sie mit positiven, negativen oder gemischten Gefühlen einhergeht.

Lesen ist also immer eine Form der Sinngestaltproduktion; sie unterliegt Gestaltgesetzen wie Prägnanz, Nähe, Ähnlichkeit oder gute Fortsetzung – allerdings nicht auf einer perzeptuellen, sondern einer konzeptuellen Ebene. Kennzeichen literarischer Texte ist deshalb eine ›Folge ständig zu schließender Sinngestalten‹ als kognitiv wie emotional anregende und teilweise anstrengende Tätigkeit, bei der der Leser zur Anschauung und Reflexion seiner selbst und seiner Welt gebracht wird. Diese Tätigkeit verändert unser Gehirn – wenn beispielsweise im Laufe des Lesenlernens neue Nervenbahnen und -verbindungen entstehen –, und es verändert unsere Persönlichkeit, wie dies viele Autoren von Hermann Hesse über Jean-Paul Sartre bis Alberto Manguel eindrucksvoll schildern.

Hinter- und Vordergrund

Der durch die bereits erwähnten Formalisten und Strukturalisten geprägte Begriff des *foregrounding* macht im Kontext der psychologischen Figur-Grund-Forschung nur Sinn, wenn auch das *backgrounding* thematisiert wird. Im Gegensatz zum *foregrounding*, dem sich in der Literaturwissenschaft ein ganzer Forschungszweig widmet, gibt es nur spärliche theoretische und empirische Arbeiten zum *backgrounding*.

Nach van Holt und Groeben wird das Konzept des *foregrounding* in der modernen Textverarbeitungspsychologie als Manifestation der gestaltpsychologischen Figur-Grund-Unterscheidung angesehen: »Durch Ausdifferenzierung verschiedener Bezugsdimensionen von Vorder- und Hintergrund können sowohl basale Mikroprozesse des Textverstehens als auch anspruchsvolle literarische Rezeptionen als Varianten einer Figur-Grund-Unterscheidung beim Lesen rekonstruiert werden.« Kompetente Leser können sich diesen Autoren zufolge auf diejenige Figur-Grund-Relation einstimmen, die genrespezifisch zielführend ist. Bei eher nichtliterarischen Texten wäre dies eine Lesehaltung, die »zentrale und kohärente Informationen in den Aufmerksamkeits- und Verarbeitungsfokus stellt und evtl. vorkommende Inkohärenzen in den Hintergrund verbannt«. Liefert der Text wenig Hinweise auf ›Poetizität‹, »bleibt der Verarbeitungsfokus des Lesers der Inhaltsebene verhaftet und realisiert dort aufgrund bestimmter mikrostruktureller Hinweisreize (wie pronominale Referenzierung etc.) eine inhaltsbezogene Figur-Grund-Unterscheidung«. Liefert er jedoch Hinweise auf ein *foregrounding,* die vom Leser wahrgenommen und entsprechend interpretiert werden, tritt eine Figur-Grund-Unterscheidung auf einer höheren Ebene hinzu, die im Leser Jakobsons poetische Funktion der Sprache aktiviert und die sprachliche Gestaltung gegenüber dem inhaltlichen Geschehen in den Vordergrund rückt. Leser erkennen nun die entsprechenden Formmerkmale als absichtliche Stilmittel und rücken sie anstelle des zentralen Handlungsstrangs in den Fokus der Aufmerksamkeit.

Bezüglich der Unterscheidung zwischen Vorder- und Hintergrund in unserem Arbeitsmodell beziehen wir uns theoretisch neben van Holt und Groeben auf Isers *Der Akt des Lesens: Theorie ästhetischer Wirkung*, insbesondere die Abschnitte über das Textrepertoire und die Vordergrund-Hintergrund-Beziehungen. Daran angelehnt, definieren wir Hintergrundelemente als aus jenen Konventionen bestehend, die für die Situationsbildung fiktionaler Texte notwendig sind. Sie umfassen vertraute und angelernte Schemata als kognitive und affektive Skripte des Textes ebenso wie Bezüge zu sozialen und historischen Normen, zu früheren Arbeiten desselben Autors oder verwandter Autoren in Form literarischer Anspielungen oder eben die gesamte Kultur, aus der heraus ein bestimmter Text hervorgeht: im Grunde all das, was die Strukturalisten unter ›extratextueller Wirklichkeit‹ verstehen.

Iser nennt solche dem Leser vertrauten Schemata den Primärcode eines Textes. Dieser liefert die Auffassungsbedingungen und notwendigen Anweisungen für das Hervorbringen eines Sekundärcodes, dessen Entziffern dem Leser erst den *ästhetischen Genuss* verschafft, der literarisches Lesen charakterisiert. Ohne die Schaffung dieses vertrauten Hintergrunds würden auch die Verfremdungseffekte, auf die die Vordergrundelemente abzielen, nicht greifen können. Die ›Ereignishaftigkeit‹ eines Textes lässt sich nach Iser noch steigern durch die Kombination der aus der Textumwelt selektierten Hintergrundelemente mit Vordergrundelementen, indem neuartige Zuordnungen bisherige semantische Bestimmtheiten überschreiten oder entgrenzen.

Als ein Beispiel einer ›Hintergrundpassage‹, in der dem Leser ein konziser Interpretationsrahmen in Form einer extratextuellen antikleinbürgerlichen Wirklichkeit geboten wird, diene folgender Auszug aus Eva Menasses Roman *Vienna*. Er besteht beinahe zur Gänze aus Formeln und Phrasen, die sich selbstverständlich und ohne Interpretationsaufwand erschließen:

> So war bald alles wieder gut. Mein Vater und mein Onkel heirateten, zeugten Kinder, ließen sich scheiden und heirateten erneut. Mein Onkel hatte nach dem ersten Mal genug von Kindern, mein Vater noch lange nicht. Trotz der Scheidungen schwammen die familiären Beziehungen in geradezu märchenhafter Harmonie. Bei den Familientreffen fanden sich neben den zweiten Frauen selbstverständlich auch die ersten ein, die ersten und die zweiten Kinder bezeichneten sich stolz als Geschwister und traten Menschen, die sie ›Halbgeschwister‹ zu nennen wagten, mit der ganzen Herablassung jener entgegen, die das kleinbürgerliche Denken überwunden zu haben glauben ...

Ihre Hintergrundfunktion erfüllt diese Passage auch, indem sie – sieht man vom ungewohnten Begriff ›Halbgeschwister‹ oder der seltsamen idiomatischen Fügung ›in Harmonie schwimmen‹ ab – fast völlig auf stilistische Mittel verzichtet, wie sie normalerweise von der Literatur benutzt werden. Dazu gehören jene Stil- und Denkfiguren, die beim Leser durch ihre Abweichungen von Normen und Erwartungen oder durch ›Ausschmückung‹ – wie etwa Roland Barthes in der Tradition antiker Theorie rhetorische Figuren nennt – Interesse wecken, kognitive Prozesse in Gang setzen und bewusste Gefühle auslösen. Diese Stilmittel können auf verschiedenen linguistischen Textebenen der Form und des Inhalts (phonologisch, morphosyntaktisch, semantisch oder pragmatisch) angesiedelt sein und entsprechend unterscheidbare psycholinguistische Effekte wie etwa ›semantische Oszillationen‹ hervorrufen.

Wie im Gegensatz zu der oben zitierten ›flachen‹ Hintergrundpassage das verfremdende Relief einer ›Vordergrundpassage‹ aussieht, zeigte bereits der sogenannte Amis-Effekt in Box 24. Es lässt sich aber noch komprimierter demonstrieren, was damit gemeint ist – etwa anhand folgender abgewandelter Sprichwörter: ›Wer klagt, gewinnt‹; ›Kleider machen Neider‹. Darin tauchen in jeweils einem kurzen Satz ein Vorder- und ein Hintergrundelement auf, um so etwas wie eine semantische Kippfigur zu produzieren. Diese beiden Beispiele entstammen einer experimentellen Untersuchung zur Prozessierung von formelhafter Sprache unter Leitung von Isabel Bohrn in unserem Labor, auf die weiter unten näher eingegangen wird.

Wie das, was normalerweise den Hintergrund eines Textes ausmacht, in den Vordergrund gerückt werden kann, zeigt folgender Auszug aus Arno Schmidts *Was soll ich tun?*. Der Vordergrund ist hier merklich dünn: eine verschobene Sommerreise, ein anderes Reiseziel. Dem Hintergrund hingegen kommt – wie meist bei Schmidt – die eigentliche Dramaturgie zu, die sich in der Regel aus Intertextuellem – Lektüreerlebnissen – speist, um sich durch den expressiven Sprachgestus und die Orthographie nach vorne zu arbeiten:

> Diese Brüder – die Dichter – machen letzten Endes mit Einem, was sie wollen; sei es, daß sie Einem die segensreichen Folgen des regelmäßigen Genusses von Sanella vorgaukeln; sei es, daß man nur noch in ihren Formeln, Wortfügungen, Redensarten stottern kann. Ich habe eine Sommerreise verschoben, nur weil ich vorher die genial=scheußliche Schilderung eines Eisenbahnunglücks gelesen hatte. Andererseits bin ich in die Emsmoore gefahren – meingott, was für ein Land!: mit den Bewohnern kann man sich nur durch Zeichen verständigen; nie werden die Füße trocken; und der Regen, der regnet jeglichen Tag – und nur, weil ein Dichter Liebesszenen dort lokalisiert hatte; Liebesszenen!: angeblich floß die Luft dort grundsätzlich heiß, wie flüssiges Glas; und die Mädchen nahmen freiwillig Stellungen ein, wie man sie sonst nur aus Tausendundeinernacht kennt – –: *ich will nicht mehr lesen!!* Eigenen Gedanken mich überlassen? Davor möge Gott mich bewahren!

Anders als bei Menasses *Vienna* wirkt hier der Hintergrund verfremdet. Was daraus hervorsticht – entgegen seiner Funktion *locus communis,* der Leser wie Autor in einen gemeinsamen Kontext einbinden soll –, ist dreierlei: »Emsmoore«, »Sanella« und das Simile »Luft floß heiß wie flüssiges Glas«. »Emsmoore« erfüllt hier seine Hintergrundfunktion nicht, weil die Lokalisierung zu spezifisch ist und bei den meisten Lesern wohl keine Hintergrundinformationen abruft. »Sanella« war noch vor wenigen Jahrzehnten Teil des Alltagswissens, ist heute jedoch nahezu unbekannt; um sich die damit verbundenen Konnotationen zu erschließen, muss man erst herausfinden, dass es eine Margarinesorte war, für die ehedem die ›vorbildlichen Hausfrauen Sanne und Ella‹ im Rundfunk Werbung gemacht hatten und für die Sprüche wie ›Die Feine, preiswert wie keine‹ geprägt worden waren. Dies leitet über zu einem Simile, das durch seine Markierung als »angeblich« ebenfalls als breit bekannt und eine klischeehafte Landschaft charakterisierend vorausgesetzt wird. Der als Hintergrund gesetzte Vergleich entpuppt sich durch seine verfremdende Poetizität jedoch als vordergründig. Dazu nimmt er mit »heiß« und »flüssig« die Bildebene der streichbaren Koch-Margarine auf – und demonstriert damit, dass der eigentliche Erzählvorgang im Hintergrund geschieht, statt als vordergründiger Handlungsstrang präsent zu sein.

Wir weisen vorsorglich darauf hin, dass nicht alle Stilmittel wie Reim, Alliteration, Metapher oder Ellipse immer unbedingt ein *foregrounding* darstellen. Umgekehrt gibt es auch Textelemente, die nicht in Stilmittelkatalogen oder Rhetorikhandbüchern auftauchen und trotzdem Effekte des *foregrounding* erzeugen können. Beispielsweise weist die Sprache zahlreiche tote (vollständig oder partiell lexikalisierte) Metaphern wie »Handschuh« oder »Morgenröte« oder »die rosenfingrige Eos« auf. Eine bestimmte Metapher kann jedoch für eine Person tot, für eine andere aber durchaus noch lebendig sein – so etwa wenn Masters und Johnson in ihrem Sexualreport das *Vorspiel* eine »anregende Annäherungsgelegenheit« nennen. Das gilt auch für die Poesie, die eine im Prinzip tote Metapher wie die »rosenfingrige Eos« wieder zum Leben erwecken kann, indem sie das dahintersteckende Bild neu skizziert zum »Morgen, der seine roten Finger über den Himmel spreizt«.

Es ist eher eine empirische Frage, welche Metapher in welchem Kontext bei welcher Probandenpopulation *foregrounding*-Effekte erzeugt. Folgt man Roland Barthes, gibt es zudem außer dem ›Einteilungswahn‹ der Rhetoriklexika, der zu zahlreichen Widersprüchen in der Definition der Redefiguren führt, kein deduktives Instrument, das Sprachforschern erlauben würde, eindeutig zu bestimmen, ob es sich bei »die Erde ist blau wie eine Orange« nun um ein Simile oder eine Metapher handelt oder weshalb genau »so viel Marmor bebt auf so viel Schatten« als *Hypallage* zu bezeichnen ist. Welches Stilmittel zum *foregrounding* gehört, ist deshalb zunächst ein empirisches Problem, das mit unterschiedlichen Methoden angegangen werden kann. Sprachwissenschaftlich-theoretische Taxonomien können ebenso wie psychologische Vorstudien – Rating-Studien, die das Reizmaterial nach Bekanntheitsgrad, ästhetischer Qualität und so fort einstufen – zu einer ersten Überprüfung von bestimmten Klassifikationen herangezogen werden, um experimentell prüfbare Vorhersagen zu *foregrounding*-Effekten von ausgewählten Stilmitteln abzuleiten. Solche ›Poetizitätsskalen‹, wie sie etwa Miall und Kuiken entwickelt haben, stellen für uns jedoch nur den Anfang der Empirie, nicht ihr Ende dar: sie sollten sinnvollerweise durch objektivere Verhaltensexperimente und neurokognitive Studien ergänzt werden.

Effekte des *backgrounding*

Neuronale Beschreibungsebene

Wir nehmen an, dass auf der neuronalen Beschreibungsebene Hintergrundelemente primär linkshemisphärische Netzwerke rekrutieren, die als ›Lesesystem‹ bekannt sind. Die Mehrheit der Studien demonstriert, dass flüssiges Lesen primär das Lesesystem der linken Hirnhälfte, insbesondere die sogenannte ventrale Route, rekrutiert. Bei normal entwickelten, guten Lesern umfasst dieses System große Teile der linken Hemisphäre und kann grob in drei Regionen gegliedert werden. Eine aus zwei Netzwerken bestehende hintere Region mit einem temporo-parietalen (dorsalen oder oberen) und einem okzipito-temporalen (ventralen/unteren) Bereich und

eine vordere, frontale Region. Der dorsale, von den visuellen Arealen im Okzipitallappen über die oberen temporalen und unteren parietalen bis hin zu den frontalen
Arealen laufende Leseschaltkreis ist laut dem Neuropsychologen Ken Pugh mit der
relativ langsamen, regelbasierten und aufmerksamkeitsintensiven Dekodierung
weniger vertrauter Wörter assoziiert. Die von den visuellen Arealen über die unteren und mittleren temporalen bis hin zu den frontalen Arealen verlaufende ventrale
Route beinhaltet das Visuelle Wortform-Areal im Gyrus fusiformis (Box 29, Abb. 65);
es wird mit hochautomatisiertem Lesen assoziiert. Der vordere Teil umfasst den unteren Frontalgyrus (Box 3, Abb. 8), der eine besondere Rolle bei der phonologisch-
artikulatorischen Rekodierung von Wörtern zu spielen scheint.

Das effiziente Dekodieren geschriebener Informationen durch dieses schnelle
linkshemisphärische Lesesystem bildet die Voraussetzung dafür, dass komplexe
Inferenz-, Interpretations- und Verständnisprozesse, die eine bilaterale Hirnaktivierung benötigen, zum Zuge kommen können. Maryanne Wolf bringt dies überzeugend auf den Punkt:

> Wenn die Entzifferungsprozesse nahezu automatisch ablaufen, lernt das Gehirn,
> mit jeder hinzugewonnenen Millisekunde mehr metaphorische, folgernde, ana-
> logische, affektive Hintergrundinformationen und Erfahrungswissen zu integrie-
> ren. Zum ersten Mal in der Leseentwicklung arbeitet das Gehirn so schnell, dass
> es Denken und Fühlen trennen kann. Dieses Zeitgeschenk ist die physiologische
> Grundlage für unsere Fähigkeit, eine endlose Reihe immer vollkommenerer Ge-
> danken hervorzubringen. Es gibt beim Lesen nichts, was wichtiger wäre.

Textverarbeitung ist zudem mit dem vorderen Temporallappen assoziiert: Da dieser
multimodale Assoziationsareale enthält, ist es wahrscheinlich, dass durch diese
Region semantische, syntaktische und episodische Informationsquellen integriert
werden, um den Textinput in bedeutungtragende Repräsentationen umzuwandeln. Die sparsamste Annahme scheint gemäß dem Leseforscher Marcel Just zu
sein, dass der vordere Schläfenlappen *Propositionalisierung* vollzieht: er übersetzt
vermutlich Worte in größere semantische Inhaltseinheiten, die den Iserschen ›Sinngestalten‹ entsprechen könnten (auch die mentalen Räume Fauconniers und die
unsichtbaren semantischen Konstrukte Langackers wären Kandidaten für solche
Inhaltseinheiten). Für die Kohärenzbildung und logische Überprüfung beim Lesen
scheinen außerdem der dorsolaterale präfrontale Kortex und der hintere cinguläre
Kortex wichtig zu sein sowie der temporo-parietale Übergang (temporo-parietal
junction/TPJ). All diese Regionen spielen auch bei der Empathie eine Rolle, jener
Fähigkeit, eine Annahme über Bewusstseinsvorgänge in anderen Personen vorzu-
nehmen, diese in der eigenen Person wiederzuerkennen und Gefühle, Bedürfnisse,
Ideen, Absichten, Erwartungen und Meinungen zu vermuten.

Dass Leseverständnis und diese Art der Mentalisierung etwas miteinander zu
tun haben und überlappende kortikale Netzwerke rekrutieren, wird durch neueste
experimentelle Befunde gestützt; wahrscheinlich beinhaltet jede Form von Kommunikation eine solche Mentalisierungskomponente. Diese Befunde förderten nach
einer Studie der Mathematikerin und Neurolinguistin Evelyn Ferstl zwei Netzwerke

zutage, die zusätzlich zu den erwähnten drei Regionen an der Kohärenzbildung beteiligt sind: der untere Precuneus (Brodmann-Areal/BA 31) und der ventromediale präfrontale Kortex (BA 11).

Kognitive Beschreibungsebene: Implizite Verarbeitung
Auf der kognitiven Ebene sind jene Elemente als Hintergrund einzustufen, die vom normalen flüssigen Lesen erfasst werden, einem hochautomatisierten Prozess der Sinnkonstruktion, bei dem ein guter Leser – je nach Textsorte – 200 bis 400 Wörter pro Minute verarbeiten kann (Box 5; Abb. 11). Diese Verarbeitung geht normalerweise vor sich, ohne dass bewusste Kontrollprozesse das flüssige Lesen unterbrechen. Die beiden Kernprozesse dieses Leseflusses sind die automatische Worterkennung und die Blickbewegungssteuerung. Die kognitive Psychologie bietet für beide eine Reihe empirisch gut bewährter Prozessmodelle an, die, wie etwa das Worterkennungsmodell von Grainger und Jacobs oder das Blickbewegungssteuerungsmodell von Engbert et al., auch quantitative Vorhersagen aufgrund von Computersimulationen erlauben und in eine spätere Prozessmodellvariante unseres Arbeitsmodells integriert werden könnten.

Was die Worterkennung angeht, haben Graf, Nagler und Jacobs bereits mehr als 50 quantifizierbare Variablen identifiziert, die diese empirisch beeinflussen: Dazu zählen die Wortauftretenshäufigkeit/Vertrautheit, die sogenannte Nachbarschaftsdichte (die Anzahl Worte, die orthographisch/phonologisch ähnlich zu einem Zielwort sind), die emotionale Valenz oder die Bildhaftigkeit. Beim Lesen von Sätzen spielen zwei Variablen eine zentrale Rolle, wie der Leseforscher Michael Dambacher anhand von Blickbewegungs- und EEG-Studien in unserem Labor gezeigt hat: die Auftretenshäufigkeit und die Vorhersagbarkeit von Wörtern. Sind beide im Durchschnitt der Sätze hoch, ergeben sich kürzere Fixationsdauern und eine geringere kognitive Beanspruchung, gemessen an verringerten Ausschlägen der hirnelektrischen Aktivität.

Wie Maryanne Wolf erklärt, kann literarisches Lesen mit seinen (selbst-)reflexiven und ästhetischen Prozessen erst dann funktionieren, wenn das automatische, mühelose Lesen beherrscht wird: sind Einzelworterkennung und/oder Blickbewegungsverhalten nicht voll automatisiert (Box 5 und 32), bleibt weniger Zeit zum Nachdenken, Fühlen und Phantasieren. Man könnte diesen Verarbeitungsmodus mit Iser phänomenologisch als ›*Mittendrin-Sein*‹ umschreiben. Iser meint damit Folgendes: Anders als beim normalen Wahrnehmungsvorgang, bei dem wir einem Objekt gegenüberstehen und mit ihm eine Beziehung eingehen, »bewegt sich der Leser als perspektivischer Punkt durch seinen Gegenstandsbereich hindurch«. Dies macht, so Iser, das Besondere bei der Erfassung von ästhetischer Gegenständlichkeit in fiktionalen Texten aus.

Dass ein Text im Unterschied zu vielen anderen visuellen Wahrnehmungsobjekten nie als Ganzes erfasst werden kann, sondern stets nur als eine Abfolge von Lektüremomenten – als *wandernder Blickpunkt* –, hat kognitive Konsequenzen. Das bereits Gelesene verblasst in der Erinnerung, nur das gerade Gelesene wird wahrgenommen, das noch nicht Gelesene jedoch schon vor dem Hintergrund des Erinnerten und Wahrgenommenen antizipiert. In Isers Worten:

Jeder Augenblick der Lektüre ist eine Dialektik von Protention (Erwartungen, die auf Kommendes zielen) und Retention (Erinnerung), indem sich ein noch leerer, aber zu füllender Zukunftshorizont mit einem gesättigten, aber kontinuierlich ausbleichenden Vergangenheitshorizont so vermittelt, dass durch den wandernden Blickpunkt des Lesers ständig die beiden Innenhorizonte des Textes eröffnet werden, um miteinander verschmelzen zu können.

Der wandernde Blickpunkt befindet sich laut Iser in jedem Lektürenmoment in einer von vier Perspektiven: Erzähler, Figuren, Handlung (*plot*) oder Leserfiktion, wobei Letztere vorwiegend dazu dient, *Einstellungen* zum erzählten Geschehen zu umreißen. Perspektivwechsel können dem Gesetz der guten Fortsetzung folgen, wenn der ›gefühlte und erwartete Zusammenhang‹ zwischen aufeinanderfolgenden Satzkorrelaten gegeben ist. Sie können aber auch den ›mühelosen Strom des Satzdenkens‹ beim flüssigen Lesen unterbrechen, wenn eine unerwartete Wendung passiert, die den Effekt des *foregroundings* akzentuiert. Dieser wandernde Blickpunkt springt, wie in Box 5 geschildert, in der Regel ungefähr in die Mitte der Wörter, um so deren Erkennung zu optimieren.

Eine Fülle höherer kognitiver Vorgänge begleitet diesen wandernden, durch Erinnerung, Wahrnehmung und Erwartung beeinflussten Blickpunkt, wie im Lesemodell von Just und Carpenter skizziert (Box 5, Abb. 11). Die Größen der Wahrnehmungsspanne (bis zu 20 Buchstaben) – sie variiert unter anderem in Abhängigkeit von der Textschwierigkeit – und der Arbeitsgedächtnisspanne (bis zu sieben Gedächtniseinheiten oder ›chunks‹) setzen diesen Prozessen allerdings natürliche Grenzen, wie der Psycholinguist Richard Lewis gezeigt hat. Dazu gehören neben den in psycholinguistischen Modellen der Satz- und Textverarbeitung simulierten syntaktischen und semantischen Prozessen (z.B. Elman, Hagoort, Kintsch, Vosse und Kempen) auch jene Prozesse, die man umgangssprachlich als ›zwischen den Zeilen lesen‹ bezeichnet. Der Leseforscher Arthur Graesser hat sie eingehend untersucht; dazu zählen *referentielle Prozesse* (worauf bezieht sich ›er‹ oder ›es‹ im Text); *Attributionsprozesse*, die einer Nominalphrase eine bestimmte Rolle zuweisen (Agens, Objekt, Zeit, Ort); *kausale Inferenzprozesse*, die die aktuell gelesene, im Arbeitsgedächtnis präsente Proposition oder bildhafte Vorstellung ursächlich mit dem, was vorher kam, verbinden; *Zielattributionsvorgänge*, die dem Protagonisten oder einer anderen im Text vorkommenden Figur ein übergeordnetes Handlungsziel zuweisen (Was motiviert die Person?); *thematische Prozesse*, die das Hauptthema des Textes inferieren; und schließlich *emotionale Inferenzprozesse*, die die emotionalen Reaktionen der im Text beschriebenen Personen auf die geschilderten Ereignisse nachvollziehen und Sym- bzw. Empathie beinhalten können.

Situationsmodelle und Ereignisgestaltwahrnehmung. Auf diesen Prozessen baut die Konstruktion von Schemata und mentalen Modellen zu den im Text geschilderten Situationen auf (Box 24). Solche Situationsmodelle sind Zwaan zufolge mentale Repräsentationen, die mindestens fünf Dimensionen umfassen: zeitliche, räumliche, kausale, motivational/intentionale und personen/objektbezogene Informationen. Sie arbeiten die Frage nach dem Wann, Wo, Warum/Wie, Wer und Was einzelner Ereignisse auf und stellen ›verkörperte Kognitionen‹ dar, gestützt auf körperliche Erfahrungen und die automatisch mit Wörtern assoziierten sensomotorischen und affektiven Empfindungen (Boxen 2 und 12). Lesen involviert somit die Konstruktion einer Abfolge von Situationsmodellen, die umso enger zusammenhängen, je stärker die fünf erwähnten Dimensionen sich überlappen. Ergibt sich ein Bruch in einer Dimension – beispielsweise wenn der Protagonist den Ort wechselt –, wird das Situationsmodell jedes Mal wieder aktualisiert.

Obwohl beim Lesen der subjektive Eindruck eines kontinuierlichen Informationsflusses vorherrscht und uns die drei bis vier ruckartigen Blickbewegungen pro Sekunde samt den Blickpausen dazwischen meist nicht bewusst werden (Box 5), weisen zahlreiche empirische Studien darauf hin, dass Leser diesen Informationsfluss als eine Serie diskreter Einheiten kodieren. Der Kognitionspsychologe Jeff Zacks hält diesen Prozess der ›Ereignisstrukturwahrnehmung‹ für ein allgemeines Prinzip menschlicher Kognition. Auch Iser spricht in Anlehnung an den Philosophen A.N. Whitehead von ›Ereignisgestalten‹ als elementarem Prozess des Lesens.

Wir gehen in unserem Modell davon aus, dass Leser solche Ereignisgestalten bilden, indem sie unbewusst im Text Ereignisgrenzen identifizieren, und zwar in der Regel dann, wenn eine oder mehrere der erwähnten fünf Dimensionen sich verändern. Dafür sprechen Befunde aus einem Experiment aus Zacks Labor, in dem die Probanden zunächst kurze Geschichten über tägliche Aktivitäten lasen, während ihre Hirnaktivität mittels fMRT aufgezeichnet wurde. Danach sollten die Probanden die Texte in größere oder kleinere ›Ereignisse‹ aufteilen. Die Textstellen, die als Ereignisgrenzen markiert waren, gingen während des ersten im fMRT aufgezeichneten Lesevorgangs mit vorübergehender höherer neuronaler Aktivität im hinteren cingulären Kortex und dem Precuneus (BA 23 und 31) einher. Auch rechtshemisphärische Areale im mittleren und oberen Temporallappen (BA 21 und 22) sowie bilaterale frontale Bereiche (mittlerer Frontalgyrus, BA 6/8 und subcallosaler Gyrus, BA 25) waren selektiv aktiviert. Diese Modulationen der Hirnaktivität liefen parallel mit Wechseln der Erzählsituation – wenn eine Figur etwa ihr Handlungsziel änderte. Die Segmentierung einer Geschichte in Ereignisse scheint also ein spontaner Teil des Lesens zu sein, der von neuronalen Reaktionen auf einen Wechsel der Erzählsituation abhängt.

Ikonische Zeichen. All diese impliziten Prozesse sind dem Leser nicht direkt bewusst und laufen teilweise parallel, teilweise kaskadenartig oder seriell hintereinander ab, und dies in Bruchteilen von Sekunden. Sie sind Iser zufolge mit jenen Prozessen vergleichbar, die bei der sprachlichen Kommunikation ablaufen. Austins Theorie der Sprechakte kann – in modifizierter Form – auch auf das literarische Lesen angewandt werden. Sprechakte entscheiden über das Gelingen der Kommunikation, in diesem Fall zwischen Autor und Leser.

Äußerungen, die informieren, anweisen, warnen – illokutionäre Akte also –, gelingen nur in dem Maß, wie Leser die Rollenintention des Autors erkennen. Dies setzt gemeinsame Konventionen voraus, die der Autor durch den Texthintergrund aufbaut und der Leser aktiv entdecken muss. Die vom Autor aus der extratextuellen

Lebenswelt selektierten Konventionsbestände bestimmen somit die Möglichkeiten der Situationsmodellbildung des Lesers, »indem sie Orientierungen bereitstellen, die ein Erfassen des Grundes ermöglichen, dem die Selektion der Bestände entsprungen ist«.

Autoren wie Morris oder Eco sprechen in diesem Zusammenhang von ikonischen Zeichen – kurz: Ikonen –, die Vorstellungs- und Wahrnehmungsbedingungen abbilden, welche die Situationsmodellbildung steuern und damit die Erwartungen des Lesers auf das, was im Text geschehen kann. Literarische Genres wie Roman und Gedicht unterscheiden sich gerade hinsichtlich des Repertoires ihrer Hintergrundelemente. Sie selektieren unterschiedliche soziokulturelle Codes, die zu den erwähnten Genreeffekten beitragen, indem sie Elemente extratextueller Normen mit solchen interliterarischer Traditionen – wiederkehrende Topoi, Anspielungen auf bekannte Dichter – vermischen, um dadurch auf unterschiedliche zeitgenössische oder historische Sinnsysteme zu verweisen.

Manche Autoren setzen auf hohe Systemkonformität, um die Schnittmenge aus Text- und Leserrepertoire möglichst zu maximieren, was in der Regel zu einer geringen kognitiv-affektiven Leserbeanspruchung führt. Andere – wie etwa James Joyce – setzen auf das Gegenteil, um dadurch ein hohes Maß an Reflexion und ästhetischer Arbeit zu beanspruchen. Zusammenfassend ist festzuhalten, dass ein dem Text und dem Leser gemeinsames Repertoire von Hintergrundelementen die Bedingungen für die affektiven und ästhetischen Wirkungen des *foregrounding* herstellt: Das Unerwartete und Unbekannte gewinnt erst über den *background* des Bekannten Kontur.

Affektiv-emotionale Beschreibungsebene
Auf der affektiv-emotionalen Ebene lösen Hintergrundelemente zunächst ein Vertrautheitsgefühl aus, das mit dem Wiedererkennen bekannter Inhalte einhergeht, in der Regel eine positive Valenz aufweist und ein geringes bis mittleres Erregungspotential besitzt. Dies wird durch Studien untermauert, in denen Probanden nach der Lektüre bestimmter Textpassagen ihre emotionalen Reaktionen beurteilen sollten. Dem Ästhetikforscher Gerald Cupchik zufolge werden Hintergrundelemente des Textes eher implizit und konfigurational verarbeitet; sie bewirken eher nichtästhetische, körperliche Gefühle der Harmonie und Stabilität. Ihre implizite, automatische Prozessierung erlaubt dem Leser zwar eine ›Bewusstwerdung‹ der Welt, nicht aber das Bewusstsein von Empfindungen und anderweitig intervenierenden psychischen Prozessen; sie führt nur in bestimmten Fällen zu Immersionsphänomenen und ›flow‹ (Box 2 und 24).

Wir gehen also davon aus, dass Hintergrundelemente primär nichtästhetische Emotionen auslösen. Einige Autoren sprechen in diesem Zusammenhang von narrativen Emotionen, andere von Fiktionsemotionen. Narrative Emotionen bezeichnen Gefühle gegenüber spezifischen Aspekten der fiktiven Ereignisfolge, wie Empathie für einen Protagonisten, Sympathie mit Nebenfiguren oder Resonanz mit der Stimmung einer Szene. Neuere neurokognitive Studien legen nahe, dass sympathische Reaktionen neuronale Netzwerke rekrutieren, die der egozentrischen räumlichen Perspektive unterliegen, während empathische Reaktionen auf einer allozentrischen Raumperspektive beruhen (Berthoz). *Fiktionsemotionen* bezeichnen Gefühle, die sich auf Ereignisse in einer fiktiven Welt beziehen. Sie sind Zwaan zufolge von *Artefaktgefühlen* zu unterscheiden, die auf das Buch, die Geschichte usw. Bezug nehmen und eher mit Vordergrundelementen in Verbindung zu bringen sind.

Psychoanalytisch orientierte Wirkungstheorien der Literatur gehen davon aus, dass literarische Texte Triebphantasien und verdrängte bzw. unbewusste Konflikte zwischen Überich, Ich und Es in Bewusstheit transformieren. Literarisches Lesen beinhaltet so die Schaffung und Lösung von Konflikten (z. B. über die Dialektik von Perspektiven), welche schließlich zur Befriedigung des Rezipienten, zur Entlastung durch das Kunstwerk führen. Solche ›Konflikttheorien‹ wären heute im Prinzip mit modernen neurokognitiven Methoden prüfbar, weil neuronale Netzwerke bekannt sind, die selektiv mit kognitiven und affektiven mentalen Konflikten assoziiert sind. Empirische Studien dazu liegen nach unserer Kenntnis aber noch nicht vor.

Wir vermuten, dass die neuro-psychobiologische Basis für beim Lesen entstehende Emotionen in den Kernaffektsystemen liegt (Box 10). Dies gilt insbesondere für die LUST-, SUCH- und SPIEL-Systeme, aber auch für die vier weiteren: SORGE, ANGST, PANIK und WUT.

Der Wunsch nach Neuem, Aufregendem und danach, noch unbekannte und oft auch künstliche Welten zu explorieren, steht demnach mit Dopamin erzeugenden SUCH- und LUST-Systemen in Verbindung. Dopamin regelt alle appetitiven Aktivitäten und motiviert sowohl einfache als auch – über die Interaktionen kortikaler Schaltkreise – komplexere appetitive Handlungen wie das Bewerten attraktiver Reize und Situationen. Der Wissensdurst und die Erweiterung von Erfahrungshorizonten als Erwerb neuer – in einem Buch schriftlich vermittelter – sensomotorischer, kognitiver, affektiver und ästhetischer Schemata bringt zudem das SPIEL-System mit ein. Auch ästhetische Emotionen beim Lesen hätten demnach ihren Ursprung in diesen drei uralten Emotionsschaltkreisen. Folgt man Gadamers Überlegungen zur Ästhetik, so dürfte das Spielelement – seine Unmittelbarkeit und Distanzlosigkeit, seine autonome Zeitlichkeit, die Gefangenheit im und Betroffenheit durch das Kunstwerk – hierbei zentral sein.

Die anderen Systeme spielen vermutlich primär bei nichtästhetischen Emotionen und Mischemotionen eine Rolle. Dazu gehört insbesondere die Identifikation mit den Protagonisten und das Mitempfinden und Imaginieren ihrer Emotionen, was die Kognitionspsychologin Morton Ann Gernsbacher empirisch untersucht hat. Um zu erklären, wieso Textstellen überhaupt so etwas wie unterschwellige oder bewusste Angst auslösen können, bietet sich darüber hinaus LeDoux' Zwei-Wege-Modell (Box 10) an. Ihm zufolge wird Angst schneller ausgelöst als jede Erkenntnis oder als reines Verständnis: Angsterregende Wörter und Passagen würden ähnlich wie der Schatten im Beispiel von Abbildung 30 in Box 10 wirken und über den Thalamus Stressreaktionen wie Herzrasen und Atmungsbeschleunigung aktivieren. Erste empirische Studien des Literaturwissenschaftlers Jan Auracher an Textpassagen von Stephen King stützen dies. Bei solchen auch kognitiv anspruchsvollen Prozessen der Perspektivenübernahme spielen natürlich noch andere kortikale Netzwerke eine Rolle, wie beispielsweise der für »Theory of Mind« wichtige rechte temporo-parietale Übergang und der beidseitige dorsolaterale präfrontale Kortex.

Auf der kognitiven Ebene kann die ebenfalls in Box 10 skizzierte Emotionstheorie von Reisenzein zur Erklärung der Entstehung von Emotionen beim Lesen dienen: Eine Leserin könnte demnach Angst empfinden, wenn sie zum Zeitpunkt t unsicher ist, ob der Protagonist die geschilderte lebensbedrohliche Situation überstehen wird (Überzeugungskomponente), und gleichzeitig den Wunsch hegt, dass er dies tun möge (Wunschkomponente).

Diese Vermutungen sind rein spekulativer Natur: Experimentelle Forschung dazu muss erst noch initiiert werden.

Behaviorale Beschreibungsebene
Auf der behavioralen Ebene zeichnet sich das Lesen von Hintergrundtext durch eine hohe Leserate, d. h. relativ kurze Blickfixationen, große Vorwärtssakkaden und wenig Rückwärtssakkaden aus. Untermauert wird dies durch zahlreiche Studien von Blickbewegungsforschern wie Keith Rayner, die Augenbewegungsmessungen beim Lesen von üblicherweise nichtliterarischen, kaum Vordergrundelemente enthaltenden Texten durchführten. Studien, die explizit Blickbewegungsmuster oder andere Verhaltensdaten getrennt nach Hinter- und Vordergrundelementen auswerten, sind uns aktuell nicht bekannt. Auch hier besteht noch Forschungsbedarf.

Effekte des *foregrounding*

Neuronale Beschreibungsebene
Auffällige Effekte des *foregrounding* ergeben sich auf der neuronalen Ebene. Seit den wegweisenden Studien der Psychophysiologin Marta Kutas in den 1980er Jahren weiß man, dass semantische Abweichungen bzw. Erwartungsverletzungen in Sätzen wie ›Der Autor schrieb sein Gedicht mit Tinte‹ versus ›Der Autor schrieb sein Gedicht mit Blut‹ versus ›Der Autor schrieb sein Gedicht mit Butter‹ eine graduell stärkere Negativierung im hirnelektrischen Potential – die sogenannte N400 – nach sich ziehen (Box 5). Dies indiziert eine graduell intensivere Verarbeitung.

Die bereits erwähnte Studie von Auracher deutet an, dass *foregrounding* auch klare peripher-physiologische Effekte zeitigt (Erhöhung des Herzschlags und des Hautleitwiderstands). Zudem zeigen mehrere neuropsychologische Studien von Autoren wie Nira Mashal oder Mark Jung-Beeman, dass die eigentlich ›stumme‹ rechte Hirnhälfte – wie im Modell angenommen – verstärkt an der Verarbeitung von sprachlichen Vordergrundelementen beteiligt ist. Ein spezialisiertes Netzwerk, das den rechten Homolog des linkshemisphärischen Wernicke-Areals samt beidseitiger prämotorischer Areale und Insulae umfasst, wird anscheinend bevorzugt beim Lesen neuer Metaphern, nicht jedoch beim Rezipieren bekannter Metaphern rekrutiert (Box 11). Abbildung 71 zeigt, dass narrative Verarbeitung ganz allgemein die rechte Hirnhälfte stärker beansprucht als herkömmliche Sprachverarbeitung. Dies wird mit der bereits erwähnten Aktivierung breiterer semantischer Assoziationen in Verbindung gebracht.

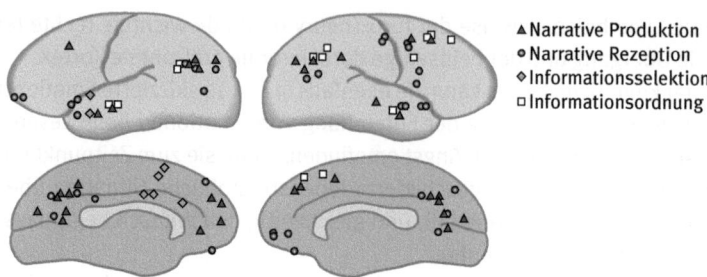

Abb. 71 Aktivationsmaxima aus Studien zu narrativer Rezeption (Kreise), Produktion (Dreiecke), Informationsselektion (Rauten) und -ordnung (Vierecke; nach Mar, 2004).

Kognitive und behaviorale Beschreibungsebene

Stilistische Vordergrundelemente bewirken auf der kognitiven Ebene, dass der von automatisierten, impliziten Vorgängen getragene Leseprozess unterbrochen oder verlangsamt wird. Im Unterschied zur kognitiven Verarbeitung von Hintergrundelementen führt die relative Unbestimmtheit der Vordergrundelemente (Ereignisse, Personen) ganz allgemein dazu, dass die oben im Zusammenhang mit Hintergrundprozessierung erwähnten üblichen Schemata und Situationsmodelle nicht mehr greifen. Gefühle werden wichtiger als kognitive, logisch-inferentielle Vorgänge: klare Zuordnungen, beispielsweise von Handlungszielen zu einer Figur oder von Kausalitäten zwischen Ereignissen, werden durch die Ambiguitäten narrativer Elemente erschwert oder unmöglich gemacht. Dem Leseforscher Rand Spiro zufolge befinden sich Leser nun in einem Modus der *stillschweigenden persönlichen Bewertung*: sie evaluieren ihr Verständnis von Vordergrundelementen nicht durch eine Beurteilung von deren Adäquatheit, Vollständigkeit oder Kohärenz, sondern auf Grundlage eines Vergleichs von Gefühlsdaten mit einer *idealisierten Gefühlsmenge*, die als persönliche Wertkriterien dienen. Statt die objektive Bedeutung einer Situation analytisch zu erklären, geht es dem Leser um ein holistisches Verständnis ihrer persönlichen Relevanz. Ziel des Bemühens um Sinn ist nun die Schemaneubildung oder -anpassung, nicht die automatische Anwendung vertrauter Schemata. Mit Miall gehen wir davon aus, dass dieser Vorgang primär affektgesteuert ist: kognitive und affektive Prozesse interagieren also.

Im Gegensatz zur Fülle von kognitiven Textverarbeitungsmodellen und Experimenten, die sich auf die Prozessierung von Hintergrundelementen beziehen, gibt es praktisch keine *experimentelle* Forschung zu der von Spiro vertretenen These eines besonderen Prozessierungsmodus von Vordergrundelementen. Es gibt allerdings einige *empirische* (nichtexperimentelle, korrelationale) Untersuchungen zu einzelnen Ebenen des *foregrounding*.

Auf der phonologischen Ebene können Alliteration und Reim beispielsweise beim Leser ein mehr oder weniger bewusstes Subvokalisieren bewirken, welches den Lesevorgang verzögert, gleichzeitig beim Leser aber auch ästhetische Gefühle, Interesse, Neugier, Vergnügen und Selbstreflexion auslösen kann. Miall und Kuiken berichten Evidenz für diese These, auf die wir im Absatz zur ästhetischen Trajektorie beim Lesen in der Folge noch näher eingehen. Aber natürlich spielen auch prosodische, rhythmische, lautmalerische und synästhetische Elemente eine Rolle (Boxen 20–23).

Syntaktische Stilmittel wie Ellipsen bewirken oft Verständnisschwierigkeiten und Nachdenkprozesse, wie zahlreiche Studien der Psycholinguistin Lynn Frazier zum ›garden pathing‹ (auf den Holzweg führen) gezeigt haben. In lokal ambigen Sätzen wie ›Anton wusste, die Lösung wird schwierig sein‹ löst der Satzbeginn ›Anton wusste die Lösung‹ bei Probanden üblicherweise eine Erwartung aus, die mit dem Satzende ›wird schwierig sein‹ kontrastiert. Dies führt zu einer kognitiven Anstrengung, die auch bewusst werden kann. Nachweisen lässt sich dies auf der behavioralen Ebene durch verlängerte Blickfixationsdauern und vermehrte Blickrücksprünge, die auf Verständnisschwierigkeiten hindeuten.

Auf der semantischen Ebene können Stilmittel wie Metapher oder Ironie bewirken, dass das flüssige wörtliche Lesen unterbrochen und ein übertragener Sinn gesucht wird. Die Psychologie bietet eine Vielzahl von Metaphernverarbeitungsmodellen an (Box 11), wie etwa das auf der Konstruktions-Integrationstheorie der Textverarbeitung und der Theorie der latenten semantischen Analyse (Box 17) beruhende Computersimulationsmodell von Kintsch. Es geht davon aus, dass Metaphern direkt verarbeitet werden, wie in Box 11 beschrieben, kann aber keine Verfremdungseffekte erklären, die von poetischen Textelementen ausgehen. Shklovskij zufolge geht das Verfahren der Verfremdung meist einher mit der Verwendung von Metaphern, die den schnellen Worterkennungsvorgang des automatisierten Lesens von Hintergrundelementen brechen und in einen langsameren, bewussten Wahrnehmungsvorgang umwandeln: »Ziel des Bildes ist es nicht, seine Bedeutung unserem Verständnis näher zu bringen, sondern eine besondere Wahrnehmungsweise des Gegenstandes zu bewirken; zu bewirken, dass wir ihn sehen und nicht nur wiedererkennen.« Tsur spricht hier »von verzögerter Konzeptualisierung«.

Im Gegensatz zur automatischen semantischen Prozessierung von Hintergrundelementen kann man bezüglich der Vordergrundelemente von Sinnentdeckung bzw. -kreation reden. Statt den meist vertrauten Sinn eines Textes einfach zu entschlüsseln, kann der Leser aus einer Vielfalt an Sinnpotentialen mehrere entdecken oder kreieren, die der Autor künstlerisch vorbereitet bzw. angelegt hat. So kann ein geschickter Autor beispielsweise durch den Wechsel der Perspektive semantische Oszillationen erzeugen, die dem Leser durch die ständige Modifikation des Blickpunkts – seine Leserrolle – und die damit verbundene Korrektur von Vorstellungen neue Sinnerfahrungen ermöglichen.

Nach Iser sind literarische Texte auch dadurch gekennzeichnet, dass sie »intersubjektiv verifizierbare Anweisungen für das Hervorbringen ihres Sinnes enthalten, der als konstituierter Sinn dann allerdings höchst verschiedene Erlebnisse und folglich entsprechend unterschiedliche Bewertungen auszulösen vermag«. Das Sinnpotential eines Textes oder Textausschnitts wäre somit eine Größe, die sich für empirische Studien zum literarischen Lesen eignet – vorausgesetzt, es kann auch quantitativ und über längere Textstrecken hinweg bestimmt werden.

Einige wenige empirische Studien konnten tatsächlich graduelle semantische

Effekte auf Verhaltensmaße nachweisen, allerdings nur bezogen auf sehr kurze Textabschnitte: so ergab eine Studie von Gibbs verlangsamte Lesezeiten für direkte Oxymora (›nasse Trockenheit‹) im Vergleich zu indirekten (›wässrige Trockenheit‹). Andere Untersuchungen, wie die der Literaturforscherin Rachel Giora oder des Religionsanthropologen Pascal Boyer, zeigten, dass saliente (vertraute, prototypische) Sprichwörter schneller verarbeitet werden als wenig saliente oder dass Konzepte, die pragmatische Kriterien verletzen (›sprechende Bäume‹, ›wundersame Brotvermehrung‹), mnestisch besser verankert und somit besser erinnert werden.

In der oben erwähnten Studie von Isabel Bohrn et al. am Dahlem Institute for Neuroimaging of Emotion (D.I.N.E.) lasen die Probanden im fMRT bekannte Sprichwörter (›Kleider machen Leute‹), inhaltlich verfremdete, sogenannte Anti-Sprichwörter (›Kleider machen Neider‹), formal verletzte Sprichwörter (›Kleider machen Menschen‹) oder unbekannte beziehungsweise wenig vertraute Sprichwörter (›Heiter kommt weiter‹). Die Auswertung der Hirnaktivität der Probanden wies darauf hin, dass – wie erwartet – bekannte Sprichwörter eher linkshemisphärisch prozessiert werden, unbekannte Sprichwörter hingegen größere Netzwerke in beiden Hirnhälften rekrutieren. Bekannte Sprichwörter erzeugten ein starkes Vertrautheitsgefühl, das mit Aktivierungsmaxima im linken Hippokampus und vorderen parahippokampalen Kortex korrelierte. Verletzte Sprichwörter scheinen ähnlich wie Fehler verarbeitet zu werden (Aktivierungsmaxima im rechten unteren Scheitellappen und oberen Teil des vorderen cingulären Gyrus), während bei Anti-Sprichwörtern ein hoher semantischer Integrationsaufwand betrieben wird, der mit affektiver Evaluation und Selbstbezug korreliert (assoziiert mit Aktivierung im unteren und oberen Frontalgyrus sowie dem medialen Temporalgyrus).

Ein grundsätzliches Problem bei solchen Studien besteht darin, dass sie sich in aller Regel auf punktuelle Textphänomene beziehen, während literarisches Lesen über umfangreichere Textstrecken Polyvalenzen erzeugt, beispielsweise durch Subtexte oder sich wechselseitig re-semantisierende Bilder. Autoren wie Schmidt oder Groeben sprechen in diesem Zusammenhang von einer Ästhetik- und Polyvalenz-Konvention für literarische (bzw. für literarisch erachtete) Texte. Unter Ästhetik-Konvention verstehen sie die Übereinkunft, dass ästhetische Objekte nicht nach den (pragmatischen) Kriterien wahr/falsch, sondern schön/hässlich zu bewerten sind, unter Polyvalenz-Konvention die Übereinkunft, dass ein Text potentiell mehrere unterschiedliche Bedeutungskonstituierungen erfahren kann. Die Erforschung der kognitiven und affektiven Grundlagen des Lesens längerer literarischer Texte mittels neurokognitiver Methoden steht erst am Anfang, und wir hoffen, dass unser Arbeitsmodell zu ihrer Initiierung beiträgt.

Affektive Beschreibungsebene

Vordergrundelemente werden, wie oben erwähnt, vermeintlich in einem Modus der *stillschweigenden persönlichen Bewertung* und somit eher affektgesteuert prozessiert. Wir gehen mit Miall davon aus, dass die affektiven Reaktionen mindestens drei Merkmale besitzen, die das Verstehen von Vordergrundelementen fördern: Sie sind domänenübergreifend, antizipatorisch und selbstreferentiell. Ein und dasselbe

Gefühl kann sich auf ganz unterschiedliche Domänen beziehen – etwa Kirchen und Kneipen (via Wein) – und diese semantisch zusammenbringen. Gefühle können antizipatorisch wirken, wenn beispielsweise eine durch Empathie mit dem Protagonisten erzeugte Angst die Interpretation der noch zu lesenden Textsegmente (vor)färbt und spätere negative Ereignisse erwarten lässt. Schließlich können Gefühle selbstreferentielle Gedanken auslösen, wenn eine Textstelle etwa ein Gefühl der Betroffenheit, Erinnerungen an die eigene Kindheit oder Zukunftsphantasien über das eigene Altern hervorruft.

Die Befunde der oben erwähnten ersten experimentellen neurokognitiven Studie zu diesem Thema (Bohrn) passen zu diesen Hypothesen und den sie stützenden, subjektiven Berichten der Probanden aus der weiter unten geschilderten Studie von Miall und Kuiken, da die mit Vordergrundelementen versehenen Anti-Sprichwörter neuronale Netzwerke aktivierten, die mit affektiver Evaluation und Selbstbezug assoziiert sind. Zukünftige Experimente müssen zeigen, inwieweit sich diese Effekte auf das Lesen längerer Texte übertragen lassen und inwiefern mit affektiven und ästhetischen Reaktionen assoziierte peripher-physiologische Indikatoren von Emotionen (Herzrate, Hautleitwiderstand, Lachmuskelaktivierung) die kortikalen Aktivierungen begleiten.

Die ästhetische Trajektorie beim Lesen

Vordergrundelemente werden typischerweise auch mit ästhetischen Gefühlen in Verbindung gebracht. Ihre ästhetische Qualität liegt nach Iser in der *Vollzugsstruktur*, welche die Sinnaufbereitung oder -entdeckung initiiert. Was ästhetische von nichtästhetischen Gefühlen unterscheidet und wie sie zu charakterisieren sind, ist allerdings weitgehend ungeklärt – nicht nur, was Literatur angeht, sondern Kunst ganz allgemein. Mukařovskýs Deviationsstilistik zufolge entsteht die poetische oder ästhetische Qualität eines Textes aus der Abweichung vom Bekannten, Vertrauten, von Normen und Standards. Diese Verletzung zitiert nach Iser den Standard dabei immer mit (ebenso wie den ästhetischen Kanon, der diesen Standard eingrenzt). Wir gehen in unserem Modell deshalb davon aus, dass nicht die Abweichung an sich, sondern das Verhältnis zwischen Abweichung und Standard, zwischen Hinter- und Vordergrundelementen eine wichtige Bedingung ästhetischer Qualität und eine essentielle Voraussetzung ästhetischer Erfahrungen beim Lesen ist.

Ästhetische Erfahrungen können aufgrund ihrer hedonischen Eigenschaften und der Möglichkeit, selbstverstärkende kognitiv-emotionale Prozesse auszulösen, eine Vielzahl psychologischer Phänomene ebenso spontan wie nachhaltig beeinflussen. Dazu gehören perzeptiv-attentionale Vorgänge, Lern- und Gedächtnisprozesse, Phänomene aus dem motivational-emotionalen Bereich und eben das Lesen. In dem bisher umfassendsten kognitionspsychologischen Modell der ästhetischen Erfahrung und Bewertung von Kunstobjekten definiert der Kognitionspsychologe und Kunstforscher Helmut Leder eine ästhetische Erfahrung ganz allgemein als »kognitiven Prozess, der von kontinuierlich sich entwickelnden affektiven Zuständen begleitet wird«.

Der Evolutionsbiologe Tecumseh Fitch hat kürzlich ein neurobiologisch inspiriertes Arbeitsmodell ästhetischer Erfahrung vorgeschlagen, das sich aus drei dynamisch aufeinander folgenden Stufen oder kognitiven Zuständen zusammensetzt. Als zentrales Element berücksichtigt es die Spannung zwischen Bekanntem und Unerwartetem. Angelegt wie ein dialektisches Modell, beginnt diese ästhetische Trajektorie mit einer anfänglichen Phase von impliziter Wiedererkennung des Vertrauten – ein Prozess, der in unserem Modell primär über das Lesesystem der linken Hirnhälfte abläuft. Die zweite Phase kennzeichnet dann ein Moment der Überraschung, der Ambiguität und Spannung – Prozesse, an denen laut Modell die rechtshemisphärisch gesteuerte, explizite Verarbeitung stärker beteiligt ist. In der dritten Phase der Integration oder Synthese wird diese Spannung schließlich aufgelöst: ein Ereignis, an dem sowohl links- als auch rechtshemisphärische Prozesse beteiligt sind.

Die in unserem Modell verankerte Arbeitshypothese übernimmt diese Phasenlogik, geht allerdings (wie in Box 6 dargelegt) davon aus, dass ästhetische Erfahrungen beim Lesen grundsätzlich über Formaspekte (Schrift- und Lautbild, Wortklang) und/oder über Bedeutungsaspekte evoziert werden können und häufig mit einem lustvollen Aha-Erlebnis einhergehen, was neuronal durch hochfrequente Gammaaktivität im EEG sowie fMRT Aktivierungsmaxima im rechten vorderen oberen Temporalgyrus, im vorderen cingulären Kortex, im Precuneus, im linken unteren Stirnhirn und im mesolimbischen Belohnungssystem indiziert würde (Box 11 und 13). Wir vermuten, dass der linke seitliche präfrontale Kortex bei *ästhetischen* Aha-Erlebnissen eine spezielle Rolle spielt, die mit einer Bewertung der guten Passung zwischen den verschiedenen Elementen – beispielsweise einer ›schönen‹ Gedichtzeile – zusammenhängt.

Phänomenologisch kann man dieses Gefühl, dass alles zusammenpasst, mit dem auf William James (1890) zurückgehenden Konzept der Umrandung (fringe) von fokalen Bewusstseinsinhalten (Kerne oder Nuclei) durch nur dunkel erinnerte Kontextinformationen erklären, die sich aus unbewussten Assoziationsnetzwerken speisen und den Übergang von einem Gedanken zum nächsten steuern. Wenn Schönheit – wie der Kognitionswissenschaftler Bruce Mangan meint – ein Gefühl ist, das Informationen über ein Netzwerk von Beziehungen vermittelt, die nicht voll innerhalb des Bewusstseinskerns elaboriert werden können, und ein Kunstwerk ein Objekt ist, das etwas beinhaltet, was es nicht direkt repräsentieren kann – wie Proust meinte –, dann könnte dieses ›Etwas‹ die ›Umrandung‹ sein, die durch die im Text verwandten Stilmittel und die ›Vollzugstruktur‹ (Iser) aktiviert wird. Mithilfe von neuronalen Netzwerkmodellen können die ästhetischem Erleben zugrunde liegenden Assoziationsstrukturen – in bestimmten Kontexten – simuliert werden (Martindale, Jacobs und Leder). Die ›Umrandung‹ ist laut dem Kognitionspsychologen Russell Epstein für die Aha-Erlebnisse verschaffende Bedeutungsentdeckung bei Kunstwerken zentral. Bedeutung wird so zwar bewusst den Oberflächenmerkmalen eines Kunstobjekts (z. B. einer schönen Gedichtzeile), die dem Kernbewusstsein zugänglich sind, zugeordnet, wäre aber tatsächlich das Ergebnis eines unbewussten Passungsurteils – zwischen Kern und ›Umrandung‹ –, an dem der seitliche präfrontale Kortex und Assoziationsnetzwerke in den Temporallappen mitwirken. Für diese These sprechen auch jüngste fMRT-Befunde, die der Ästhetikforscher Gerald Cupchik mit gemalten Bildern als Reizen erhoben hat. Neben dem seitlichen präfrontalen Kortex und den Temporallappen wurden in dem Experiment auch noch die Insulae selektiv aktiviert, die systematisch mit emotionalen Reaktionen assoziiert sind.

Ein Beispiel für die ästhetische Wirkung von Formaspekten (Lautbild) findet sich in der bereits erwähnten Studie von Miall und Kuiken, die aufgrund von Selbstberichten von Lesern die Annahme überprüfen sollte, dass ästhetische Gefühle als Reaktion auf formale – narrative oder stilistische – Textkomponenten wie Ergriffenheit durch eine passende Metapher erhöhte Aufmerksamkeit und gesteigertes Interesse des Lesers für den Text widerspiegeln. Die Probanden lasen zunächst die Kurzgeschichte *The Trout* des irischen Schriftstellers Sean O'Faolain, wobei sie alle Textpassagen markieren sollten, die sie eindrucksvoll und evozierend fanden. Nach vollendeter Lektüre kommentierten sie ihre subjektiven Eindrücke zu jeder markierten Stelle. Diese wurden auf Tonband aufgezeichnet und analysiert. Die Autoren schildern anhand des ersten Paragraphen aus *The Trout*, wie Vordergrundelemente ästhetische Gefühle auslösen können. »It is a laurel walk, very old, almost gone wild, a lofty midnight tunnel of smooth, sinewy branches. Underfoot the tough brown leaves are never dry enough to crackle: there is always a suggestion of damp and cool trickle.« Die Vordergrundelemente, die bei der Mehrheit der Leser dieser Studie subjektiv ästhetische Gefühle bewirkten, sind primär phonologischer Natur, insbesondere die Wörter ›smooth‹, ›sinewy‹ sowie das *verbale Echo*, das durch ›crackle‹ und ›damp and cool trickle‹ erzeugt wird.

Bezüglich der Bedeutungsaspekte weist unser Modell eine besondere Rolle der Schließung offener Sinngestalten und der Entdeckung neuer Bedeutungen zu, wobei wir mit Proust, Gadamer oder Miall davon ausgehen, dass ein Gefühl der Betroffenheit, ein *Sich-Ändern der Realität*, mitschwingen muss. Proust und Gadamer zufolge konfrontiert der künstlerische Text den Leser dadurch mit sich selbst, das er etwas sagt, das für den Leser wie eine Entdeckung ist, d. h. *die Aufdeckung von etwas Verdecktem*. Die Betroffenheit beruht unter anderem darauf, dass im Kunstwerk *alles Bekannte übertroffen wird*.

Der Autor James Carroll spricht in diesem Zusammenhang von »Lesen als einem introspektiven Akt, bei dem es nicht nur um die bloße Aufnahme von Informationen geht, sondern um eine Begegnung mit dem Ich«. Solche von Form- und Bedeutungsaspekten ausgelösten ästhetischen Erfahrungen hängen Iser zufolge von kontinuierlichen Oszillationen zwischen Prozessierungsoperationen von Hinter- und Vordergrundelementen ab. Das Repertoire aktiviert vertraute Schemata im Geist des Lesers und erlaubt erst das Hin und Her zwischen adaptiven und assimilativen Vorgängen, wenn der Autor unvorhergesehene oder mehrdeutige Ereignisse und Figuren in die Geschichte einbaut, Konflikte zwischen Schemata und narrativen Elementen kreiert und mit rhetorischen Mitteln oder überraschenden Perspektivwechseln die *foregrounding*-Effekte erzeugt.

Dass dabei das uralte Lustsystem des Gehirns anspringt, wusste in gewisser Weise schon Kant, der ästhetische Erfahrungen als koextensiv mit Lustgefühlen sah, die den diese Gefühle auslösenden Reiz immer bejahen – also vermutlich das appetitive Motivationssystem beanspruchen. Grenzen des nach Iser durch einen schöpferischen Akt bewirkten Lesevergnügens – »Denn das Lesen wird erst dort zum Vergnügen, wo unsere Produktivität ins Spiel kommt, und das heißt, wo Texte eine Chance bieten, unsere Vermögen zu betätigen« – bilden einerseits eine übergroße Deutlichkeit und andererseits eine übergroße Diffusion des Gesagten, die entweder Langeweile oder Anstrengungen auslösen.

Verfremdungseffekte. Die Vordergrundelemente eines Textes werden dem Modell zufolge üblicherweise als offene Sinngestalten verarbeitet, indem sie polyvalente oder widersprüchliche kontextuelle Bedeutungen und diese begleitende Mischgefühle (z. B. Angstlust) aktivieren – nicht nur Basisemotionen wie Angst oder Freude. Cupchik zufolge führt dies beim Leser zu einer Bewusstwerdung der situativen Bedeutungsstruktur: einem expliziten reflektiven Prozessierungsmodus im Gegensatz zu nichtreflektiven emotionalen Empfindungen, die mit einem impliziten reaktiven Prozessierungsmodus bei Hintergrundelementen verbunden sind. Vordergrundelemente brechen beispielsweise über Techniken der Verfremdung die Stabilitätsempfindung, das Vertrautheitsgefühl des Lesers, fordern damit das Gestaltprinzip der ›guten Fortsetzung‹ – angewandt auf Literatur – heraus und regen den Leser zur Diversifikation innovativer Bedeutungsgestalten an.

Interesse und ästhetisches Gefallen oder Vergnügen sind demnach direkte Produkte dieser durch die Spannung zwischen Hinter- und Vordergrund ausgelösten interpretativen Aktivitäten. Ästhetische Lesegefühle bewirken und begleiten kognitive Transformationen. Sie entstehen – wie Shklovskij es treffend formulierte – dann, wenn der Leser im Text etwas ›sieht‹ und nicht nur ›wiedererkennt‹: »Wenn wir in einem Anfall von Zärtlichkeit oder Bosheit einem Menschen liebend zusprechen oder einen Menschen beleidigen wollen, dann genügen uns die verschlissenen, abgenagten Worte nicht, dann ballen und zerbrechen wir sie, damit sie das Ohr treffen, damit man sie sehen kann und sie nicht nur wiedererkennt.« Leo Tolstoi, nach Shklovskij ein Meister der Verfremdungstechnik, nannte die Dinge meist nicht beim Namen, sondern »beschrieb sie so, als sähe er sie zum ersten Mal, als würden die Ereignisse zum ersten Mal geschehen«.

Miall zufolge indizieren ästhetische Gefühle mehr als eine reine Wertschätzung für formale Textaspekte, weil sie Veränderungen im Verständnis des Lesers für die Textbedeutung und für seine interpretativen Schemata und Prozesse initiieren können, beispielsweise indem sie über Erinnerungen affektive Textbezüge herstellen. So kann ein Satz wie ›Ein Fisch, der in seinem kleinen Gefängnis nach Luft schnappt‹ aus *The Trout* zunächst etwa das verwandte Bild eines im Zoo eingesperrten Elefanten oder anderen Tieres wachrufen. Dieses anfängliche mentale Bild bleibt damit innerhalb des konventionellen Szenarios von Tieren, die darunter leiden, aus ihrer ökologischen Nische entfernt worden zu sein. Das konventionelle Szenario rief dennoch in einer Probandin aus der Studie von Miall und Kuiken beim Lesen die Assoziation hervor, an einen Rollstuhl gefesselt zu sein, was ein schreckliches Gefühl in ihr erzeugte. Diese Erweiterung der Gefühle bezüglich des eingesperrten Tieres auf den Bereich menschlicher Behinderungen spiegelt die Leichtigkeit wider, mit der konventionelle Grenzen als Reaktion auf figurative Textelemente überschritten werden können. Ästhetische Gefühle erzeugen eine diffus gesteigerte Gefühlstönung, die – wie erwähnt – antizipatorische Funktion hat, indem sie den Leser für neue Gefühlskonnotationen alarmiert, die emergieren, wenn narrative Gefühle – die in der Regel durch Hintergrundelemente erzeugt werden – die Grenzen konventioneller Szenarien überschreiten. Sie helfen dem Leser zu imaginieren, wie eine bestimmte narrative Episode ausgehen wird, und zu antizipieren, welche Themen sich wiederholen werden. Ästhetische Gefühle fordern die Imagination des Lesers heraus und können zu einer Selbstveränderung in dem Sinne führen, dass sie die Weise ändern, wie der Leser über sich selbst denkt.

Fakt vs. Fiktion. Emotionale Prozesse beim Lesen fiktionaler Texte, seien sie durch Vorder- oder Hintergrundelemente ausgelöst, sind bisher experimentell kaum untersucht worden. Eine zentrale Frage, die zukünftige Studien auf jeden Fall behandeln sollten, ist: Was unterscheidet durch Fakten ausgelöste Emotionen von solchen, die durch Fiktion(en) hervorgerufen werden?

Das ›Gesetz der scheinbaren Wirklichkeit‹ – eines von zwölf aus der phänomenologischen Emotionstheorie Frijdas – besagt, dass Emotionen nur durch Ereignisse, die man für wirklich hält, ausgelöst werden: ihre Intensität ist davon abhängig, wie stark diese Wirklichkeitseinschätzung ist. Frijda selbst leitet aus diesem ›Gesetz‹ die Vorhersage ab, dass Wissen generell schwächere emotionale Effekte auslöst als Sehen oder symbolische Information immer schwächere Emotionen als Bilder oder tatsächliche Ereignisse. Demnach sollten emotionale Reaktionen auf fiktive Ereignisse nie den Intensitätsgrad solcher Reaktionen auf tatsächliche Ereignisse aufweisen.

Ob dies wirklich zutrifft, wird in der Philosophie seit jeher heftig diskutiert, bedarf aber insbesondere noch eingehender empirischer Prüfung. Es ist jedenfalls fraglich, ob fiktive Ereignisse (der Tod einer Filmfigur) nicht sehr wohl den affektiven Intensitätsgrad eines vergleichbaren realen Ereignisses (der Tod eines Kollegen) überschreiten können. Nicht nur bei Kindern scheinen vorgespielte oder vorgelesene Ereignisse intensive Gefühle auslösen zu können, die augenscheinlich jenen, welche durch reale Ereignisse bewirkt werden, oft kaum nachstehen. Auch die notorischen Tränen Erwachsener in Kinos und Opernhäusern – nicht selten auch bei Texten – sprechen für starke Gefühle als Reaktion auf die semantischen und/oder formalen Aspekte fiktiver Ereignisse.

Einen interessanten Grenzfall bilden Ereignisse, seien sie nun in Schriftform oder als Fotos bzw. Filme dargeboten, deren Wirklichkeitsstatus unsicher ist. In einer Studie aus unserem Labor (Altmann et al.) lasen Probanden im MRT kurze Geschichten makabren Inhalts, die sogenannten *Black Storys* entnommen waren. Hier ein Beispiel:

Ein Mann war Landwirt und fuhr seinen Mähdrescher in das Maisfeld, in dem seine Kinder Verstecken spielten. Als die Maschine stockte, stieg er aus, um nachzusehen, wo der Fehler lag. Als er erkannte, dass er seine Kinder überfahren hatte, nahm er sich das Leben.

Einer Hälfte der Probanden wurde vorher gesagt, die Geschichten seien real, der anderen wurde mitgeteilt, sie seien fiktiv. Die Hypothese war, dass das Lesen von

Fiktion ähnliche Hirnschaltkreise wie mentales Vorstellen und geistige Simulations-aufgaben rekrutiert (Box 34). Die Befunde liefern auch tatsächlich funktionell hirnanatomische Evidenz für die in Box 2 und 12 beschriebene ›verkörperte Kogni-tionsthese‹. Ihr zufolge bewirken literarische Texte mentale Simulationen sozialer Erfahrungen – woran speziell ein Areal im rechten unteren Scheitellappen beteiligt ist. Darüber hinaus verweisen die Befunde darauf, dass dieses Areal stärker akti-viert wird, wenn die Probanden glauben, es handle sich um fiktive Texte, als wenn sie glauben, es handle sich um Fakten. Ob die als real bezeichneten Geschichten stärkere Emotionen auslösen als die vermeintlich fiktiven und in welchem Maß sich diese Befunde auf literarisches Lesen, d. h. auf das Lesen längerer Texte, übertragen lassen, ist eine offene Frage, der wir in einem interdisziplinären Projekt des For-schungsclusters ›Languages of Emotion‹ derzeit nachgehen.

Diese Frage ist auch deswegen spannend, weil sie die seit 1817 weit verbreitete Coleridgesche These der *willentlichen Aussetzung der Ungläubigkeit* (›willing suspension of disbelief‹) bei der Kunstrezeption und die Frage nach prinzipiellen Unterscheidungskriterien für literarische (künstlerische) versus nichtliterarische Sprache berührt. Der bereits erwähnte Psychologe Richard Gerrig hält die Cole-ridgesche These für eine Illusion und nennt sie die ›Kippschalter-Theorie‹: »kippe den Schalter, der Ungläubigkeit aussetzt, wenn du Fiktion liest, und kipp ihn wieder um, wenn du Fakten liest.« Ob, und wenn ja unter welchen Bedingungen, unser Gehirn einen ›Kippschalter‹ für Fakt versus Fiktion bzw. literarische versus nichtlite-rarische Texte betätigen kann, ist Untersuchungsgegenstand weiterer Experimente in dem Projekt von Altmann et al.: Der bisherige Ergebnisstand erlaubt uns jeden-falls noch keine ›Aussetzung der Ungläubigkeit‹ bezüglich der Coleridgeschen These.

Zusammenfassung
Abschließend lässt sich sagen, dass das in Abbildung 70 skizzierte neurokognitive Arbeitsmodell literarischen Lesens auf der Grundlage verschiedener Vorarbeiten teils bekannte und empirisch gestützte, teils neue, oft rein spekulative Hypothesen anbietet, die jedoch mittels unterschiedlicher Methoden auf den vier Beschrei-bungsebenen experimentell geprüft werden können, um unser Verständnis vom Lesen zu fördern – einer der komplexesten Leistungen des menschlichen Gehirns und einer der größten Errungenschaften der menschlichen Zivilisation.

Zusammengefasst beschreibt das Modell ›literarisches Lesen‹ wie folgt: Bereits bei der Lektüreauswahl spielen psychologische Faktoren wie Stimmung und Moti-vation eine Rolle. Geht der Leser eine Art ›Formalistenvertrag‹ mit Autor und Text ein, bedingt dies eine genrespezifische ›literarische Leseperspektive‹ mit einem ge-nerell langsameren Lesetempo und gesteigerter Aufmerksamkeit für Oberflächen-merkmale des Textes. Der Leser ist somit bereit, sich auf Jakobsons poetische Funk-tion einzulassen, und wird sensibler für literarische Figur-Grund-Relationen. Aber dies ist keine ›Alles-oder-Nichts‹-Entscheidung. Der ›Vertrag‹ mit einem Celan-Ge-dicht muss (und kann wohl) nicht der gleiche sein wie mit einem Roman von Tolstoi. Bei manchen Gedichten oder Textsegmenten mag der ›literarische Lesemodus‹ do-minant und maximal rein sein. Ein ganzer Roman lässt sich so aber kaum lesen, vermutlich nicht einmal eine einzige Zeile wie »Schwarze Milch der Frühe, wir trinken sie abends«.

Für das Wort ›der‹ in diesem Oxymoron nämlich gilt – was auch für die drei anderen Wörter gilt –, dass man sie (als ein des Deutschen mächtiger guter Leser) nicht NICHT lesen kann (es sei denn, man schließt die Augen). Hat man das Lesen einmal gelernt, ist man geradezu verdammt, es automatisch zu tun. Doch nicht jedes Wort, jede Phrase wird gleich flüssig gelesen. Bekanntheitsgrad, Vorhersagbarkeit, Aussprechbarkeit (phonologische Rekodierbarkeit und Komplexität, Silbenanzahl und -frequenz), Wortart und morphologische Komplexität (Morphemanzahl, -frequenz oder -transparenz), Mal-, Bild- und Bedeutungsfeld (Bildhaftigkeit, Konkretheit, Assoziationsdichte) und eine Vielzahl anderer quantifizierbarer oder qualitativer Faktoren bestimmen die Einzelworterkennung und damit auch das allgemeine Lesetempo. Nicht zuletzt spielt das, was Karl Bühler den ›Sphärengeruch‹ eines Wortes nannte, gerade beim literarischen Lesen eine Rolle (Box 17): Das Lesen und das damit verbundene Denken und Fühlen ist – wie Bühler sagt – ›stoffgesteuert‹. Auch deswegen wird ›Schwarze Milch‹ anders rezipiert als ›der‹: andere ›funktionale Netze‹ werden im Gehirn aktiv (Box 2, Abb. 2), die ›konstruktive oder rekonstruierende innere Tätigkeit‹ ist eine andere (Box 17). Es ist sogar wahrscheinlich, dass ›der‹ überhaupt nicht mit dem Blick fixiert und aus dem Kontext lediglich erschlossen wird (Box 5), während der Blick, nachdem er bereits auf dem Wort ›Frühe‹ angelangt war, zurück zu ›Schwarze‹ springt, um das Gehirn mit zusätzlicher sensorischer Information für die Annäherung an Celans Oxymoron zu versorgen.

Ob jemand ›Schwarze Milch der Frühe‹ für ein gelungenes Bild, ein ekelerregendes Oxymoron oder für dummes Geschwätz hält, ob er von diesen vier Wörtern betroffen ist, sie schön oder hässlich findet, sich nach ihrer Lektüre für den Rest des Gedichts interessiert und so weiter, hängt von der Autoreinschätzung des Lesers, der Kenntnis des Entstehungskontextes oder der persönlichen Erfahrung ebenso ab wie von der ›Poetizität‹ des Wortmaterials. Der Leser selbst in seinem jeweiligen Lese- und Lebenskontext bestimmt – nicht nur über seine Lesestrategie – wesentlich mit, ob und wie viel ›Poetizität‹ ein Textsegment aufweist (unter anderem deswegen glauben wir an die Kraft der interdisziplinären Zusammenarbeit zwischen Literaten oder Literaturwissenschaftlern und Psychologen oder Neurowissenschaftlern).

Handelt es sich nun um ein Hintergrundsegment, das mehrheitlich vertraute Wortrepräsentationen, Ikonen, soziokulturelle Kodes oder Denk- und Fühlskripte aktiviert, läuft der Leseakt primär über das oben beschriebene ›Lesesystem‹ der linken Hemisphäre ab. Dies bedeutet nicht, dass die rechte Hirnhälfte ›abgeschaltet‹ wird, sondern dass ihre sprachbezogenen Schaltkreise relativ weniger aktiv sind als bei der Rezeption-Konstruktion von Vordergrundelementen. Die von *foregrounding* weitgehend unbehelligte Worterkennung und Blickbewegungssteuerung läuft ebenso mühelos ab wie die Schemataaktivierung, Ereigniswahrnehmung und Situationsmodellbildung. Auf der affektiven Ebene spielen sich vor dem Hintergrund des mit geringer Erregtheit verbundenen positiven Vertrautheitsgefühls typische Szenarien von narrativen bzw. Fiktionsemotionen ab: Empathie für Charaktere oder Ereignisse, Sympathie mit einem Protagonisten, Spannung und gelegentlich anschwellende Erregtheit im Umfeld der ›Was passiert jetzt‹-Frage oder Hoffnung auf einen guten Ausgang. Hierbei spielen rein hypothetisch die in Box 10 beschriebenen SORGE-, ANGST-, PANIK- und WUT-Systeme eine größere Rolle als die LUST-, SUCH- und SPIEL-Systeme. Kommt eine Reihe der in Box 2 beschriebenen Faktoren zusammen, ergibt sich das Immersionsphänomen, das unter anderem auf ›Symbolverankerung‹ und ›Neuronaler Neuprägung‹ beruht: Der Leser versenkt sich in eine künstliche Welt, er ist nicht nur ›mittendrin‹ im Text, sondern auch im *flow*.

Häufen sich nun ungewöhnliche Formmerkmale und Ambiguitäten, greifen die üblichen Denk- und Gefühlsschemata immer seltener, verdrängen Mischgefühle, ästhetische Reaktionen oder selbstbezogene Gedanken öfter das allgemeine Vertrautheitsgefühl, so hat sich vermutlich die Beteiligung des dorsalen linkshemisphärischen Leseschaltkreises, der LUST-, SUCH- und SPIEL-Systeme und der rechtshemisphärischen assoziativen Netzwerke am Leseakt verstärkt: Der Leser liest nun ›vordergründig‹. Er erkennt die Worte nicht nur wieder, er sieht, hört, riecht und schmeckt sie eher; er befindet sich in einem Modus der *stillschweigenden persönlichen Bewertung*. Sein Blickbewegungsverhalten wird langsamer, aber auch seine Gedanken und Gefühle: sie dehnen sich aus und verändern möglicherweise seine Selbstwahrnehmung. Der Prozess der Ergänzung der Sinngestalten erfordert dies, weil aus der Vielfalt an Sinnpotentialen verschiedene entdeckt oder kreiert werden können, die der Autor angelegt hat. Der Leser begegnet sich selbst, er ist betroffen, weil das Bekannte übertroffen wird. Aber die Belohnung für so viel Mühe wartet bereits am Ende der ästhetischen Trajektorie: Nach anfänglicher vertrauter Wiedererkennung und Momenten der Überraschung, Ambiguität und Spannung geht mit der Integration oder Synthese eine lustvolle Spannungsauflösung – eventuell in Form eines ›Aha-Erlebnisses‹ – einher, die ein ästhetisches Gefühl begleitet, zum Weiterlesen motiviert und so den Kreis im Modell schließt.

Referenzen und weiterführende Literatur

A. Kognitive Poetik und empirische Literaturwissenschaft
Bierwisch, M. (1971). »Poetik und Linguistik«. In: J. Ihwe (Hg.), *Literaturwissenschaft und Linguistik. Ergebnisse und Perspektiven*. Frankfurt/M.: Athenäum, 568–586
Bleich, D. (1978). *Subjective Criticism*. Baltimore: Johns Hopkins University Press
Booth, W. C. (1969). *The Rhetoric of Fiction*. Chicago, London: The University of Chicago Press
Bortolussi, M., & Dixon, P. (2003). *Psychonarratology: Foundations for the Empirical Study of Literary Response*. Cambridge: Cambridge Univ. Press
Brewer, W. F., & Lichtenstein, E. H. (1982). »Stories are to entertain: A structural-affect theory of stories«. *Journal of Pragmatics*, 6, 473–486
Cupchik, G. C. (1988). »General particular forms of knowledge in the arts«. *Spiel*, 7, 243–260
Fonagy, I. (1961). »Communication in poetry«. *Word*, 17, 194–218
Gadamer, H. G. (1964/1985). »Ästhetik und Poetik I«. In: *Gesammelte Werke* 8–9, Tübingen: Mohr 1985ff.
Gadamer, H. G. (1964/1997). »Ästhetik und Hermeneutik«. In: *Gadamer Lesebuch*, Tübingen 1997
Genette, G. (1979). »Valery and the poetics of language«. In: J. V. Harari (ed.), *Textual strategies: Perspectives in post-structuralist criticism*. Ithaca, NY: Cornell University Press, 359–373
Gerrig, R. (1998). *Experiencing Narrative Worlds: On the Psychological Activities of Reading*. New Haven, CT: Yale University Press, 1993; Boulder, CO: Westview Press, 274

Gibbs, R. W., & Gonzales, G. (1985). »Syntactic frozenness in processing and remembering idioms«. *Cognition*, 20, 243–259

Gibbs, R. W. (1994). *The Poetics of Mind: Figurative Thought, Language, and Understanding.* New York: Cambridge University Press

Groeben, N. (1977). *Rezeptionsforschung als empir. Literaturwissenschaft.* Kronberg: Athenäum

Hanauer, D. (1997). »Poetic text processing«. *Journal of Literary Semantics*, 26 (3), 157–172

Iser, W. (1976/1984). *Der Akt des Lesens: Theorie ästhetischer Wirkung.* München: Fink Verlag

Jacobs, A. M. (2010). *Towards a Neurocognitive Model of Literary Reading.* Vortrag beim 3. Vienna Aesthetics Symposium, Wien

Jakobson, R. (1960). »Closing statement: Linguistics and poetics«. In: T. A. Sebeok (ed.), *Style in Language*, Cambridge, MA: MIT Press, 350–377

Jakobson, R. (2005). *Poetik: Ausgewählte Aufsätze 1921–1971.* Neuaufl. Frankfurt/M.: Suhrkamp

Jauß, H. R. (1991). *Ästhetische Erfahrung und literarische Hermeneutik.* Frankfurt/M.: Suhrkamp

Klein, W. (1971). »Formale Poetik und Linguistik«. *Beiträge zu den Sommerkursen des Goethe-Instituts München*, 190–195 (recte 1972)

Martindale, C. (1975). *Romantic Progression: The Psychology of Literary History.* Washington, DC.: Halsted Press

Martindale, C. (1990). *The Clockwork Muse: The Predictability of Artistic Change.* New York: Basic Books

Miall, D. S. (1977). »Metaphor and literary meaning«. *British Journal of Aesthetics*, 17.1, 49–59

Mukařovský, J. (1932/1984). »Standard language and poetic language«. In: Paul L. Garvin (ed.), *A Prague School Reader on Aesthetics, Literary Structure, and Style*, Washington, DC: Georgetown University Press, 17–30

Oatley, K. (1994). »A taxonomy of the emotions of literary response and a theory of identification in fictional narrative«. *Poetics*, 23, 53–74

Ortony, A., Reynolds, R. E., & Arter, J. A. (1978). »Metaphor: Theoretical and empirical research«. *Psychological Bulletin*, 85, 919–943

Pratt, M. L. (1977). *Toward a Speech Act Theory of Literary Discourse.* Bloomington, IN: Indiana University Press

Schmidt, S. J. (1970). »text, bedeutung, ästhetik«. In: *Grundfragen der Literaturwissenschaft*, 1. München: Bayerischer Schulbuchverlag

Schmidt, S. J. (1971). »Ästhetizität. Philosophische Beiträge zu einer Theorie des Ästhetischen«. In: *Grundfragen der Literaturwissenschaft*, 2. München: Bayerischer Schulbuchverlag

Schmidt, S. J. (1975). *Literaturwissenschaft als argumentierende Wissenschaft.* München: Fink (Kritische Information, Bd. 38)

Schmidt, S. J. (1979). »Empirische Literaturwissenschaft as perspective«. *Poetics*, 8, 557–568

Spitzer, L. (1948). *Linguistics and Literary History: Essays in Stylistics.* Princeton, NJ: Princeton University Press

Steen, G. (1994). *Understanding Metaphor in Literature.* London: Longman

Stockwell, P. (2007). »Cognitive poetics and literary theory«. *Journal of Literary Theory*, 1, 135–152

Tsur, R. (1964). *Studies in the Poetry of Bialik* (in Hebrew). Tel Aviv: Daga

Tsur, R. (1983). *What is Cognitive Poetics?* Tel Aviv: The Katz Research Inst. for Hebrew Literature

Van Dijk, T. (1979). »Advice on theoretical poetics«. *Poetics*, 8, 569–608

Van Peer, W. (1983). »Poetic style and reader response: exercise in empirical semics«. *Journal of Literary Semantics*, 12, 3–18

Zwaan, R. A. (1993). *Aspects of Literary Comprehension: A Cognitive Approach.* Amsterdam: Benjamins

B. Funktionen literarischen Lesens und Genreeffekte

Bartsch, A., Vorderer P., Mangold, R., & Viehoff, R. (2008). »Appraisal of emotions in media use: Toward a process model of meta-emotions and emotion regulation«. *Media Psychology*, 11, 7–27

Carminati, M. N., Stabler, J., Roberts, A. M., & Fischer, M. H., (2006). »Readers' responses to subgenre and rhyme scheme in poetry«. *Poetics*, 34, 204–218

Coleridge, S. T., 1983 [1817]. *Biographia literaria*, 2 vols., ed. by J. Engell & W. J. Bate, London: Routledge

Dewey, J. (1934). *Art as Experience*. New York: G. P. Putnam's Sons

Eco, U. (1976). *A Theory of Semiotics*. Bloomington: Indiana University Press

Einstein, G. O., McDaniel, M. A., Owen, P. D., & Cote, N. (1990). »Encoding and recall of texts: The importance of material appropriate processing«. *Journal of Memory and Language*, 29, 566–581

Genette, G. (1991). »Fictional narrative, factual narrative«. *Poetics Today*, 11, 755–774

Hanauer, D. (1998). »The genre-specific hypothesis of reading: Reading poetry and reading encyclopedic items«. *Poetics* 26, 63–80

Mar, R. A., & Oatley, K. (2008). »The function of fiction is the abstraction and simulation of social experience«. *Perspectives on Psychological Science*, 3, 173–192

Mar, R. A., Oatley, K., Djikic, M., & Mullin, J. (in press). »Emotion and narrative fiction: Interactive influences before, during, and after reading«. *Cognition & Emotion*

Menasse, E. (2005). *Vienna*. Köln: Kiepenheuer und Witsch Verlag

Morris, C. W. (1946). *Signs, Language, and Behavior*. New York: Prentice-Hall

Rosenblatt, L. (1978). *The Reader, the Text, the Poem: The Transactional Theory of the Literary Work*. Carbondale: Southern Illinois University Press

Schmidt, A. (1961/1991). *Windmühlen*. Stuttgart: Reclam Philipp Jun. (März 1991)

Wolf, M. (2009). *Das lesende Gehirn – Wie der Mensch zum Lesen kam und was es in unseren Köpfen bewirkt*. Heidelberg: Spektrum Akademischer Verlag

Zillmann, D. (1988). »Mood management through communication choices«. *American Behavioral Scientist*, 31, 327–340

Zwaan, R. A. (1991). »Some parameters of literary and news comprehension: Effects of discourse-type perspective on reading rate and surface-structure representation«. *Poetics*, 20, 139–156

C. Foregrounding und backgrounding: neuronale, kognitive, affektive und behaviorale Prozesse beim Lesen

Altmann, U., Bohrn, I., Lubrich, O., Menninghaus, W., & Jacobs, A. M. (2010). »Facts versus fiction – An fMRI study on what happened and what might have happened«. Poster presented at the 16th meeting of the organisation for Human Brain Mapping, Barcelona

Auracher, J. (2007). »*… wie auf den allmächtigen Schlag einer magischen Rute.*«. *Psychophysiologische Messungen zur Textwirkung*. Baden-Baden: Deutscher Wissenschafts-Verlag

Austin, J. L. (1962). *How to Do Things With Words*. New York: Oxford University Press. Stanford CA: Stanford University Press

Barthes, R. (1988). *Das semiologische Abenteuer*. Frankfurt/M.: Suhrkamp

Berthoz, A., & Thirioux, B. (2010). »A spatial and perspective change theory of the difference between sympathy and empathy«. In: G. Gebauer & C. Wulf (eds.), »Emotion, Bewegung, Körper«. *Paragrana: Intern. Zeitschrift für Hist. Anthropologie*, 19, 32–61

Bohrn, I., Altmann, U., Lubrich, O., Menninghaus, W., & Jacobs, A. M. (2010). »Old Proverbs in new Skins? – An fMRI Study on Foregrounding Effects«. Manuskript eingereicht zur Publikation

Boyer, P., & Ramble, C. (2001). »Cognitive templates for religious concepts: cross-cultural evidence for recall of counterintuitive representations«. *Cognitive Science*, 25, 535–564

Carroll, J. (2001). »America's bookstores: Shrines to the truth«. *Boston Globe* (30.1.)

Cupchik, G. C. (1994). »Emotion in aesthetics: Reactive and reflective models«. *Poetics*, 23, 177–188

Cupchik, G. C., Vartanian, O., Crawley, A., & Mikulis, D. J. (2009). »Viewing artworks: Contributions of cognitive control and perceptual facilitation to aesthetic response«. *Brain and Cognition*, 70, 84–91

Dambacher, M., & Kliegl, R. (2007). »Synchronizing timelines: Relations between fixation durations and N400 amplitudes during sentence reading«. *Brain Research*, 1155, 147–162

Dambacher, M., Kliegl, R., Hofmann, M., & Jacobs, A. M. (2006). »Frequency and predictability effects on event-related potentials during reading«. *Brain Research*, 1084, 89–103

Elman, J. L. (1991). »Distributed representation, simple recurrent networks, and grammatical structure«. *Machine Learning, 7,* 195–225

Engbert, R., Nuthmann, A., Richter, E., & Kliegl, R. (2005). »SWIFT: A dynamical model of saccade generation during reading«. *Psychological Review, 112,* 777–813

Epstein, R. (2004). »Consciousness, art, and the brain: Lessons from Marcel Proust«. *Consciousness and Cognition, 13,* 213–243

Fauconnier, G. (1985). *Mental Spaces: Aspects of Meaning Construction in Natural Language,* Cambridge, MA: MIT Press

Ferstl, E. C., Neumann, J., Bogler, C., & von Cramon, D. Y. (2008). »The extended language network: A meta-analysis of neuroimaging studies on text comprehension«. *Human Brain Mapping, 29,* 581–593

Frazier, L., & Rayner, K. (1987). »Resolution of syntactic category ambiguities: Eye movements in parsing lexically ambiguous sentences«. *Journal of Memory and Language, 26,* 505–526

Gibbs, R. W., & Kearney, L. R. (1994). »When parting is such sweet sorrow: The comprehension and appreciation of oxymora«. *Journal of Psycholinguistic Research, 23,* 75–89

Graesser, A. C. (1981). *Prose Comprehension Beyond The Word.* New York: Springer-Verlag

Graesser, A. C., Singer, M., & Trabasso, T. (1994). »Constructing inferences during narrative text comprehension«. *Psychological Review, 101,* 371–395

Graf, R., Nagler, M., & Jacobs, A. M. (2005). »Factor analysis of 57 variables in visual word recognition«. *Zeitschrift für Psychologie, 213(4),* 205–218

Grainger, J., & Jacobs, A.M. (1996). »Orthographic processing in visual word recognition: A multiple read-out model«. *Psychological Review, 103,* 518–565

Grainger, J., & Jacobs, A. M. (1998). »On localist connectionism and psychological science«. In: J. Grainger, J. & A. M. Jacobs (eds.), *Localist connectionist approaches to human cognition.* Mahwah, NJ: Erlbaum, 1–38

Groeben, N. (1982). *Leserpsychologie: Textverständnis–Textverständlichkeit.* Münster: Aschendorff

Hagoort, P. (2003). »How the brain solves the binding problem for language: a neurocomputational model of syntactic processing«. *Neuroimage, 20,* 18–29

Hakemulder, J. (2004). »Foregrounding and its effect on readers' perception«. *Discourse processes, 38,* 193–218

Hesse, H. (1977). *Die Welt der Bücher.* Frankfurt/M.: Suhrkamp

Jacobs, A. M. (2003). »Simulative Methoden«. In: G. Rickheit, T. Herrmann & W. Deutsch (Hg.), *Handbuch der Psycholinguistik.* Berlin: de Gruyter, 125–142

Jacobs, A. M. (2007). »Kognitive Modellierung und Simulation«. In: S. Gauggel & M. Herrmann (Hg.), *Handbuch der Neuro- und Biopsychologie.* Göttingen: Hogrefe Verlag, 54–61

Jacobs, A. M., & Grainger, J. (1994). »Models of visual word recognition: Sampling the state of the art«. *Journal of Experimental Psychology: Human Perception and Performance, 20,* 6, 1311–1334

Jacobs, A. M., & Leder, H. (2006). *Zur Schönheit von Worten und Bildern: Affektive Verarbeitung als Grundlage ästhetischer Erfahrung und Bewertung verbaler und piktorieller Reize.* Antrag im Rahmen des SFBs 626 »Ästhetik der FU Berlin«

James, W. (1890/1950). *The Principles of Psychology.* New York: Dover

Kintsch, W. (1988). »The use of knowledge in discourse processing: A construction-integration model«. *Psychological Review, 95,* 163–182

Kintsch, W. (2000). »Metaphor comprehension: A computational theory«. *Psychonomic Bulletin & Review, 7,* 257–266

Kintsch, W., & van Dijk, T. A. (1978). »Toward a model of text comprehension and production«. *Psychological Review, 85,* 363–394

Kneepkens, L. J., & Zwaan, R. A. (1994). »Emotion and cognition in literary understanding«. *Poetics, 23,* 125–138

Kutas, M., & Hillyard, S. A. (1980). »Reading senseless sentences: Brain potentials reflect semantic incongruity«. *Science, 207,* 203–205

Kutas, M., & Hillyard, S. A. (1984). »Brain potentials during reading reflect word expectancy and semantic association«. *Nature, 307,* 161–163

Langacker, R. (1993). »Grammatical traces of some ›invisible‹ semantic constructs«. *Language Sciences*, 15, 323–355

Laurent, J. P., Denhières, G., Passerieux, Ch., et al. (2006). »On understanding idiomatic language: The salience hypothesis assessed by ERPs«. *Brain Research*, 1068, 151–160

Leder, H., Belke, B., Oeberst, A., & Augustin, D. (2004). »A model of aesthetic appreciation and aesthetic judgments«. *British Journal of Psychology*, 95, 489–508

Lewis, R. (1996). »Interference in short-term memory: the magical number two (or three) in sentence processing«. *Journal of Psycholinguistic Research*, 25, 93–115

Mangan, B. (1993). »Some philosophical and empirical implications of the fringe«. *Consciousness and Cognition*, 2, 142–154

Martindale, C. (1984). »The pleasures of thought: A theory of cognitive hedonics«. *Journal of Mind and Behavior*, 5, 49–80

Mashal, N., Faust, M., & Hendler, T. (2005). »The role of the right hemisphere in processing nonsalient metaphorical meanings: Application of principal components analysis to fMRI data«. *Neuropsychologia*, 43 (14), 2084–2100

Mason, R. A., & Just, M. A. (2009). »The role of the theory-of-mind cortical network in the comprehension of narratives«. *Language and Linguistics Compass*, 3, 157–174

Miall, D. S. (1989). »Beyond the schema given: Affective comprehension of literary narratives«. *Cognition and Emotion*, 3, 55–78

Miall, D. S. (1995). »Anticipation and feeling in literary response: A neuropsychological perspective«. *Poetics*, 23, 275–298

Miall, D. S., & Kuiken, D. (2002). »A feeling for fiction: Becoming what we behold«. *Poetics*, 30, 221–241

Mukarovsky, J. (1964/1932). »Standard language and poetic language«. In: P. Garvin (ed. & transl.), *A Prague School Reader on Esthetics, Literary Structure, and Style*. Washington, DC: Georgetown University Press, 17–30

Pugh, K. R., Shaywitz, B. A., Shaywitz, S. E., Constable, R. T., Skudlarski, P., Fulbright, R. K., Bronen, R. A., Shankweiler, D. P., Katz, L., Fletcher, J. M., & Gore, J. C. (1996). »Cerebral organization of component processes in reading«. *Brain*, 119, 1221–1238

Proust, M. (1913–1919/1981). *Remembrance of Things Past (A la recherche du temps perdu)*, Vol. I. New York: Vintage

Rayner, K., & Pollatsek, A. (1989). *The Psychology of Reading*. Englewood Cliffs, NJ: Prentice Hall

Reinhart, T. (1976). »On understanding poetic metaphor«. *Poetics*, 5, 383–402

Reisenzein, R. (2009). »Emotions as metarepresentational states of mind: Naturalizing the belief–desire theory of emotion«. *Cognitive Systems Research*, 10, 6–20

Sartre, J. P. (1964). *Les mots*. Paris: Editions Gallimard

Speer, N. K., Reynolds, J. R., & Zacks, J. M. (2007). »Human brain activity time-locked to narrative event boundaries«. *Psychological Science*, 18, 449–455

Sperber, D., & Wilson, D. (1995). *Relevance: Communication and Cognition*, 2nd ed. Oxford: Blackwell

Sklovskij, Viktor (1925/1967). *Theorie der Prosa*. Frankfurt/M.: Fischer

Sklovskij, Viktor (1914/1972). »Die Auferweckung des Wortes«. In: Wolf-Dieter Stempel (Hg.), *Texte der russischen Formalisten* 2. München: Fink, 3–17

Van Holt, N., & Groeben, N. (2005). »Das Konzept des Foregrounding in der modernen Textverarbeitungspsychologie«. *Journal für Psychologie*, 13, 311–332

Van Peer, W. (1986). *Stylistics and Psychology: Investigations of Foregrounding*. London: Croom Helm

Van Peer, W. (2007). »Introduction to foregrounding: a state of the art«. *Language and Literature*, 16, 99–104

Vosse, T., & Kempen, G. A. M. (2000). »Syntactic structure assembly in human parsing: a computational model based on competitive inhibition and lexicalist grammar«. *Cognition*, 75, 105–143

Yekovich, F. R., & Thorndyke, P. W. (1981). »An evaluation of alternative functional models of narrative schema«. *Journal of Verbal Learning and Verbal Behavior*, 20, 454–469

Verzeichnis der Abbildungen, Tabellen und Farbtafeln

Abbildungen:

Abb. 1 Hirnareale, die sowohl während der Bewegungsbeobachtung als auch der Bewegungsimitation aktiviert werden 25

Abb. 2 Funktionale Netze bei der Worterkennung 37

Abb. 3 Mediale Oberfläche der linken Hemisphäre mit dem Gyrus fusiformis am unteren Rand 38

Abb. 4 Die Bedingungen für Flowerleben 40

Abb. 5 Seitenansicht der rechten Hirnhälfte mit der Hippokampus-Formation im Schläfenlappen 51

Abb. 6 Portrait von Phineas Gage 52

Abb. 7 Computersimulation des Gehirns von Phineas Gage mit Eisenstange 52

Abb. 8 Seitenansicht der linken Hemisphäre mit präfrontalem Kortex 53

Abb. 9 Blickbewegungen (des Zweitautors) beim Lesen eines Textes 57

Abb. 10 Begrenzung der Sehschärfe und ihre Auswirkungen auf das Lesen 58

Abb. 11 Schematisches Ablaufdiagramm der wesentlichen Vorgänge beim Lesen 58

Abb. 12 Skizze des Zeitverlaufs bestimmter kognitiver Vorgänge während einer einzelnen Fixation beim Lesen mit typischen hirnelektrischen Wellen 59

Abb. 13 Technik der variablen Blickposition im Wort 60

Abb. 14 Illustration einer einfachen Approximation dessen, was der Blick während einer Fixation im Wort »undergraduate« erfassen kann 60

Abb. 15 Organonmodell der Sprache 80

Abb. 16 Sprachbenutzermodell 81

Abb. 17 Verschiedene Formen von Körpersprache 91

Abb. 18 Augengruß 93

Abb. 19 Lach- und Sorgenmuskel 94

Abb. 20 Die drei Schaltkreise im Gehirn des Menschen, die mit emotionaler Körpersprache assoziiert werden 95

Abb. 21 Die intraparietale Hirnfurche bzw. *intraparietaler Sulcus* 96

Abb. 22 Skizze der fünf Zählprinzipien 97

Abb. 23 Geone und Gegenstände, die aus Geonen zusammengesetzt sind 101

Abb. 24 Fuzzyfunktion für das Alter eines Menschen 104

Abb. 25 Prototypen von Kategorien 105

Abb. 26 Hierarchische Organisation des semantischen Gedächtnisses 106

Abb. 27 Basisemotionen repräsentierende Gesichtsausdrücke 108

Abb. 28 Mischgefühle 109

Abb. 29 Circumplex-Modell der Emotionen 109

Abb. 30 Angstreaktion 111

Abb. 31 Hypothetische Aktivierung von Neuronenpopulationen bei visueller, auditiver und affektiver Stimulierung 129

Abb. 32 Schwarze und weiße Flecken, die die Wahrnehmung zu einem Dalmatiner organisiert 131

Abb. 33 »Vertumnus«, Gemälde von Giuseppe Arcimboldo (1590), das bei der Untersuchung von Patienten mit Agnosien eingesetzt wird 140

Abb. 34 Befunde eines Versuchs zur Sensibilität des Fusiformen Gesichtsareals (FFA) 141

Abb. 35 Kognitives und neurokognitives Modell der Gesichtswahrnehmung 142

Abb. 36 Kaukasische und asiatische Durchschnittsgesichter 143

Abb. 37 »Mona Lisa«, Gemälde von Leonardo da Vinci (1503–06) 143

Abb. 38 Rubins Kippbild, das man entweder als Vase oder als zwei Gesichter sehen kann 146

Abb. 39 Die Müller-Lyersche Täuschung 147

Abb. 40 Das Kanizsa-Dreieck 148

Abb. 41 Das unmögliche Dreieck 148

Abb. 42 Räumlich gedrehte Necker-Würfel 150

Abb. 43 Ein unmögliches Objekt 151

Abb. 44 Kippfigur alte Frau/junge Frau 156

Abb. 45 Optische Täuschungen und entsprechende Sprachphänomene 157
Abb. 46 Erklärungsmodell der optischen Täuschungen 158
Abb. 47 Veranschaulichung der häufigsten Nachbarn des Wortes *Liebe* 170
Abb. 48 Hirnelektrische Potentiale für ambige Wörter 173
Abb. 49 Wernicke- und Broca-Areale 174
Abb. 50 Drei schematische Neuronenreihen 177
Abb. 51 Drei Neuronenreihen, nunmehr durch ein speicherndes Kopierneuron verbunden 178
Abb. 52 Netzwerk für eine Protosprache 181
Abb. 53 Beispiel einer Al-Sayyid Bedouin Sign Language (ABSL)-Gebärde 189
Abb. 54 Die Metapher L1 wird, wörtlich verstanden, auf eine mögliche Welt W2 übertragen, die eine Adaptation der ›realen‹ Welt W1 darstellt; oder die Metapher L1 wird linguistisch aufgrund ihrer Konnotationen in die logisch korrektere Form L2 überführt, um dann etwas über die ›reale‹ Welt W1 aussagen zu können 198
Abb. 55 Ähnlichkeitsberechnung zwischen Buchstabenpaaren und mengentheoretische Beziehung zwischen zwei Vergleichsobjekten mit den Merkmalsmengen A und B 208
Abb. 56 Piktorielles Simile 209
Abb. 57 Köhlers Figuren 248
Abb. 58 Neurokognitives Modell der Musikwahrnehmung 277
Abb. 59 Zeitlinie der Sprachentwicklung 297
Abb. 60 Schematischer Überblick über die Entwicklungsstadien der auditiven Sprachwahrnehmung mit hirnelektrischen Korrelaten 301
Abb. 61 Leseerwerbsmodell 304
Abb. 62 Reizmaterial aus einer EKP-Studie 306
Abb. 63 Typische Hirnaktivierungen bei Stings polyrhythmischem *The Lazarus Heart* 322
Abb. 64 Beispiel für den Fragmentationstest mit dem Wort »Idee« 343
Abb. 65 Seitenansicht des linken Kortex mit einer Region im oberen temporalen Gyrus, die mit phonologischer Verarbeitung sowie Dyslexie und Alexie in Verbindung gebracht wird, und Untenansicht beider Hemisphären mit einer Region im mittleren Gyrus fusiformis, die Visuelles Wortform-Areal genannt wird 344
Abb. 66 Theoretisches Modell der mentalen Vorgänge beim Sprechen mit dazu passender Zeitlinie und Hirnkartographie 365–367
Abb. 67 Vergrößertes Kortexvolumen im hinteren Hippokampus von Londoner Taxifahrern und Areal in der hinteren Region des rechten Hippokampus, in der das Kortexvolumen mit der Berufserfahrung als Taxifahrer positiv korreliert 408
Abb. 68 Der Wason-Test 438
Abb. 69 Unterschiedliche Komplexität der Berechnung von Erkrankungswahrscheinlichkeiten auf der Grundlage des Bayes-Theorems 441
Abb. 70 Schematische Darstellung der am literarischen Lesen beteiligten Prozesse 495
Abb. 71 Aktivierungsmaxima aus Studien zu narrativer Rezeption, Produktion, Informationsselektion und -ordnung 510

Tabellen:
Tabelle 1 Beziehung zwischen Subsystemen des Organismus und Funktionen sowie Komponenten von Emotionen 108
Tabelle 2 Aphasietypen 175
Tabelle 3 Lautliche Hinweisreize auf das Wortgeschlecht im Deutschen 251
Tabelle 4 Zusammenfassung der Muster akustischer Hinweisreize für einige diskrete Emotionen 308

Verzeichnis der Abbildungen

Farbtafeln (zwischen S. 368 und 369):
Tafel 1   Phylogenetische Entwicklung der Hirngröße
Tafel 2   Hirnregionen, die mit Emotionen in Verbindung gebracht werden
Tafel 3   Stroop-Test mit Tabuworten
Tafel 4   Wahrscheinliche kortikale Korrelate des Aha-Erlebnisses
Tafel 5   Gamma-Aktivität im EEG bei der Betrachtung verschiedener Varianten des Kanizsa-Dreiecks
Tafel 6   Kortikale Aktivierungen für ambige Wörter
Tafel 7   Phonologische Verarbeitung in einer Gebärdensprache und der gesprochenen Sprache
Tafeln 8 und 9   Zwei Bilder von Jiří Kolář, »Love Game« und »A Small Honour for P. Klee«, als Analogien dafür, wie sich die beiden Begriffe einer Metapher in ihre Konnotationen aufsplitten und wie sie neu zusammengesetzt werden. – Jiří Kolář, »Love Game« (*Milostná hra*, 1969, Rollage) und »A Small Honour for P. Klee« (*Malá pocta P. Kleeovi*, 1969, Rollage)/© Museum Kampa – The Jan and Meda Mladek Foundation Collection. Mit freundlicher Genehmigung
Tafel 10   Hirnaktivierungen bei einem Synästhetiker im Vergleich zu einer Kontrollperson
Tafel 11   Hirnaktivierungen während der Improvisation

Inhalt der Boxen

Box 1. Geistes- und Naturwissenschaften im Spiegel der Spiegelzellen 24

Box 2. Immersion beim Lesen: Versenkung in eine künstliche Welt 35

Box 3. Henry Molaison und Phineas Gage oder was Hirnläsionen uns über Körper und Geist verraten 50

Box 4. Gedächtniskonsolidierung im Schlaf 53

Box 5. Augenblicke und -sprünge: Wie das Gehirn beim Lesen arbeitet 57

Box 6. Können Wörter Gefühle auslösen? 67

Box 7. Denken, Sprache und Gefühle oder was Menschen einzigartig macht 76

Box 8. Nonverbale Kommunikation: Sprechende Hände, Gesichter und Körper 90

Box 9. Die mathematische Furche 96

Box 10. Prototypen und Gefühlswörter: Wie kategorisiert das Gehirn? 104

Box 11. Denken in Metaphern oder ›von unverschämten Goldminen‹ 120

Box 12. Verkörperte Konzepte und Gefühle: Eine Lektion in angewandter Psychologie 128

Box 13. Aha-Erlebnis & Capgras-Syndrom – von Sultan und Madame D. 136

Box 14. Seelenblindheit oder wie das Gehirn Objekte und Gesichter verarbeitet 139

Box 15. Die Suche nach den Hirngestalten 153

Box 16. Koffkas Frage und die Verarbeitung rätselhafter Reize 156

Box 17. Was bedeuten Wortbedeutungen – oder der ›Sphärengeruch‹ von ›Hartzen‹ 169

Box 18. Gebärdensprachen: Natur oder Kultur? 189

Box 19. Simile oder die Kunst des Vergleichs: Psychologische Modelle der Ähnlichkeit 206

Box 20. Phonaestheme und Einwürfe: Wo Sprache Mentalem am nächsten scheint 243

Box 21. (Un-)angenehme Akronyme 247

Box 22. Latent in der Umgangssprache verborgene Musik oder swingt Deutsch im Trochäus? 249

Box 23. Synästhesie oder warum Blau größer als Rot sein kann 257

Box 24. Schemata und die Grisham- und Amis-Effekte 262

Box 25. Musik, Käsekuchen und Oxytocin oder was Hühner und Menschen gemeinsam haben 276

Box 26. Wie lernen Kinder sprechen und lesen? 296

Box 27. Entwicklung prosodischer Fähigkeiten oder der Ton macht die Musik 305

Box 28. Hirnrhythmik und -metrik: Natur oder Kultur? 321

Box 29. Der lexikalische Zugriff: Wie entsteht ein Wort im Gehirn? 343

Box 30. Reim und Raison: Die magischen Kräfte und Tücken des Gleichklangs 353

Box 31. Du bist Buddhist – oder was Versprecher und Schüttelreime uns über Gehirn und Sprache verraten 364

Box 32. Evolution der Schrift und Schriftspracherwerb: Auch eine Frage der Korngröße? 395

Box 33. Vokale und Konsonanten: Hat der Geist supra-phonemische Repräsentationen? 398

Box 34. Hirnbilder – Ortszellen und Taxifahrer-Hippokampi 406

Box 35. Hirnlogik: Küsse, Liebe und Rohfrequenzen 438

Box 36. Hirnwitz und Ironie oder wie verhüten Techniker? 478

Box 37. Neurokognitive Poetik: Elemente eines Modells des literarischen Lesens 492

Raoul Schrott, 1964 geboren, aufgewachsen in Tunis und Tirol, lebt heute in Österreich. Er erhielt zahlreiche Auszeichnungen, u. a. den Mainzer Stadtschreiber-Preis und den Joseph-Breitbach-Preis. Bei Hanser erschienen zuletzt: *Homers Heimat* (2008), die Neuübertragung der *Ilias* (2008) und *Die Blüte des nackten Körpers* (2010).

Arthur Jacobs, 1958 in Düren geboren, Studium der Psychologie in Würzburg und Paris, ist seit 2003 Professor für Allgemeine Psychologie an der Freien Universität Berlin.

Umschlaggestaltung:
Peter-Andreas Hassiepen, München, unter Verwendung
eines Fotos © Images.com/Corbis.

Unser gesamtes lieferbares Programm und viele andere Informationen
finden Sie unter www.hanser-literaturverlage.de

Bei Fragen zur Produktsicherheit wenden
Sie sich bitte an den Carl Hanser Verlag:
Vilshofener Straße 10, 81679 München
info@hanser.de